青贮玉米

时成俏　常海滨　何文铸
姜　龙　赵　璞　赵　霞　主编

气象出版社
China Meteorological Press

内容简介

青贮玉米为畜牧业提供了重要支持，同时也在农业废弃物处理和资源循环利用方面发挥着积极的作用，是国家玉米产业结构调整的重点方向。青贮玉米品种的培育和生产应用是青贮玉米产业高质量发展的基础。全书共5章，基本覆盖青贮玉米的发展布局、育种、栽培和应用等内容，撰写内容广泛，涉及诸多学科，包括遗传育种、作物生理、作物生态、植物保护、作物栽培、加工利用等内容，是一本理论知识与实践应用相结合的综合性书籍。书中数据真实、层次结构清晰明了，回答了什么是青贮玉米、青贮玉米的发展趋势、青贮玉米的种质资源有哪些，采取何种手段和方法进行青贮玉米品种选育等问题，阐述了青贮玉米栽培的生理基础、青贮玉米生物胁迫及其应对和非生物胁迫及其应对、影响青贮玉米品质的因素、青贮玉米的利用方式以及效果等。

本书适合从事青贮玉米产业的相关人员阅读，包括从事青贮玉米育种、生产、加工等人员，也适合从事畜牧业养殖方面的人员阅读。

图书在版编目（CIP）数据

青贮玉米 / 时成俏等主编. -- 北京 : 气象出版社, 2024. 7. -- ISBN 978-7-5029-8230-0

Ⅰ. S513

中国国家版本馆 CIP 数据核字第 2024TC1281 号

青贮玉米

Qingzhu Yumi

出版发行：气象出版社

地　　址：北京市海淀区中关村南大街46号　　**邮政编码**：100081

电　　话：010-68407112（总编室）　010-68408042（发行部）

网　　址：http://www.qxcbs.com　　**E-mail**：qxcbs@cma.gov.cn

责任编辑：王　聪　王元庆　　**终　　审**：张　斌

责任校对：张硕杰　　**责任技编**：赵相宁

封面设计：艺点设计

印　　刷：北京建宏印刷有限公司

开　　本：787 mm×1092 mm　1/16　　**印　　张**：23.5

字　　数：590千字

版　　次：2024年7月第1版　　**印　　次**：2024年7月第1次印刷

定　　价：128.00元

作者队伍

策　　划：曹广才（中国农业科学院作物科学研究所）
顾　　问：李　英（汉中市农业技术推广与培训中心）
主　　编：时成俏（广西壮族自治区农业科学院玉米研究所）
常海滨（黄冈市农业科学院）
何文铸（四川省农业科学院作物研究所）
姜　龙（吉林农业科技学院）
赵　璞（河北省农林科学院生物技术与食品科学研究所）
赵　霞（河南省农业科学院粮食作物研究所）
副 主 编（按作者姓名拼音排序）：
白桂萍（襄阳市植物保护站）
冯引弟（长春市农业科学院）
郭书亚（商丘市农林科学院）
何静丹（广西壮族自治区农业科学院玉米研究所）
黄　保（河南省农业科学院粮食作物研究所）
焦　博（河北省农林科学院生物技术与食品科学研究所）
李剑明（吉林农业科技学院）
刘道敏（六安市农业科学研究院）
马春红（河北省农林科学院生物技术与食品科学研究所）
齐红志（河南省农业科学院农业信息技术研究所）
孙云开（六安市农业科学研究院）
韦绍丽（广西壮族自治区农业科学院玉米研究所）
吴　宇（黄冈市农业科学院）
杨　麟（四川省农业科学院作物研究所）
赵俊立（黄冈市农业科学院）
周步进（广西壮族自治区农业科学院玉米研究所）
朱永卉（四川省农业科学院作物研究所）

其他作者（按作者姓名拼音排序）：

陈　洁（四川省农业科学院作物研究所）
崔志青（安阳县农业农村局）
邓路长（四川省农业科学院作物研究所）
郭厚文（六安市裕安区农业农村局）
贺囡囡（广西壮族自治区农业科学院玉米研究所）
何远远（四川省农业科学院作物研究所）
胡海珍（黄冈市农业科学院）
黄安霞（广西壮族自治区农业科学院玉米研究所）
黄　威（黄冈市农业科学院）
李春苗（郸城县农业科学研究所）
李　燕（四川省农业科学院作物研究所）
梁增浩（四川省农业科学院作物研究所）
刘志涛（四川省农业科学院作物研究所）
穆心愿（河南省农业科学院粮食作物研究所）
覃嘉明（广西壮族自治区农业科学院玉米研究所）
孙　伟（黄冈市农业科学院）
谭　君（四川省农业科学院作物研究所）
田　玉（河北省农林科学院）
王兵伟（广西壮族自治区农业科学院玉米研究所）
王　娇（河北省农林科学院生物技术与食品科学研究所）
王清明（六安市农业科学研究院）
王晓娥（汉中市农业技术推广与培训中心）
熊海谦（黄冈市农业科学院）
杨俊品（四川省农业科学院作物研究所）
杨豫龙（河南省农业科学院粮食作物研究所）
殷　辉（黄冈市农业科学院）
于海燕（吉林农业科技学院）
张　雷（六安市农业科学研究院）
郑加兴（广西壮族自治区农业科学院玉米研究所）
周　洁（六安市农业科学研究院）
周　硕（河北省农林科学院生物技术与食品科学研究所）
朱金永（河北省农林科学院生物技术与食品科学研究所）
朱彦辉（石家庄市农林科学研究院）

作者分工

策　划 …………………………………………………………………… 曹广才
顾　问 …………………………………………………………………… 李　英
前　言 …………………………………………………………………… 时成俏

第一章

第一节 ………………………………… 时成俏、何静丹、王兵伟、黄安霞、贺囡囡
第二节 ………………………………… 韦绍丽、郑加兴、覃嘉明、周步进、时成俏

第二章

第一节 …………………………………………………………………… 孙云开
第二节 ………………………………… 赵　璞、马春红、焦　博、田　玉、周　硕
第三节 ………………………………… 赵　璞、马春红、王　娇、朱金永、朱彦辉

第三章

第一节 ……………………………………………………………………
何文铸、杨　麟、朱永卉、杨俊品、谭　君、陈　洁、邓路长、李　燕、梁增浩、刘志涛、何远远
第二节………………………… 刘道敏、张　雷、王清明、周　洁、白桂萍、郭厚文
第三节…………………………………………………………… 赵　霞、齐红志

第四章

第一节 ………………… 赵　霞、黄　保、郭书亚、杨豫龙、穆心愿、李春苗、崔志青
第二节……………………………………… 姜　龙、冯引弟、李剑明、于海燕

第五章

第一节………………………… 常海滨、吴　宇、赵俊立、胡海珍、殷　辉、王晓娥
第二节………………………… 常海滨、赵俊立、吴　宇、黄　威、孙　伟、熊海谦

前　言

青贮玉米，相对于普通玉米而言，是以收获全株、主要用作饲料的一类特用玉米，分为青贮专用型玉米、粮饲兼用型玉米和粮饲通用型玉米。2015 年中央一号文件《关于加大改革创新力度加快农业现代化建设的若干意见》中首次提出“粮改饲”政策，即加快发展草牧业，支持青贮玉米和苜蓿等饲草料种植，开展粮改饲和种养结合模式试点，促进粮食、经济作物、饲草料三元种植结构协调发展。“粮改饲”政策的推行将发展青贮玉米提升至国家政策层面。

青贮玉米是指在适宜收获期内收获包括果穗在内的地上全部绿色植株，并经切碎、加工，并适宜用青贮发酵的方法制作饲料的玉米。这种方法能够充分利用玉米植株中丰富的养分，将其转化为高质量的饲料，适用于多种家畜，如牛、羊、猪等。相比于干草等传统饲料，青贮玉米更容易消化吸收，能够提高家畜的饲料转化效率，促进其生长发育，同时还能够增强家畜的免疫力，减少疾病的发生。采用优质全株青贮玉米饲料喂奶牛较使用普通玉米秸秆青贮料饲喂可以提高奶牛的产奶量 15%～20%，奶质提高 1 个等级；饲喂肉牛可使肉牛日增重0.22～0.30 kg，增幅 15.7%～30.9%。因此，越来越多的养殖户开始将青贮玉米引入饲养体系中，取得了显著的效益。

近年来，伴随着消费升级、饮食偏好的转变及受新一代健康生活理念的影响，消费者开始追求更健康的生活方式和饮食，对高蛋白、低脂肪食品的热情不断升温，牛肉产品越来越受欢迎。在过去几年，人均牛肉消费量在其他肉类类别（如常见的猪肉、鸡肉等）中增长最快，占比越来越高。然而，我国青贮玉米起步晚、发展慢，青贮玉米种植主要聚集在西北、华北和东北地区。目前，青贮玉米面积仅占玉米总种植面积的 6%～8%，与西方国家有较大差距。面对青贮玉米需求量的增加，2015 年国家积极推进“粮改饲”政策，青贮玉米的种植面积不断增加。据统计，2016 年全国青贮玉米种植面积仅 133.33 万 hm^2，不足玉米种植面积的 4%。2020 年，我国全株青贮玉米种植面积达 253.3 万 hm^2、产量（干重）4000 万 t，单产（干重）达 15750 kg/hm^2。

青贮玉米的优势不仅在于对畜牧业的贡献，还表现在环保和资源利用方面。在传统的农业生产中，玉米收割后的秸秆往往成为一种难以处理的废弃物。然而，通过青贮玉米的方法，这些废弃物可以得到有效的利用，不仅减轻了农田的污染，还能够转化为高质量的饲料，实现资源的再生利用。

综上所述，青贮玉米作为一种绿色的饲料资源，为畜牧业提供了重要支持，同时也在农业废弃物处理和资源循环利用方面发挥着积极的作用。随着科技的不断进步和人们对可持续发展的认识不断提高，相信青贮玉米在未来会有更广阔的应用前景，为农业领域的可持续发展贡献更大的力量。

本书以青贮玉米为研究对象，全面覆盖中国青贮玉米主要种植区的种质资源、品种选育、栽培生理、栽培技术以及环境胁迫等内容。全书共五章。第一章论述中国青贮玉米种质资源和代表性品种选育。第二章论述青贮玉米栽培生理基础。第三章论述青贮玉米栽培。第四章论述环境胁迫及其应对。第五章论述青贮玉米品质与利用。

本书在内容上注重基础知识、基本理论、基本方法和基本技术相结合的写作方式，同时将部分新的理论和技术整理吸收至本书。全书体例统一，强调理论与实践相结合，信息量丰富，语言表达力求言简意赅，全书结构力求系统完整。希望此书的出版能对推动中国青贮玉米的生产发展起到积极作用。本书编写过程中参考了大量的相关文献和资料，在此谨对相关作者和编者表示感谢。

本书的编写和出版是在中国农业科学院作物科学研究所曹广才研究员的精心策划下，在汉中市农业技术推广与培训中心李英研究员的悉心指导下，广西壮族自治区农业科学院玉米研究所时成俏、四川省农业科学院作物研究所何文铸、河北省农林科学院生物技术与食品科学研究所赵璞、吉林农业科技学院姜龙、河南省农业科学院粮食作物研究所赵霞、黄冈市农业科学院常海滨主编、全体编者和气象出版社共同努力、协作的成果。

本书得到广西科技计划项目（桂科 AA22068095-6）、科技部科技伙伴计划（KY202002003）、国家重点研发计划（2023YFD1201102）、国家重点研发计划（2022YFD2300800）、国家现代农业产业技术体系广西创新团队（nycytxgxcxtd-2021-04-02）、科技创新 2030-农业生物育种重大项目（2022ZD0400503）、河北省自然科学基金（2021301070）、河北省引进留学人员资助项目（C20210361）、河南省引智专项（GZS2023016）资助。

在编写过程中参考了大量资料，力求将最新的研究成果展现给读者，但受编者水平所限，书中错误和疏漏之处在所难免。为使本书日臻完善，恳请同仁和读者在使用和阅读中给予批评指正。

编者

2023 年 11 月 26 日

目　录

第一章 中国青贮玉米种质资源和代表性品种选育

第一节 中国青贮玉米种质资源

在现代农业与畜牧业的交汇点，科技与绿色发展的交织之处，青贮玉米作为一种创新的饲料，正逐渐引起世界各地农户与养殖户的广泛关注。作为一种将农作物资源优化利用、提高动物饲料效率的方法，青贮玉米种植不仅为畜牧业带来新的发展方向，还为环保、资源循环利用等问题提供了独特的解决途径。

一、青贮玉米的概念

(一)青贮玉米的定义及分类

青贮玉米，相对于普通玉米而言，是以收获全株、主要用作饲料的一类特用玉米，即在玉米生长期间将整株玉米植株连同叶片一同切碎、发酵，以保留其中丰富的养分，用作家畜的饲料。

丁光省(2017)认为，青贮玉米是指在适宜收获期内收获包括果穗在内的地上全部绿色植株，经切碎、加工，并适宜用青贮发酵的方法来制作青贮饲料以饲喂牛、羊等为主的草食牲畜的一种玉米。它与一般普通(籽粒)玉米相比具有生物产量高、纤维品质好、持绿性好、干物质和水分含量适宜，用厌氧发酵的方法进行封闭青贮的特点。

刘祖钊等(2019)认为，青贮玉米，又称青饲玉米，是一类玉米的总称。简单的解释就是将新鲜的包含茎叶的整株玉米(包含完整果穗)全部放入到专用的青贮容器中，经过发酵工艺，制作成饲料。这个过程所需要的玉米就是青饲玉米。青贮玉米的类型，主要可以分为三类，即专用型、兼用型、通用型。青贮专用型玉米是专门用来制作青贮玉米的品种，如在乳熟期至蜡熟期收获的整株玉米。青贮兼用型玉米是指在玉米的成熟期去收获玉米，选择其中的玉米籽，加上粮食或者其他的配合饲料，最后再加入新鲜的青绿色的叶和茎制作青贮饲料的一类玉米。青贮通用型玉米指的是既能作为普通的玉米去种植和使用，又可以作为青贮玉米品种去种植的玉米。

李敬虎(2018)把优良青贮玉米品种分为三种类型，即青贮专用型玉米、粮饲兼用型玉米和粮饲通用型玉米。青贮专用型玉米是指只适合用于制作青贮饲料的玉米品种；粮饲兼用型玉米是指在玉米成熟后先把玉米果穗收获用作食粮，然后再把茎叶青贮的玉米品种；粮饲通用型玉米既可作为普通玉米，又可作为青贮玉米。

赵久然等(2019)根据青贮玉米的特征特性以及用途，将青贮玉米划分为四种类型。一是专用型青贮玉米，即在适宜的收获期把玉米全株收获和粉碎，经过青贮发酵作为青贮饲料的一种专用玉米，只作为青贮玉米通过了品种审定。这类青贮玉米既能达到牛羊等草食性畜对粗饲料品质的需求，同时，在同等栽培条件下，生物鲜重和干重产量均能够显著高于普通籽粒玉米品种。二是通用型青贮玉米，这类青贮玉米除了具有籽粒产量高和饲用品质好等优点外，还可以根据粮用市场和青贮玉米市场的需求变化，调整应用方向，既能作为普通籽粒玉米品种种植，又能作为青贮玉米品种种植，全株青贮用于青贮饲料。在品种审定过程中，该类品种需要同时通过大田普通籽粒玉米和青贮玉米两种类型的品种审定。三是兼用型青贮玉米，该类品种原定义为持绿性好的籽粒玉米品种，在收获果穗后将其茎叶切碎进行青贮，现多指籽粒玉米兼做青贮玉米种植，但不是所有籽粒玉米都适合作青贮玉米种植。该类玉米品种作为籽粒玉米通过品种审定后，在适宜地区和一定的栽培条件下应经过试验示范和品质检验，在品质和生物产量两方面都要基本达到青贮玉米标准。四是饲草型玉米，是一类特殊的青贮专用型品种，指的是在一定的种植条件下，只能生长繁茂的茎叶，没有或者很少有籽粒，可以直接刈割或多次刈割饲喂家畜或切碎青贮。该类青贮玉米多为含有较多热带种质成分的杂交种在温带种植的强分蘖性品种、特殊饲草玉米品种等。许多的普通籽粒玉米品种、青贮专用品种以及农家种、群体等在超高密度条件下种植也可以称为饲草玉米。根据我国现代农业发展趋势，奶肉需要提质增效，对青贮玉米的产量和品质要求更高，青贮玉米品种应该坚持以青贮专用型和粮饲通用型为主，饲草型和粮饲兼用型为辅。

此外，孙彦(2010)根据植株特征和生物学特性，将青贮玉米分为单株和分枝两种类型。一般单秆型籽粒产量较高，有的既可用于生产青贮料，又可用来生产粮食。分枝型的青贮玉米，茎多，果穗虽小但数量多，籽粒产量相对较高，而且品质较好。收获时，籽粒为软质型胚乳，更易压碎，有利于青贮发酵和草食牲畜吸收利用。

（二）青贮玉米的特征特性

青贮玉米经切碎加工贮藏，通过发酵和糖分解产生乳酸和风味物质，饲料呈微酸性，纤维得到软化，饲料风味增加，消化率提高，而且饲料能够长期保持鲜香青绿，是牛羊等动物的“饲料大王”(张林 等，2020a)。对牛羊等反刍动物来说，玉米饲用转化增值最高的途径就是全株青饲。玉米青贮饲料回报率居一年生饲草青贮饲料的第一位，是世界上用于生产奶、肉等畜产品最重要的饲料来源。特别是作为奶牛的基础饲料，对奶牛产奶量的增加、牛奶品质的改善和健康的促进都有积极的作用(靳秀英，2020)。丁香玲等(2007)研究发现，采用优质全株青贮玉米饲料喂奶牛较使用普通玉米秸秆青贮料饲喂可以提高奶牛的产奶量15%～20%，奶质提高1个等级；饲喂肉牛可使肉牛日增重0.22～0.30 kg，增幅15.7%～30.9%。

孙彦(2010)认为，优质的青贮玉米具有生产容易、来源丰富、品质好、消化性强、绿色体产量高等特点。具体表现为：①植株繁茂，生物产量高。收获时青贮玉米的绿色体产量也就是地上部分的全部产量高，产量比当地主推籽粒玉米品种增产15%。单株型品种植株高大、粗壮，叶片大，结穗1～2个为大穗型。分枝型品种则分枝能力强，每株枝多，茎叶繁茂，果穗小而多；分枝型多穗玉米每茎结穗1～3个，全株结穗3～6个。②灌浆后期脱水速度慢，青枝绿叶，茎叶消化率高。青贮玉米的最佳收获期为籽粒的乳熟末期至蜡熟前期，此时产量最高，营养价值也最好。后期脱水速度慢可以延长收获期，全株平均含水率能够在70%～60%阶段保持10 d以上或者籽粒乳线位置在1/4～3/4阶段延续10 d以上。即使籽粒已达到完全成熟，植株仍然保持青枝绿叶，不黄脚，不早衰，具有典型的活秆成熟的外观特征。最佳收获期持绿性为80%以上。茎叶多汁，不仅活秆成熟，而且茎内汁液丰富。特别是茎的表皮具有软、脆、新鲜及含糖丰富等特点。③抗性更好，即抗病性、耐密性和抗倒性更强。抗倒性优于常规品种、抗病性对当地主要病害均达到中抗及以上。抗病性尤其要注意抗叶部病害和茎腐病，其中在东华北、北方区、西北春玉米类型区应该注意大斑病和茎腐病等；黄淮海夏玉米区应该注意小斑病、茎腐病、弯孢叶斑病、南方锈病；西南春玉米区应注意纹枯病、大斑病、小斑病、茎腐病等。在耐密性和抗倒性上体现在种植密度要比普通籽粒玉米提升10%，而且密度增加之后，抗倒伏性仍然很好，适合机械化作业。④果穗产量相对较高，品质好。青贮玉米最主要的可消化能量来自于玉米籽粒，最佳收获期的青贮玉米可消化能量的65%来自于籽粒，好的青贮玉米品种，首先必须是好的籽实玉米品种（王稼苜 等，2019）。育种家们培育青贮玉米新品种时应将籽粒高产性状与茎叶高产性状结合起来，提高青贮玉米的营养价值。

（三）青贮玉米的品质分级

吴永美等（2020）报道，欧美农牧方面的专家与畜牧从业人员普遍认为青贮玉米是草食家畜最优质的青贮饲料。青贮玉米的品质决定了饲料的适口性及营养成分的高低，直接影响农畜产品的质量。评价青贮玉米品质常用指标有淀粉含量、粗蛋白含量、酸性洗涤纤维含量、中性洗涤纤维含量、木质素含量和细胞壁消化率等。青饲玉米的品质，目前国际上通常采用洗涤剂对纤维的营养价值进行评价。具体标准是：干物质含量30%～40%，每公顷干物质产量2500 kg，粗蛋白含量大于7%，淀粉含量大于28%，中性洗涤纤维含量小于45%，酸性洗涤纤维含量小于22%，木质素含量小于3.0%，体外消化率大于78%，细胞壁消化率大于49%。

据国家青贮玉米区试主持人、北京农学院教授潘金豹介绍，在全国高产优质专用型青贮玉米品种的评价中，对各项指标制定了严格标准，在品质上，干物质含量≥30%、全株淀粉含量≥33%、中性洗涤纤维含量≤40%、整株粗蛋白含量≥7%。

孟令聪等（2016）认为，优质青贮玉米品种应具有较高的生物产量，较高的粗蛋白、适宜的干物质、较低的粗纤维。粗蛋白提供动物所需的蛋白质，其含量越高，品质越好。干物质消化率的衡量指标是酸性洗涤纤维含量，优质的青贮玉米酸性洗涤纤维（ADF）含量＜30%，其含量越高，消化率越低。中性洗涤纤维含量越低，可供消化的物质就越多。中性洗涤纤维（NDF）含量＜55%为优质青贮玉米。青贮玉米品种审定是按中性洗涤纤维含量来划分的：一级≤45%，二级≤50%，三级≤55%，四级＞55%。

按照我国《青贮玉米品质分级》（GB/T 25882—2010），将青贮玉米品质分为三级以及等外。青贮玉米在60 ℃温度下干燥后，主要测量粗蛋白、淀粉、中性洗涤纤维和酸性洗涤纤维四项指标。在品质综合评判中，单项最低的等级判定为青贮玉米品质的等级。三级以下的判为等外。判定标准见表1-1。

表1-1　青贮玉米品质分级及指标

等级	中性洗涤纤维/%	酸性洗涤纤维/%	淀粉/%	粗蛋白/%
一级	≤45	≤23	≥25	≥7
二级	≤50	≤26	≥20	≥7
三级	≤55	≤29	≥15	≥7

注：粗蛋白、淀粉、中性洗涤纤维和酸性洗涤纤维为干物质（60 ℃温度下烘干）中的含量

为满足畜牧业高质量发展，青贮玉米的品质要求进一步提高。国家农作物品种审定委员会发布了2021年修订的国家级玉米品种审定标准。该标准明确，评价青贮玉米品质指标主要有三个：整株粗蛋白含量、中性洗涤纤维（NDF）含量和淀粉含量。具体要求为整株粗蛋白含量≥7.0%、中性洗涤纤维（NDF）含量≤40%，淀粉含量≥30%。目前，高产优质青贮玉米的品质最新标准是：干物质含量35%左右，全株淀粉含量35%左右，中性洗涤纤维含量≤40%，中性纤维消化率≥60%。

二、中国青贮玉米生产布局

（一）国内外青贮玉米的发展现状

在世界上畜牧业发达地区，特别是在奶牛和肉羊生产发达地区，如美国、欧洲、加拿大和日本等地，都大量种植青贮玉米，广泛使用青贮玉米饲料极大地推动了草食牲畜的发展（张东伟，2011；丁光省，2019）。1919年美国用于青贮玉米面积已占玉米种植面积的3%，之后青贮玉米种植的总面积最高达6900万亩[①]，占玉米种植面积的20%。2015—2017年，美国用作青贮玉米收获面积约合5000万亩，在玉米总面积中的占比超过7%，收获总量在12567万t以上，单产在2513.4 kg/亩以上。美国现种植青贮玉米面积大体稳定在4500万hm^2左右，占玉米种植面积的7%以上，每年产全株青贮玉米料15708.75万t以上。美国青贮玉米种植区分布多与市场需求有关，一般有家畜养殖场的区域青贮玉米种植面积较广，主要分布在中北部的农业州，如威斯康星州、明尼苏达州、艾奥瓦州等。在美国，有7个州的青贮玉米面积超过200万亩，其中，威斯康星州近三年平均在500万亩以上。

据张林等（2020b）统计，2014—2016年以及2019年欧洲的青贮玉米种植面积分别为9114.75万亩、9278.4万亩、9217.05万亩、9217.05万亩，占玉米种植面积的40%以上。同年，德国的青贮玉米种植面积分别为3139.5万亩、3150.6万亩、3206.4万亩以及3205.95万亩，占玉米种植面积的85%左右，主要分布在德国北德平原及南部的山谷地区。2016年，法国青贮玉米种植面积为2265万亩，占玉米种植面积的80%以上。英国、丹麦、荷兰等国家种植的玉米几乎都是青贮玉米。欧美各国青贮玉米种植面积年际间变化较小，可能是由于现有的青贮玉米足够满足生产需要，当地青贮玉米产业达到饱和状态，导致其种植面积总体较为稳定。

中国青贮玉米种植起步晚，最近几年发展较快。在种植面积上与西方国家有较大差距。目前，中国青贮玉米种植面积仅占玉米总种植面积的6%～8%（依中国统计年鉴数据计算）。青贮玉米种植主要聚集在西北、华北和东北地区。根据《中国草业统计（2006—2021）》数据（表1-2），2006—2021年，全国青贮玉米种植面积总体呈上升趋势，2006—2010年青贮玉米种植面积上升较快，从2128.20万亩上升到3468.10万亩，2010—2021年，青贮玉米种植面积一直保持在3000万亩以上，2021年，我国青贮玉米种植面积达到了4683.68万亩，占全国玉米种植面积的7.21%。除了2006、2007、2009年产量较低外，其他年份总产量都在4000万t以上。2006—2021年青贮玉米总产量变化幅度为1972.44万～6291.64万t。但我国青贮玉米单产年际间变动也较大，变化幅度为993.76～1770.60 kg/亩。2020、2021年的总产量与单产均较低，可能草地贪夜蛾的危害是影响原因之一。

---

① 1亩≈666.7平方米（m^2），下同。

表 1-2 2006—2021 年我国青贮玉米生产状况(数据来源:《中国草业统计(2006—2021)》)

年份	种植面积/万亩	总产量(干重)/万 t	全国青贮量/万 t	单产(干重)/(kg/亩)
2006	2128.20	2043.67	4771.81	993.76
2007	1998.10	1972.44	4319.23	1032.53
2008	2642.50	4158.26	14345.47	1573.61
2009	2132.80	3162.78	2757.17	1482.92
2010	3468.10	5838.75	6330.87	1683.56
2011	3375.90	5140.65	10577.47	1522.75
2012	3207.60	4615.79	3292.72	1439.02
2013	3553.40	6291.64	5721.87	1770.60
2014	3605.30	5430.38	5836.46	1506.22
2015	4075.60	5631.30	5993.04	1381.71
2016	3402.7	5012.89	5013.47	1473.21
2017	3463.00	5371.88	5780.79	1551.22
2018	3870.40	4371.29	9181.00	1129.42
2019	3663.30	4467.85	19261.57	1219.62
2020	3620.10	4180.97	6581.70	1154.93
2021	4683.68	5216.48	15001.95	1113.76

注:2006—2007 年一些地区只统计了种植面积但没有统计产量,故单产是根据产量和面积都统计了的数据计算而来

(二)中国青贮玉米的生产布局

中国青贮玉米种遍全国各地,其中东北平原、内蒙古牧区、黄土高原地区(如晋北、陕北、甘肃、宁夏)、新疆等地为青贮玉米产区;此外,中原地区、南北过渡地区、南方低纬度省(区)以及西藏,都有青贮玉米种植。

2001 年以来,青贮玉米生产重心一直处于中国东北部(含内蒙古自治区东部),空间分布不均衡。青贮玉米的主产区与奶牛养殖主产区基本吻合,因内蒙古、新疆、河北、黑龙江等地奶牛养殖业起步早且发展基础好,对青贮饲料的需求量大,从而带动当地青贮玉米产业的发展,促使青贮玉米产业逐渐在西北、华北和东北地区聚集(倪印锋 等,2019)。这个时期,青贮玉米主要集中在新疆、内蒙古、黑龙江、甘肃、吉林、河北、山西、辽宁、四川等省(区)(表 1-3、表 1-4)。2020 年,青贮玉米种植面积达 100 万亩以上的省(区)有内蒙古、新疆、甘肃、河北、山东、宁夏、河南、陕西、黑龙江、云南、安徽、山西 12 个省(区)。至 2021 年,种植青贮玉米 100 万亩以上省(区)增至 14 个(辽宁、吉林)。2020—2021 年,内蒙古、新疆、甘肃、河北 4 个省(区)青贮玉米种植面积超过 300 万亩。从整体上看,我国青贮玉米生产仍然以东北、华北和西北地区为主,逐渐向西南方向发展(表 1-5、表 1-6)。“十四五”全国饲草产业发展规划指出,要确保牛羊肉和奶源自给率分别保持在 85%左右和 70%以上的目标,对优质饲草的需求总量将超过 1.2 亿 t,尚有近 5000 万 t 的缺口。依照“以养定植”的原则,在将来很长一段时间内,我国牛奶、肉牛和肉羊生产大区(内蒙古、新疆、河北、山东、河南)、牛奶生产大区(黑龙江、宁夏、山西、陕西、辽宁)以及牛肉羊肉生产大区(甘肃、云南、四川、河南、吉林、安徽)青贮玉米的种植面积不会下降。为了提高饲料的转化率和牛奶质量,产业会选用更高产优质的青贮玉米品种。

表 1-3　2001—2005 年我国青贮玉米生产前五位的省(区)(引自倪印锋 等,2019)

年份	排名前五省(区)				
2001	新疆	内蒙古	黑龙江	甘肃	吉林
2002	内蒙古	新疆	黑龙江	吉林	四川
2003	内蒙古	新疆	吉林	黑龙江	河北
2004	内蒙古	吉林	黑龙江	河北	甘肃
2005	内蒙古	吉林	黑龙江	河北	四川

表 1-4　2006—2021 年我国青贮玉米生产前五位的省份(数据来源:《中国草业统计(2006—2021)》)

年份	排名前五省(区)				
2006	内蒙古	吉林	黑龙江(含黑龙江农垦)	河北	甘肃
2007	内蒙古	吉林	黑龙江(含黑龙江农垦)	河北	四川
2008	内蒙古	吉林	山东	黑龙江(含黑龙江农垦)	新疆(含新疆生产建设兵团)
2009	辽宁	黑龙江(含黑龙江农垦)	吉林	四川	河北
2010	内蒙古	黑龙江(含黑龙江农垦)	辽宁	吉林	新疆(含新疆生产建设兵团)
2011	内蒙古	黑龙江(含黑龙江农垦)	新疆(含新疆生产建设兵团)	辽宁	吉林
2012	内蒙古	黑龙江(含黑龙江农垦)	辽宁	吉林	新疆(含新疆生产建设兵团)
2013	内蒙古	新疆(含新疆生产建设兵团)	辽宁	吉林	河南
2014	内蒙古	新疆(含新疆生产建设兵团)	辽宁	吉林	山西
2015	内蒙古	新疆(含新疆生产建设兵团)	辽宁	吉林	山西
2016	内蒙古	新疆(含新疆生产建设兵团)	吉林	黑龙江(含黑龙江农垦)	山西
2017	内蒙古	新疆(含新疆生产建设兵团)	黑龙江(含黑龙江农垦)	山东	甘肃
2018	内蒙古	新疆(含新疆生产建设兵团)	甘肃	黑龙江(含黑龙江农垦)	云南
2019	内蒙古	新疆(含新疆生产建设兵团)	甘肃	河北	山东
2020	内蒙古	新疆(含新疆生产建设兵团)	甘肃	河北	山东
2021	内蒙古	新疆(含新疆生产建设兵团)	甘肃	河北	宁夏

表 1-5　2020 年各省(区、市)青贮玉米种植情况(数据来源:《中国草业统计(2020)》)

省(区、市)	面积/万亩	面积排位	单产/(kg/亩)	单产排位	生产总量(折成干草)/t	产量排位	青贮量/t	青贮量排位
内蒙古	892.23	1	1022.00	17	9116919.00	1	13261840.00	1
新疆(含新疆生产建设兵团)	495.61	2	1226.04	13	6076390.00	2	7436980.00	4
甘肃	372.27	3	1040.00	15	3870001.00	3	7462890.00	3
河北	336.53	4	963.00	20	3240679.00	4	7706059.00	2
山东	175.70	5	870.00	24	1529193.00	9	4782956.00	5
宁夏	155.52	6	1264.00	12	1965649.00	7	3382008.00	6
河南	138.76	7	940.00	21	1303669.00	10	2763315.00	8
陕西	133.00	8	917.00	23	1219956.00	11	2241122.00	11
黑龙江(含黑龙江农垦)	132.89	9	762.23	25	1012921.00	13	2890622.00	7
云南	124.91	10	2115.00	3	2641470.00	5	1703232.00	12
安徽	109.80	11	1550.00	8	1701542.00	8	2514945.00	9
山西	104.95	12	978.00	18	1026724.00	12	1375129.00	13
辽宁	87.38	13	2320.00	2	2027445.00	6	2440528.00	10
吉林	84.49	14	930.00	22	786061.00	16	683488.00	17
四川	58.64	15	1431.00	10	839432.00	15	655567.00	18
湖南	42.45	16	1377.00	11	584603.00	18	1359905.00	14
贵州	38.60	17	2329.00	1	899000.00	14	587561.00	20
青海	32.73	18	1154.00	14	377739.00	20	813277.00	15
湖北	30.19	19	2028.00	4	612271.00	17	622950.00	19
天津	28.36	20	757.00	26	214718.00	21	707930.00	16
江苏	26.18	21	1571.00	7	411415.00	19	139528.00	21
广西	14.55	22	1455.00	9	211663.00	22	84922.00	22
重庆	5.88	23	1039.00	16	61057.00	23	77054.00	23
西藏	3.55	24	509.00	27	18088.00	26	22323.00	25
江西	3.35	25	974.00	19	32619.00	24	32765.00	24
福建	1.09	26	1896.00	5	20705.00	25	7000.00	27
广东	0.49	27	1592.00	6	7800.00	27	21060.00	26
合计	3630.10		35009.27		41809729.00		65776956.00	

表 1-6　2021 年各省(区、市)青贮玉米种植情况(数据来源:《中国草业统计(2020)》)

省(区、市)	面积/万亩	面积排位	单产/(kg/亩)	单产排位	生产总量(折成干草)/t	产量排位	青贮量/t	青贮量排位
内蒙古	1245.33	1	995.15	18	12392921.00	1	37364082.00	2
新疆(含新疆生产建设兵团)	824.09	2	1243.58	12	10248182.00	2	19413284.00	3
甘肃	481.30	3	1008.58	17	4854281.00	3	9024123.00	4
河北	328.58	4	938.33	20	3083159.00	4	53851745.00	1
宁夏	240.47	5	1168.62	14	2810176.00	6	5976399.00	5
辽宁	207.18	6	1229.95	13	2548209.00	7	2729552.00	9
河南	179.10	7	867.30	23	1553337.00	9	2824724.00	8
云南	158.25	8	1779.80	4	2816530.00	5	2233746.00	11
陕西	140.36	9	966.70	19	1356857.00	11	2250105.00	10
黑龙江(含黑龙江农垦)	136.99	10	868.45	22	1189683.00	12	3705208.00	6
山东	133.94	11	839.09	24	1123874.00	13	3071099.00	7
吉林	104.80	12	1314.26	9	1377343.00	10	901532.00	14
山西	104.34	13	888.38	21	926931.00	15	1569734.00	12
安徽	104.29	14	1531.18	6	1596863.00	8	180702.00	21
四川	76.91	15	1305.33	10	1003930.00	14	513645.00	18
贵州	48.37	16	1840.74	3	890365.00	16	674907.00	16
湖南	43.00	17	1431.75	7	615652.00	18	1330023.00	13
湖北	33.71	18	2270.37	1	765343.00	17	540467.00	17
江苏	23.66	19	1347.56	8	318832.00	19	355193.00	20
天津	22.64	20	663.48	26	150211.00	21	510200.00	19
青海	19.05	21	1589.64	5	302827.00	20	799392.00	15
广西	12.05	22	635.20	27	76542.00	22	44833.00	24
重庆	5.94	23	1070.88	16	63610.00	23	72649.00	22
江西	4.09	24	1124.06	15	45974.00	24	62356.00	23
西藏	3.57	25	690.62	25	24655.00	25	11328.00	25
福建	1.20	26	1883.75	2	22605.00	26	7000.00	26
广东	0.47	27	1251.06	11	5880.00	27	1500.00	27
合计	4683.68		33965.62		52164772.00		150019528.00	

1. 内蒙古牧区

内蒙古自治区牛奶产量和牛羊肉产量均名列全国第一，是我国的草食畜牧业的大区、饲草消耗大区和人工饲草种植大区。在内蒙古，青贮玉米种植分布主要集中在一些适宜的区域，如呼伦贝尔、锡林郭勒、兴安盟等。这些地区气温适宜，夏季相对较长，有利于玉米的生长和发育。此外，一些盆地地区也有一定规模的青贮玉米种植，通过合理的水资源利用，为玉米提供灌溉。内蒙古青贮玉米种植面积居全国第一，生产总量、青贮量均居全国第一。据内蒙古农情统计数据显示，2016 年内蒙古籽粒玉米种植面积 349.8 万 hm^2，减幅 15%；粮饲兼用型玉米种植面积 55.13 万 hm^2，增幅 64%；专用青贮玉米种植面积 26.27 万 hm^2，增幅 30%（张瑛 等，2021）。2021 年，内蒙古有人工种植一年生牧草面积 1675.71 万亩。其中，青贮玉米 1245.33 万亩，种植面积最大，占种植面积 74.41%，是主要种植的一年生牧草之一，见图 1-1。

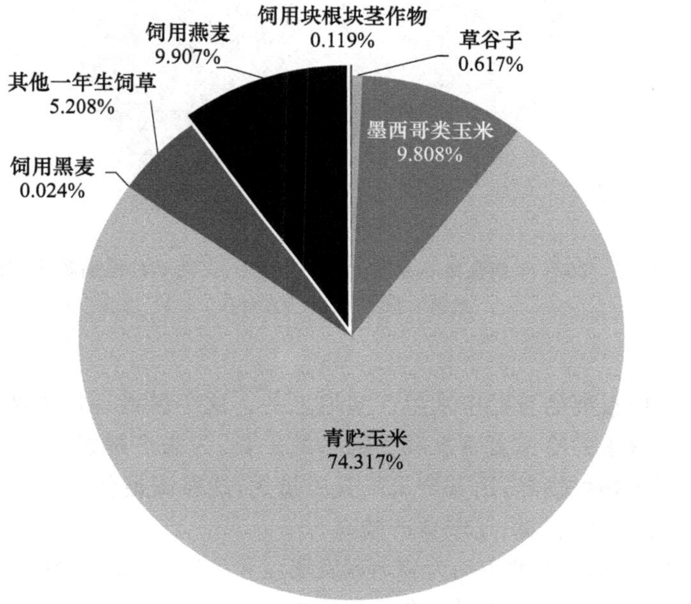

图 1-1　2021 年内蒙古一年生人工饲草种植面积比例结构

（数据来源：《中国草业统计（2021）》）

2. 新疆

新疆是中国第二大畜牧区，畜牧业在新疆国民经济发展中占有重要地位，随着新疆农业结构调整，畜牧业已经成为农业发展的重点。加孜拉等（2019）认为，新疆主要的畜牧业分布在新疆北部寒旱区，该地区属于干旱荒漠类型，蒸发量大，降水少，草场多砾石，缺水，牧草品质差，产量少，载畜能力低。玉米是新疆最重要的粮饲兼用作物，是畜牧养殖的核心饲草料。青贮玉米种植需水量不大，收获后进行青贮，营养丰富，营养保存时间长，产量较高，是发展畜牧业的优质饲料，对加速新疆发展草食家畜和畜牧业具有重要意义。优质饲草产业技术体系（2022）报道，2020 年新疆青贮玉米种植面积为 495.61 万亩，生产总量 607.6 万 t，均位居全国第二；青贮量 743.7 万 t，位居第四；单产 1226.04 kg/亩，平均产量（鲜重）4 t/亩。新疆南部复播青贮玉米产量（鲜重）只有 2～3 t/亩，新疆北部地区平均产量（鲜重）4～5 t/亩，远远满足不了养殖需求。2021 年，新疆青贮玉米种植面积达 800.35 万亩，占一年生饲草生产面积的 96.85%（图 1-2），仍然满足不了养殖的需求。

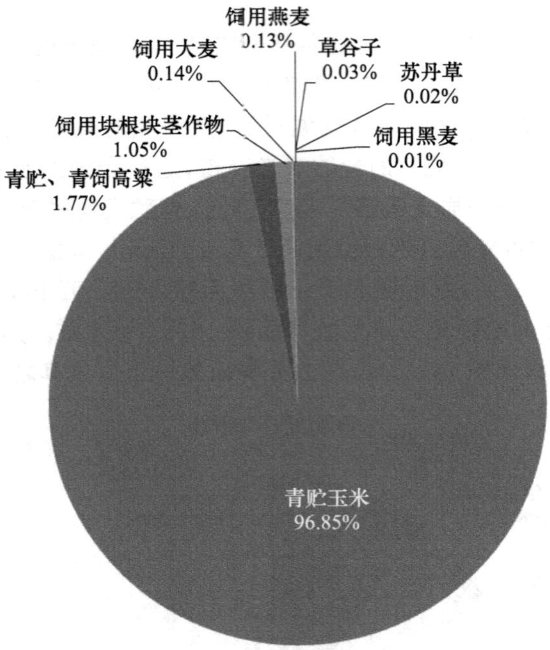

图 1-2 2021 年新疆维吾尔自治区一年生人工饲草种植面积比例结构
(数据来源:《中国草业统计(2021)》)

3. 东北平原

东北平原是中国重要的青贮玉米生产基地之一。这个区域地广人稀,拥有丰富的黑土和适宜的气候条件。这里的冷凉夏季有利于玉米的生长,为高产提供了有力的基础。东北地区的青贮玉米主要用于奶牛饲养,因其产量高且质量优,能够满足乳制品业的需求。黑龙江因纬度较高,青贮玉米单产低,吉林、辽宁单产较高。

黑龙江养殖基础好,肉牛、奶牛均为该地区发展主导品种,2018 年,黑龙江牛肉产量 42.6 万 t,牛奶类制品产量 455.9 万 t,占全国总产量的比重分别为 6.61%、14.83%。近年来,黑龙江加大了对畜牧业的支持力度,草牧业发展较快,黑龙江牛奶产量居全国第二位,牛肉产量居全国第四位,黑龙江加快发展以"两牛"为重点的草食畜牧业,随着现代示范奶牛场建设项目和肉牛保母扩群增量项目的实施,"两牛"饲养量的持续增长和规模化、标准化养殖水平的不断提高,对优质饲料的供给保障能力也提出较高的要求。但当前黑龙江草原生态环境不断恶化、生产力水平不高,玉米青贮、苜蓿产业发展也相对滞后,优质饲料的缺口很大,远远不能满足草食畜牧业,特别是规模养殖奶牛的快速发展。2021 年,黑龙江苜蓿种植面积 17.89 万亩,产量 6.37 万 t,青贮量 0.05 万 t;青贮玉米种植面积为 136.99 万亩,产量 118.97 万 t,青贮量 370.52 万 t(《中国草业统计(2021)》)。苜蓿的产量缺口巨大,全省 90%以上的青贮玉米都用于奶牛养殖(张冬梅 等,2022)。黑龙江青贮玉米单产低,2020 年为 762.23 kg/亩,2021 年为 868.45 kg/亩。提高单产是提高黑龙江青贮玉米产量的关键。

吉林省政府早在 20 世纪 60 年代就提倡发展玉米青贮饲料,畜牧科技工作者研究出了玉米秸秆青贮或黄贮的制作方法、青贮玉米的饲喂技术、防止二次发酵的技术等系列技术,但由于推广力度不大,农民始终没有掌握其技术要领,也就不能自觉地利用玉米秸秆来发展养殖业，阻碍了该省畜牧业的发展进程。在“粮改饲”相关政策的支持下，吉林发展青贮玉米，将玉米主产区的粮食优势发展成畜牧业主产区的产品优势，进而转变成农牧结合的经济优势。2022 年，全省肉牛饲养量达到 652.6 万头，同比增长 12.4%。2021、2022 年连续两年增速位居东北三省第一位、全国前列，全省肉牛集群全产业链产值达到 2000 亿元，同比增长 7.6%（傅蕾 等，2023）。2021 年，吉林青贮玉米种植面积达 104.80 万亩，产量 137.73 万 t，青贮量 90.15 万 t，单产为 1314 kg/亩（《中国草业统计（2021）》）。

辽宁作为我国北方主要玉米种植大省，常年玉米种植面积为 3,499.5 万亩左右，青贮玉米的种植面积约占玉米种植面积的 5%，大约 174.98 万亩。辽宁属于北方农牧交错区，冬季比较寒冷，优质饲草料供应严重不足，严重影响了畜牧业的发展。调整玉米种植比例将成为必然。随着 2015 年底农业部提出的《关于“镰刀弯”地区玉米结构调整的指导意见》和 2017 年中央一号文件对农业供给侧结构性改革的要求，2019 年中央一号文件提出合理调整粮经饲结构，青贮玉米被定位为饲草料，要求大力发展青贮玉米、苜蓿等优质饲草料生产。2016 年辽宁已经调减籽粒玉米种植面积 190.5 万亩左右，其中辽宁西北部地区调减比重大约占全省的 75%（李德全 等，2020）。至 2021 年，辽宁青贮玉米种植面积 207.18 万亩，总产量 254.82 万 t，单产为 1230 kg/亩（《中国草业统计（2021）》）。

4. 黄土高原地区

黄土高原地区的土壤质量一般较差，气候条件较为干旱，夏季气温较高，冬季气温较低。这些气候特点对青贮玉米的种植提出了一定的挑战。鉴于黄土高原地区的干旱气候，一些农民开始尝试种植旱地青贮玉米。这些品种通常对干旱条件有较强的适应性，可以在水资源相对有限的情况下生长。

甘肃近年来大力发展养殖业，年产牛羊肉居全国前十名，又属于《全国种植业结构调整规划（2016—2020 年）》中“适当调减非优势区玉米面积，根据以养带种、以种促养的要求，因地制宜发展青贮玉米，提供优质饲料来源”的调整省份，青贮玉米产业发展较快。2020 年，甘肃青贮玉米种植面积为 372.27 万亩，生产总量 387.0 万 t，青贮量 746.3 万 t，均位全国第三；该省单产为 1040.00 kg/亩。至 2021 年，甘肃青贮玉米种植面积为 481.30 万亩，生产总量 485.43 万 t，青贮量 902.41 万 t，均位全国第三；该省单产为 1008.58 kg/亩。

宁夏地处全国饲草产业“镰刀湾”核心区，发展饲草产业具有得天独厚的自然禀赋和区位优势。2013 年底，宁夏专用玉米青贮种植面积 2.23 万 hm^2，仅为玉米种植面积的 10.5%，产量 913 万 t。其中，引黄灌区青贮玉米种植面积为 1.85 万 hm^2，产量 138.5 万 t；中南部地区青贮玉米种植面积为 0.38 万 hm^2，产量为 17.14 万 t（陈亮 等，2014）。在“粮改饲”政策的调整下，截至 2019 年底，青贮玉米种植面积为 9.1 万 hm^2，青贮玉米产量达 542 万 t。“十三五”末期，宁夏已基本形成了灌区奶牛、中部干旱带滩羊、南部山区肉牛的养殖业产业布局。围绕养殖业饲草料需求，灌区人工饲草种植主要以供给奶牛养殖的优质苜蓿、青贮玉米为主，种植面积分别达 2.1 万 hm^2 和 1.4 万 hm^2。干旱带滩羊养殖区和南部山区肉牛养殖区饲草种植多为旱作生产，受降雨、耕地环境等条件限制，种植饲草作物种类较多，以青贮玉米、燕麦草、饲用高粱、苜蓿、高丹草为主，其中，种植面积最大的饲草作物为青贮玉米，达 3.9 万 hm^2（杜建民 等，2020）。2020 年，宁夏青贮玉米种植面积 10.37 万 hm^2，居全国第六位；生产总量 196.56 万 t，居全国第七；青贮量 338.20 万 t，单产为 1264.00 kg/亩，单产水平较高。至 2021 年，该区青贮玉米种植面积 13.81 万 hm^2，生产总量 254.82 万 t、青贮量 272.955 万 t，单产为 1229.95 kg/亩，单产水平较高。

陕西地处中国内陆腹地，畜禽资源丰富，是我国传统农业大省之一，畜牧业作为全省农业的重要组成部分，其产值约占全省农业总产值的22%。截至2020年底，全省牛存栏151万头，羊存栏871万只，家禽存栏7738万只（陕西省政府办公厅，2020）。其中，奶牛27.6万头，奶山羊248.6万头，牛奶产量108.7万t，羊奶产量64.8万t。关中地区是陕西传统粮食种植区和奶畜产业带，奶牛养殖占全省存栏的89.28%，奶山羊养殖占全省97%。西安、宝鸡、咸阳、渭南、铜川5市种植青贮玉米5.25万hm^2，占全省青贮玉米种植面积的59.2%。陕北地区属中国北方农牧交错带，是全国优质绒山羊生产基地、全省肉羊生产基地，榆林、延安两市青贮玉米种植面积2.9万hm^2，占全省青贮玉米种植面积的32.7%。陕南地区是陕西传统生猪产业区域，草食家畜占比较小，汉中、安康、商洛三市青贮玉米种植面积0.72万hm^2，占全省青贮玉米种植面积的8.1%。从饲草种类来看，全省商品草生产以紫花苜蓿、青贮玉米为主，生产面积分别为2.79万hm^2、1.44万hm^2（张琦琦 等，2022）。2021年青贮玉米种植面积9.36万hm^2，占一年生种草面积的86.6%，折合干草产量135.69万t，占一年生饲草总产量的89.03%。青贮玉米平均青干草产量为967 kg/亩（《中国草业统计(2021)》）。

山西作为全国玉米主产区，是“粮改饲”政策重点试行地区，青贮玉米的种植面积已居于全国前列。2015年，山西青贮玉米种植面积达到了110.9万亩，占全省粮食总种植面积的2.25%，生产总量96.93万t，单产874 kg/亩。随着2015年中央一号文件重点提及“粮改饲”政策后，山西青贮玉米种植面积在2016年达到223.8万亩，总产量和单产最高，分别达316.17万t、1413 kg/亩。2017年，山西青贮玉米种植面积达143.9万亩，总产量达155.52万t。2017年，山西出台《山西省“十三五”脱贫攻坚规划》，规划提出“加大对粮食作物改种饲草料作物的扶持力度，形成粮草兼顾、农牧结合、循环发展的新型种养结构”，并且“在籽实玉米种植面积大的贫困县，推广种植青贮玉米、燕麦草等饲草作物”政策的支持为青贮玉米产业的发展与推广带来了稳定的发展环境，青贮玉米产业已初步形成了一套包括青贮玉米品种培育、青贮玉米种植与收获、青贮玉米加工与贮藏、青贮玉米销售与流通的完整产业链。至2021年，山西青贮玉米的种植面积为104.34万亩，居全国第13位；产量92.69万t，居全国第15位，单产888.0 kg/亩。

5. 中原及中原周边华北、华东地区

中原及周边地区拥有丰富的农田资源，主要属于温带季风气候，四季分明，夏季温暖，冬季寒冷，降水主要集中在夏季。这个地区的农民通常种植青贮玉米以满足家畜饲养业的需求，包括牛、猪、鸡等。青贮玉米的种植面积相对较大。

河北是我国的牛奶和牛羊肉生产大省之一。经对河北各市青贮玉米种植面积及产量进行了解后发现：保定种植面积约为8.58万hm^2，拥有383.53万t的产量，单产44.71 t/hm^2，居全省之最。唐山、石家庄种植面积较大，分别为3.19万hm^2、2.87万hm^2，产量分别达133.89万t、116.1万t，单产分别为41.97 t/hm^2、40.45 t/hm^2。除此之外，廊坊、沧州、定州、衡水、邢台种植面积相对较小。河北青贮玉米产量较高，外购数量较少。河北青贮玉米外购数为20.27万t，平均外购单价330元/t（杨雨宁 等，2020）。2021年，河北牛奶产量和牛羊肉产量均位居全国第三。该省青贮玉米种植面积为221.91万hm^2，生产总量308.32万t，均位居第四；青贮量为5385.1745万t，位居全国第一。该省单产为938.33 kg/亩，产量不高。河北青贮玉米种植面积在今后很长一段时间内保持稳定，在青贮玉米品种选育方面注重单产和品质。

山东是畜牧生产大省，2016年，山东奶牛数量约120万头，加上肉牛和肉羊，约需青贮玉米 495 万～705 万亩，然而专用青贮玉米不到 100 万亩，饲料主要是黄贮玉米和干草。至 2021 年，山东种植青贮玉米的面积达 133.94 万亩，产量 112.39 万 t，青贮产量 307.11 万 t。所种植的青贮玉米全用作青贮，但单产较低，平均为 839.09 kg/亩。

河南是玉米种植大省，更是畜牧养殖业大省，是全国第一养牛大省、第二养猪和养禽大省及第四养羊大省。2003 年根据河南各地玉米发展的自然条件及种植规模、产业基础等社会、经济条件，依据河南农业种植业区划，划分出河南的专用玉米优势生产区域。具体分为饲用玉米优势区，包括高蛋白质玉米、青贮玉米等。该区是主要的专用玉米产区，分布在从东北到西南的黄淮海平原及南阳盆地，包括安阳、焦作、济源、新乡、郑州、许昌、开封、鹤壁、漯河、周口、驻马店、商丘、南阳、濮阳的全部和洛阳、平顶山的部分县。青贮玉米作为养牛、养羊青饲料，重点分布在科尔沁牛业、恒都牛业、花花牛、中鹤牧业等大企业周围和养牛、养羊集中地区。在“粮改饲”政策的支持下，河南“粮改饲”试点县由 2016 年的 8 个扩大到 2019 年的 69 个，全省试点县“粮改饲”面积由 32 万亩发展到 126 万亩、全株青贮由 78 万 t 增加到 317 万 t，分别增长 293%、306%，示范带动全省“粮改饲”面积发展到 280 万亩（郁李，2020）。2020 年河南“粮改饲”面积达 100.05 万亩，共 75 个试点县，全株青贮 288 万 t，激发了草食畜牧业的发展潜力，达到了以畜定需、以养定种、草畜结合、平衡发展的目标（汤晓洁 等，2021）。2021 年河南青贮玉米种植面积 179.10 万亩，总产量 155.33 万 t，青贮为 282.47 万 t，平均亩产 867.30 kg，单产水平较低（《中国草业统计（2021）》）。

安徽位于华东腹地，地处长江、淮河中上游，地处暖温带与亚热带过渡地带，气候适宜、雨量充沛、光照充足、土壤肥沃，优越的区位优势和自然资源已成为长三角地区的“粮仓”“肉库”“奶罐”“燃料箱”，也成为长三角奶业联盟奶牛的“草料场”。安徽是我国肉牛主产区，也是全国肉牛优势区域布局中原肉牛带的主要省份，是 21 世纪“长三角”地区重要的肉牛供应基地。该省肉牛养殖主要是农户养殖和部分“架子牛”育肥。农户养殖主要以农副产品的秸秆、麦秸、稻草为主，用青贮玉米技术饲喂肉牛的不足 10%；安徽也是传统的肉羊养殖大省，肉羊存栏量和羊肉产量多年位居全国前列，肉羊养殖主要以山羊为主，优势产区主要分布在皖北的宿州、阜阳、亳州、蚌埠、六安、淮北、滁州等地。近年来，青贮玉米种植面积快速增长，2015 年全省青贮玉米种植面积 1.51 万 hm^2，2016 年为 3.36 万 hm^2。2017—2018 年全省青贮玉米种植面积稳定在 4 万 hm^2 以上，2019 年种植面积接近 6.67 万 hm^2，主要集中在皖北地区的蚌埠、宿州、阜阳、淮南、淮北、亳州、滁州等地；皖南地区的合肥周边、宣城、马鞍山等地零星种植，种植区域主要分布在蚌埠、合肥、淮南、马鞍山四大城市的城区及附近郊县，80%的奶牛饲养企业主要集中在以上区域。安徽青贮玉米品种多杂乱，专用青贮玉米品种仅占 15.47%，平均产鲜重 3～4 t/亩。粮饲兼用型品种使用占 34.71%，平均产鲜重 2～3 t/亩，多为外省甚至国外品；普通籽粒玉米砍做青贮现象极为普遍，占 49.82%以上，平均产鲜重不超过 2 t/亩（王俊 等，2021）。2021 年，安徽种植青贮玉米面积为 104.29 万亩，总产量 159.693 万 t，青贮量 180.17 万 t，单产 1531.18 kg/亩（《中国草业统计（2021）》）。

6. 西南地区

云南地区籽实玉米生产不仅产量低而且不稳定，且生产成本较高，为我国当前“镰刀弯”地区玉米结构调整的重点区域，尤其高海拔山区和缺少灌溉保障地区宜选择退出籽实玉米种植。近年来，随着云南山地畜牧业的迅速发展，肉牛产业作为云南八大农业支柱产业之一，被纳入了云南农业产业发展规划，云南省政府出台了“粮改饲”等政策支持措施，对青贮玉米种植给予相应补贴。随着肉牛养殖规模的不断扩大，肉牛存栏数逐年递增，市场对青贮玉米的需求量随之增加，青贮玉米收购价也“水涨船高”，连锁反应导致农牧民种植青贮玉米的积极性显著提高，青贮玉米的种植面积也在逐年增加。至 2020 年，云南青贮玉米种植面积为 124.91 万亩，单产和生产总量分别为 2115.00 kg/亩、264.15 万 t，青贮量 170.32 万 t。云南在光温上的巨大优势，可以一年两季，所以单产很高。不过由青贮量和总产量的数据差异可以看出，云南种植青贮玉米用作青贮饲料的比例还比较低。

畜牧业在四川占有重要地位。2019 年，四川青贮玉米种植面积为 11.4 万 hm^2，单产为 56.82 t/hm^2。青贮玉米品种结构相对较简单，以雅玉 8 号、神龙玉 5 号、成单 99 为主(廖桂堂等，2021)。《国家统计年鉴(2021)》数据显示，2021 年，四川牛年底头数 880.3 万头，居全国第一；山羊年底只数 1353.9 万只，居全国第三；绵羊年底只数 170.9 万只，居全国第 19。同年，四川青贮玉米种植面积 76.91 万亩，产量 100.39 万 t。该地区牧草种植种类很多，青贮玉米种植面积只占一年生牧草种植的 15.67%，比多花黑麦草品种少 10%。

贵州是中国的畜牧发展大省之一。贵州是中国喀斯特地貌分布面积最广、比例最大的省份之一，全省以山地为主、丘陵次之，坝地资源较少。但贵州地区属于亚热带季风湿润气候，年总日照时数长，年≥10 ℃总积温在 5483 ℃·d，全年无霜期达 290 d 左右，年均降雨量在 1100～1300 mm，气候条件的基本特点是春夏较长、秋冬较短、夏无酷暑、冬无严寒、雨量充沛，以及水、热、光同季等，这些都能为优质牧草的种植和生长提供良好的气候条件，据测算，贵州地区的人工牧草亩产量要高出西北地区 5～10 倍(吴蓉，2023)。贵州一年生牧草生产种类以多花黑麦草为主，2017 后才开始种植青贮玉米。贵州青贮玉米种植面积虽然不大，但单产确实很高，这可能跟其更低复种指数高有关。至 2021 年，贵州青贮玉米种植面积达到最大，见表 1-7。

表 1-7　2017—2021 年贵州青贮玉米生产状况(数据来源：《中国草业统计(2006—2021)》)

年份	面积/万亩	单产/(kg/亩)	总产量(折成干草)/t	青贮量/t
2017	36.40	2045.65	744617.00	825592.00
2018	38.30	1328.16	508687.00	445710.00
2019	26.90	1483.91	399172.00	482968.00
2020	38.60	2329.02	899000.00	587561.00
2021	48.37	1840.74	890365.00	674907.00

重庆青贮玉米发展较晚，但在国家“粮改饲”项目以及其他各级项目支持下，大力发展青贮玉米产业，在合川、垫江、武隆等区(县)的肉牛、奶牛生产区建立了青贮玉米示范区，以引导、带动青贮玉米产业快速发展(李淑君 等，2021)。重庆青贮玉米种植面积不大，产量也不高，一般 50%左右用于青贮，见表 1-8。

表 1-8　2009—2021 年重庆青贮玉米生产状况(数据来源：《中国草业统计(2006—2021)》)

年份	面积/万亩	单产/(kg/亩)	总产量(折成干草)/t	青贮量/t
2009	2.30	804.35	18500.00	/
2010	0.10	660.00	660.00	500.00
2011	1.20	1323.33	15880.00	9020.00
2012	4.20	1023.81	43000.00	20250.00

续表

年份	面积/万亩	单产/(kg/亩)	总产量(折成干草)/t	青贮量/t
2013	8.00	998.36	79869.00	60892.00
2014	9.70	950.61	92209.00	112560.00
2015	8.90	958.13	85274.00	102480.00
2016	8.50	1020.15	86713.00	92530.00
2017	9.00	1153.01	103771.00	115363.00
2018	6.80	1070.93	72823.00	87731.00
2019	6.10	1052.45	64199.50	97616.00
2020	5.88	1038.38	61057.00	77054.00
2021	5.94	1070.88	63610.00	72649.00

畜牧业是广西重要的扶贫产业。2016—2018年，广西牛羊养殖业的规模和肉产量均稳步提升。截至2018年，存栏牛328.57万头，增长8.75%，存栏羊223.5万只，增长9.74%，奶牛存栏5.1万头，增长2.16%。2019年受非洲猪瘟疫情影响，市场对牛、羊肉需求量增加，不少企业计划增加牛羊养殖的投资规模。据调查，广西人工草地只有9.93万hm^2，其中优质草地7.73万hm^2，鲜草及农作物秸秆供给量为1051.35万t/a，按照饲料需求和供应量，缺口183.81万t/a。同时，自然野草、作物秸秆等品质不优，且普遍存在季节性缺草、结构性缺草和营养不均衡的状况，造成了养殖规模扩张慢、生产周期变长、成本高及产品品质差等现象。随着牛、羊养殖规模扩大，优质饲料缺口还将扩大(钟昌松 等，2020)。广西青贮玉米种植面积从2009年的0.8万亩，增加到2021年的12.05万亩(表1-9)。

表1-9　2017—2021年广西青贮玉米生产状况(数据来源：《中国草业统计(2006—2021)》)

年份	面积/万亩	单产/(kg/亩)	总产量(折成干草)/t	青贮量/t
2009	0.80	1058.75	8470.00	24.00
2010	0.20	1290.00	2580.00	24.00
2012	0.20	1500.00	3000.00	2000.00
2013	0.30	1666.67	5000.00	13.00
2014	0.40	1000.00	4000.00	800.00
2015	3.00	1018.43	30553.00	16500.00
2016	3.60	848.14	30533.00	30533.00
2017	7.30	1032.19	75350.00	95420.00
2018	8.40	825.85	69371.00	137952.00
2019	9.80	1543.79	151291.10	4062788.00
2020	14.55	1454.73	211663.00	84922.00
2021	12.05	635.20	76542.00	44833.00

7. 其他地区

北京、天津、江苏、福建、江西、湖北、湖南、广东、青海、西藏等地区青贮玉米种植面积不大，这跟当地的产业结构有关。只有江苏、江西两个省从2006年起一直种植青贮玉米(表1-10)。

表 1-10　2006—2021 年我国青贮玉米种植面积较少省(区、市)(数据来源:《中国草业统计(2006—2021)》)

单位:万亩

	2006 年	2007 年	2008 年	2009 年	2010 年	2011 年	2012 年	2013 年	2014 年	2015 年	2016 年	2017 年	2018 年	2019 年	2020 年	2021 年
北京	/	/	/	7.30	7.30	7.80	26.40	21.40	4.10	8.30	/	/	/	/	/	/
天津	/	/	/	5.20	9.20	9.20	9.50	11.10	10.30	1.10	4.90	2.80	1.20	31.10	28.36	22.64
江苏	33.10	11.60	10.90	13.40	22.60	13.70	14.50	34.20	15.00	14.60	11.50	7.40	17.20	25.60	26.18	23.66
福建	16.50	16.60	/	17.00	17.80	17.90	18.00	/	1.10	4.70	/	4.80	0.90	0.80	1.09	1.20
江西	39.00	29.20	33.20	35.70	37.50	37.40	33.00	23.50	23.90	14.10	16.20	7.20	3.40	3.10	3.35	4.09
湖北	0.20	/	/	/	/	4.60	4.60	8.40	5.60	20.60	18.30	15.40	28.90	27.90	30.19	33.71
湖南	0.50	0.80	1.00	/	0.80	0.60	0.50	0.80	1.20	4.40	5.40	12.20	69.90	34.8	42.45	43.00
广东	/	/	8.60	8.10	0.10	/	0.20	8.40	8.90	7.60	7.70	4.10	4.70	0.70	0.49	0.47
西藏	/	/	/	/	2.00	1.90	1.90	2.00	/	3.70	14.40	5.80	4.60	2.20	3.55	3.57
青海	/	/	/	0.70	1.90	1.90	2.60	3.50	7.70	46.20	40.10	23.70	5.50	22.60	32.73	19.05

三、中国青贮玉米种质资源

种质资源又称遗传资源。种质是指生物体亲代传递给子代的遗传物质，它往往存在于特定品种之中。如古老的地方品种、新培育的推广品种、重要的遗传材料以及野生近缘植物，都属于种质资源的范围。

(一)品种资源现状

1985 年由中国科学院遗传研究所育成的青贮专用晚熟品种京多 1 号首次通过审定。该品种为多秆多穗型青贮玉米品种。“七五”期间我国将青贮玉米育种列入国家科技攻关计划，提出了以多秆多穗、青枝绿叶、茎叶多汁、富含糖分、适口性好和生物产量高为主要育种目标。1988 年，辽宁省农业科学院原子能利用研究所选育的辽原 1 号通过审定。1989 年，中国科学院遗传研究所选育的科多 1 号通过审定。之后，太多 1 号、科多 4 号、龙牧 1 号、辽青 1 号、雅玉 8 号、瑞德 1 号、瑞德 2 号、太穗枝 1 号、辽洋白、沪青 1 号和中原单 32、农大 108、高油 115、农大 86 等青贮玉米品种陆续通过审定(成广雷 等，2022)。目前，生产应用中的青贮玉米品种，如京科青贮 301、京科青贮 516、雅玉 26、锦玉青贮 28、中北 410、晋农科 1 号等，具有生物产量高、籽粒产量高、饲用价值较高等特点。

2002—2022 年，通过国审和各省级(区域)审定的青贮玉米品种 587 个，其中国审 108 个，各省级(区域)审定的品种 479 个。国审 46.3%的品种出自科研院所，剩余 53.7%出自公司。但是，育成品种通过国审青贮玉米品种数量最多是重庆市农业科学院。其次是河南大京九种业有限公司、北京市农林科学院玉米研究中心、四川省农业科学院作物研究所、四川雅玉科技开发有限公司，见表 1-11。由此可以看出，玉米种质资源主要集中在科研单位和少数公司。从行政区域划分上分析(表 1-12)，2002—2022 年，各行政区育成的品种数量分别为：内蒙古 84 个、甘肃 55 个、北京 45 个、黑龙江 38 个、河北 36 个、山东 28 个、陕西 25 个、四川 25 个、新疆 25 个、宁夏 25 个、广西 23 个、贵州 21 个、云南 19 个、山西 17 个、福建 6 个、吉林 3 个、辽宁 2 个、上海 2 个。内蒙古是我国第一大牧区，饲草的需求量最大，对青贮玉米的需求量最高。在庞大的市场需求推动下，该区选育和审定的品种最多。北京虽然不是大牧区，但北京集人才、高等科研院所和典型的生态区所于一体，拥有国家玉米中心等平台和玉米种质资源保藏中心，种质资源研究和利用优势突出，是品种选育的主体力量。其余省份审定青贮玉米的数量也与市场的需求紧密相关。同时，也体现了该省（区）青贮玉米的种质资源丰富程度和育种实力。

表 1-11 2002—2022 年育成国家审定品种数量较多的单位 单位：个

育成单位	计数
重庆市农业科学院	10
河南省大京九种业有限公司	7
北京市农林科学院玉米研究中心	5
四川省农业科学院作物研究所	5
四川雅玉科技开发有限公司	5
北京农学院	3
广西皓凯生物科技有限公司、广西桂先种业有限公司	3
辽宁省农业科学院玉米研究所	3
四川雅玉科技股份有限公司	3
云南曲辰种业股份有限公司	3
北京大京九农业开发有限公司	2
河南省农业科学院粮食作物研究所	2
四川农业大学	2
铁岭先锋种子研究有限公司	2
云南省农业科学院粮食作物研究所	2
中国农业大学	2

注：表 1-11、表 1-12 数据来源于中国种业大数据平台：http://202.127.42.47:6010/SDSite/Home/Index

表 1-12 2002—2022 年各省（区、市）审定品种数量 单位：个

省（区、市）	计数
内蒙古	84
甘肃	55
北京	45
黑龙江	38
河北	36
山东	28
陕西	25
四川	25
新疆	25
宁夏	25
广西	23
贵州	21
云南	19
山西	17
福建	6
吉林	3
辽宁	2
上海	2

（二）种质资源现状

中国青贮玉米资源丰富，既有自育品种，也有外引品种，且不断有新品种应用于生产。自20世纪60年代开始，中国进行青贮玉米育种研究，利用体细胞无性系变异突变体筛选、热带种质导入、爆裂型种质导入等方式进行品种改良和种质创新，育成了一批适宜青贮专用的优质、抗倒、高产的玉米新品种。近年来，国家玉米产业体系收集了大量热带、亚热带青贮玉米种质材料，采用“高密度、大群体、严选择”的选系方法，以“耐密植、综合抗性强、持绿性高、结实性好”等为主要选择指标，对收集的种质资源进行鉴定筛选并改良利用，解决了热带、亚热带品种在温带地区往往表现出晚熟、易倒伏、花期不协调、结实率低、经济系数和产量较低等问题。我国青贮玉米种质资源丰富。孟义江等（2006）提出，中国玉米育种种质的杂种优势群划分过细，可划分为外引优势群、优势群和热带优势群。总的来看，中国玉米育种种质主要有6类，即旅大红骨种质、塘四平头种质、兰卡斯特种质、瑞得黄马牙种质、P群种质和热带亚热带种质。其中，旅大红骨种质与塘四平头种质均来自中国地方品种。常海滨等（2015）经评价认为，8个热带群体和2个中国主要群体（唐四平头群、PA群）有较高的青贮利用价值。孙发明等（2007）、徐艳荣等（2017）通过对饲用或粮饲兼用型玉米杂交种亲本进行分析，把我国饲用和粮饲兼用型玉米种质划分为七大类群，即78599改良种质、旅大红骨改良种质、Reid改良种质、高油群体改良种质、苏湾改良种质、墨西哥改良种质、黄早四改良种质。这些种质近年来被作为改良青贮玉米的主要种质在育种中应用。刘杭等（2021）分析我国2004—2017年28个国审青贮玉米品种的杂种优势群和杂优模式，通过采用系谱分析法将其分为6个杂种优势群，即温热Ⅰ群、瑞德黄类群、旅大红骨、塘四平头、热带种质和高油类群；其中，温热Ⅰ群有16个自交系，占28.6%；其次是瑞德黄类群有10个系，占20.0%；高油类群仅有2个系，占4.0%最少。使用2次的亲本自交系有1145、DH08、YA8201和YA3237，其他亲本自交系仅用1次。在群体划分上，刘杭等人的分析与孙发明等人分析结果一致。

1. 78599种质（P群或PB群种质或温热种质）

20世纪80年代，美国先锋公司选育的PN78599杂交种引入中国后，各育种单位从中选育出一批青贮玉米自交系，形成了近年来中国独特的杂种优势群，赵久然等（1999）称这个杂种优势群为P群，是目前中国青贮玉米的核心种质之一。

黎裕等（2010）经分析指出，从杂种优势利用模式来看，这类种质与A系列种质（包括BSSS、瑞得、旅大红骨、自330、Tuxpeno等）易形成优良杂交种，而与B系列种质（包括兰卡斯特、Suwan、ETO等）不易形成强杂种优势，因此，来自78599的这类种质可称为PB群种质。这批自交系的主要特点是植株高大，叶片多而繁茂，持绿性好，高抗叶斑病，叶片和茎秆不早衰，一般配合力高、青贮品质优、抗倒性好。利用PN78599种质选育出的青贮自交系主要有178、115、1145、1147、DH28、MC30、NDX、Q929、S0020 SN915、T93、YA7854、丹9195、辽4285、齐319、沈135、沈137、郑饲01等。2004—2009年通过国家审定的24个青贮玉米品种中，有50%的品种含有78599种质。

苏天增等（2019）分析河南省大京九种业有限公司所选育大京九青贮玉米品种后，将14个青贮玉米自交系的种质来源归为5个杂种优势群，通过亲缘关系分析，有7个青贮玉米自交系含有PN78599种质血缘，并育成6个青贮玉米杂交种。利用178作为母本组配的粮饲通用型杂交种农大108多年来是青贮玉米对照种，获2002年国家科技进步奖一等奖。由此可见，78599种质在我国青贮玉米育种上的作用的重要性。

2. 旅大红骨种质

旅大红骨种质的主要特点是叶片宽厚，植株高大繁茂，叶片数多，茎秆多汁，含糖量高，营养成分含量高，抗性及品质好。适合作为青贮玉米的改良旅大红骨种质主要有丹 340、丹黄 34、丹 598、340G、2104-6、OSL019 等。

3. Reid 种质

Reid 种质的主要特点是果穗较大，籽粒深，轴细，出籽率高，茎秆坚硬，根系发达。选育出的青贮玉米自交系主要有 7922、MC030、DH08、YA3237、抗 F 等。

4. 苏湾与墨西哥种质(热带种质)

这两类种质的特点是生物产量高，抗性好，品质好。从 20 世纪 70 年代开始，中国从国外引进了大量热带亚热带种质。其中较为著名的包括 Tuxpeno、Suwan、ETO 等。利用这些种质，育种家培育了几百个自交系。在很长一段时间，这些热带种质被西南玉米区广泛应用，后来也被驯化用于北方玉米种质的改良。利用 Suwan1 号种质育成的 S37、YA3729、YA3737 及其衍生系 48-2。对 Tuxpeno 种质进行筛选鉴定，形成了墨白玉米种质，即墨白 1 号(Tuxpeno 1)和墨白 94(Tuxpeno 1 P. B. C15)。利用 1981 年用墨白作亲本，与北方常用白粒系杂交，经回交合成桂综 2 号，已经在青贮玉米选育上应用。农大 108 的父本黄 C 是带有墨白种质血缘的自交系。利用 Tuxpeno 种质进行轮回选择，选育出墨黄 9 号(Amarillo Dentado-2)。利用墨黄 9 号，选育出 M9、双 M9、墨 9B、辐墨 9 等一批自交系。另外，巴西杂交种选系有 YA8201、YA8702。热带种质也是青贮玉米品种选育的重要材料。

5. 高油种质

高油种质的主要特点是植株高大，叶片宽厚，茎秆营养丰富，粗蛋白和粗脂肪含量高，组配的青贮玉米品种适口性好，营养价值高，便于牛羊等反刍动物消化吸收，中国农业大学用 SynD. O. C4 高油群体为基础材料，选育出青贮玉米自交系 GY220、BY815、SY10469 等。

6. 玉米野生近缘种

将野生近缘植物应用于青贮玉米自交系的改良、创新，是青贮玉米育种工作的重要研究方向。一年生二倍体大刍草在严酷的生存竞争和自然选择作用下形成了许多优良特性，尤其抗逆性、抗病虫害品质等方面突出。其植株健壮，由众多分蘖形成庞大的株丛，具有较高的生产性能。大刍草与栽培玉米的杂交种在株高、生物产量、含糖量等性状方面均比双亲高。有学者进行大刍草蛋白质含量、光周期反应、农艺性状变异等研究认为，将大刍草种质引入玉米能提高玉米蛋白质含量、抗逆性、生物产量等，是青贮玉米育种的一条有效途径(陈景堂 等，2005；陈景堂，2011)。张效梅等(2012)以一年生二倍体大刍草为基础材料和普通玉米自交系进行杂交，对杂交后代进行农艺性状田间调查和茎叶消化性检测，经过杂交、回交和自交选择，获得了抗病能力强、农艺性状优良的高消化性饲用玉米自交系 PC721 和 PC723，并组配出一批高产、多抗、优质的青贮玉米杂交组合。

中国科学院遗传与发育生物学研究所、辽宁省农业科学院、黑龙江省农业科学院、山西省农业科学院、新疆农业科学院、河南省农业科学院、四川雅安农业科学院、山西北方种业、奥瑞金种业、天津农科院等单位利用 P 群种质、温带种质相继育出一批粮饲兼用型玉米自交系，主要有旅大红骨改良系、78599 改良系。这批粮饲兼用型玉米自交系的育成，为我国畜牧业发展拓宽了新路。

（三）种质资源的利用情况

目前中国生产上推广面积较大的青贮玉米杂种优势模式主要有：旅大红骨改良系×P群改良系、Reid改良系×P群改良系、Reid改良系×巴西改良系、P群改良系（或旅大红骨改良系）×热带改良系等（徐艳荣 等，2017），具有以下特点。

1. 旅大红骨改良系×P群改良系

该杂种优势模式的特点是单株生物产量高，果穗较大，活秆成熟，抗病性好，抗倒伏。主要代表品种有晋单青贮42、豫青贮23、津青贮0603、吉饲8号、强盛青贮30、屯玉青贮50号、龙辐单2号等。

2. Reid改良系×P群改良系

该杂种优势模式的特点是全株保绿度好，增产潜力大，抗病性强。代表品种有京科青贮301、京科青贮516、辽单青贮625、吉饲9号、铁研青贮458、登海青贮3930、三北青贮17等。

3. Reid改良系×巴西改良系

该杂种优势模式的特点是植株高大，生物产量高，抗逆性强。代表品种有雅玉青贮26、雅玉青贮27、雅玉青贮04889等。

4. P群改良系（或旅大红骨改良系）×热带改良系

该杂种优势模式的特点是品种较晚熟，营养物质含量高，全株中性洗涤纤维、酸性洗涤纤维含量低，粗蛋白含量高。代表品种有中北青贮410、奥玉青贮5102等。

5. 高油群体×P群改良系

该杂种优势模式的特点是植株高大，穗位高，持绿性好，全株的粗蛋白、油分、赖氨酸含量高。代表品种有中农大青贮67、中农大青贮GY4515、高油115等。

刘杭等（2021）通过采用系谱分析，把我国2004—2017年28个国审青贮玉米品种的亲本分为7个群8种杂优模式，即温热Ⅰ群×瑞德黄、旅大红骨×温热Ⅰ群、瑞德黄×热带种质、温热Ⅰ群×高油、温热Ⅰ群×热带种质、瑞德黄×塘四平头、旅大红骨×热带种质和塘四平头×热带种质，其中前4种最具有代表性。温热Ⅰ群×瑞德黄有8个品种，占28个青贮玉米品种的28.6%；旅大红骨×温热Ⅰ群有4个品种，占14.3%，如河南省大京九种业有限公司育成的豫青贮23，山西省强盛种业育成的晋单青贮42，这类杂优模式的特点是单株生物产量高、果穗大、活秆成熟、抗倒伏、抗逆性强。瑞德黄×热带种质有雅玉青贮26、雅玉青贮04889和雅玉青贮27这3个品种，占10.7%，由四川雅玉科技开发有限公司选育而成，这类杂优模式的特点是植株高大、气生根发达、生物鲜重高、抗逆性强。温热Ⅰ群×高油群有中农大青贮67、中农大青贮GY4515，由中国农业大学选育而成，这类杂优模式的特点是植株持绿性好，蛋白质、油分、赖氨酸含量高，见表1-13—表1-15。

表1-13　国审玉米品种、组合及亲本来源（引自刘杭 等，2021）

品种	组合	母本来源	父本来源
中北青贮410	SN915×YH-1	78599	墨黄9热带种群
奥玉青贮5102	OSL019×0SL047	旅大红骨	克2133
辽单青贮625	辽88×沈137	7922×1061	78599
中农大青贮67	1147×SY10469	78599	高油群体
晋单青贮42	Q928×Q929	（928×丹340）×（联87×丹341）	929×（大319-2×V187）
屯玉青贮50	T93×T49	齐319×T92	F349×T45

续表

品种	组合	母本来源	父本来源
雅玉青贮 8 号	YA3237×交 51	郑 32×S37	黄改系
中农大青贮 GY4515	By815×1145	高油群体	78599
三北青贮 17	S0020×B0042	齐 319×矮秆 117B	(340×478)×5003
辽单青贮 529	辽 6160×340T	美国杂交种选系	旅大红骨
京科青贮 301	母本 CH3×1145	Reid 改良系	78599
雅玉青贮 27	YA7854×YA8702	YA3237×7854	巴西杂交种
郑青贮 1 号	郑饲 01×五黄桂	78599	桂综 2 号
雅玉青贮 26	YA3237×YA8201	郑 32×S37	巴西杂交种
登海青贮 3930	DH08×DH28	8112×65232	(78599 选系×陕 89-1)×陕 89-1
强盛青贮 30	3319×抗 F	齐 319×3M	5003×旅 53
登海青贮 3571	DH117×DH08	热带种质资源	8112×65232
金刚青贮 50	2104-1×9965	丹 598×9321	(8904×8411)×8411
京科青贮 516	MC0303×MC30	(9042×京 89)×9046	1145×1141
辽单青贮 178	辽 2379×辽 4285	美国杂交种 E02、E03 混种选系	辽 5114×P138
锦玉青贮 28	J4019×J2451	G108×G172	联 87×锦 5-9
桂青贮 1 号	农大 108×CML161	黄 C 改	/
雅玉青贮 04889	YA0474×YA8201	YA3237-4×7854	巴西杂交种
铁研青贮 .458	铁 7922×丹 9195	美杂 3382	78599
津青贮 0603	340GxNDX	丹 340 杂株	78599×78573
豫青贮 23	9383×115	丹 340×U8112	78599
雅玉青贮 79491	YA7947×LX9801	/	502/H211
大京九 26	9889×2193	黄改群体	78599

表 1-14　国审青贮玉米品种亲本自交系优势群(引自刘杭 等,2021)

杂种优势群	自交系
温热 I 群	SN915、1147、S0020、郑饲 01、DH28、115、3319、丹 9195、NDX、MC30、2193、沈 137、Q929、1145、辽 4285、T93
瑞德黄	铁 7922、YA3237、YA7854、DH08、抗 F、辽 88、MC0303、B0042、YA0474、CH3
旅大红骨	OSL019、Q928、340G、9383、2104-1-6、T49、340T
塘四平头	LX9801、交 51、9889
热带种质	YH-1、OSL047、YA8702、YA8201、DH117、CM161
高油	SY10469、By815
其他 *	辽 6160、辽 2379、9965、YA7947、J2451、五黄桂

注：* 表示亲本自交系来源不清晰类群

表 1-15　28 个国审青贮玉米品种的杂优模式(引自刘杭 等,2021)

杂优模式	品种
温热 I 群×瑞德黄	辽单青贮 625、京科青贮 301、登海青贮 3930、强盛青贮 30、铁研青贮 456、京科青贮 516、三北青贮 17
温热 I 群×热带种质	中北青贮 410
温热 I 群×高油	中农大青贮 67、中农大青贮 CY4515

续表

杂优模式	品种
瑞德黄×热带种质	雅玉青贮 26、雅玉青贮 27、雅玉青贮 04889
瑞德黄×塘四平头	雅玉青贮 8 号
旅大红骨×温热Ⅰ群	津青贮 0603、豫青贮 23、晋单青贮 42、屯玉青贮 50
旅大红骨×热带种质	奥玉青贮 5102
塘四平头×热带种质	大京九 26
其他*	辽单青贮 52、郑青贮 1 号、登海青贮 3571、金刚青贮 50、辽单青贮 178、雅玉青贮 79491、桂青贮 1 号、锦玉青贮 28

注：* 表示品种中有一个亲本自交系来源不清晰或三交种归为其他模式

（四）品种的熟期类型

青贮玉米的熟期类型通常根据其生长和发育周期来分类，不同的熟期类型适用于不同的生态区域和种植季节。以下是一些常见的青贮玉米熟期类型。

1. 早熟型(Early Maturing)

早熟型青贮玉米具有较短的生长周期，通常在 75～90 d 成熟。这种类型的青贮玉米适用于短季节地区或者需要尽早收获的地方。它们的生长周期相对较短，有助于在有限的时间内获得高产量。

2. 中熟型(Intermediate Maturing)

中熟型青贮玉米的生长周期一般在 90～110 d，处于早熟型和晚熟型之间。这种类型的青贮玉米在更广泛的地理区域中都有适应性，并可以满足中等长度的种植季节要求。

3. 晚熟型(Late Maturing)

晚熟型青贮玉米的生长周期相对较长，通常在 110 d 以上，有些可能需要 120 d 或更多时间才能成熟。这种类型的青贮玉米通常在气候温暖的地区或者种植季节较长的地方种植，以确保足够的时间来完成生长和发育。

4. 超早熟型(Ultra Early Maturing)

超早熟型青贮玉米是一种极短生长周期的品种，通常在 60～75 d 成熟。这种类型的青贮玉米适用于特殊情况，如需要尽快收获或在非常短的种植季节内种植。

每种熟期类型的青贮玉米都有其自身的特点和用途。农民和农业生产者通常会根据其所在地区的气候、土壤条件和种植季节来选择适合的熟期类型，以最大限度地提高产量和质量。选择适当的熟期类型对于青贮玉米的成功种植至关重要，因为它决定了种植的时机、抗逆性和生产效率。

生育期应该适应拟种植区域的种植制度，与提供给青贮玉米的生长期相一致。春播早、中、晚熟品种的生长期分别为 80～100 d、100～120 d、120～150 d，对应的积温依次为 2000～2300 ℃·d、2300～2500 ℃·d、2500～2800 ℃·d。夏播早、中、晚熟品种的生长期分别为 70～85 d、85～95 d、96 d 以上，对应的积温依次为 1800～2100 ℃·d、2100～2300 ℃·d、2300 ℃·d 以上。

2004—2020 年，通过国家和地区审定的品种中，有 14%的品种生育期为 81～100 d，属于早熟品种；有 42%的品种生育期为 100～120 d，属于中熟品种；有 44%的品种生育期为 121～150 d，属于晚熟品种。

北方春播玉米区的适宜品种有：京科青贮516，登海青贮3930，雅玉青贮8号，雅玉青贮26，晋单青贮42，辽单青贮625，豫青贮23，京科青贮301，中农大青贮67，中北青贮410，奥玉青贮5102，屯玉青贮50，三北青贮17，辽单青贮529，郑青贮1号，雅玉青贮27，强盛青贮30，登海青贮3571，锦玉青贮28，龙优1号，龙牧1号，龙牧3号，龙牧5号，吉青7号，辽青85，黑饲1号，吉饲8号，吉饲11号，辽原2号，龙牧6号，龙育1号，龙巡32号，新青1号，新沃1号。

黄淮海夏播玉米区的适宜品种有：雅玉青贮8号，雅玉青贮26，晋单青贮42，京科青贮301，中北青贮410，奥玉青贮5102，屯玉青贮50，郑青贮1号，华农1号青饲，中原单32号。

西南山地玉米区的适宜品种有：晋单青贮42，辽单青贮178，雅玉青贮04889，华农1号青饲，中原单32号。

南方丘陵玉米区的适宜品种有：雅玉青贮8号，晋单青贮42，中农大青贮67，中北青贮410，奥玉青贮5102，雅玉青贮27，辽单青贮178，雅玉青贮04889，华农1号青饲，中原单32号，耀青2号。

西北灌溉玉米区的适宜品种有：雅玉青贮26，津青贮0603，金刚青贮50，铁研青贮458，雅玉青贮79491，郑青贮1号，雅玉青贮27，强盛青贮30，登海青贮3571，新多2号，中原单32号，新青1号，新沃1号，耀青2号。

青贮玉米的生育期不仅跟市场的需求有关，还影响到当地的耕作模式。成广雷等(2022)对2003—2019年参加国家青贮玉米品种区域试验的394个青贮玉米组合(品种)进行分析。结果表明，394个参试青贮玉米组合(品种)平均生育期为111.8 d，变幅为77.8～142.0 d，其中，春播组合(品种)平均为109.3 d，比夏播组合(品种)(99.6 d)长9.7 d。17年间，春播青贮玉米组合(品种)生育期呈延长且相对集中的趋势，而夏播组合(品种)呈缩短趋势。2003—2004年，生育期集中在85～125 d，呈现集中的趋势。2005—2016年，生育期为80～140 d，生育期相对分散，品种朝着多样化发展。2017—2020年，品种生育期主要集中在105～130 d，再次呈现出集中的趋势。这说明经过多年的发展，春播青贮玉米的市场需求与供应相对稳定，形成了固定的应用市场。以市场为导向，促进了适应型品种的选育。夏播组的生育期为80～120 d，一直相对集中。这说明夏播青贮玉米的市场需求多年来变化不大，生产和使用的群体比较固定。夏播组合(品种)平均生育期为99.6 d，相对于春播组合短9.7 d。在参试品种中，生育期在不同的生态区存在差异。东华北和西北区参试的组合(品种)的生育期相当，且较黄淮海和南方区长15 d左右。其中，东华北玉米区平均生育期为116.86 d，西北玉米区平均生育期为112.91 d，黄淮海玉米区平均生育期为98.36 d，南方玉米区为98.88 d。

第二节　中国青贮玉米代表性品种选育

一、青贮玉米育种手段和方法

(一)中国青贮玉米育种概况

由于长期受粮食短缺困扰，青贮玉米育种和生产不受重视，青贮玉米行业育种起步时间较晚，直到1977年中国农业科学院作物科学研究所引进墨白1号，才开始青贮玉米研究，1985

年，中国才首次审定了由中国科学院遗传研究所育成的青贮专用晚熟品种京多1号。“七五”期间，中国将青贮玉米育种列入国家科技攻关计划，以多秆多穗、青枝绿叶、茎叶多汁、富含糖分、适口性好和生物产量高为主要目标。由中国科学院遗传研究所育成的科多1号1989年通过审定，辽宁省农业科学院原子能所育成的辽原1号于1988年通过审定。此后各地先后育成了太多1号、太穗枝1号、科多8号、辽洋白、龙牧1号、辽青85、沪青1号等专用青贮玉米新品种(郝林峰 等,2016)。随着国家对农业结构调整的进一步深化和畜牧业发展，青贮玉米已成为中国今后玉米新品种选育的一个重要方向和任务。“八五”以来，国内主要有中国科学院遗传研究所、辽宁省农业科学院、黑龙江农业科学院、山西省农业科学院、新疆农业科学院、中国农业大学、广西农业科学院、吉林农业科学院、河南省农业科学院、四川雅安农业科学研究院、山西北方种业、奥瑞金种业、登海种业、天津农业科学院等单位相继育出一批粮饲兼用型玉米自交系18、599-20-1、沈137、沈135等，高油改良系GY220、SY10469、BY815等，Reid改良系7922、9805、C8605-2、辽88、DH08、B0042、CH3等，苏湾综合种改良系S37、YA3729、YA3737等，巴西杂交种选系YA8702、YA8201等，墨西哥综合种改良系YH-1、墨白1号等。这批粮饲兼用型玉米自交系的选育，为中国畜牧业发展拓宽了新路。全国各大育种单位和种子企业用这些自交系育出一批粮饲兼用型和饲用玉米杂交种，如辽原1号、中原单32号、吉单4011、龙辐单208、吉饲8号、吉饲9号、吉单185、吉单29号、辽单青贮625、高油115、吉新306、科青1号、津玉259、沪青1号、科多4号、科多8号、新青1号、新青2号、中北青贮410等。“十三五”以来，随着“粮改饲”工作的推进，中国畜牧业已逐步走上标准化、专业化、规模化生产的道路，作为畜牧业发展的重要生产资料青贮玉米，市场需求量大，开发利用前景广阔。中国农业科学院草原研究所、北京农学院、北京市农林科学院玉米研究中心、四川农业大学玉米研究所、华中农业大学、河北农业大学、广西农业科学院、四川农业科学院、云南农业科学院、重庆农业科学研究院、甘肃省农业科学院、河南省农业科学院、绵阳市农业科学研究院、四川雅玉科技、大京九种业、金岭种业等单位针对市场需求选育了一批青贮专用型或粮饲通用型玉米自交系ZNC442、SCML0849、先21A、2SP221、YH1～3、SH1070、京X005、MX1321、Y9614、LX7531、京724、京2416C92、60271、2193等，利用这些自交系育出一批青贮专用型或粮饲通用型新品种，如京科青贮932、京科青贮968、北农青贮368、川青8号、金荣青贮1号、中玉335、川单99、桂单162、云瑞5号等。

(二)青贮玉米育种目标

中国人口众多，需要肉、蛋、奶也多。牛、羊养殖大户遍布全国各地。中国奶牛养殖大省(区)排名依次依次是内蒙古、黑龙江、河北。中国羊养殖大省(区)排名依次是内蒙古、新疆、四川、山西、安徽、云南、吉林(双辽市)。青贮玉米育种目标要始终为养殖户服务，考虑他们的需求与需要，培育出高产、高质量、抗病虫害、适应不同环境条件和市场需求的优良品种。以下是青贮玉米育种的一些主要目标。

1. 生物产量高

通过对国家和各省审定的青贮玉米品种的产量分析，青贮玉米产量一般为70000～90000 kg/hm²，个别品种产量可以达到100000 kg/hm²(路海冬 等,2005)。要求青贮玉米产量平均比对照品种增产≥5.0%，每年区域试验、生产试验增产的试验点比例要≥70%。

2. 植株营养丰富

在北方春玉米区，青贮玉米全株中性洗涤纤维含量平均为47.0%，酸性洗涤纤维含量平均为23.0%，粗蛋白含量平均为7.0%。在黄淮海及南方玉米区，青贮玉米全株中性洗涤纤维含量为45.0%，酸性洗涤纤维含量为22.0%，粗蛋白含量为8.0%（陈自胜 等，2000）。

3. 品质要好

青贮专用型品种的中性洗涤纤维含量≤45%，酸性洗涤纤维含量≤23%，粗蛋白含量≥7%，淀粉含量≥25%，达到国家一级品质标准，粮饲通用型品种除纤维品质达到上述指标外，籽粒容重≥730 g/L，粗淀粉含量（干基）≥7.69%，粗蛋白含量（干基）≥8%，粗脂肪含量（干基）≥3%，达到国家普通玉米水平对籽粒品质的要求。

4. 抗逆性强

青贮玉米在北方春玉米区要抗大斑病，中抗弯孢叶斑病，抗茎腐病、丝黑穗病。在黄淮海及南方玉米区要抗大斑病、小斑病、矮花叶病、弯孢叶斑病、纹枯病、茎腐病、南方锈病、丝黑穗病和穗腐病。

5. 抗倒伏

青贮玉米一般都是采用大面积机械收割作业，根据春玉米区6—7月的气候特点，在玉米生长到大喇叭口期至抽雄期这段时间，要经受6～7级大风的考验，青贮玉米品种必须高抗或抗茎腐病，防止倒伏，便于机械收割作业，抗倒伏是青贮玉米育种的重要目标之一，平均倒伏倒折率之和应≤8%，才能适宜机械化收获。

6. 多熟期

春玉米区青贮玉米生育期一般为85～145 d，选育的青贮玉米品种要多熟期，供牧区或半牧区广大农牧民选择。

7. 适时收获

乳熟后期至蜡熟期适合青贮玉米收获，此时青贮玉米干物质含量为30%～40%，干物质产量不低于25000 kg/hm^2；粗蛋白含量大于7.0%、淀粉含量高于28%、中性洗涤纤维含量小于45%、酸性洗涤纤维含量小于22%、木质素含量小于3.0%、离体消化率大于78%和细胞壁消化率于45%，抗大斑病、小斑病、丝黑穗病、穗腐病和穗部虫害等多种病虫害。

青贮玉米的育种目标是一个多元化的过程，需要在高产量、高质量、抗逆性、适应性和市场需求之间取得平衡，以满足农业生产和食品供应链的需求。因此，育种工作需要根据具体情况进行调整。

（三）青贮玉米自交系选育方法

1. 二环系法（系谱选择法）

二环系法（系谱选择法）是目前用得最多的方法，是用品质优良的普通（或青贮）玉米杂交种做基础材料，经过连续多代套代自交，选育出二环系。选育出的自交系一般配合力高，品质较好。如豫青贮23、大京九26等优秀品种，其父母本都是通过选育二环系育成的。

2. 形态学标记法

形态学标记作为遗传标记的一种，是能够用肉眼可见或仪器测量物种的外部形态特征的标记方法，具有更简单、直接的特点，有利于在田间直接进行选择，这也是育种工作者最先选择的方法。运用形态学标记法对青贮玉米自交系进行聚类分析，合理并准确地划分青贮玉米自交系的亲缘关系，将亲缘关系较近的自交系划入同一类群，亲缘关系不同的自交系归入不同类群，可有目的地选择亲缘不同、来自不同类群的自交系杂交，获得优势的杂交组合，从而减少育种工作中的盲目性和重复性。柴华（2017）以中国标准玉米自交系为参考对照，利用形态学标记法对自主选育且系谱来源不清的青贮玉米自交系株高、穗位、茎粗、雄穗分枝、穗重、穗长、穗粗、穗行数、行粒数、百粒重10个农艺性状进行调查研究，通过聚类分析将36份青贮玉米自交系划分为五大类（图1-3），不同类型的自交系各自聚类到了一起，大致地反映了其血缘和亲缘关系的远近，这在很大程度上对有目的地利用这些自交系组配杂交组合具有重要的参考价值，为今后选配优良的青贮玉米杂交组合、培育新品种提供科学参考。

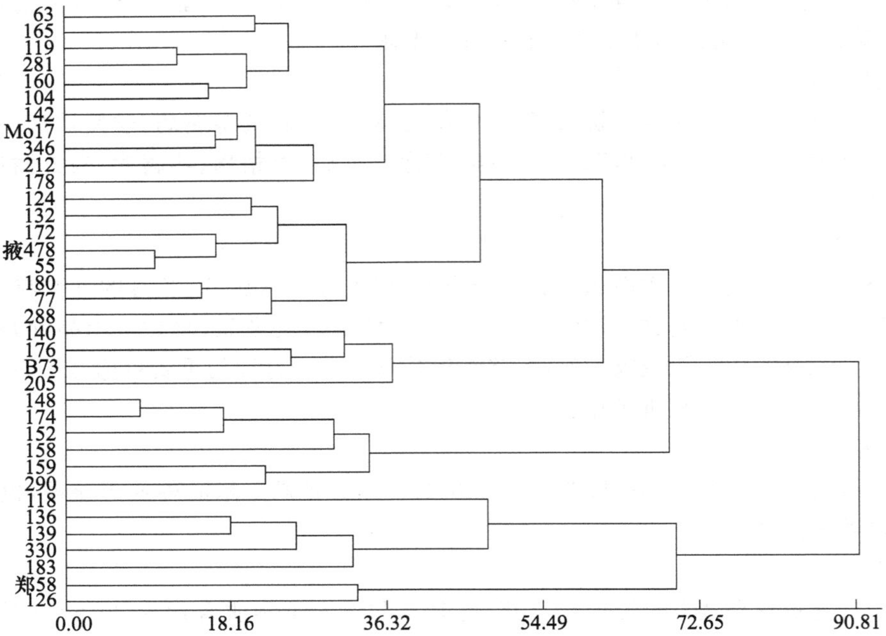

图1-3　自交系的聚类图（引自柴华，2017）

3. 分子标记法

分子标记（Molecular Genetic Markers）是以个体间遗传物质内核苷酸序列变异为基础的遗传标记，是DNA水平遗传多态性的直接反映。用于作物育种的分子标记技术主要有RFLP、RAPD、SSR、SNP、AFLP、STS等。

李亮等（2018）使用56K的SNP标记对遗传信息不明确的34份玉米种质资源进行遗传结构和亲缘关系分析，发现34份玉米种质可以分为籽粒玉米种质和青贮玉米种质两种类型，籽粒玉米种质材料1、6、14、18、21、22、24、25属于一类遗传结构类型；青贮玉米种质材料2、12、27属于另一类遗传类型，说明籽粒玉米种质资源和青贮玉米种质资源在遗传学上具有很大的遗传差异，这可能是导致上述两种类型的玉米种质类型差异的主要原因。大部分未知青贮种质资源含有两种类型，其中青贮种质资源的遗传比例相对较大，见图1-4。通过亲缘关系分析发现，种质材料亲缘关系较远的前5个种质材料分别27（－5.00064）＞2（－3.30079）＞25（－1.47592）＞18（－1.35237）＞15（－1.21794）。有20对种质材料间存在较大的亲缘关系，其亲缘关系系数在0.2以上，25对种质材料间存在一定的亲缘关系，其亲缘关系系数为0.1～0.2。种质材料27、2、25、18、15的亲缘关系较远。

许洛等（2023）采用48K的液相SNP基因芯片对外引的38份青贮玉米种质进行遗传结构及亲缘关系分析。发现自交系间的遗传相似度为0.4314～0.9828，在遗传结构上可以分为4个亚群，各亚群间遗传关系较远，具有较好的育种潜力。综合分群结果表明，其中有10个自交系属于欧洲硬粒血缘，属于PB群的有8个自交系，属于Reid群的有5个自交系，属于旅大红骨群的有2个自交系，属于SS群的有1个自交系，属于SPT群的有1个自交系。11份材料血缘关系较为复杂，未检测出主导血缘。

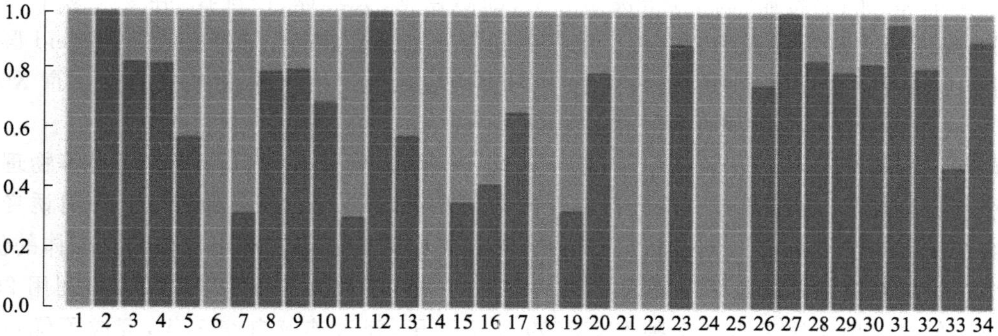

图1-4　34份材料遗传结构图（引自李亮 等，2018）

注：不同颜色代表不同群体，深色代表青贮玉米，灰色代表籽粒玉米

卢雨晴等（2022）以2份青贮玉米自交系材料为父本，92份自交系材料为母本，构建了184份测交种材料，将亲本和测交种材料2019年和2020年分别种植于北京昌平和河北廊坊，收获后对其ADF含量进行测定。用全基因组重测序获得约56万个高质量SNPs。对全部材料进行全基因组关联分析（Genome-Wide Association Analysis，GWAS），其中，对亲本群体进行GWAS分析，共定位到36个显著SNPs位点，利用4个效应模型（加性模型，显性模型，超显性模型，隐性模型）对测交种材料进行GWAS分析，分别定位到35、59、116、43个显著SNPs位点。通过这些显著位点共找到64个候选基因，并对其进行功能注释。该研究为青贮玉米选育提供了理论依据。

李灿（2018）以338份自交系组成的关联群体为材料，利用包含56110个SNP标记的芯片进行全基因组关联分析，通过筛选获得44990个具有多态性的高质量SNP标记，相邻标记间的平均距离为46 kb。群体结构分析结果表明，338份玉米自交系可分为3个亚群：热带群，包含114份自交系，代表材料为S37；NSS群，包含53份自交系，代表材料为齐319；SS群，包含127份自交系，代表材料为掖478和B73。对ADF含量进行全基因组关联分析得到4个显著相关的SNP位点，筛选到2个候选基因；对NDF含量进行全基因组关联分析得到10个显著相关的SNP位点，筛选到7个候选基因。

4．分子标记与常规选育相结合

刘少荣等（2021）以141个通过国家及各省（区、市）审定的青贮玉米品种为材料，基于农艺与品种性状与SSR标记，从生态学角度对供试品种进行遗传多样性分析，发现13个农艺及品质性状的变异系数区间为10.30%～30.31%，平均为16.01%；多样性指数区间为0.50～0.71，平均为0.60。农艺及品质性状聚类将供试品种划分为5个组，同一生态区来源的品种多归为同一组。40个SSR标记共检测到482个等位变异，平均每个位点12.05个，多态性信息含量（PIC）变幅为0.27～0.89，平均为0.68。南方品种大部分聚集在同一组，与东华北、黄淮海和西北品种间的遗传距离均较远，分别为0.054、0.047和0.046。两种方法分析结果具有共性，但也存在一定的差异，南方品种在农艺及品质性状和SSR标记上均具有特异性，西北和黄淮海品种仅在农艺及品质性状具有特异性。将两种方法相结合，能更全面、准确地了解青贮玉米品种的遗传背景，为不同生态区新品种选育及推广种植提供依据和参考。

5. 单倍体育种手段与分子标记辅助育种技术相结合

邢锦丰等(2016)按照“高大严”选系方法，即高密度、大群体、严选择，并变换多个不同地点，同时经配合力测定等程序，在 S4 优穗行中利用分子标记鉴定并选择血缘偏向 Reid 群的优株，利用 DH 育种技术诱导和加倍，再经扩繁和多点鉴定及严格筛选，获得了自交系京 X005。

6. 辐射诱变育种与常规育种技术相结合

辐射诱变育种是利用 α 射线、β 射线、γ 射线、X 射线、紫外辐射以及微波辐射等物理因素诱发植物材料变异，进而选育出符合目标性状的新品种(系)的一种育种方法。辐射诱变具有提高突变率，扩大“变异谱”，创造新类型后代，可在短时间内获得有利用价值的突变体的优点。其中^{60}Co-γ 射线是目前辐射诱变育种中最为常见的一种辐射源。马延华等(2021)利用 200Gy 的^{60}Co-γ 射线照射美国玉米杂交种 PN78599 风干种子，经过连续自交 7 代，育成了优良青贮玉米自交系 T08。

7. 对青贮玉米自交系的品质进行分析，筛选优质自交系

青贮玉米与一般普通(籽粒)玉米相比具有生物产量高、纤维品质好、持绿性好、干物质含量为 28%～35%、水分含量适中、适宜用厌氧发酵的方法进行封闭青贮的特点。对玉米自交系品质进行分析，可筛选出优质自交系。

王芳等(2016)以 448 份玉米自交系为材料，对玉米全株的品质含量指标蛋白、淀粉、中性洗涤纤维(NDF)及酸性洗涤纤维(ADF)进行评价，筛选高蛋白/淀粉、低纤维的青贮玉米自交系。结果表明，在所有供试材料中，蛋白含量变化不大，淀粉含量与纤维(NDF、ADF)含量极显著负相关。以淀粉、NDF 和 ADF 品质含量为指标，通过聚类分析，筛选出 7 份高淀粉(47.50%～51.20%)、低纤维(ADF 为 9.08%～12.93%，NDF 为 26.67%～31.07%)含量的青贮玉米自交系。

邹菲等(2020)以 114 份青贮玉米自交系为材料，采用因子分析方法，对青贮玉米自交系的品质、农艺性状进行筛选与综合评价。筛选出 11 份青贮玉米自交系，分别为 G117、1459-2S6、15300A-1、17100-2S3、1479、13246、DK269、1785bS3、NYW1501B、1776-2S4 和 17115bS3。其中，有 9 份符合青贮玉米品质等级(国家标准)的一级标准、有 2 份自交系符合二级标准。筛选出的自交系可作为优良青贮玉米资源，用于培育优质青贮玉米杂交种。

白琪林等(2007)利用近红外漫反射光谱法对中国 91 份常用普通玉米自交系和 11 份高油自交系秸秆的体外干物质消化率(IVDMD)、粗蛋白(CP)、粗脂肪(EE)、可溶性糖(WSC)、酸性洗涤纤维(ADF)、酸性木质素(ADL)、中性洗涤纤维(NDF)7 个品质性状进行了分析评价，以探讨秸秆品质性状间的关系以及影响秸秆品质的主要成分。结果表明，各品质性状变异较大，各性状自交系间差异均达到极显著水平，IVDMD 及其相关品质的含量近似正态分布。不同品质性状变异程度不同，其中 WSC 含量变异最大，变异系数达 33.15%。IVDMD 与 NDF、ADF、ADL 极显著负相关，与 WSC、EE 含量极显著正相关，与 CP 含量显著正相关。影响秸秆品质的性状依次是 IVDMD、ADF、NDF、WSC、ADL、CP 和 EE 含量。根据青贮玉米育种的要求筛选出 5 份 IVDMD 和 WSC 含量高，NDF、ADF 含量低的自交系。

白琪林等(2009)利用近红外漫反射光谱法对 30 份高油和 30 份普通玉米自交系秸秆的体外干物质消化率(IVDMD)、粗蛋白(CP)、粗脂肪(EE)、可溶性糖(WSC)、酸性洗涤纤维

(ADF)、酸性木质素(ADL)、中性洗涤纤维(NDF)7个品质性状进行了分析评价,比较了普通和高油系秸秆品质差异。根据青贮玉米育种的要求,筛选出5份IVDMD和WSC含量高,NDF和ADF含量低的自交系。高油系表现为高IVDMD、WSC和低NDF、ADF含量,总体上高油系秸秆品质优于普通玉米。

吴建忠等(2019)基于22个品质性状对14个青贮玉米品种进行遗传变异分析,发现脂肪、木质素和淀粉的变异系数较大,分别为20%、19%和16%,为青贮玉米的品质改良提供了参考。

(四)青贮玉米杂交种选配

玉米是利用杂种优势最早的作物之一。杂种优势的增产作用,在玉米上表现得尤为突出。然而,育种实践证明,优良自交之间组配的杂交种,并不一定都表现较强的杂种优势。因此,现代玉米育种的核心,就是用优良自交系选配高配合力杂交种,充分发挥杂种优势的增产作用。

1. 配合力测定

配合力是指自交系组配杂交种的生产能力,是杂交种选配的重要指标。要得知自交系配合力的高低,必须配制杂交种并进行产量比较试验。自交系间不同的组合方式,影响配合力测定的效率和配合力的代表性。配合力的测定方法有顶交法、骨干系测交法和双列杂交法。双列杂交法是一种以待测自交系互为测验种的测交方法,即组配待测自交系之间所有可能的杂交组合。双列杂交法不仅可以同时测定自交系的一般配合力和特殊配合力,而且还能进一步分析加性和非加性遗传效应、广义和狭义遗传力等遗传信息,是一种全面的平衡交配设计。一般是在自交系形状基本稳定以后,用双列杂交法准确测定自交系的一般配合力和特殊配合力。

周海宇等(2022)以10份玉米自交系为母本、4份玉米骨干自交系为父本,按NCⅡ不完全双列杂交设计组配40份组合,从株高、穗位高、茎粗、绿叶数、植株鲜重和果穗鲜重6个性状进行配合力评价和对照优势分析。结果表明,青贮玉米自交系GRL62491、GRL5256、GRL6176一般配合力较高,杂交组合GRL6176/GRL62491、GRL5256/GRL315、GRL5256/GRL62491表现较好。

陈桂兰等(2011)利用22份(有3份为单交种组合)青贮玉米亲本材料按3×19组配了不完全双列杂交,对57个杂交组合进行农艺性状鉴定。结果表明,籽粒产量、穗行数、株高、秸秆产量4个指标是影响青贮玉米生物产量的主要指标,建立了青贮玉米生物产量回归方程。秸秆产量、株高、穗行数、穗长性状的广义遗传力均在50%以上,由遗传作用引起的作用较大,环境因素对其影响较小,采用遗传育种手段改良这些性状的潜力较大。同时生物产量和籽粒产量的广义遗传力均在50%以下。认为生物产量和籽粒产量这2个考察指标与环境的互作较大,选择时应考虑环境的影响。

廖长见等(2012)选用福建省农业科学院作物研究所选育的9个青贮玉米自交系以及5个不同杂优类群的自交系,按NCⅡ(不完全双列杂交)设计的原理和方法对组配的45个杂组合的倒伏率、株高、穗位高、茎粗、入土根数、根冠直径等9个性状进行配合力分析,并进行相关及通径分析。结果表明,母本组中交51抗倒性较差,478抗倒性好;父本组中MQ11-4抗倒性较差,MQ11-2、MQ11-7抗倒性较好;倒伏率的狭义遗传力h2N较高,表明对亲本抗倒性的选择,是进行抗倒性育种的有效途径。相关及通径分析表明:根倒伏与穗位高呈极显著负相关,与茎粗、入土根数、根冠直径呈极显著正相关,穗位高直接正向作用大,根冠直径直接负向作用大，抗倒性育种应注意这些性状的选择。

朱正梅等(2021)以7份当地玉米农家种育成的自交系为材，2份青贮玉米自交系为测验，进行杂交得到14份组合，对杂交后代的生物产量和相关性状进行配合力分析，筛选出一般配合力较高的淳安半金黄、三单黄玉米和早半黄，可作为专用青贮玉米自交系利用。

曹利军等(1994)按Griffing的第4种双列杂交设计，对5个青贮玉米自交系的11个主要性状进行了配合力及遗传力分析。结果表明，W_1、W_2和W_{22}为较好的青贮玉米自交系，揭示了同一性状不同自交系间存在一定的互补作用。在选育高产青贮玉米杂交组合时，亲本自交系中至少有一个必须具有较高的一般配合力。

常海滨等(2013)通过NCⅡ遗传交配设计，分析了5个热带群体青贮玉米与中国2个主要种质类群间的配合力和杂种优势关系。结果表明，中群25的产量一般配合力较高；中群26、中群24、中群27的持绿性一般配合力较高；中群26、中群24的抗倒性一般配合力较高；中群28、中群27的粗蛋白含量一般配合力较高；中群27、中群28在降低中性洗涤纤维含量方面一般配合力较高；中群27、中群24、中群28在降低酸性洗涤纤维含量方面一般配合力较高。通过相关性分析表明，单株绿叶数与中性洗涤纤维含量和酸性洗涤纤维含量之间存在显著的相关性，中性洗涤纤维含量和酸性洗涤纤维含量之间有极显著的相关性。

常海滨等(2015)分析了8个热带群体和2个中国主要种质群体在湖北黄冈作为青贮玉米的利用价值。结果表明，中群26、中群28、中群25、中群24和中群11的干物重较高；中群25、中群26和中群24的持绿性较好；中综5号、中综7号、中群11、中群22、中群23和中群28的抗倒性较好；中群27和中群11的中性洗涤纤维含量较低；中综7号、中群23和中群25的酸性洗涤纤维含量较低；中综5号、中群22、中综7号和中群11的粗蛋白含量较高。中群11可以直接作为青贮玉米利用，其余群体在青贮玉米的某一方面都具有较好的利用价值，可以作为青贮玉米改良的群体。

何文铸等(2007)以6份不同耐旱性的青贮玉米自交系为材料，采用GRIFFING方法二的双列杂交，经通径分析，明确了青贮玉米籽粒产量耐旱系数的关键指标为根冠比、叶面积、叶绿素含量、光合速率4个指标，建立了籽粒产量耐旱系数回归方程；估算了关键指标的一般配合力、特殊配合力和相应的遗传参数。结果表明，5个指标的一般配合力方差明显高于特殊配合力方差，基因累加效应占主导地位。广义遗传力h2B(%)最高为光合速率达93.07。狭义遗传力h2N(%)最高为籽粒产量耐旱系数达18.62。籽粒产量耐旱系数指标宜在早代选择效果好，而根冠比、叶面积、叶绿素含量、光合速率4个指标宜加强杂种优势的利用。

2. 杂种优势群的划分和杂种优势模式

育种实践表明，可以根据亲缘关系远近或遗传差异大小，将大量来源各异的自交系分为不同的杂种优势群。在同一个杂种优势群内，各自交系的杂种优势一般不大；而杂种优势强的杂交组合，则往往出现在不同的杂种优势群的自交系之间。如果能够分清各自交系的杂种优势群关系，则可减少组合选配的盲目性，减少配合力测定的工作量，提高育种效率。因此，玉米自交系杂种优势群的划分是构建杂优模式的重要依据和提高育种效率的基础。周海宇等(2022)以10份玉米自交系为母本、4份玉米骨干自交系为父本，按NCⅡ不完全双列杂交设计组配40份组合，发现杂交组合GRL6176/GRL62491、GRL5256/GRL315、GRL5256/GRL62491表现较好。在表现突出的杂交组合中大部分是“温带种质×光周期反应钝感的热带亚热带种质”杂种优势模式，说明“温带种质×光周期反应钝感的热带亚热带种质”杂种优势模式可应用于专用型青贮玉米品种选育。

3. 筛选适合各地青贮玉米种植的品种

青贮玉米分布种植于全国各地，种植条件与生态类型不一致，因而适宜各地种植的青贮玉米品种也不尽相同，为了筛选适宜各个地区种植的青贮玉米品种，诸多学者开展了相关研究。

蔡鑫鑫等(2015)以5个青贮玉米品种(系)为试验材料，进行了高纬寒地青贮玉米引种筛选试验。结果表明，不同品种间生物产量存在一定差异，中单5384产量最高。通过对生育期、株高、穗位、茎粗、单株鲜重、单株穗鲜重及生物产量综合分析，最适于黑河地区种植的青贮玉米品种应为中单5384。

陈桂兰等(2017)采用机械种植方法种植14个青贮玉米品种(系)，生长期调查物候期、农艺性状及发病情况，并分析各品种(系)的抗病性；收获期测定生物量，综合评价各品种(系)的田间表现。结果表明，各品种(系)株高差异明显，以绿青饲4324最高，平均为280.2 cm，曲辰19号最低，仅为232.2 cm；豫青贮23出现倒伏(15.0%)和空秆(12.0%)；鲜产量最高的是桂青贮1号，为63645 kg/hm^2；干物质产量最高的是柳玉青3号，为23589 kg/hm^2；锈病发病率在0～100.00%，其中表现高抗的品种(系)有9个；纹枯病发病率为0～60.00%，除北农青贮208和迪卡018表现中抗外，其余12个品种表现高抗；茎腐病发病率为0～50.00%，桂青贮1号、北农青贮208、正大999和曲辰九号表现高抗。病害的聚类分析结果与病害抗性等级划分结果一致。综合农艺性状、生物量及抗病性表现，认为桂青贮1号、正大999、华优168、柳青贮4号、柳玉青3号和绿青饲4324共6个青贮玉米品种(系)适宜在桂中地区推广种植。

黄华莉等(2018)通过对郑单958、桂单0810、桂单162、兆丰588、兆丰788、桂单0811、耀青5号、青饲2号、苏玉10号等9个饲用青贮玉米品种春播和夏播的比较试验，并观测其植株出苗率、植物学特征和生物产量。结果表明，耀青5号品种表现为植株高大，且其风干物质含量和生物产量较高。春播时耀青5号的鲜草产量为4604.52 kg/亩，比郑单958增产24.89%；夏播时耀青5号的鲜草产量为4987.55 kg/亩，比郑单958增产47.08%，可在广西大力推广应用。

姜华等(2018)对13份材料进行了品种比较试验，以雅玉青贮8号为对照(CK)，在物候期、生物学特性、抗逆性、生物学产量等方面进行比较和研究。结果表明，双玉919、华玉12、天玉612共3个品种综合性状优于雅玉青贮8号(CK)，适合在湖北地区作青贮玉米种植。

李宁等(2017)对7个青贮玉米品种进行品比引种试验，比较其生物产量、农艺性状。结果发现，不同品种间生物产量和农艺性状均存在显著差异，豫青贮23在产量和农艺性状方面表现优良，适宜作为青贮玉米品种在黄冈地区推广种植。该试验为当地及周边地区发展农区种草养畜筛选适宜的青贮饲用玉米品种，并为其推广提供科学依据。

罗继宇等(2019)以先玉335作为对照品种，以沈玉801、利禾1号等33个玉米品种作为参试品种，对各品种的生育期、农艺性状、鲜草产量、干物质产量以及籽粒产量进行对比分析。结果表明，沈玉33、利禾1号、京科青贮205适宜在赤峰地区种植。

唐余成等(2019)通过引进青贮玉米品种雅玉青贮8号，从种植密度和追肥量两个方面研究其高产栽培技术。试验结果表明，雅玉青贮8号在十堰适宜种植密度为67500株/hm^2；在施足底肥条件下，追肥量为苗肥150 kg/hm^2、穗肥300 kg/hm^{2}时，生物产量最高，为67041.8 kg/hm^2。

吴荣辉等(2020)对雅玉8号、双玉919、华玉18号、华玉9号4个玉米品种进行田间对比展示，综合比较其生育期、农艺性状、抗逆性和产量情况。结果表明，4个参试品种生育期适宜，综合性状差别不大，抗倒伏能力强，产量表现为华玉 9 号＞华玉 18 号＞雅玉 8 号＞双玉 919，建议将华玉 9 号作为青贮玉米主推品种，在鄂东适宜地区进行推广。

席杰军等(2018) 比较了 31 个玉米品种全株青贮的农艺性状和产能，以期筛选出适合在关中地区推广种植的优良青贮品种。结果表明，品种之间的农艺性状和产能均差异显著，其中生长时间最长的 107 d，最短的 87 d。叶片数最多的 16.5 片，最少的 11.3 片；株高最高的 281.3 cm，最矮的 199.5 cm；青贮产量最高的 6.2 t/亩，最低的 2.1 t/亩；干物质产量最高的 1.8 t/亩，最低的 0.6 t/亩。对产量最高的 4 个品种(DB08、DK625、JKQZ932 和 HY36)进行营养成分分析发现，除灰分之外，与对照粮饲兼用品种 DZ12 相比，它们的粗蛋白、粗纤维和粗脂肪含量存在显著性差异($P<0.05$)。根据青贮产量和奶牛饲喂价值的需求，本书建议专用青贮玉米 DB08 和 DK625 适宜作为全株青贮玉米在关中地区进行大面积推广种植。

杨京京等(2017)对 KWS2030、华美 2 号、HX76、HX75、利合 16 号 5 个极早熟青贮玉米品种进行了品种复播比较试验，根据产量和品质筛选出华美 2 号最适合在新疆生产建设兵团第 6 师进行复播，每亩产量达到 4420 kg，粗纤维含量 28.4%，蛋白质含量 5.4%。

杨志明等(2019)在不同海拔地区对青贮玉米新品种的生物产量及籽粒产量鲜重、生物产量及籽粒产量干重、农艺性状、穗部性状、生育期和抗逆性等多项指标进行综合分析。表明青贮玉米品种云瑞 121 和云瑞 506 可以在保山的高中低海拔地区及气候类似保山的其他地区推广种植。

为了给三峡库区“粮改饲”筛选出高产质优、适应性强的青贮玉米品种，张健等(2019)对 10 个青贮玉米品种的生产性能和饲用品质进行了综合评价分析。结果表明，10 个青贮玉米品种中，干草产量最高的为渝青玉 3 号，达 30636.16 kg/hm^2，株高表现最好的为重艮 166 和渝青玉 3 号，分别为 311.93、310.67 cm；穗位高变化范围为 99.04～123.05 cm，最大值为大爱 111；叶长和叶宽表现最好的分别为大爱 111 和渝青玉 3 号；茎粗表现最好的为渝青玉 3 号和曲辰九号；粗蛋白含量最高的为青贮玉米 318，达 10.4%；中、酸性洗涤纤维最低的皆为青贮玉米 318。应用灰色关联度分析表明，等权关联度和加权关联度排名前三位的均为渝青玉 3 号、青贮玉米 318 和大爱 111，该 3 个品种适宜在三峡库区推广种植。

赵力等(2019)以 2018 年山西 3 个青贮玉米品种为材料，以晋农科 1 号为对照，开展品比试验。结果表明，恒玉 1228 产量高、株高和穗位高较高、抗性好，符合青贮玉米的要求，具有一定的生产应用前景。

付忠军等(2019)以西南生态区 34 个主栽品种为试验材料，采用间比法设计，通过不同生态区 9 个点的试验，在 5000 株/亩种植密度下，分析不同品种的特征特性、青贮产量及品质等性状，筛选出产量超过对照雅玉青贮 8 号 8%以上的品种 5 个，分别是渝青 506、渝青 386、雅玉青贮 988、迪卡 008 和北农青贮 368，这些品种不仅产量高、品质优，且抗病抗倒性好，综合性状优良，适宜在西南地区作为青贮玉米推广种植。

刘晓等(2019)为选出适合河南地区种植的青贮玉米品种，采用随机法对 21 个玉米品种(每个品种 5 个重复)进行分区组种植，以研究其生物学产量、籽粒产量、抗倒伏性和品质，及其各农艺形状的相关关系。结果表明：①以京科青贮 932、伟科 106 的生物学产量和籽粒产量最高，且具有良好的抗倒伏性能。②伟科 106、京科青贮 932 有较高的粗蛋白、粗脂肪和淀粉含量，而中性洗涤纤维(NDF)、酸性洗涤纤维(ADF)的含量较低，品质较优。③生物学产量与绿叶数、绿叶重、株高、茎粗和茎重、穗重呈极显著正相关。因此，选用绿叶多和绿叶重、茎重和茎粗、穗部产量均优且有一定植株高度的品种有利于获得高产；粗蛋白与粗脂肪、淀粉含量呈正相关。从生物学产量、籽粒产量、品质、抗倒伏性能和农艺性状方面综合考虑，京科青贮 932 和伟科 106 表现最佳，适宜作为全株青贮玉米品种和粮饲兼用品种在河南地区推广种植。

柳斌辉等(2016)通过田间试验对 13 个青贮玉米品种在海河平原区的生产性能及适应性进行了评价研究。结果表明，产草量方面，北农青贮 308、豫青贮 23、怀研青贮 6 号、北青贮 1 号、北农青贮 208 干草产量高于对照郑单 958，其中北农青贮 308 产量最高，为 17674.9 kg/hm^2，增产幅度达 9.0%。饲用品质方面，对不同品种的粗蛋白含量、淀粉含量、可溶性总糖含量、酸性洗涤纤维、中性洗涤纤维进行了分析比较，利用相对饲用价值(RFV)、饲草分级指数(GI)，隶属函数法分别进行了综合评价，得出品质优于对照的品种为青贮巡青 938、青贮巡青 518、北青贮 1 号、豫青贮 23。节水性方面，北农青贮 308、北农青贮 208、北青贮 1 号、中北青贮 410 具有较高的水分利用效率，属于节水型品种。抗逆性方面，规定倒折率高于 15%，瘤黑粉、丝黑穗病株率之和大于 5%作为品种淘汰界限。综合评价筛选出适于在海河平原推广种植的青贮玉米品种为北青贮 1 号、北农青贮 208 和北农青贮 308。

柳茜等(2019)采用田间试验对 6 个青贮玉米品种的物候期、植株性状、营养品质和产量进行了比较分析，以筛选出适宜在西昌地区推广种植的青贮玉米品种。结果表明，先玉 508、先玉 696、先玉 045 三个品种的综合性状好，表现出高产和优质的特点，适宜在西昌地区推广种植。

二、中国青贮玉米代表性品种选育

(一)国审青贮玉米品种选育

2002 年，根据中国青贮玉米生产需求和科研育种发展状况，全国农业技术推广服务中心品种管理处组织开展了国家青贮玉米品种区域试验，国审青贮玉米品种由无到有、由少到多(成广雷 等，2022)。据中国种业大数据平台资料统计，2002—2022 年通过国审青贮玉米品种 108 个，其中西南青贮玉米组 37 个，占 34.2%，属于中晚熟品种，生育期为 109～121.9 d，代表品种有川单 99、渝青 386、云瑞 5 号等；黄淮海夏播青贮玉米组 31 个，占 28.7%，属于中熟品种，生育期为 93.5～103.5 d，代表品种有中玉 335、京科青贮 932、大京九 26、成青 398、北农青贮 3651 等；东华北中晚熟青贮玉米组 29 个，占 26.9%，生育期为 101.5～136 d，代表品种有豫青贮 23、雅玉青贮 26、京科青贮 301 等；西北青贮玉米组 6 个，占 5.6%，属于中晚熟品种，生育期为 114～126 d，品种有桂青贮 1 号、金刚青贮 50 等；南方青贮玉米组 4 个，占 3.7%，属于早中熟品种，生育期为 88～103 d，品种有雅玉青贮 8 号、辽单青贮 178 等；晋东南青贮玉米组 1 个，占 0.9%，品种为屯玉青贮 50，生育期 130 d，属于晚熟品种。这些品种中 3 个品种(北农青贮 3651、大京九 4059、京九青贮 932)分别通过东华北和黄淮海青贮玉米组审定，4 个品种(成青 398、川单 99、渝青 385、渝青 386)分别通过黄淮海和西南青贮组审定，1 个品种(大京九 26)通过黄淮海和西北青贮组审定，1 个品种(中玉 335)通过黄淮海和南方青贮组审定。

(二)不同省份青贮玉米品种选育

据中国种业大数据平台数据统计，2002—2022 年各省级审定的青贮玉米品种有 478 个，审定数量排名前五的省(区、市)为内蒙古、甘肃、北京、黑龙江、河北。

内蒙古审定的青贮玉米品种数量最多，均为晚熟品种，生育期为 120～135 d，该区市场需求对青贮玉米育种研究起了很大的推动作用。比较有代表的品种如：东陵白、东单 606、京科青贮 516、晋单青贮 42、中农大青贮 67、奥玉青贮 5102、大京九 26、桂青贮 1 号、金刚青贮 50 等。

北京审定的春播青贮玉米品种以中熟品种为主，晚熟品种较少。中熟品种熟期为107～120 d，如京科青贮 932、北农 851、农研青贮 5 号、中科青贮 1 号、高油青贮 1 号、中单青贮 29 等；晚熟品种熟期为 121～129 d，主要有中玉 335、青源青贮 4 号、北农青贮 3651、大京九青贮 3876、京单青贮 39 等。夏播青贮玉米品种生育期为 95～106 d，属于早中熟期。100 d 以内品种有京科青贮 568、先玉 1762、农研青贮 6 号、中单青贮 601、京科青贮 927、农研青贮 6 号等，100 d 以上品种有农研青贮 2 号、京科青贮 932、先玉 1267、京九青贮 16、北农青贮 3740 等。

河北审定的青贮玉米主要为早春播和夏播，主要为早熟和中早熟品种。通过河北农牧交错区饲用早熟组青贮试验的品种共有 2 个，均在 2019 年审定，生育期为 95 d、98 d，品种有祥玉 19、隆丰 2。早春播区和张家口春播区，生育期为早熟至早中熟，通过河北早春青贮玉米区的品种均为 2020 年审定的品种，共有 3 个，为方玉 1201(93 d)、方玉 3201(99 d)、祥玉 19(100 d)。通过河北张家口春播区青贮玉米品种审定的青贮玉米品种数量最多，生育期为96～104 d，属于早熟到早中熟品种，比如方玉 1201 生育期很短，为 93 d。田丰 318 生育期最长，为 104 d。其次是河北夏玉米区青贮玉米品种，熟期为 100～103 d，为早中熟品种。其中，巡青 858 生育期为 100 d、农研青贮 2 号生育期为 101 d、河农青贮 256 生育期为 102 d、宏瑞 101 生育期最长，为 103 d。

辽宁审定的青贮玉米品种较少，2020 年，通过辽宁审定的两个品种分别为辽单 5802、辽单 712，熟期均在 118 d，属于中熟品种。

吉林审定的青贮玉米品种有 3 个，分别是翔育 761、京青贮 568、京华 678，均为中晚熟区青贮品种，生育期为 117～120 d。

通过山西审定青贮玉米品种一共有 6 个，基本属于晚熟品种，生育期在 130 d 以上，代表品种有太玉 511、牧玉 2 号、宁单 34 号、太育 1405、大丰青贮 1 号、晋饲育 1 号等。

新疆审定的青贮玉米品种，生育期为 110～143 d，为中熟至晚熟品种，晚熟品种居多。中熟品种有新饲玉 11 号、新饲玉 3 号等；晚熟品种有奥玉青贮 5102、曲辰九号、新饲玉 2 号、新饲玉 1 号等。

甘肃审定的品种生育期为 133～150 d，属于特晚熟品种，干物质亩产大多在 2000 kg 以上。主要有璐玉 3947、豫单 1851、金穗 1915、禾贮 9 号、玉研 661、北农青贮 368、陇青贮 1 号、科青贮 107、陇青贮 2 号。其中，陇青贮 2 号生育期为 150 d。

宁夏审定的青贮玉米品种均为春播玉米区品种，生育期为 132～145 d，属于特晚熟品种，主要有中夏玉 4 号、宁单 34 号、大京九 26、裕农 126、青试 01、中北青贮 410、中农大青贮 67、银玉 238、贺丰 5 号等。

山东审定品种为夏播青贮玉米品种，生育期为 98～103 d，属于早中熟品种，有泰青饲 6 号、山农饲玉 1 号、美德 002、鲁单 258、鲁单 256、禾丰饲玉 3 号、饲玉 2 号等。

上海审定青贮玉米品种有 2 个，分别为饲玉 2 号、申科青 503，生育期分别为 113 d、114 d，均为中熟品种。

四川审定青贮玉米品种生育期为 107.3～140 d，属于中晚熟品种，晚熟品种居多。中熟品种有成单 718、成单 3601、川青 9 号等，晚熟品种有群策青贮 5 号、群策青贮 8 号、川单青贮 1

号、正青贮13、科饲6号，其中，科饲6号为特晚熟品种，生育期为140 d。

云南审定青贮玉米品种生育期为112～139 d，晚熟品种居多，在海拔2000 m以下，春播、夏播均可。这些品种包括文青贮2号、文单006、曲辰26号、曲辰九号、云瑞121、富滇1129、富滇1846、喜农18等。

福建审定的青贮玉米均为春播青贮玉米，生育期为81.9～85.8 d，属于特早熟品种，这些品种包括渝青青贮1号、新青青贮3号、花单1号、闽青青贮1号、明青贮1号、耀青青贮4号等。

贵州春播青贮玉米品种生育期为101～135 d，中熟、晚熟皆有，以晚熟品种为主，春播和夏播皆可，中熟品种有惠农青4号、黔青235、筑青1号等；晚熟品种有贵青1号、黔青446、金玉818等。贵州春播区青贮玉米品种为兴农单1505、贵青2号、惠农青1号、黔青1号和新中玉667，属于晚熟品种。

广西直到2021年才有青贮玉米审定品种，2021—2022年审定青贮玉米品种共22个，属于粮饲通用型的品种有庆红509、桂单560、桂单673、桂单166、兆玉215、桂单658、庆红508、油玉909、桂单162、桂单6212、桂亚558、田润189、桂单671、正昊玉822、万千969、桂单663共16个；青贮专用型品种有博士达597、桂青贮903、桂青贮242、桂单0839、庆红511、桂先青贮1208共6个。这些品种春播生育期为100.4～109 d，属于中熟品种，在广西全区均可进行春播和秋播。

(三)代表性青贮玉米品种

1. 桂青贮1号

选育单位和人员：广西壮族自治区玉米研究所。

组合来源：农大108×CML161。

选优手段和方法：母本农大108，引自中国农业大学；父本CML161是广西玉米研究所从CIMMYT引进的自交系经适应性鉴定，自交选择2代选育而成。

熟期类型：晚熟，西北地区出苗至青贮收获期126 d。

审定年份：2008年通过国家审定(国审玉2008018)，2013年通过内蒙古认定(蒙认玉(饲)2013001号)，2014年通过陕西引种(陕引玉2014001号)。

特征特性：西北地区出苗至青贮收获期为126 d。幼苗叶鞘紫色，叶片绿色，叶缘紫色，花药黄色，颖壳紫色。株型平展，株高323 cm，成株叶片数16～17片。经中国农业科学院作物科学研究所两年接种鉴定表明，高抗矮花叶病，抗大斑病、丝黑穗病和纹枯病，高感小斑病。经北京农学院植物科学技术系两年品质测定表明，中性洗涤纤维含量48.82%～54.38%，酸性洗涤纤维含量21.16%～26.94%，粗蛋白含量9.27%～9.93%。

产量表现：2006—2007年参加青贮玉米品种区域试验，在西北区两年平均亩生物产量(干重)1818.4 kg，比对照增产11.3%。

推广面积和适宜种植地区：适宜在宁夏中部、新疆北部、内蒙古呼和浩特春播区作专用青贮玉米品种种植。小斑病高发区慎用。

2. 雅玉青贮8号

选育单位和人员：四川雅玉科技开发有限公司。

组合来源：YA3237×交51。

选优手段和方法：瑞德黄×塘四平头，母本为YA3237，来源为豫32×S37；父本为交51，来源为贵州省农业管理干部学院。

熟期类型：早熟，在南方地区出苗至青贮收获在 88 d 左右。

审定年份：2005 年通过国家审定（国审玉 2005034）。

特征特性：幼苗叶鞘紫色，叶片绿色，花药浅紫色，颖壳浅紫色。株型平展，株高 300 cm，穗位高 135 cm，成株叶片数 20～21 片。花柱绿色，果穗筒形，穗轴白色，籽粒黄色，硬粒型。经中国农业科学院品资所接种鉴定表明，高抗矮花叶病，抗大斑病、小斑病和丝黑穗病，中抗纹枯病。经北京农学院测定表明，全株中性洗涤纤维含量 45.07%，酸性洗涤纤维含量 22.54%，粗蛋白含量 8.79%。

产量表现：2002—2003 年参加青贮玉米品种区域试验，31 点次增产，5 点次减产，2002 年亩生物产量（鲜重）4619.21 kg，比对照农大 108 增产 18.47%；2003 年亩生物产量（干重）1346.55 kg，比对照农大 108 增产 8.96%。

推广面积和适宜种植地区：适宜在北京、天津、山西北部、吉林、上海、福建中北部、广东中部春播区和山东泰安、安徽、陕西关中、江苏北部夏播区作青贮玉米品种种植。

3. 大京九 26

选育单位和人员：河南省大京九种业有限公司。

组合来源：9889×2193。

选优手段和方法：塘四平头×热带种质，京九 26 是用 9889 自交系为母本、2193 自交系为父本组配育成的中晚熟青贮玉米杂交种。母本 9889 自交系是 2003 年以黄早四，京 7 黄，昌 7-2，K12，H21 和新 7 红多次混合授粉的黄改系综合种为基础材料，经连续 9 代自交选育而成。父本 2193 自交系是以美国先锋公司 PN78599 杂交种为基础材料，经连续 10 代自交育成的二环系。

熟期类型：黄淮海夏播青贮玉米组出苗至收获期 98.5 d，比对照雅玉青贮 8 号早熟 2 d；东华北、西北春玉米区出苗至收获期 123 d，比对照雅玉青贮 26 早 2 d。

审定年份：2017、2018 年分别通过国家审定（国审玉 20170049、国审玉 20180176），2017 年通过宁夏审定（宁审玉 2017015）、2016 年通过内蒙古审定（蒙审玉 2016004）。

特征特性：幼苗叶鞘浅紫色，叶片深绿色，叶缘紫色，花药浅紫色，颖壳绿色。株型半紧凑，株高 341 cm，穗位高 160.5 cm，成株叶片数 20 片。丝状花柱浅紫色，果穗长筒形，穗长 22 cm，穗行数 16～18 行，穗轴白色，籽粒黄色、马齿型，百粒重 36.0 g。接种鉴定表明，抗小斑病，中抗弯孢叶斑病，感大斑病、纹枯病、丝黑穗病。中性洗涤纤维含量 40.81%～42.77%、酸性洗涤纤维含量 17.09%～18.73%、粗蛋白含量 7.43%～8.14%、淀粉含量 27.43%～31.32%。

产量表现：2014—2015 年参加国家青贮玉米北方组品种区域试验，两年生物产量（干重）平均亩产 1751.8 kg，比对照增产 4.6%；2016 年生产试验，生物产量（干重）平均亩产 1923.0 kg，比对照雅玉青贮 26 增产 9.3%。

2014—2015 年参加黄淮海夏播青贮玉米组区域试验，两年平均亩产（干重）1313.3 kg，比对照雅玉青贮 8 号增产 9.2%。2017 年生产试验，平均亩产（干重）1611.0 kg，比对照雅玉青贮 8 号增产 4.3%。

推广面积和适宜种植地区：适宜在黄淮海夏玉米区的河南、山东、河北保定和沧州的南部及以南地区、陕西关中灌区、山西运城和临汾、晋城部分平川地区、江苏和安徽两省淮河以北地区、湖北襄阳地区作青贮玉米种植；适宜在东华北黑龙江、吉林、辽宁、北京、河北、天津、山西、内蒙古春玉米类型区和新疆、陕西、甘肃、宁夏西北春玉米类型区作专用青贮玉米种植。注意预防倒伏，并防治大斑病、纹枯病和丝黑穗病。

4. 豫青贮 23

选育单位和人员：河南省大京九种业有限公司。

组合来源：9383×115。

选优手段和方法：旅大红骨×温热Ⅰ群，利用自选系 9383 为母本，自选系 115 为父本杂交育成的青贮玉米杂交种。母本 9383，来源于丹 340×U8112；父本 115，来源于 78599。

熟期类型：中熟，东北华北地区出苗至青贮收获期为 117 d。

审定年份：2008 年通过国家审定（国审玉 2008022），2007 年通过内蒙古审定（蒙认饲 2007007 号）。

特征特性：幼苗叶鞘紫色，叶片浓绿色，叶缘紫色，花药黄色，颖壳紫色。株型半紧凑，株高 330 cm，成株叶片数 18～19 片。经中国农业科学院作物科学研究所两年接种鉴定表明，高抗矮花叶病，中抗大斑病和纹枯病，感丝黑穗病，高感小斑病。经北京农学院植物科学技术系两年品质测定表明，中性洗涤纤维含量 46.72%～48.08%，酸性洗涤纤维含量 19.63%～22.37%，粗蛋白含量 9.30%。

产量表现：2006—2007 年参加青贮玉米品种区域试验，在东华北区两年平均亩生物产量（干重）1401 kg，比对照平均增产 9.4%。

推广面积和适宜种植地区：适宜在北京、天津武清、河北北部（张家口除外）、辽宁东部、吉林中南部和黑龙江第一积温带春播区作专用青贮玉米品种种植。注意防治丝黑穗病和防止倒伏。

5. 京科青贮 516

选育单位和人员：北京市农林科学院玉米研究中心。

组合来源：MC0303×MC30。

选优手段和方法：温热Ⅰ群×瑞德黄，母本 MC0303，来源于（9042×京 89）×9046；父本 MC30，来源于 1145×1141。

熟期类型：中熟，在东华北地区出苗至青贮收获期为 115 d，比对照农大 108 晚 4 d，需有效积温 2900 ℃·d 左右。

审定年份：2007 年通过国家审定（国审玉 2007029），2008 年通过内蒙古认定（蒙认饲 2008005 号）。

特征特性：幼苗叶鞘紫色，叶片深绿色，叶缘紫色，花药黄色，颖壳紫色。株型半紧凑，株高 310 cm，成株叶片数 19 片。

经中国农业科学院作物科学研究所两年接种鉴定表明，抗矮花叶病，中抗小斑病、丝黑穗病和纹枯病，感大斑病。经北京农学院植物科学技术系两年品质测定表明，中性洗涤纤维含量 47.58%～49.03%，酸性洗涤纤维含量 20.36%～21.76%，粗蛋白含量 8.08%～10.03%。

产量表现：2005—2006 年参加青贮玉米品种区域试验（东华北组），两年平均亩生物产量（干重）1247.5 kg，比对照农大 108 增产 11.5%。

推广面积和适宜种植地区：适宜在北京、天津、河北北部、辽宁东部、吉林中南部、黑龙江第一积温带、内蒙古呼和浩特、山西北部春播区作专用青贮玉米品种种植。

6. 北农青贮 208

选育单位和人员：北京农学院植物科技系。

组合来源：MC0304×MC31。

选优手段和方法：以 MC0304 为母本，以 MC31 为父本杂交选育而成。MC0304 是从(9042×京 89)×9046 群体中选株自交，之后经多代自交选育而成。MC31 是用 1145×1141 的 F1 自交，之后经多代自交选育而成。

熟期类型：晚熟，在北京地区春播生育期为 120 d。

审定年份：2007 年通过北京审定(京审玉 2007012)。

特征特性：幼苗出叶快，芽鞘紫色，株型半紧凑，茎秆粗壮，气生根发达，抗倒性好。株高 310 cm，穗位高 125 cm。穗长 25 cm，穗粗 5.0 cm，穗行数 14～16 行。籽粒浅黄色，半马齿型，浅红轴，粒深 1.0 cm；保绿性好，收获期单株叶片数为 15，收获期单株枯叶片数为 4.7。保绿性好，抗倒伏，抗大斑病、小斑病、弯孢菌叶斑病丝、黑穗病、矮花叶病、茎腐病。地上部中性洗涤纤维含量 47.63%，酸性洗涤纤维含量 19.47%，粗蛋白含量 8.93%。

产量表现：两年区试生物产量平均亩产达 1277.8 kg。比对照农大 108 增产 12.5%。生产试验生物产量平均亩产 1273.0 kg，比对照农大 108 增产 14.2%。

推广面积和适宜种植地区：北京地区春播种植。另外，在新疆昌吉州阜康以西至博乐市以东，新疆北部沿天山地区，伊犁州至西部平原地区种植。

7. 北农青贮 368

选育单位和人员：北京农学院。

组合来源：60271×2193。

熟期类型：早熟，黄淮海夏播青贮玉米组出苗至收获期为 100 d，比对照雅玉青贮 8 号早熟 1 d。

审定年份：2015 年通过北京审定(京审玉 2015006)，2018 年通过国家审定(国审玉 20180175)。

特征特性：幼苗叶鞘紫色，叶片绿色，株型半紧凑，株高 282 cm，穗位高 126 cm。接种鉴定表明，中抗小斑病，中抗弯孢叶斑病，感大斑病、纹枯病和丝黑穗病。品质分析表明，全株粗蛋白含量 7.70%～8.67%，淀粉含量 27.80%～33.46%，中性洗涤纤维含量 36.83%～42.60%，酸性洗涤纤维含量 16.04%～19.51%。

产量表现：2014—2015 年参加黄淮海夏播青贮玉米组区域试验，两年平均亩产(干重) 1264 kg，比对照雅玉青贮 8 号增产 5.0%。2016 年生产试验，平均亩产(干重)1186 kg，比对照雅玉青贮 8 号增产 7.7%。

推广面积和适宜种植地区：适宜在黄淮海夏玉米区的河南、山东、河北保定和沧州的南部及以南地区、陕西关中灌区、山西运城和临汾、晋城部分平川地区、江苏和安徽两省淮河以北地区、湖北襄阳作青贮玉米种植。

8. 京科青贮 301

选育单位和人员：北京市农林科学院玉米研究中心。

组合来源：CH3×1145。

选优手段和方法；温热Ⅰ群×瑞德黄，母本 CH3，来源于地方种质长 3×郑单 958；父本 1145，引自中国农业大学。

熟期类型：中熟品种，出苗至青贮收获期为 110 d 左右，比对照农大 108 晚 2 d。

审定年份：2006 年通过国家审定(国审玉 2006053)。

特征特性：幼苗叶鞘紫色，叶片深绿色，叶缘紫色，花药浅紫色，颖壳浅紫色。株型半紧凑，株高 287 cm，穗位高 131 cm，成株叶片数 19～21 片。花柱淡紫色，果穗筒形，穗轴白色，籽粒黄色、半硬粒型。经中国农业科学院作物科学研究所两年接种鉴定表明，抗小斑病，中抗丝黑穗病、矮花叶病和纹枯病，感大斑病。经北京农学院测定表明，全株中性洗涤纤维含量平均 41.28%，酸性洗涤纤维含量平均 20.31%，粗蛋白含量平均 7.94%。

产量表现：2004—2005 年参加青贮玉米品种区域试验，42 点次增产，14 点次减产，两年区域试验平均亩生物产量(干重)1306.5 kg，比对照农大 108 增产 10.3%。

推广面积和适宜种植地区：适宜在北京、天津、河北北部、山西中部、吉林中南部、辽宁东部、内蒙古呼和浩特春玉米区和安徽北部夏玉米区作专用青贮玉米品种种植，注意防治大斑病。

9. 晋单青贮 42

选育单位和人员：山西省强盛种业有限公司。

组合来源：Q928×Q929。

选优手段和方法；旅大红骨×温热 I 群，母本 Q928，来源为(928×丹 340)×(联 87×丹 341)；父本为 Q929，来源为 929×(大 319-2×V187)。

熟期类型：中熟品种，出苗至青贮收获期为 106 d，比对照农大 108 晚 2 d，需有效积温 2800 ℃・d 以上。

审定年份：2005 年通过国家审定(国审玉 2005032)；2008 年通过内蒙古认定(蒙认饲 2008003 号)。

特征特性：幼苗叶鞘紫色，叶片绿色，叶缘绿色，花药淡红色，颖壳淡绿色。株型半紧凑，株高 275 cm，穗位高 130 cm，成株叶片数 21 片。花柱淡绿色，穗轴红色，籽粒黄色，半马齿型。平均倒伏率 4.5%。经中国农业科学院品资所两年接种鉴定表明，高抗矮花叶病，抗大斑病、小斑病和丝黑穗病，中抗纹枯病。经北京农学院两年测定表明，全株中性洗涤纤维含量 41.25%～46.45%，酸性洗涤纤维含量 19.17%～21.31%，粗蛋白含量 7.66%～8.41%。

产量表现：2003—2004 年参加青贮玉米品种区域试验，41 点次增产，5 点次减产，平均亩生物产量(干重)1389.76 kg，比对照农大 108 增产 14.66%。

推广面积和适宜种植地区：适宜在北京、天津、河北、辽宁东部、吉林中南部、内蒙古中西部、上海、福建中北部、四川中部、广东中部春播区和山东中南部、河南中部、陕西关中夏播区作为青贮玉米品种种植。

10. 郑青贮 1 号

选育单位和人员：河南省农业科学院粮食作物研究所。

组合来源：郑饲 01×五黄桂。

选优手段和方法：母本郑饲 01，来源于(P138×P136)×豫 8701；父本五黄桂，来源于(5003×黄早 4)×桂综 2 号。

熟期类型：出苗至青贮收获期比对照农大 108 晚 4.5 d 左右。

审定年份：2006 年通过国家审定(国审玉 2006055)。

特征特性：幼苗叶鞘紫红色，叶片绿色，叶缘绿色，花药浅紫红色，颖壳绿色。株型半紧凑，株高 267 cm，穗位高 118 cm，成株叶片数 19 片。花柱粉红色，果穗筒形，穗长 18.5 cm，穗行数 16 行，穗轴红色，籽粒黄色、半马齿型。区域试验中平均倒伏(折)率 8.4%。经中国农业科学院作物科学研究所两年接种鉴定表明，抗大斑病和小斑病，中抗丝黑穗病、矮花叶病和纹枯病。经北京农学院测定表明，全株中性洗涤纤维含量平均44.82％，酸性洗涤纤维含量平均22.00％，粗蛋白含量平均7.65％。

产量表现：2004—2005年参加青贮玉米品种区域试验，44点次增产，12点次减产，两年区域试验平均亩生物产量（干重）1284.4 kg，比对照农大108增产9.6％。

推广面积和适宜种植地区：适宜在山西北部、新疆北部春玉米区和河南中部、安徽北部、江苏中北部夏玉米区作专用青贮玉米品种种植，注意防止倒伏。

参考文献

白琪林，陈绍江，戴景瑞，2007．我国常用玉米自交系秸秆品质性状及其相关分析[J]．作物学报，33(11)：1777-1781.

白琪林，石平，张耀，2009．玉米自交系秸秆品质性状鉴定评价及其相关分析[J]．山西农业科学，37(4)：14-17.

蔡鑫鑫，张伟巍，吕晓丽，等，2015．高纬寒地青贮玉米引种筛选试验[J]．黑龙江农业科学(8)：1-3.

曹利军，梁继惠，1994．青贮玉米主要性状的遗传分析[J]．中国草地(2)：36-40.

柴华，2017．基于形态学标记青贮玉米自交系的聚类分析[J]．现代畜牧科技，26(2)：4-5，9.

常海滨，殷辉，李宁，等，2013.5个热带群体青贮玉米育种利用价值分析[J]．湖北农业科学，52(24)：6110-6114.

常海滨，殷辉，李宁，等，2015.10个玉米群体作为青贮玉米利用价值分析[J]．湖北农业科学，54(15)：3699-3702.

陈桂兰，杨康春，蒙月群，等，2011．青贮玉米育种材料的筛选分析及其遗传研究[J]．动物与饲料科学，39(18)：11127-11130.

陈桂兰，阳康春，韦冠睦，等，2017.14个青贮玉米品种（系）田间表现评价[J]．南方农业学报，48(2)：266-271.

陈景堂，2011．玉米×Teosinte远缘杂种后代重要性状的表型及遗传分析[D]．保定：河北农业大学．

陈景堂，祝丽英，芦立婷，等，2005．玉米自交系×大刍草远缘杂交蛋白质含量杂种优势研究初探[J]．西南农业学报，18(5)：60-62.

陈景堂，张芳，黄亚群，等，2011．玉米近缘种大刍草(Zea luxurians)光周期敏感性与育种利用[J]．中国农业科学(6)：1109-1116.

陈亮，张凌青，徐寒，等，2014．宁夏农作物秸秆资源加工利用现状与对策[J]．饲料研究(19)：17-19，25.

陈自胜，孙中心，徐安凯，等，2000．青贮玉米及其经济效益[J]．吉林农业科学，25(4)：41-44.

成广雷，邱军，王晓光，等，2022．我国青贮玉米组合（品种）的农艺性状、生物产量和品质变化[J]．中国农业科技导报，24(4)：30-37.

丁光省，2017．依据逻辑学的属种概念界定青贮玉米分类及定义[J]．种子世界(12)：44，45.

丁光省，2019．美国青贮玉米种植情况的调研报告[J]．中国乳业(205)：17-22.

丁香玲，王齐正，2007．天津市全株青贮玉米的技术应用与推广[J]．北京农业(5)：37，38.

杜建民，张蓉，王占军，等，2020．宁夏人工饲草生产现状及高质量发展策略[J]．宁夏农林科技(61)：45-47.

傅蕾，冯凯，任清丹，等，2023．吉林省肉牛产业发展现状及对策研究[J]．吉林畜牧兽医(44)：5，6.

付忠军，赵丽，李淑君，等，2019．青贮玉米品质筛选试验初报[J]．湖北农业科学，58(12)：119-123.

郝林峰，惠霖，张丽珍，等，2016．青贮玉米品种选择对生物产量和饲料价值的影响[J]．畜牧与饲料科学，37(6)：29-33.

何文铸,蒋馨,刘永红,等,2007,青贮玉米耐旱关键指标的筛选及其遗传研究[J]. 西南农业学报,20(5):921-925.

黄华莉,吴娇颖,黄文丽,等,2018. 广西饲用青贮玉米品种比较试验[J]. 畜牧与饲料科学,39(7):60-64.

加孜拉,白云岗,曹彪,2019. 北疆寒旱区不同水分处理对膜下滴灌青贮玉米植株生长与产量的影响[J]. 中国农学通报(35):6-14.

姜华,王艾鸿,杨蓉妮,等,2018. 湖北省青贮玉米品种筛选试验[J]. 湖北农业科学,57(增刊 2):152,153,176.

靳秀英,2020. 青贮玉米饲料在奶牛养殖中饲喂优势[J]. 畜牧兽医科学(电子版)(17):150,151.

黎裕,王天宇,2010. 我国玉米育种种质基础与骨干亲本的形成[J]. 玉米科学(18):1-8.

李灿,2018. 玉米主要营养品质性状的全基因组关联分析[D]. 成都:四川农业大学:31,32.

李德全,桑立君,2020. 辽宁省青贮玉米生产育种现状[J]. 种子科技(38):91,92.

李敬虎,2018. 青贮玉米品种及全株青贮饲料制作技术概述[J]. 农民致富之友(4):41.

李亮,刘书东,田聪,等,2018. 34 份玉米种质材料的亲缘关系分析[J]. 草原与草坪,38(4):41-43,51.

李宁,常海滨,殷辉,等,2017. 鄂东南地区青贮玉米品种引进试验[J]. 安徽农业科学,45(3):25,26.

李淑君,付忠军,杨华,等,2021. 重庆市青贮玉米产业生产现状、存在问题及对策[J]. 湖北农业科学,60(增刊 2):416-419.

廖长见,林建新,陈山虎,等,2012. 14 个青贮玉米自交系抗根倒伏性状的配合力效应及通径分析[J]. 福建农业学报,27(8):815-820.

廖桂堂,崔阔澍,乔善宝,等,2021. 四川省玉米生产发展的现状问题及对策研究[J]. 四川农业科技(2):57-60,63.

刘杭,侯乐新,王方明,等,2021. 我国青贮玉米育种现状和遗传改良策略[J]. 玉米科学,29(1):1-7.

刘少荣,杨扬,田红丽,等,2021. 基于农艺及品质性状与 SSR 标记的青贮玉米品种遗传多样性分析[J]. 作物学报,47(12):2362,2370.

刘晓,王博,朱晓艳,等,2019. 21 个粮饲兼用型青贮玉米在河南的品种比较试验[J]. 草业学报,28(8):49-60.

刘祖钊,刘杰,何静,2019. 青贮玉米的概念分类及高产栽培技术[J]. 农业与技术(2):98,99.

柳斌辉,赵海明,游永亮,等,2016. 海河平原区引进青贮玉米品种的生产性能及适应性评价[J]. 草地学报,24(3):632-641.

柳茜,孙启忠,徐丽君,等,2019. 6 个青贮玉米品种的产量和品质比较[J]. 中国奶牛(2):50-52.

卢雨晴,崔淑娜,张红伟,等,2022. 利用杂交种群体解析玉米酸性洗涤纤维含量的遗传基础[J]. 分子植物育种,网络首发:https://kns. cnki. net/kcms/detail/46. 1068. s. 20220512. 1531. 030. html.

路海东,薛吉全,马国胜,等,2005. 不同类型饲用玉米高产栽培密度研究[J]. 玉米科学,13(增刊):124-127.

罗继宇,白岚方,孟繁盛,等,2019. 赤峰地区优质高产青贮玉米品种筛选试验[J]. 现代农业科技(23):46-50.

马延华,孙德全,李绥艳,等,2021. 优良青贮玉米自交系 T08 选育与应用[J]. 黑龙江农业科学(6):142-145.

孟令聪,路明,张志军,等,2016. 我国青贮玉米育种研究进展[J]. 北方农业学报(44):99-104.

孟义江,高进军,2006. 中国玉米优势群划分和利用研究[J]. 玉米科学,14(1):16,17,32.

倪印锋,王明利,2019. 中国青贮玉米产业发展时空演变及动因[J]. 草业科学,36(7):1915-1924.

陕西省政府办公厅,2020 年陕西省国民经济和社会发展统计公报[EB/OL]. http://www. shaanxi. gov. cn/zfxxgk/fdzdgknr/tjxx/tjgb_240/stjgb/202103/t20210311_2155995. html.

苏天增,任伟,彭雷,等,2019. 大京九 14 个青贮玉米自交系特征特性及亲缘关系分析[J]. 种子,38(12):117-121.

孙发明,于明彦,焦仁海,等,2007. 我国饲用玉米种质资源的类群划分、应用与创新[J]. 种子科技(4):34-36.

孙彦,2010. 青贮饲料加工与应用技术[M]. 北京:金盾出版社.

汤晓洁,张文盛,冯广垚,等,2021. 全株青贮玉米利用技术[J]. 养殖与饲料(20):46,47.

唐余成,吴承国,李永学,等,2019. 雅玉青贮 8 号引种高产栽培技术研究[J]. 安徽农业科学,47(14):23-

25,41.
王芳,南张杰,史利玉,2016. 优质青贮玉米自交系筛选与评价[J]. 玉米科学,24(6):12-19.
王稼苜,马毅,霍建中,等,2019. 青贮玉米的栽培与制作技术[J]. 种业导刊(11):12,13.
王俊,董召荣,张玮,等,2021. 安徽省青贮玉米产业现状及前景分析[J]. 农业开发与装备(12):88-90.
吴建忠,李绥艳,林红,等,2019. 青贮玉米品质性状遗传变异及主成分分析[J]. 作物杂志(3):42-48.
吴荣辉,于云,何喻,等,2020. 鄂东地区青贮玉米品种适宜性研究[J]. 现代农业科技(4):23,26.
吴蓉.2023. 贵州地区种草养畜高效种植模式[J]. 今日畜牧兽医(39):59-61.
吴永美,刘洋,王东生,等,2020. 汉寿县7个青贮玉米品种产量与品质比较[J]. 湖南饲料(1):21-24.
席杰军,梁子栋,张钰靖,等,2018. 陕西关中地区31个青贮玉米品种比较试验[J]. 草地学报,26(6):1363-1367.
邢锦丰,段民孝,王元东,等,2016. 青贮玉米新品种京科932选育及配套技术[J]. 种子科技,34(7):59,61.
许洛,李中建,王绍新,等,2023. 外引青贮玉米自交系的遗传关系分析[J]. 玉米科学,31(4):15-23.
徐艳荣,仲义,代秀云,等,2017. 我国青贮玉米的发展现状及种质改良[J]. 东北农业科学(1):8-11.
杨京京,丁变红,吴新明,等,2017. 不同极早熟青贮玉米品种复播对比试验[J]. 农村科技(7):9,10.
杨雨宁,张羽菡,王瑞,2020. 种养结合型牧场饲草生产成本分析[J]. 农村经济与科技(31):66-68.
杨志明,曾林,鄂晶泉,等,2019. 不同海拔地区的青贮玉米品种筛选研究[J]. 安徽农业科学,47(15):26-31.
优质饲草产业技术体系,2022. 优质青贮玉米品种高产高效生产技术集成推广案例(优质饲草产业技术体系)[J]. 新疆畜牧业(37):19-23.
郁李,2020. 全产业链协同助推青贮玉米产业升级[J]. 农经(11):52-55.
张东伟,2011. 青贮玉米的利用现状和前景[J]. 现代农业(10):94,95.
张冬梅,王建丽,尤佳,等,2022. 黑龙江省饲草业现状及发展对策[J]. 现代畜牧科技(2):24-26.
张健,黄德均,唐露,等,2019. 三峡库区10个青贮玉米品种生产性能及营养价值综合评价分析[J]. 草业科学,36(8):2118-2126.
张林,周羽,袁兆慧,等,2020a. 我国青贮玉米生产现状及对策[J]. 河南农业(12):58,59.
张林,周羽,刘显君,等,2020b. 青贮玉米生产中应用品种的现状分析[J]. 现代化农业(12):17-19.
张琦琦,陈帅,米光明,等,2022. 陕西省饲草产业发展现状、问题及对策研究[J]. 中国奶牛(3):67-70.
张效梅,曹利萍,任元,等,2012. 高消化性饲用玉米的种质创制及利用研究[C]. 2012年中国作物学会学术年会.
张瑛,张嘉琪,2021."粮改饲"政策产业扶持绩效分析[J]. 山西农经(18):35,36.
赵久然,郭景伦,郭强,等,1999. 应用RAPD分子标记技术对我国骨干玉米自交系进行类群划分[J]. 华北农学报,14(1):32-37.
赵久然,徐田军,邢锦丰,等,2019. 青贮玉米简捷指标研究及在优良青贮玉米品种鉴评中的应用[J]. 中国乳业(208):25-29.
赵力,庞云霞,焦建伟,等,2019.2018年山西省青贮玉米品质比较试验[J]. 农业科技通讯(6):175-177.
钟昌松,梁庆平,邹成林,等,2020. 广西青贮玉米产业现状与发展前景探讨[J]. 广西农学报,35(4):59-64.
周海宇,吴国军,程伟东,等,2022. 青贮玉米自交系农艺性状的配合力分析及杂优模式探讨[J]. 玉米科学,30(1):1-7.
朱正梅,吕学高,石丽敏,等,2021.7份玉米农家种生物产量相关性状配合力分析[J]. 浙江农业科学,62(3):501,502.
邹菲,朱雪峰,李惠智,等,2020.SPSS软件因子法在青贮玉米自交系筛选中的应用[J]. 北方农业学报,48(1):13-18.

附录:青贮玉米品种名录[①]

序号	品种名称	选育单位	审定时间	审定编号	适宜种植区域
1	中农大青贮 GY4515	中国农业大学	2006 年	国审玉 2006050	北方春播区
2	锦玉青贮 28	锦州农业科学院玉米研究所	2007 年	国审玉 2007031	北方春播区
3	豫青贮 23	河南省大京九种业有限公司	2008 年	国审玉 2008022	北方春播区
4	中北青贮 410	山西北方种业股份有限公司	2004 年	国审玉 2004025	北方春播区
5	奥玉青贮 5102	北京奥瑞金种业股份有限公司	2004 年	国审玉 2004026	北方春播区
6	辽单青贮 625	辽宁省农业科学院玉米研究所	2004 年	国审玉 2004027	北方春播区
7	中农大青贮 67	中国农业大学	2004 年	国审玉 2004028	北方春播区
8	晋单青贮 42	山西省强盛种业有限公司	2005 年	国审玉 2005032	北方春播区
9	三北青贮 17	三北种业有限公司	2006 年	国审玉 2006051	北方春播区
10	辽单青贮 529	辽宁省农业科学院玉米研究所	2006 年	国审玉 2006052	北方春播区
11	京科青贮 301	北京市农林科学院玉米研究中心	2006 年	国审玉 2006053	北方春播区
12	雅玉青贮 27	四川雅玉科技开发有限公司	2006 年	国审玉 2006054	北方春播区
13	郑青贮 1 号	河南省农业科学院粮食作物研究所	2006 年	国审玉 2006055	北方春播区
14	雅玉青贮 26	四川雅玉科技开发有限公司	2006 年	国审玉 2006056	北方春播区
15	登海青贮 3930	山东登海种业股份有限公司	2006 年	国审玉 2006057	北方春播区
16	强盛青贮 30	山西强盛种业有限公司	2007 年	国审玉 2007026	北方春播区
17	登海青贮 3571	山东登海种业股份有限公司	2007 年	国审玉 2007027	北方春播区
18	京科青贮 516	北京市农林科学院玉米研究中心	2007 年	国审玉 2007029	北方春播区
19	北农青贮 3651	北京农学院	2019 年	国审玉 20190399	北方春播区
20	九圣禾 361	北京九圣禾农业科学研究院有限公司	2019 年	国审玉 20190401	北方春播区
21	先玉 1710	敦煌种业先锋良种有限公司、铁岭先锋种子研究有限公司	2019 年	国审玉 20190402	北方春播区
22	先玉 1853	铁岭先锋种子研究有限公司	2020 年	国审玉 20200548	北方春播区
23	金岭青贮 97	内蒙古金岭青贮玉米种业有限公司	2020 年	国审玉 20200550	北方春播区
24	泓丰 2219	北京新实泓丰种业有限公司	2021 年	国审玉 20210148	北方春播区
25	桂青贮 1 号	广西壮族自治区玉米研究所	2008 年	国审玉 2008018	北方春播区
26	津青贮 0603	天津市农作物研究所	2008 年	国审玉 2008021	北方春播区
27	金刚青贮 50	辽阳金刚种业有限公司	2007 年	国审玉 2007028	北方春播区
28	铁研青贮 458	铁岭市农业科学院	2008 年	国审玉 2008020	北方春播区
29	雅玉青贮 79491	四川雅玉科技开发有限公司	2009 年	国审玉 2009014	北方春播区
30	北农青贮 208	北京农学院植物科技系	2007 年	京审玉 2007012	北方春播区

① 来源于中国种业大数据平台品种审定查询:http://202.127.42.47:6010/SDSite/Home/Index

续表

序号	品种名称	选育单位	审定时间	审定编号	适宜种植区域
31	中单青贮 29	中国农业科学院作物科学研究所	2008 年	京审玉 2008022	北方春播区
32	京单青贮 39	北京市农林科学院玉米研究中心	2009 年	京审玉 2009006	北方春播区
33	北农青贮 316	北京农学院植物科学技术系	2009 年	京审玉 2009007	北方春播区
34	京科青贮 205	北京市农林科学院玉米研究中心	2011 年	京审玉 2011005	北方春播区
35	北农青贮 318	北京农学院	2011 年	京审玉 2011006	北方春播区
36	北农青贮 356	北京农学院	2013 年	京审玉 2013006	北方春播区
37	京农科青贮 711	北京农科院种业科技有限公司	2013 年	京审玉 2013007	北方春播区
38	大京九 26	河南省大京九种业有限公司	2018 年、 2017 年	国审玉 20170049、 国审玉 20180176	北方春播区、 黄淮海夏播区
39	大京九 4059	河南省大京九种业有限公司	2019 年	国审玉 20190398	北方春播区、 黄淮海夏播区
40	京九青贮 16	北京大京九农业开发有限公司	2019 年	国审玉 20190400	北方春播区、 黄淮海夏播区
41	京科青贮 932	北京市农林科学院玉米研究中心	2019 年	国审玉 20190043	北方春播区、 黄淮海夏播区
42	雅玉 1288	四川雅玉科技股份有限公司	2021 年	国审玉 20210090	黄淮海夏播区
43	北农青贮 368	北京农学院	2018 年	国审玉 20180175	黄淮海夏播区
44	京科 968	北京市农林科学院玉米研究中心	2019 年	国审玉 20190031	黄淮海夏播区
45	大京九青贮 3912	河南省大京九种业有限公司	2019 年	国审玉 20190040	黄淮海夏播区
46	成青 398	四川省农业科学院作物研究所	2019 年	国审玉 20190042	黄淮海夏播区
47	科青 1618	河北缘生农业开发有限公司	2019 年	国审玉 20190045	黄淮海夏播区
48	大京九 156	河南省大京九种业有限公司	2020 年	国审玉 20200022	黄淮海夏播区
49	桂青贮 5 号	广西浩凯生物科技有限公司、 广西桂先种业有限公司	2020 年	国审玉 20200023	黄淮海夏播区
50	屯玉 869	北京屯玉种业有限责任公司	2020 年	国审玉 20200024	黄淮海夏播区
51	金诚 69	河南金苑种业股份有限公司、 新乡市金苑邦达富农业科技有限公司	2020 年	国审玉 20200025	黄淮海夏播区
52	渝青 385	重庆市农业科学院	2020 年	国审玉 20200551	黄淮海夏播区
53	郑单 901	河南省农业科学院粮食作物研究所	2020 年	国审玉 20200552	黄淮海夏播区
54	渝单 58	重庆市农业科学院	2020 年	国审玉 20200553	黄淮海夏播区
55	科大 101	郑州科大种子有限责任公司	2021 年	国审玉 20210149	黄淮海夏播区
56	先玉 1762	铁岭先锋种子研究有限公司	2021 年	国审玉 20210150	黄淮海夏播区
57	东方 007	四川汉禾农业有限公司、 四川省嘉陵农作物品种研究有限公司	2021 年	国审玉 20210672	黄淮海夏播区
58	东科 301	辽宁东亚种业有限公司	2021 年	国审玉 20216232	黄淮海夏播区
59	中科玉 513	北京联创种业有限公司、 河南隆平联创农业科技有限公司	2021 年	国审玉 20216233	黄淮海夏播区

续表

序号	品种名称	选育单位	审定时间	审定编号	适宜种植区域
60	智研 533	安徽隆平高科种业有限公司	2021 年	国审玉 20216234	黄淮海夏播区
61	中玉 335	四川中正科技有限公司、 四川省嘉陵农作物品种研究有限公司	2020 年、 2018 年	国审玉 20200554、 国审玉 20180180	黄淮海夏播区、 南方区
62	渝青 386	重庆市农业科学院、 郑州科大种子有限责任公司	2019 年、 2020 年	国审玉 20190041、 国审玉 20200564	黄淮海夏播区、 西南区
63	雅玉青贮 8 号	四川雅玉科技开发有限公司	2005 年	国审玉 2005034	南方区
64	辽单青贮 178	辽宁省农业科学院玉米研究所	2007 年	国审玉 2007030	南方区
65	雅玉青贮 04889	四川雅玉科技开发有限公司	2008 年	国审玉 2008019	南方区
66	北玉 1608	云南北玉农业生物技术研究院	2021 年	国审玉 20210662	西南区
67	黔青 801	贵州省旱粮研究所、 云南大天种业有限公司	2021 年	国审玉 20210666	西南区
68	荣玉青贮 1 号	四川农业大学玉米研究所、 广西壮族自治区农业科学院玉米研究所	2018 年	国审玉 20180178	西南区
69	饲玉 2 号	山东农业大学	2018 年	国审玉 20180179	西南区
70	涿单 18	河北省涿州市义民玉米研究所	2018 年	国审玉 20180181	西南区
71	华玉 11	华中农业大学、 国垠天府农业科技股份有限公司	2019 年	国审玉 20190403	西南区
72	云瑞 10 号	云南田瑞种业有限公司	2020 年	国审玉 20200555	西南区
73	曲辰 11 号	云南曲辰种业股份有限公司	2020 年	国审玉 20200556	西南区
74	云瑞 121	云南省农业科学院粮食作物研究所	2020 年	国审玉 20200558	西南区
75	云瑞 5 号	云南省农业科学院粮食作物研究所	2020 年	国审玉 20200559	西南区
76	成青 381	四川省农业科学院作物研究所	2020 年	国审玉 20200560	西南区
77	金荣青贮一号	四川农业大学玉米研究所	2020 年	国审玉 20200561	西南区
78	绵单青贮 1 号	绵阳市农业科学研究院	2020 年	国审玉 20200562	西南区
79	川青 8 号	四川省农业科学院作物研究所、 四川农业大学玉米研究所	2020 年	国审玉 20200563	西南区
80	桂先青贮 1208	广西皓凯生物科技有限公司、 广西桂先种业有限公司	2020 年	国审玉 20200565	西南区
81	渝青 506	重庆市农业科学院	2020 年	国审玉 20200566	西南区
82	成青 382	四川省农业科学院作物研究所	2020 年	国审玉 20200567	西南区
83	曲辰 39 号	云南曲辰种业股份有限公司	2020 年	国审玉 20200568	西南区
84	雅玉 3482	四川雅玉科技股份有限公司	2020 年	国审玉 20200569	西南区
85	川单 99	四川农业大学玉米研究所、 广西壮族自治区农业科学院三米研究所	2021 年	国审玉 20210096	西南区
86	渝青 1101	重庆市农业科学院	2021 年	国审玉 20210151	西南区
87	渝青玉 8 号	重庆市农业科学院	2021 年	国审玉 20210152	西南区

续表

序号	品种名称	选育单位	审定时间	审定编号	适宜种植区域
88	康农玉 199	湖北康农种业股份有限公司	2021 年	国审玉 20210663	西南区
89	霖青 3 号	云南腾丰种业有限公司	2021 年	国审玉 20210664	西南区
90	牧青 1 号	四川天艺种业有限公司、四川雅玉科技股份有限公司	2021 年	国审玉 20210665	西南区
91	山农 889	昆明腾路农业科技有限公司	2021 年	国审玉 20210667	西南区
92	渝青 389	重庆市农业科学院	2022 年	国审玉 20200557	西南区
93	天玉 3000	云南隆瑞种业有限公司	2011 年	国审玉 2011019	西南区
94	庆红 508	广西农业职业技术学院	2021 年	桂审玉 2021085	西南区
95	桂青贮 242	广西壮族自治区农业科学院玉米研究所	2021 年	桂审玉 2021087	西南区
96	桂青贮 903	广西壮族自治区农业科学院玉米研究所	2021 年	桂审玉 2021088	西南区
97	桂单 166	广西壮族自治区农业科学院玉米研究所	2021 年	桂审玉 2021090	西南区
98	桂单 162	广西壮族自治区农业科学院	2022 年	桂审玉 2022085	西南区
99	桂亚 558	广西壮族自治区农业科学院	2022 年	桂审玉 2022087	西南区
100	桂单 0839	广西壮族自治区农业科学院	2022 年	桂审玉 2022088	西南区

第二章 青贮玉米栽培生理基础

第一节 碳代谢

一、光合作用

光合作用是绿色植物(包括藻类)吸收光能,利用 CO_2 和 H_2O 合成有机物,并将光能转变为化学能的过程。一般用下列公式表示:

$$6CO_2 + 6H_2O \xrightarrow[\text{叶绿体}]{\text{光照}} C_6H_{12}O_6 + 6O_2 \tag{2-1}$$

光合作用的意义在于提供了物质来源和能量来源;维持大气中氧气(O_2)和二氧化碳(CO_2)含量的相对稳定;对生物的进化具有重要作用。影响光合作用的因素:光照(包括光照的强度、光照的时间长短)、二氧化碳浓度、温度(主要影响酶的作用)和水等。这些因素中任何一种的改变都将影响光合作用过程。

光合作用主要包括光反应、暗反应两个阶段,光反应是水的光解,释放氧气;暗反应是 CO_2 的固定和还原,通过一系列的酶促反应,产生以碳水化合物一糖类为主的有机物,并储存能量。

光合作用是绿色植物最基本的生理活动,亦是青贮玉米植株生产的物质基础和能量基础。从某种意义上来说,青贮玉米生产上的各种农艺措施,最根本的出发点就是提高光合作用效率,有效地利用太阳能,产生较多的光合产物,从而获得较高的植株产量。青贮玉米是 C_4 植物,通过 C_4 循环和 C_3 循环,共同完成暗反应。C_4 循环在叶肉细胞中完成,C_3 循环在维管束鞘细胞中完成。

(一)光合作用的暗反应途径

1. C_4 循环

玉米叶肉细胞中的丙酮酸,在酶的作用下,可以产生磷酸烯醇式丙酮酸(PET),PET 是 CO_2 的受体,PET 在 PET 羧化酶的作用下,与 CO_2 结合形成草酰乙酸。从丙酮酸到 PET,再从 PET 到草酰乙酸,这一循环是在叶肉细胞中进行的。草酰乙酸形成后在 NADP-苹果酸脱氢酶催化下还原为苹果酸,也可在天门冬氨酸转氨酶催化下形成天门冬氨酸,苹果酸和天门冬氨酸统称为 C_4-二羧酸。光合作用时先在叶肉细胞内固定 CO_2 形成 C_4-二羧酸,然后 C_4-二羧酸通过胞浆的胞间连丝从叶肉细胞转移到维管束鞘细胞，在那里脱羧释放出 CO_2，同时形成 C_3 化合物，释放出的 CO_2 即进入鞘细胞叶绿体中进行 C_3 循环，而形成的 C_3 化合物则通过胞间连丝从维管束鞘细胞转回到叶肉细胞，在叶肉细胞内再转为 CO_2 受体 PEP，形成一个循环。因其固定 CO_2 的初产物为四碳化合物，故称这条途径为 C_4 途径，具有这一途径的植物为 C_4 植物，玉米、甘蔗、高粱及大多数杂草等都属于 C_4 植物。C_4 植物光合作用特性与其叶片的结构特点是相联系的，其叶片中脉具有花环状结构，即在叶脉周围，有一层排列紧密的维管束鞘细胞，从叶子横切面观察，似并排着的一个大花环。这层维管束鞘细胞含有叶绿体，其形体较大，数量较少；而 C_3 植物叶片中脉没有明显的维管束鞘细胞或束鞘细胞较小，并且其内没有叶绿体（图 2-1）。

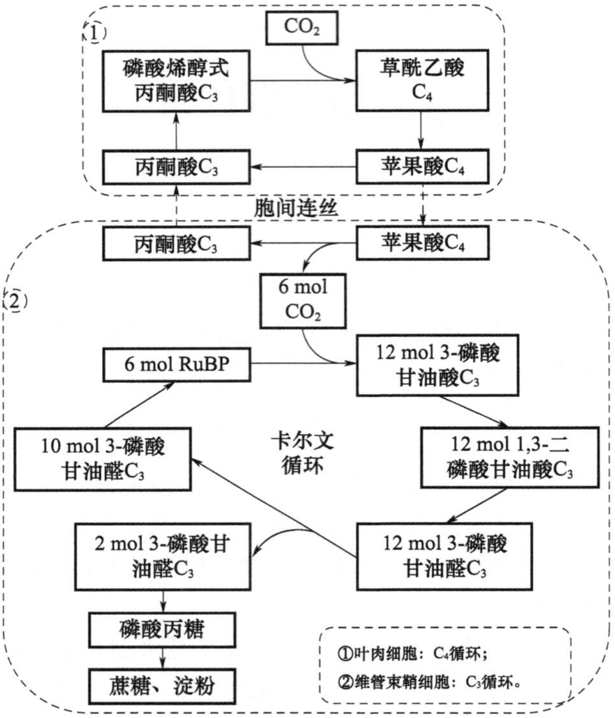

图 2-1　植物光合代谢暗反应途径相互关系示意图（王清明 绘）

C_4 植物多是起源于热带植物，它们利用过剩的光能来推动 C_4 循环，把大量的 CO_2 汇集到维管束鞘细胞中，在干旱的条件下还能保持较高的光合效率，因此，C_4 植物在光照强、气温高的条件下比 C_3 植物同化速率高，但在光照较弱、气温较低的条件下，C_4 植物的净同化速率不一定比 C_3 植物高。

2. C_3 循环——卡尔文循环

C_3 循环是指在某些高等植物光合作用的暗反应过程中，一个 CO_2 在 RuBP（1，5-二磷酸核酮糖）羧化酶的催化下，在有镁离子的环境中，被一个 RuBP 固定后形成 2 个三碳化合物（3-磷酸甘油酸）。而后 3-磷酸甘油酸消耗 1 分子 ATP（三磷腺苷），在甘油酸激酶的作用下形成 1，3-二磷酸甘油酸。又消耗 1 分子 NADPH（还原型烟酰酸腺嘌呤二核苷酸磷酸），形成 3-磷酸甘油醛。之后在磷酸丙糖酶的作用下，形成 3-磷酸丙糖。后来经过一系列复杂的生化反应，一个碳原子将会被用于合成葡萄糖而离开循环，剩下的5个碳原子经过一系列变化，继续消耗1分子ATP，最后再生成RuBP，循环重新开始。循环运行6次，生成一分子的葡萄糖。因其固定CO_2的第一次产物为三碳化合物，故称这条途径为C_3途径，具有这一途径的植物为C_3植物，小麦、水稻、大豆、棉花等大多数作物都属于C_3植物。

3. 参与和完成光合作用暗反应的酶系统

C_3途径的化学过程大致可分为三个阶段：即羧化阶段、还原阶段和再生阶段。在这一过程中的酶主要有羧化阶段的核酮糖二磷酸羧化酶（RuBPCase）、加氧酶和还原阶段β-磷酸甘油酸激酶。C_4途径的主要酶有磷酸烯醇式丙酮酸羧化酶（PEPCase）、NADP-苹果酸脱氢酶和丙酮酸磷酸脱氢酶。磷酸烯醇式丙酮酸羧化酶（PEPCase）和核酮糖二磷酸羧化酶（RuBPCase）是C_4植物光合作用过程中最重要的两个酶，RuBPCase的活性反映了PSⅡ的光化学效率，最终限制CO_2的固定。PEPCase在C_4植物的光合过程起CO_2"泵"的作用。PEPCase和RuBP-Case对CO_2的亲和力相差很大，前者是后者的60倍，在CO_2浓度低时更显著。

叶肉细胞与维管束鞘细胞中的酶系统也有差别。叶肉细胞含有大量磷酸丙酮酸双激酶和磷式丙酮酸羧化酶，而含1,5-二磷酸核酮糖羧化酶和乙醇酸氧化酶则较少；维管束鞘细胞所含的酶则与此相反。磷酸丙酮酸双激酶可以催化丙酮酸和三磷腺苷形成磷酸烯醇式酮酸，磷酸烯醇式丙酮酸羧化酶是卡尔文循环中最关键的酶，是产生磷酸乙醇酸的酶，乙醇酸氧化酶是光呼吸的一种关键酶。

玉米叶片中的过氧化体只存在于维管束鞘细胞中，过氧化体少，乙醇酸氧化酶活性相对低，对有机物的氧化分解低。所有高等植物的光合细胞中都有过氧化物体，但C_3植物叶肉细胞含过氧化物体较多，C_4植物叶肉细胞含过氧化物体则较少。过氧化物体位于叶绿体附近，它含有乙醇酸氧化酶和过氧化氢酶，能把由叶绿体运来的乙醇酸分解；乙醇酸氧化酶的活性低，光呼吸较弱。在玉米的维管束鞘中CO_2和O_2的比值远大于小麦、水稻、大豆等C_3作物。CO_2和O_2的比值大的优势在于：维管束鞘中的核酮糖二磷酸羧化酶具有同化和异化双重性，在CO_2含量高时，同化反应作用强；在O_2含量高时，异化反应作用强。玉米维管束鞘中CO_2与O_2比值大，说明CO_2含量高，有利于核酮糖二磷酸羧化酶向合成方向反应。

（二）青贮玉米光合作用的影响因素

青贮玉米光合作用除受自身遗传特性影响外，还受到光照、温度、CO_2浓度、O_2浓度、水分、矿质营养等环境因素的影响。播期、施肥、种植密度、株型等栽培措施也影响青贮玉米群体的光合效率。

1. 品种间差异的影响

朱霞等（2005）以在四川当地适合作青贮的粮饲兼用型玉米品种川单21、成单22、雅玉8号和燎原青贮玉米2号及从新疆引进的专用青贮玉米品种新青2号为材料，研究了不同青贮玉米的产量形成及其光合生理特性。结果表明，鲜物质、干物质产量以及果穗产量均以粮饲兼用型玉米较高，其中以雅玉8号表现最优。粮饲兼用型品种在抽丝后的叶面积指数（LAI）、群体光合势（LAD）和净光合速率（NAR）等几个重要生理指标上均表现出明显优势，叶面积指数、群体光合势持续期长、净光合速率高而衰减速率慢是粮饲兼用型品种产量高的重要生理原因。

张瑞霞等（2007）通过研究不同青贮玉米品种群体光合性能指标，结果表明，不同青贮玉米品种叶面积指数、光合势、群体生长率在整个生育期均呈单峰曲线变化，峰值出现在散粉至乳熟期间，因不同品种而异。净同化率则呈马鞍形曲线变化。多分蘖品种科试 1 号、植株高大品种东陵白与农大 647 在生育期间叶面积指数和光合势均较高，东陵白生育前、中期群体生长率显著高于其他品种，且高值持续时间较长，这是其生物产量高的生理基础。生产中，采取合理栽培措施，克服此类品种植株高大、个体繁茂、群体郁蔽导致植株病害和倒伏严重的不足，可实现青贮玉米群体生物产量的进一步提高。

冯淑华等(2011)曾对 3 个青贮玉米品种龙辐 208、中原单 32、高油 115 进行单播(清种)，测定了叶绿素含量、叶面积指数、光合速率。同时，分析和比较供试玉米品种的光合特性、干物质积累及产量，目的是筛选出适合黑龙江种植的青贮玉米品种。结果表明，龙辐 208 干物质积累时间最长，产量最高，是较适合种植的青贮饲料品种。

白岚方等(2020)为了明确内蒙古中熟区不同玉米品种光合效率、青贮产量及品质的差异性，为筛选适宜内蒙古中西部地区种植的中熟青贮玉米品种提供理论依据，系统分析了先玉 335、利禾 1 号、东裕 120、金创 998、京科青贮 301 和种星青饲 1 号 6 个玉米品种关键生育时期的叶面积指数、叶绿素含量、光合特征指标的动态变化规律以及青贮收获期的产量和品质指标。结果表明，随生育期的推进，各品种的各项光合指标变化规律均表现为抽雄吐丝期＞大喇叭口期＞灌浆初期＞灌浆中期。各品种玉米的叶绿素含量均无显著差异。种星青饲 1 号、先玉 335 和利禾 1 号叶面积指数显著高于其他玉米品种，净光合速率、气孔导度和蒸腾速率的变化趋势较平缓，其生物产量均达到了 20100 kg/hm^2 以上，品质优良，综合各玉米品种的光合特性、产量以及品质分析得出，种星青饲 1 号、先玉 335 以及利禾 1 号 3 个品种可作为内蒙古中熟区青贮玉米种植。

王海燕等(2021)研究了不同基因型青贮玉米产量及其生理特性的差异性。以宝源 1 号(BY1)、宁玉 218(NY218)、宁玉 524(NY524)、晋单 42(JD42)、九园 38(JY38)、西蒙 707(XM707)、西蒙 6 号(XM6)、丹玉 405(DY405)、兴贮 1 号(XC1)及东单 606(DD606)10 个不同基因型青贮玉米品种为材料，在临河农场八分场和狼山镇 2 个试验点系统研究青贮玉米产量及构成、花粒期干物质积累及分配和叶片光合特性等。结果表明，狼山试验点，JD42、NY218 和 DD606 籽粒产量显著高于 DY405 和 NY524($P<0.05$)；NY218 生物产量最高，显著高于 XM6 ($P<0.05$)。八分场试验点，DY405、NY218 籽粒产量显著高于 XC1、XM707 和 DD606 ($P<0.05$)；NY218、DY405 生物产量显著高于 DD606、JD42、XM6、NY524 和 JY38($P<0.05$)。品种间农艺性状变异性较大，各指标变异性表现为茎粗＞株高＞叶片数。高产品种在叶面积指数与叶片 SPAD 值方面保持较高水平且显著高于其他品种，在吐丝期之后，下降速率较慢。

2. 温度的影响

(1)低温的影响

玉米是喜温作物，尤其是在发育早期对冷害很敏感。当温度低于玉米最适生长温度时，光合速率和一些与光合相关的叶绿体合成、酶促反应、光合产物运输等都会受到负面的影响。低温还影响光合反应中光系统的修复能力，加剧光对光合作用的抑制。

徐田军等(2012)以郑单 958 和丰单 3 号为材料，采用盆栽试验，研究了低温胁迫对玉米幼苗光合作用、叶绿素、叶绿素荧光参数和抗氧化酶活性的影响，以及聚糠萘合剂(PKN)的调控效果。结果表明，低温胁迫下，玉米幼苗的光合作用和光系统Ⅱ光化学最大效率受到抑制；超氧化物歧化酶(SOD)、过氧化物酶(POD)和过氧化氢酶(CAT)活性降低；过氧化氢、超氧阴离子的产生速率及丙二醛(MDA)含量显著升高。PKN 处理提高了低温胁迫下玉米幼苗净光合速率（P_n）、气孔导度（G_s）、光系统Ⅱ光化学的最大效率（F_v/F_m）、叶绿素含量（Chla＋Chlb）。低温处理 7 d，郑单 958 处理（ZDTR）和丰单号处理（FDTR）的 P_n、G_s、F_v/F_m、Chla＋Chlb 分别比各自的对照提高了 88.95%和 61.11%、593.33%和 1741.67%、111.50%和 145.16%、36.61%和 54.03%；PKN 处理延缓了 SOD、POD、CAT 活性的降低，低温胁迫 7 d，PKN 处理使郑单 958 和丰单 3 号的 SOD、POD、CAT 活性分别比对照高了 292.59%和 632.98%、295.07%和 360.54%、254.55%和 265.45%；同时降低了过氧化氢、超氧阴离子的产生速率及 MDA 的含量，表明 PKN 处理有利于提高玉米幼苗的抗冷性。

冯锐等（2013）以先玉 335 为材料，对玉米拔节期和大喇叭口期分别进行了 15 ℃低温胁迫及对照试验。结果表明，低温胁迫导致植株株高、生物量及叶面积明显下降，并且拔节期受低温的影响要大于大喇叭口期；低温导致玉米蒸腾速率的降低及光合速率下降，光合速率下降 10%左右，蒸腾速率下降 58%～64%；不同发育期玉米光谱反射率对低温胁迫的响应基本相同，可见光波段，受低温胁迫的玉米冠层光谱反射率均有所增加，近红外波段（780～1350 nm），受低温胁迫的玉米冠层反射率降低；低温导致产量明显下降，拔节期减产率为 34%，大喇叭口期减产率达到 38%，大喇叭口期低温对产量的影响更为显著。

艾佳等（2014）以玉米自交系掖 478、合 344、吉 853 为材料，在不同低温胁迫及恢复正常温度情况下比较幼苗光合作用及叶绿素荧光参数等指标的变化。结果表明，随着胁迫温度的下降和低温胁迫时间的延长，3 个玉米自交系幼苗叶片初始荧光 F_0 呈上升趋势，F_v/F_0、F_v/F_m 整体上均呈下降趋势。叶绿素荧光参数随着低温胁迫程度的加强变化较大，且相同温度下的变化幅度掖 478＜合 344＜吉 853。3 个玉米自交系在各温度胁迫后恢复到常温时的叶片初始荧光 F_0 下降，F_v/F_m、F_v/F_0 整体上呈上升趋势。掖 478 恢复常温 12 d 后恢复到正常水平，抗冷性最强；吉 853 的 PSⅡ系统受损较重，恢复常温 3 d 未达正常水平，抗冷性较弱。

谷岩等（2015）以玉米品种东单 213 和恒宇 709 为试验材料，研究低温对孕穗期玉米叶片气体交换、叶绿素荧光及碳代谢酶活性的影响。结果表明，低温条件下，叶片气体交换参数[光合速率（P_n）、蒸腾速率（T_r）和气孔导度（G_s）]、叶绿素荧光参数[最大光化学效率（F_v/F_m）、实际光化学效率（ΦPSⅡ）和光化学猝灭系数（qP）]、碳代谢相关酶[磷酸烯醇式丙酮酸（PEP）羧化酶、磷酸蔗糖合成酶（SPS）和蔗糖合成酶（SS）]活性均有不同程度的降低，温度越低，降幅越大；在相同温度和胁迫时间，各项指标以东单 213 降幅最大。15 ℃下，恒宇 709 的叶片蔗糖含量仅在第 7 天显著低于对照，东单 213 则在第 5 天和第 7 天均显著低于对照。总的来看，低温胁迫下玉米光合速率的下降可能与光系统Ⅱ反应中心伤害以及暗反应相关酶活性的降低有关。

王若男等（2016）以郑单 958 为供试品种，设置了 6 月 15 日（对照）、6 月 25 日和 7 月 5 日 3 个播期，研究灌浆期低温对夏玉米光合性能、干物质生产转运及产量的影响，以期为华北平原夏玉米充分利用热量资源、指导生产实践和实现高产稳产提供理论依据。结果表明，6 月 25 日和 7 月 5 日播期的夏玉米在灌浆期均遭遇不同程度的低温胁迫，且随着播期的推迟受胁迫程度随之加剧，这 2 个播期的玉米光合性能、干物质积累量与转运量、群体生长率均较对照呈逐渐降低趋势。3 个播期的单位面积总粒数之间差异不显著，但千粒重在不同播期间差异显著，最终 6 月 25 日和 7 月 5 日播种的玉米产量较对照分别显著下降了 17%和 31%。因此，应该选择适宜的夏玉米播种时间，降低玉米在灌浆后期遭遇低温逆境的概率，进而保障玉米生育后期的正常灌浆，最终实现玉米抗逆高产的目标。

郭春明等(2017)为研究低温胁迫对玉米光合特性以及粒重的影响,以郑单958为材料,利用人工气候室模拟自然低温,研究不同温度(13 ℃、15 ℃、17 ℃)、不同处理时间(1 d、2 d、3 d、4 d、5 d)下玉米抽雄期、开花期、吐丝期、灌浆期光合特性及粒重变化。结果表明,玉米生育后期低温降低光合速率(P_n)和气孔导度(G_s),胞间CO_2浓度(C_i)提高;抽雄期、吐丝期、灌浆期蒸腾速率(T_r)受短期(1 d、2 d)低温影响较大;抽雄期、开花期、吐丝期玉米光合特性分别受1 d、4 d、5 d低温影响最大;灌浆期低温对粒重影响最大,平均下降37%,吐丝期次之,平均下降6%,抽雄期、开花期无显著影响。

(2)高温的影响

高温也会对玉米光合作用产生不利影响。全球季节性高温、干旱已经成为影响玉米生长发育和产量形成的主要限制性因素。

郭文建等(2014)曾研究了玉米在高温胁迫下叶片内叶绿素a、叶绿素b和类胡萝卜素等生理指标的变化情况。结果表明,高温胁迫下酶的活性降低,同时叶绿素的生成受抑制,因此,在高温胁迫下会导致叶绿素a、叶绿素b、叶绿素总量含量下降,且随着胁迫时间的增加,这种变化愈加明显;伴随胁迫温度的升高,玉米叶片中的类胡萝卜素随着时间的延长而呈总体下降的趋势,当温度超过40 ℃时,下降趋势最为显著。

于康珂等(2017)为了探索玉米叶片光合生理对高温胁迫的响应特征,以郑单958(ZD958)和先玉335(XY335)为材料,从第9片叶展开期至抽雄期,每天08:30—17:30进行大田人工模拟增温试验,研究了不同成熟度玉米叶片的光合参数和RuBP羧化酶、PEP羧化酶、蔗糖磷酸合成酶(SPS)活性的变化。结果表明,高温胁迫下,叶片的SPAD值除了ZD958幼嫩叶片略高于对照(自然生长)外,其余处理均显著低于对照;净光合速率(P_n)、蒸腾速率(T_r)和气孔导度(G_s)均显著下降,且成熟叶片的下降幅度高于幼嫩叶片;胞间CO_2浓度(C_i)增加,幼嫩叶片的增加幅度高于成熟叶片;成熟叶片和幼嫩叶片的PSⅡ最大光化学效率均下降,且幼嫩叶片的下降幅度达到显著水平。高温胁迫下,2个品种成熟叶片和XY335幼嫩叶片的RuBP羧化酶和SPS活性显著降低,ZD958成熟叶片和2个品种幼嫩叶片的PEP羧化酶活性显著增加。可见,高温胁迫显著降低了玉米叶片的光合性能,且对成熟叶片的影响大于幼嫩叶片,对XY335的影响大于ZD958。

郭智慧等(2020)针对近年来黄淮地区高温频发的气候条件限制,综合当前国内外研究进展,分别从产量和干物质积累、光合、花粉及授粉受精、籽粒灌浆、籽粒品质和内源激素等方面分析了高温胁迫对玉米生产的影响。结果表明,高温对玉米授粉结实、干物质积累及内源激素含量产生影响,降低了玉米光合速率及籽粒灌浆速率,从而降低籽粒产量。此外,高温提高籽粒中蛋白质含量,使淀粉及脂肪含量相对降低,影响籽粒品质。通过选育、选用抗(耐)高温品种,配以外源激素及微肥的使用,采用适当晚播及合适的水肥栽培措施,可实现玉米抗高温高效生产。

高英波等(2020)为探明吐丝前高温胁迫对玉米产量及雌雄穗发育进程的影响,为玉米稳产高产提供保障。以花粒期耐热型玉米品种郑单958和热敏感型玉米品种联创808为供试材料,采用盆栽试验,在第9片叶展开期至吐丝期,移入人工智能温室进行高温胁迫(最高温度/最低温度为40/30 ℃),对照的最高温度/最低温度为35/25 ℃,研究高温胁迫对不同耐热型玉米产量、雌雄穗生长发育及外观形态结构、花粉花丝微观结构和光合特性的影响。结果表明,第9片叶展开期至吐丝期高温胁迫,对耐热型品种郑单958的产量形成、光合特性和雌雄穗发育的影响均高于热敏感型品种联创808。第9片叶展开期至吐丝期高温胁迫导致花粉花丝微观形态受损，抑制雌雄穗发育，显著降低玉米光合能力，使得穗粒数和粒重减少，籽粒产量显著降低。因此，生产中适宜玉米品种的选用需参考不同区域高温逆境易发生阶段来确定。

张学鹏等(2021)为了明确玉米叶片“源”的高温胁迫温度阈值，采用盆栽试验，利用可精准控温(模拟大气温度变化)的人工气候室，以日最高温度32 ℃为对照，分别设置日最高温度34 ℃、36 ℃和38 ℃3个处理，于玉米拔节期进行持续10 d的温度控制试验，比较叶片光合作用光反应和暗反应阶段对不同高温的响应，以及叶片气孔和叶绿体超微结构的变化。结果表明，光反应阶段，38 ℃处理下的光系统Ⅱ最大光化学量子产量(F_v/F_m)和实际光化学量子产量Y(Ⅱ)与其他处理相比均显著降低，但胁迫解除后均恢复至正常水平，而其他3个处理无显著性差异；暗反应阶段，与对照相比，36 ℃和38 ℃处理的叶片净光合速率(P_n)均显著降低，胞间CO_2浓度(C_i)均显著升高，且38 ℃处理在胁迫解除后P_n未能恢复。透射电镜结果显示，在36 ℃和38 ℃处理下，叶绿体结构逐渐紊乱降解，脂质球体含量增加，淀粉粒合成减少。综上可知，对于玉米叶片“源”，日最高温度的胁迫阈值是36 ℃，阈值附近的高温胁迫主要是限制光合作用的暗反应阶段。

穆心愿等(2022)为探讨不同基因型玉米叶片光合荧光特性、授粉结实能力及产量构成对花期高温胁迫及恢复的响应，采用人工模拟增温试验，选取2个耐热型玉米品种(浚单20和郑单958)和2个热敏感型玉米品种(先玉335和农华101)为试验材料，设置花期高温胁迫和大田常温对照2个处理，研究花期高温胁迫及恢复对不同耐热性玉米叶片光合荧光特性、授粉结实能力、干物质积累与分配和产量构成的影响。结果表明，花期高温胁迫显著降低了玉米穗粒数，增加了空秆率，进而导致籽粒产量显著下降，且耐热型品种产量下降幅度小于热敏感型品种。与对照相比，花期高温胁迫下耐热型和热敏感型品种穗粒数分别降低22.25%和67.18%，百粒重分别降低2.03%和5.00%，空秆率分别增加206.37%和283.00%，籽粒产量分别降低31.84%和67.33%，其中穗粒数、空秆率和籽粒产量差异均达显著水平($P<0.05$)。花期高温胁迫使得4个玉米品种有效绿叶面积和叶绿素含量降低，光系统Ⅱ受损，光合性能显著下降；高温胁迫结束后，光系统Ⅱ部分参数有所恢复，叶绿素含量和净光合速率恢复至对照水平。花期高温胁迫对雌穗总小花数、雄穗总小花数和雄穗分枝数影响较小，但使得散粉持续期缩短，开花吐丝间隔期拉长，造成雌雄不遇，结实率显著降低。花期高温导致的授粉持续期缩短是结实率降低的主要原因。花期高温胁迫显著降低了4个玉米品种干物质积累量和干物质向穗(粒)的分配比例；高温胁迫后，耐热型和热敏感型品种成熟期的单株干物质量分别降低16.40%和25.73%，籽粒干物质分配比率分别降低7.08%和46.80%，差异均达显著水平($P<0.05$)。花期高温胁迫导致玉米光合性能下降，雌雄穗协调发育受到抑制，干物质积累量显著减少，使得结实率下降，穗粒数减少，籽粒产量显著降低。花期高温胁迫对热敏感型品种的产量形成、光合荧光特性、雌雄穗发育和干物质积累与分配的影响均高于耐热型品种。

3. 水分的影响

解婷婷等(2009)曾在甘肃河西走廊中部黑河中游临泽北部边缘绿洲区，运用开放式气体交换LI-6400便携式光合作用测定系统和PAM-2100型便携式叶绿素荧光仪，研究了不同土壤水分条件下青贮玉米的气体交换特征及叶绿素荧光参数。结果表明，不同土壤水分条件下，青贮玉米均出现光合下调，即“光合午休”现象，引起“光合午休”的原因主要为非气孔因素，光系统Ⅱ光化学效率（F_v/F_m）明显降低，表现为光抑制。不同土壤水分条件下，青贮玉米的 P_n、T_r 均随着土壤水分的降低而降低，WUE 却增加。方差分析表明，高水分条件的 P_n 和 WUE 与低水分条件的 P_n 和 WUE 均存在显著差异，而其他各处理的 P_n 和 WUE 之间无显著差异。随着土壤水分的下降，青贮玉米的地上生物产量逐渐降低，但差异性不显著。这说明高的水分条件并不能消除青贮玉米的光抑制现象，反而显著降低其水分利用效率，低水分条件在降低地上生物产量不显著的情况下显著提高了水分利用效率。

路振广等（2019）为研究夏玉米干旱胁迫时生理响应机制，寻求适宜干旱胁迫调控指标。通过完全随机试验设计，研究不同生育阶段与干旱胁迫程度对夏玉米叶片光合特性与产量的影响。结果表明，随干旱胁迫程度的增加，P_n 与产量均呈降低趋势，且 P_n 与产量呈同步变化。对于光合速率大小的影响主要在干旱胁迫阶段，复水后叶片气体交换基本恢复正常；干旱胁迫时间段随着生育期的推进，作物产量影响较大，与适宜水分相比，产量降低幅度逐渐增大。长期持续受旱复水后其叶片气体交换无法完全恢复至正常水平；生育后期中旱更有利于夏玉米节水保产。全生育期干旱胁迫时，随干旱胁迫程度与时间的增加，夏玉米叶片气体交换能力、产量与耗水量均呈下降的趋势；避免全生育期干旱胁迫，最低应高于中旱。在河南豫中地区以节水高产为目的，适宜选择轻旱，各生育阶段缺水时至少保证土壤水分在田持（重量含水率）的50％以上。该研究为该地区夏玉米节水高产提供数据支撑。

王雅楠（2020）针对内蒙古半干旱地区青贮玉米发展面临的水资源紧缺、灌溉水利用率低等生产实际问题进行了试验研究，其试验以先玉 335 和种星青饲 1 号为供试材料，研究 5 个滴灌量梯度（W_1：486.54 m^3/hm^2；W_2：807.81 m^3/hm^2；W_3：1129.07 m^3/hm^2；W_4：1450.34 m^3/hm^2；W_5：1771.60 m^3/hm^2）对青贮玉米的耗水量、生长发育、光合特性、产量和水分利用效率及营养品质的影响，明确最佳滴灌量，为优质高产青贮玉米节水栽培提供理论支持。通过两年试验，得出如下研究结果：①增加滴灌量提高了吐丝期和灌浆期 0～60 cm 土层的土壤含水量。随着滴灌量的增加，青贮玉米全生育期的耗水量先增加后减少，W_4 处理下青贮玉米的耗水量最大。②在大喇叭口期青贮玉米的株高和干物质量均随滴灌量的增加而升高。适当地提高滴灌量，有利于促进青贮玉米的生长，W_3 处理和 W_4 处理显著提高了灌浆期和青贮收获期的株高和干物质量。③青贮玉米吐丝期的净光合速率（P_n）、蒸腾速率（T_r）、气孔导度（G_s）和胞间 CO_2 浓度（C_i）随滴灌量的增加而升高，增幅逐渐减小。W_3 处理和 W_4 处理的 P_n、T_r、G_s 和 C_i 无显著差异。④随着滴灌量的增加，青贮玉米的生物鲜重和生物产量以及生物鲜重水分利用效率（WUE_f）和生物产量水分利用效率（WUE_d）均呈现先增加后降低的变化趋势，W_3 处理提高了生物鲜重和生物产量，并显著提高了 WUE_f 和 WUE_d。生物鲜重灌溉水利用率和生物产量灌溉水利用率随滴灌量的增加显著降低，其降低幅度随滴灌量的增加逐渐减小。⑤增加滴灌量降低了青贮玉米的营养品质。随着滴灌量的增加，中性洗涤纤维含量、酸性洗涤纤维含量、粗灰分含量及淀粉含量逐渐增加，而粗蛋白含量、粗脂肪含量及相对饲用价值逐渐降低。综上所述，在年降雨量为 400 mm 左右的半干旱地区，W_3 处理（1129.07 m^3/hm^2）可提高青贮玉米叶片光合性能和水分利用效率，促进了生长发育，进而提高了青贮玉米的产量和营养品质。

曹玉军等（2020）以吉林 20 世纪 70 年代以来的 3 个不同年代大面积推广的玉米品种为材料，采用遮雨棚土柱栽培试验，研究长期水分亏缺对不同年代玉米品种光合特性及干物质转运的影响。结果表明，与对照相比，水分亏缺使老品种（20 世纪 70 年代和 90 年代）果穗叶净光合速率(P_n)、最大光化学效率(F_v/F_m)降低幅度大于当代品种(21 世纪 10 年代)。水分亏缺下，当代玉米品种叶片和茎鞘干物质转运率高于老品种，与对照相比，21 世纪 10 年代、20 世纪 90 年代和 70 年代玉米品种叶片和茎鞘干物质平均转运率分别提高了 48.9%、47.7%和 33.8%。水分亏缺下，玉米花前贮藏同化物转运对籽粒产量贡献率随着年代的推进而降低，花后干物质积累量对产量贡献率则随着年代的推进而提高。

蔡倩等(2021)为探明玉米生育中期水分胁迫对光合特性及水分利用效率的影响，于 2014—2015 年在辽宁省农业科学院可移动防雨棚内，以春玉米为试材，采用盆栽方法，设置了正常供水(土壤含水量为田间持水量 65%~75%)、轻度水分胁迫(55%~65%)和重度水分胁迫(45%~55%)3 个处理，开展了水分胁迫对春玉米叶片叶绿素含量、光合特性、产量、耗水量和水分利用效率影响的研究。结果表明，玉米生育中期水分胁迫不同程度降低了叶片叶绿素含量、净光合速率、蒸腾速率(T_r)、气孔导度，增加了胞间 CO_2浓度，且下降或增加幅度随着胁迫程度的增加而增大；轻度水分胁迫和重度水分胁迫玉米蒸散量降低了 28.9%和 54.6%，水分利用效率提高了 17.5%和 4.1%；轻度水分胁迫对玉米产量影响很小，而重度水分胁迫玉米产量降低了 55.6%，严重影响了玉米产量。该研究为该区域玉米提高水分利用效率提供数据支撑。

张继波等(2021)以郑单 958(ZD958)为试材，在水分临界期(拔节-开花期)设计 5 个水分梯度控制试验，模拟研究干旱胁迫对夏玉米光合生理与产量形成的影响。结果表明，水分临界期持续干旱胁迫下，开花期夏玉米叶片叶绿素 a 含量、净光合速率、气孔导度、蒸腾速率、株高、叶面积、地上部干物重均降低，且干旱胁迫越重，降低幅度越大，T_5 处理下上述要素分别较 T_1 处理下降 42.6%、75.5%、83.2%、65.1%、27.5%、18.2%和 44.9%。随着干旱胁迫的加剧，叶片水分利用效率呈先增后降的变化趋势，且在轻度干旱胁迫时最高。持续干旱胁迫下，夏玉米叶、叶鞘获得的养分分配增多，茎、果实、根获得的养分供给减少，植株营养供给与分配的改变不利于夏玉米健壮生长，倒伏风险增加，影响产量形成。此外，持续干旱胁迫下，夏玉米秃尖比、双穗率升高，百粒重、理论产量大幅降低。

4. 施肥的影响

曹国军等(2008)采用田间试验与生化分析等方法研究了不同钾素营养水平与春玉米产量及碳代谢的关系。结果表明，适宜的施钾量可使春玉米叶片具有较高的叶绿素含量以及较强的 RuBP 羧化酶和 PEP 羧化酶活性，同时也获得了较高的产量。各处理在春玉米主要生育时期叶片中叶绿素含量及 RuBP 羧化酶、PEP 羧化酶的活性均表现为 K_2(施 K_2O 200 kg/hm^2)>K_3(施 K_2O 300 kg/hm^2)>K_1(施 K_2O 100 kg/hm^2)>K_0(不施钾肥)，这一规律与各处理对产量的影响一致。各处理氮磷肥用量相同，均施氮 400 kg/hm^2、P_2O_5 200 kg/hm^2。

杨劲峰等(2016)在棕壤肥料长期定位试验基础上，测定不同水平磷肥处理玉米产量、灌浆期玉米穗位叶叶绿素荧光参数等指标。结果表明，施用磷肥能显著提高玉米产量，增施磷肥可以明显影响叶绿素荧光诱导动力学曲线变化，无论在低量有机肥还是高量有机肥投入条件下，增施磷肥均可以降低玉米穗位叶 OJIP 曲线的 K、J 和 I 值，减少叶片放氧复合体系统损伤程度。合理的氮磷比例可以有效提高 PSⅡ电子传递性能，对于 PSⅡ供体侧性能无明显影响。随着磷肥的施入，PSⅠ反应中心 P_{700} 的最大氧化还原能力和光系统Ⅰ和Ⅱ的协调性受到一定抑制。

王久龙等(2017)采用田间试验方法，研究了一管两行(80 cm+40 cm)行距模式下灌溉量为288 mm时，不同施氮量(CK：14.04 kg/hm^2；F_1：97.56 kg/hm^2；F_2：167.16 kg/hm^2；F_3：

236.76 kg/hm²；F_4：306.36 kg/hm²；F_5：375.96 kg/hm²）对复播青贮玉米光合特性的影响，观测了拔节期（8 月 20 日）和抽雄吐丝期（9 月 13 日）光合特性指标及生育期末期的干物质量、叶面积，计算叶片水平的水分利用效率、光合势及净同化率。结果表明，施氮量为 236.76 kg/hm²，青贮玉米产量最大；拔节期光合有效辐射为 1500～2000 μmol/(m² · s)、施氮量为 236.76 kg/hm² 时，青贮玉米的光合指标较大；抽雄吐丝期，光合有效辐射为 800～1900 μmol/(m² · s)、施氮量为 236.76 kg/hm² 时，水分利用效率较大；施氮量为 236.76～306.36 kg/hm² 时，青贮玉米的光合势和净同化率均达到最大，施氮量进一步增加，光合势和净同化率降低显著。因此，石河子地区青贮玉米适宜的光合有效辐射为 1500～2000 μmol/(m² · s)，施氮量为 236.76 kg/hm²，青贮玉米产量及水分利用效率达到最大。

王振华等（2017）通过田间试验研究了相同灌溉定额（288 mm）条件下，行距（KZ，JY）和施氮水平（CK：14.04 kg/hm²；F_1：97.56 kg/hm²；F_2：167.16 kg/hm²；F_3：236.76 kg/hm²；F_4：306.36 kg/hm²；F_5：375.96 kg/hm²）对复播青贮玉米光合特性的影响。结果表明，施氮量为 167.16 kg/hm²、236.76 kg/hm²，KZ 的产量比 JY 增加 5.41%、8.71%；光合有效辐射为 1500～2000 μmol/(m² · s)时，青贮玉米净光合速率和蒸腾速率较大，水分利用效率随光合有效辐射增加呈递减趋势；施氮量为 167.16～236.76 kg/hm² 时，拔节期 KZ 高于 JY。抽雄吐丝期 KZ 低于 JY，KZ 叶片水平水分利用效率显著高于 JY；施氮量为 167.16～236.36 kg/hm² 时，拔节期和抽雄吐丝期 KZ 光合势显著高于 JY。就作物高产、高效而言，滴灌复播青贮玉米适宜的光合有效辐射为 1500～2000 μmol/(m² · s)，施氮量为 236.76 kg/hm² 时，行距为 KZ。

薛根鑫等（2020）为研究相同灌水量条件下不同氮、磷、钾肥施用量对玉米株高、光合速率以及产量的影响，运用二次通用旋转组合设计，设置 5 个氮、磷、钾施肥水平（氮：360 kg/hm²、287 kg/hm²、180 kg/hm²、73 kg/hm²、0；磷：180 kg/hm²、144 kg/hm²、90 kg/hm²、36 kg/hm²、0；钾：300 kg/hm²、239 kg/hm²、150 kg/hm²、61 kg/hm²、0），组成 20 个处理。结果表明，不同施肥量引起株高、光合速率以及产量显著差异，360 kg/hm² 氮肥配施90 kg/hm²、150 kg/hm² 磷、钾肥，玉米株高和光合速率达到最大值 3.5 m、37.1 μmol/(m² · s)。当磷、钾肥施用量相同时，氮肥由 0 增加到 360 kg/hm²，株高增长 23%；同样，当氮、磷肥施用量相同时，磷肥由 0 增加到 180 kg/hm²，株高增长 16%；钾肥由 0 增加到 300 kg/hm²，株高增长 19%。玉米产量随施肥量的变化呈抛物线性变化，氮、磷、钾肥分别施用 180 kg/hm²、90 kg/hm²、150 kg/hm² 时，玉米产量达到最大 16985 kg/hm²。肥料单因素分析结果发现，施氮肥与不施氮肥相比增产 85%，施磷肥与不施磷肥相比增产 79%，施钾肥与不施钾肥相比增产 39%。由此得出结论，肥料对玉米株高的影响顺序是氮＞钾＞磷，对产量影响顺序是氮＞磷＞钾，氮、磷、钾三因素耦合施用增产效果最佳。以产量为目标建立回归方程，可计算出宁夏引黄灌区在灌水量为2700 m³/hm² 条件下，最适宜的肥料配施量为氮肥 287 kg/hm²、磷肥 144 kg/hm²、钾肥 300 kg/hm²，玉米获得最高产量 17598.45 kg/hm²。

王力等（2021）为研究氮肥配施生物炭对坡耕地烤烟/青贮玉米套作生物量和光合特性的影响，以云烟 87 烤烟品种和中玉 335 青贮玉米品种为试验材料，在坡度为 10°的模拟小区进行套种试验。设置氮肥水平（N）和生物炭（B）2 个因素：3 个氮肥施用量（烤烟＋青贮玉米）分别为 0＋0（N_0）、52.5 kg/hm²＋100 kg/hm²（N_1）和 105 kg/hm²＋200 kg/hm²（N_2）；2 个生物炭施用量分别为不添加生物炭（B_0）和添加 3%生物炭（每 100 kg 土添加 3 kg 生物炭，B_1）。测定烤烟和玉米成熟期的质体色素含量、光合参数及鲜干质量。结果表明，生物炭搭配常规施氮处理对提高烤烟鲜干质量和青贮玉米光合作用效果最好，生物炭搭配常规氮肥减半处理次之。因此，生物炭搭配减氮施肥能起到降低氮肥施用量的作用，但具体氮肥的减少量需根据土壤类型和生物炭添加量而定。

王海燕等（2021）以青贮玉米宁玉 218（NY218）与晋单 42（JD42）为试验材料，设置有机肥与化肥配施 A（TF）、有机肥与化肥配施 B（FF）、高产施氮（HY）、农民习惯施氮（FP）与对照（CK）共 5 个处理，测定了青贮玉米生物产量、籽粒产量及其构成、花粒期不同层位叶片光合特性变化规律。结果表明，FF 较 FP 与 HY 能显著提高青贮玉米籽粒产量和生物产量，NY218 与 JD42 的籽粒产量和生物产量分别为 17298.31 kg/hm^2 和 17624.89 kg/hm^2，21314.77 kg/hm^2 和 21682.69 kg/hm^2；FF 处理的籽粒产量与生物产量较 HY 分别增产 5.34% 和 6.27%，9.16% 和 8.94%；FF 处理对青贮玉米籽粒产量的提升主要通过提高穗粒数和千粒重来实现；FF 可有效保持花粒期叶片光合能力，延缓不同层位叶片 SPAD 值与净光合速率的下降速率，其中以上部叶片效果更为明显，有效延长了青贮玉米叶片光合功能期，促进了群体干物质的积累，增加群体生物产量和籽粒产量。

单宁等（2021）针对宁夏玉米水肥热利用率低的问题，开展了滴灌土壤水肥热耦合对青贮玉米生长、光合及产量的影响研究。采用三因素三水平正交试验，利用极差分析和方差分析，得出了水肥热耦合影响青贮玉米各项指标的主次顺序、显著性及最优组合方案。结果表明，三因素影响鲜生物产量、籽粒产量的顺序均为灌溉定额＞追肥量＞根区温度；灌溉定额和追肥量对鲜生物产量影响显著，灌溉定额和追肥量对籽粒产量影响极显著，根区温度对鲜生物产量和籽粒产量影响不显著。青贮玉米的株高、茎粗、叶面积指数、净光合速率、蒸腾速率、鲜生物产量及籽粒产量随着灌溉定额、追肥量和根区温度的增大而增大。在生育期内降雨量为148 mm、地下水埋深 1.66 m 条件下，综合考虑水肥热耦合对滴灌青贮玉米生长、光合及产量的影响，确定三因素最优水平组合为 A3B3C2，即灌溉定额为 2520 m^3/hm^2、追肥量为 594 kg/hm^2（纯 N 为 273.24 kg/hm^2）、覆普通地膜，鲜生物产量和籽粒产量均最高，鲜生物产量为 96638 kg/hm^2，比 CK 增产 14.96%；籽粒产量为 14927 kg/hm^2，比 CK 增产 13.25%。可为引黄灌区青贮玉米高效节水灌溉土壤水肥热调控制度推广提供理论依据。

5. CO_2浓度的影响

CO_2是植物光合作用的原料，CO_2浓度升高影响植物光合生理。

王秋兰等（2018）以大丰 30 为试验材料，利用开顶式气室（OTCs）法研究了 CO_2浓度升高处理下，玉米叶片叶绿素含量、净光合速率、叶面积指数以及籽粒产量的变化，揭示 CO_2浓度升高对玉米光合生理特性及籽粒产量的影响机制。结果表明，随着 CO_2浓度的升高，叶片叶绿素 a、叶绿素 b 和叶绿素（a+b）的含量均逐步升高，叶片净光合速率也在不断升高，从大喇叭口期开始到生育期结束叶面积指数均表现为增大，最终对单株籽粒产量以及单株生物产量有显著增产作用。

刘亮等（2020）利用可精准控制 CO_2浓度的大型人工气候室，探讨提高 CO_2浓度和温度对玉米生长、气体交换参数、荧光参数及水分利用效率的影响。结果表明，温度显著影响玉米的生长过程，但 CO_2浓度对玉米的生物量、叶面积指数和株高的变化均未产生显著影响。另外，在25～19 ℃和 31～25 ℃温度条件下，净光合速率（P_n）对温度的响应并没有受到 CO_2浓度的影响，但在 37/31 ℃（白天/晚上）高温环境下，CO_2浓度升高导致玉米的 P_n 显著提高 16.4%（$P<0.05$），表明在高温条件下，升高 CO_2浓度能增加玉米的净光合速率。此外，玉米叶片的水分利用效率（Water Use Efficiency，WUE）随温度升高而显著下降，但 CO_2浓度升高条件下

的玉米叶片 WUE 明显高于自然 CO_2 浓度，表明 CO_2 浓度升高可以降低升温对玉米叶片 WUE 的影响。但在不同环境温度条件下，CO_2 浓度升高缓解高温对叶片 WUE 产生影响的机理存在差异，较低温度时 CO_2 浓度升高通过降低叶片的蒸腾速率提高 WUE，而在高温条件下主要是由于 CO_2 浓度升高能有效缓解高温对 P_n 的伤害，进而促进叶片 WUE 的提升。研究结果可为深入理解未来气候变化对玉米生长及水分利用效率产生的影响提供参考，为应对气候变化的农田管理策略制定提供数据支撑和理论依据。

牛晓光等(2020)为阐明大气 CO_2 浓度升高和氮肥交互作用对 C_4 作物玉米光合生理和产量的影响，利用自由大气 CO_2 富集(FACE)平台，以玉米品种郑单 958 为试验材料，在不同施氮量[常氮 180 kg(N)/hm^2、低氮 72 kg(N)/hm^2]下比较大气 CO_2 浓度[(400±15)μmol/mol]和高 CO_2 浓度[(550±15)μmol/mol]对玉米生长的影响。结果表明，大气 CO_2 浓度升高使玉米苗期叶片叶绿素浓度显著($P=0.025$)增加 9.5%，抽雄期净光合速率显著($P=0.009$)增加 9.0%；低氮和常氮下，高 CO_2 浓度使玉米各主要生育期胞间 CO_2 浓度分别显著增加 34.8%～48.5%和 40.0%～49.4%，气孔导度在大喇叭口期和抽雄期分别显著下降 21.6%($P=0.015$)和 22.1%($P=0.010$)，玉米叶片水分利用效率在大喇叭口期、抽雄期和灌浆期分别显著增加 12.9%($P=0.002$)、9.8%($P=0.019$)和 18.8%($P=0.001$)；高 CO_2 浓度使玉米非光化学淬灭呈降低趋势、PSⅡ有效光化学量子产量有增加趋势；相同氮水平下，高 CO_2 浓度对玉米产量没有显著影响。同时，高 CO_2 浓度和合理施氮交互作用对玉米功能叶叶绿素含量、净光合速率、PSⅡ有效光化学量子产量增加有一定的促进作用，如在大喇叭口期和抽雄期，常氮＋高 CO_2 浓度处理叶绿素含量比低氮＋大气 CO_2 浓度处理增加 17.3%和 10.7%，高 CO_2 浓度和合理施氮量交互作用有增加玉米产量的潜力，合理增加施氮量促进了 CO_2 肥效的发挥。在未来大气 CO_2 浓度升高条件下合理施氮对 C_4 作物玉米生长发育有促进作用。

韩玉薪等(2020)为明确不同品种玉米生长和光合特性对 CO_2 浓度和水分处理双因子的响应规律可为变化环境下品种选育提供参考。采用盆栽试验，分析了两个品种玉米拔节期的株高、茎粗和叶面积指数以及净光合速率(A)、气孔导度(G_s)和蒸腾速率(E)。结果表明，低水处理使两个品种玉米的茎粗及京科 968 的叶面积指数显著降低，并使两品种玉米的 A 和 G_s 显著降低；除郑单 958 低水处理的株高显著降低外，CO_2 浓度升高并未导致两品种玉米的株高、茎粗、叶面积和 SPAD 显著变化；所有水分处理下，CO_2 浓度升高并未造成 A 显著变化，而两品种玉米的 E 和 G_s 均有不同程度的显著降低；CO_2 浓度升高使所有水分处理下京科 968 和郑单 958 的 G_s 降低的均值分别为 39.99%和 21.10%。CO_2 浓度升高显著提高了京科 968 的叶片水分利用效率(WUE)，而对郑单 958 的 WUE 无明显影响。CO_2 浓度 400 μmol/mol 下，各水分处理的京科 968 的 G_s 均高于郑单 958，而 600 μmol/mol 时，京科 968 的 G_s 则由于降低更多而低于郑单 958，且具有较高的 WUE。表明不同品种玉米应对 CO_2 浓度升高表现不同，而京科 968 在未来 CO_2 浓度升高环境下因其较低的 G_s 可能具有更好的抗旱能力。

贾羽旋等(2021)采用 LI-6800 便携式光合作用测定系统观测了温度和 CO_2 浓度对长江中游平原水稻和玉米扬花期功能叶片光合参数的影响。结果表明，玉米扬花期功能叶片净光合速率对温度升高的敏感性高于水稻。温度升高提高了水稻功能叶片的光合速率。CO_2 浓度增加提高了扬花期水稻和玉米的最大光合速率。当温度条件相同时，在高 CO_2 浓度条件下水稻比玉米更容易维持较高的光合速率。玉米功能叶片最大电子传递速率(Jmax)与最大羧化速率(Vcmax)的比值(Jmax/Vcmax)随温度升高而显著下降($P<0.05$)，而水稻 Jmax/Vcmax 值

对温度升高无显著变化。温度升高与CO_2浓度增加均可降低两种作物的叶片气孔导度和植物蒸腾速率。本研究发现，玉米功能叶光合参数及生化参数对高温环境较为敏感，即玉米的光合酶活性和光合能力比水稻更容易受到温度升高的抑制作用。建议未来应重视气温升高对玉米饲料资源带来的不利影响，在畜禽养殖中合理调整饲料原料供给结构，适当将稻谷作为饲料原料的替代来源之一，可以抑制因玉米价格上涨造成的饲养成本攀升，提高养殖效益，为新形势下畜牧业发展探索一条高效、可持续的发展道路，提升畜牧业发展的竞争力。

王飞等（2021）为了明确增温增CO_2对玉米‖花生体系中玉米光合特性的影响，以玉米‖花生2：4模式为研究对象，2018年设常温常CO_2（TC）和增温增CO_2（＋T＋C）处理，2019年增设增温增CO_2（＋TC）处理，在PO(O)和P180（180 kg P_2O_5/hm^2）2个磷水平下，研究了增温增CO_2对间作玉米叶绿素含量、SPAD值、光合-光强、光合-CO_2响应曲线及其相关参数的影响。结果表明，增温和增CO_2均能提高间作玉米生育前期叶绿素含量和净光合速率，两者表现出正向协同作用，而在其生育中后期增CO_2能缓解增温带来的负效应；增温增CO_2能提高间作玉米的产量，关键在于其生育前中期叶绿素含量、羧化效率、最大电子传递速率和磷酸丙糖利用率的提高。可见施磷具有明显的正效应。

6. 种植密度及其他栽培措施的影响

桑志勤等（2012）研究了两个青贮玉米品种新玉15号（XINYU15）、新饲玉10号（XINSIYU10）在麦后复播条件下，不同密度群体各生育期叶面积指数（LAI）、干物质积累（DMA）动态变化特征，并分析主要动态特征参数与产量及产量构成的关系，探讨复播青贮玉米高密度高产群体叶面积指数动态变化特征对产量的效应。结果表明，各密度群体LAI动态变化呈单峰曲线趋势，随密度增加峰值增大，相同密度下新饲玉10号群体LAI大于新玉15号。群体的最大LAI在抽雄吐丝期、灌浆期。此阶段群体LAI对产量的影响最大，表明此时期是产量形成的关键期。可见密度是通过调控群体的LAI、穗数和穗重来影响产量构成和最终干物质产量，两个品种高产的适宜密度范围是5000～6000株/亩。

仲义等（2013）以中农大67、京科301、龙优1号、吉饲8号为试验材料，通过设置5万株/hm^2、6万株/hm^2、7万株/hm^2、8万株/hm^2 4个种植密度及160 kg/hm^2、180 kg/hm^2、200 kg/hm^2、220 kg/hm^2 4个氮肥施用水平，研究了青贮玉米生长发育及光合生理特性，结果表明，各处理组合中以7万株/hm^2，施氮180 kg/hm^2时叶绿素含量最高。各处理组合中以密度8万株/hm^2，施氮200 kg/hm^2时硝酸还原酶活性最高。各处理组合中以密度8万株/hm^2施氮180 kg/hm^2氨基酸含量最高。

张占琴等（2015）以新玉15号为供试品种，研究了春播和麦后复播青贮玉米（复播1期，6月30日播种；复播2期，7月10日播种）在产量、干物质积累和光温气候资源利用等方面的差异。结果表明，春播、复播1期、复播2期的群体干物质产量分别为15615 kg/hm^2、17615 kg/hm^2、14671 kg/hm^2，春播、复播1期、复播2期鲜重产量分别为53988 kg/hm^2、67251 kg/hm^2、68327 kg/hm^2；复播青贮玉米生育期明显缩短，光合有效辐射和≥10 ℃积温较春播少；复播1期苗期、穗期、灌浆期均处于最适温度范围之内；春播、复播1期、复播2期的LAI峰值为5.01、5.72、6.36，总光合势分别为2.45×10^6 $m^2/(d\cdot hm^2)$、2.84×10^6 $m^2/(d\cdot hm^2)$、3.37×10^6 $m^2/(d\cdot hm^2)$。复播青贮玉米的产量潜力主要在于大喇叭口期之前生育期优越的光温资源条件，且大喇叭口期之前干物质积累速率较春播快。

苏天增等（2019）为探讨不同密度水平对青贮玉米高产群体生理特性及农艺性状的影响，

以高产、广适青贮玉米杂交种大京九 26 为材料，设置 5.25 万株/hm^2、6.00 万株/hm^2、6.75 万株/hm^2、7.50 万株/hm^2、8.25 万株/hm^2、9.00 万株/hm^2 6 个密度水平，研究其产量突破 21000 kg/hm^2的高产群体生理特征、农艺性状对密度的响应。结果表明，青贮玉米生物产量随种植密度的增加而增加，突破 21000 kg/hm^2 处理为 6.75 万株/hm^2、7.50 万株/hm^2，分别为 21751.1 kg/hm^2、22551.1 kg/hm^2，5.25 万株/hm^2 处理产量最低，7.50 万株/hm^2 处理较 5.25 万株/hm^2处理增幅为 30.4%，达极显著水平。不同种植密度的群体叶面积指数吐丝期达最大值。其中 6.75 万株/hm^2、7.50 万株/hm^2 2 个处理最高，分别达 5.19，5.32，青贮收获期分别为 3.68，3.85。光合势随种植密度的增加而增加，为正向效应，总光合势为 326.51 万～384.37 万(m^2·d)/hm^2；玉米光合生产率随密度的增加而下降，平均光合生产率为 6.50～7.64 g/(m^2·d)；密度对农艺性状影响大小依次为单株鲜质量(17.6%)＞单株干质量(15.5%)＞穗位高(4.7%)＞持绿性(3.0%)＞植株含水量(2.1%)＞茎粗(1.9%)＞株高(1.8%)。青贮玉米生物产量突破 21000 kg/hm^2的最佳种植密度为 7.50 万株/hm^2。

常海霞等(2020)以大丰 30 为试验材料，在同一密度下(75000 株/hm^2)设置 5 种不同行距配比，研究不同行距配比对玉米光合生理指标及茎秆力学特性的影响。结果表明，行距配比为 40 cm×80 cm 时，棒三叶的叶绿素含量(SPAD)在灌浆期达到峰值；行距配比为 30 cm×90 cm 时，棒三叶净光合速率在灌浆期最高。大喇叭口期开始，行距配比为 40 cm×80 cm 时，叶面积指数(LAI)最高。单株干物质积累量以 40 cm×80 cm 最高。各行距配比的茎秆硬皮穿刺强度与茎秆弯曲性能随着节位的下降均呈逐渐增强的趋势，从大到小为 40 cm×80 cm＞50 cm×70 cm＞30 cm×90 cm＞60 cm×60 cm＞20 cm×100 cm。穗长、穗粗、千粒重和穗粒数各处理间均有不同变化，行距配比为 40 cm×80 cm 时产量最高，比等行距 60 cm×60 cm 增产 7.96%。可见，行距配比为 40 cm×80 cm，有利于大穗型品种大丰 30 的光合性能和茎秆强度的提高，从而达到抗倒伏增产的目的。

高永刚等(2020)为弄清播期对玉米光合特性及产量的影响，以中熟型玉米科育 15 为试材，采用分期播期试验，利用数理统计方法，分析了相关数据。结果表明，不同播期玉米叶片的光合特性差异显著，随着播期推迟，叶片净光合速率(P_n)、蒸腾速率(T_r)、叶绿素含量、水分利用效率(WUE)先增加后降低，胞间 CO_2浓度(C_i)变化相反，气孔导度(G_s)无明显变化规律。P_n 与 T_r、WUE、PAR 等存在极显著的正相关，与 C_i 存在极显著的负相关，气温、光合有效辐射和土壤水分是影响玉米叶片净光合速率的主要气象因素；叶片光合参数间通过相互影响、协同作用影响玉米的生长和产量。适期播种可充分利用光、温、水等气候资源，促进光合效率、干物质积累及转化，显著增加产量。

马正波等(2020)为研究四甲基戊二酸(TGA)对夏玉米光合特征和产量的调控效应，2018 年、2019 年在中国农业科学院新乡试验基地开展大田试验，以中单 909 (ZD909)和京农科 728 (JNK728)为试验材料，设置 5 个 TGA 施用梯度(0、75 g/hm^2、150 g/hm^2、225 g/hm^2 和 300 g/hm^2)。结果表明，适宜剂量的 TGA 处理可提高玉米产量、延缓玉米生育期内功能叶的衰老速率，增强灌浆期的净光合速率，试验条件下 TGA 的最佳施用量为 150 g/hm^2。在 TGA 最佳施用量下，ZD909 和 JNK728 的产量相比对照 2 年平均分别增加 8.7%和 11.7%。2 个品种玉米生育期内叶绿素含量、可溶性蛋白含量和光合势相比对照平均分别增加 14.3%和 19.7%、18.7%和 22.7%、10.9%和 16.9%；而叶片衰老速率相比对照平均降低了 55.9%和 56.5%；灌浆期的净光合速率相比对照平均分别增加 44.0%和 58.4%。相关性分析表明，玉米产量与生育期内叶片衰老速率呈显著负相关，而与灌浆期净光合速率呈显著正相关。综上所述，TGA 处理能够提高叶片叶绿素和可溶性蛋白含量，延缓玉米叶片衰老速率，并提高了灌浆期净光合速率，进而实现玉米增产。

郝巧艳等（2021）以半紧凑型玉米品种良玉 99 为试验材料，采用随机区组设计，设置 50 cm＋50 cm、60 cm＋60 cm、30 cm＋70 cm、40 cm＋80 cm 4 个行距配置处理，分别在辽西黑山、辽南海城、辽北铁岭 3 个生态区，在同一密度下（75000 株/hm^2），研究不同行距配置对玉米形态、光合指标及产量的影响，以期为探索辽宁不同生态区玉米最佳行距配置，构建资源利用高效型群体提供科学依据。研究表明，良玉 99 在不同生态区产量均表现为 50 cm＋50 cm 和30 cm＋70 cm 行距配置产量显著高于 60 cm＋60 cm，平均增产分别为 4.33％、4.52％；净光合速率和胞间 CO_2 浓度在 50 cm＋50 cm 和 30 cm＋70 cm 行距配置处理下平均分别比 60 cm＋60 cm 高 25.43％、13.10％；50 cm＋50 cm 行距处理生育后期叶面积指数较高，有效延长光合作用时间。3 个生态区 50 cm＋50 cm 行距处理下叶向值平均比 60 cm＋60 cm 高 6.06％；在行内，穗位处的透光率 50 cm＋50 cm 行距配置处理比 60 cm＋60 cm 高 66.35％。由此可知，在辽宁不同生态区，50 cm＋50 cm 和 30 cm＋70 cm 是较适宜的行距配置。

二、呼吸作用

呼吸作用是生物界非常普通的现象，是一切生物细胞的共同特征。与植物光合作用吸收日光能，同 CO_2 和 H_2O 制造有机物的过程相反，植物呼吸作用（respiration）是指生活细胞内的有机物，在一系列酶的参与下，逐步氧化分解成简单物质，并释放能量的过程，是新陈代谢的异化过程。依据呼吸过程中是否有氧参与，可将呼吸作用分为有氧呼吸（aerobic respiration）和无氧呼吸（anaerobic respiratin）。

（一）有氧呼吸

有氧呼吸是指生活细胞利用分子氧（O_2），将某些有机物质彻底氧化分解为 CO_2，并生成 H_2O，同时释放能量的过程。作为呼吸代谢的底物而言，不同植物、不同发育时期、不同组织和器官是有所不同的。例如，淀粉类种子萌发时，淀粉是主要呼吸底物，淀粉可通过淀粉酶、麦芽糖酶和脱支酶或淀粉磷酸化酶及葡萄糖基转移酶水解为葡萄糖，再进入糖酵解途径。在大多数植物组织中光合作用产物蔗糖、淀粉是主要的呼吸底物，蔗糖在蔗糖合酶或转化酶催化下分解为葡萄糖和果糖，后者被磷酸化后可进入糖酵解途径。叶绿体中的淀粉分解为磷酸丙糖、葡萄糖、麦芽糖后，被转入细胞质，进入糖酵解途径或己糖库。近来研究发现葡聚糖-水双激酶和磷酸葡聚糖-水双激酶参与了叶绿体内淀粉的降解。有些植物则以光合产物葡萄糖和果糖为呼吸底物。以葡萄糖作为呼吸底物时，有氧呼吸可用下列总反应式来表示：

$$C_6H_{12}O_6 + 6O_2 \rightarrow 6CO_2 + 6H_2O + 能量 \tag{2-2}$$

呼吸作用释放的能量，少部分以 ATP、NADH 和 NADPH 形式贮藏起来，为植物生命活动所必需；大部分以热能放出。水稻浸种催芽时，谷堆里的发热现象便是由于种子萌发时进行旺盛呼吸的结果。有氧呼吸是高等植物进行呼吸的主要形式，然而，在缺氧等条件下，植物也被迫进行无氧呼吸。

（二）无氧呼吸

无氧呼吸是指生活细胞在无氧条件下，把淀粉、葡萄糖等有机物分解成为不彻底的氧化产物，同时释放出部分能量的过程。这个过程在微生物中称为发酵。酵母菌的发酵产物为酒精，称为酒精发酵。乳酸菌的发酵产物是乳酸，称为乳酸发酵。其反应式分别如下：

$$C_6H_{12}O_6 \rightarrow 2C_2H_5OH + 2CO_2 + \text{能量} \qquad (2\text{-}3)$$

$$C_6H_{12}O_6 \rightarrow 2CH_3CHOHCOOH + \text{能量} \qquad (2\text{-}4)$$

高等植物细胞在无氧条件下，主要进行的是酒精发酵。例如，苹果、香蕉贮藏久了产生酒味便是酒精发酵的结果。胡萝卜、甜菜块根和青贮饲料在进行无氧呼吸时也产生乳酸。无氧呼吸中，底物氧化降解不彻底，在乙醇、乳酸等发酵产物中仍然含有比较丰富的能量，而释放能量比有氧呼吸少得多。现今高等植物仍保留无氧呼吸能力，是植物适应生态环境多样的表现。

（三）呼吸作用的生理意义

呼吸作用是青贮玉米植株生产的物质基础和能量基础。从某种意义上来说，青贮玉米生产上的各种农艺措施，最根本的出发点就是维持合理的呼吸作用效率，在为青贮玉米生长发育提供物质和能量的同时，降低营养消耗。植物呼吸作用集物质代谢与能量代谢为一体，是植物生长发育得以顺利进行的物质、能量和信息的源泉，是有机物代谢的枢纽，没有呼吸就没有生命。因此，研究呼吸作用的物质能量转变与调控过程及呼吸作用的生理功能，具有非常重要的意义。

为生命活动提供能量。呼吸作用释放出的能量一部分以 ATP 形式贮存起来，不断满足植物体内各种生理过程（如植物对矿质营养的吸收和运输，有机物的合成和运输，细胞的分裂和伸长，植物的生长发育等）对能量的需要，另一部分能量就转变为热能而散失掉。呼吸放热，可提高植物体温，有利于植物的幼苗生长、开花传粉、受精等。

为重要有机物质合成提供原料。呼吸作用过程中产生许多中间产物，如 α-酮戊二酸、果酸、磷酸甘油醛等，可作为合成糖类、脂质、氨基酸、蛋白质、酶、核酸、色素、激素及维生素等各种细胞结构物质、生理活性物质及次级代谢物的原料，这些物质为植物生长发育所必需。因此，可以说呼吸作用是植物体内有机物代谢的中心。

为代谢活动提供还原力。在呼吸底物降解过程中形成的 NADH、NADPH 等可为脂肪、蛋白质生物合成、硝酸盐还原等过程提供还原力。

增强植物抗病能力。植物受到病菌侵染时，该部位呼吸速率急剧升高，以通过生物氧化分解有毒物质；受伤时，也通过旺盛的呼吸，促进伤口愈合，使伤口迅速木质化或栓质化，以阻止病菌的侵染。呼吸作用的加强还可促进具有杀菌作用的绿原酸、咖啡酸等的合成。

（四）呼吸代谢途径

呼吸途径即呼吸底物逐步氧化降解所经过的历程。已发现植物有多条呼吸途径，不同植物或同一植物不同生育时期、不同环境下各条途径所占的比例不同。当一条呼吸途径受阻时，可通过另一条呼吸途径，继续维持呼吸作用，这是植物在长期历史发展过程中形成对环境的适应性。

1. 光呼吸

阎钟坤等（1981）总结 20 世纪 60 年代一系列实验报道：玉米、高粱、甘蔗等低光呼吸作物较烟草、小麦、水稻等高光呼吸作物的光合效率高 2～3 倍。若能采取措施，降低高光呼吸作物的光呼吸，便有可能大幅度提高它们的光合效率，从而提高产量。但也有些光呼吸还可能有一定的生理功能，应该从深入了解其机理等问题上弄清这一问题。

Ogren 等（1982）根据 RuDP（1，5-二磷酸核酮糖）羧化酶的动力学特性测定了大豆光合作用和光呼吸的相对速率。在该羧化酶上，CO_2和O_2对RuDP进行争夺。高浓度的CO_2和低浓度的O_2，有利于RuDP羧化为三磷酸甘油酸，因而促进光合作用。低浓度的CO_2和高浓度的O_2则有利于RuDP的加氧反应，因而促进光呼吸。在玉米上，磷酸烯醇式丙酮酸（PEP）羧化酶-苹果酸酶起了增加维管束鞘细胞中CO_2浓度的作用。四碳植物的维管束鞘细胞是RuDP羧化酶存在的场所。玉米的RuDP羧化酶对O_2也敏感，所以在维管束鞘内提高CO_2的浓度就能促进光合而减弱光呼吸。由于在800 ppm[①]CO_2和21％O_2的标准大气条件下，光呼吸及其相伴随的氧对光合的抑制作用，会明显地抑制大豆的净光合，同时由于迄今未证明光呼吸有何重要的生理功能，因而正在试图设法减少或消除大豆和其他三碳植物的光呼吸。

王忠等（1988）测定水稻、小麦、棉花等C_3植物和玉米、高粱等C_4植物的光合与光呼吸强度，研究不同处理对光合与光呼吸的影响。结果表明，植物的光呼吸是与光合作用伴随发生的。强光、高氮等有利于光合作用的因素能促进光呼吸；DCMU、叶片失水等抑制光合作用的因素也降低光呼吸。在光合滞后期中，光合强度与光呼吸强度平行上升。在同类植物中，光呼吸强度与光合强度之间有较稳定的比值，C_3、C_4植物的光呼吸占光合分别为30％～35％和4％。

陈功楷等（2017）用不同硫酸氢钠$NaHSO_3$浓度（0、1 mmol/L、2 mmol/L、5 mmol/L和10 mmol/L）喷施大豆和玉米叶片，结果表明，大豆叶片光呼吸速率（R_p）整体随着$NaHSO_3$浓度的增加而先升高后略有降低，除1 mmol/L外，其他浓度下的光呼吸速率均显著高于对照。大豆叶片的光系统Ⅰ（PSⅠ）的电子传递速率（ETRⅠ）和光系统Ⅱ（PSⅡ）的电子传递速率（ETRⅡ）均随$NaHSO_3$浓度的增加而先升高后略有降低，整体来看，喷施$NaHSO_3$后大豆叶片的ETRⅠ和ETRⅡ呈上升趋势，而玉米叶片的ETRⅠ和ETRⅡ均有所下降，从而揭示了$NaHSO_3$是光呼吸抑制剂传统观点的局限性，并进一步证明了$NaHSO_3$对光合的作用过程与电子传递密切相关。

CO_2和O_2竞争RubisCO的同一活性部位，并互为加氧与羧化反应的抑制剂。RubisCO催化反应的方向，是进行光合作用还是光呼吸，取决于外界或细胞内CO_2与O_2的比值。一般情况下，大气中CO_2与O_2比值很低，加氧酶活性就不可避免地表现出来，特别是在C_3植物体内。

绿色植物光呼吸在空气中是不可避免的，目前认为其主要生理功能有：①消除乙醇酸的毒害。乙醇酸的产生在代谢中是不可避免的。光呼吸具有消除乙醇酸的代谢作用，避免了乙醇酸积累，使细胞免受伤害。②维持C_3途径的运转。在干旱和高辐射胁迫下，叶片气孔关闭或外界CO_2降低、CO_2进入受阻时，光呼吸释放的CO_2能被C_3途径再利用，以维持C_3途径的运转。③防止强光对光合机构的破坏。在强光下，光反应中形成的同化力会超过暗反应的需要，叶绿体中$NADPH/NADP^+$的比值增高，最终电子受体$NADP^+$不足，由光激发的高能电子会传递给O_2，形成超氧阴离子自由基，超氧阴离子自由基对光合机构具有伤害作用，而光呼吸可消耗过剩的同化力，减少超氧阴离子自由基的形成，从而保护光合机构中PSⅡ反应中心D_1蛋白免遭破坏。④氮代谢的补充。光呼吸代谢中涉及多种氨基酸（甘氨酸、丝氨酸等）的形成和转化过程，它对绿色细胞的氮代谢是一个补充。⑤减少碳的损失。在有氧条件下，光呼吸的发生虽然会损失一部分有机碳，但通过C_2循环还可收回75％的

---

① $1\ ppm=10^{-6}$。

碳，避免了碳的过多损失。

2. 暗呼吸

呼吸作用是所有生物的基本生理功能。研究发现，植物呼吸代谢并不是只有一条途径，不同的植物、同一植物的不同器官或组织在不同生育时期或不同环境条件下，呼吸底物的氧化降解可经不同的途径。汤佩松(1965)提出了呼吸代谢多条路线观点，它的主题思想是阐明呼吸代谢与其他生理功能之间控制和被控制的相互制约的关系。基因通过酶控制着代谢，调控植物的形态结构和生理功能；在一定的限度内，代谢类型、生理功能和环境条件也调控着基因的表达。

随着生物化学、植物生理学及现代实验技术的发展，发现高等植物呼吸代谢过程和动物、微生物的一些主要途径是一致的。但也应指出，微生物代谢类型和途径比高等动植物细胞更为复杂，而高等植物则介于微生物和高等动物之间。高等植物呼吸代谢过程中糖的分解途径有：糖酵解，丙酮酸在缺氧条件下进行的酒精发酵或乳酸发酵；丙酮酸在有氧条件下进行的三羧酸循环、磷酸戊糖途径；还有一条脂肪酸氧化分解的乙醛酸循环和一条乙醇酸氧化途径。它们在方向上相互连接、在空间上相互交错、在时间上相互交替，既分工又合作，构成不同代谢类型，执行不同的生理功能，相互调节，相互制约，见图 2-2。

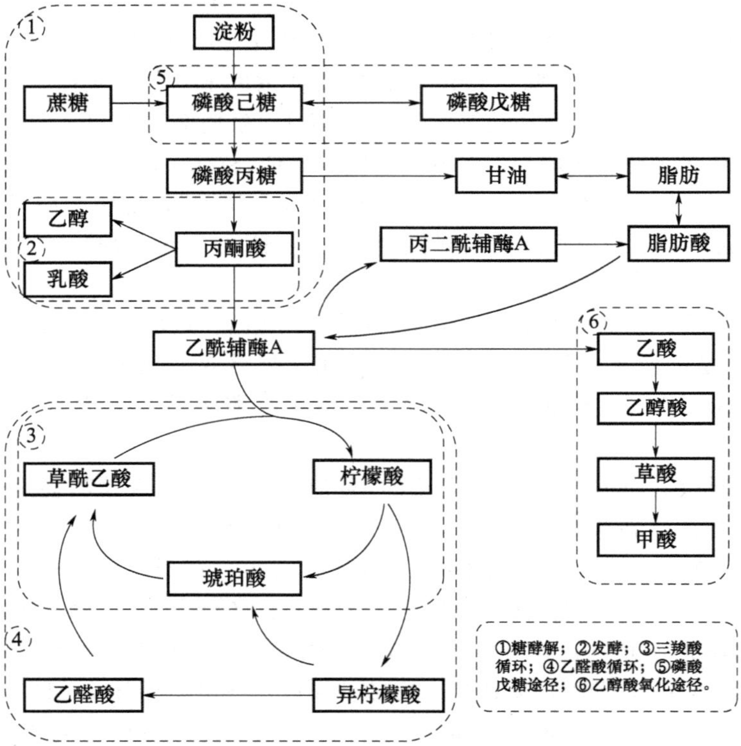

图 2-2 植物体内主要呼吸代谢途径相互关系示意图(王清明 绘)

(1)糖酵解

在一系列酶的参与下将葡萄糖氧化分解成丙酮酸，并释放能量的过程，称为糖酵解(glycOlysis)。为纪念在研究糖酵解途径方面有突出贡献的 3 位生物化学家，又将糖酵解途径简称为 EMP 途径。糖酵解普遍存在于动物、植物和微生物的所有细胞中，是在细胞质中进行的。近年来，在动物细胞中发现，参与糖酵解的酶并不是呈水溶态均匀分布在细胞质中，而是形成一个超分子的复合物，并松散地结合在线粒体的外膜上，可能有利于糖酵解的高效运行。植物中虽然糖酵解的部分反应可以在质体或叶绿体中进行，但不能完成全过程。

糖酵解的一些中间产物是合成其他有机物质的重要原料。丙酮酸在生物化学上十分活跃，可通过不同途径，进行不同的生化反应。丙酮酸通过氨基化作用可生成丙氨酸；有氧条件下，丙酮酸进行有氧呼吸；在无氧条件下则进行无氧呼吸，即进行酒精发酵或乳酸发酵。因此，糖酵解是有氧呼吸和无氧呼吸的共同途径。糖酵解除了有 3 步反应不可逆外，其余反应是可逆的，这使得糖的异生作用成为可能。糖酵解中生成的 ATP 和 NADH，可使生物体获得生命活动所需要的部分能量和还原力。

(2)发酵

高等植物发酵即无氧呼吸，包括了在无氧条件下，从己糖经糖酵解形成丙酮酸，随后进一步产生乙醇或乳酸的全过程。植物在无氧条件下通常是发生酒精发酵。化学反应过程是：糖酵解终产物丙酮酸在丙酮酸脱羧酶作用下脱羧生成 CO_2 和乙醛。然后，乙醛在乙醇脱氢酶的作用下，迅速被糖酵解途径中形成的 NADH 还原成乙醇。在缺少丙酮酸脱羧酶而含有乳酸脱氢酶的组织里，丙酮酸被糖酵解途径中形成的 NADH 还原为乳酸，即乳酸发酵。

在无氧条件下，通过酒精发酵或乳酸发酵，实现了 NAD^+ 的再生，这就使糖酵解得以继续进行发酵作用中葡萄糖分子没有被彻底氧化分解，只有少部分能量被释放，并通过底物水平磷化作用转化到 ATP 中，大部分能量仍保存在乳酸或乙醇分子中。可见，发酵作用的能量利用效率低，有机物质耗损大，而且发酵产物酒精和乳酸的累积，对细胞原生质有毒害作用。因此，长期进行无氧呼吸的植物会受到伤害，甚至会死亡。

(3)三羧酸循环

三羧酸循环(TCA 循环或 TCAC)是指从乙酰 CoA 与草酰乙酸缩合成柠檬酸开始，后经过一系列氧化脱羧反应生成 CO_2、NADH、$EADH_2$、ATP 直至草酰乙酸再生的全过程。TCA 循环是英国生物化学家 Krebs 于 1937 年正式提出的，所以也称为 Krebs 循环；因其反应是从合成柠檬酸开始的，所以又称柠檬酸循环(citric acid cycle)。

葡萄糖经过糖酵解转化成丙酮酸。在有氧条件下，丙酮酸通过位于线粒体内膜的丙酮酸转运器，与线粒体基质中 OH^- 进行电中性交换，使丙酮酸进入线粒体基质，经氧化脱羧形成乙酰辅酶 A(乙酰 CoA)。乙酰 CoA 再进入 TCA 循环，彻底氧化成 CO_2，生成 ATP、NADH、$FADH_2$，并释放能量。整个反应都在线粒体的基质中进行。三羧酸循环可分为 3 个阶段：柠檬酸生成阶段、氧化脱羧阶段、草酰乙酸的再生阶段。

丙酮酸进入 TCA 循环具有重要的生理意义：①丙酮酸经过 TCA 循环氧化生成 3 个 CO_2，这个过程是靠被氧化底物分子中的氧和水分子中的氧来实现的。该过程释放的 CO_2 就是有氧呼吸产生 CO_2 的来源，当外界环境中 CO_2 浓度增高时，脱羧反应受抑制，呼吸速率下降。②丙酮酸经过 TCA 循环有 5 步氧化反应脱下 5 对氢，其中 4 对氢用于还原 NAD^+，形成 $NADH+H^+$，另一对从琥珀酸脱下的氢，可将 FAD 还原为 FADH，它们再经过呼吸链将 H^+ 和电子传给分子氧结合成水，同时发生氧化磷酸化生成 ATP。由琥珀酰 CoA 形成琥珀酸时发生底物水平磷酸化，直接生成 1 mol ATP。这些 ATP 可为植物生命活动提供能量。③TCA循环中虽然没有 O_2 的参加，但必须在有氧条件下经过呼吸链电子传递，使 NAD^+ 和 FAD 在线粒体中再生，该循环才可继续，否则 TCA 循环就会受阻。④乙酰辅酶 A 不仅是糖代谢的中间产物，同时也是脂肪酸和某些氨基酸的代谢产物，因此，TCA 循环是糖类、脂质和蛋白质三大类有机物质氧化代谢的共同途径。⑤TCA 循环的一些中间产物是氨基酸、蛋白质和脂肪酸生物合成的前体，如丙酮酸可以转变成丙氨酸，草酰乙酸可以转变成天冬氨基酸等，然而，这些被抽走的中间产物必须得到补充，否则 TCA 循环就会停止运转。这种补充反应称为 TCA 循环的回补机制。研究表明，在糖酵解中形成的磷酸烯醇丙酮酸(PEP)可不转变为丙酮酸，而是在 PEP 羧化酶催化下形成草酰乙酸(OAA)，草酰乙酸再被还原为苹果酸，苹果酸可经线粒体内膜上的二羧酸传递体与基质中的无机磷酸(P_i)进行交换进入线粒体基质，可直接进入 TCA 循环；苹果酸在基质中，也可在 NAD^+ 苹果酸酶的作用下氧化脱羧形成丙酮酸，或在苹果酸脱氢酶的作用下生成草酰乙酸，再进入 TCA 循环，可起到补充草酰乙酸和丙酮酸的作用。实验证实，苹果酸比丙酮酸更容易进入线粒体，并参加 TCA 循环。

(4)磷酸戊糖途径

在有氧条件下，植物细胞除经过 EMP-TCA 途径可以将葡萄糖彻底氧化分解成 CO_2 外，还存在另外一条葡萄糖彻底氧化分解的途径——磷酸戊糖途径(PPP)，又称磷酸己糖途径(HMP)。PPP 也是在细胞质中进行的。

磷酸戊糖途径是指葡萄糖在细胞质内经一系列酶促反应被氧化降解为 CO_2 的过程。该途径可分为两个阶段：①氧化阶段从 6 mol 6-磷酸葡萄糖(G6P)开始，经两次脱氢氧化及脱羧后，放出 6 mol CO_2 和生成 6 mol 5-磷酸核酮糖。②非氧化阶段 6 mol 5-磷酸核酮糖经 G_3、G_4、C_5、C_7 等糖，然后转变为 5 mol 6-磷酸葡萄糖。以上两个阶段的反应表明，经过 6 次的循环反应之后，1 mol G6P 被分解生成 6 mol CO_2。

PPP 的主要生理意义有：①PPP 是一个不需要通过糖酵解，而对葡萄糖进行直接氧化的过程。生成的 NADPH 也可能进入线粒体，通过氧化磷酸化作用生成 ATP。②PPP 中脱氢酶的辅酶是 $NADP^+$。每氧化 1 mol G6P 可形成 12 mol 的 $NADPH+H^+$，它是体内脂肪酸和固醇生物合成、葡萄糖还原为山梨醇、硝酸盐还原和氨的同化的还原剂。③PPP 的一些中间产物是许多重要有机物质生物合成的原料，如 Ru5P 等戊糖是合成核酸的原料；4-磷酸赤藓糖(E4P)和磷酸烯醇丙酮酸(PEP)可以合成莽草酸，进而合成芳香族氨基酸，也可合成与植物生长、抗病性有关的生长素、木质素、花色素苷、绿原酸、咖啡酸等。植物在受病菌侵染及干旱等逆境条件下，该途径明显加强。④PPP 中的一些中间产物丙糖、丁糖、戊糖、己糖及庚糖的磷酸酯也是光合作用卡尔文循环的中间产物，因而呼吸作用和光合作用可以联系起来。另外，3-磷酸甘油醛和 6-磷酸果糖也是 EMP 的中间产物，因此，它们也可通过 EMP 而被氧化。

(5)乙醛酸循环

油料种子萌发时，贮藏的脂肪会分解为脂肪酸和甘油。脂肪酸经 β-氧化分解为乙酰 CoA，在乙醛酸循环体(glyoxysome)内生成琥珀酸、乙醛酸、苹果酸和草酰乙酸的酶促反应过程，称为乙醛酸循环(GAC)，又称为脂肪呼吸。该途径中产生的琥珀酸可转化为糖，从而将脂肪代谢与糖类代谢联系起来。

(6)乙醇酸氧化途径

乙醇酸氧化途径(GAOP) 是水稻等能适应淹水条件的植物根系特有的糖降解途径。它的主要特征是具有关键酶——乙醇酸氧化酶。水稻一直生活在供氧不足的淹水条件下，当根际土壤存在某些还原性物质时，水稻根中的部分乙酰 CoA 不进入 TCA 循环，而是形成乙酸，然后，乙酸在乙醇酸氧化酶及多种酶类催化下依次形成乙醇酸乙醛酸、草酸和甲酸及 CO_2，并

且每次氧化均形成 H_2O_2，而 H_2O_2 又在过氧化氢酶催化下分解释放氧，可氧化水稻根系周围的各种还原性物质（如 H_2S、Fe^{2+} 等），从而抑制土壤中还原性物质对水稻根的毒害，以保证根系旺盛的生理机能，使水稻能在还原条件下的水田中正常生长发育。

植物呼吸代谢途径具有多样性，这是植物在长期进化过程中对多变环境的适应表现。然而，植物体内存在的多条化学途径并不是同等运行的。随着不同的植物种类、不同的发育时期、不同的生理状态和环境条件而有很大的差异。在正常情况下及在幼嫩的部位，生长旺盛的组织中均是 EMP-TCA 途径占主要地位。在缺氧条件下，植物体内丙酮酸有氧分解被抑制而积累，并进行无氧呼吸，其产物也是多种多样的。而在衰老、感病、受旱、受伤的组织中，则戊糖磷酸途径加强。富含脂肪的油料种子在吸水萌发过程中，则会通过乙醛酸循环将脂肪酸转变为糖。水稻根系在淹水条件下则有乙醇酸氧化途径运行。

（五）青贮玉米呼吸作用的影响因素

1. 品种间差异的影响

蒋基建等（1986）探讨了玉米杂交种及其亲本自交系的植株不同部位的干物质的积累、叶面积指数、叶片的光合作用、叶片的呼吸作用强度、叶片葡萄糖含量、种子氨基酸含量的杂种优势和性状的相关性，发现杂交种干物质的累积存在杂种优势，在整个生育过程中，对杂交种和自交系的叶片葡萄糖含量进行测定，结果表明，杂交种的叶片葡萄糖含量介于双亲自交系之间。生育后期杂交种的叶片葡萄糖含量少于亲本自交系，由此推断杂交种在物质输送中的消耗要比亲本自交系更大一些。

刘晓峰（1998）认为，紧凑型玉米具有株型良好、叶片夹角小、呼吸消耗少、光合作用强、积累物质多、耐密植等特点，已成为当时提高玉米单产的有效途径之一。当时，开江县大面积推广紧凑型玉米栽培，每亩单产突破 500 kg，打破了单产长期徘徊在 300 kg 左右的局面；1997 年，全县种植紧凑型玉米成单 14 号 2600 多公顷，平均单产 652 kg。

曹祖波等（2007）从玉米杂交种的生理、生化代谢特点和生物学表现进行研究，发现杂交种的光合强度和呼吸强度高于亲本自交系，杂交种生物学上比自交系耐热能力强。进一步对玉米产量、品质、抗病性等性状的遗传规律进行分析研究，发现针对育种目标，选育优良自交系，进行杂交种生产，使杂交种 F1 表现出强大的杂种优势。

刘娟等（2011）以普通玉米（苏玉 24 号，SY-24）、糯玉米（紫花糯玉米，ZY）和甜玉米（京晶 3 号，TY）为试材，研究了不同玉米品种的组分差异及不同发芽阶段生理生化和碳水化合物组成的变化。结果表明，不同品种玉米之间存在组分差异，SY-24 的千粒重和直链淀粉含量最高，ZY 中未检测到直链淀粉；ZY 的水分、还原糖、可溶性糖、Mg、Na 和 Ca 的含量最高；TY 中的类胡萝卜素、可溶性蛋白、游离氨基酸、灰分、粗脂肪、Zn 和 K 含量最高。SY-24 中未检出 Ca；TY 和 SY-24 中 Fe 含量没有显著差异（$P>0.05$），但均显著高于 ZY（$P<0.05$），分别是 ZY 中铁含量的 4.69 和 1.04 倍。在发芽过程中，芽长、发芽率、呼吸强度逐渐升高，干物质含量逐渐降低；淀粉酶活力逐渐增加，β-淀粉酶活力显著高于 α-淀粉酶活力（$P<0.05$）；在淀粉酶作用下，淀粉含量逐渐降低，淀粉颗粒逐渐变小，ZY 中没有检测到直链淀粉，SY-24 和 TY 直链淀粉含量随发芽时间延长呈先增加后降低的趋势，并分别在第 24 小时和第 36 小时达到最大值，分别是未发芽的 3.10 倍和 1.46 倍；可溶性糖在发芽过程中呈现波动变化；ZY 和 SY-24 中还原糖含量逐渐增加；TY 中还原糖含量呈现先降低后增加的趋势，在发芽的 12 h 达到最低，与未发芽相比降低了 15.44%。

任梦云等(2022)以 62 份优质甜玉米自交系为材料，利用高效液相色谱-蒸发光散射检测器法(HPLC-ELSD)开展不同基因型甜玉米自交系采后贮藏过程中糖分的动态变化规律的研究。结果表明，甜玉米中含有果糖、葡萄糖和蔗糖 3 种可溶性糖，蔗糖是可溶糖的主要成分，甜玉米的生化甜度与蔗糖和果糖的含量有关，蔗糖是其决定性因素($P<0.01$)。总的来说，随着贮藏时间的延长，可溶性糖含量下降。不同基因型甜玉米可溶性糖降解速率存在差异。根据可溶性糖含量的动态变化，筛选了 6 份特异性优质材料。D93(超甜低降解速率)和 D13(加强型低降解速率)，随着贮藏时间的延长，果糖和葡萄糖均先增加后降低，蔗糖的变化相反，表明在低降解速率材料中，先动员蔗糖分解成葡萄糖和果糖的途径占主导地位，其呼吸作用缓慢。D70(超甜高降解速率)和 D160(加强型高降解速率)的蔗糖含量一直呈现下降趋势，不再和果糖及葡萄糖的趋势保持一致，表明在这些材料中，采后呼吸作用强烈。8 h 后可溶性糖及蔗糖含量下降剧烈，说明甜玉米的最佳贮藏时间是在 8 h 内，为超甜玉米采后保鲜技术和新品种的选育提供理论基础。

2. 发育阶段差异的影响

刘娟等(2011)以苏玉 24 号玉米品种为试材，研究不同发芽阶段玉米的主要生理生化变化和碳水化合物组成变化。结果显示，随着发芽时间的延长，干物质含量减少，芽长和发芽率均呈现不同程度的增加，呼吸强度整体呈上升的趋势，可溶性蛋白在发芽 60 h 时达到最低，与未发芽相比降低了 39.47%；淀粉酶活力逐渐增大，α-淀粉酶、β-淀粉酶和总淀粉酶活力在发芽 60 h时分别是未发芽玉米的 4.74 倍、16.82 倍和 14.41 倍，在发芽 108 h 时分别是未发芽玉米的 18.33 倍、69.77 倍和 59.58 倍；在淀粉酶的作用下，淀粉含量总体呈下降的趋势，60 h 达到最小值，比未发芽玉米降低了 12.62%；直链淀粉含量总体也呈下降的趋势，发芽 60 h 后比未发芽降低了 3.19%，而还原糖、可溶性糖逐渐增大，在发芽 72 h 达到最大值，分别是未发芽玉米的 4.69 倍和 6.88 倍；同时 DE 值(Dextrose Equivalent Value)先增大后减小，在发芽 36 h 后变化显著($P<0.05$)，并在发芽 84 h 时达到最大值，是未发芽玉米的 13.71 倍。各指标相关性表明，玉米发芽过程中主要生理变化对碳水化合物的组成有很大影响。

3. 温度的影响

(1)低温的影响

肖永瑚等(1981)研究发现，在低温下，Ca^{2+} 可以维持线粒体膜的稳定性，使玉米幼苗在低温下有较高的呼吸效率和呼吸控制比。

高吉寅(1984)在研究低温对玉米幼苗线粒体功能与结构的影响时发现，将玉米幼苗在 6 ℃低温下处理 1 周时，线粒体出现膨胀受到轻微损伤，呼吸作用略有下降；2 周时，线粒体显著膨胀受到严重损伤；3 周时，线粒体内嵴膜解体，呼吸作用显著下降。

李月梅等(1991)研究表明，低温降低玉米植株的光合强度和呼吸强度。低温持续时间越长，玉米植株光合、呼吸强度下降的幅度就越大，发生低温冷害的概率也就越高。影响最大的时期为二展叶期，其次为四展叶期，再次为灌浆期。早熟玉米品种对低温的反应比晚熟玉米品种更为敏感。生育期越早和温度越低就会出现光合强度下降幅度大于呼吸强度下降幅度的“逆反现象”，因而这也是最易发生低温冷害的关键时期。

胡海军等(2009)认为，玉米受冷害初期呼吸速率比正常条件下要高，经过一段时间后，干物质积累量会低于正常水平，从而导致呼吸速率降低。低温胁迫能使线粒体的双层膜损伤破坏，使氧化磷酸化解偶联，降低有氧呼吸强度而无氧呼吸比重增加。呼吸释放出的能量大多转化为热能，这对物质转化及合成极为不利。如果植株受冷害的时间较长，积累的乙醇、乙醛类物质就会增加，从而使组织中毒。

师朝霞(2012)分析研究了不同温度条件下对玉米产量和质量的影响。结果表明，温度过高或过低都会影响玉米的产量和质量。温度过低，生育期延长，灌浆期缩短，造成空秆、秃顶、籽粒不饱满而减产。温度过高，可引起气孔关闭，呼吸增强，光合作用反而会降低，灌浆期和灌浆速率也会受到影响，从而影响玉米的产量和质量。

董文科等(2019)为探究青海扁茎早熟禾(PQ)糖酵解代谢与其耐寒性的关系，以对温度敏感的草地早熟禾巴润(PB)为对照，在人工气候培养箱中模拟低温(0 ℃)胁迫，并测定 2 种材料的细胞膜伤害情况及与糖酵解途径相关的指标。结果表明，低温胁迫下，PQ 的细胞膜损伤程度显著低于 PB，表现出较强的抗寒性；同时，低温胁迫可引起 PQ 中可溶性糖、蔗糖、果糖和丙酮酸含量的上升，且显著高于 PB；低温胁迫下，PQ 的己糖激酶、磷酸果糖激酶和丙酮酸激酶活性均显著提高，其中 HxK 和 PFK 对低温反应更敏感；PQ 中上述 3 种关键酶对应编码的 PpHxK、PpPFK 和 PpPK 基因的相对表达量在低温胁迫下也明显被诱导上调，且上调幅度均高于 PB。可见，PQ 在低温胁迫下可以有效调控糖酵解代谢，进而促进糖类及丙酮酸的积累与分解，以缓解低温胁迫对其造成的伤害。

(2)高温的影响

村田吉男等(1980)研究了气温在 C_3 植物(3 种冬作物：小麦、大麦、豌豆；两种夏作物：大豆、水稻)和 C_4 植物(玉米、高粱、黍、稗)中对光合作用、暗呼吸和养分吸收以及气温和太阳辐射对其干物质生产的影响。结果表明，在所有 9 种作物中，随着温度的升高，暗呼吸速率表现稳定，按指数规律地增长。所有 9 种的光合作用/暗呼吸比率随着温度的升高，表现出按指数规律地下降。C_4 类型与 C_3 类型相比，在低温下这个比率较低，随着温度的升高比率下降较慢。

刘建栋等(2002)在夜间对黄淮海地区秋季作物玉米、棉花、大豆呼吸作用进行了测定研究。结果表明，叶片呼吸作用随温度的升高而加强，其中大豆最为敏感，棉花次之，玉米相对来讲最不明显；CO_2浓度升高会对作物夜间呼吸作用产生抑制作用。

郑云普等(2016)利用典型农田生态系统实验增温平台，研究了未来气候变暖对玉米叶片的气孔特征(包括气孔频度、气孔开口大小和形状以及气孔分布格局)和气体交换过程的影响。结果表明，增温导致玉米叶片的净光合反应速率(P_n)、气孔导度(G_s)和蒸腾速率(T_r)分别增加 52%($P<0.05$)、163%($P<0.001$)和 81%($P<0.05$)；与此相反，玉米叶片的暗呼吸速率(R_d)却显著降低 24%($P<0.01$)。次年，他们又利用典型农田生态系统的原位实验增温平台，探讨我国华北平原重要农作物玉米叶片光合及呼吸过程对实验增温的适应性，并深入分析其产生适应性的原因和机理。研究结果显示，实验增温使玉米叶片净光合速率(A_n)显著升高($P<0.001$)，同时增温也导致 A_n 的最适温度(Topt)升高 1.56 ℃；实验增温也同样导致了光合作用过程中最大电子传递速率(Jmax)显著增加($P<0.001$)，并且其最适温度(Topt)升高了 1.45 ℃，但并没有对最大羧化反应速率(Vcmax)及其温度敏感性(Q10)产生显著的影响($P>0.05$)。然而，实验增温却显著降低了玉米叶片的暗呼吸速率(R_d)及其 Q10 值($P<0.05$)。另外，研究结果还显示，实验增温没有对 R_d/A_g 和 Jmax/Vcmax 产生显著的影响($P>0.05$)。

杜晗蔚等(2021)以郑单 958 为试验材料，对玉米中 40 个 ZmCDPKs 的主要结构进行生物信息学技术分析，结果显示，它们的结构域具有很高的保守性。利用 qRT-PCR 对这 40 个

ZmCDPKs表达进行分析，发现ZmCDPK7表达显著受高温诱导。通过在玉米叶原生质体瞬时过表达或瞬时沉默ZmCDPK7来分析其作用，结果显示，与无高温胁迫相比，瞬时过表达ZmCDPK7显著促进了高温胁迫诱导的小热休克蛋白sHSP17.4、热休克蛋白HSP70、过氧化氢酶CAT1、抗坏血酸过氧化物酶APX1、呼吸爆发氧化酶同源物RBOHA和RBOHB的表达及CAT和APX的活性增加，但降低了高温胁迫诱导的MDA，H_2O_2含量增加；而瞬时沉默ZmCDPK7的作用相反。

4. 水分的影响

(1)淹水

植物在淹水条件下，由于根部区域缺氧不能进行正常的有氧代谢，而为了维持正常的或至少是最低的生命活动，能量的供应也是必不可少的。因此，在厌氧条件下，植物线粒体的电子传递和氧化磷酸化将会停止，三羧酸循环不能运转，只能靠发酵作用产生ATP。当有氧呼吸的氧气供应不足时，植物的根会从有氧呼吸转移到无氧呼吸模式。因此，淹水导致根系厌氧胁迫时细胞质酸化是造成根系细胞伤害和死亡的主要原因。乙醇发酵是根系厌氧胁迫时的主要产能途径，乙醇脱氢酶(ADH)是其关键酶之一。乳酸脱氢酶(LDH)的诱导可以维持厌氧植株的乳酸发酵过程，与乙醇发酵一起在不损失碳的情况下维持植物体内的氧化还原平衡。谷氨酸脱氢酶(GDH)是氮代谢过程中的一个关键酶，催化α-酮戊二酸与氨合成谷氨酸及其逆反应。

刘晓忠等(1991，1992，1993，1995)围绕涝渍对玉米根系呼吸作用的影响做了一系列研究，得到以下结果：①受涝玉米根系乙醇发酵的增强，既表现出短期的适应，也是根系伤害的原因之一，玉米品种耐涝性与其低速率的乙醇发酵有关。②涝渍胁迫下玉米幼苗根系磷酸戊糖途径占总呼吸的百分率增加，葡萄糖-6-磷酸脱氢酶活性升高；次生根的增幅大于初生根。耐涝品种与不耐涝品种相比根内磷酸戊糖途径的增强没有明显差异，但玉米与水稻相比，上述增值与二者的耐涝性一致。③淹水的玉米根系苹果酸酶和乙醇脱氢酶活性增加，线粒体琥珀酸脱氢酶活性降低，耐涝品种增减幅度较小。1995年，又研究了夏玉米单交种苏玉1号及其亲本自交系叶片内活性氧酶性清除系统中的超氧物歧化酶(SOD)和过氧化氢酶(CAT)活性与玉米抗涝性的关系。结果指出，淹水过程中，耐涝的母本苏80-1叶片中两种酶活性均比不耐涝的父本黄早四较少地受抑制，丙二醛(MDA)的积累量也较少。表明两亲本自交系间耐涝性的差异与其抵御活性氧毒害能力的强弱有关。杂交种(F1)则显示体内清除系统对涝渍的耐受性与其母本相仿，由于兼具生长的优势，因而表现为淹水条件下单株生产力受损最小。

姜华武等(1999)研究了淹水后不同耐涝性玉米自交系根中几种酶的活性变化，结果表明，乙醇脱氢酶(ADH)活性显著增加，而谷氨酸脱氢酶(GDH)与过氧化物酶(POX)活性下降。

张祖新等(2003)研究发现，淹水3天后的玉米自交系根系中乙醇脱氢酶(ADH)的活性明显增加，但增加程度与材料耐涝性未表现出明显的相关性。

刘明等(2008)以玉米叶片光合测量数据为基础，利用直角双曲线对农大108和京科25两个玉米品种光合作用的光响应曲线进行了拟合。结果表明，水分胁迫使玉米的表观量子效率(α)、最大净光合速率(P_n)、表观暗呼吸速率(R_d)、光补偿点(LCP)及光饱和点(LSP)均降低，农大108的降低幅度较小，京科25的降低幅度较大。

周秀杰等(2010)通过向玉米幼苗分根装置一侧根室的营养液中加入聚乙二醇(PEG 6000)来模拟植物水分胁迫，并设3种供氮形态(硝态氮、铵态氮、两者各占50%的混合氮)，且只加入到一侧根室(当氮加入到和 PEG 同侧时为水氮异区,加入到无 PEG 一侧时为水氮同区),测定各处理的光合、生理指标,以研究局部根区水分胁迫下氮形态与供给部位对玉米幼苗生长的影响。结果表明,同一氮形态供给下水氮同区植株的光合速率(P_n)、最大净光合速率(P_{max})、光饱和点(LSP)、CO_2饱和点(CSP)、叶绿素 a、b 及叶绿素总含量、根系活力、氮含量和生物量高于水氮异区,光呼吸速率(R_p)、CO_2补偿点(CCP)、木质部汁液脱落酸(ABA)浓度、氮利用效率、水分利用效率低于水氮异区;供混合氮和硝态氮的植株 P_n、P_{max}、LSP、CSP、氮含量和生物量高于供铵态氮的植株,而 CCP、R_p、木质部汁液 ABA 浓度、氮利用效率、水分利用效率变化趋势则相反。可见,同一供氮形态下,水氮同区比水氮异区更利于植物生长,而水氮利用效率在水氮异区下较高;混合氮和硝态氮对植物生长的促进作用优于单一供给铵态氮,但铵态氮更有利于提高水氮利用效率。

僧珊珊等(2012)研究了不同玉米品种幼苗根呼吸代谢对淹水胁迫的响应差异,结果表明,淹水使玉米根系的乙醇脱氢酶(ADH)、丙酮酸脱羧酶(PDC)和乳酸脱氢酶(LDH)活性比对照平均增加 27.7%、55.0%和 2.6 倍。缺氧时细胞线粒体结构和功能发生改变,能量产生受到抑制,导致功能障碍。机体的能量代谢是一系列酶促反应过程,异柠檬酸脱氢酶(IDH)和琥珀酸脱氢酶(SDH)是线粒体重要的标志酶,其活性强弱反映了细胞有氧代谢的程度。僧珊珊研究认为,苗期淹水处理显著降低了玉米根系的异柠檬酸脱氢酶(IDH)和琥珀酸脱氢酶(SDH)活性,说明淹水胁迫导致玉米根系缺氧,通过抑制异柠檬酸脱氢酶(IDH)和琥珀酸脱氢酶(SDH)的活性而影响线粒体氧化呼吸功能,导致 ATP 合成减少,膜电位丧失。

曹俊等(2016)认为,玉米原始含水量对玉米粒和营养成分的影响显著,原始含水量越大,霉变程度越大,呼吸作用越强,脂肪和淀粉含量降低越快。玉米脂质由于呼吸和水解酶的作用,生成大量游离脂肪酸,脂质又是细胞膜的组分,细胞膜也会因氧化而被破坏,导致细胞生理活动紊乱。

(2)干旱

洪法水等(1995)研究了 PEG 预处理对玉米种子活力及萌发代谢性酶活力的影响。结果表明,PEG 处理可以提高玉米种子活力及幼苗抗高温的能力,增强萌发玉米种子的呼吸作用,明显提高萌发期间淀粉酶、脂肪酶、转氨酶的活力。

赵花荣等(2017)为探讨土壤高湿和干旱影响夏玉米籽粒灌浆并对其造成减产的生理机制,于 2016 年夏玉米生长季,通过人工控制土壤水分,设计了土壤高湿、干旱和对照 3 种处理,在玉米灌浆期测定叶片的光合特性日变化、光饱和点和光补偿点、夜间叶片暗呼吸等。结果表明,对照玉米叶片的净光合速率日变化曲线呈双峰形,即“M”形,而高湿处理被弱化为单峰形,干旱处理全天持续走低。气孔导度(G_s)和蒸腾速率(T_r)的日变化规律一致,呈显著正相关;胞间 CO_2 浓度(C_i)和水分利用效率(WUE)的日变化曲线呈反向变化,呈显著负相关。高湿处理的叶片暗呼吸比对照提高 0.5800~0.7767 μmol CO_2/(m^2 · s),干旱处理比对照降低 0.1767~0.4933 μmol CO_2/(m^2 · s),可能因为土壤高湿情况下,玉米叶片等绿色器官呼吸作用强,导致果穗籽粒养分积累少,进而造成减产;分析光饱和点和光补偿点发现,高湿处理光合作用,有效利用光强的区间拉大,干旱胁迫下,光合作用有效利用光强的区间缩小,这可能是玉米灌浆期干旱造成减产的主要生理原因。

邢换丽等(2020)研究了在干旱和土壤贫瘠条件下,玉米的生长和生理过程受到水分和氮素的交互作用。结果表明,相同施氮水平下,随着水分胁迫程度的加剧,光响应曲线参数暗呼吸速率(R_d)、最大净光合速率(Amax)和饱和光强(Qsat)以及 CO_2 响应曲线参数初始羧化效率(a)、光呼吸速率(R_p)、光合能力(Amax)和高氮条件下的饱和胞间 CO_2 浓度(Cisat)均呈下降趋势,前者参数变化显著,而且中度水分胁迫下,增加施氮量进一步降低了这些参数,即水分胁迫下氮素进一步抑制了植株的光合性能。

姜志磊等(2020)采用同位素标记相对定量(iTRAQ)技术,对干旱胁迫条件下苗期玉米的蛋白质组分变化进行分析。结果表明,共检测到玉米幼苗中的 207 个蛋白在干旱胁迫后发生了显著的丰度变化。根据蛋白注释情况可将这些蛋白归入信号传导、渗透调节、蛋白合成与折叠、ROS 清除、膜运输、转录相关、细胞结构与细胞周期、脂肪酸代谢、碳水化合物与能量代谢、光合作用与光呼吸等代谢途径。干旱胁迫后,涉及光反应和呼吸作用的差异蛋白多表现为丰度上升;涉及碳水化合物及蛋白质合成差异蛋白多表现为丰度下降;与渗透调节相关的脱水蛋白、脯氨酸代谢和渗透胁迫相关的蛋白酶则显示为丰度上升。干旱胁迫还能导致植物体内活性氧大量产生,活性氧清除相关的酶类也会发生明显的丰度上升。根据研究结果推测,玉米苗期主要通过降低植株生长速率、减少水分散失、清除自由基等多种方式维持其在干旱胁迫条件下的生长发育过程。

5. 光照的影响

夏叔芳等(1982)研究结果表明,玉米叶片淀粉和蔗糖的昼夜变化有一定的规律,早晨叶片经日照后优先合成与积累蔗糖,并不断地从叶片中输出;淀粉的合成比蔗糖延迟,在蔗糖迅速积累的时候淀粉增长的速率为 0.15 mg/(10 cm^2 · h),当蔗糖的含量达恒态时淀粉增长的速率为 0.31 mg/(10 cm^2 · h);傍晚后二者的含量均迅速下降,经过一夜蔗糖的含量又降到前一天早晨的水平,淀粉则降解殆尽。二者都是玉米叶片光合产物的暂贮形式。叶片白天光合产物的输出量为 3.0 mg/(10 cm^2),夜晚为 2.8 mg/(10 cm^2)。当玉米叶片光合产物的输出受阻后,蔗糖与淀粉的积累速率均比对照增强,蔗糖合成的总量比对照减少 25%,淀粉则增加 80%;夜晚淀粉因用于呼吸消耗降解了 11%;翌日叶片的光合作用显著下降,淀粉的合成减少 38%;傍晚后至翌日在光下叶片蔗糖的含量没有大的变化。玉米叶片从暗(光)中转至光(暗)中不同时间 P_i 的含量无显著变化;光合产物的输出受阻碍后 P_i 的含量也与对照差不多。看来 P_i 含量不是调节玉米叶片光合产物转化、积累与输出的重要因素。暗预处理的玉米植株照光后叶片淀粉合成的滞缓期延长,积累速率减缓,合成蔗糖的趋势则增强。大豆,甜菜叶片照光后淀粉的合成也存在滞缓期。

汤红官等(2010)通过对玉米幼苗根系生物量、NO 释放量、呼吸作用的分析测定,发现 UV-B 辐射能够促进根系生物量,却明显地抑制玉米幼苗根系 NO 的释放、交替呼吸途径活性和细胞色素呼吸途径活性,因而降低了根系的总呼吸量。NO 尽管对交替呼吸运行量有抑制作用,但能够明显地促进玉米幼苗根系交替呼吸容量、细胞色素呼吸途径的呼吸容量和运行量以及总呼吸,这可能与玉米幼苗根系相对缺氧时,与根系组织中植物球蛋白协同 NO 对活性氧(ROS)的生成、清除和转化以及刺激通气组织的形成、供氧条件的改善有关。

贺瑞瑞等(2015)为了揭示渗透胁迫下玉米幼苗根系超弱光子辐射的生物学意义,研究了 −0.1 MPa 的 PEG-6000 溶液形成的渗透胁迫下玉米幼苗根系自发光子辐射和外界光激发下的延迟光子辐射。结果表明,随着玉米幼苗的生长,根系自发光子辐射呈现出波动的趋势,渗透胁迫使波动的幅度减小,根系鲜重和自发光子辐射的变化呈现出明显的正相关。研究还发现,玉米幼苗根系的初始光子数 I_0、衰减参数 β 和相干时间 τ 这几个延迟光子辐射动力学参数也都随着玉米幼苗根系的生长呈现出波动的变化趋势。机理分析表明，根系自发光子辐射可以作为根系细胞呼吸代谢强度的信号，初始光子数 I_0 的大小表征了根系细胞能态水平的高低，衰减参数 β 的变化反映了根系细胞中功能分子之间相互作用的变化。

6. 栽培措施的影响

赵可夫(1985)以双跃 80、群单 105 和丹玉 6 号 3 个品种为材料，从玉米开始抽雄时将雌穗套袋，果穗花丝抽出时，进行人工授粉，包括完全授粉，2/3 花丝授粉，1/2 花丝授粉，1/3 花丝授粉和完全不授粉 5 种处理。在受粉后的不同时期测定各叶位叶和不同茎段的可溶性糖含量、光合强度、呼吸强度、籽粒产量和植株干重。结果发现，减少玉米库容量可以导致各叶位叶可溶性糖含量不同程度的增大。与此同时，玉米叶片的光合强度呈不同程度的降低，而其呼吸强度则相应提高。玉米茎的可溶性糖和干重也具有不同程度的增大，籽粒产量则随库容量的减小而降低。

翁伯琦(1989)用 0.3～32 ppm Mn(锰)浓度对水稻、大麦、玉米、紫花苜蓿、菜豆为参试作物进行水培，14 d 后测定各作物叶片呼吸率。结果表明，在高 Mn 浓度下，除玉米外，其他参试作物的叶片上均出现程度不同受害斑点。水稻、大麦、紫花苜蓿、菜豆叶片的呼吸率均随溶液中 Mn 浓度上升而提高，呼吸强度上升的大小顺序为：紫花苜蓿＞菜豆＞大麦＞水稻。在高 Mn 浓度中，几乎不影响玉米叶片的呼吸作用。

卢益武等(1993)通过田间、盆栽试验研究和分析，发现水稻、小麦、玉米等农作物喷施农用稀土后，其叶片内叶绿素的含量大大提高，尤其是叶绿素 a 增加特别明显，叶片的面积也增大，同时增强了叶片的光合作用和呼吸作用。

李芳贤(2003)研究发现，夏玉米隔行去雄能增产，其原因之一是植物维持生命活动和生长发育所需的能量，主要是通过呼吸作用消耗体内有机物质提供的。研究证明玉米生殖器官的呼吸强度比叶片高得多，例如花序的呼吸强度比叶片高 1 倍，花中的雌雄蕊则更高。开花前夕呼吸强度增高，会消耗大量养分。去雄后，叶片合成的养分集中供给雌穗，促进了雌穗发育。

王荣堂等(2003)的试验结果表明，在夏季作物旺盛生长期使用地膜覆盖的土壤温度较对照地低，其中又以白天地面最高温度降温最为明显，棉花、玉米、大豆 3 种作物降温幅度分别为 3.1 ℃、2.7 ℃和 2.5 ℃。地膜覆盖在作物旺盛生长期的降温效应，可减轻夏季高温对作物的危害，夏季白天当温度超过光合作用适宜温度(20～25 ℃)以上时，呼吸作用消耗的有机物质增加，作物生长缓慢，而覆盖作物地因其温度较对照地低，光合强度大，生长活力增强，因而使作物能够增产。

齐延芳等(2004)以辐射诱变选育而成的新杂交种鲁原单 22 号为材料，研究了在不同种植密度条件下该品种光合作用的变化。结果表明，单株叶面积(LA)、叶片叶绿素含量、光合速率、呼吸速率均随种植密度增加而降低。

王雅玲等(2009)为研究低温胁迫下种子包衣对玉米种子出苗和幼苗生长的影响，以适宜温度(25 ℃/20 ℃，白天/晚上，下同)处理为对照，对不同剂量包衣的玉米种子进行低温胁迫。结果表明，戊唑醇和苯醚甲环唑种子包衣在适宜温度下对玉米种子出苗具有促进作用，能提高玉米幼苗植株的叶绿素含量，对玉米幼苗的株高和鲜重没有抑制作用。但在 17 ℃/6 ℃、15 ℃/0 ℃、10 ℃/0 ℃低温胁迫下，戊唑醇和苯醚甲环唑均能抑制种子出苗和幼苗生长，加剧低温胁迫导致的膜脂质过氧化作用和对叶绿体的分解。但用苯醚甲环唑处理玉米种子比用戊唑醇更安全，前者能抑制低温胁迫导致的叶片细胞内电解质外渗，后者却会加剧电解质的外渗。比较玉米幼苗根系的呼吸作用也可以发现,苯醚甲环唑比戊唑醇更有利于玉米幼苗补偿和修复低温胁迫所致的伤害。

黄艳胜(2009)以玉米品种牡单 10 号为试材,利用 5 种微量元素(Mn、Cu、Zn、Ni、Mo)配制成 5 种不同浓度营养液对玉米种子进行浸种处理,研究了营养液浸种对玉米种子萌发及幼苗生长的影响。结果表明,用 Mn、Cu、Zn、Ni、Mo 微量元素配成适当浓度的营养液处理玉米种子后,可提高玉米种子的萌芽能力,保证苗期幼苗的质量,对幼苗的生长有一定的促进作用,同时提高了玉米幼苗芽与根的呼吸速率。

侯奕瑾等(2014)研究了不同肥料供给对高原气候区玉米苗期生长及光合特性的影响。结果表明,施肥处理能提高 40 d 玉米幼苗的株高、叶片数、总生物量和植株的光合作用能力;N、P、K 全施能提高植株转化和利用光能的能力及植株的光能转化效率;不施 N 肥可明显降低玉米转化和利用光能的能力,但可提高植株的光能转化效率;与全施 N、P、K 肥相比,不施 P、K 肥对植株转化和利用光能和植株的光能转化效率影响不大。不同 N、P、K 配肥下,增 P、K 配肥可提高叶片气孔导度、表观量子效率和暗呼吸速率;增 N、P 配肥可提高叶片蒸腾速率;而增 N、K 配肥则可提高玉米叶片的水分利用效率。

崔子恒等(2015)采用双因素裂区设计,主区分等行距(A_1)、等行距一穴双株(A_2)、宽窄行(A_3)、宽窄行(A_4)四种栽培模式,副区分复合肥施丹利(N:P:K=18:18:18)(B_1)、地富原玉米专用复合肥(N:P:K=26:12:10)(B_2)两种复合肥,研究玉米杂交种隆平 206 的光合特性及产量构成。结果表明,在拔节期穗位节间,木质部平均面积、维管束平均面积、韧皮部平均面积、导管孔径、导管个数、单位视野个数均是在栽培模式 A_3 处理下达到最大值,且与 A_1、A_2、A_4 处理间差异显著,隆平 206 光合特性即气孔导度、光合速率、细胞间隙 CO_2浓度、蒸腾速率等因子均在 A_3B_2 处理条件下达最大值,光饱和点、光补偿点量子效率、最大净光合速率在栽培模式 A_3 和 A_1、A_2、A_4 处理间差异显著,光补偿点、暗呼吸速率在各栽培模式处理间差异显著,对隆平 206 产量及产量构成要素处理间差异显著,其中产量构成要素总穗数是在 A_2B_2 时值最大。可见,在拔节期穗位节间,维管束结构均是在栽培模式 A_3 处理下达到最大值、光合特性因子均在 A_3B_2 处理条件下达最大值,产量及产量构成要素均在 A_3B_2 处理条件下达最大值,也就是说,栽培模式在宽窄行 A_3(70 cm+50 cm)效果最好。

刘铁东等(2015)在大田条件下,分析 3 种不同的种植方式(P_1,宽窄行 170 cm+30 cm,免耕;P_2,宽窄行 90 cm+40 cm,免耕;CK,匀垄 65 cm)对拔节期玉米冠层微环境的影响,以及微环境因素下玉米叶片光响应参数的变化。结果表明,P_1 方式中玉米叶片的表观量子效率显著高于其他方式,北育 288 在最大光合速率和暗呼吸上表现出优势,先育 335 中并没有显著的差异。

韩晓亮等(2019)以松嫩平原黑土区为研究对象,设置了 3 种生物质炭施加水平[C_5(5 t/hm^2),C_{10}(10 t/hm^2),C_{15}(15 t/hm^2)],各水平设置下 3 种施加方案[F_1(秋季施加),F_2(春秋两季各施加一半),F_3(春季施加)],同时设置 1 组对照[BL(无生物质炭施加)],共计 10 种处理,比较分析了不同处理条件下夏玉米植株根系特征、氮素空间分布状况、根系呼吸强度以及氮素利用效率等指标差异。结果表明,生物质炭的调控作用有效抑制了土壤氮素的无效流失,并且在 $C_{10}F_1$ 处理条件下,土壤的固氮效果达到最优;生物质炭的保水性和保肥性提升了作物根系的呼吸强度,随着生物质炭的施入量增加,作物呼吸强度效果表现出先增加后减小的趋势,适宜地增加生物质炭的用量可以有效提升植株根系的代谢活动。另外,生物质炭的施入量与作物产量、氮素利用效率等指标之间具有显著的二次函数关系，表明生物质炭供应与植株生产力之间存在最佳阈值。

牛丽等(2021)对 2 种覆膜方式(塑料膜覆盖和不覆盖)、2 个密度(7.5 万株/hm^2 和10.5 万株/hm^2)和 2 个品种(郑单 958 和先玉 335)的吐丝期玉米叶片进行了代谢组学分析。从差异代谢物个数来看，先玉 335 对覆膜的响应大于郑单 958，较高的种植密度缩小了覆膜与无覆膜处理间叶片代谢的差异。主成分分析表明，覆膜处理和品种均对代谢物组成产生了重大影响。覆膜引起的代谢谱差异主要是由柠檬酸等有机酸和氨基酸造成的；品种引起的代谢组差异主要是由辛酸等烷酸和酚类造成的。相关分析表明，叶绿醇、白藜芦醇、葡萄糖-6-磷酸与玉米籽粒产量呈显著正相关关系，而甘油与之呈显著负相关关系。在覆膜条件下，与呼吸作用及清除光呼吸产物相关的缬氨酸、异亮氨酸及蛋氨酸，与三羧酸循环相关的异柠檬酸以及可减轻光抑制的蛋氨酸、N-乙酰基天冬氨酸等代谢物的水平整体呈升高趋势。以上结果表明，在覆膜条件下，消除光呼吸产物及减少光抑制的相关代谢物的积累是叶片净光合速率提高的代谢基础；抗氧化及能量代谢相关的代谢物在提高产量的过程中发挥了重要作用。

7. 其他因素的影响

研究表明，玉米黑粉菌、磁化水、三十烷醇、甲基紫精、植物生长调节剂、磷酸烯醇式丙酮酸羧化酶-苹果酸酶、CO_2、锰、油菜素内酯、碧全植物健生素、壳聚糖、蔗糖基聚合物、NaCl、一氧化氮供体硝普钠、外源 Vc、硫酸氢钠、烟嘧磺隆、镉等对玉米呼吸作用都有一定的影响。

陆师义等(1964)通过单倍菌系配合试验，证实了玉米黑粉菌的性质受多因子控制，不同配合型间呼吸强度有明显的差异。玉米黑粉菌在含有色氨酸的培养基中能产生大量刺激生长物质(最高达 380 μg/mL)，经 Salkowski 反应、纸层析及黄豆芽劈茎试验证明，这一生长物质为 IAA。单性菌系引致的茎叶扭曲组织及配合接种后产生的瘤组织中 IAA 的量显然高于健组织(分别为 11.18 μg/g、17.65 μg/g 及 6.47 μg/g)，证明这些病症的形成与 IAA 有关。病健组织分别饲以放射性比强相等的第 1 位碳(G_1)标记的及第 1—6 位碳(C_{1-6})平均标记的葡萄糖后，测定糖酵解过程中释放 CO_2 的 G_1/C_{1-6} 值的结果显示，病健组织 EMP 趋势较强(G_1/C_{1-6} 值为 0.46)，瘤组织及单性菌性引致的扭曲组织则有明显的 HMP 趋势(G_1/G_{1-6} 值分别为 1.23 及 1.27，G_1 值均较健组织高 70%)。发病前期的病组织的呼吸强度亦较健组织有显著提高。病组织 IAA 的含量与呼吸强度及 HMP 趋势的比强间似亦有一定的相关性。福美双(TMTD)对玉米黑粉菌的生长具有强烈的抑制作用，并对玉米黑粉病表现极为明显的治疗效果。

王姝清等(1983)用磁化水 800GS、1800GS 和 2400GS 处理玉米种子，能促进种子的吸胀作用和发芽率；对种子的胚芽、胚根的生长速度也有显著的促进作用。同时经磁化水处理后，种子中淀粉酶活性和呼吸强度均有提高。用磁化水培育幼苗，叶片中叶绿素含量、苗系和根系干物质积累也均有增加。

郑光华等(1986)研究表明，三十烷醇浸种、喷叶和喷花，对玉米根没有抑制其正常呼吸，但对玉米根系线粒体的呼吸有明显的抑制作用。

王光洁等(1992)经油菜素内酯(BR)浸种后萌发的玉米种苗，进行冷温处理。结果表明，BR 处理者电解质渗出率比 CK(水)者低，而胚芽鞘的呼吸速率经 BR 处理后下降速度慢、变幅小。这说明 BR 对冷温下的膜系统有一定保护作用，同时也缓解了冷温引起的细胞呼吸功能的异常改变。

李铁成(1998)研究表明，碧全植物健生素对寒冷地区农作物有促进生育的生物学效应，增加叶绿素含量，提高光合作用强度，相对减少呼吸消耗，具有一定抗逆作用，促进早熟。

郭常连(1999)用中国林科院 ABT 中心介绍的绿色高效水溶性植物生长调节剂 8 号处理玉米、花生、甘薯作物的种子和幼苗，能提高酶的活性，增强呼吸作用和光合作用，可提高种子发芽率，加速幼苗生长，增强抗逆能力，提高作物产量；能促进块根作物的块根膨大，且在食用部分没有有害物质残留。

茅林春等(2000)测定了壳聚糖涂膜对 0 ℃和 10 ℃温度下贮藏的甜玉米的呼吸强度、乙烯产量和品质指标的影响。结果表明，壳聚糖涂膜能明显降低甜玉米的呼吸强度和乙烯产量，1.0 %壳聚糖的效果明显优于 0.5%壳聚糖。与对照相比，壳聚糖涂膜的甜玉米含较多的还原糖、可溶性总糖和蛋白质，而淀粉含量较低。壳聚糖涂膜并不引起乙醇的明显积累，也没有显著影响甲硫醚(DMS)的挥发量。在 0 ℃的低温条件下，壳聚糖具有显著的抗菌作用，尤其是 1.0 %的浓度更为明显。壳聚糖涂膜减缓甜玉米品质劣变的作用与其抑制呼吸作用和乙烯合成有关。

何英姿等(2006)试验用浓度为 2%的蔗糖基聚合物水溶液在玉米各个生长期进行叶面喷施，研究其对玉米叶片呼吸作用及光合作用的影响。结果表明，蔗糖基聚合物能明显提高玉米叶片中的叶绿素含量，提高叶片的光合速率，同时降低叶片的呼吸速率和蒸腾速率，减少呼吸消耗，增加玉米籽粒产量。

赵威等(2008)在 100 mmol/L NaCl 盐胁迫条件下，研究了 100 μmol/L 外源一氧化氮供体硝普钠(SNP)处理对玉米种子萌发、幼苗生长及贮藏物质利用的影响。结果表明，SNP 处理可以提高盐胁迫条件下玉米种子的发芽率，促进幼苗的生长，尤其对根的生长和根数的增加有显著的促进作用，是其耐盐性提高的主要原因。SNP 处理，提高了盐胁迫下淀粉总酶的活性和种子贮藏物质的运转率，减少由于呼吸作用引起贮藏物质的消耗率，从而促进了盐胁迫下种子的萌发和幼苗生长。

王毅民(2009)用不同浓度 NaCl 溶液处理离体玉米叶片后，测定不同浓度下叶片 Vc 含量及几种生理生化指标。结果表明，随着 NaCl 作用时间的延长，作用强度的增加，离体玉米叶片内 Vc 含量逐渐减少。活性氧清除剂(甘露醇、苯甲酸钠、巯基乙醇)处理可缓解 NaCl 作用而引起的 Vc 含量下降。NaCl 作用下，叶片内丙二醛(MDA)含量增加；叶绿素含量、叶片光合速率、叶片呼吸速率均下降，而外源 Vc 对这些过程均有缓解作用。

叶融等(2016)为探究盐胁迫对玉米种子呼吸速率和过氧化物酶活性的影响，分别用 0、0.2%、0.5%、1%、2%的 NaCl 溶液对玉米种子进行浸泡处理，然后测定种子的呼吸速率和过氧化物酶活性。结果表明，盐溶液浓度为 0.5%时能促进玉米种子的呼吸，盐溶液处于其他浓度时对玉米种子的呼吸具有抑制作用。盐胁迫抑制过氧化物酶的活性，在浓度为 0.2%、0.5%和 1%时抑制作用依此增强；在浓度达到 2%时，盐胁迫对过氧化物酶活性的抑制作用有所降低。

何余堂等(2015)以壳聚糖为主研制复合保鲜剂，对鲜食玉米进行保鲜，分析贮藏过程中鲜食玉米的水分含量、硬度与感官品质，比较保鲜效果。结果表明，保鲜剂最佳配比为：壳聚糖浓度 1.5%、斯潘 80：吐温 80 为 1：2、食用油浓度为 0.8%；A、B、D 三因素在水分含量、硬度与感官品质上均达到极显著差异。壳聚糖复合保鲜剂可在鲜食玉米表面形成均匀的保护层，有助于抑制呼吸作用，减少水分散失，保持感官品质，对鲜食玉米的保鲜效果明显。

樊金娟等(2018)在综述中提到,Cd(镉)胁迫破坏线粒体结构,抑制呼吸作用中各种酶的活性。低浓度 Cd(10 mg/L)对玉米幼根细胞线粒体影响不明显,高浓度 Cd(50 mg/L)使线粒体肿胀,破坏内膜,内部结构溃解,功能丧失。Cd 对膀脱麦瓶草的毒害主要是由其对磷酸还原酶、葡萄糖-6-磷酸脱氢酶、异柠檬酸脱氢酶及苹果酸脱氢酶等活性产生明显影响所致。呼吸作用降低与气孔因素有关,Cd 处理可使植物气孔阻力增加,直接影响保卫细胞中离子和水分迁移而间接影响呼吸作用。目前,Cd 与玉米呼吸作用之间的关系,研究还较少。

蒙彦宇等(2022)为探明烟嘧磺隆对甜玉米生长过程中糖酵解、三羧酸循环(TCA)途径的影响,减轻其药害作用,以 1 对烟嘧磺隆表现出不同耐药性的甜玉米姊妹系(耐药性甜玉米自交系 HK301、敏感性甜玉米自交系 HK320)为试验材料,研究烟嘧磺隆胁迫对甜玉米糖酵解和 TCA 途径的影响。结果表明,相较于耐药性甜玉米自交系 HK301,敏感性甜玉米自交系 HK320 糖酵解途径的葡萄糖(GLU)含量、6-磷酸葡萄糖(6PG)含量、丙酮酸(PA)含量和己糖激酶(HK)活性显著升高。在 TCA 循环中,相较于 HK301,HK320 的苹果酸(MDH)含量、柠檬酸(CA)含量、草酰乙酸(OAA)含量、三磷酸腺苷(ATP)含量和磷酸烯醇式丙酮酸羧化酶(PEPC)活性显著下降。可见,烟嘧磺隆胁迫影响不同耐药性甜玉米的糖酵解途径和 TCA 途径的程度,研究结果可为揭示烟嘧磺隆胁迫下甜玉米幼苗的糖代谢途径提供理论依据。

王金香等(2023)以玉米农大 108 为试验材料,用 0、100 μmol/L、200 μmol/L、400 μmol/L $CdCl_2$ 溶液处理玉米幼苗 72 h。结果表明,Cd^{2+} 在幼苗中快速积累,积累量为根>茎>叶;Cd^{2+} 引起叶片萎蔫,单株干质量、叶绿素含量、净光合速率(P_n)、蒸腾速率(T_r)和气孔导度(G_s)急剧降低,叶间 CO_2 浓度(C_i)显著升高;Cd^{2+} 胁迫引起叶片中 SOD 和 CAT 活性先升后降,GSH 含量逐渐降低;叶片中 H_2O_2 和 MDA 含量随 Cd^{2+} 胁迫持续升高。综上所述,Cd^{2+} 胁迫引起玉米叶片氧化胁迫和膜结构损伤,光合作用、呼吸作用和蒸腾作用受阻;叶片功能丧失,植株萎蔫甚至死亡。

三、碳平衡

张蕾等(2014)采用涡动相关法对张掖灌区玉米农田生态系统生长季(6—9 月)CO_2 通量进行了连续观测,分析了玉米农田生态系统 CO_2 通量变化特征及其对环境的响应。结果表明,CO_2 通量具有明显的日变化特征,白天以碳吸收为主,夜间以碳排放为主,CO_2 吸收的最大值出现在灌浆期,峰值为−1.426 mg/(m^2·s);农田生态系统在 4 个生育期均表现为碳吸收,但吸收 CO_2 能力存在显著差异,日吸收总量灌浆期>拔节期>成熟期>苗期。利用 Michaelis-Menten 方程和指数曲线拟合方法,分别分析了光合有效辐射对白天 CO_2 通量的影响及温度对夜间生态系统呼吸的影响。结果表明,白天 CO_2 吸收强度随着光合有效辐射的增大而增大,在低光阶段,光照是控制光合作用的主导因子,之后随着光合有效辐射的增大,净吸收量增加减缓;玉米的光量子利用效率变化范围为 0.00098～0.0022 mg/μmol。夜间生态系统呼吸与温度呈显著的指数关系,不同生育期的主导因子不同,苗期土壤温度是主导因子,其余生育期气温是主导因子。

周永杰等(2021)为明确氮肥减量条件下耕作方式对土壤呼吸、碳排放、作物产量的影响,揭示玉米生长与土壤碳排放的关系,于 2018—2019 年依托 2012 年布设于甘肃农业大学旱作农业综合实验站的耕作方式及氮肥减量进行长期定位试验。本试验以具有良好集雨抑蒸、增温保墒作用的全膜双垄沟播技术为前提，采取二因素裂区设计，主区处理为4种耕作方式：翻耕(T_1)、旋耕(T_2)、深松耕(T_3)和免耕(T_4)，副区处理为两个施氮水平：氮肥减量(N_1：基施氮200 kg/hm^2)和传统施氮(N_2：基施200 kg/hm^2＋拔节期施100 kg/hm^2)。研究不同处理的玉米生长、土壤呼吸速率特征、碳排放量和土壤有机碳含量的变化，分析碳排放效率(CEE)及净生态系统生产力(NEP)。结果表明，①耕作方式及施氮水平显著影响全膜双垄沟播玉米的生长，耕作方式对干物质积累的影响主要在灌浆期和成熟期，免耕处理显著提高了该时期的干物质积累量、生长率和净同化速率，较其他耕作方式籽粒产量提高2%～15%；施氮水平在拔节期—开花期对干物质的影响较大，但同一耕作方式下N_1与N_2水平的产量差异不显著。②土壤呼吸速率呈先升高后降低的单峰曲线，在大喇叭口期—开花期达到峰值，耕作方式对土壤呼吸、碳排放量及碳排放效率的影响大于施氮水平，免耕处理的土壤呼吸速率较旋耕、翻耕和深松耕分别降低了4.3%、12.9%和24.3%，总碳排放量降低了21.5%、13.4%和31.2%，碳排放效率提高26.5%～55.9%；免耕减施氮肥较其他处理碳排放总量降低489～1917.5 kg/hm^2，碳排放效率提高了20.1%～56.2%。③所有处理均表现为大气CO_2的"汇"，但免耕和减施氮肥表现出更强的碳汇效应，与传统翻耕相比，免耕处理0～5 cm土层有机碳含量增加了11.3%($P<0.05$)，与传统施氮相比，氮肥减量水平下0～10 cm土层的有机碳含量提高了5.8%($P<0.05$)。④全膜双垄沟播玉米碳排放效率与干物质积累量、生长率和净同化率呈显著正相关关系，玉米碳排放效率与土壤有机碳含量呈极显著负相关，其原因主要是耕作方式和氮肥减量促进了玉米光合能力，从而捕获更多CO_2，进而提高了玉米固碳能力。可见，在472～491 mm的年降水条件下，免耕结合氮肥减量(基施氮200 kg/hm^2)能提高玉米产量、土壤有机碳含量，降低碳排放总量，提高碳排放效率，是陇中黄土高原全膜双垄沟播玉米一项绿色增产技术，建议在生产中使用。

陈绍民等(2021)认为，农田生态系统碳平衡取决于农作物固定碳量和土壤异养呼吸排放碳量。为揭示水肥用量对农田生态系统碳平衡的综合影响，设置3个灌水水平：高水、中水和低水(W_1、$W_{0.85}$、$W_{0.7}$夏玉米季分别为90 mm、76.5 mm、63 mm，冬小麦季分别为140 mm、119 mm、98 mm)，4个施氮水平：高氮、中氮、低氮和不施氮(N_1、$N_{0.85}$、$N_{0.7}$、N_0夏玉米季分别为300 kg/hm^2、255 kg/hm^2、210 kg/hm^2、0，冬小麦季分别为210 kg/hm^2、178.5 kg/hm^2、147 kg/hm^2、0)，4个施磷水平：高磷、中磷、低磷和不施磷(P_1、$P_{0.85}$、$P_{0.7}$和P_0夏玉米季分别为90 kg/hm^2、76.5 kg/hm^2、63 kg/hm^2、0，冬小麦季分别为150 kg/hm^2、127.5 kg/hm^2、105 kg/hm^2、0)进行了田间试验。结果表明，不同水肥处理下夏玉米/冬小麦农田生态系统表现为碳汇，夏玉米季净生态系统生产力固碳量(CNEP)为6805～7233 kg/hm^2，冬小麦季CNEP为5842～6434 kg/hm^2，夏玉米CNEP高于冬小麦。在高、中、低肥水平下，增加灌水量，夏玉米/冬小麦周年净初级生产力固碳量(CNPP)提高2.48%～5.96%，土壤微生物异养呼吸碳释放量(CRm)增加2.15%～15.20%，净生态系统生产力固碳量(CNEP)增加1.16%～6.47%。在高、中、低供水水平下，增加施肥量，夏玉米/冬小麦周年CNPP增加2.95%～3.43%，土壤CRm增加5.23%～18.67%，CNEP增加0.93%～2.79%，CNEP增加比例与供水水平呈负相关。在低水条件下，氮磷肥配施处理夏玉米/冬小麦农田周年CNEP较单施氮、磷肥分别增加4.86%、7.34%，且氮磷肥交互作用显著($P<0.05$)，水肥供应水平相差15%时对冬小麦农田CNEP有显著的正交互作用。氮磷肥配施、水肥协调供应均有助于促进夏玉米/冬小麦农田生态系统的净碳输入，在节水节肥原则下，夏玉米和冬小麦分别在$W_{0.85}N_{0.85}P_{0.85}$和$W_{0.7}$

$N_{0.85}P_{0.85}$水肥供应条件下有利于增加农田 CNEP。

叶昊天等(2022)利用中国气象局锦州农田野外观测站的碳通量观测数据分析玉米农田生态系统生长季CO_2通量变化。结果表明,2008—2011 年生长季的夜间呼吸速率、白天净碳交换速率年际差异不大,8 天累积净碳交换量呈 U 形分布,碳吸收强度在生长季中期最大。夜间呼吸作用 ReCO 与 EVIs×Ws(EVIs 和 Ws 分别为增强型植被指数 EVI、陆地表面水分指数 LSWI 对光合作用的影响函数)线性相关,与地表温度 LST 满足 L-T 方程。基于遥感数据的呼吸模型估算呼吸作用效果良好,在东北地区玉米农田生态系统碳收支评估中具有重要作用。四年间该生态系统生长季均表现为碳汇,呼吸作用消耗的碳占光合作用固定的碳的比例差别不大,累积碳交换量分别为$-513.37\ g/m^2$、$-489.86\ g/m^2$、$-482.06\ g/m^2$、$-398.67\ g/m^2$,碳交换能力较稳定。

第二节 氮代谢

氮素在植物生命活动中占有重要的地位,是植物生长发育必需的营养元素,也是蛋白质、核酸、辅酶、辅基(如 NAD,NADP,FAD)、叶绿素分子及一些植物激素(如生长素和细胞分裂素)、维生素(如 VB1,VB2,VB6,PP 等)、生物碱等多种化合物的重要组成部分(Robertson et al.,2009),因而具有“生命的元素”之称。氮代谢是指植物对氮素吸收、同化和利用的全过程。它是植物体内最基本的生理过程之一,决定着作物的生长状态,并影响作物的质量和产量。1994 年美国著名植物遗传育种家、诺贝尔和平奖获得者 Borlang 博士断言,全世界作物产量增加的 50%来自化肥的施用,其中氮肥占 1/2 以上(王平 等,2016)。氮素对作物的最终产量贡献可达 40%~50%。自然界中的氮素大部分以 N_2 的形式存在于空气中,不能被植物直接吸收利用。植物所利用的氮素主要来自于土壤或水体中的可溶性有机氮化物(如尿素、氨基酸、多胺等)和无机氮化物(铵盐、硝酸盐等),其中无机氮化物是植物主要的氮源,包括铵态氮和硝态氮(王新磊 等,2020;储成才 等,2021)。

一、氮素的吸收与同化

玉米可以吸收利用土壤中部分可溶性氮。根是玉米吸收氮素的主要器官,不同玉米杂交种根内含有氮占植株含氮量的 1.8%~3.0%。根系对氮的吸收在生殖生长前,发生在上层土,在吐丝后则被限定在下层土中,甚至在 120 cm 深度的根系仍保持有吸收能力。

玉米对氮素吸收的高峰分别发生在大喇叭口期和灌浆期,施氮量与茎鞘干物质积累量以及产量呈抛物线形相关。高产玉米与低产玉米比较,高产玉米植株吸氮量明显增多,但高产玉米植株含氮量却低于低产田的含氮量。玉米氮素营养利用存在基因型差异。在氮效率的差异上,Moll 等(1982)认为,低氮条件下主要是由于营养体氮向籽粒氮再转移的不同所致;高氮条件下,氮吸收效率则起主要作用。有 3 种因素影响玉米籽粒产量对氮肥的反应:抽丝期以后的额外吸氮能力;籽粒灌浆速率和灌浆持续期;受氮肥影响玉米醇溶蛋白的合成速度。一般认为,氮吸收速度快、吸收持续期长、转运量大是高产蛋白质玉米的生理基础。

玉米主要通过根系的根毛区以铵态氮(NH_4^+)和硝态氮(NO_3^-)形式吸收氮素,再在体内进行运输分配,最后在籽粒中累积。玉米吸收 NH_4^+ 的主要方式为 NH_4^+ 与 H^+ 的反向运输。有研究发现，在水稻上部分 NH_4^+ 是在质膜上发生脱质子作用后，以 NH_3 形式进入根细胞，这种形式在玉米中也有可能存在。玉米吸收 NO_3^- —N 的过程为主动吸收过程。玉米根系吸收 NO_3^- —N 的过程包括高亲和力转运系统（HATs，系统 I）和低亲和力转运系统（LATs，系统 Ⅱ）。研究认为，酰胺态氮先转化为铵态氮再被根系吸收。也有研究发现，一些玉米能直接吸收分子态尿素。玉米除了能从根部吸收氮素外，还能从叶片吸收氮素。氮素可以通过表皮细胞和气孔两条途径进入玉米叶肉细胞，从而被吸收。

（一）铵态氮的吸收与同化

当植物吸收铵盐的氨后，或者当植物所吸收的硝酸盐还原成氨后，氨立即被同化。根吸收的 NH_4^+ —N 绝大部分立即形成氨基酸，再以氨基酸的形式通过木质部向上运输；酰胺态氮被吸收后先在脲酶的作用下转化为 NH_3，再被利用形成氨基酸。游离氨（NH_3）的量稍微多一点，即毒害植物，因为氨可能抑制呼吸过程中的电子传递系统，尤其是 NADH。形成的氨基酸除一部分直接合成为蛋白质外，主要运送到果穗中参与蛋白质的合成（潘瑞炽 等，2008）。

氨的同化包括谷氨酰胺合成酶、谷氨酸合酶和谷氨酸脱氢酶等途径，见图 2-3。

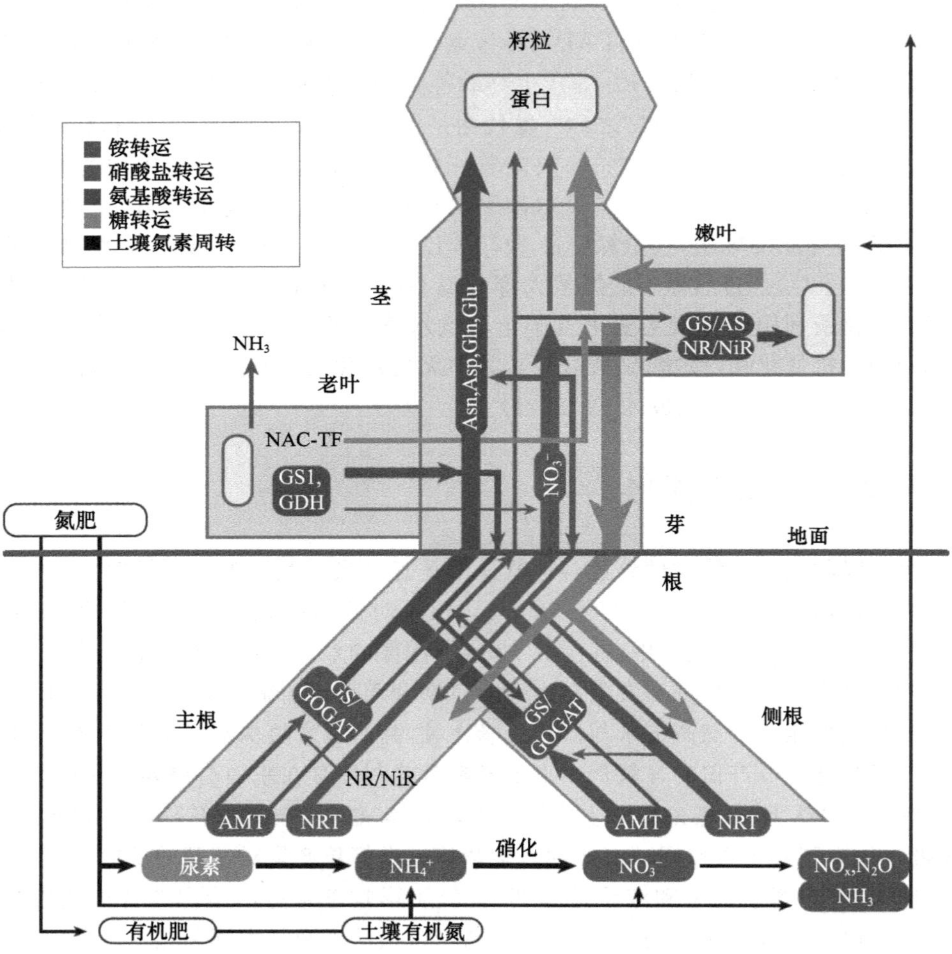

图 2-3　植物氮同化过程（引自 Xu et al.，2012）

(1)谷氨酰胺合成酶途径

在谷氨酰胺合成酶(Glutamine Synthetase,GS)作用下,并以 Mg^{2+}、Mn^{2+} 或 Co^{2+} 为辅因子,铵与谷氨酸结合,形成谷氨酰胺。这个过程是在细胞质、根部细胞的质体和叶片细胞的叶绿体中进行的。

(2)谷氨酸合酶途径

谷氨酸合酶(Glutamate Synthase)又称谷氨酰胺-α-酮戊二酸转氨酶(glutamine α-ketoglutarate aminotransferase,GOGAT),它有 NADH-GOCAT 和 Fd-GOGAT 两种类型,分别以 $NAD+H^+$ 和还原态的 Fd 为电子供体,催化谷氨酰胺与 α-酮戊二酸结合,形成 2 分子谷氨酸,此酶存在于根部细胞的质体、叶片细胞的叶绿体及正在发育的叶片中的维管束。

(3)谷氨酸脱氢酶途径

铵也可以和 α-酮戊二酸结合,在谷氨酸脱氢酶(Glutamate Dehydrogenase,GDH)作用下,以 $NAD(P)H+H^+$ 为氢供给体,还原为谷氨酸。但是,GDH 对 NH_3 的亲和力很低,只有在体内 NH_3 浓度较高时才起作用。GDH 存在于线粒体和叶绿体中。

(4)氨基交换作用

植物体内通过氨同化途径形成的谷氨酸和谷氢酸胺可以在细胞质、叶绿体、线粒体、乙醛酸体和过氧化物酶体中通过氨基交换作用(transamination)形成其他氨基酸或酰胺。例如,谷氨酸与草酰乙酸结合,在天冬氨酸转氨酶(aspartate aminotransferase,Asp-AT)催化下,形成天冬氨酸;又如,谷氨酰胺与天冬氨酸结合,在天冬酸胺合成酶(asparagine synthetase,AS)作用下,合成天冬酰胺和谷氨酸。

植物氮吸收及同化示意图(图 2-3),主要表现出以铵和硝酸盐的形式通过根系吸收、运输、同化以及植物内部的再迁移。箭头的粗细表示植物内氮和糖的相对含量。AMT:铵转运蛋白;AS:天冬酰胺合成酶;Asn:天冬酰胺;Asp:天冬氨酸;GDH:谷氨酸脱氢酶;Gln:谷氨酰胺;Glu:谷氨酸;GOGAT:谷氨酰胺-2-氧代戊二酸氨基转移酶;GS:谷氨酰胺合成酶;NAC-TF,NAC 家族的转录因子;NiR:亚硝酸还原酶;NR:硝酸还原酶;NRT:硝酸盐转运蛋白。

(二)硝态氮的吸收与同化

硝酸盐是植物的主要氮源,通过根的表皮和皮层细胞从土壤中吸收。硝酸盐主要贮存在根、茎和叶中脉,也可以进入木质部。大部分 NO_3^-—N 通过 NO_3^-/H^+ 交换系统贮存于液泡中。植物根系吸收 NO_3^-—N 有 4 种不同的转运系统:①组成型高亲和力转运系统(cHATS)。②诱导型高亲和力转运系统(iHATS)。③组成型低亲和力转运系统(cLATS)。④诱导型低亲和力转运系统(iLATS)。硝酸盐浓度在 0.2～0.5 mmol/L 时高亲和力转运系统即达到饱和,而低亲和力转运系统在硝酸盐浓度高于 0.5 mmol/L 时起作用。这两条途径保证植物顺利地利用较宽浓度范围的硝酸盐(5～50 mmol/L),从而使植物避免因硝酸盐过多或过少造成的不良影响。

植物从土壤中吸收硝酸盐,则必须经过代谢还原(metabolic reduction)才能利用,因为蛋白质的氮呈高度还原状态,而硝酸盐的氮却呈高度氧化状态。一般认为,硝酸盐还原是按下列几个步骤进行的,每个步骤增加两个电子。第一步骤是硝酸盐还原为亚硝酸盐,中间两个步骤(次亚硝酸和羟氨)仍未肯定,最后还原成氮。

硝酸盐还原成亚硝酸盐的过程是由细胞质中的硝酸还原酶(nitrate reductase)催化的,它主要存在于高等植物的根和叶子中。硝酸还原酶的亚基数目视植物种类而异,相对分子质量

为 $200\times10^3 \sim 500\times10^3$，也因植物种类而异。每个单体由 FAD、$Cytb_{557}$ 和 MoCo（钼辅因子，molybdenum cofactor）等组成，它们在酶促反应中起着电子传递体的作用。在还原过程中，电子从 NAD(P)H 传至 FAD，再经 Cytb 传至 MoCo，然后将硝酸盐还原为亚硝酸盐。

硝酸还原酶整个酶促反应可表示为：

$$NO_3^- + NAD(P)H + H^+ + 2e^- \rightarrow NO_2^- + NAD(P)^+ + H_2O \quad (2\text{-}5)$$

硝酸还原酶是一种诱导酶或适应酶。所谓诱导酶或适应酶是指植物本来不含某种酶，但在特定外来物质的诱导下，可以生成这种酶，这种现象就是酶的诱导形成或适应形成，所形成的酶便叫作诱导酶（induced enzyme）或适应酶（adaptive enzyme）。前人实验证明，水稻幼苗如果培养在硝酸盐溶液中，体内即生成硝酸还原酶；如把幼苗转放在不含硝酸盐的溶液中，硝酸还原酶又逐渐消失，这是高等植物内存在诱导酶的首例报道。亚硝酸盐还原成铵的过程，是由叶绿体或根中的亚硝酸还原酶（nitrite reductase）催化的，其酶促过程如下式：

$$NO_2^- + 6Fd_{red} + 8H^+ + 6e^- \rightarrow NH_4^+ + 6Fd_{ox} + 2H_2O \quad (2\text{-}6)$$

从叶绿体和根的质体中分离出亚硝酸还原酶，它含有两个辅基，一个是铁-硫簇（Fe_4S_4），另一个是特异化血红素。它们与亚硝酸盐结合，直接还原亚硝酸盐为铵。

二、氨基酸的生物合成

氨基酸的生物合成是一种把氨转化为有机化合物的过程，主要在细胞的叶绿体和线粒体中进行和完成。植物从土壤中吸收的硝酸盐首先要被还原为亚硝酸盐，这一过程是在细胞质中由 NR 硝酸还原酶催化进行的，NR 是植物氮同化的限速酶，是植物氮同化的关键步骤。亚硝酸盐进一步在亚硝酸还原酶的作用下转变为铵，该过程是在亚硝酸还原酶（NiR）的作用下在叶绿体和前质体中进行的，亚硝酸还原酶是由 2 个亚基铁硫簇（Fe_4S_4）和罗西血红素组成。在亚硝酸盐的还原过程中，来自光合链的 Fdox 是电子的供体，将 NO^{2-} 进一步还原为 NH^{4+}。由亚硝酸盐转变而来的 NH^{4+} 立即进入谷氨酸合酶循环转变为可以被植物直接利用的有机态氮，该过程是在谷氨酰胺合成酶和谷氨酸合酶两个关键性酶的催化下进行的。首先，NH^{4+} 在谷氨酰胺合成酶的作用下与谷氨酸结合形成谷氨酰胺，该过程是在叶绿体、细胞质或根细胞质体中进行的。谷氨酰胺进一步在谷氨酸合酶的作用下与 α-酮戊二酸结合形成谷氨酸。谷氨酸合酶有 NADH-GOGAT 和 Fd-GOGAT 两种类型，前者主要存在于高等植物的光合细胞中，以 NADH 为电子供体，活性较高；后者在高等植物光合细胞和非光合细胞中均存在，以还原态的 Fd 为电子供体活性较低。除此之外，NH^{4+} 还可以由存在于叶绿体和线粒体中的谷氨酸脱氢酶由 NADH 提供电子还原为谷氨酸。但是，谷氨酸脱氢酶与 NH^{4+} 的亲和度较低，只有当植物细胞中 NH^{4+} 浓度较高时才会发挥作用。谷氨酸是植物体内其他氨基酸和酰胺的合成前体，它在植物中的过氧化物酶体、叶绿体、线粒体、细胞质等部位通过氨基交换作用合成其他氨基酸和酰胺，最终形成植物可以直接利用的氮素化合物。

三、蛋白质的生物合成

合成场所不固定，可在细胞的核糖体、线粒体、叶绿体上合成，在内质网加工。

蛋白质是基因表达的最终产物，它的生物合成是一个复杂的过程，主要包括：

① 翻译的起始。核糖体与 mRNA 结合并与氨基酰-RNA 生成起始复合物。

② 肽链的延伸。由于核糖体沿 mRNA 5'端向 3'端移动，开始了从 N 端向 C 端的多肽合成，这是蛋白质合成过程中速度最快的阶段。

③ 肽链的终止及释放。核糖体从 mRNA 上解离，准备新一轮合成反应。

合成场所不固定，可在细胞的核糖体、线粒体、叶绿体上合成，在内质网加工。mRNA 是蛋白质合成的模板，转运 RNA(transfer RNA,RNA)是模板与氨基酸之间的接合体。此外，在合成的各个阶段还有许多蛋白质、酶和其他生物大分子参与。例如，在真核生物细胞中有 70 种以上的核糖体蛋白质，20 种以上的氨酰-RNA 合成酶(AA-tRNA synthetase)，10 多种起始因子、延伸因子及终止因子，50 种左右 RNA 及各种 rRNA、mRNA 和 100 种以上翻译后加工酶参与蛋白质合成和加工过程。蛋白质合成是一个需能反应，要有各种高能化合物的参与。据统计，在真核生物中有将近 300 种生物大分子与蛋白质的生物合成有关，细胞所用来进行合成代谢总能量的 90%消耗在蛋白质合成过程中，而参与蛋白质合成的各种组分约占细胞干重的 35%在真核生物细胞核内合成的 mRNA，只有被运送到细胞质基质才能被翻译生成蛋白质。所谓翻译是指将 mRNA 链上的核苷酸从一个特定的起始位点开始，按每 3 个核苷酸代表一个氨基酸的原则，依次合成一条多肽链的过程。尽管蛋白质合成过程十分复杂，但合成速度却高得惊人，如大肠杆菌只需要 5 s 就能合成一条由 100 个氨基酸残基组成的多肽，而且每个细胞中成百上千个蛋白质的合成都是有条不紊地协同进行的。

四、玉米氮代谢的影响因素

既有品种与环境的影响，也有栽培措施的影响。

(一)品种与环境因素的影响

1. 品种的影响

不同品种对氮素利用效率不同，从而产生氮素代谢差异。李强等(2021)以氮高效品种正红 311 和氮低效品种先玉 508 为试验材料，通过室内水培研究低氮胁迫下不同氮效率玉米品种的氮代谢与物质生产差异。结果表明，低氮胁迫下玉米幼苗根系与叶片的硝酸还原酶(NR)、谷氨酸合成酶(GS)、谷氨酸脱氢酶(GDH)活性，可溶性蛋白含量，地上部、根系和单株干物质与氮积累量及根系氮吸收效率均显著下降，但正红 311 的各指标降幅均低于先玉 508；根冠比、根冠氮分配比和根系氮物质生产力均显著升高，但正红 311 根冠比、根冠氮分配比的增幅均低于先玉 508，而根系氮物质生产力的增幅较先玉 508 更高。氮高效品种正红 311 的 NR、GS、GDH 活性及可溶性蛋白含量均高于氮低效品种先玉 508，且对低氮胁迫响应更高效，使得其根系氮吸收效率和物质生产能力显著高于先玉 508，而根冠比和根冠氮分配比显著低于先玉 508，有效地维持地上部与根系的干物质与氮的协调分配，保证其物质生产与氮积累，提高其对低氮环境的适应能力。因此，氮高效品种在肥沃地区种植可减少氮肥施用，发挥其氮高效特性，而在丘陵地区推广则有利于保证玉米的高产稳产。

2. 环境的影响

(1)光照的影响

玉米是喜光的 C_4 作物，整个生育期都需要充足的光照，在生长发育过程中，寡照天气会不同程度影响玉米生长发育。作为影响玉米生长的 2 个重要因子，光和氮之间存在着显著的互作效应。光照会对植物吸收和利用氮素产生影响；也会通过影响氮肥的气态损失量来影响氮肥的利用。光照强度增加，会显著增加根体积、根长、根冠比以及根系吸氮量，可以协助光合产物向根系运输（段娜 等，2015）。宋航等（2016）以玉米单交种豫玉 22 为材料，设置 2 个光照处理和 3 个氮肥水平，研究光、氮及其互作下玉米酶活性、干物质生产和产量变化特征及其对玉米氮素吸收利用和物质生产的影响。结果表明，弱光胁迫下玉米叶片硝酸还原酶和谷氨酰胺合成酶活性降低，植株和籽粒氮积累量下降；干物质积累量显著降低；果穗穗长、行粒数和穗粒数减少，导致产量显著降低。但弱光胁迫下增施氮肥可以提高叶片硝酸还原酶和谷氨酰胺合成酶活性，增加干物质积累量，穗长、行粒数和穗粒数增加，产量显著提高，并且随施氮量的增多，产量增加效果也越显著。可见，光、氮及其互作对玉米氮素吸收利用及物质生产具有显著影响，弱光胁迫条件下增施氮肥可以部分缓解其致害效应，减少玉米产量损失。表明遮光使玉米穗位叶 NR 和 GS 活性降低，植株在遮光期间和恢复自然光照后的吸氮能力受到严重限制。硝酸还原酶（NR）和谷氨酰胺合成酶（GS）是植物氮代谢过程中 2 个关键酶，NR 是植物同化 NO_3^- 过程中的关键酶，也是氮同化的限速酶。GS 主要是促进植物铵同化和氮素转运。2 个酶活性高低与植物对氮素的吸收和体内氮同化能力密切相关，对植物生长发育和产量都有重要影响。

关义新等（2000）以玉米杂交种 3119 为试材，研究了两种光照（400 μmol/（m^2 · s）和 200 μmol/（m^2 · s））和 5 种供氮水平对玉米光合和碳、氮代谢的影响。强光下植株具有较高的呼吸速率、较大的光合潜力和光合速率，物质生产能力较强，光合产物更多地分配到根系之中。同时强光下植株的硝酸还原酶活性、谷氨酸脱氢酶活性以及可溶性蛋白质的含量较强，叶片中的硝酸盐含量较低，具有较高的氮素同化能力。两种光照下植株的物质生产和氮素同化能力均随供氮水平的增加先升后降，弱光下植株在较低的供氮水平下具有较高的物质生产能力和氮素同化能力，而强光下植株的最大光合物质生产能力和氮素同化能力出现在较高的氮素水平。在 N_2－N_5 处理，强光下植株的根冠比均高于弱光下的植株，且二者的差异随供氮量的增加而增加，但在缺氮处理（N_1 处理），弱光下的根冠比反而高于强光下的植株。强光下植株与弱光下的植株相比具有较高的可溶性糖和淀粉含量，两种光照下可溶性糖的差异随供氮量的增加呈现减少的趋势，而淀粉含量的差异在 N_2 水平为最小值，高于或低于 N_2 水平均使二者的差异扩大。在低氮条件下植株的可溶性糖和淀粉的含量较高，蛋白质含量较低，而后随供氮量的增加，叶片中的蛋白质含量增加，而可溶性糖和淀粉的含量下降。

周卫霞等（2013）在 2011—2012 年的试验中，以不耐阴型玉米豫玉 22 和耐阴型玉米郑单 958 为试验材料，设置自然光照和弱光胁迫 2 个处理，研究弱光胁迫对不同基因型玉米籽粒建成和碳氮代谢的影响，探求弱光胁迫下碳氮代谢与籽粒建成的关系。结果表明，弱光胁迫下，玉米籽粒生长发育减缓，败育粒增加，籽粒体积和干重降低；果穗顶部籽粒可溶性糖、蔗糖含量和全氮含量升高，淀粉含量和碳氮比降低；豫玉 22 胚乳细胞中淀粉粒密度降低，郑单 958 与对照相近。弱光胁迫下，不耐阴型玉米豫玉 22 果穗籽粒的生长发育减缓程度大于耐阴型玉米郑单 958，同一基因型果穗顶部籽粒生长发育减缓程度大于中部籽粒，耐阴型玉米郑单 958 在恢复自然光照后籽粒体积、干重、籽粒碳氮含量和碳氮比与对照之间的差异均小于豫玉 22，表现出更强的补偿效应。淀粉合成能力和碳氮比的下降可能是弱光胁迫条件下籽粒发育不良，以致最终造成败育的主要原因。

周自强等（2013）曾采用沙培培养方法，比较研究淹水和不同氮形态（铵态氮、硝态氮以及铵态氮：硝态氮为1：1)对苗期玉米根、茎鞘和叶的糖、氮代谢底物——可溶性糖、还原糖、硝态氮和游离氨基酸等物质含量的影响。结果表明，当淹涝胁迫持续7 d时，在非淹涝胁迫条件下，铵态氮处理的根、茎鞘和叶的可溶性糖和游离氨基酸含量均显著高于硝态氮处理($P<0.05$)；在淹涝胁迫条件下，硝态氮处理的根、茎鞘和叶的生物量干重显著低于铵态氮处理($P<0.05$)，其根和叶的生物量干重也显著低于铵态氮、硝态氮混合处理($P<0.05$)。与非淹涝条件相比，在淹涝胁迫条件下，硝态氮处理的根系和叶的硝态氮含量显著降低($P<0.05$)，降低幅度分别高达62.6%和30.0%；此外，与非淹涝条件相比，在淹涝胁迫条件下，铵态氮处理的根的可溶性糖、还原糖以及游离氨基酸含量，茎鞘的可溶性糖和还原糖含量以及叶的可溶性糖和游离氨基酸含量均显著升高($P<0.05$)，而硝态氮处理仅根、茎鞘和叶的还原糖含量以及叶的游离氨基酸含量显著升高($P<0.05$)。因此，在本试验条件下，由于糖、氮代谢底物含量充足，铵态氮处理的苗期玉米具有相对较强的耐淹涝胁迫能力。

(2)根际微生物的影响

根际微生物也会对玉米氮代谢产生影响。分子氮(N_2)占空气的79%，是很好的氮肥来源。可是氮气不活泼，不能直接被高等植物利用。高等植物只能同化固定状态的氮化物(如硝酸盐和铵盐等)。工业上，在高温(400～500 ℃)和高压(约20 MPa)下，氮气(N_2)和氢气(H_2)反应合成氨。在自然界，同样可以固定氮，而且数量巨大。在自然固氮中，有10%是通过闪电完成的，其余90%是通过微生物完成的。某些微生物把空气中的游离氮固定转化为含氮化合物的过程，称为生物固氮(biological nitrogen fixation)。由此可见，生物固氮在农业生产上和自然界的氮素平衡中都具有十分重大的意义。

丛枝菌根真菌(Arbuscular Mycorrhizae Fungi，AMF)是一种广泛分布在土壤中的真菌，能与80%以上的陆生植物形成菌根共生体，菌根共生体向寄主植物提供氮、磷等营养物质和水分，同时依靠寄主提供的碳水化合物维持生存(张学林 等，2021a，2021b)。AMF在促进氮素吸收方面具有显著效果。Tanaka等(2005)利用^{15}N同位素示踪技术和分室隔网装置，研究了寄主植物根外菌丝对土壤养分的吸收利用；Hodge等(2010)研究发现AMF根外菌丝可以吸收多种简单形态的无机氮和有机氮，显著影响作物对氮素的吸收与同化；李侠等(2007)采用空气隔板分室-半液培系统比较了2种丛枝菌根根外菌丝吸收不同形态氮素的能力，发现丛枝菌根根外菌丝吸收传递^{15}N的能力因菌种和氮素形态而异；刘文科等(2007)比较了不同AMF对3种土壤类型玉米籽粒氮素积累量的影响。AMF调控寄主作物氮素吸收的作用受到自然因素和栽培管理措施的影响(冯固 等，2000；郭静 等，2018；秦子娴 等，2013；朱先灿 等，2010)。

氮肥用量和秸秆是影响AMF作用的主要措施。普遍研究认为，丛枝菌根真菌在低养分条件下，能扩大寄主根系侵染率，增加土壤中的孢子数，增强寄主氮素吸收能力，促进寄主植物的营养吸收，提高其生物量(金海如 等，2012)；增施氮肥会减少菌根定殖和孢子形成，抑制AMF菌丝的发育，降低AM真菌群落的丰度和多样性(Toljander et al.，2008；Bakhshandeh et al.，2017)，进而抑制寄主植物氮素吸收；也有研究认为，增施氮肥条件下，AMF对寄主植物有中性或者正效应(Tian et al.，2013；Willianms et al.，2013；Duffková et al.，2019)。Wang等(2018)发现，低氮条件下AMF减少玉米氮素吸收，降低玉米产量。作物秸秆含有大量作物生长所需的矿质元素，是一种重要的农业可再生资源(毕于运 等，2009；Soon et al.，2012；张学林 等，2019)，秸秆还田并接种丛枝菌根真菌能促进秸秆分解、加速可利用性养分的释放

(Hodge et al. ,2001;郭涛 等,2014)。Hodge 等(2010)发现 AMF 增强了有机物的降解,提高了寄主植物氮素的吸收。

张学林等(2021a,2021b)选用有代表性的摩西斗管囊霉(Funneliformis Mosseae,FM)和地表球囊霉(Glomus Versiforme,GV)2 种真菌进行玉米盆栽试验,比较了接种不同丛枝菌根真菌对玉米灌浆前期籽粒氮同化酶活性、根系特性以及籽粒产量和品质的影响。结果表明,接种 FM 和 GV 后玉米籽粒产量、植株地上部和根系生物量及其氮素累积量均比对照显著增加,灌浆期籽粒硝酸还原酶、亚硝酸还原酶、谷氨酰胺合成酶、谷氨酸合成酶活性增强,玉米根长、根表面积和根体积均显著增加,根系直径显著降低,籽粒粗蛋白和粗脂肪含量增加;其中接种 GV 处理的玉米产量显著高于 FM。该研究证实,不同丛枝菌根真菌可以通过改善玉米根系性状,提高灌浆期氮代谢酶活性,进而增加玉米籽粒产量,改善籽粒品质。

(3)微量元素的影响

微量元素往往也会对玉米氮代谢产生影响。邹春琴等(1998)用营养液培养方法研究了铁对玉米体内氮代谢的影响。结果表明,铁对玉米体内氮代谢有较大的影响。在尚未对植株生物量产生明显影响的条件下,供铁已显著提高了玉米新叶中全铁和全氮含量,并显著提高了玉米新叶的叶绿素含量。进一步的研究结果表明,缺铁抑制了蛋白质的合成,缺铁条件下,玉米新叶中蛋白质含量下降,而游离氨基酸大量累积,并导致了硝酸还原酶的活性下降。重金属污染对玉米氮代谢会造成负面影响。前人研究发现,镉降低了玉米氮的同化代谢,降低了大喇叭口期、开花期、灌浆期玉米叶片叶绿素 a、叶绿素 b 的含量,增加了全生育期茎秆可溶性糖含量,阻碍可溶性糖向淀粉合成方向转化,导致了生育后期淀粉含量的降低,最终导致淀粉积累减少,产量降低。睢福庆(2014)发现,镉抑制夏玉米对氮的吸收,同时对土壤脲酶活性也有显著的抑制效应。

(4)土壤的影响

土壤结构、容重、质地、通透性、持水量等都是限制植物根系吸收氮素的物理因素,尤其是土壤水分状况,会严重影响到植物对氮素的吸收,因为土壤水分含量与氮肥的溶解、吸收及残留有直接关系。研究表明,随着土壤含水量的增加,土壤中残留的尿素含量呈递减趋势,使得作物吸氮量减少,氮素利用率下降(周凌云,1998)。土壤物理性质发生不良变化时植物根系的生长会受到严重影响:改变土壤形态结构和分布特点时,根系生长缓慢、侧根数量减少,从而大幅度减小根系吸收氮素的表面积,最终严重影响植物对土壤中氮素的吸收(Baligar et al.,2001)。此外,当土壤供给植物生长的养分不均衡时,营养元素间不能发挥互相补充、转化及增效等作用,进而也会降低植物氮素的吸收和利用效率。土壤生产力的下降常常会受到土壤盐渍化、土壤养分缺失、土壤有机质含量低等化学因素的影响,进而影响作物根系吸收土壤氮素的能力。

(二)栽培措施的影响

1. 施氮的影响

氮主要以固体形式施入土壤,因此,根是最先受到氮肥影响的器官。研究认为,施氮增加了根系干重、长度、根长密度、表面积和根系活力。但不同的施氮时期对根系影响不同,施氮时期主要影响玉米的根长、根半径和根系活力。

一些研究发现,施氮后对根的生长有局部刺激作用。局部根系供应氮素时,与低养分条件相比,高养分供应能够促进根系的生长,这种对根系生长的促进作用可以通过分根试验来证明。局部供 NO_3^- 能够使侧根的数目和根长增加,使得在养分富集的区域根系聚集,提高了根系吸收养分的潜力，因而能够提高养分利用效率。主要原因是根系代谢活性提高了，并且增加了同化物向供 NO_3^- —N 部分根系的分配，且这种现象还有基因型间的差异。玉米地上部器官是干物质积累和产量形成的重要部位，氮素对干物质积累的影响主要是通过影响叶面积的大小、功能期长短、叶片的光合特性。氮肥施用量和密度对玉米营养体产量的影响研究结果表明，一定范围内增施氮素对玉米营养体产量有显著的增产效应，超过其范围玉米营养体产量随施氮量的增加而下降。总体来说，玉米鲜体风干重产量与施氮量间呈二次抛物线回归关系。

施氮量与茎鞘干物质积累量及产量呈抛物线形相关。在玉米不同生育时期，氮肥施用量对玉米氮素、干物质积累和分配的影响不一样，氮肥供应充足有利于玉米生长后期同化物的再分配。在土壤碱解氮为 58.2 mg/kg，追施 375 kg/hm^2 的氮量下，玉米在大喇叭口期重施氮肥，植株矮，穗位低，利于抗倒伏，中后期叶片衰亡慢，比叶重高，干物质积累多。

氮素对玉米地上部器官的影响不但表现在整体上，而且表现在茎、叶等其他方面。施氮肥处理较不施氮肥处理夏玉米生长性状良好，表现在株高、茎粗、叶长、叶宽增加，抗病性、抗倒伏性增强。玉米养分供给能力对养分的分配方式有重要影响，在玉米不同生育时期，氮肥用量对玉米氮素和干物质的积累与分配影响不同。

叶面积大小是导致冠层特征变化的主导因子。增施氮肥可增加叶面积指数(LAI)和叶面积持续期(LAD)，进而增加群体光合速率和籽粒产量。叶片是玉米光合作用产生干物质的器官，氮素的供应直接影响到了叶片光合作用的发挥。叶片含氮量与叶绿素仪读数(SPAD)正相关，但也会因为水分胁迫和杂交种的不同而不同；氮胁迫减少叶片含氮量、叶绿素仪读数和扩展抗性。

(1)氮素对玉米产量的影响

玉米以收获籽粒为主，氮肥对玉米产量的影响研究很多，总体上随施氮量的增加籽粒产量呈单峰曲线。氮肥及氮素形态对提高作物产量和品质以及生产效率是极重要的，通过硝化作用阳离子 NH_4^+ 可化为阴离子 NO_3^-，由于淋溶作用和反硝化作用 NO_3^- 很易损失掉。NO_3^--N 和 NH_4^+-N 是高等植物根系吸收的无机态氮素营养，但其中 NO_3^--N 是植物吸收利用的主要氮素形态，只有在水淹地或者是还原性比较强的土壤中，NH_4^+-N 才可能作为主要的氮素营养。在田间通气性良好的土壤上，即使使用 NH_4^+-N 肥，NH_4^+ 在土壤中也易被微生物经硝化作用很快转变为 NO_3^-。植物对外源 NO_3^- 的吸收是由 NO_3^- 转运系统来完成的。NO_3^- 转运蛋白的表达活性在一定程度上决定了植物对氮素的吸收。

玉米产量对氮素化肥的反应是随施氮量和氮的变化而变化的。铵态氮和硝态氮为植物氮素营养的重要形态，玉米对二者吸收的相对比例取决于植株的生长期，前期以吸收 NH_4^+ 为主，后期以吸收 NO_3^- 为主，在成熟植株中硝态氮的吸收总量占 90%。也有人认为，营养生长期间植株的含氮量不因氮素形态而产生诱导差异，后期施混合氮(NO_3^- —NH_4^+)则可诱导生殖潜力的增加。供给不同形态氮素，所产生的效果是不同的，供给高水平 NO_3^- 可提高植物有机酸的水平，形成更大的生长量和产量，相比之下，供应高水平 NH_4^+，将会加快碳水化合物(主要指淀粉不是糖分)的消耗，最终可获得更高的生物产量，施用 NO_3^- 和混合型氮的效果比单一施用 NO_3^- 或单一施用 NH_4^+ 的效果更好，产量更高。

玉米产量构成因素包括单位面积穗数、每穗粒数和百粒重。玉米大多为单穗型，单位面积穗数基本上是可以完全控制的。氮肥主要通过影响穗粒数和百粒重来影响玉米产量。随施氮量增加，玉米每穗粒数、穗粒重增加，从而使产量增加。追氮量与玉米灌浆和产量构成因素存在显著的相关，随追氮量增加，平均灌浆速率、最大灌浆速率增大，百粒重增大；每穗粒数在追施尿素量小于 231.75 kg/hm²时，随追施尿素量增加而增加，反之减少。籽粒败育是影响玉米穗粒数的一个重要因素。青贮玉米在不同生长时期以及不同种植季节对养分的需求是不同的，玉米整个生长期需求量最多的营养元素以氮最多，钾第二，磷第三，一般春玉米对氮的吸收量约占总需氮量的 2.14%，在苗期到拔节期吸收氮的量为 2.5%，有效磷的量为 1.12%，有效钾的量为 3%，在拔节期到开花期，吸收氮的量为 51.5%，有效磷的量为 63.81%，有效钾的量为 97%。夏玉米的生育期较短，苗期的吸收氮的量约为 9.7%，有效磷的量为 1.12%，拔节期吸收氮量为 76.19%，有效磷为 45.04%（杨国栋，2019）。氮素作为同化物直接参与玉米籽粒中蛋白质的合成，同时氮素也提高了蔗糖转化酶的活性，减少还原糖的积累，促进淀粉粒的形成，从而提高籽粒的库容、减少玉米籽粒的败育。氮素在玉米生殖生长阶段具有增强籽粒利用碳素的作用。王久龙等(2017)采用田间试验方法，研究了石河子地区一管两行(80+40)行距模式下灌溉量为 288 mm 时，不同施氮量（CK：14.04 kg/hm²；F_1：97.56 kg/hm²；F_2：167.16 kg/hm²；F_3：236.76 kg/hm²；F_4：306.36 kg/hm²；F_5：375.96 kg/hm²）对复播青贮玉米光合特性的影响，观测了拔节期和抽雄吐丝期光合特性指标及生育期末期的干物质量、叶面积，计算叶片水平的水分利用效率、光合势及净同化率。施氮量为 236.76 kg/hm²，青贮玉米产量最大；拔节期光合有效辐射为 1500～2000 μmol/(m² · s)、施氮量为 236.76 kg/hm²时，青贮玉米的光合指标较大；抽雄吐丝期，光合有效辐射为 800～1900 μmol/(m² · s)、施氮量为 236.76 kg/hm²时，水分利用效率较大；施氮量为 236.76～306.36 kg/hm²时，青贮玉米的光合势和净同化率均达到最大，施氮量进一步增加，光合势和净同化率降低显著。因此，石河子地区青贮玉米适宜的光合有效辐射为 1500～2000 μmol/(m² · s)，施氮量为 236.76 kg/hm²。申丽霞等(2007)以夏玉米杂交种郑单 958 为材料，对不同施氮水平下玉米产量、产量构成、粒数形成关键期植株体的碳氮代谢及碳氮代谢的关键酶进行了研究。结果表明，氮肥对玉米产量的影响主要体现在对穗粒数、穗粒重的影响上。施氮量为 180.0 kg/hm²时，显著促进玉米穗粒数、穗粒重的增加；施氮量增加至 240 kg/hm²时，促进作用下降。施氮明显促进大喇叭口期至灌浆期植株体的碳氮代谢，使碳氮代谢的关键酶硝酸还原酶(NR)、谷氨酰胺合成酶(GS)和蔗糖磷酸合成酶(SPS)活性提高，增强光合产物的积累和运输，从而满足生殖生长的需求，促进穗粒数的形成，提高产量。在抽丝前供氮充足的前提下，抽丝期施氮对增产意义不大。王俊忠等(2009)以郑单 958 为材料，在高产田和中产田两种地力水平下，利用 15N 标记法研究了施氮量对夏玉米氮素分配率、利用率和碳氮代谢的影响。结果表明，高产田适量施氮可以提高玉米产量，过量施氮没有表现出进一步增产效果，其氮肥利用率较低(29.04%)。中产田随施氮量的增加产量提高，但氮素利用率却降低。各个器官 15N 积累量依次为籽粒＞叶片＞茎＞根＞叶鞘＞穗轴。在高产田，当施氮量超过 300 kg/hm²时，玉米籽粒和叶片中积累 15N 有所下降，而茎和根中积累 15N 的量随施氮量的增加而增加；在中产田，随着施氮量的增加，籽粒和穗轴积累 15N 量均相应增加。高产田叶片的硝酸还原酶活性、谷氨酰胺合成酶活性和蔗糖磷酸合成酶活性以及籽粒中蔗糖合成酶活性和酸性转化酶活性均是施氮 300 kg/hm²时最大，施氮 450 kg/hm²则抑制了其活性的增强，而中产田的各个酶活性则随着施氮量的增加而增加。

施氮时期也会对玉米产量造成一定影响。苗期施氮可有效减少秃尖，苗期和拔节期施氮可明显增加穗粒数，拔节期、孕穗期和鼓粒期施氮对千粒重影响较大。施氮通过影响产量构成因素进而影响玉米产量，其中孕穗期和拔节期施氮的效果最好。在玉米生育后期，氮代谢有利于小花原基分化，促进小花发育，因此，保证充足的碳氮营养有利于玉米雌、雄穗的分化发育，为高产奠定物质基础（徐洪文 等，2012）。施氮时期对玉米产量的影响取决于玉米不同时期生长中心的不同。播前氮素水平能改变出苗到果穗形成时间，还能改变果穗形成阶段的持续时间。吕鹏等（2012）选用玉米品种登海 661 和郑单 958 为材料，研究了高产条件下施氮时期对夏玉米产量、氮素利用率、氮代谢相关酶及抗氧化酶活性的影响。结果表明，拔节期一次性施氮不利于夏玉米产量提高和氮素积累，分次施氮且增施花粒肥显著提高了植株和籽粒的吸氮量，并提高了籽粒产量。拔节期、10 叶期、花后 10 d 按 2：4：4 施氮，登海 661 产量最高可达 14123.0 kg/hm^2；基肥、拔节期、10 叶期、花后 10 d 按 1：2：5：2 施氮，郑单 958 产量最高可达 14517.1 kg/hm^2，这 2 种施氮方式较拔节期一次性施氮分别增产 14.5%和 17.5%。花前分次施氮可以显著提高开花期硝酸还原酶活性；登海 661 和郑单 958 在花后 0～42 d 中，施氮处理的谷氨酰胺合成酶、谷氨酸合成酶、谷氨酸脱氢酶活性分别平均提高了 32.6%、47.1%、50.4%和 14.5%、61.8%、25.6%，减缓了其下降趋势；超氧化物歧化酶、过氧化氢酶活性提高了 22.0%、36.6%和 13.4%、62.0%，丙二醛含量显著降低。在高产条件下，分次施氮且适当增加花粒肥施入比例可以提高氮代谢相关酶活性，延缓植株衰老，促进氮素吸收利用，进而提高籽粒产量。曹兵等（2021）探索一次性施用控释掺混肥对夏玉米产量、氮肥利用效率和叶片氮代谢关键酶活性的影响，为化肥减施增效提供技术支撑。以夏玉米品种明科玉 77 为材料进行了大田试验，试验设 5 个处理，分别是不施氮（CK）、常规施氮（U100）和 3 个控释掺混肥处理（CBB100、CBB90 和 CBB80，较 U100 分别减氮 0、10%和 20%），分析调查了夏玉米产量、氮素利用效率、叶片氮代谢关键酶活性、施肥经济效益和土壤无机氮动态。结果表明，控释氮肥在田间的释放主要集中在夏玉米生长前中期，夏玉米拔节和收获时氮素累积释放率分别为 56.2%和 86.2%。与 U100 相比，CBB80、CBB90 和 CBB100 处理的夏玉米产量分别提高了 2.64%、4.41%和 9.41%，氮肥农学利用率分别增加了 0.03 kg/kg、2.99 kg/kg 和 4.45 kg/kg，氮肥利用率提高 16.6%～29.5%，氮肥偏生产力增加 4.45～10.25 kg/kg，每公顷净收益（扣除肥料投入）分别增加了 108 元、816 元和 1442 元。施氮显著提高了夏玉米抽雄期叶片硝酸还原酶、谷氨酰胺合成酶、谷氨酸合成酶、谷氨酸脱氢酶活性，CBB90 和 CBB100 处理叶片酶活性高于 U100，其中谷氨酰胺合成酶活性差异显著，其他差异均不显著。综合夏玉米产量、氮肥利用率和施肥经济效益等因素，不减氮一次性施用控释掺混肥的效果最好。

玉米不同时期氮素分配对产量也有一定的影响。氮肥的分次施用可以提高氮肥的利用率和玉米产量，重施穗肥是玉米获得高产的关键。为防止多雨年份氮素的损失，可以将氮肥追施推迟，甚至推迟至灌浆期仍然有增产作用。氮肥施用方式对玉米产量的影响也与气候因素有关，不同年份中，不同氮肥施用方式下玉米产量有所不同。高洪军等（2015）通过等氮条件下无机有机配施研究吉林黑土区不同施肥方式对春玉米氮素吸收利用的影响。结果表明，长期有机无机配合施用，不仅能有效调节氮素积累和转运，还能提高氮肥利用效率。在适宜氮用量为 165 kg/hm^2 时，以农家肥氮替代 70%，或秸秆氮替代 30% 化肥氮素，既减少化肥氮投入，又增加了土壤供氮能力。

（2）氮素对玉米品质的影响

玉米籽粒品质，尤其是营养品质主要与含氮化合物（主要是蛋白质含量及其组分）有关。在玉米籽粒发育过程中，蛋白质合成主要由来自转入的氨基酸，但籽粒中也存在先由 C 骨架合成氨基酸，再由氨基酸立即合成蛋白质。

施氮促进玉米籽粒产量、粒重和籽粒粗蛋白含量的增加。施氮处理影响到了玉米籽粒的蛋白、油分和淀粉含量。研究发现，吐丝期施氮增加了夏玉米的百粒重和粗蛋白含量。氮肥对蛋白质各组分含量的影响程度也不同，玉米籽粒白蛋白和球蛋白含量不易受氮肥影响，而醇溶蛋白含量及比例则随施氮量增加而明显增加。也有研究表明，适量增施氮肥能增加谷醇比和降低醇溶蛋白比例，有利于蛋白质品质的改善，而氮肥过多则使籽粒蛋白质品质变劣。

大多数研究认为，一定氮用量范围内施氮能增加玉米籽粒氨基酸总量，而施氮量对氨基酸组分的影响却存在一定分歧。适量施氮增加了玉米籽粒油分含量；适量施氮能增加高油玉米油分、亚油酸和油酸含量，有利于脂肪酸品质的改善。申丽霞等(2009)用可见分光光度法对不同施氮水平下玉米穗位叶的碳氮代谢指标进行了检测。结果表明，施氮量在 120～180 kg/hm^2 明显促进玉米穗位叶蔗糖的积累，在 120～240 kg/hm^2 明显促进碳代谢的关键酶蔗糖磷酸合成酶(SPS)、氮代谢的关键酶硝酸还原酶(NR)和谷氨酰胺合成酶(GS)活性的增强，说明适宜的施氮量可明显促进玉米穗位叶碳氮代谢能力的增强，从而积累较多的同化产物，满足籽粒灌浆的需求。

李婧等(2015)分析了陇中黄土高原半干旱雨养农业区全膜双垄沟播模式下不同氮肥施用量(N_1:0;N_2:100 kg/hm^2;N_3:200 kg/hm^2;N_4:300 kg/hm^2)对粮饲兼用玉米产量和品质形成的影响。结果表明，相同 P、K 肥条件下，在 0～300 kg/hm^2 纯氮用量范围内，粮饲兼用玉米叶面积指数(LAI)，叶片、叶鞘和茎秆的干物质量，持绿性以及籽粒产量和生物产量都随施氮量的增加而增加；中性洗涤纤维(NDF)和酸性洗涤纤维(ADF)含量随着施氮量的升高而降低，随着生育进程增加；粗蛋白含量随着施氮量的升高而增加，随着生育进程降低；相同施氮量处理下的叶片中 NDF 和 ADF 含量在不同时期均低于叶鞘；高的施氮量也有利于籽粒饲用品质的改善。因此，适量增施氮肥能明显提高粮饲兼用玉米产量，改善其品质。建议陇中旱农区采用全膜双垄沟播技术种植粮饲兼用玉米时氮肥用量为纯氮 300 kg/hm^2，既能提高生物产量和籽粒产量，又能改善青贮和饲用品质。Lawrence 等(2008)在美国纽约建立 3 个观测站种植青贮玉米，通过轮作苜蓿作为氮的来源，研究最适合的氮需求，施氮量分别为 0、56 kg/hm^2、112 kg/hm^2 和 168 kg/hm^2。结果表明，施氮可以增加粗蛋白含量，但是对其他的青贮品质没有影响。Donatiello 等(2010)研究不同的肥料、硫酸铵和尿素对青贮玉米品质的影响，结果表明，玉米在蜡熟期收获，不同肥料处理之间蛋白质含量无显著差异(平均 4.9%)，但是都比对照高(3.9%)。魏荔等(2008)在北京市顺义区进行青贮玉米肥料效应试验，研究氮磷钾不同配比对青贮玉米产量和品质的影响。结果表明，合理施肥可以提高青贮玉米产量，增加氮肥用量显著提高蛋白质含量，改善青贮玉米的品质，在该地区不建议施用磷肥。在河北坝上农牧交错带研究缓释氮复合肥对玉米品质的影响，结果表明，40% 尿素甲醛处理青贮玉米营养品质最好。氮肥 120 kg/hm^2 用量，青贮饲料的品质更好，粗蛋白、干物质、有机酸含量最适宜，同时具有比较低的 NDF 和 ADF 含量。Jasiewicz 等(2011)利用随机区组试验，研究了矿物质和有机物对青贮玉米氨基酸含量的影响，采用 11 种不同的处理，分别为化肥、矿物质、农家肥、堆肥、城市下水道污泥等，测定 17 种氨基酸的含量，结果表明，有机肥处理获得的氨基酸含量最高。由于种植密度较大，青贮玉米对肥水的要求很高，氮肥主要影响青贮玉米粗蛋白的含量，青贮玉米产量随着追肥次数及氮和磷肥的增施而增加，因此，要适当增施氮、磷、钾肥，同时要及时浇水。有机肥可以明显提高青贮玉米氮、磷和钙的含量，提高青贮玉米的产量和品质。梁虹等(2012)

采用随机区组试验，研究氮缓释肥脲醛含量（20%、30%和 40%）和施氮量（30 kg/hm^2、60 kg/hm^2、90 kg/hm^2、120 kg/hm^2、150 kg/hm^{2}和 180 kg/hm^2）对坝上饲用玉米青贮后的营养品质和发酵品质的影响，以解决该地区青贮饲料品质差的问题。结果表明，当缓释肥的脲醛含量为 40%时，青贮的营养品质较好，但其有机酸的产量低于脲醛含量为 30%和 20%缓释肥处理的玉米青贮。比较不同含氮量的缓释肥，当施用缓释肥的含氮量为 120 kg/hm^{2}时，玉米青贮含氮量和干物质含量较高。青贮中中性洗涤纤维和酸性洗涤纤维含量较低，青贮玉米中有机酸含量较高，青贮品质较好（刘颖慧 等，2018）。

高文俊等（2018）为了探讨施肥对青贮玉米原料及青贮饲料的影响，在撒施羊粪的田间，青贮玉米栽培管理时，分别单独施用氮肥（N－150 kg/hm^2）、磷肥（P_2O_5－120 kg/hm^2）、钾肥（K_2O－150 kg/hm^2），以不施用化肥为对照，经田间测产和取样，并对其青贮发酵后进行分析。结果表明，增施氮肥能极显著提高青贮玉米产量（$P<0.01$），Milk2006 奶亩指数显著高于单施磷钾肥和对照处理（$P<0.05$）；增施钾肥显著提高了青贮玉米的产量（$P<0.05$）。增施氮肥除了提高玉米青贮饲料氨态氮含量外（$P<0.05$），玉米青贮饲料的其他发酵品质参数差异不显著。青贮不仅保存了原料的养分，同时降低了硝酸盐含量。在中晚熟青贮玉米栽培区，如果已经施用厩肥，单独增施氮肥可以提高青贮玉米产量，粗蛋白含量稍有增加，单施磷钾肥的增产效果弱于氮肥。单施养分应注意检测青贮玉米的硝酸盐含量。

2. 其他栽培措施的影响

除光照、施肥外，种植密度和种植模式等其他栽培措施也会影响玉米氮素代谢。张倩等（2013）曾于 2011 年在 67500，82500 株/hm^{2}密度水平下，以常规等行距种植方式为对照，比较分析不同缩行宽带种植方式（三行一带、四行一带、五行一带）对夏玉米碳、氮代谢与氮素利用效率的影响。结果表明，缩行宽带种植方式成熟期地上部总氮累积量、氮收获指数均高于对照等行距种植方式，其中三行一带、四行一带、五行一带种植方式地上部总氮累积量分别高于对照 16.2%、16.9%、20.0%。籽粒产量较等行距种植方式均有不同程度增加，并达到显著水平。本研究中，成熟期地上部总氮量、叶片氮转运量与籽粒产量呈显著正相关，说明成熟期较高的地上部总氮积累、叶片高氮转运量可促进籽粒产量提高。而成熟期叶片 C/N 与籽粒产量呈显著负相关，各处理中，三行一带种植方式在低密度和高密度条件下成熟期叶片 C/N 均最低，而对照等行距种植方式值最高。

吕丽华等（2008）在 2006 年研究了低、中、高 3 个种植密度对夏播玉米 CF008、郑单 958 和金海 5 号碳氮积累、运转及氮肥利用的影响，以期通过密度调控碳氮代谢，实现产量与氮肥效率协同提高。结果表明，吐丝期茎叶总糖和全氮积累量和茎叶总糖和全氮的运转率均以中或高密度下较高，而籽粒产量、氮素吸收效率、氮素利用效率和氮肥利用率均以中或低密度显著高于高密度。吐丝前地上部氮素积累量以中高密度下较高，但成熟期地上部总氮量及籽粒氮量均以中低密度较高，表明吐丝期后植株氮素积累量对玉米籽粒氮贡献较大。在中低密度下，3 个品种夏玉米产量达 10262～11461 kg/hm^2，氮肥利用率达 23.00%～34.11%。

仲义等（2013）在 2011—2012 年试验中，以中农大 67、京科 301、龙优 1 号、吉饲 8 号为试验材料，通过设置 5 万株/hm^2、6 万株/hm^2、7 万株/hm^2、8 万株/hm^2 4 个种植密度及 160 kg/hm^2、180 kg/hm^2、200 kg/hm^2、220 kg/hm^{2}共 4 个氮肥施用水平，研究了青贮玉米生长发育及光合生理特性。结果表明，各处理组合中以 7 万株/hm^2，施氮 180 kg/hm^{2}时叶绿素含量最高。各处理组合中以密度 8 万株/hm^2、施氮 200 kg/hm^{2}时硝酸还原酶活性最高。各处理组合中以密度 8 万株/hm^2、施氮 180 kg/hm^2 氨基酸含量最高。

赵雅姣等(2019)通过营养液沙培模拟试验，对紫花苜蓿‖玉米间作在不同氮素水平、不同种植方式下玉米氮代谢相关酶活性和氮代谢产物进行研究。结果表明，玉米在不同氮素水平下地上部和地下部的 NR(硝酸还原酶)、NiR(亚硝酸还原酶)、GS(谷氨酰胺合成酶)和 GOGAT(谷氨酸合酶)活性、干物质重和氮积累量均随生育时期的推进而不断增加。玉米氮代谢酶活性和氮代谢产物的各指标在正常氮水平下均高于低氮水平，并且不同种植方式下其均表现为不分隔>尼龙网分隔>塑料分隔>玉米单作。NR、NiR、GS 和 GOGAT 活性以及氮含量在各生育期均表现为不分隔时显著大于塑料分隔与玉米单作($P<0.05$)。干物质重及氮积累量在拔节期和孕穗期表现为不分隔显著大于塑料分隔和玉米单作($P<0.05$)。紫花苜蓿‖玉米间作可以提高玉米氮代谢相关酶活性以及氮代谢产物的积累。紫花苜蓿‖玉米中根系互作越紧密、氮素浓度越高，越有利于玉米的氮代谢相关酶活性的提高以及氮代谢产物的积累；氮代谢相关酶活性可以直接反映其氮代谢的能力。

马超然等(2020)以单播青贮玉米为对照，套种紫花苜蓿(Medicago sativa)模式下，测定了第一年早熟、晚熟青贮玉米根际土壤碳(C)、氮(N)、磷(P)、土壤微生物生物量碳(Microbial Biomass C，MBC)、土壤微生物生物量氮(Microbial Biomass N，MBN)、土壤微生物生物量磷(Microbial Biomass P，MBP)、土壤地表球囊霉素相关蛋白(Glomalin-Related Soil Protein，GRSP)、土壤真菌多样性和群落结构特征等。结果表明，两品种青贮玉米根际土壤全氮含量在套种当年显著增加($P<0.05$)，说明套种可能增强了土壤固氮微生物的活性。套种显著($P<0.05$)增加了早熟玉米根际土壤 MBN、MBP、易提取球囊霉素(Easily Extractable Glomalin，EEG)和晚熟品种土壤 MBC 的含量，且使根际土壤真菌群落特征趋于相似，这表明套种可改善土壤养分供应状况，促进土壤微生物活动，从而提高土壤肥力，促进植物生长。因此，综合第一年土壤理化性质和真菌等多项指标结果分析，建议在关中地区进行紫花苜蓿和青贮玉米套种可有效提高土壤营养元素利用效率。

郭耀东等(2018)采用田间试验研究了种植和翻压毛叶苕子(*Vicia villosa* Roth.)、田菁(*Sesbania cannabina* Poir.)、草木樨(*Melilotus officinalis* L.)、紫花苜蓿(*Medicago sativa* L.)、箭筈豌豆(*Vicia sativa* L.)和黑麦草(*Lolium perenne* L.)6 种绿肥对后作青贮玉米鲜草产量及蛋白质含量的影响。结果表明，与对照(不种植绿肥)相比，绿肥生长后期可显著提高土壤含水量 1.0%～6.2%，使 pH 降低 0.03～0.43；翻压绿肥可返还土壤 N 15.6～195.4 kg/hm^2、P_2O_5 5.3～58.8 kg/hm^2 和 K_2O 34.5～127.9 kg/hm^2，使土壤有机质、全氮、碱解氮、速效磷和速效钾分别提高 0.42～1.86 g/kg、0.05～0.34 g/kg、0.5～32.3 mg/kg、0.42～4.65 mg/kg 和 3.8～26.1 mg/kg；与对照相比，青贮玉米的鲜草产量和蛋白质含量分别增加 1294～19391 kg/hm^2 和 0.4～23.9 mg/g。总体而言，种植和翻压豆科绿肥在保蓄土壤水分，降低土壤 pH，提升土壤有机质含量和氮、P_2O_5、K_2O 养分数量(特别是氮素数量)，提高青贮玉米鲜草产量与蛋白质等方面均具有显著效果。华鹤良等(2014)以耀青 2 号为材料，通过二因素随机区组试验，研究了不同种植密度和施氮量对青贮玉米生物产量和品质的影响。结果表明，密度和施氮量对青贮玉米生物产量及品质具有显著影响。在一定施氮量范围内，蜡熟期生物产量及粗蛋白等品质含量随着施氮量增加而增加，生物产量、粗蛋白、粗脂肪含量在施氮量 225 kg/hm^2 时达最大，粗纤维含量在施氮量 150 kg/hm^2 时达最大。生物产量随密度增加而增加，但品质含量总体上随密度的增加呈下降趋势。综合施氮量和密度处理对青贮玉米生物产量及饲用品质的影响，建议在扬州地区种植青贮玉米耀青 2 号适宜的施氮量为 225 kg/hm²、密度为 7.5 万株/hm²。

第三节 水分代谢

一、水分的生理作用

水是生命的源泉，生命过程必须在水的环境中进行。水是原生质的最主要组成部分，原生质含水量在 70%～90%。在生物体中物质的代谢、运输，细胞间的信号传递都在水溶液中进行，水是细胞中各种生物化学的代谢反应基本介质，同时又直接参与了许多生物化学反应，如水解和脱氢反应。对于植物来说，水具有特殊的重要性。与动物细胞不同，植物细胞具有膨压，是通过水分关系的平衡建立起来的，而膨压是细胞生长的必要条件。

水对玉米的生理作用主要表现在以下几个方面。

（一）水是玉米细胞原生质的主要组成成分

原生质含水量一般在 80%以上。水是维持细胞原生质胶体状态及其稳定性的重要条件。细胞的生命旺盛程度与水分含量有直接的关系。例如：玉米的嫩叶、根尖和幼粒等部分水分含量达到 70%～90%。

（二）水是玉米许多代谢过程的反应物质

水直接参与一些生理生化过程，如光合作用、呼吸作用等。缺水直接影响这些生理生化过程的进行。同时，一些蛋白质、淀粉和酶的合成都需要水作为原料直接参加反应。

（三）水是玉米生化反应和对物质吸收运输的溶剂

有机物和无机物只有溶解在水中才能被玉米吸收和利用。水分多少影响生化代谢的过程，当水分缺乏时，会抑制代谢强度。缺水还会引起原生质的破坏，导致细胞死亡。

（四）水能使玉米保持固有姿态

水通过保持细胞的膨压使得玉米保持一定姿态，保证生长发育过程的顺利进行。枝叶的挺立有利于充分接受光照和交换气体。玉米体内的水分缺乏时就会出现叶片卷曲、萎蔫和下垂等现象，都与特定部位的细胞吸水膨胀或失水有关。在叶片的气体交换中，保卫细胞起着关键的作用，而保卫细胞的运动是由细胞膨压控制。膨压在韧皮部以及其他的运输过程中也起着重要作用。

（五）玉米的细胞分裂及伸长都需要水分

玉米生长发育与本身和环境的水分状况关系密切。细胞的分裂和扩大都需要比较充足的水分，植物的生长就是建立在细胞伸长的基础上。

（六）在“源、流、库”的关系中离不开水

在玉米一生中起主要源作用的叶片是玉米光合产物的主要输出部位，在产量形成过程中起着举足轻重的作用（梁引库 等，2006）。库是储存光合产物的部位，主要指籽粒，是产量形成的最主要因素。

水在籽粒产量形成中的主要作用表现在以下几个方面。

库决定干物质的分配。

库影响干物质的生产。叶片的光合作用受库需求量的影响。

库控制灌浆速度。玉米库形成中，主要有以下几个指标：单位面积穗数、每株穗数、每穗粒数和百粒重。

流是把光合作用产生的碳水化合物运送到消耗和储藏部位的过程。流包括韧皮部的装载、筛管中的运输、库细胞中的卸出。玉米产量取决于源、库、流三者的相互调节程度，同时环境因素也起到很重要的作用。水分亏缺导致植物机体内活性氧(ROS)积累和光合色素降解，抑制植物光合作用，加剧叶片衰老失活，致使源库流不协调。

水除了上述的生理作用之外，还可以通过水的理化性质调节玉米周围的环境。由于水的比热容、汽化热均较高，可以使玉米的体温在外界环境温度变化较大时，保持较为稳定的状态，在强烈的日光照射下通过蒸腾失水降低温度，避免高温造成的灼伤。如通过蒸腾增加大气湿度，改善土壤及土壤表面大气的温度等，这些都是水对玉米的生理作用。

二、玉米需水量和需水节律

(一)玉米的需水量

玉米的需水量也称耗水量，是指玉米在一生中土壤棵间蒸发和植株叶面蒸腾所消耗的降水、灌溉水和地下水的总量。玉米全生育期需水量受产量水平、品种、栽培条件、气候等众多因素影响而产生差异，因此需水量也不尽一致。据研究，中国玉米需水量的变化范围是 2250～5400 m^3/hm^2。

肖俊夫等(2008)发现中国春玉米需水量变化为 400～700 mm，自东向西逐渐增加，低值区在东部牡丹江一带，高值区在新疆哈密一带。夏玉米需水量变化为 350～400 mm，济南附近为高值区；春玉米需水高峰期为 7 月中旬至 8 月上旬，即拔节—抽穗阶段，日耗水量达4.5～7.0 mm/d。夏玉米需水高峰期为 7 月中下旬至 8 月上旬，同样在拔节—抽穗阶段，日耗水量达 5.0～7.0 mm/d。春玉米和夏玉米生长期棵间蒸发量分别占需水量的 50%和 40%。

聂堂哲等(2018)基于黑龙江 26 个气象站 1959—2015 年的逐日气象数据和 14 个农业气象观测站的 1991—2008 年玉米生育期观测资料，利用单作物系数法和 Arcmap 的空间分析功能计算并绘制了玉米生育期内各月有效降雨量(Effective Precipitation)、需水量(Crop Water Requirement)和灌溉需水量(Irrigation Requirement)及三者气候倾向率的分布图，揭示了黑龙江玉米水分供需的时空分布规律。结果表明，黑龙江玉米生育期有效降雨量平均值为 302 mm，高值区位于中部地区，5—6 月呈增长趋势，7—9 月呈下降趋势；需水量平均值为 383 mm，自西向东总体呈先减小后增大的分布趋势，除 9 月外，全生育期及各月需水量均呈减小趋势；灌溉需水量平均值为 153 mm，其分布与需水量分布相似，西部地区灌溉需水量较大，5、7 月呈减小趋势，而 8、9 月呈大幅增加趋势。

刘战东等(2011)依据 2009－2010 年田间试验资料，利用农田水量平衡方程计算高产条件下豫北地区夏玉米各生育阶段需水量和全生育期需水量。结果表明，高产条件下，夏玉米全生育期土壤水分维持在田间持水量的 80%左右；全生育期需水量为 417.30～507.45 mm。各生育阶段需水量分别为：苗期 16.80～33.75 mm，占全生育期需水量 3.31%～8.09%；拔节期 94.35～130.8 mm，占 22.61%～25.78%；抽雄期 92.85～108.15 mm，占 18.30%～25.92%；

灌浆期 181.05～267.0 mm，占 43.39%～52.62%。夏玉米日需水强度呈抛物线形，苗期较小(0.65～1.41 mm/d)，拔节到抽雄达到最大(11.61～12.02 mm/d)，抽雄到灌浆后日需水强度逐渐减小(3.63～4.49 mm/d)。

玉米的需水量与产量的高低有着十分密切的关系。在正常的气候条件和一定的范围内，玉米的需水量随着产量的提高而增加。干物质产量的累积和生物产量向籽粒转化效率的高低无不以水为先决条件。在一定范围内，玉米的需水量随着籽粒产量水平的提高而逐渐增多，在产量水平较低时，随着产量的提高，对水分的消耗量近似呈直线上升，当产量达到一定水平后，耗水量不再随产量的提高而直线增加，其相关曲线趋于平缓。

籽粒产量对水分的利用效率可用耗水系数或水分生产率两种参量表示。耗水系数系指每生产 1 kg 籽粒所消耗的水量；水分生产率系指单位土地面积上玉米籽粒产量与水分消耗量之比。

随着玉米籽粒产量的增加，耗水系数呈下降趋势，水分生产率呈上升趋势。在产量水平较低时，每毫米水生产的玉米籽粒相对较少，如每公顷产 6000 kg 时，1 mm 水生产 1.3 kg 玉米籽粒；每公顷产 9750～10500 kg 时，1 mm 水生产 1.6～1.7 kg 籽粒。因此，在水资源匮缺的地区，以有限的水资源获取高产，在较小的土地面积上，集中用水，通过提高玉米单产、实现增加总产，是对水资源最经济有效的利用。

范晓慧等(2014)基于 2011 年内蒙古鄂尔多斯市乌审旗毛乌素沙地试验站气象数据，研究了充分供水条件下膜下滴灌青贮玉米的需水规律。结果表明，膜下滴灌下作物生长发育(株高和叶面积指数)好于常规滴灌，全生育期内青贮玉米的蒸发蒸腾量、平均日耗水强度低于常规滴灌，在青贮玉米整个生育期内有一定的节水保墒效果，有利于作物充分吸收水分。膜下滴灌和常规滴灌青贮玉米作物系数在整个生育期内是先增大后减小的单峰变化曲线，且膜下滴灌低于常规滴灌。

加孜拉等(2019)以新疆阿勒泰地区青河县为试验地，选择新玉 23 号为试验品种，通过对青贮玉米株高、茎粗、叶面积指数、产量和土壤水分测定，分析了不同灌水定额和不同灌水频率对滴灌青贮玉米生长和产量的影响。结果表明，滴灌条件下青贮玉米叶面积指数在生育期内的变化趋势呈正态曲线变化，随着青贮玉米生育期的进程叶面积指数呈先升后降的趋势；滴灌青贮玉米灌溉量与产量的关系呈二次抛物线关系。青贮玉米的整个生育期耗水强度呈现先增大、再减小的规律，青贮玉米总需水量为 612 mm，抽雄期耗水强度最大，达到 8.73 mm/d。推荐北疆寒旱区滴灌青贮玉米适宜灌溉制度为：灌溉定额为 5625 m^3/hm^2，灌水频率为 10 d。玉米耗水量受品种影响。品种不同使生育期、株体(如株高、叶片大小、数目等)、单株生产力、吸肥耗水能力、抗旱性等均产生差异，使耗水量不同。即使在同一产量水平，对水分消耗总量也不同。一般来讲，生育期长的品种，相对叶面蒸腾量大、棵间蒸发和叶面蒸腾持续期相对加长，耗水量也较多。反之，生育期短的品种耗水量则较少。抗旱性强的品种，叶片蒸腾速率低于一般品种，消耗的水分较少。反之，抗旱性弱的品种耗水量多。

(二)玉米的需水节律

玉米不同生育阶段对水分的要求不同。郑卓琳等(1994)研究指出，夏玉米播种—拔节期的耗水量占耗水量的 18.0%～19.0%，拔节—抽雄期占 31.7%～33.8%，抽雄—吐丝期占 3.7%～6.6%，吐丝—籽粒形成期占 13.0%～19.0%，籽粒形成—成熟期的耗水量占整个生育期总耗水量的 24.0%～31.0%，全生育期总耗水量为 4200～4500 m^3/hm^2。

1. 不同生育阶段对水分的需求

由于不同生育阶段植株大小和田间覆盖情况不同，由此引起的蒸发量和蒸腾量都会不同。玉米生育前期，由于植株较小，地面覆盖率低，所以蒸发占很大一部分耗水量。随着玉米植株的壮大，田间覆盖率提高，水分消耗主要以叶面蒸腾为主。在玉米的全生育期，应该尽量减少蒸发耗水，避免水分的无益消耗。玉米抽雄穗前后是需水量最多而且最为敏感的时期，此即玉米的需水临界期，如果这一时期水分不足，就会影响雄穗正常开花和雌穗花柱抽出，进而造成玉米授粉不良，大幅度减产，这一阶段适宜的土壤水分应该保持在持水量的70%～80%。玉米的乳熟和蜡熟阶段是产量形成的重要阶段，需要大量的水分以保证叶片光合作用的顺利进行和干物质的转化和积累。蜡熟以后需水量明显减少，而且对产量的影响也较小。

2. 不同灌溉期和灌溉量的水分利用效率

玉米不同的灌溉期和不同的灌溉量，其水分利用效率不同。抽雄期的水分利用效率最高，对土壤水分的变化最敏感，拔节期次之，灌浆中期最低。平均而言，灌溉量中等的水分利用效率最高，低量的次之，高量的最小。玉米全生育期内水分一产量反应系数的特点是后期小，中间籽粒形成期大，说明此阶段水分的亏缺对夏玉米产量影响最大，是灌溉增产的关键时期。

3. 不同生育阶段水分的生理作用

(1)播种至拔节

土壤水分主要供应种子吸水萌动、发芽、出苗及苗期植株营养器官的生长。因此，此期土壤水分状况对出苗能否顺利及幼苗壮弱起了决定作用。底墒水充足是保证全苗、齐苗的关键，尤其高产玉米，苗足、苗齐是高产的基础。夏播区气温高、蒸发量大、易跑墒。土壤墒情不足均会导致不同程度的缺苗、断垄，造成苗数不足。因此，播种时灌足底墒水，保证发芽出苗时所需的土壤水分，并在此基础上，注意苗期中耕等保墒措施，使土壤湿度基本保持在田间最大持水量的65%～70%，既可满足发芽、出苗及幼苗生长对水分的要求，又可培育壮苗。

(2)拔节至抽雄、吐丝

此阶段雌、雄穗开始分化、形成，并抽出体外授粉、受精。根、茎、叶营养器官生长速度加快，植株生长量急剧增加。抽穗开花时叶面积指数增至5～6，干物质阶段累积量占总干重的40%左右，正值玉米快速生长期。此期气温高，叶面蒸腾作用强烈，生理代谢活动旺盛，耗水量加大。拔节至抽穗开花，阶段耗水量占总耗水量的35%～40%。该阶段耗水量及干物质绝对累积量均占总量的1/4左右，玉米处于需水临界期。因此，满足玉米大喇叭口至抽穗开花对土壤水分要求，对增加玉米产量尤为重要。

(3)吐丝至成熟

开花后进入了籽粒的形成、灌浆阶段，仍需水较多。此期同化面积仍较大，每亩耗水89～96 m^3，占总耗水量的30%以上。灌浆至成熟阶段耗水较少，每亩仅为28～38 m^3，占总耗水量的10%～30%，但耗水强度平均每日仍达到35.55 m^3/hm^2。后期良好的土壤水分条件，对防止植株早衰、延长灌浆持续期，提高灌浆强度、增粒重，获取高产有一定作用。

总之，夏玉米的耗水规律为“前期少、中期多”的变化趋势。高产水平主要表现有三个特点；一是前期耗水量少，耗水强度小；二是中、后期耗水量多、耗水强度大；三是全生育期平均耗水强度高。原因是苗期控水对产量影响最小。适量减少土壤水分进行蹲苗，不仅对根系发育，根的数量、体积、干重的增加有利，还可促进根系向土壤纵深发展，以吸收深层土壤水分和养分。对植株地上部而言，可使体内还原糖、非蛋白氮、无机磷等积量增多，碳氮比提高，无异为壮秆、大穗奠定了良好基础。在生育后期为玉米良好的受精，减少籽粒败育，扩大籽粒库容量，增加粒数和粒重获得高产，创造一个适宜的土壤水分条件是非常必要的。

三、玉米体内的水分循环与平衡

水分在玉米植株内的传播途径可分为两个紧密相连的步骤：径向传输和轴向传输。径向传输是指水分从土壤溶液中传输至木质部导管的过程，即根系吸水；轴向传输是指水分在木质部导管向上传输至植物顶部的过程，即水分向上运输。

（一）根系吸水的动力

玉米根系具有吸收养分和水分，支持植株和合成有机物质的作用。玉米具有强大的根系，吸收水分和养分的能力很强，根系总重量和入土深度均超过其他禾谷类作物。玉米根系发育好坏与产量有密切关系。俗话说“根深叶茂”，只有根系发育良好，才能吸收较多的水分和营养物质，充分满足地上部生长的需要，促进植株健壮生长和形成较大的果穗，获得较高的产量。若根系发育不良，则植株瘦弱，果穗小，产量低。

根系是玉米吸收水分的主要器官。根吸水的主要部位是根的尖端，包括根毛区、伸长区和分生区。以根毛区最大。玉米叶片虽然也能吸收水分，但是吸水量少，在玉米的水分循环中没有重要意义。根系吸水方式分为主动吸水和被动吸水两种方式。玉米的根系吸水以后者为主。

1. 主动吸水与根压

由于根系生理活动引起的水分吸收称为主动吸水（active absorption of water）。玉米根系生理活动促使水分从根部上升的压力称为根压（root pressure）。在正常情况下，因根部细胞生理活动的需要，皮层细胞中的离子会不断地通过内皮层细胞进入中柱，于是中柱内细胞的离子浓度升高，渗透势降低，水势也降低，便向皮层吸收水分，从而形成水势梯度，产生根压。根压把根部水分压到地上部，土壤水分便不断补充到根部，形成了根系主动吸水过程。根压的存在可以通过伤流和吐水两种现象证明。

2. 被动吸水与蒸腾拉力

被动吸水（passive absorption of water）是由于枝叶蒸腾引起的根部吸水。吸水的动力来自于蒸腾拉力（transpiration pull），与植物根的代谢活动无关。用高温或化学药剂将植物的根杀死，植物照样从环境中吸水，甚至将植物根除去后，玉米被动吸水的速度更快。在这种情况下，根只作为水分进入植物体的被动吸收表面。因此，这种吸水方式称为被动吸水。当叶子进行蒸腾时，靠近气孔下腔的叶肉细胞水分减少，水势降低，就会向相邻的细胞吸水，导致相邻细胞水势下降，依次传递下去直到导管，把导管中的水柱拖着上升，结果引起根部的水分不足，水势降低，根部的细胞就从环境中吸收水分。这种由于蒸腾作用产生一系列水势梯度使导管中水分上升的力量称为蒸腾拉力。

主动吸水和被动吸水在根系吸水中所占的比重，因玉米的蒸腾速率而不同。正在蒸腾的玉米其被动吸水所占的比重较大，这时主要是被动吸水。强烈蒸腾的植株其吸水的速度几乎与蒸腾速度一致，此时主动吸水所占的比重非常小。只有蒸腾速率很低的植株，如叶片尚未展开时，主动吸水才占较重要的地位；一旦叶片展开，蒸腾作用加强，便以被动吸水为主。

（二）玉米体内的水分循环与平衡

玉米细胞总是不断地进行水分的吸收和散失，水分在细胞内外和细胞之间总是不断地运动。不同组织和器官之间水分的分配和调节也是要通过水分进出细胞才能实现。水分在玉米体内的循环是玉米完成生理生化过程的需要，保证了玉米的各项代谢活动的顺利进行。因此，水分的循环是了解玉米水分代谢的基础。

玉米根系从土壤中吸收的水分，通过一个较为固定的途径在玉米体内循环。具体途径为：根毛→根的皮层→根中柱→根导管→茎导管→叶鞘导管→叶肉细胞→叶肉细胞壁或细胞间隙→气孔下腔，最后散失到空气中。水分在整个的运输过程中，一部分是在活细胞中短距离径向运输，另一部分是通过导管和管胞的长距离运输。径向运输的速率较慢，长距离运输速率较快。

水分在玉米各个器官中的运输速率不尽相同，在根中的运输阻力比在叶片中的大，主要是由于根部皮层具有凯氏带，而叶片中没有这种细胞结构。水分向上运输的动力为根压和蒸腾拉力。蒸腾强烈时蒸腾拉力为主要动力，只有在土壤温度较高、水分充足、大气湿度大等生态条件下，根压才能发挥主要作用。水分在玉米体内的循环过程为玉米完成各项生理代谢活动提供了介质和原料，是玉米生长发育必需的生理过程，没有水分的玉米生长是难以想象的。

四、玉米水分代谢的影响因素

既有自然因素，也有人为因素。

（一）土壤水分含量对玉米叶片水分代谢的影响

林同保等（2008）以郑单 958 为材料，在旱作棚条件下研究了全生育期不同土壤水分对夏玉米水分代谢及产量的影响。结果表明，充分灌水条件下，叶片相对含水量在抽雄前最高，蒸腾速率日变化峰值最高，脯氨酸含量最少；中度灌水条件下，叶水势日变化较大，叶片相对含水量在抽雄以后最高，脯氨酸含量波动较大；亏缺灌水条件下，叶水势日变化较小，蒸腾速率日变化峰值最小，脯氨酸含量最大。中度灌水处理的 75%（占田间持水量，下同）处理产量要比亏缺灌水处理 50%高出 16.1%，比充分灌水的 95%处理高出 15.2%，从玉米叶片水分特征来看，最适宜的土壤水分为中度灌水条件下的 75%处理。

（二）人为因素的影响

张洪旭等（2008）在盆栽人工控制水分的条件下，比较了不同水分胁迫强度对不同抗旱性玉米杂交种叶片水分代谢的影响。结果表明，水分胁迫下玉米叶片水势、相对含水量、气孔导度和蒸腾速率均明显降低，随着胁迫程度增强，降低幅度增大。其中叶片水势和叶片相对含水量与品种抗旱性密切相关，蒸腾速率和气孔阻力与品种抗旱性关系不明显。

申孝军等（2010）采用人工控水试验研究了不同水分处理对青贮玉米生长、产量、耗水量以及水分利用效率的影响。试验设置 3 个处理，利用取土烘干法监测田间土壤贮水量的变化过程，并实测了青贮玉米形态指标和产量，利用水量平衡法得出了不同处理的耗水量。结果表明，轻度水分胁迫可以在减产 11.26%的情况下节省 25%的灌溉水，使 WUE 提高 18.32%。

佟长福等（2021）为了探索提高滴灌青贮玉米水分利用效率，进行了连续 2 年的田间灌溉试验，研究了滴灌条件下不同土壤水分调控（4 个灌水水平：70%θfc、60%θfc、50%θfc、40%θfc）对滴灌青贮玉米作物系数和水分利用效率的影响。结果表明，青贮玉米拔节—抽雄期受旱，比对照处理减产 27150 kg/hm^2，减产率达到 41.8%，为青贮玉米需水的关键期；青贮玉米耗水量（ETa）与产量呈二次抛物线关系，相关性为 0.9118；青贮玉米各处理作物系数在播种—苗期为

0.81～0.97，苗期—拔节期为0.97～1.32，拔节—抽雄期达到最大值0.98～1.63，抽雄—收割期为0.59～1.07，整个生育期的作物系数呈二次抛物线形；不同降水量与水分调控条件下，降水量较小的年份，灌水量对青贮玉米水分利用效率影响较明显；反之，灌水量对青贮玉米水分利用效率影响不显著。种植模式和施肥量也会对玉米水分代谢产生影响。

董越等（2021）为探究黑龙港流域典型半干旱半湿润区不同水氮处理对青贮玉米产量和水分利用的影响规律，试验设计灌水量和施氮量2个因素，设置4个灌水水平0.25I（W_1）、0.50I（W_2）、0.75I（W_3）、1.00I（W_4）（I为高水处理的灌水量），3个施氮水平（N_1：120 kg/hm^2；N_2：240 kg/hm^2；N_3：360 kg/hm^2），以高水高氮（W_4N_3）处理为对照，共计12个处理。各小区采用随机布置，于2019年4—8月在河北省巨鹿县开展田间试验。结果表明，轻度亏水（0.75I）、中等施氮量（240 kg/hm^2）能保证青贮玉米正常生长发育。青贮玉米各生育阶段耗水量由大到小依次为拔节期、抽穗期、苗期、灌浆期，高水高氮的W_4N_3处理总耗水量最大为492.67 mm，显著高于其余处理。青贮玉米鲜重产量变化范围为59.65～107.49 t/hm^2，增加灌水显著提高青贮玉米产量，产量随施氮量增加呈先上升后下降趋势。灌水、施氮以及二者交互作用对WUE有极显著影响，其中施氮量为提高WUE的主要因素。W_4N_2处理WUE最大，与W_4N_2相比，W_3N_2处理WUE仅减少2.57%，差异不显著。轻度亏水（0.75I）、中等施氮量（240 kg/hm^2）较W_4N_3处理在鲜重产量仅下降8.68%的情况下，可获得较高的WUE（22.21 kg/m^3），每亩可节约31.5 m^{3}的灌水量，减小120 kg/hm^{2}的施氮量，采用该方案可达到节水减氮高效目的。

施用锌、硅等微量元素也会对玉米水分代谢造成影响。汪洪等（2004）采用盆栽试验研究不同土壤水分状况下及施锌对玉米植株水分状况、水分生理特征的影响。结果表明，干旱胁迫下，玉米叶片含水量和水势降低，植株体内自由水分的含量减少，而束缚水含量略有增加，离体叶片失水速率小；叶片气孔阻力增加，导度下降，蒸腾作用和光合速率受到抑制。施锌后玉米叶片的水势和鲜重含水量没有明显变化，但玉米叶片气孔阻力降低，气孔导度增加，叶片蒸腾速率和光合作用速率加大。干旱胁迫下，施锌对玉米植株体内水分生理代谢有一定的调节作用，但是在土壤水分供应充足时，施锌更能增强玉米水分生理代谢，提高水分利用效率。李清芳等（2009）利用盆栽试验研究了施硅（K_2SiO_3）对玉米植株水分代谢的影响。结果表明，施硅降低了干旱胁迫下玉米植株的气孔导度，降低了干旱胁迫早期到中期的蒸腾速率，保持干旱胁迫后期较高的蒸腾速率，从而导致施硅玉米植株的叶片含水量和水势高于对照。由于植株的水分状况改善，施硅玉米植株生物量高于对照，提高植株保水能力是硅提高抗旱性的重要原因。

不同耕作制度和栽培模式也会影响玉米水分代谢。

李艳等（2012）选用了翻耕处理、燃茬免耕处理和覆盖免耕处理为主要耕作措施，开展了为期2年的田间试验，研究不同措施对农田土壤含水量、土面蒸发、夏玉米生长指标、产量和水分生产率的影响。研究结果表明，在降雨较少年份（2010年），覆盖免耕处理0～20 cm土壤含水量均高于其他2种处理，1年试验期间覆盖免耕处理0～120 cm土壤贮水量一直高于其他2种处理，且其土面蒸发量最小。2年试验期间，覆盖免耕青贮夏玉米产量较翻耕和燃茬免耕分别提高了11%和9%，青贮夏玉米水分生产率分别提高了11.7%和14.8%。覆盖免耕能减少土面蒸发和提高水分生产率，因此，建议在北京地区夏玉米种植采用覆盖免耕措施。

王久龙等（2014）分析了宽窄行和均匀行种植模式和5个不同施肥水平下土壤水分水平和垂直方向的变化规律，研究了青贮玉米耗水量，水分利用效率及生长指标的变化特点。结果表明，0～40 cm 土层内，宽窄行种植模式下土壤含水率水平方向变化比均匀行种植模式大，且水分主要集中在作物根系附近，而均匀行种植模式则分布均匀且较大。40 cm 以下土层，宽窄行种植模式下土壤含水率比均匀行种植模式小，水分入渗损失少。在满足作物需水的前提下，宽窄行种植模式更有利于节水和提高水分利用效率。尿素定额 480 kg/hm^2、施磷定额 234 kg/hm^2 时，耗水量较小，水分利用效率最高。适量施肥有助于作物的生长，施肥过多则抑制青贮玉米的生长。

参考文献

艾佳，温万里，杨德光，等，2014. 低温胁迫及恢复对玉米光合特性的影响[J]. 玉米科学，22(5)：92-97.

白岚方，张向前，王瑞，等，2020. 不同玉米品种光合特性及青贮产量品质的差异性研究[J]. 作物杂志(1)：154-160.

毕于运，高春雨，王亚静，等，2009. 中国秸秆资源数量估算[J]. 农业工程学报，25(12)：211-217.

蔡倩，白伟，郑家明，等，2021. 水分胁迫对春玉米光合特性及水分利用效率的影响[J]. 辽宁农业科学(5)：1-6.

曹兵，黄志浩，吴广利，等，2021. 控释掺混肥一次性减量施用对夏玉米产量、氮肥利用和叶片氮代谢酶活性的影响[J]. 中国土壤与肥料(3)：127-133.

曹国军，杜立平，李刚，等，2008. 不同钾素营养水平对春玉米碳代谢的影响[J]. 玉米科学，16(4)：46-49.

曹俊，刘欣，陈文若，等，2016. 玉米储藏过程中生理代谢与品质变化机理研究进展[J]. 食品工业科技，37(3)：379-383，388.

曹玉军，路明，都钧，等，2020. 长期水分亏缺对吉林省不同年代玉米品种光合及物质生产特性的影响[J]. 玉米科学，28(3)：119-126.

曹祖波，卢秉生，徐明慧，2007. 玉米杂种优势预测和固定的研究[J]. 辽宁农业职业技术学院学报(1)：1-3.

常海霞，郭红亮，刘永忠，等，2020. 不同行距配比对玉米光合生理指标及茎秆特性的影响[J]. 中国农学通报，36(17)：16-20.

陈功楷，王晓艳，康华靖，等，2017. $NaHSO_3$ 处理对大豆和玉米叶片气体交换及荧光参数的影响[J]. 核农学报，31(2)：379-385.

陈绍民，杨硕欢，张保成，等，2021. 不同水肥条件下夏玉米/冬小麦农田生态系统碳平衡研究[J]. 农业机械学报，52(5)：229-238.

储成才，王毅，王二涛，2021. 植物氮磷钾养分高效利用研究现状与展望[J]. 中国科学：生命科学，51(10)：1415-1423.

崔子恒，韩坤龙，付博，等，2015. 栽培模式和复合肥类型对隆平 206 光合特性及产量构成的影响[J]. 安徽科技学院学报，29(6)：35-40.

村田吉男，郑彦苏，1980. C_3 和 C_4 作物生理特性的研究[J]. 河北农业科技(1)：37.

董文科，马祥，张玉娟，等，2019. 低温胁迫对不同早熟禾品种糖酵解代谢及其相关基因表达的影响[J]. 草地学报，27(6)：1503-1510.

董越，陈任强，高惠嫣，等，2021. 青贮玉米生长、耗水、产量和水分利用效率对水氮供应的响应研究[J]. 河北农业大学学报(4)：13-20.

杜晗蔚，罗艳敏，吕闪闪，等，2021. ZmCDPK7 增强玉米原生质体的耐热性分析[J]. 河南农业大学学报，55(4)：621-630.

段娜，章尧想，刘芳，等，2015. 植物氮素吸收及其转运蛋白研究进展[J]. 分子植物育种，13(2)：461-468.

樊金娟，刘宇，曹樱迪，等，2018. 玉米对镉胁迫的响应及其耐镉机制研究进展[J]. 沈阳农业大学学报，49(5)：633-640.

范晓慧，吕志远，郭克贞，等，2014. 毛乌苏沙地膜下滴灌青贮玉米作物需水量研究[J]. 灌溉排水学报，33(1)：65-67，73.

冯固，白灯莎，杨茂秋，等，2000. 盐胁迫下 AM 真菌对玉米生长及耐盐生理指标的影响[J]. 作物学报(26)：743-750.

冯锐，武晋雯，纪瑞鹏，等，2013. 低温胁迫下春玉米生长参数及产量影响分析[J]. 干旱地区农业研究，31(1)：183-187.

冯淑华，李伟忠，李晶，2011. 不同青贮玉米品种光合特性及产量比较[J]. 草原与草坪，31(2)：38-40.

高洪军，朱平，彭畅，等，2015. 等氮条件下长期有机无机配施对春玉米的氮素吸收利用和土壤无机氮的影响[J]. 植物营养与肥料学报，21(2)：318-325.

高吉寅，1984. 低温对玉米幼苗线粒体功能与结构的影响[J]. 中国农业科学(1)：32-35，96.

高文俊，杨国义，高新中，等，2018. 氮磷钾肥对青贮玉米产量和品质的影响[J]. 作物杂志(5)：144-149.

高英波，张慧，单晶，等，2020. 吐丝前高温胁迫对不同耐热型夏玉米产量及穗发育特征的影响[J]. 中国农业科学，53(19)：3954-3963.

高永刚，高明，赵慧颖，等，2020. 播期对玉米光合特性及产量的影响[J]. 中国农学通报，36(30)：19-27.

谷岩，曹梦可，张玉秋，等，2015. 低温对孕穗期玉米叶片光合及碳代谢酶活性的影响[J]. 植物生理学报(6)：941-948.

关义新，林葆，凌碧莹，2000. 光、氮及其互作对玉米幼苗叶片光合和碳、氮代谢的影响[J]. 作物学报(26)：806-812.

郭常连，1999. ABT 生根粉 8 号在玉米、花生、甘薯作物上应用增产显著[J]. 农村科技开发(12)：15.

郭春明，李建平，任景全，等，2017. 低温胁迫对玉米光合特性及粒重的影响[J]. 东北农业科学，42(4)：5-10.

郭静，罗培宇，杨劲峰，等，2018. 长期施肥对棕壤丛枝菌根真菌群落结构及其侵染的影响[J]. 中国农业科学(51)：4677-4689.

郭涛，罗珍，朱敏，等，2014. 丛枝菌根真菌对玉米秸秆降解的影响及其作用机制[J]. 生态学报(34)：4080-4087.

郭文建，刘海，2014. 高温胁迫对玉米光合作用的影响[J]. 天津农业科学，20(4)：86-88.

郭耀东，程曼，赵秀峰，等，2018. 轮作绿肥对盐碱地土壤性质、后作青贮玉米产量及品质的影响[J]. 中国生态农业学报，26(6)：856-864.

郭智慧，刘鹏，郭良海，等，2020. 花期高温胁迫对黄淮地区夏玉米生产的影响及应对措施研究进展[J]. 农学学报，10(12)：34-37.

韩晓亮，王秀茹，侯琨，等，2019. 黑土夏玉米施用生物质炭最佳施用时期和最佳用量[J]. 浙江农林大学学报，36(1)：96-106.

韩玉薪，李巧灵，王书吉，等，2020. CO_2 浓度升高和调亏灌溉对不同品种玉米生长及光合特性的影响[J]. 节水灌溉(12)：83-87.

郝巧艳，张敏敏，朱敏，等，2021. 辽宁不同生态区行距配置对玉米形态、光合指标及产量的影响[J]. 辽宁农业科学(4)：1-6.

何英姿，魏远安，姚评佳，等，2006. 蔗糖基聚合物对玉米呼吸作用和光合作用的影响[J]. 玉米科学(5)：84-86.

何余堂，何婉莺，刘贺，等，2015. 壳聚糖涂膜对鲜食玉米保鲜的技术研究[J]. 沈阳师范大学学报(自然科学版)，33(4)：498-501.

贺瑞瑞，习岗，刘锴，等，2015. 渗透胁迫下玉米幼苗根系超弱光子辐射的变化与分析[J]. 西安理工大学学报，31(4)：454-459.

洪法水，王旭明，马成仓，1995. PEG 预处理提高玉米种子活力和萌发代谢的效应[J]. 安徽农业科学(2)：111-113.
侯奕瑾，刘翠花，郭其强，等，2014. 高原气候区玉米施用氮磷钾肥苗期的光合特性[J]. 贵州农业科学，42(4)：47-50，54.
胡海军，王志斌，陈凤玉，等，2009. 玉米冷害生理机制研究进展[J]. 玉米科学，17(2)：149-152.
华鹤良，卞云龙，李国生，等，2014. 密度和施氮量对青贮玉米产量与品质的影响[J]. 上海农业学报，30(4)：81-84.
黄艳胜，2009. 不同浓度营养液对玉米种子萌发及幼苗生长影响的研究[J]. 黑龙江农业科学(6)：68，69.
加孜拉，白云岗，曹彪，2019. 北疆寒旱区不同水分处理对膜下滴灌青贮玉米植株生长与产量的影响[J]. 中国农学通报，35(16)：6-14.
贾羽旋，孙志华，宋春燕，等，2021. 温度和 CO_2 浓度变化对主要饲料作物功能叶光合参数的影响研究——以玉米和水稻的差异为例[J]. 中国饲料(19)：87-93.
姜华武，张祖新，1999. 淹水对玉米根系几种酶活性的影响[J]. 湖北农学院学报(3)：18-20.
姜志磊，金峰学，李毅丹，2020. 基于 iTRAQ 技术的干旱胁迫下玉米苗期蛋白质组学研究[J]. 玉米科学，28(1)：51-58.
蒋基建，法比安，1986. 玉米杂交种的一些生理、生化性状的杂种优势及其相关性的研究[J]. 延边农学院学报(1)：12-25.
金海如，刘洁，刘静，等，2012. 丛枝菌根真菌氮吸收、运转和传递机理的总述[J]. 中国科学：生命科学(42)：355-364.
李芳贤，2003. 夏玉米隔行去雄能增产[J]. 河北农业科技(5)：9.
李婧，李玲玲，张立健，等，2015. 氮肥用量对粮饲兼用玉米产量和饲用品质形成的影响[J]. 草业科学，32(3)：442-449.
李强，任云，邹勇，等，2021. 低氮胁迫下不同氮效率玉米品种的氮代谢与物质生产差异[J]. 西北农业学报(5)：672-680.
李清芳，马成仓，季必金，2009. 硅对干旱胁迫下玉米水分代谢的影响[J]. 生态学报，29(8)：4163-4168.
李铁成，1998. 碧全健生素对杂交玉米生育及产量的影响[J]. 种子世界(2)：16.
李侠，张俊伶，2007. 丛枝菌根根外菌丝对不同形态氮素的吸收能力[J]. 核农学报(21)：195-200.
李艳，刘海军，黄冠华，2012. 不同耕作措施对土壤水分和青贮夏玉米水分生产率的影响[J]. 农业工程学报，28(14)：91-98.
李月梅，马莹莹，杨英良，等，1991. 低温对玉米光合和呼吸作用的影响及与冷害关系的研究[J]. 黑龙江农业科学(6)：4-8.
梁虹，赵敏，朱玲玲，等，2012. 氮缓释复合肥对玉米青贮品质的影响[J]. 草业科学，29(11)：1749-1754.
梁引库，王美妮，李新生，等，2006. 玉米源、库、流研究进展[J]. 陕西农业科学(6)：107-110.
林同保，孟战赢，王志强，等，2008. 土壤水分对夏玉米水分代谢及产量的影响[J]. 河南农业大学学报，42(2)：135-139.
刘建栋，周秀骥，于强，2002. 温度对夏玉米光合生产力影响的数值模拟研究[J]. 应用气象学报(4)：398-405.
刘娟，史晓媛，王庆南，等，2011. 玉米发芽过程中碳水化合物代谢变化的研究[J]. 食品科学，32(11)：97-102.
刘亮，郝立华，李菲，等，2020. CO_2 浓度和温度对玉米光合性能及水分利用效率的影响[J]. 农业工程学报，36(5)：122-129.
刘明，齐华，孙世贤，等，2008. 水分胁迫对玉米光合特性的影响[J]. 玉米科学(4)：86-90.
刘铁东，宋凤斌，刘胜群，2015. 不同种植方式对拔节期玉米冠层微环境的影响评估[J]. 干旱区研究，32(4)：748-752.
刘文科，杜连凤，2007. 不同类型土壤上接种丛枝菌根真菌对玉米氮素吸收的影响[J]. 玉米科学，15(6)：

103-105.
刘晓峰,1998. 紧凑型玉米高密矮化栽培配套技术[J]. 四川农业科技(6):13,14.
刘晓忠,汪宗立,高煜珠,1991. 涝渍逆境下玉米根系乙醇脱氢酶活性与耐涝性的关系[J]. 江苏农业学报(4):1-7.
刘晓忠,汪宗立,高煜珠,1992. 涝渍逆境对玉米根系磷酸戊糖途径的影响[J]. 江苏农业学报(4):43-45.
刘晓忠,汪宗立,高煜珠,1993. 涝渍逆境下玉米根系苹果酸代谢与耐涝性的关系[J]. 植物生理学通讯(6):413-415.
刘晓忠,李建坤,王志霞,等,1995. 涝渍逆境下玉米叶片超氧物歧化酶和过氧化氢酶活性与抗涝性的关系[J]. 华北农学报(3):29-32.
刘颖慧,郭明,贾树利,等,2018. 影响青贮玉米品质因素研究进展[J]. 作物杂志(2):6-10.
刘战东,肖俊夫,刘祖贵,等,2011. 高产条件下夏玉米需水量与需水规律研究[J]. 节水灌溉(6):4-6.
卢益武,曾令军,张素兰,等,1993. 农用稀土对农作物光合、呼吸强度影响的研究[J]. 四川农业大学学报(1):163-167.
陆师义,孔显良,陈玉梅,1964. 玉米黑粉病菌寄生生理的初步研究[J]. 植物病理学报(1):79-88.
路振广,邱新强,张明智,等,2019. 干旱胁迫对夏玉米叶片光合特性及产量的影响[J]. 节水灌溉(2):34-42.
吕丽华,陶洪斌,王璞,等,2008. 种植密度对玉米碳、氮代谢和氮利用率的影响[J]. 作物学报,34(4):718-723.
吕鹏,张吉旺,刘伟,等,2012. 施氮时期对高产夏玉米氮代谢关键酶活性及抗氧化特性的影响[J]. 应用生态学报,23(6):1591-1598.
马超然,何树斌,白雪纯,等,2020. 套种紫花苜蓿对玉米根际土壤碳、氮、磷及真菌群落的影响[J]. 草业科学,37(1):20-29.
马正波,董学瑞,唐会会,等,2020. 四甲基戊二酸对夏玉米光合生产特征的调控效应[J]. 作物学报,46(10):1617-1627.
茅林春,Tettevi W H,2000. 壳聚糖涂膜对甜玉米品质和生理活性的影响[J]. 中国粮油学报(6):34-37.
蒙彦宇,王健,李云,等,2022. 烟嘧磺隆对甜玉米糖酵解和三羧酸循环途径中关键物质的影响[J]. 江苏农业科学,50(21):115-121.
穆心愿,马智艳,张兰薰,等,2022. 不同耐/感玉米品种的叶片光合荧光特性、授粉结实和产量构成因素对花期高温的反应[J]. 中国生态农业学报(中英文),30(1):57-71.
聂堂哲,张忠学,林彦宇,等,2018. 1995—2015 年黑龙江省玉米需水量时空分布特征[J]. 农业机械学报(7):217-227.
牛丽,白文波,李霞,等,2021. 地膜覆盖对黄土高原地区两种种植密度下玉米叶片代谢组的影响[J]. 作物学报,47(8):1551-1562.
牛晓光,杨荣全,李明,等,2020. 大气 CO_2 浓度升高与氮肥互作对玉米光合特性及产量的影响[J]. 中国生态农业学报(中英文),28(2):255-264.
潘瑞炽,王小菁,李娘辉,等,2008. 植物生理学[M]. 北京:高等教育出版社.
齐延芳,许方佐,周柱华,等,2004. 种植密度对玉米鲁原单 22 光合作用的影响[J]. 核农学报(1):14-17.
秦子娴,朱敏,郭涛,2013. 干旱胁迫下丛枝菌根真菌对玉米生理生化特性的影响[J]. 植物营养与肥料学报(19):510-516.
任梦云,杜龙岗,王美兴,等,2022. 糯玉米可溶性糖组分特征与采后品质特性[J]. 浙江农业学报,34(6):1133-1140.
单宁,田军仓,闫新房,等,2021. 水肥热耦合对滴灌青贮玉米生长、光合及产量的影响[J]. 节水灌溉(9):12-17.
桑志勤,陈树宾,段震宇,等,2012. 不同密度对复播青贮玉米光合特性和产量的影响[J]. 新疆农业科学,49

(1):28-33.
僧珊珊,王群,李潮海,等,2012. 淹水胁迫下不同玉米品种根结构及呼吸代谢差异[J]. 中国农业科学,45(20):4141-4148.
申丽霞,王璞,兰林旺,等,2007. 施氮对夏玉米碳氮代谢及穗粒形成的影响[J]. 植物营养与肥料学报,13(6):1074-1079.
申丽霞,王璞,2009. 玉米穗位叶碳氮代谢的关键指标测定[J]. 中国农学通报,25(24):155-157.
申孝军,高阳,刘浩,等,2010. 不同水分处理对青贮玉米产量和水分利用效率的影响[J]. 节水灌溉(6):6-9.
师朝霞,2012. 浅析温度对玉米产量、质量的影响[J]. 农业工程技术(新能源产业)(4):21,22.
宋航,周卫霞,袁刘正,等,2016. 光、氮及其互作对玉米氮素吸收利用和物质生产的影响[J]. 作物学报,42(12):1844-1852.
苏天增,侯乐新,张玉强,等,2019. 青贮玉米高产群体生理特性及其对密度的响应[J]. 华北农学报,34(2):132-137.
睢福庆,2014. 镉对夏玉米碳氮代谢及土壤改良剂修复效果研究[D]. 郑州:河南农业大学.
汤红官,张满效,何元庆,2010. UV-B和NO对玉米幼苗根系呼吸作用的影响[J]. 兰州大学学报(自然科学版),46(2):51-55,65.
汤佩松,1965. 代谢途径的改变和控制及其与其他生理功能间的相互调节——高等植物呼吸及代谢的(多条路线)观点[J]. 生物科学动态(3):1-13.
佟长福,李和平,石祥芝,等,2021. 土壤水分调控对滴灌青贮玉米作物系数和水分利用效率的影响[J]. 节水灌溉(3):1-6.
汪洪,金继逗,周卫,2004. 不同土壤水分供应与施钵对玉米水分代谢的影响[J]. 植物营养与肥料学报,10(4):367-373.
王飞,孙增光,尹飞,等,2021. 增温增CO_2对间作玉米光合特性的影响[J]. 中国农业科学,54(1):58-70.
王光洁,何若韫,陈艳如,等,1992. 油菜素内酯对玉米种苗耐冷性的生理效应[J]. 沈阳农业大学学报(3):215-217.
王海燕,崔超,王靖,等,2021. 有机肥与化肥配施对青贮玉米产量及不同层位叶片光合特性的影响[J]. 安徽农学通报,27(4):26-29.
王金香,张阿良,秦敏,等,2023. 镉胁迫对玉米幼苗光合特性及活性氧代谢的影响[J]. 天津农业科学,29(1):1-6.
王久龙,王振华,郑旭荣,等,2014. 种植模式和施肥量对滴灌青贮玉米水分利用效率的影响[J]. 灌溉排水学报,33(4/5):67-70.
王久龙,王振华,李文昊,等,2017. 施氮量对复播青贮玉米光合特性和产量的影响[J]. 干旱地区农业研究,35(5):250-255.
王俊忠,黄高宝,张超男,等,2009. 施氮量对不同肥力水平下夏玉米碳氮代谢及氮素利用率的影响[J]. 生态学报,29(4):2045-2052.
王力,顾浩,李嘉亮,等,2021. 氮肥配施生物炭对坡耕地烤烟/青贮玉米套作生物量和光合特性的影响[J]. 云南农业大学学报(自然科学),36(6):985-992.
王平,陈举林,2016. 植物氮素吸收过程研究进展[J]. 安徽农业科学,44(1):33-35.
王秋兰,靳鲲鹏,曹晋军,2018. 大气CO_2浓度升高对玉米叶片光合生理指标及其产量的影响[J]. 山西农业科学,46(12):2051-2053,2061.
王荣堂,王有宁,董秀荣,2003. 地膜覆盖棉花、玉米、大豆生育盛期的降温效应[J]. 生态学报(8):1667-1672.
王若男,任伟,李叶蓓,等,2016. 灌浆期低温对夏玉米光合性能及产量的影响[J]. 中国农业大学学报,21(2):1-8.
王姝清,高俊风,文蓉,等,1983. 磁化水对玉米种子萌发和幼苗生长的生理效应[J]. 西北农林科技大学学报

(自然科学版)(2):74-79.

王新磊,吕新芳,2020. 氮代谢参与植物逆境抵抗的作用机理研究进展[J]. 广西植物,40(4):583-591.

王雅玲,杨代斌,袁会珠,等,2009. 低温胁迫下戊唑醇和苯醚甲环唑种子包衣对玉米种子出苗和幼苗的影响[J]. 农药学学报,11(1):59-64.

王雅楠,2020. 不同滴灌量对青贮玉米光合特性及产量品质的影响研究[D]. 呼和浩特:内蒙古大学.

王毅民,2009. NaCl胁迫对离体玉米叶片 Vc 含量及几种生理生化指标的影响[J]. 陇东学院学报,20(2):62-64.

王振华,王久龙,李文昊,等,2017. 施氮对滴灌复播青贮玉米光合特性的影响[J]. 排灌机械工程学报,35(6):526-534.

王忠,高煜珠,1988. 关于光呼吸与光合作用关系的研究——Ⅶ、光呼吸是伴随光合作用发生的过程[J]. 江苏农学院学报,9(2):13-18.

魏荔,张怀文,孙义祥,等,2008. 不同施肥处理对青贮玉米产量和品质的影响[J]. 中国农学通报,24(3):227-230.

翁伯琦,1989. 作物锰中毒以及耐锰机理研究(3)锰过量对不同作物呼吸作用和过氧化物酶活性的影响[J]. 福建稻麦科技(3):54.

夏叔芳,张振清,於新建,1982. 玉米叶片淀粉和蔗糖的昼夜变化与光合产物的输出[J]. 植物生理学报(2):141-148.

肖俊夫,刘战东,陈玉民,2008. 中国玉米需水量与需水规律研究[J]. 玉米科学,16(4):21-25.

肖永瑚,郭法申,1981. 低温对玉米幼苗细胞膜透性变化的研究[J]. 吉林农业科学(4):32-37.

解婷婷,苏培玺,丁松爽,2009. 黑河中游边缘绿洲不同水分条件对青贮玉米叶片光合特性及产量的影响[J]. 西北农业学报,18(6):127-133.

邢换丽,周文彬,郝卫平,等,2020. 水分胁迫下氮素增加对玉米生长的抑制作用[J]. 中国农业气象,41(4):240-252.

徐洪文,宋凤斌,童淑媛,等,2012. 玉米雄穗碳氮代谢研究[J]. 湖北农业科学,51(14):2918-2920.

徐田军,董志强,兰宏亮,等,2012. 低温胁迫下聚糠萘合剂对玉米幼苗光合作用和抗氧化酶活性的影响[J]. 作物学报,38(2):352-359.

薛垠鑫,刘根红,王晓钰,2020. 滴灌条件下氮磷钾肥配施对玉米株高、光合速率及产量的影响[J]. 甘肃农业大学学报, 55(6):77-85,96.

阎钟坤,马建琪,安宝珠,等,1981. 光呼吸抑制剂 2,3-环氧丙酸钾 α-羟基-2-吡啶甲磺酸的合成[J]. 西北农林科技大学学报(自然科学版)(1):35-40.

杨国栋,2019. 青贮玉米高产施肥技术[J]. 现代畜牧科技(5):28,29.

杨劲峰,马迪,王帅,等,2016. 磷肥对玉米灌浆期光合系统性能的影响[J]. 玉米科学,24(5):136-141,146.

叶昊天,姜海梅,李荣平,2022. 中国东北地区玉米农田生态系统生长季碳交换研究[J]. 玉米科学,30(1):77-85,92.

叶融,高嘉玥,2016. 盐胁迫对玉米种子呼吸速率及过氧化物酶活性的影响[J]. 河南农业(24):41,42.

于康珂,孙宁宁,齐红志,等,2017. 不同成熟度玉米叶片光合生理对高温胁迫的响应特征及其基因型差异[J]. 河南农业科学,46(5):34-38.

张洪旭,杨德光,李士龙,等,2008. 水分胁迫对玉米叶片水分代谢的影响[J]. 玉米科学,16(2):88-90.

张继波,李楠,邱粲,等,2021. 水分临界期持续干旱胁迫对夏玉米光合生理与产量形成的影响[J]. 干旱气象,39(5):734-741.

张蕾,孙睿,乔晨,等,2014. 张掖灌区玉米农田生态系统 CO_2 通量的变化规律和环境响应[J]. 生态学杂志,33(7):1722-1728.

张倩,张洪生,姜雯,等,2013. 种植方式与密度对夏玉米碳、氮代谢和氮利用效率的影响[J]. 华北农学报,28

(5):224-230.
张瑞霞,刘景辉,陈友君,等,2007. 不同品种青贮玉米群体光合性能指标的变化[J]. 中国农学通报(1):208-211.
张学林,周亚男,李晓立,等,2019. 氮肥对室内和大田条件下作物秸秆分解和养分释放的影响[J]. 中国农业科学(52):1746-1760.
张学林,李晓立,何堂庆,等,2021a. 丛枝菌根真菌对玉米籽粒产量和氮素吸收的影响[J]. 作物学报,47(8):1603-1615.
张学林,吴梅,李晓立,等,2021b. 丛枝菌根真菌对灌浆前期玉米籽粒氮代谢及产量和品质的影响[J]. 河南农业大学学报(4):647-653.
张学鹏,李腾,王彪,等,2021. 玉米叶片"源"的高温胁迫阈值研究[J]. 作物杂志(2):62-70.
张占琴,魏建军,杨相昆,等,2015. 北疆春播、麦后复播青贮玉米物质生产和温光生态效应利用的比较[J]. 干旱地区农业研究,33(1):170-175.
张祖新,姜华武,魏中一,等,2003. 淹水胁迫下不同耐渍性玉米自交系根系中的酶学研究[J]. 湖北农业科学(3):24-27.
赵花荣,任三学,齐月,2017. 高湿和干旱对夏玉米灌浆期叶片光合特性的影响[J]. 中国农学通报,33(31):15-21.
赵可夫,1985. 玉米受粉后库源关系的研究[J]. 曲阜师院学报(自然科学版)(4):68-74.
赵威,王征宏,2008. 盐胁迫下硝普钠对玉米种子萌发贮藏物质利用的影响[J]. 中国种业(9):40-42.
赵雅姣,刘晓静,童长春,等,2019. 紫花苜蓿//玉米间作对玉米氮代谢相关酶活性的影响[J]. 草原与草坪(3):63-71.
郑光华,郑相如,焦新之,等,1986. 三十烷醇对几种作物的生长和产量的影响[J]. 园艺学报(3):197-202.
郑云普,党承华,郝立华,等,2016. 华北平原玉米叶片光合及呼吸过程对实验增温的适应性[J]. 生态学报,36(16):5236-5246.
郑卓琳,李伯航,张淑敏,等,1994. 紧凑型夏玉米高产需水规律研究[J]. 玉米科学,2(1):26-32.
仲义,代秀云,侯宗运,等,2013. 不同密度及施氮水平对青贮玉米生理特性的影响[J]. 吉林农业科学,38(5):22-24,28.
周凌云,1998. 土壤水分条件对尿素氮去向的影响[J]. 植物营养与肥料学报,4(3):237-241.
周卫霞,董朋飞,王秀萍,等,2013. 弱光胁迫对不同基因型玉米籽粒发育和碳氮代谢的影响[J]. 作物学报,39(10):1826-1834.
周秀杰,王海红,束良佐,等,2010. 局部根区水分胁迫下氮形态与供给部位对玉米幼苗生长的影响[J]. 应用生态学报,21(8):2017-2024.
周永杰,谢军红,李玲玲,等,2021. 长期少免耕与氮肥减量对全膜双垄沟播玉米产量及碳排放的调控作用[J]. 中国农业科学,54(23):5054-5067.
周自强,王福友,陈建飞,等,2013. 淹涝胁迫和氮形态对苗期玉米糖、氮代谢底物量的影响[J]. 中国生态农业学报,21(6):715-719.
朱霞,杨文钰,任万君,2005. 粮饲兼用型玉米青贮产量形成与生理特性的研究[J]. 种子(2):31-34.
朱先灿,宋凤斌,徐洪文,2010. 低温胁迫下丛枝菌根真菌对玉米光合特性的影响[J]. 应用生态学报(21):470-475.
邹春琴,张福锁,毛达如,1998. 铁对玉米体内氮代谢的影响[J]. 中国农业大学学报(5):45-49.
BAKHSHANDEH S,CORNEOA P E,MARIOTTE P,et al,2017. Effect of crop rotation on mycorrhizalcolonization and wheat yield under different fertilizer treatments[J]. Agric Ecosys Environ(247):130-136.
BALIGAR V C, FAGEFIA N K, HE Z L, 2001. Nutrient use eficiency inplants [J]. Commun. Soil Sci. PlantAna1(32):921-950.

DONATIELLO S,FAGNANO M,FRANCIA A D,2010. Effects of different fertilizers on quantity and quality of silage corn[J]. Italian Journal of Animal Science,6(2S):1264-1267.

DUFFKOVÁ R,FUČÍK P,JURKOVSKÁ L,et al,2019. Experimental evaluation of the potential of arbuscular mycorrhizato modify nutrient leaching in three arable soilslocated on one slope[J]. Appl Soil Ecol(143):116-125.

HODGE A,CAMPBELL C D,FITTER A H,2001. An arbuscular mycorrhizal fungus accelerates decomposition and acquires nitrogen directly from organic material [J]. Nature(413):297-299.

HODGE A,FITTER A H,2010. Substantial nitrogen acquisition by arbuscular mycorrhizal fungi from organic material has implications for N cycling[J]. Proc Natl Acad Sci USA(107):13754-13759.

JASIEWICZ C,BARAN A,2011. Comparison of the effect of mineral and organic fertilization on the composition of amino acids in green biomass maize[J]. Ecological Chemistry and Engineering,18(4):545-551.

LAWRENCE J R,KETTERINGS Q M,CHERNEY J H,2008. Effect of nitrogen application on yield and quality of silage corn after forage legumegrass[J]. Agronomy Journal,100(1):73-79.

MOLL R H,KAMPRATH E J,JACKSON W A,1982. Analysis and interpretation of factors which contribute to efficiency of nitrogen utilization[J]. Agron J(74):562-568.

OGREN W L,唐翘平,1982. 大豆和玉米光呼吸的控制[J]. 植物生理学通讯(1):76-79.

ROBERTSON G P,VITOUSEK P M,2009. Nitrogen in agriculture:Balancing the cost of an essentialresource [M]//Annual review of environment and resources. Palo Alto:Annual Reviews,34(34):97-125.

SOON Y K,LUPWAYI N Z,2012. Straw management in a cold semi-arid region:impact on soil quality and crop productivity[J]. Field Crops Res(139):39-46.

TANAKA Y,YANO K,2005. Nitrogen delivery to maize via mycorrhizal hyphae depends on the form of N supplied[J]. Plant Cell Environ(28):1247-1254.

TIAN H,DRIJBER R A,ZHANG J L,et al,2013. Impact of longterm nitrogen fertilization and rotation with soybean on the diversity and phosphorus metabolism of indigenous arbuscular mycorrhizal fungi within the roots of maize(Zea mays L.)[J]. Agric EcosysEn-viron(164):53-61.

TOLJANDER J F,SANTOSGONZÁLES J C,TEHLER A,et al,2008. Community analysis of arbuscular mycorrhizal fungiand bacteria in maize mycorrhizosphere in alongterm fertilizationtrial[J]. FEMS Microbiol Ecol (65):323-338.

WANG X X,WANG X J,SUN Y,et al,2018. Arbuscular mycorrhizal fungi negatively affect nitrogen acquisition and grain yield of maize in an deficient soil[J]. Front Microbiol(9):418.

WILLIANMS A,BORJESSON G,HEDLUND K,2013. The effects of 55 years of different in organic fertiliser regimes on soil properties and microbial community composition[J]. Soil Biol Biochem(67):41-46.

XU G H, FAN X R, ANTHONY J M, 2012. Plant Nitrogen Assimilation and Use Efficiency [J]. Annu. Rev. Plant Biol(63):153-182.

第三章　青贮玉米栽培

第一节　常规栽培

一、选地整地和茬口选择

青贮玉米具有植株高大、根系发达，生长力强等特点，对土壤要求比较高，若想获得较高产量，并提高青贮玉米质量，需要做好选地与整地工作。青贮玉米可以一年单季或双季净作，也可以与其他作物进行轮作或套作。因为连作易感染病虫害，所以青贮玉米可以与其他作物轮作或套作，比如小麦、马铃薯等都可作为其前茬作物，同时也可以和小麦、大豆、油菜等套作。在青贮玉米种植过程中应根据当地生产需求，做好茬口选择工作。

李含刚(2011)介绍高产青贮玉米种植应注意选择地势平坦，土层深厚，结构良好，土壤疏松通透性好，富含有机质，pH 值中等，保水保肥能力好的田块，同时为防止病虫害发生，一般 2 年倒茬 1 次。种植前田地要深耕，单种春玉米应在前茬作物收获后及时秋深翻，耕地深度20～25 cm，耕后耙 1 遍。11 月上中旬灌好冬水。冬春季节土地露白时，间隔一段时间耱地 1 遍，共打耱 2～3 次，达到耕地平整，以利保墒。同时根据土壤肥力状况，结合耕地施入基肥：有机肥(各种畜粪)2500 kg 左右，碳氨 50 kg，过磷酸钙 20～40 kg。

林有全等(2013)介绍在新疆焉耆垦区发展茴香套种青贮玉米栽培技术，应选择土地肥沃、有机质含量高、保水保肥力较强、盐碱轻的地块，避免重茬及在有恶性杂草田块种植，有利于获得高产。前茬作物收获后须灌好灌透冬水，秋耕秋翻平整土地。于早春地表解冻 3～5 cm 时，机力对角耙耱、镇压平地，亩用氟乐灵 100 g 进行土壤封闭处理，避光施药，及时浅耙混土，达待播状态。土地处理达“齐、净、平、松、碎、墒”六字标准。土壤药剂一般在播种前 7 d 施用，2 月中下旬播种茴香，5 月下旬播种青贮玉米。

车文利等(2014)介绍在廊坊地区实施春播马铃薯和夏播青贮玉米两种两收的高产栽培技术，5 月底或 6 月初马铃薯收获后及时整地、施肥，为复播青贮玉米做准备。复播青贮玉米整地一般要做到两犁两耙，耕作层深 30 cm 以上，达到“地平、土细、墒足、肥高”的整地质量要求。整地前按每亩施腐熟农家肥 3000～4000 kg、复合肥 50 kg，均匀撒在地上，通过旋耕使肥料均匀分布。同时，应结合整地开沟作畦，修好排水沟，方便田间排灌。

廖国芳等(2015)介绍在额尔古纳市播种青贮玉米，一般以选择土层深厚、土壤疏松，保水保肥的平地或缓坡地为宜，不宜选择山坡地。播种前进行整地翻耕，深度 15～25 cm，要求土块细碎，地面平整。茬口以小麦、油菜茬为好，避免重茬。

斯日古楞等(2014)介绍青贮玉米可在人工杨树林下种植，选地要求地势平坦、土层深厚、肥力中等的人工杨树林下种植，树林高度低于 5 m，杨树行距 2.5 m 以上，便于机械化操作。翻旋前施农家肥 30～45 t/hm^2 或者结合整地深施纯氮 50～70 kg/hm^2、P_2O_5 65～75 kg/hm^2、K_2O 70～80 kg/hm^2。播种前根据树根的分布深度调整翻耙深度，避免树根受伤。树根分布 30 cm 以下土层的耕翻深度为 30 cm，突破犁底层，耕后耙平，要求土块细碎、地面平整。收割后整地的好处是提高土壤的通风，减少春季对土壤的翻动次数，有利于土壤保墒。11 月下旬土壤封冻时进行冬灌，灌水量 1200 m^3/hm^2。

刘万军等(2016)在宁夏进行复播青贮玉米不同播期研究试验，选取的农田配套基础设施，排灌畅通，土壤肥力水平上等，前茬为冬牧 70 黑麦。在冬牧 70 收获后，将田块进行旋耕两遍，深耕 15～20 cm，结合旋耕基施二胺 225 kg/hm^2、尿素 150 kg/hm^2、硫酸钾复合肥 112.5 kg/hm^2，土壤调理剂 225 kg/hm^2。

任伟等(2016)在青贮玉米一年双季栽培技术中介绍，第一季覆膜春播在 3 月 25 日前后，裸地直播推迟 10 d 左右，具体播期按当地实际地温确定。在第一季青贮玉米收获后，先将地膜及杂草清理干净，然后用秸秆粉碎机将地表的根茬粉碎后立即接茬直播。土壤墒情差时灌水后播种。

荆立奇等(2017)介绍在新疆种植青贮玉米应选择地势平坦，土层深厚的土地，秋深松或深翻 20～30 cm，结合秋深松耕，施腐熟有机肥 3000 kg/亩，深翻后及时平整土地，清除杂草根茬和残膜，修成畦田。11 月中下旬，土壤封冻前，进行冬灌，灌水量 80～100 m^3/亩。第二年 3 月上中旬，土壤昼化夜冻的顶凌期，对冬灌地及时耙、耱(耢)地保墒，使耕层土壤含水量保持在田间持水量的 70%以上，并达到埂直、地平、茬净，耕层上虚下实，为适期早播创造良好的土壤条件。同时，结合秋耕或春整地，将磷酸二铵 20～30 kg/亩、尿素 5～10 kg/亩、硫酸钾 20～25 kg/亩、硫酸锌 0.5～1.0 kg/亩充分混合后，深施在土壤深层或玉米带上，或根据当地测土配方施肥推荐用量，施用玉米专用配方肥或复合肥。

卢雨霞(2017)介绍在石河子地区，滴管冬麦收获后，可利用充足的光热资源复播青贮玉米，实现“一年两熟，一年两收”，不仅增加种植户的经济效益，还能起到轮作倒茬的作用。每年 7 月上旬，小麦收获前 6～10 d 浇好麦黄水，保证小麦灌浆期对水分需求，同时保证土壤墒情，为冬小麦收割后立即复播青贮玉米创制良好的土壤条件。冬麦收获后，及时清理麦秆，安装好滴灌带，抢时播种青贮玉米，在石河子垦区一般在 7 月 10 日前完成播种，保证生育期的生长，在霜冻来临前达到成熟收获标准。

高家强等(2019)介绍在新疆阜康，青贮玉米种植地选择交通便利、地势平坦、土层深厚、肥力中上等的土块。秋翻前，每亩地一次性施入农家肥 3000 kg、三料过磷酸钙 35 kg、钾肥 25 kg、多元素微肥 4 kg，深耕 30 cm。春季土壤合墒前整地，并喷施除草剂。要求耕作层有机质含量 20 g/kg、pH 值 6.5～7.2、碱解氮 50 mg/kg、速效磷 8 mg/kg 以上。每亩地用 72%金都尔 80～100 g，兑水 50～60 kg 喷于地表。喷药后立即用钉齿耙对角耙耱，或用联合整地机整地，深度 6～8 cm，达到“齐、平、松、碎、净”五字标准。整地工作在 4 月 20 日前完成，整地后 7～10 d 播种。前茬以小麦、棉花、瓜类和豆类作物为宜。

田景梅等(2019a)介绍在丽江市种植青贮玉米选地要求地势平整，土层深厚，肥力中等，排灌方便的地块。整地前每亩施腐熟农家肥 2000～2500 kg、玉米专用复合肥(N-P-K 为 14-5-6)40～50 kg、锌肥(不是必须使用)2 kg 混合施入塘底盖土。播种前深犁细耙(耙深 25～30 cm)，使之达到平整土碎、上虚下实、沟直墒平、内无残根、残膜。播种时要确保种、肥隔离，以防烧苗。

孟凡晶(2019)介绍，青贮玉米的种植地要求土质疏松、肥沃、地势较高，排灌水方便的中性或微酸性富含营养物质的土地，避免选择低洼地。在种植前需要对种植地进行翻整，要对土地进行深耕，一般选择秋翻地，在上茬作物收获后翻地，深耕的深度一般要求大于 20 cm，耕后要将土地平整，并在翻地后及时打垄。玉米在整个生育期对肥料的需求量较大，因此，在播种前整地时需要施入基肥，基肥一般选择充分腐熟的农家肥。

张随成等(2019)结合襄阳实际，选择交通方便、土地肥力中等，pH 5.3～7.8，坡度 25°以下，排水良好的耕地。整地时清除杂草、石块、铁屑等杂物后进行翻耕、旋耕或免耕播种。翻耕深度为 15～25 cm，耕后耙平，要求土块细碎、地面平整。在一些土壤水肥条件较好、土质较为松软的田地上，前茬收获后，对地面的残茬处理完后，可进行旋耕或免耕播种。春播于 4 月上旬，气温稳定在 10 ℃以上，开始整地播种；夏播的适宜茬口主要有豌豆茬、马铃薯茬、小麦茬。前茬收获后，及时抢墒播种。

李红等(2020)以贵州毕节为例。毕节属典型的喀斯特地区，多数地方土地破碎、山高坡陡、交通不便，为有效降低土地翻犁费、收割时短途人工搬运费和运输费等，必须首先选择适合中型以上农机具机耕、地势较为平坦、距离主干公路及养殖场较近的地块；其次选择适合小型或微型农机具机耕，坡度 15°以下，虽离主干公路较远但可以修建便道连接，且离养殖场不超过 5 km 的地块。

刘洪梅(2021)认为，青贮玉米植株高大、分蘖多、茎叶繁盛，果穗大而多，对土壤养分和水分要求较高，因此，需要选择合适的地块种植，才能确保高产、稳产、优质。种植时选择地势平均、土层深厚、保水保肥能力强、土壤的肥力中等，土质疏松、通风透风，一般均为水浇地和缓坡地。青贮玉米不宜连茬，否则易导致病害发生，影响产量和质量。在前茬作物收获后要及时地灭茬深耕，一般耕深不得低于 25 cm，耕后耙平，进行精细的整地，做到上虚下实。如果在秋收后没有及时地整地，在第二年春天要尽早春耕，以免跑墒。

王淑英等(2023)介绍在甘肃半干旱区种植青贮玉米需要开展高质量的翻耕与深松农机作业。对于作物产量高、秸秆量大的田块，先灭茬，再用重耙把切碎的秸秆与表土混合，沉淀 3～5 d 再进行翻耕或深松，翻耕深度不低于 30 cm。要求适墒整地，对于春耕地块(旱作)，土壤偏沙性的，翻耕后晾半天整地，翻地和整地间隔最好不要超过 1 d。如果是壤土，翻耕后晾晒 1～2 d 后整地，翻地与整地的间隔不宜超过 2 d。整地要达到"齐、平、松、碎、净、墒"六字标准，耙地前要施足底肥，同时要注意防控地下害虫和杂草。

综上所述，结合不同地区及不同的播种方式，青贮玉米种植应选择交通便利、土壤肥力中等以上、排水良好、适合机械化作业的地块，前茬作物收获后及时深耕灭茬。翻耕前先要整理田间地膜、石块、垃圾等杂物，然后施用有机肥、缓释肥或复合肥等均可，适墒播种。

二、选用品种

(一)选用适宜熟期类型和对短日条件不敏感的品种

青贮玉米在全国范围内种植，有春播、夏播、秋冬播的不同播季，也有同一年度一年两作的种植方式。因此，对品种熟期的要求应因地、因播季而异。同时，种植地区的南北纬度差异大，在品种熟期类型的选择上，应因地因播季而异。在对短日条件的敏感程度上也应因纬度而异。

卢雨霞(2017)介绍石河子地区光热资源充足，垦区滴管小麦一般在 6 月 25 日—7 月 5 日收获，冬小麦收割后距离初霜期还有 85～100 d，因此，可以选择生育期短、早熟、高产的青贮玉米品种复播，新玉 10 号、八农 701、西玉 3 号、新饲玉 15 号等玉米品种，生育期在 90～100 d，具有丰产、早熟的特点，适合在石河子垦区密植和复播。

荆立奇等(2017)介绍在新疆地区宽幅覆膜密植青贮玉米，如果想获得高产玉米，应选用耐密、抗逆、抗倒、增产潜力大，较当地露地栽培品种生育期长 8～10 d，或有效积温多 200～300 ℃·d，叶片数多 1～2 片的品种。要求青贮玉米品种后发性强，不早衰，宜机收。如新饲玉 12 号、新饲玉 13 号、新饲玉 17 号及新饲玉 18 号等均可。

高家强等(2019)认为，在新疆阜康种植青贮玉米，要选用适宜青饲、青贮、粮饲兼用型中熟或晚熟玉米品种，具有不早衰、高产、稳产、优质、适应性广、抗逆性强的特性。阜康市青贮玉米主栽品种有新玉 46 号、新玉 57 号、新玉 72 号、新玉 24 号等。

田景梅等(2019b)采用随机区组设计，研究不同青贮品种、不同种植密度、不同收获期对产量和品质的影响。试验选用足玉 7 号、西抗 18、靖青 1 号、鑫白单 7 号、祥单 3 号、隆白 1 号、惠农三 9 号、惠农单 5 号、HN1701(黄粒)、陵玉 987(黄粒)等 12 个青贮玉米品种。采用地膜覆盖宽窄行垄作法，行距 1.2 m，人工拉线打塘精准直播，每窝双苗，播种深度 4～5 cm。结果表明，不同玉米品种的选择，直接影响青贮玉米产量和质量的好坏，12 个参试品种从产量、单株重、绿叶数、株高等方面综合分析，西抗 18、靖青 1 号、足玉 7 号表现出了显著的优势，是适宜作为青贮在本地区种植的优质高产的品种。

秦伟娜等(2021)为筛选出不同水热资源条件下适宜青贮的优秀品种，选择雨养区(会宁)和灌溉区(武威)的 10 个青饲玉米品种(金凯 3 号、金穗 715、利单 295、豫青贮 23、北农青贮 208、TW268、和盛 5288、文玉 3 号、蜀玉 201、豫玉 22)，于乳熟中期收割后青贮，发酵 60 d 后评价比较其青贮品质，为不同水热区域青贮玉米选育栽培提供实践依据。青贮营养品质、发酵品质比较和综合分析表明，在 10 个供试品种中，金凯 3 号最适宜在雨养区种植，北农青贮 208 最适宜在灌溉区种植，和盛 5288 对不同水热条件的影响不敏感，在不同水热资源条件下种植综合品质均较好，可在两地继续示范种植。

任伟等(2016)介绍大致在河北保定以南黄淮海玉米区至东南、西南玉米区均可进行青贮玉米一年双季栽培种植。双季栽培品种选择早熟生育期短、抗倒、抗病性强、持绿性好、品质优良的品种。第一季播种是要选择抗丝黑穗病和矮花叶病品种，一是初春地温低、出苗慢易感染丝黑穗病；二是初春大田绿色植物少，易吸引蚜虫、飞虱、叶蝉等刺吸式虫害传播矮花叶病毒。选择适宜双季栽培品种，建议选用青贮专用品种，比如豫青贮 23、北农青贮 356、北农青贮 208、大京九 26、郑青贮 1 号等，国审豫青贮 23 是目前全国青贮玉米种植面积最大的品种，也是农业部选定的 2016 年唯一青贮玉米主推品种。

柳斌辉等(2016)曾通过田间试验对 13 个青贮玉米品种在海河平原区的生产性能及适应性进行了评价研究。结果表明，产草量方面，北农青贮 308、豫青贮 23、怀研青贮 6 号、北青贮 1 号、北农青贮 208 干草产量高于对照郑单 958，其中北农青贮 308 产量最高，为 17674.9 kg/hm^2，增产幅度达 9.0%。饲用品质方面，对不同品种的粗蛋白含量、淀粉含量、可溶性总糖含量、酸性洗涤纤维、中性洗涤纤维进行了分析比较，利用相对饲用价值(RFV)、饲草分级指数(GI)，隶属函数法分别进行了综合评价，得出品质优于对照的品种为青贮巡青 938、青贮巡青 518、北青贮 1 号、豫青贮 23。节水性方面，北农青贮 308、北农青贮 208、北青贮 1 号、中北青贮 410 具有较高的水分利用效率，属于节水型品种。抗逆性方面，规定倒折率高于 15%，瘤黑粉、丝黑穗病株率之和大于 5%作为品种淘汰界限。综合评价筛选出适于在海河平原种植推广的青贮玉米品种为北青贮 1 号、北农青贮 208 和北农青贮 308。

潘蒙英健等(2018)介绍，曾在青岛胶州开展了黄淮海地区不同播期对青贮玉米产量及营养品质的影响研究。通过对不同播期下 4 个不同品种青贮玉米农艺性状(株高、穗位、茎粗、绿叶数)、产量(鲜草产量、干草产量)、营养品质(粗蛋白、中性洗涤纤维、酸性洗涤纤维、粗脂肪)指标的测定，确定适合黄淮海地区的青贮玉米品种及其适宜的种植时间。结果表明，春播条件下的 4 个品种的产量均高于夏播，农艺性状也优于夏播。在产量和营养品质上，无论春播还是夏播，奥玉青贮 5102 和青贮祥糯 606 均表现较好，综合评定最佳，WK702 和金阳光 315 次之。综上所述，奥玉青贮 5102 和青贮祥糯 606 更适合在黄淮海地区进行春播种植。

席杰军等(2018)曾于 2017 年试验，比较了 31 个玉米品种全株青贮的农艺性状和产能，以期筛选出适合在关中地区推广种植的优良青贮品种。结果表明，品种之间的农艺性状和产能均差异显著，其中生长时间最长的 107 d，最短的 87 d；叶片数最多的 16.5 片，最少的 11.3 片；株高最高的 281.3 cm，最矮的 199.5 cm；青贮产量最高的 6.2 t/亩，最低的 2.1 t/亩；干物质产量最高的 1.8 t/亩，最低的 0.6 t/亩。对产量最高的 4 个品种(DB08、DK625、JKQZ932 和 HY36)进行营养成分分析发现，除灰分之外，与对照粮饲兼用品种 DZ12 相比，它们的粗蛋白、粗纤维和粗脂肪含量存在显著性差异($P<0.05$)。根据青贮产量和奶牛饲喂价值的需求，建议专用青贮玉米 DB08 和 DK625 适宜作为全株青贮玉米在关中地区进行大面积推广种植。

魏鹏等(2018)为了筛选出适宜新疆喀什地区栽培的青贮玉米品种。2017 年在巴楚县色力布亚镇 15 村，引进 7 个饲料玉米品种进行了试种及筛选，其中春播玉米品种新玉 13 号、kws5383、奥玉青贮玉米、新沃 1 号，夏播玉米品种郑丹 958、KWS3564、KWS4574。通过品比试验进行物候期观察，并对其高度、产量、茎重、棒子重进行测定。结果是 4 个供试春播玉米品种中有 3 个品种适宜在喀什种植，其中玉米品种 KWS5383、新沃 1 号适应性强，表现最好；3 个供试夏播玉米品种中有 2 个品种适宜在喀什种植，其中玉米品种 KWS3564、KWS4574 适应性强，表现最好。试验结论是 KWS5383、新沃 1 号、KWS3564 和 KWS4574 可作为喀什地区乃至新疆南部各地区春播及夏播大面积推广的青贮饲料玉米品种。

刘晓等(2019)介绍了他们于 2017 年的试验研究。为选出适合河南地区种植的青贮玉米品种，采用随机法对 21 个玉米品种(每个玉米品种 5 个重复)进行分区组种植，以研究其生物学产量、籽粒产量、抗倒伏性和品质及其各农艺性状的相关关系。结果表明：①以京科青贮 932、伟科 106 的生物学产量和籽粒产量最高，且具有良好的抗倒伏性能。②伟科 106、京科青贮 932 有较高的粗蛋白、粗脂肪和淀粉含量，而中性洗涤纤维(NDF)、酸性洗涤纤维(ADF)的含量较低，品质较优。③生物学产量与绿叶数、绿叶重、株高、茎粗和茎重、穗重呈极显著正相关，籽粒产量与绿叶数、绿叶重、茎粗和茎重、穗重呈极显著正相关，生物学产量与籽粒产量也呈极显著正相关；粗蛋白与粗脂肪、淀粉含量呈正相关。因此，选用绿叶多和绿叶重、茎重和茎粗、穗部产量均优且有一定植株高度的品种有利于获得高产。从生物学产量、籽粒产量、品质、抗倒伏性能和农艺性状方面综合考虑，京科青贮 932 和伟科 106 表现最佳，适宜作为全株青贮玉米品种和粮饲兼用品种在河南地区推广种植。

吴荣辉等(2020)介绍,为筛选出适合鄂东地区种植的青贮玉米品种,发挥青贮玉米品种优势,促进区域种植结构调整,采用随机区组法,对雅玉 8 号、双玉 919、华玉 18 号、华玉 19 号 4 个玉米品种进行田间对比试验,综合比较其生育期、农艺性状、抗逆性和产量情况。结果表明,4 个参试品种生育期适宜,综合性状差别不大,抗倒伏能力强,产量表现为华玉 19 号>华玉 18 号>雅玉 8 号>双玉 919。建议将华玉 19 号作为青贮玉米主推品种,在鄂东适宜地区进行推广。

徐婷等(2020)为提高齐齐哈尔地区青贮玉米生产效益,选取中原单 32、阳光 1 号、龙牧 6 号、龙青 1 号、龙巡 32、黑饲 1 号、龙福玉 6 号 7 个青贮玉米品种为材料,田间按随机区组排列,3 次重复,每小区种植 10 行,比较分析植株生物产量、中性洗涤纤维和酸性洗涤纤维含量。综合生物产量及品质等相关性状,适宜在齐齐哈尔地区种植的青贮玉米为阳光 1 号、龙牧 6 号、龙巡 32。

贾梦杨等(2020)为探讨冀西北坝上地区青贮玉米适宜的种植品种和密度,设置 3 个种植密度(6.75 万株/hm^2、7.95 万株/hm^2、9.00 万株/hm^2)的试验,研究其对 4 个青贮玉米品种(巡天 3171、巡天 16、巡青 858、丰田 12)生长发育、产量和品质的影响。结果表明,随着种植密度的增加,青贮玉米的株高、茎粗、最大叶面积逐渐降低,叶绿素含量无明显变化;青贮玉米产量随种植密度的增加先升高后降低,在种植密度为 7.95 万株/hm^2时产量最高,综合比较农艺性状、产量、品质等相关指标,4 个品种中巡青 858 的产量最高,鲜草为 73.5 t/hm^2,干草为 18.3 t/hm^2,所以巡青 858 最适宜在冀西北坝上地区种植。

唐华(2020)介绍在新疆焉耆垦区与小茴香套种的青贮玉米品种应选择晚熟品种,如生育期在 125 d 左右、抗病、抗虫、高产的新玉 59 号。小茴香 3 月 15 日左右播种,6 月底至 7 月初收获。玉米播种时间 5 月 10 日左右,最迟不得晚于 5 月 18 日播种,10 月中下旬机械收获。保证播种玉米不影响茴香生长、收获。

何佳蕾等(2021)为了满足畜牧业对饲草料的需要及推进四川农区的“粮改饲”工作,试验选取了 10 个青贮玉米品种进行了品种比较试验,以期筛选出适宜四川农区种植的青贮玉米品种。试验比较了先锋公司的 8 个青贮玉米材料在成都平原的生产情况,对照为青贮玉米品种雅玉 8 号和地方材料凉山玉米。通过比较筛选适合在成都平原种植的青贮玉米品种。通过对这 10 个青贮玉米品种进行分析结果表明,30T60 和雅玉 8 号这两个青贮玉米品种产量高,株高和茎粗均较高,综合性状优异,说明 30T60 和雅玉 8 号是适宜在四川农区种植的青贮玉米的品种。

综上所述,青贮玉米品种选择应根据各地的气候、不同的播季,选择出最佳品种,提高生物产量及品质,以满足当地农牧需求。

(二)青贮玉米良种简介

1. 成青 398

(1)成青 398

选育单位:四川省农业科学院作物研究所。

审定时间:2018 年西南区国审(国审玉 20180177)。

熟期类型:中晚熟类型。

特征特性:西南青贮玉米组出苗至收获期 119 d,比对照雅玉青贮 8 号晚熟 1 d。幼苗叶鞘紫色,叶片绿色,叶缘绿色,颖壳绿色。株型半紧凑,株高 315 cm,穗位高 145 cm。果穗长筒形,穗长 21.4 cm,穗行数 15.4,穗粗 4.2 cm,穗轴白,籽粒黄色、硬粒型。

抗性表现：接种鉴定结果显示，2016 年高抗茎腐病，中抗小斑病，感纹枯病；2017 年中抗大斑病，中抗小斑病，中抗茎腐病，中抗纹枯病。

产量表现：2016—2017 年参加西南青贮玉米组区域试验显示，两年平均亩产（干重）1178 kg，比对照雅玉青贮 8 号增产 8.9%。2017 年生产试验显示，平均亩产（干重）1401 kg，比对照雅玉青贮 8 号增产 11.7%。

品质特性：2016—2017 年品质检测结果显示，淀粉含量 27.86%～29.31%，中性洗涤纤维含量 43.25%～43.59%，酸性洗涤纤维含量 18.01%～19.55%，全株粗蛋白含量 7.96%～8.17%。

适宜种植区：适宜在四川、重庆、湖南、湖北、陕西南部海拔 800 m 及以下的丘陵、平坝、低山地区，贵州贵阳、黔南州、黔东南州、铜仁、遵义海拔 1100 m 以下地区，云南中部昆明、楚雄、玉溪、大理、曲靖等州（市）的丘陵、平坝、低山地区，广西桂林、贺州等西南春玉米区作青贮玉米种植。

栽培技术要点：适于西南区种植，也可在南方类似生态区引种试验和推广，间套种植和净作种植均可。可春播或夏播，以当地最佳播种期为准。种植密度每亩 3600～5000 株。一般总施肥量考虑每亩纯氮为 16 kg 左右，P_2O_5 为 12 kg 左右，K_2O 为 12 kg 左右。施足底肥（30%），巧施苗肥和拔节肥（20%），重施攻苞肥（50%）。加强田间管理，适时查苗补缺，确保苗齐、苗全和苗壮，及时防治病虫害。该品种活棵成熟，粮饲兼用；整株作青贮饲料，宜在乳熟末期刈割（即籽粒乳线在 1/4 至 3/4 时收获）。

（2）成青 398

选育单位：四川省农业科学院作物研究所。

审定时间：2019 年黄淮海区国审（国审玉 20190042）。

熟期类型：中熟型。

特征特性：黄淮海夏播青贮玉米组出苗至收获期 101 d，比对照雅玉青贮 8 号晚熟 1 d。幼苗叶鞘紫色，株型半紧凑，株高 315 cm，穗位高 148 cm。果穗长筒形，穗长 21.4 cm，穗行数 15.4，穗粗 4.2 cm，穗轴白，籽粒黄色、硬粒型。

抗性表现：接种鉴定结果显示，2016 年中抗茎腐病和叶斑病，感小斑病；2017 年中抗小斑病、弯孢叶斑病、瘤黑粉病、南方锈病和茎腐病。

产量表现：2016—2017 年参加黄淮海夏播青贮玉米组区域试验显示，两年平均亩产（干重）1268 kg，比对照雅玉青贮 8 号增产 7.3%。2017 年生产试验显示，平均亩产（干重）1074 kg，比对照雅玉青贮 8 号增产 9.6%。

品质特性：2016—2017 年品质检测结果显示，全株淀粉含量 29.31%～33.34%，中性洗涤纤维含量 40.38%～43.25%，酸性洗涤纤维含量 18.01%～18.04%，粗蛋白含量 7.96%～8.50%。

适宜种植区：适宜在河南、山东、河北保定和沧州的南部及以南地区、陕西关中灌区、山西运城和临汾、晋城部分平川地区、江苏和安徽两省淮河以北地区、湖北襄阳等黄淮海玉米区作为青贮玉米种植。

栽培技术要点：适于黄淮海夏玉米类型区种植，也可在类似生态区引种试验和推广，间套种植和净作种植均可。宜夏播，以当地最佳播期为准。种植密度每亩 4000～6000 株。一般总施肥量每亩纯氮为 16 kg 左右，P_2O_5 为 12 kg 左右，K_2O 为 12 kg 左右。施足底肥（30%），巧施苗肥和拔节肥（20%），重施攻苞肥（50%）。加强田间管理，适时查苗补缺，确保苗齐、苗全和苗壮，及时防治病虫害。该品种活棵成熟，粮饲兼用；整株作青贮饲料，宜在乳熟末期刈割（即籽粒乳线在 1/4 至 3/4 时收获)。

2. 成青 381

选育单位:四川省农业科学院作物研究所。

审定时间:2020 年西南区国审(国审玉 20200560)。

熟期类型:中晚熟型

特征特性:西南青贮玉米组出苗至收获期 113.65 d,比对照雅玉青贮 8 号晚熟 0.3 d。幼苗叶鞘浅紫色/紫色,叶片深绿色,花药黄色,颖壳绿色。株型半紧凑,株高 291.5 cm,穗位高 118.5 cm,果穗筒形,穗长 17.1 cm,穗行数 18～20 行,穗粗 5.7 cm,穗轴白,籽粒黄色、马齿型/半马齿型。

抗性表现:接种鉴定结果显示,抗大斑病,感灰斑病,中抗茎腐病,中抗/抗小斑病,感/中抗纹枯病,高抗/抗南方锈病。

产量表现:2018—2019 年参加西南青贮玉米组区域试验显示,两年平均亩产(干重)1264.2 kg,比对照雅玉青贮 8 号增产 4.9%。2019 年生产试验显示,平均亩产(干重)1380.8 kg,比对照雅玉青贮 8 号增产 10.1%。

品质特性:全株粗蛋白含量 8.9%,淀粉含量 31.65%,中性洗涤纤维含量 37.55%,酸性洗涤纤维含量 17.05%。

适宜种植区:西南春玉米区。包括四川、重庆、湖南、湖北、陕西南部海拔 800 m 及以下的丘陵、平坝、低山地区,贵州贵阳、黔南州、黔东南州、铜仁、遵义海拔 1100 m 以下地区,云南中部昆明、楚雄、玉溪、大理、曲靖等州(市)的丘陵、平坝、低山地区,广西桂林、贺州等。

栽培技术要点:该杂交种适于西南区种植,也可在南方类似生态区引种试验和推广,间套种植和净作种植均可。可春播或夏播,以当地最佳播种期为准。种植密度每亩 3600～5000 株。一般总施肥量考虑每亩纯氮为 16 kg 左右,P_2O_5 为 12 kg 左右,K_2O 为 12 kg 左右。施足底肥(30%),巧施苗肥和拔节肥(20%),重施攻苞肥(50%)。加强田间管理,适时查苗补缺,确保苗齐、苗全和苗壮,及时防治病虫害。该品种活棵成熟,粮饲兼用;整株作青贮饲料,宜在乳熟末期刈割(即籽粒乳线在 1/4 至 3/4 时收获)。

3. 雅玉青贮 8 号

选育单位:四川雅玉科技开发有限公司。

审定时间:2005 年国审(国审玉 2005034)。

熟期类型:早熟。

特征特性:在南方地区出苗至青贮收获期 88 d 左右。幼苗叶鞘紫色,叶片绿色,花药浅紫色,颖壳浅紫色。株型平展,株高 300 cm,穗位高 135 cm,成株叶片数 20～21 片。花丝绿色,果穗筒形,穗轴白色,籽粒黄色,硬粒型。

抗性表现:接种鉴定显示,高抗矮花叶病,抗大斑病、小斑病和丝黑穗病,中抗纹枯病。

产量表现:2002—2003 年参加青贮玉米品种区域试验显示,31 点次增产,5 点次减产,2002 年亩生物产量(鲜重)4619.21 kg,比对照农大 108 增产 18.47%;2003 年生产试验显示,亩生物产量(干重)1346.55 kg,比对照农大 108 增产 8.96%。

品质特性:全株中性洗涤纤维含量 45.07%,酸性洗涤纤维含量 22.54%,粗蛋白含量 8.79%。

适宜种植区:适宜在北京、天津、山西北部、吉林、上海、福建中北部、广东中部春播区和山东泰安、安徽、陕西关中、江苏北部夏播区作青贮玉米品种种植。

栽培技术要点：每亩适宜密度 4000 株，注意适时收获。

4. 渝青 506

选育单位：重庆市农业科学院。

审定时间：2020 年西南区国审(国审玉 20200566)。

熟期类型：中熟型。

特征特性：西南区青贮玉米组区试，春播平均生育期 113 d。株型半紧凑，幼苗叶鞘浅紫色，叶片绿色，叶缘白色，花药浅紫色，颖壳紫色，花丝浅紫色。株高 309 cm，穗位高 130 cm，穗长 20.0 cm，穗行数 16～18 行。

抗性表现：中抗小斑病、纹枯病，感大斑病、茎腐病、南方锈病，高感灰斑病。

产量表现：2018—2019 年参加西南青贮玉米组联合体区域试验显示，两年平均亩产(干重)1282.5 kg，比对照雅玉青贮 8 号增产 9.4%。2019 年生产试验显示，平均亩产(干重)1428.1 kg，比对照雅玉青贮 8 号增产 10.34%。

品质特性：全株粗蛋白含量 8.20%，淀粉含量 30.25%，中性洗涤纤维含量 38.95%，酸性洗涤纤维含量 20.75%。

适宜种植区：适宜在西南春玉米区的四川、重庆、湖南、湖北、陕西南部海拔 800 m 及以下的丘陵、平坝、低山地区，贵州贵阳、黔南州、黔东南州、铜仁、遵义海拔 1100 m 以下地区，云南中部昆明、楚雄、玉溪、大理、曲靖等州(市)的丘陵、平坝、低山地区作青贮玉米种植。

栽培技术要点：①选地。选择与牛羊养殖基地附近、路道便捷的中上肥力田地种植，以便收获运输。②播种时间。春、夏播种(3 月上中旬至 7 月上旬)，播种深度 3.0～4.0 cm。③种植密度。每亩种植密度 4000～4500 株。④合理施肥。底肥，亩施含量 45%的 N、P、K 复合肥或者玉米专用肥 40～50 kg，硫酸锌 1～2 kg；在拔节期，亩施 N、P、K 复合肥 20～30 kg 或尿素 20 kg，另加钾肥 5～8 kg，中后期可结合浇水每亩使用尿素 30 kg 或施用冲施肥。⑤适时收获。青贮专用整株带穗收获，在乳熟末期植株含水量为 61%～68%即乳线下移到籽粒1/2～3/4 阶段，收割最佳时期为乳熟后期至蜡熟前期，此时整株营养含量最高，纤维品质最优。注意防治大斑病、茎腐病、南方锈病和灰斑病。

5. 成单 3601

选育单位：四川省农业科学院作物研究所。

审定时间：2022 年四川省审(川审玉 20220018)。

熟期类型：中晚熟型。

特征特性：四川春播青贮玉米组出苗至收获期 110 d，比对照雅玉青贮 8 号晚熟 0.5 d。幼苗叶鞘浅紫色，叶片深绿色，株型半紧凑，株高 316.3 cm，穗位高 127.8 cm，果穗筒形，穗轴白，籽粒黄色、马齿型。

抗性表现：接种鉴定结果显示，抗大斑病，中抗灰斑病、茎腐病、小斑病，感纹枯病、穗腐病。

产量表现：2020—2021 年参加四川青贮玉米组区域试验显示，两年平均亩产(干重)1099.4 kg，比对照雅玉青贮 8 号增产 13.1%，平均增产点率 92.3%。

品质特性：全株粗蛋白含量 7.7%，淀粉含量 32.4%，中性洗涤纤维含量 36.3%。

适宜种植区：适宜在四川平坝丘陵地区作青贮玉米春播种植。

栽培技术要点：①播种时期。适宜春播。②种植密度。每亩种植 4000 株左右为宜。③肥水管理。重施底肥，轻施拔节肥，重施攻苞肥。④病虫防治。综合防治病虫害。

6. 桂青贮 903

选育单位：广西壮族自治区农业科学院玉米研究所。

审定时间：2021 年广西壮族自治区审(桂审玉 2021088 号)。

熟期类型：中熟型。

特征特性：2018 和 2019 年两年四川青贮玉米区试显示，春播平均生育期 116.4 d。株型平展，雄穗主轴与分枝夹角中，花药浅紫色，花丝为青色，果穗为锥到筒形，籽粒偏马齿型，籽粒橙黄色。株高 304.8 cm，穗位高 124.0 cm，穗长 19.3 cm，穗行数 18.7 行。

抗性表现：中抗大斑病，中抗小斑病，中抗纹枯病，高抗茎腐病，感南方锈病，抗镰孢穗腐病。

产量表现：2019 年春季广西青贮玉米区域试验显示，平均亩生物产量为 3853.5 kg，比相邻对照桂单 162 减产 0.04%，增产点次为 60%；秋季平均亩生物产量为 4069.72 kg，比对照桂单 162 增产 20.26%，增产点次为 80%；春秋两季平均亩生物产量为 3961.61 kg，比对照增产 10.11%，增产点次为 70%。2020 年春季广西青贮玉米生产试验显示，平均亩生物产量为 3483.4 kg，比相邻对照桂单 162 增产 9.37%，增产点次为 80%；秋季平均亩生物产量为 2949.4 kg，比对照桂单 162 减产 0.08%，增产点次为 50%；春秋两季平均亩生物产量为 3216.4 kg，比对照增产 4.64%，增产点次为 65%。干物质含量 29.7%。

品质特性：粗蛋白含量 6.75%、中性洗涤纤维(DNF)含量 49.8%、酸性洗涤纤维(ADF)含量 16.1%、淀粉含量 44.8%。

适宜种植区：适宜在广西全区春、秋季作青贮玉米品种种植。

栽培技术要点：①精细整地，施足基肥。②适时早播，提高播种质量，一次性播种全苗。③种植密度：3500～3800 株/亩。可采用单行单株或双行单株种植。④3 叶前查苗补苗，3～4 叶时间苗，5～6 叶时定苗，定苗结合中耕松土施攻苗肥，亩施腐熟粪水 1500～2000 kg，或尿素 4～5 kg，复合肥 10～12 kg。在抽雄前 8～10 d 重施攻苞肥，亩施尿素 15～20 kg，结合进行大培土。玉米抽雄前 10 d 至抽雄后 20 d，如遇干旱须灌水抗旱。及时做好田间病虫害调查和测报，及时防治病虫害。

7. 曲辰九号

选育单位：云南曲辰种业股份有限公司。

审定时间：2019 云南省审(滇审玉米 2019195 号)。

熟期类型：晚熟。

特征特性：平均生育期 121 d，品种权号：CNA20070686.1。品种植株深绿色，叶上举，叶尖下垂，茎秆青绿色。收获时单株绿叶数 15 叶，穗长 19.7 cm，穗粗 4.8 cm，圆柱形，穗轴白色，穗行数 12.5 行，行粒数 34.6 粒，粒色白色，中间型，千粒重 346 g。2017 年倒伏倒折率之和 2.1%，倒伏倒折率之和≥10.0%的试验点百分率为 16.7%。2018 年倒伏倒折率之和 6.7%，倒伏倒折率之和≥10.0%的试验点百分率为 16.7%。

抗性表现：高抗大斑病、高抗小斑病、高抗茎腐病、中抗纹枯病、中抗弯孢霉叶斑病、中抗叶鞘紫斑病、抗锈病、感灰斑病。

产量表现：参加 2017—2018 年的云南曲辰种业股份有限公司特用玉米青贮玉米组试验显示，2017 年平均生物干重 1571.3 kg/亩，较对照 1483.0 kg/亩增产 6.0%，增产点率 83.3%，

2018 年平均生物干重 1857.0 kg/亩，较对照 1747.5 kg/亩增产 6.3%，增产点率 83.3%。两年平均：两年区试平均亩产 1714.2 kg，较对照 1615.3 kg/亩增产 6.1%，增产点率 83.3%。2018 年生产试验平均亩产 1884.0 kg，较对照增产 5.6%，增产点率 83.3%。

品质特性：淀粉含量 37.79%，中性洗涤纤维含量 33.56%，酸性洗涤含量 15.16%，粗蛋白含量 9.63%。

适宜种植区：云南青贮玉米种植区。

栽培技术要点：一般栽培要求是：肥力中等地块，亩施农家肥 1000～1500 kg，和复合肥 20 kg 作底肥。追肥亩施尿素 40～50 kg，分两次进行：第一次苗有 5～7 片展开叶时，亩追尿素 10～20 kg；第二次苗有 9～10 片展开叶时，亩追尿素 30 kg，以保证营养生长的和生殖生长对养分的大量需要，促进丰产、高产注意防治灰斑病。该品种果穗均匀丰产性好，在肥力充足条件下易获高产。

8. 京科青贮 301

选育单位：北京市农林科学院玉米研究中心。

审定时间：2006 年黄淮海区国审（国审玉 2006053）。

熟期类型：中熟。

特征特性：出苗至青贮收获期 110 d 左右，比对照农大 108 晚 2 d。幼苗叶鞘紫色，叶片深绿色，叶缘紫色，花药浅紫色，颖壳浅紫色。株型半紧凑，株高 287 cm，穗位高 131 cm，成株叶片数 19～21 片。花丝淡紫色，果穗筒形，穗轴白色，籽粒黄色、半硬粒型。

抗性表现：经中国农业科学院作物科学研究所两年接种鉴定显示，抗小斑病，中抗丝黑穗病、矮花叶病和纹枯病，感大斑病。

产量表现：2004—2005 年参加青贮玉米品种区域试验显示，42 点次增产，14 点次减产，两年区域试验平均亩生物产量（干重）1306.5 kg，比对照农大 108 增产 10.3%。

品质特性：全株中性洗涤纤维含量平均 41.28%，酸性洗涤纤维含量平均 20.31%，粗蛋白含量平均 7.94%。

适宜种植区：适宜在北京、天津、河北北部、山西中部、吉林中南部、辽宁东部、内蒙古呼和浩特春玉米区和安徽北部夏玉米区作专用青贮玉米品种种植。

栽培技术要点：每亩适宜密度 4000 株左右，注意防治大斑病。

9. 大京九 26

(1)大京九 26

选育单位：河南省大京九种业有限公司。

审定时间：2018 年黄淮海区国审（国审玉 20180176）。

熟期类型：早熟。

特征特性：黄淮海夏播青贮玉米组出苗至收获期 98.5 d，比对照雅玉青贮 8 号早熟 2 d。幼苗叶鞘浅紫色，叶片深绿色，叶缘紫色，花药浅紫色，颖壳浅紫色。株型半紧凑，株高 300 cm，穗位高 133 cm，成株叶片数 20 片。果穗长筒形，穗长 20.4 cm，穗行数 16～18 行，穗粗 5.1 cm，穗轴白，籽粒黄色、半马齿型，百粒重 31.9 g。

抗性表现：抗小斑病，中抗茎腐病，中抗瘤黑粉病，感大斑病、纹枯病、丝黑穗病、南方锈病，高感弯孢叶斑病。

产量表现：2014—2015 年参加黄淮海夏播青贮玉米组区域试验显示，两年平均亩产（干重)1313.3 kg，比对照雅玉青贮 8 号增产 9.2%。2017 年生产试验显示，平均亩产(干重)1611.0 kg，比对照雅玉青贮 8 号增产 4.3%。

品质特性：全株粗蛋白含量 7.43%～8.14%，淀粉含量 27.43%～31.32%，中性洗涤纤维含量 40.81%～42.77%，酸性洗涤纤维含量 17.09%～18.73%。

适宜种植区：适宜在黄淮海夏玉米区的河南、山东、河北保定和沧州的南部及以南地区、陕西关中灌区、山西运城和临汾、晋城部分平川地区、江苏和安徽两省淮河以北地区、湖北襄阳地区作青贮玉米种植。

栽培技术要点：黄淮海夏播区通常在 6 月上旬播种，每亩种植密度为 4000～4500 株，该品种属丰产潜力大，喜水肥品种，播前要施足底肥，注意 N、P、K 配比。做好追肥，及时灌溉和病虫害防治。

(2)大京九 26

选育单位：河南省大京九种业有限公司。

审定时间：2017 年东华北、西北春播区国审(国审玉 20170049)。

熟期类型：晚熟。

特征特性：东华北、西北春玉米区出苗至收获期 123 d，比对照雅玉青贮 26 早 2 d。幼苗叶鞘浅紫色，叶片深绿色，叶缘紫色，花药浅紫色，颖壳绿色。株型半紧凑，株高 341 cm，穗位高 160.5 cm，成株叶片数 20 片。花丝浅紫色，果穗长筒形，穗长 22 cm，穗行数 16～18 行，穗轴白色，籽粒黄色、马齿型，百粒重 36.0 g。

抗性表现：抗小斑病，中抗弯孢叶斑病，感大斑病、纹枯病、丝黑穗病。

产量表现：2014—2015 年参加国家青贮玉米北方组品种区域试验显示，两年生物产量(干重)平均亩产 1751.8 kg，比对照增产 4.6%；2016 年生产试验显示，生物产量(干重)平均亩产 1923.0 kg，比对照雅玉青贮 26 增产 9.3%。

品质特性：中性洗涤纤维含量 40.81%～42.77%、酸性洗涤纤维含量 17.09%～18.73%、粗蛋白含量 7.43%～8.14%、淀粉含量 27.43%～31.32%。

适宜种植区：适宜在东华北黑龙江、吉林、辽宁、北京、河北、天津、山西、内蒙古春玉米类型区和新疆、陕西、甘肃、宁夏西北春玉米类型区作专用青贮玉米种植。注意预防倒伏，并防治大斑病、纹枯病和丝黑穗病。

栽培技术要点：中等肥力以上地块栽培，4 月下旬至 5 月上旬播种，亩种植密度 5000 株。

(3)大京九 26

选育单位：河南省大京九种业有限公司。

审定时间：2016 年内蒙古自治区区审(蒙审玉(饲)2016004)。

熟期类型：早熟。

特征特性：幼苗叶鞘紫色，叶片绿色，花药黄色，护颖绿色。株型半紧凑，株高 337 cm，穗位 161 cm，收获时 13 片叶。白轴，穗长 22 cm，穗行数 16～18 行。

抗性表现：感大斑病(7S)，感弯孢叶斑病(7S)，中抗丝黑穗病(7.0%MR)，中抗茎腐病(13.3%MR)，中抗玉米螟(6.8MR)。

产量表现：2013 年参加饲用玉米区域试验显示，平均鲜重亩产 5496.2 kg，比对照金山 12 增产 11.4%。出苗至收获期 125 d，比对照晚 3 d。2014 年参加饲用玉米区域试验显示，平均鲜重亩产 6115.9 kg，比组均值增产 6.2%。出苗至收获期 125 d，比对照东单 606 早 1 d。

2015 年参加饲用玉米生产试验，平均鲜重亩产 5757.0 kg，比对照东单 606 增产 10.1%。出苗至收获期 124 d，比对照晚 6 d。

品质特性：中性洗涤纤维含量 39.45%，酸性洗涤纤维含量 17.34%，粗蛋白含量 7.89%，淀粉含量 30.85%。

适宜种植区：适宜在内蒙古自治区青贮玉米种植区种植。

栽培技术要点：播期为 5 cm，地温稳定≥10 ℃时即可播种。5000 株/亩左右。底肥施用 $N_{15}P_{15}K_{15}$ 复合肥 40 kg/亩，拔节期亩追施 15～20 kg 尿素。注意防治大斑病、弯孢叶斑病。

10. 北农青贮 368

选育单位：北京农学院植物科技系。

审定时间：2018 年黄淮海区国审（国审玉 20180175）。

熟期类型：中熟。

特征特性：黄淮海夏播青贮玉米组出苗至收获期 100 d，比对照雅玉青贮 8 号早熟 1 d。幼苗叶鞘紫色，叶片绿色，株型半紧凑，株高 282 cm，穗位高 126 cm。

抗性表现：接种鉴定结果显示，中抗小斑病，中抗弯孢叶斑病，感大斑病、纹枯病和丝黑穗病。

产量表现：2014—2015 年参加黄淮海夏播青贮玉米组区域试验显示，两年平均亩产（干重）1264 kg，比对照雅玉青贮 8 号增产 5.0%。2016 年生产试验显示，平均亩产（干重）1186 kg，比对照雅玉青贮 8 号增产 7.7%。

品质特性：全株粗蛋白含量 7.70%～8.67%，淀粉含量 27.80%～33.46%，中性洗涤纤维含量 36.83%～42.60%，酸性洗涤纤维含量 16.04%～19.51%。

适宜种植区：适宜在黄淮海夏玉米区的河南、山东、河北保定和沧州的南部及以南地区、陕西关中灌区、山西运城和临汾、晋城部分平川地区、江苏和安徽两省淮河以北地区、湖北襄阳作青贮玉米种植。

栽培技术要点：选择与牛羊养殖基地附近、路道便捷的中上肥力田地种植，以便收获运输。黄淮海地区夏播时间为 6 月上旬至 6 月中旬，播种深度3.0～4.0 cm。每亩种植密度 4500～5500 株。底肥，亩施含量 45%的 N、P、K 复合肥或者玉米专用肥 40～50 kg，硫酸锌 1～2 kg；在拔节期，亩施 N、P、K 复合肥 20～30 kg 或尿素 20 kg，另加钾肥 5～8 kg；中后期可结合浇水每亩使用尿素 30 kg。在乳线 1/2 时，带穗全株收获。

11. 京科 968

选育单位：北京市农林科学院玉米研究中心。

审定时间：2019 年黄淮海区国审（国审玉 20190031）。

熟期类型：早熟。

特征特性：黄淮海夏播青贮玉米组出苗至收获期 98.5 d，比对照雅玉青贮 8 号早熟 1.5 d。幼苗叶鞘浅紫色，株型半紧凑，株高 281 cm，穗位高 106 cm。

抗性表现：2016 年接种鉴定显示，中抗茎腐病，中抗小斑病，中抗弯孢叶斑病；2017 年接种鉴定显示，感茎腐病，中抗小斑病，感弯孢叶斑病，感瘤黑粉病，感南方锈病。

产量表现：2016—2017 年参加黄淮海夏播青贮玉米组区域试验显示，两年平均亩产（干重）1217.5 kg，比对照雅玉青贮 8 号增产 3.04%。2017 年生产试验显示，平均亩产（干重）1076.7 kg，比对照雅玉青贮 8 号增产 11.1%。

品质特性：全株粗蛋白含量 8.32%～8.69%，淀粉含量 35.07%～39.26%，中性洗涤纤维含量 33.70%～36.84%，酸性洗涤纤维含量 13.25%～15.61%。

适宜种植区：适宜在河南、山东、河北保定和沧州的南部及以南地区、陕西关中灌区、山西运城和临汾、晋城部分平川地区、江苏和安徽两省淮河以北地区、湖北襄阳等黄淮海夏播地区作为青贮玉米种植。

栽培技术要点：黄淮海夏播青贮玉米区：播种期为 6 月中旬，根据地力条件，亩种植密度 4000～4500 株。注意预防穗腐病和弯孢叶斑病。

12. 郑单 901

选育单位：河南省农业科学院粮食作物研究所。

审定时间：2020 年黄淮海区国审（国审玉 20200552）。

熟期类型：早熟。

特征特性：黄淮海夏播青贮玉米组出苗至收获期 96.5 d，比对照雅玉青贮 8 号早熟 1.5 d。幼苗叶鞘紫色，叶片深绿色，叶缘绿色，花药浅紫色，颖壳浅紫色。株型紧凑，株高 264 cm，穗位高 111 cm，成株叶片数 22 片。果穗长筒形，穗长 16.5 cm，穗行数 14～16 行，穗粗 5.0 cm，穗轴白色，籽粒黄色、半马齿型，百粒重 35.7 g。

抗性表现：接种鉴定结果显示，中抗茎腐病、小斑病、南方锈病，感弯孢叶斑病，高感瘤黑粉病。

产量表现：2018—2019 年参加黄淮海夏播青贮玉米组区域试验显示，两年平均亩产（干重）1461.0 kg，两年平均亩产（鲜重）4073.3 kg，比对照雅玉青贮 8 号增产 9.62%。2019 年生产试验显示，平均亩产（干重）1319.3 kg，平均亩产（鲜重）3710.3 kg，比对照雅玉青贮 8 号增产 7.3%。

品质特性：全株粗蛋白含量 8.75%，淀粉含量 32.25%，中性洗涤纤维含量 37.75%，酸性洗涤纤维含量 16.55%。

适宜种植区：适宜在黄淮海夏播玉米区的河南、山东、河北保定和沧州的南部及以南地区、陕西关中灌区、山西运城和临汾、晋城部分平川地区、江苏和安徽两省淮河以北地区、湖北襄阳地区种植。

栽培技术要点：①播期和密度：6 月上中旬麦后直播，中等水肥地每亩种植密度 4500 株，高水肥地每亩种植密度不超过 5000 株。②田间管理：科学施肥，浇好三水，即拔节水、孕穗水和灌浆水；苗期注意防止蓟马、蚜虫、地老虎；大喇叭口期用颗粒杀虫剂丢芯，防治玉米螟虫。③适时收获：玉米籽粒乳线 1/2 时收获，以充分发挥该品种的青贮品质潜力。

风险提示：苗期注意蹲苗，防止倒伏。后期注意防治弯孢菌叶斑病、瘤黑粉病。

13. 金刚青贮 50

选育单位：辽阳金刚种业有限公司。

审定时间：2007 年西北春玉米国审（国审玉 2007028）。

熟期类型：晚熟。

特征特性：在西北春玉米区出苗至青贮收获期 124 d，比对照农大 108 晚熟 7 d，需有效积温 2900 ℃·d 左右。幼苗叶鞘紫色，叶片绿色，叶缘紫色，花药淡黄色，颖壳绿色。株型半紧凑，株高 308 cm，成株叶片数 22 片。

抗性表现：抗丝黑穗病和矮花叶病，中抗小斑病和纹枯病，感大斑病。

产量表现：2005—2006 年参加青贮玉米品种区域试验（西北组）显示，两年平均亩生物产量（干重）1920.4 kg，比对照农大 108 增产 16.6%。

品质特性：中性洗涤纤维含量 49.71%～50.03%，酸性洗涤纤维含量 19.29%～23.63%，粗蛋白含量 8.16%～9.92%。

适宜种植区：适宜在内蒙古呼和浩特、宁夏中部、新疆北部春播区作专用青贮玉米品种种植，大斑病重发区慎用。

栽培技术要点：在中等肥力以上地块栽培，每亩适宜密度 4000 株左右，注意防治地下害虫、大斑病和玉米螟。

14. 雅玉青贮 26

选育单位：四川雅玉科技开发有限公司。

审定时间：2006 年东华北国审（国审玉 2006056）。

熟期类型：中熟。

特征特性：出苗至青贮收获期比对照农大 108 晚 5 d 左右。幼苗叶鞘浅紫色，叶片绿色，叶缘绿色，花药紫色，颖壳浅紫色。株型平展，株高 362 cm，穗位高 151 cm，成株叶片数 18 片。花丝绿色，果穗筒形，穗长 19～21 cm，穗行数 14～16 行，穗轴白色，籽粒黄色、半马齿型。区域试验中平均倒伏（折）率 8.2%。

抗性表现：抗大斑病、丝黑穗病和矮花叶病，中抗小斑病，感纹枯病。

产量表现：2004—2005 年参加青贮玉米品种区域试验显示，44 点次增产，11 点次减产，两年区域试验显示，平均亩生物产量（干重）1322.9 kg，比对照农大 108 增产 11.7%。

品质特性：全株中性洗涤纤维含量平均 47.04%，酸性洗涤纤维含量平均 23.48%，粗蛋白含量平均 7.78%。

适宜种植区：适宜在北京、天津、山西北部、吉林中南部、辽宁东部、内蒙古呼和浩特、新疆北部春玉米区和安徽北部、陕西中部夏玉米区作专用青贮玉米品种种植，纹枯病重发区慎用。

栽培技术要点：每亩适宜密度 4000 株左右。

15. 豫青贮 23

选育单位：河南省大京九种业有限公司。

审定时间：2008 年东华北国审（国审玉 2008022）。

熟期类型：中晚熟。

特征特性：东北华北地区出苗至青贮收获期 117 d。幼苗叶鞘紫色，叶片浓绿色，叶缘紫色，花药黄色，颖壳紫色。株型半紧凑，株高 330 cm，成株叶片数 18～19 片。

抗性表现：高抗矮花叶病，中抗大斑病和纹枯病，感丝黑穗病，高感小斑病。

产量表现：2006—2007 年参加青贮玉米品种区域试验显示，在东华北区两年平均亩生物产量（干重）1401 kg，比对照平均增产 9.4%。

品质特性：中性洗涤纤维含量 46.72%～48.08%，酸性洗涤纤维含量 19.63%～22.37%，粗蛋白含量 9.30%。

适宜种植区：适宜在北京、天津武清、河北北部（张家口除外）、辽宁东部、吉林中南部和黑龙江第一积温带春播区作专用青贮玉米品种种植。

栽培技术要点：中等肥力以上地块种植，每亩适宜密度 4500 株左右。注意防治丝黑穗病和小斑病。

16. 登海青贮 3930

选育单位：山东登海种业股份有限公司。

审定时间：2006 年东华北国审（国审玉 2006057）。

熟期类型：中熟。

特征特性：出苗至青贮收获期与对照农大 108 相同。幼苗叶鞘紫色，叶片深绿色，叶缘绿色，花药紫色，颖壳浅紫色。株型紧凑，株高 300 cm，穗位高 129 cm，成株叶片数 21 片。花丝紫色，果穗粗筒形，穗长 24 cm，穗行数 18～20 行，穗轴紫色，籽粒黄色、半马齿型，百粒重39 g。区域试验中平均倒伏（折）率 5%。

抗性表现：高抗丝黑穗病，抗大斑病、小斑病和矮花叶病，感纹枯病。

产量表现：2004—2005 年参加青贮玉米品种区域试验显示，47 点次增产，9 点次减产，两年区域试验显示，平均亩生物产量（干重）1343.5 kg，比对照农大 108 增产 13.3%。

品质特性：全株中性洗涤纤维含量平均 47.42%，酸性洗涤纤维含量平均 23.53%，粗蛋白含量平均 7.06%。

适宜种植区：适宜在北京、天津、河北北部、辽宁东部、内蒙古呼和浩特、福建中北部春播区作专用青贮玉米品种种植。

栽培技术要点：每亩适宜密度 3500 株左右，注意防止倒伏和玉米螟危害。

17. 晋单青贮 42

选育单位：山西省强盛种业有限公司。

审定时间：2005 年东华北国审（国审玉 2005032）。

熟期类型：中熟。

特征特性：出苗至青贮收获期 106 d，比对照农大 108 晚 2 d，需有效积温 2800 ℃·d 以上。幼苗叶鞘紫色，叶片绿色，叶缘绿色，花药淡红色，颖壳淡绿色。株型半紧凑，株高 275 cm，穗位高 130 cm，成株叶片数 21 片。花丝淡绿色，穗轴红色，籽粒黄色，半马齿型，平均倒伏率 4.5%。

抗性表现：高抗矮花叶病，抗大斑病、小斑病和丝黑穗病，中抗纹枯病。

产量表现：2003—2004 年参加青贮玉米品种区域试验显示，41 点次增产，5 点次减产，平均亩生物产量（干重）1389.76 kg，比对照农大 108 增产 14.66%。

品质特性：全株中性洗涤纤维含量 41.25%～46.45%，酸性洗涤纤维含量 19.17%～21.31%，粗蛋白含量 7.66%～8.41%。

适宜种植区：适宜在北京、天津、河北、辽宁东部、吉林中南部、内蒙古中西部、上海、福建中北部、四川中部、广东中部春播区和山东中南部、河南中部、陕西关中夏播区作为青贮玉米品种种植。

栽培技术要点：在东北华北和南方地区种植，每亩适宜密度 3500 株左右；在黄淮海地区种植，每亩适宜密度 4500 株左右。注意适时收获。

18. 奥玉青贮 5102

选育单位：北京奥瑞金种业股份有限公司。

审定时间：2004 年东华北国审（国审玉 2004026）。

熟期类型：晚熟。

特征特性：在北京地区出苗至籽粒成熟 130 d，比对照农大 108 晚 10 d 左右。幼苗叶鞘紫色，叶片深绿色，叶缘绿色。株型半紧凑，株高 305 cm，穗位 150 cm，成株叶片数 22～23 片。花药黄色，颖壳绿色，花丝绿色，果穗筒形，穗长 23 cm，穗行数 18 行，穗轴白色，籽粒黄色，粒型为半硬粒型。

抗性表现：高抗小斑病、丝黑穗病和矮花叶病，抗大斑病和纹枯病。

产量表现：2002—2003 年参加青贮玉米品种区域试验显示，2002 年 16 点增产，1 点减产，平均亩生物产量鲜重 4824.16 kg，比对照农大 108 增产 23.73%；2003 年 14 点增产，5 点减产，平均亩生物产量干重 1310.83 kg，比对照农大 108 增产 6.07%。

品质特性：全株中性洗涤纤维含量 42.77%，酸性洗涤纤维含量 21.42%，粗蛋白含量 9.43%。

适宜种植区：适宜在北京、天津、河北北部春玉米区，陕西关中西部夏玉米区及江苏南部、上海、广东、福建作专用青贮玉米种植。

栽培技术要点：适宜密度为 3000 株/亩，注意控制密度，防止倒伏。

19. 辽单青贮 625

选育单位：辽宁省农业科学院玉米研究所。

审定时间：2004 年东华北国审（国审玉 2004027）。

熟期类型：晚熟。

特征特性：在沈阳地区出苗至成熟期 136 d，与对照农大 108 相同。幼苗叶鞘紫色，叶片绿色，叶缘绿色。株型半紧凑，株高 272 cm，穗位 117 cm，成株叶片数 23 片。果穗筒形，穗长 23 cm，穗行数 14～16 行，穗轴白色，籽粒黄色，粒型为半马齿型。

抗性表现：经中国农业科学院品资所接种鉴定显示，高抗大斑病、小斑病，抗矮花叶病，中抗丝黑穗病和纹枯病。

产量表现：2002—2003 年参加青贮玉米品种区域试验显示，2002 年 10 点增产，7 点减产，平均亩生物产量鲜重 4037.09 kg，比对照农大 108 增产 3.54%；2003 年 13 点增产，6 点减产，平均亩生物产量干重 1262.21 kg，比对照农大 108 增产 2.13%。

品质特性：经北京农学院测定显示，全株中性洗涤纤维含量 40.58%，酸性洗涤纤维含量 17.66%，粗蛋白含量 7.47%。

适宜种植区：适宜在北京、天津、河北北部春玉米区作专用青贮玉米种植，注意防治纹枯病。

栽培技术要点：适宜密度为，春播 3500 株/亩，夏播 4000 株/亩，注意防治纹枯病。

20. 京科青贮 932

选育单位：北京市农林科学院玉米研究中心。

审定时间：2018 年东华北国审（国审玉 20180174）。

熟期类型：中晚熟。

特征特性：东华北中晚熟青贮玉米组出苗至收获期 125 d，比对照雅玉青贮 26 早熟 5.5 d。幼苗叶鞘紫色，株型半紧凑，株高 308 cm，穗位高 126 cm。

抗性表现：中抗大斑病，中抗灰斑病，高抗茎腐病，中抗丝黑穗病。

产量表现：2016—2017 年参加东华北中晚熟青贮玉米组区域试验，两年平均亩产（干重）1496.0 kg，比对照雅玉青贮 26 增产 7.5%。2017 年生产试验显示，平均亩产（干重）1481.4 kg，比对照雅玉青贮 26 增产 9.7%。

品质特性：全株粗蛋白含量7.66%～8.20%，淀粉含量30.07%～31.93%，中性洗涤纤维含量41.58%～41.98%，酸性洗涤纤维含量15.32%～16.99%。

适宜种植区：适宜在东华北中晚熟春玉米区的吉林四平、松原、长春大部分地区和辽源、白城、吉林市部分地区以及通化南部，辽宁除东部山区和大连、东港以外的大部分地区，内蒙古赤峰和通辽大部分地区，山西忻州、晋中、太原、阳泉、长治、晋城、吕梁平川区和南部山区，河北张家口、承德、秦皇岛、唐山、廊坊、保定北部、沧州北部春播区，北京春播区，天津春播区作青贮玉米种植。注意防治大斑病、灰斑病、丝黑穗病。在辽宁丹东等风灾高发区慎用。

栽培技术要点：中等肥力以上地块栽培，春播播种期为4月中下旬，亩种植密度4000～4500株。

三、播种

(一)种子的播前处理

青贮玉米栽培过程中，不仅要选择产量高、品质好的品种，还要选择籽粒大而饱满的种子，以保证种子的发芽率。如果想进一步提高种子萌发率，还需要对种子进行科学处理，如播种前对种子采取晾晒、种衣剂包衣及药剂拌种等措施，不仅可以提高发芽率，还可以防治地下害虫及其他病害。

车文利等(2014)在春播马铃薯和夏播青贮玉米两种两收的高产栽培技术中介绍，青贮玉米播种前选用安全的玉米专用种衣剂包衣，药种比1∶50，可有效防治苗期病虫害。播种前均匀翻晒2～3 d，可增强种子活力，提高种子的发芽率，达到苗齐、苗壮。

廖国芳等(2015)介绍在额尔古纳地区播种青贮玉米，在播种前7 d选晴朗天气晒种2～3 d，以杀灭种子表皮病菌，提高发芽率。同时用玉米专用种衣剂对种子进行处理，可有效防控玉米苗期病虫害，促进幼苗生长。包衣后要在阳光下晒1～2 d。

李立鑫(2022)介绍在栽培青贮玉米过程中，首先要选择成熟度好、粒大饱满的玉米种子，在播种前需要进行晒种1～2 d，可提高种子发芽率。

卢雨霞(2017)介绍在石河子垦区复播青贮玉米，种子须用含有杀虫剂的种衣剂包衣，未包衣的种子可用50%辛硫磷乳剂，按种子量的0.25%加少量水拌种，防治地老虎等地下害虫。用25%粉锈宁按照种子重量的0.4%拌种，防治黑粉病。

贡万辉等(2018)介绍在新疆阿拉尔垦区应使用有种衣剂包衣的种子，要求机械选种，种子纯度不低于95%、净度不低于98%、发芽率在85%以上，种子破碎率≤2%。播种前适当晒种，以增强种子活力。

斯日古楞等(2014)介绍在人工杨树林下栽植青贮玉米，需要选择种子质量要达到《粮食作物种子 第1部分：禾谷类》(GB 4404.1—2008)规定的二级以上标准。发芽率试验按《农作物种子检验规程：总则》(GB/T 3543.1—1995)执行。种子包衣技术操作规程按《农作物薄膜包衣种子技术条件》(GB/T 15671—2009)执行。

高家强等(2019)介绍在新疆阜康，青贮玉米播种前需要对种子进行晒种和拌种处理。播种前均匀晒种2～3 d，以有效杀灭种子表面病菌，可提高出苗率13%～28%。选用粒大饱满的种子，剔除杂粒、病粒；用辛硫磷200 g加水2～3 kg喷在100 kg种子上拌匀，闷种1 h，防治地老虎危害；用三唑酮乳油300 g兑水2.5～3.0 kg，或用15%立克秀粉剂200～300 g兑水2.5～3.0 kg拌种100 kg种子，药剂拌种后闷种4～6 h，摊开晾干，防治玉米瘤黑粉病。药剂拌种后可直接播种，不能再浸种。

赵贵宾等(2020)介绍甘肃旱地种植青贮玉米，为预防茎基腐病、丝黑穗病等病害发生，采用20%悬浮种衣剂(丁硫克百威6.0%+戊唑醇0.4%+福美双13.6%)16.7～25.0 g拌种1 kg种子，或用25%悬浮种衣剂(福美双11.5%+克百威7.0%+萎锈灵6.5%)按药种质量比为1∶40～1∶50拌种，也可用15%悬浮种衣剂(甲基异柳磷5.0%+福美双10.0%)按药种质量比为1∶40～1∶50拌种。

刘洪梅(2021)介绍为提高种子的发芽率，需要对种子进行处理后再实施播种。种子要选择成熟度好、颗粒饱满的种子，将杂质、杂粒清除干净后晒种1～2 d，这样可以起到杀灭病害的作用。还可以使用药剂拌种，如可使用辛硫磷加水稀释后，对种子进行喷雾，拌匀后再闷种1 h，这样可以有效地降低地下害虫的发生。

(二)适期播种

1. 春播

在中国北方一熟制主产区，实行春播。在南北过渡地带也有实行春播的地区，春播适宜选用生育期长的青贮品种。

张志远(2009)认为，在新疆地区种植两茬玉米选用新饲玉12号、新饲玉13号玉米品种，如果种植一茬可选用新饲玉10号等生育期长的品种。春播适宜早播，当5～10 cm土层温度达到10 ℃时可采取精量点播，一般在4月上中旬播种，及时进行定苗、中耕、追肥及灌水等田间管理。

蒋梅巧等(2011)为筛选出适宜浙江金华高产优质青贮玉米品种，2010年选用12个品种开展春播品种比较试验。从4月上旬，在试验地用草甘膦除草，施用复合肥750 kg/hm^{2}作基肥，4月中旬翻耕做畦，畦宽1.0 m，排水沟宽20 cm、深20 cm，4月21日采用点直播方式播种，每穴播种3粒。4叶期间苗，5叶期定苗，在小喇叭口期和大喇叭口期各追施复合肥300 kg/hm^2。注意防治蚜虫、玉米螟等害虫。

曹健(2012)介绍在新疆尉犁县实行一年两季种植青贮玉米，春播青贮玉米需要在4月5日前整地呈待播状态，整地质量应达到“齐、平、墒、碎、净、实”标准。4月6日前完成，采用覆膜种植，覆膜宽度为1.4 m，保苗密度4500～5500株/亩。

张占琴等(2015)研究北疆春播和麦后复播青贮玉米在产量、干物质积累和光温气候资源利用等方面的差异。试验地前茬为冬小麦，选用品种为新玉15号。春播于4月28日播种，种植密度为75000株/hm^2，灌溉采用滴灌方式进行。

宋利学(2016)介绍在邢台地区一年两熟青贮玉米连作，春播一般在4月5日至15日，视当时地温条件而定，春播对温度要求严格，地温稳定在8～12 ℃时适宜播种，必要时可选用0.003～0.004 mm地膜覆盖种植，覆膜播种可使播种期提前5～7 d。

游永亮等(2017)在河北黑龙港地区深州市护驾迟、威县赵村和沧县前营3个试验点，进行晚春播青贮玉米品种筛选试验，旨在筛选出晚春播条件下适宜和饲用小黑麦搭配中的青贮玉米品种。在黑龙港地区，饲用小黑麦10月初播种，次年5月中下旬收获，5月20日结束收获，收获后及时复种青贮玉米。试验设置3个播种时间，分别于5月24日、5月26日和5月23日播种。播种前整地，施入底肥尿素25 kg/hm^2，播种后浇水，定期进行定苗、除草、追肥等田间管理。

王兴川(2017)研究集成一套适合河北滦南县生产的一年两熟青贮玉米高效栽培技术，春播前即3月下旬灌播前水，播种方式采用起垄栽培，大小垄种植，利用旋播一体机，旋耕、播种、覆膜一次完成，单粒播种，3月底至4月初抢时播种。

潘蒙英健等(2018)为确定黄淮海地区青贮玉米适宜播种时间，选用4个品种开展春播和夏播两个播期试验。播种前将土地整平，深耕细耙。春播在2015年5月7日播种，穴播，播种深度3～5 cm，行距50 cm，播后覆土，每亩留苗6000株左右；夏播在2015年6月17日播种，穴播，播种深度3～5 cm，行距60 cm，播后覆土，每亩留苗5000株左右，定期进行浇水、施肥、除杂草等田间管理。通过分析不同播期下4个青贮玉米品种的农艺性状、产量、营养品质等指标，表明春播条件下的4个品种的产量及农艺性状均高于夏播。

王志成等(2018)介绍，为充分利用陕西陇县光热资源，提高土地产出率，充分发挥新品种增产增收作用，在陇县可进行春播青贮玉米—冬小麦—夏播青贮玉米两年三熟制。他总结该栽培模式技术要点有，选择灌排条件较好、土壤肥力较高、交通便利的地块播种。采用药剂拌种，有利于防治地下害虫和苗期病害，单粒播种，减少间定苗人工，春播青贮玉米一般在4月20日—4月25日完成。由于冬小麦适宜播种期在9月25日至10月5日，所以青贮玉米最好在9月中下旬能完成收获，为播种冬小麦留出播种时间。

综上所述，春播适宜早播，北方青贮玉米春播可采取精量点播，最早可在3月底开始播种，一般在4月中下旬播种，晚春播在5月中下旬完成播种。

2. 年内复播

曹健(2012)介绍在新疆尉犁县实行一年两季青贮玉米，春播青贮玉米要在4月6日前完成，进行覆膜种植，覆膜宽度为1.40 m，保苗密度4500～5500株/亩。春播收获后，及时清理农田、浇水整地。青贮玉米复播时间一般在6月下旬—7月上旬，露地播种，行距35～40 cm，株距20～25 cm，保苗密度6000～8000株/亩。田间综合防治病虫害。

王建国(2012)介绍2012年的试验。采用裂区设计方法，比较了两熟不足区下茬青贮玉米三种不同种植方式的生产力。试验结果表明，郑单958和高油4515采用鲜食玉米收获前7 d在2株鲜食玉米之间的垄台上播种青贮玉米，干物质产量分别达到11.75 t/hm^2和10.84 t/hm^2，较对照分别降低1.6%和7.2%；其秸秆干物质含量分别达到23.90%和27.03%，较对照提高13,2%和10.1%；其籽粒干物质含量分别达到39.04%和22.61%，而对照没有籽粒产量。两熟不足区下茬青贮玉米采用鲜食玉米收获前7 d在2株鲜食玉米之间的垄台上播种技术，可以实现抢农时、提高营养品质的效果，但应用该项技术一定要注意提高播种质量，确保群体密度。

张占琴等(2015)介绍了2013年在新疆北部所做的试验。以新玉15号为供试品种，研究了春播和麦后复播青贮玉米(复播1期，6月30日播种；复播2期，7月10日播种)在产量、干物质积累和光温气候资源利用等方面的差异。结果表明，春播、复播1期、复播2期鲜重产量53988 kg/hm^2、67251 kg/hm^2、68327 kg/hm^2；复播青贮玉米生育期明显缩短，光合有效辐射和≥10 ℃积温较春播少；复播1期苗期、穗期、灌浆期均处于最适温度范围之内；春播、复播1期、复播2期的LAI峰值为5.01、5.72、6.36，总光合势分别为2.45×10^6 $m^2/(d\cdot hm^2)$、2.84×10^6 $m^2/(d\cdot hm^2)$、3.37×10^6 $m^2/(d\cdot hm^2)$。复播青贮玉米的产量潜力主要在于大喇叭口期之前生育期优越的光温资源条件，且大喇叭口期之前干物质积累速率较春播快。

任伟等(2016)介绍了河南青贮玉米一年双季栽培。第一季青贮玉米于3月末—4月上旬播种；第二季青贮玉米于第一季青贮玉米收获后，先将地膜及杂草清理干净，然后用秸秆粉碎机将地表的根茬粉碎后立即铁茬直播。

李兰英(2016)曾利用常规气象观测资料，统计河北滦南县最近10年每年4月1日—10月15日的积温，根据滦南县多年平均气温、多年平均降水量等气候资料，结合玉米各生育期的农业气象指标，对青贮玉米双茬种植进行了气象条件分析。结果表明，滦南县的气候条件非常适合青贮玉米双茬种植，播种日期分别为4月1—5日和7月16日左右，收获日期分别为7月15日前后和10月15日前后；单茬生育期积温为1950～2160 ℃·d，双茬总积温为3900～4160 ℃·d；两茬玉米的生育期分别为106 d左右和92 d左右。

王兴川(2017)介绍了河北滦南县一年两熟青贮玉米栽培。春播于3月底—4月初播种；夏播于7月10日春播青贮玉米收获后及时播种。

杜桂林等(2018)试验分析了天津市周年平均温度及降水时间分布，确定了青贮玉米一年两茬种植模式下两茬适宜的播种及收获时期为：春播青贮玉米3月22日至4月6日覆膜播种，春播收获及夏播时间为7月4日至7月14日，夏播青贮玉米收获期为10月6日左右；选用先单23等8个青贮玉米品种，比较各品种从播种到乳熟后期的生育天数、植株性状与产量性状，筛选出适宜天津一年两茬种植模式下的春夏播青贮玉米品种及品种组合。结果表明，先单23、豫青贮23、中单青贮29、北农青贮3740等品种综合性状优良，生育期适中，适宜天津一年两茬青贮种植。春播品种先单23＋夏播品种中单青贮29组合周年产量最高，可达8326.8 kg/亩，较对照春播品种极峰30＋夏播品种京科301组合周年产量增加2089.8 kg/亩，增产33.7%。

贡万辉等(2018)介绍了新疆阿拉尔垦区一年两季滴灌青贮玉米栽培技术。第一茬于3月25日—4月1日播种，最晚于4月5日结束。6月22日—7月3日达乳熟期收获；第二茬于7月1日—7月10日播种，10月5日—10月10日达乳熟期收获。

3. 夏播

在二熟制地区，青贮玉米实行夏播，接越冬作物茬，一般接冬小麦茬或冬油菜茬。在南北过渡地带也有夏播的地区。

吴立伦等(2005)为四川达州种植双季青贮玉米提供最适宜的夏播理论依据，选用达玉1号品种，设4个播期，即在5月13日、6月20日、6月30日、7月12日播种，每穴2～3粒，株距22 cm，行距50 cm，播深2～3 cm，播种后覆土1.5～2.0 cm。定期进行田间管理。综合评估产量因素显示，5月13日播种的产量最高，为4269 kg/亩，其次是6月20日，产量为2808 kg/亩。夏播青贮玉米的最佳播期应选择在6月上中旬，最迟不得晚于6月下旬。

王海波等(2011)介绍由于夏播青贮玉米具有收获方便、人力成本低、效益好等优点，夏播青贮玉米生产是北京畜牧业青贮饲料供应的主要形式，也是夏播作物生产的重要组成之一。北京夏播青贮玉米生产面积在1.3万hm^2左右，占夏播作物的20%。北京夏播青贮玉米应选择生育期在110～120 d、耐密抗倒(5000株/亩以上)、抗性好的品种。播种期一般为6月15日—6月20日，收获期为9月20日—10月5日，收获后整理田地，准备小麦播种。

车文利等(2014)在春播马铃薯和夏播青贮玉米两种两收的高产栽培技术中介绍，廊坊春播马铃薯一般在3月20日左右播种，5月底或6月初收获。马铃薯收获后及时整地、施肥。一般夏播青贮玉米在收获马铃薯后，即6月下旬播种，播种时土壤墒情要好，田间持水量在60%以上，否则要灌水播种。

宋利学(2016)介绍，随着农业结构调整和畜牧业迅速发展，专用型青贮玉米营养价值高、易于机械化操作、连作危害小，在邢台地区可以发展一年两熟青贮玉米连作模式。在春播青贮玉米收获后，需要抢抓好天气播种，一般在7月10日—7月15日完成播种。

王兴川(2017)根据河北滦南县奶牛养殖场对优质青贮饲料需求，研究集成一套适合当地生产的一年两熟青贮玉米高效栽培技术，夏播青贮玉米在春播青贮玉米收获后及时播种。采用起垄栽培，大小垄种植，旋播一体机进行机械露地单粒播种，一般在7月10日完成播种。

孙毅鹏(2017)为研究新疆北部不同播期对青贮玉米产量的影响，设置5个不同播期(7月1日、7月8日、7月15日、7月22日和7月29日)试验，通过比较籽粒中淀粉含量、营养成分及产量等因素，结果表明，在7月8日和7月15日产量水平最高，认为在新疆北部地区青贮玉米适宜播种日期为7月8日—7月15日。

冯健英等(2020)介绍在河北中南部平原区主要是以小麦一玉米一年两熟为主要复种模式。首选在河北推广的省审和国审品种。抓住夏收的农时，抢时播种，玉米播种深度3～5 cm，播种后及时足量浇灌好第1次出苗水，防治玉米黏虫、地老虎、粗缩病等病虫害，适时收获。

郭莉等(2020)介绍湖北襄阳玉米种植模式主要为麦茬后玉米夏播，夏播玉米面积较大，已达16.7万hm^2，但夏播玉米面临生育期气候恶劣、自然灾害较多等不利因素，合理利用夏播玉米面积，种植粮饲通用型青贮玉米是一个很好的选择。夏播青贮玉米一般在6月中上旬开始播种。

周波等(2021)为筛选出适合河南种植的夏播优质高产青贮玉米品种，选用20个玉米品种作为试验材料，在河南原阳开展品种比较试验，播种日期为2019年6月10日，播种后及时浇水、保苗。

青贮玉米播种过早或过晚都会对干物质积累和品质产生影响，从而限制了青贮玉米产量和品质。夏播青贮玉米播种时间根据地区不同其播种时间亦不同，一般播种时间在6月上旬—6月下旬，主要茬口有小麦及春玉米。

4. 秋冬播

程林润等(2008)在浙江金华青贮玉米秋播品比试验中选用10个玉米品种为试验材料，在7月中下旬用草甘膦+无踪除草，施复合肥750 kg/hm^2作基肥，7月底翻耕做畦，畦宽1.0 m，排水沟宽20 cm、深20 cm。播期为8月4日，采用点直播方式播种，3粒/穴，3～4叶期间苗，5叶期定苗。小喇叭口期和大喇叭口期各追施复合肥300 kg/hm^2。苗期用天王百树防治地下害虫，抽雄前用锐劲特、杀虫单及高效氯氰菊酯等高效低毒药剂防治蚜虫、玉米螟、甜菜夜蛾和斜纹夜蛾等害虫。在金华地区秋播时播期不宜太迟，否则后期有遇到冷空气造成冷害减产的较大风险。

谭华等(2010)为探究不同播期对玉米品种玉美头168产量的影响，在南宁开展玉美头168春播和秋播试验。秋播共7期，分别在7月10日、7月20日、7月30日，8月10日、8月20日、8月30日和9月10日播种。结果表明，秋播不同播期的玉美头168穗长、穗粗和穗行数差异较小，播期过早或过迟均可使得秃尖长度增加、穗粒数减少、百粒重下降，以7月下旬至8月上旬播种较好，其中，以7月30和8月10日播种产量最高。

朱璞等(2011)为筛选高产、优质青贮玉米品种，在完成春季品比试验后继续开展秋播品种比较试验。试验品种共13个，试验田前作为苦瓜，土壤为菜园沙壤土，肥力中等。试验田在8月上旬用草甘膦除草，以复合肥750 kg/hm^2作基肥，8月中旬翻耕做畦，畦宽1.0 m，排水沟宽

20 cm、深 20 cm。8 月 21 日采用点直播方式播种，每穴 3 粒，4 叶期间苗，5 叶期定苗。10 月下旬收获。生产上为避免后期冷空气影响产量，应适当早播。

顾敏健(2012)在青贮玉米播期与性状的关系中介绍，2010 年黄梅季节至 7 月 17 日才结束，而秋雨 8 月 27 日才来临。综合产量和质量，在指导秋播青贮玉米生产上要结合常年气候因素，秋玉米 7 月下旬播种较合适，应该在 7 月 20 日左右开始，立秋前结束播种。

5. 播期对青贮玉米生育期和产量的影响

贯春雨等(2007)在大庆设置 B_1(4 月 28 日)、B_2(5 月 8 日)、B_3(5 月 15 日)、B_4(5 月 22 日)、B_5(5 月 29 日)5 个播期，以黑龙江省农科院选育的龙辐单 208 为参试种，开展不同播期处理对寒地青贮玉米发育影响试验，分析了株高、茎粗、叶面积、鲜重及干重等指标。结果分析表明，随着播期的推迟，各处理的各生育时期依次缩短，生育进程加快，产量以处理 B_2(5 月 8 日)为最好，处理 B_3(5 月 15 日)其次。鉴于该结论，大庆地区寒地青贮玉米 5 月 8 日—5 月 15 日播种生物产量及干物质产量为最高。

宋创业等(2008)研究了播期对浑善达克沙地青贮玉米产量和生物量分配的影响，以确定当地青贮玉米的最佳播期。分别在 5 月 27 日、6 月 4 日、6 月 11 日和 6 月 18 日 4 个时间播种，测定了不同品种青贮玉米的株高、叶面积及地上生物量。8 月 27 日青贮收获结果显示，随着播期推迟，青贮玉米株高、叶面积和地上生物量降低；5 月 27 日和 6 月 4 日播种的青贮玉米各指标均显著高于 6 月 11 日和 6 月 18 日播种的青贮玉米($P<0.05$)，说明将当前生产实践中播种时间由 6 月中旬提前至 5 月底和 6 月初可显著提高青贮玉米产量。生物量分配研究表明，随着播期推迟，收获时茎生物量所占比例下降，叶生物量所占比例升高。由于玉米茎、叶的饲用性和牲畜利用效率不同，可针对不同饲喂需求选择播种时间，以提高青贮玉米的利用率。

张翼飞等(2019)为了确定松嫩平原西部较为合适的播种时期，促进区域青贮玉米优质高效生产，在大田条件下采用随机区组设计，分别设置 5 个播种时期，即 4 月 25 日(T_1)、5 月 2 日(T_2)、5 月 9 日(T_3)、5 月 16 日(T_4)和 5 月 23 日(T_5)播种，比较分析了不同播期处理对青贮玉米农艺性状、产量和品质的影响。试验结果表明，随着播期的延迟，青贮玉米的生育期缩短，株高、茎秆粗度下降；叶片持绿性，单位面积鲜、干生物产量，籽粒与整株干物重比值均呈先增后降的变化趋势，总体表现为 $T_3>T_4>T_2>T_1>T_5$。同时，随着播期的延后，青贮玉米单位重量鲜重对应的干物质积累量及粗蛋白含量逐渐增加，中性洗涤纤维、木质素、淀粉含量逐渐降低，灰分、粗脂肪、酸性洗涤纤维含量先增加后下降。综合各项产量和品质指标，该试验条件下 5 月 2 日—5 月 16 日播种可以获得较高饲用品质的青贮玉米，但在具体播种时间的选择上应结合青贮玉米采后高效加工环节需求，基于当地实际气象条件，尽可能避免播后干旱及低温等环境的不利影响，在确保高产群体质量的基础上科学确定最佳播期，有效提升区域青贮玉米的产量和品质。

刘勇等(2019)在成都市大邑县韩场镇和眉山市洪雅县中保镇主要种植区种植青贮玉米，设置早播(4 月 4 日，A_1)、中播(4 月 22 日，A_2)和晚播(5 月 10 日，A_3)3 个播期，研究播期对玉草 1 号、玉草 2 号、玉草 3 号、郑青贮 1 号、豫青贮 23、雅玉青贮 26、雅玉 8 号、雅玉青贮 04889、罗单 6 号和大天 1 号 10 个青贮玉米品种玉米锈病、小斑病和大斑病的影响。结果表明，中播较晚播青贮玉米锈病、小斑病和大斑病的发病率分别降低 43.3%、27.4%、28.2%，这说明适当提早播期可降低青贮玉米病害。结合生产实际考虑，建议成都和眉山地区青贮玉米播种日期为 4 月 22 日。

袁慧敏等(2020)为了明确播期对北方农牧区青贮玉米产量和品质的影响，2017—2018 年在张家口农业科学院试验基地以青贮玉米品种大京九 26 为材料，采用分期播种方法，考察了 2007—2018 年青贮玉米生育期内有效积温、日均气温、气温日较差和降水量等气候因子，测定分析了 5 个不同播期[S_1(4 月 15 日)、S_2(4 月 30 日)、S_3(5 月 20 日)、S_4(6 月 10 日)、S_5(6 月 30 日)]下青贮玉米的生育期、产量[鲜重(叶、茎、雌穗和鲜草产量)、干重(叶、茎、雌穗和干草产量)]和品质(指标包括酸性洗涤纤维、中性洗涤纤维、粗蛋白、粗脂肪、每吨干物质产奶量、干物质消化率)等性状表现，并分析气候因子的变化及其与产量和品质等性状的相关性。结果表明，2017—2018 年较过去 10 年(2007—2016 年)的气候明显变暖，特别是 4 月有效积温、日均气温、气温日较差和降水量均有不同程度增高。青贮玉米大京九 26 最长生育期在 S_1 播期，2017 年全生育期为 160 d，2018 年全生育期为 153 d；随着播期推迟，苗期日均气温逐渐升高，粒期日均气温逐渐降低，大京九 26 生育进程明显加快；S_1～S_4 生育期内的有效积温均能满足大京九 26 积温需求。随着播期推迟，青贮玉米鲜重和干重以及叶重、茎重和雌穗重呈明显下降趋势。2017 年、2018 年，S_1 播期青贮玉米干重产量均最高，分别为 35.253 t/hm^2 和 33.462 t/hm^2；S_5 播期最低，分别为 18.564 t/hm^2 和 16.094 t/hm^2，干重产量由高到低分别为 $S_1>S_2>S_4>S_3>S_5$ 和 $S_1>S_2>S_3>S_4>S_5$。随着播期推迟，青贮玉米的品质呈下降趋势，青贮玉米大京九 26 在 S_1 播期的酸性洗涤纤维和中性洗涤纤维含量均最低，分别为 7.561% 和 13.232%；粗蛋白含量达 3.313%，高于 S_3、S_4 和 S_5，比 S_2 的 3.354% 略低；每吨干物质产奶量最高为 1550.000 kg；干物质体外消化率最高，达 81.000%。全生育期有效积温和降水量、粒期有效积温、日均气温和降水量与青贮玉米干重、产量呈极显著正相关($P<0.01$)；有效积温和降水量与酸性洗涤纤维、中性洗涤纤维含量呈极显著或显著负相关($P<0.01$ 或 $P<0.05$)；有效积温与粗蛋白含量和每吨干物质产奶量呈正相关($P<0.05$)，降水量与粗脂肪含量呈显著正相关($P<0.05$)。说明北方农牧区青贮玉米可提早到 4 月中旬播种，全生育期有效积温与降水量增加，青贮玉米较其他播期产量高、品质优，在 6 月 30 日以后播种大京九 26，可能达不到青贮玉米收获要求。

李雯等(2021)为确定冀西北坝上地区青贮玉米适宜的播种日期，以青贮玉米德美亚 1 号、院军 1 号、巡天 3 号、德美亚 2 号 4 个品种为试验材料，设置 S_1(5 月 2 日)、S_2(5 月 7 日)、S_3(5 月 12 日)3 个播期，开展播期试验，探究 3 个播期下青贮玉米的株高、茎粗、叶面积指数、叶绿素含量等农艺性状及产量、品质的差异。结果表明，德美亚 1 号株型适中、适合密植、生育期短，在 5 月 7 日播种，株高、茎粗最高，为 209.95 cm、2.67 cm，叶面积指数为 3.93，干草产量可达 17.53 t/hm^2，相对饲用价值最高达 159.7，草品质达国标二级；德美亚 2 号秆矮、早熟、抗逆性好，在 5 月 7 日种植产量为 17.24 t/hm^2，相对饲用价值达 205.9，草品质达国标一级；院军 1 号、巡天 3 号含水量过高，不适宜制作青贮玉米。综上所述，德美亚 1 号为最适宜在冀西北坝上农牧交错区种植的青贮玉米品种。

游永亮等(2021)为探讨海河平原区播期对青贮玉米生产性能和饲用品质的影响，2017—2019 年以北农青贮 368、冀青贮 1 号和郑单 958 为试验材料，设置 S_1(5 月 20 日)、S_2(6 月 5 日)、S_3(6 月 30 日)3 个播期，测定了不同处理下青贮玉米生物产量、农艺性状、饲用品质，并利用 Milk2006 对不同处理下青贮玉米的生物产量和饲用品质进行了综合评价。结果表明，播期对青贮玉米生物产量、吨干物质产奶量和公顷产奶量均影响显著。6 月 5 日播种时，3 个青贮玉米品种平均生物产量和公顷产奶量均最高，分别达到 19.29 t/hm^2 和 27.57 t/hm^2。综合评价认为，海河平原区青贮玉米适宜播种期在 6 月 5 日左右。

林红等(2022)为确定黑龙江青贮玉米最佳播种时期，促进青贮玉米的应用推广。在黑龙江进行播期试验，选择龙玉 15 号(LY15)、粮饲兼用型青贮玉米品种先玉 1225(XY1225)和对照品种阳光 1 号(YG1)。密度为 60000 株/hm^2，行长 10 m，行距 0.65 m，6 行区，随机区组设计，3 次重复。4 个播期分别为早播 10 d(S_1)、正常播期(S_2:4 月 28 日)、晚播 10 d(S_3)和晚播 20 d(S_4)。比较分析鲜物质产量及干物质产量、粗蛋白、粗脂肪、酸性洗涤纤维、中性洗涤纤维等秸秆养分测定。结果表明，晚播的青贮玉米生物产量、干物质产量、全株粗淀粉含量、中性洗涤纤维(NDF)含量、体外 48 h 干物质消化率、体外 48 h NDF 消化率、总可消化养分和每吨干物质产奶量均明显低于早播和正常播种，说明青贮玉米适当早播可以获得较高的产量和较好的秸秆营养品质。

(三)合理密植

解婷婷等(2010)通过田间试验，研究了河西走廊黑河中游边缘绿洲区 1 穴 1 株、1 穴 2 株和 1 穴 3 株种植方式对青贮玉米产量及水肥利用效率的影响。结果表明，1 穴 2 株和 1 穴 3 株的地上生物产量均高于 1 穴 1 株，1 穴 2 株最高，鲜重为 102.9 t/hm^2，比 1 穴 1 株提高了 29.4%；1 穴 2 株与 1 穴 1 株之间存在显著差异($P<0.05$)，1 穴 3 株与 1 穴 1 株之间差异不显著($P>0.05$)。同样，1 穴 2 株和 1 穴 3 株的地上生物产量水肥利用效率也均高于 1 穴 1 株，1 穴 2 株的水分和氮肥利用效率也均最高，分别为 9.3 kg/m^3 和 342.9 kg/kg；1 穴 2 株与 1 穴 1 株之间存在显著差异($P<0.05$)，1 穴 3 株与 1 穴 1 株之间差异不显著($P>0.05$)。在河西走廊边缘绿洲区，采用 1 穴 2 株的种植方式能显著提高青贮玉米的地上生物产量和水肥利用效率，可在生产中推广应用。

冯鹏等(2011)曾以科多 8 号青贮专用型玉米为试验材料，设低(6.80 万株/hm^2)、中(8.00 万株/hm^2)、高(9.55 万株/hm^2)3 个种植密度处理，分析种植密度对玉米产量、发酵品质、营养成分、硝酸盐和亚硝酸盐含量的影响。结果表明，低种植密度植株高度、单株叶质量、茎质量均最高，但鲜草产量和粗蛋白产量却低于其他处理；青贮饲料营养成分随着密度变化不一致，酸性洗涤纤维含量、中性洗涤纤维含量和粗脂肪含量均随着密度的增加而提高，粗蛋白和可溶性碳水化合物随着密度的增加而降低；青贮降低了原料的硝酸盐和亚硝酸盐含量，种植密度对硝酸盐和亚硝酸盐含量影响不显著。比较产量、发酵品质、营养成分、硝酸盐类物质含量，中种植密度的玉米产量和青贮质量较高，为适宜种植密度。

华鹤良等(2014)于 2011 年以耀青 2 号为材料，通过二因素随机区组试验，研究了不同种植密度和施氮量对青贮玉米生物产量和品质影响。结果表明，密度和施氮量对青贮玉米生物产量及品质具有显著影响。在一定施氮量范围内，蜡熟期生物产量及粗蛋白等品质含量随着施氮量增加而增加，生物产量、粗蛋白、粗脂肪含量在施氮量 225 kg/hm^2 时达最大，粗纤维含量在施氮量 150 kg/hm^2 最大。生物产量随着密度增加而增加，但品质含量总体上随着密度的增加呈下降趋势。综合施氮量和密度处理对青贮玉米生物产量及饲用品质的影响，在扬州地区种植青贮玉米耀青 2 号适宜的施氮量为 225kg/hm^2、密度为 7.5 万株/hm^2。

何伟(2014)结合黑龙江实际，以中原单 32 为试验材料，研究了 4 个种植密度对青贮玉米产量、植株性状的影响。结果表明，青贮玉米株高和穗位高随着种植密度的增大而增高，茎粗随着种植密度的增大而逐渐减小，导致田间倒伏率、倒折率逐渐严重。种植密度为 4000 株/亩时，生物产量、植株性状及干物质等指标最高。

于辉等(2015)曾于2014年在内蒙古鄂尔多斯地区，以3个青贮玉米品种为试验材料，设置6万株/hm^2、6.75万株/hm^2及7.5万株/hm^2三个种植密度，进行了不同青贮玉米品种的混播试验，分别测定了各处理的产量及营养成分等指标。结果表明，在不同密度条件下，混播组合1(东陵白＋科多8号)的粗蛋白和粗脂肪含量均高于组合内品种单播处理，在密度为6.75万株/hm^2时粗蛋白和粗脂肪含量最高。

史存银(2017)曾于2014—2016年在宁夏采用随机排列法，进行了不同栽培密度对青贮玉米效益的影响试验。结果表明，70 cm和30 cm宽窄行播种、种植密度为10万株/hm^2较种植密度为11万株/hm^2、9万株/hm^2、8万株/hm^2处理的光温显著改善，苗期至大喇叭口期平均日照时间增加0.5%～0.7%，拔节期冠层、中部、基部的透光率平均为87%，叶温平均为18.7 ℃，播行带间地表5 cm土层地温平均为26.1 ℃，平均分别高于其他3个处理3.6%、0.6 ℃和2.4 ℃，养分充分利用并达到基本平衡，较其他3个处理分别增产1.51%、1.73%和3.39%，经济纯收入和经济产投比分别提高2.33%和1.06%、2.67%和1.16%、5.27%和2.88%，增收效果明显。

徐媛(2017)曾于呼和浩特试验研究了种植密度对青贮玉米混种饲用扁豆产量的影响。通过供试材料生长表现及试验的测产结果表明，真金青贮31、东单606两个品种混种饲用扁豆密度5000株/亩产量最高，其中真金青贮31产量最高，达到8.6 t/亩以上，位居第一；东单606产量达到7.4 t/亩，位居第二。北农青贮208、文玉3号两个品种混种饲用扁豆密度4500株/亩产量最高，达到6 t/亩以上；西蒙青贮707混种饲用扁豆密度4000株/亩产量最高，达到5.3 t/亩，且密度达到6000株/亩时，倒折较严重。因此，真金青贮31、东单606混种饲用扁豆的适宜密度为5000株/亩，北农青贮208、文玉3号混种饲用扁豆的适宜密度为4500株/亩，西蒙青贮707混种饲用扁豆的适宜密度为4000株/亩。

底姝霞等(2018)曾在山西晋中通过设置4个密度组，分别是4.65万株/hm^2、5.50万株/hm^2、6.35万株/hm^2、7.20万株/hm^2，探明不同种植密度对青贮玉米农大108的产量及营养价值的影响。结果表明，高密度种植会增加青贮玉米的生育期、穗位高，降低青贮玉米的株高、茎粗、叶子数和单株叶面积；青贮玉米籽粒产量、鲜物质产量和干物质产量会随着种植密度的增加而提高，但籽粒产量在高密度种植下会降低，鲜物质和干物质产量增速会减缓；粗蛋白含量会随着种植密度的增加而减小，粗脂肪含量随着种植密度的增加而提高，酸性洗涤纤维和中性洗涤纤维随着种植密度的增加先增加后减少，但对中性洗涤纤维含量的影响大于对酸性洗涤纤维的影响，通过产量及营养品质等各方面比较，在本试验中，农大108最适宜的种植密度为6.35万株/hm^2。

于德花等(2018)介绍了他们于2016年在山东东营所做的试验研究。以平展型玉米雅玉青贮8号、半紧凑型品种京科青贮516和紧凑型品种黎民518为材料，研究4个种植密度对不同株型的青贮玉米产量及相关性状的影响。结果表明，青贮玉米鲜草产量和籽粒产量的最佳适宜种植密度不同，鲜草产量的适宜种植密度高于籽粒产量的适宜种植密度。随着群体密度的增加，玉米刈割青贮时的绿叶片数、单株鲜重、穗长、穗粗、穗行数、行粒数呈下降趋势；秃尖长、株高、穗位高、空秆率、倒伏(折)率、瘤黑粉病病株率逐渐增加；高密度下千粒重降低；青贮生育期略有延长。供试品种中黎民518最耐密植，京科青贮516边行优势强，最不耐密植。

王晓娟等(2019)为寻求青贮玉米适宜种植密度，2017年曾以6个青贮玉米品种为试验材料，在甘肃进行试验，研究种植密度对其生物产量、农艺性状及其营养品质的影响，以期筛选出适宜种植密度下生物产量高、营养品质好、综合性状优良的青贮玉米新品种，为试验区青贮玉米生产技术提供优化依据。结果表明，生物产量随着种植密度的增加而增加，6 个品种高、中密度较低密度分别增产 8.1%～43.0%和 5.0%～19.9%，以陇青贮 2 号和北农青贮 368 增产幅度较大。随着种植密度的增大，各品种青贮玉米收获天数延长，茎粗减小，持绿性降低，其中高密度较低密度收获天数延长 3.2%～10.6%，茎粗减小 6.0%～22.8%，持绿性降低2.7%～3.9%。各品种青贮玉米粗脂肪含量随着种植密度的增加而降低，高密度较低密度降低6.8%～13.5%；相反，中性洗涤纤维和酸性洗涤纤维含量随着种植密度的增加而升高，高密度较低密度增加 5.0%～8.5%和 5.9%～16.2%。综合生物产量、农艺性状、品质等相关性状，在张掖地区适栽青贮玉米品种为陇青贮 2 号、武科青贮 107 和北农青贮 368，其中陇青贮 2 号和北农青贮 368 适宜种植密度为 7.5 万株/hm^2，武科青贮 107 适宜种植密度为 9 万株/hm^2。

苏天增等(2019a)结合河南实际，曾于 2015—2016 年进行试验研究。为了探讨不同密度水平对青贮玉米高产群体生理特性及农艺性状的影响，以高产、广适青贮玉米杂交种大京九 26 为材料，设置 5.25 万株/hm^2、6.00 万株/hm^2、6.75 万株/hm^2、7.50 万株/hm^2、8.25 万株/hm^2、9.00 万株/hm^2 6 个密度水平，研究其产量突破 21000 kg/hm^2 的高产群体生理特征、农艺性状对密度的响应。结果表明，青贮玉米生物产量随着种植密度的增加而增加，突破 21000 kg/hm^2 处理为 6.75 万株、7.50 万株/hm^2，分别为 21751.1 kg/hm^2、22551.1 kg/hm^2，5.25 万株/hm^2 处理产量最低，7.50 万株/hm^2 处理较 5.25 万株/hm^2 处理增幅为 30.4%，达到极显著水平。不同种植密度的群体叶面积指数吐丝期达最大值。其中 6.75 万株/hm^2、7.50 万株/hm^2 2 个处理最高，分别达 5.19、5.32，青贮收获期分别为 3.68、3.85。光合势随着种植密度的增加而增加，为正向效应，总光合势为 326.51 万～384.37 万(m^2 · d)/hm^2；玉米光合生产率随着密度的增加而下降，平均光合生产率为 6.50～7.64g/(m^2 · d)；密度对农艺性状影响大小依次为单株鲜质量(17.6%)＞单株干质量(15.5%)＞穗位高(4.7%)＞持绿性(3.0%)＞植株含水量(2.1%)＞茎粗(1.9%)＞株高(1.8%)。青贮玉米生物产量突破 21000 kg/hm^2 的最佳种植密度为 7.50 万株/hm^2。

孙继颖等(2019)介绍，为探讨青贮玉米产量及品质对密度调控的响应机制，2015 年和 2016 年在内蒙古包头做了试验研究。以粮饲兼用型品种冀承单 3 号及青贮专用型品种真金青贮 31 号为供试材料，设 5 个密度梯度，采用裂区设计，对青贮玉米饲用产量及饲用营养价值做了比较研究。结果表明，在相同种植密度下，冀承单 3 号籽粒产量高于真金青贮 31 号的籽粒产量，而冀承单 3 号的秸秆产量及全株产量低于真金青贮 31 号，冀承单 3 号及真金青贮 31 号获得最高籽粒产量的密度均低于其获得最高全株产量的密度；冀承单 3 号获得最高全株产量的密度为 8.25 万株/hm^2，全株青贮产量达 21364.69 kg/hm^2；冀承单 3 号获得最高粗饲料分级指数的密度为 7.11 万株/hm^2，粗饲料分级指数达 35.13 MJ/d；真金青贮 31 号获得最高全株产量的密度为 7.31 万株/hm^2，产量达 25254.82 kg/hm^2；真金青贮 31 号获得最高粗饲料分级指数的密度为 7.01 万株/hm^2，粗饲料分级指数达 24.12 MJ/d。综合青贮玉米饲用产量及饲用营养价值，推荐冀承单 3 号高产优质种植密度为 7.11 万～8.25 万株/hm^2，推荐真金青贮 31 号高产优质种植密度为 7.01 万～7.31 万株/hm^2。

游永亮等(2021)为探讨海河平原区种植密度对青贮玉米生产性能和饲用品质的影响，

2017—2019年以北农青贮368、冀青贮1号和郑单958为试验材料，设置6.00万株/hm^2(D_1)、6.75万株/hm^2(D_2)、7.50万株/hm^2(D_3)、8.25万株/hm^2(D_4)和9.00万株/hm^2(D_5)5个种植密度，测定了不同处理下青贮玉米生物产量、农艺性状、饲用品质，并利用Milk2006对不同处理下青贮玉米的生物产量和饲用品质进行了综合评价。结果表明，种植密度对青贮玉米生物产量、吨干物质产奶量和公顷产奶量均影响显著。不同种植密度下青贮玉米吨干物质产奶量在7.50万株/hm^2时最高，饲用品质最优。综合评价认为，海河平原区青贮玉米适宜种植密度为7.50万～8.25万株/hm^2，为降低成本，减少倒伏风险，建议适宜种植密度为7.50万株/hm^2。

(四)播种方式

程明军等(2020)为筛选出适宜四川高原藏区种植饲用型玉米品种的播种方式，选用25个玉米品种，分别采用直播盖膜、直播、育苗移栽、育苗移栽覆膜4种播种方式。通过对株高、叶面积、茎粗、产量及饲用品质进行比较分析，筛选出适合该地区的玉米播种方式是直播覆膜，该播种方式最适合在炉霍地区3100 m海拔生长。

李世平等(2023)选用曲辰9号为材料，在云南省曲靖市马龙区(海拔1975 m)开展不同播种方式对青贮玉米单株生长、饲草产量和经济效益影响试验研究。播种方式分别是：①农机穴播，播种量30 kg/hm^2，设计密度5万株/hm^2(当地利实型玉米种质密度)；②农机穴播，播种量45 kg/hm^2，设计密度8万株/hm^2(国内外推荐的青贮玉米最佳种植密度)；③人工撒播，播种量60 kg/hm^2，当不具备机械穴播条件时，部分群众进行青贮玉米生产时的实际播种方法和播种量。通过对单株数据、饲草产量等综合分析表明，试验中农机穴播，播种量为45 kg/hm^2，种植密度为8万～9万株/hm^2时，饲草产量和效益最高。

四、田间管理

(一)中耕

中耕能提高种植土壤的通透性，经过翻松过的土壤能增强水肥施加效果，同时可以提高土壤肥力，使玉米的根系可以更好地发育生长。通过中耕也可以起到除草效果，及时将根部周围杂草清除，避免养分和水分的流失。培土可以使玉米根部更加稳固，增强玉米植株的抗倒伏能力，在大风天气不至于出现大面积倒伏，从而为高产稳产打下基础。培土要在玉米追肥后进行，这一时期也是玉米根部发育的重要时期，对于种植户来说，中耕培土不可懈怠，这与产量直接相关。

青贮玉米田间管理与普通粒用玉米相同，高家强等(2019)介绍在新疆阜康种植青贮玉米，苗期需中耕3次以上，3～5叶期第1次中耕，每组安装3个松土钩，中耕深度15 cm；6～8叶期第2次中耕，深度18 cm；10～12叶期第3次中耕，每组安装2个单刃铲、1个双铲，中耕深度20～22 cm。

王德民(2022)介绍在青贮玉米的生长过程中，尤其是在苗期，杂草会与青贮玉米发生争光、争水、争养分的现象，杂草过多，会严重影响青贮玉米的产量，并且还易导致玉米患多种虫害，因此，要及时清理玉米地中的杂草。在除草时可以使用人工除草，这种除草方法可以使土壤疏松，增加土壤中的氧气含量，从而促进土壤中微生物的生长，增加了土壤中有机肥的含量，还可以提高化肥的效率。同时，在中耕时进行高培土，还可以提高青贮玉米植株的抗倒伏能力。一般青贮玉米在整个生长期要中耕培土2次，苗期进行1次中耕，拔节后再中耕1次，中耕深度在10 cm。第2次要蹚得深一些，但是注意不可以伤到植株和根部。

（二）科学施肥

1. 施足基肥

一般是有机肥作基肥施用。

徐敏云等（2011）研究施肥种类、施肥量等农业技术措施对青贮玉米营养品质和饲用价值的影响，建立资源节约型的施肥模式，于2008年在河北石家庄进行了青贮玉米肥料效应试验。采用裂区完全随机区组设计，研究底肥（牛粪厩肥和无机复合肥）、种肥（锌肥）和追肥（氮肥）的不同配比与施用量对青贮玉米营养品质和饲用价值的影响。结果表明：①底肥、种肥和追肥均显著影响青贮玉米的营养成分含量及饲用价值。②底肥为厩肥、追施氮肥更能有效提高青贮玉米营养成分含量和饲用价值。基施50000 kg/hm^2的牛粪厩肥、15 kg/hm^2 $ZnSO_4 \cdot 6H_2O$拌种、播后25 d追施尿素300 kg/hm^2，青贮玉米的营养品质和饲用价值最高。

黄荣才等（2019）曾采用随机区组试验设计，按照地形分为4个区组，每个区组4个施肥处理，分别为施以干物质为基础的牛粪组500 g/m^2（Cow组）、鸡粪组500 g/m^2（Fowl组）、猪粪组500 g/m^2（Hog组）和不施肥的对照组（CK组），分析了不同种类有机肥对全株玉米青贮营养品质及发酵品质的影响。在玉米籽粒达到2/3乳线期收割玉米，随后调制青贮饲料。测定青贮饲料样品青贮120 d后玉米青贮饲料的常规营养含量和发酵参数。结果表明，施用500 g/m^2的鸡粪显著提高（$P<0.05$）了青贮玉米的粗蛋白和中性洗涤纤维含量，但对其发酵品质没有影响；施用500 g/m^2的猪粪或牛粪对青贮玉米的常规营养成分含量和发酵品质均没有影响。

殷大伟等（2019）采用大田随机区组设计，研究生物炭基肥替代化肥减量施用模式对寒地青贮玉米的影响。试验设置7个处理，分别为F_{KB}（沙壤土空白处理），不施肥；F_{CK}（沙壤土常规施肥对照），46%尿素225 kg/hm^2、64%磷酸二铵225 kg/hm^2、60%硫酸钾150 kg/hm^2；F_1（沙壤土生物炭基肥处理1），生物炭施用量与F_{CK}等质量，施用生物炭基肥600 kg/hm^2；F_2（沙壤土生物炭基肥处理2），即生物炭基肥减量5%，生物炭基肥施用量为570 kg/hm^2；F_3（沙壤土生物炭基肥处理3），生物炭基肥减量10%，施用量为540 kg/hm^2；F_4（沙壤土生物炭基肥处理4），生物炭基肥减量15%，施用量为510 kg/hm^2；F_5（沙壤土生物炭基肥处理5），生物炭基肥减量20%，施用量为480 kg/hm^2，各处理小区面积666.67 m^2。各处理肥料均作为基肥一次性施用，后期不再追肥，其他按常规生产管理措施进行，5月1日播种，9月29日收获。研究结果表明，处理F_1～F_5增加了青贮玉米各生育时期土壤速效磷含量。在灌浆期和成熟期，F_1的有机质含量分别较F_{CK}增加了0.70%、14.90%。在成熟期，F_1的茎重、穗重和地上部干物质重分别较F_{CK}增加了15.80%、22.40%、11.35%。处理F_2～F_4的生物炭基肥施用量分别为570 kg/hm^2、540 kg/hm^2、510 kg/hm^2，即生物炭基肥减量施用5%～15%，即分别减少化肥投入量30 kg/hm^2、60 kg/hm^2、90 kg/hm^2，减量施肥处理F_2～F_4的青贮玉米产量与F_{CK}之间无显著差异，起到了减量施肥效果。F_1的青贮玉米产量达到最大值，较F_{CK}增加了16.67%。

赵世翔等（2022）针对内蒙古地区青贮玉米种质过程中肥料施用不合理问题，通过田间试验，设置3个处理，分别为农户传统施肥区（CON）、基于土壤测试的氮素营养调控（PAT-1）和基于光谱卫星的全追肥模式（PAT-2）。CON模式下施肥以氮肥为主，磷钾投入较少，全部肥料作为基肥施入土壤；PAT-1模式下施肥量根据目标需求量与土壤供应量计算得到，其中磷钾肥和少部分氮肥作为基肥，其余氮肥作为追肥分3次施完，追施量依据青贮玉米养分吸收规律，追施前进行氮素调控。PAT-2模式所有肥料均作为追肥水肥一体施用，采用高光谱遥感对玉米长势进行实时监测，并利用高光谱反演技术对氮肥用量进行实时调控。结果表明，传统施肥模式中，以氮肥为主的肥料基施是导致青贮玉米低产的主要原因，基于土壤测试的基肥加追肥模式和光谱全追肥模式下青贮玉米产量分别为67500 kg/hm^2 和73000 kg/hm^2，与传统施肥模式相比，分别增产12500 kg/hm^2 和23500 kg/hm^2，增幅分别为36.4%和47.4%，分别净增收103%和119%。相比传统施肥模式，基于土壤测试的基肥加追肥模式和光谱全追肥模式氮肥利用率分别提高了98.1%和106.4%，氮肥的表观损失仅分别为传统模式的21.8%和5.6%，有效地提高了肥料利用率且明显地减少了氮素的流失，降低了环境风险。

2. 合理追肥

(1)大量元素肥料的施用

宋晋辉等(2012)以耐高水肥青贮玉米品种曲辰9号为材料，研究不同尿素追施量对青贮玉米干物质产量及品质的影响。结果表明，在一定氮肥施用范围内，曲辰9号干物质产量随着氮肥追施量增加而增加，以尿素追施量675 kg/hm^2 处理的产量最高(15907.5 kg/hm^2)；追施氮肥可显著提高青贮玉米粗蛋白含量，降低酸性洗涤纤维和中性洗涤纤维含量，说明冀西北地区青贮玉米最佳尿素追施量为675 kg/hm^2。

汤晓昀等(2017)以青贮玉米澳新825为试材，采用"3414"不完全设计，在施氮量为20 kg/亩时，对青贮玉米施用不同量的氮、钾肥进行肥效研究，调查不同施肥量对玉米生育进程、植株性状、产量、粗蛋白及酸性洗涤纤维的影响，结果表明，在一定范围内，随着磷肥施用量的增大可以延长青贮玉米生育期；增施钾肥可以使青贮玉米茎秆粗壮；增强抗倒伏能力，同时增加产量，施用磷肥能显著提高青贮玉米粗蛋白等高能营养物质的含量与产量，钾肥施用过量或施用不合理可使青贮玉米酸性洗涤纤维含量增加。

高文俊等(2018)介绍，在撒施羊粪的田间，青贮玉米栽培管理时，分别单独施用氮肥(N—150 kg/hm^2)、磷肥(P_2O_5—120 kg/hm^2)、钾肥(K_2O—150 kg/hm^2)，以不施用化肥为对照，经田间测产和取样，并对其青贮发酵后进行分析。结果表明，增施氮肥能极显著提高青贮玉米产量($P<0.01$)，Milk2006奶亩指数显著高于单施磷钾肥和对照处理($P<0.05$)；增施钾肥显著提高了青贮玉米的产量($P<0.05$)。增施氮肥除了提高玉米青贮饲料氨态氮含量外($P<0.05$)，玉米青贮饲料的其他发酵品质参数差异不显著。青贮不仅保存了原料的养分，同时降低了硝酸盐含量。

孙洪仁等(2019)认为，为了给玉米测土施钾提供科学依据，采用零散理论数据整合法、土壤养分含量与缺素处理相对产量回归方程法和"养分平衡-地力差减法"确定适宜施肥量新应用公式，开展了东北平原、黄淮海平原、黄土高原、西北荒漠绿洲区和西南山地丘陵区土壤速效钾丰缺指标与适宜施钾量研究。结果表明，东北平原玉米土壤速效钾第1～5级丰缺指标依次为≥167 mg/kg、121～167 mg/kg、63～121 mg/kg、33～63 mg/kg和<33 mg/kg，黄淮海平原依次为≥176 mg/kg、112～176 mg/kg、46～112 mg/kg、19～46 mg/kg和<19 mg/kg，西南山地丘陵区依次为≥186 mg/kg、124～186 mg/kg、55～124 mg/kg、24～55 mg/kg和<24 mg/kg，黄土高原依次为≥269 mg/kg、187～269 mg/kg、91～187 mg/kg、44～91 mg/kg和<44 mg/kg，西北荒漠绿洲区土壤速效钾第1～6级丰缺指标依次为≥205 mg/kg、166～

205 mg/kg、110～166 mg/kg、73～110 mg/kg、48～73 mg/kg 和<48 mg/kg；当钾肥当季利用率 50%时，土壤速效钾丰缺指标第 1～6 级的籽实玉米（目标产量 6～15 t/hm²）适宜施钾量依次为 0、25～63 kg/hm²、50～126 kg/hm²、76～189 kg/hm²、101～252 kg/hm²、126～315 kg/hm²，青贮玉米（目标产量 30～120 t/hm²）适宜施钾量依次为 0、21～84 kg/hm²、42～168 kg/hm²、63～252 kg/hm²、84～336 kg/hm²、105～420 kg/hm²。

白雪纯等（2020）介绍了 2018 年的试验研究。以关中地区青贮玉米及其根际土壤为研究对象，研究了种植当年化肥减量配施有机肥对青贮玉米产量、营养价值及土壤微生物活性的影响。结果表明，施肥当年不同处理之间产量无显著差异（$P>0.05$）。单施化肥处理（T_1）的粗蛋白含量最高，配施有机肥在一定程度上降低了玉米的粗蛋白含量，提高了纤维的含量。T_1处理的土壤微生物生物量碳、微生物生物量氮含量及土壤脲酶和碱性磷酸酶活性均最低。随着有机肥配施比例的增加，土壤微生物生物量碳、微生物生物量氮含量和土壤酶活性均升高。由此初步说明，在关中地区化肥减量配施有机肥能够维持种植当年的玉米产量，显著提高土壤碳、氮储量及土壤酶活性。本研究为关中地区发展青贮玉米产业、改善土壤环境和提高肥料利用效率提供理论依据。

（2）微量元素肥料的施用

合理科学施用化肥能提高土壤肥力，同时可以提高作物产量及品质。

牛生和等（2006）根据克拉玛依农业现状，进行了磷肥、锌肥、硼肥对青贮玉米的品质产量影响试验。结果表明，施用磷肥、锌肥、硼肥后青贮玉米产量和品质都得到提高，青贮玉米的穗重增加 15.6%，穗秆比提高 13.5%，增加青贮玉米的品质。同时，青贮玉米产量增加 87.13 kg/亩，产值增加 139.39 元/亩。

张兰兰（2009）通过实验研究表明，锌、硼、钼等微量元素肥料能提高青贮玉米产量，从青贮玉米最大产量考虑微量元素肥料最优组合为硫酸锌施用量 28.72 kg/hm²，硫酸锰施用量 10 kg/hm²，硫酸铜量 30 kg/hm²，硼砂量 5 kg/hm²，钼酸量 0.93 kg/hm²。

（3）缓控释肥的施用

缓控释肥的原理是通过将高分子树脂均匀包裹在复合肥或单质肥料上，形成一层具有小孔的外壳，控制养分缓慢释放。当缓控释肥施入土壤后，土壤水分通过外壳小孔进入壳内溶解养分，使养分从壳内释放。养分释放速度与气温相关，气温降低，作物生长缓慢，所需营养较少，养分释放速度就会降低，气温升高时，作物生长增快，养分释放速度会加快。同时，当作物需要养分多时，肥料颗粒壳内侧养分浓度增大，外侧养分浓度减少，壳内外浓度差增大，养分释放速度加快，以满足作物生长需求。缓控释肥能使作物充分吸收肥料养分，提供肥料利用率。

王忠美等（2012）通过完全随机区组设计，研究施肥种类（180 kg/hm² 速效氮、150 kg/km² 和180 kg/hm² 缓释氮）、施肥时期（1 次施入和 2 次施入）和氮缓释比例（20%、30%、40%）对不同生长期青贮玉米产量及其构成因素和氮素利用率的影响。研究结果表明，缓释氮复合肥施入量为 150 kg/hm²、缓释成分比例为 20%时，较传统施肥，能显著提高青贮玉米的株高和茎粗，有利于实现高产；当按 150 kg/hm² 施缓释比例为 30%的复合肥时，鲜草产量可达 10.468 万 kg/hm²，干草产量 2.4487 万 kg/hm²，青贮玉米产量最高，各项氮素利用指标均较高，维持中等水平的氮缓释比例有利于提高氮素利用率，提高青贮玉米的产量。

梁虹等（2012）采用随机区组试验，研究氮缓释肥脲醛含量（20%、30%、40%）和施氮量（30 kg/hm²、60 kg/hm²、90 kg/hm²、120 kg/hm²、150 kg/hm² 和 180 kg/hm²）对河北坝上青

贮玉米营养品质和发酵品质的影响。研究表明，当缓控释肥的脲醛含量为40%时，青贮玉米的营养品质较好；当施用缓控释肥的总氮量为120 kg/hm^{2}时，青贮玉米含氮量和干物质含量较高，中性洗涤纤维和酸性洗涤纤维含量较低，有机酸含量较高，青贮品质较好。

马磊等(2013)研究施肥种类及施氮量对河北坝上不同生育期青贮玉米产量和品质的影响，试验设计采用完全随机区组，试验分为11个处理，每个处理均为4次重复，总计4个区组，44个小区，每个小区为9行，面积为4.5 m×8.0 m，保护行距1 m，试验区面积总计为1584 m^2。每个小区施氮量为2.4 kg，空白(CK0)为不施任何肥料；对照1(CK1)施含氮量为180 kg/hm^{2}的普通氮磷钾复合肥，播种时作为基肥一次施完；对照2(CK2)为施含氮量180 kg/hm^{2}的普通复合肥，分2次施，基肥施入60%，在玉米拔节期追肥40%；脲甲醛缓释肥的浓度梯度分别为含氮量180 kg/hm^2、缓释比例30%(缓释Ⅰ)，150 kg/hm^2、缓释比例30%(缓释ⅡB)，120 kg/hm^2、缓释比例30%(缓释Ⅲ)，90 kg/hm^2、缓释比例30%(缓释Ⅳ)，60 kg/hm^2、缓释比例30%(缓释Ⅴ)，30 kg/hm^2、缓释比例30%(缓释Ⅵ)作为基肥一次性施入，其中150 kg/hm^{2}的处理中，根据缓释比例的不同，又分为缓释ⅡA(缓释比例40%)、缓释ⅡB(缓释比例30%)、缓释ⅡC(缓释比例20%)3个类别；各处理中P_2O_5、K_2O施量一样，分别为60 kg/hm^{2}和75 kg/hm^2。缓释ⅡC鲜产和干产均最大，比CK0增加鲜产和干产264664.24 kg/hm^{2}和7617.37 kg/hm^2，显著增产33.37%和45.15%，分次施速效肥的干产显著高于一次施入，但二者鲜产差异不显著。青贮玉米拔节期和成熟期，施肥处理均不同程度地提高了青贮玉米的茎叶比，但各施肥处理间差异不显著。不同施肥处理均显著提高青贮玉米的SPDA值。缓释ⅡC的SPDA值最高，为36.97，显著高于CK2，但与CK1无显著差异。拔节期和成熟期，施氮肥处理均显著提高青贮玉米全株粗蛋白含量。拔节期，缓释Ⅲ处理粗蛋白含量最高。成熟期，缓释ⅡB处理显著高于其他施氮处理。适量的缓控释肥能促进青贮玉米生长，提高产量及品质，河北坝上农牧结合区，机械化水平低、劳动力有限及农牧民注重饲草饲料产量等，虽青贮玉米在抽穗初期刈割品质高于成熟期，但都集中于成熟期刈割。在保产的前提下获取较高品质的青贮玉米，建议使用缓释ⅡC(缓释比例20%)的缓释肥。

兰宏亮(2015)选用青贮玉米富友9号为材料，通过比较缓释复合肥与常规施肥方式对高密度群体下青贮玉米产量和植株农艺性状的影响差别。结果表明，与常规施肥方式相比，施用缓释复合肥($N:P_2O_5:K_2O=28:6:6$)后，富友9号植株高度、穗位高和叶面积无显著变化，茎粗增加了4.2%，但成熟度下降，全株含水率增加2.4%。应用缓释复合肥后，富友9号的青贮鲜重产量和干物质产量较常规施肥处理下降了6.8%和15.4%，因此，需针对夏播青贮玉米特殊性选用适宜的缓释复合肥。

综上所述，含氮量相同的缓释复合肥在改善青贮玉米某些饲用品质方面优于普通尿素，通过合理施用缓控释肥可以改善和提高青贮玉米的品质。所以，为确保青贮玉米正常生长和品质，建议适量增加缓控释肥用量或根据品种特性选择适宜的肥料。

(三)合理灌溉

在全国青贮玉米种植区，气候条件各异。以天然降水而论，总体上是南多北少，东多西少。东北雨养农业地区在青贮玉米生育期间需要进行补充灌溉；北方干旱半干旱地区，天然降水不足，更需要广辟水源进行补充灌溉；新疆是绿洲农业区，完全依靠灌溉，没有灌溉就没有农业；天然降水较多和低纬度多雨地区，降水分配存在季节性差异，青贮玉米关键生育期缺水，也需要进行补充灌溉。尽管灌溉方式多样，但都以节水为原则。

另外，灌溉时期灌水量也与品种和栽培措施有关。

关于青贮玉米的灌溉问题，研究报道和生产实例甚多，涉及灌溉时期、灌溉方式方法、灌溉效果等诸多方面的问题。

解婷婷等(2009)在甘肃河西走廊中部黑河中游临泽北部边缘绿洲区开展不同水分条件对青贮玉米叶片光合特性及产量的影响试验研究。试验设置高、中、低 3 种水分处理，生育期灌水量分别为 13280 m^3/hm^2、11120 m^3/hm^2和 7760 m^3/hm^2，每个处理重复 3 次，共 9 个小区，除灌溉定额和灌水定额不同外，灌水次数均为 8 次，灌水时期一致。2008 年 4 月 17 日播种，一穴一株，其他田间管理措施均相同。8 月中下旬，利用开放式气体交换 LI-6400 便携式光合作用测定系统测定青贮玉米叶片的净光合速率(P_n)、蒸腾速率(T_r)等光合作用指标，同步利用 PAM-2100 型便携式叶绿素荧光仪测定叶绿素荧光参数等生理指标，活体测定，重复 3 次。叶绿素荧光参数测定前，将植物叶片用仪器提前用夹子夹住，暗适应 30 min。日变化测定时间为当地时间 07:00—17:00，每隔 1 h 观测 1 次。同时，测定土壤深度为 0～20 cm、20～40 cm、40～60 cm 和 60～80 cm 的含水量，重复 3 次。结果表明，不同土壤水分条件下，青贮玉米均出现光合下调，即“光合午休”现象，引起“光合午休”的原因主要为非气孔因素，光系统Ⅱ光化学效率(F_v/F_m)明显降低，表现为光抑制。不同土壤水分条件下，青贮玉米的 P_n、T_r 均随着土壤水分的降低而降低，水分利用效率(WUE)却增加，方差分析表明，高水分条件的 P_n 和 WUE 与低水分条件的 P_n 和 WUE 均存在显著差异，而其他各处理的 P_n 和 WUE 之间无显著差异。随着土壤水分的下降，青贮玉米的地上生物产量逐渐降低，但差异性不显著。这说明高的水分条件并不能消除青贮玉米的光抑制现象，反而显著降低其水分利用效率，低水分条件在降低地上生物产量不显著的情况下显著提高了水分利用效率。

申孝军等(2010)曾于 2009 年在新疆生产建设兵团进行试验。采用人工控水试验研究了不同水分处理对青贮玉米生长、产量、耗水量以及水分利用效率的影响。试验设置 3 个处理，利用取土烘干法监测田间土壤贮水量的变化过程，并实测了青贮玉米形态指标和产量，利用水量平衡法得出了不同处理的耗水量。结果表明，轻度水分胁迫可以在减产 11.26%的情况下节省 25%的灌溉水，使水分利用效率提高了 18.32%。

范晓慧等(2014)基于 2011 年内蒙古鄂尔多斯市乌审旗毛乌素沙地试验站气象数据，研究了充分供水条件下膜下滴灌青贮玉米的需水规律。结果表明，膜下滴灌下作物生长发育(株高和叶面积指数)好于常规滴灌，全生育期内青贮玉米的蒸发蒸腾量、平均日耗水强度低于常规滴灌，在青贮玉米整个生育期内有一定的节水保墒效果，有利于作物充分吸收水分。膜下滴灌和常规滴灌青贮玉米作物系数在整个生育期内是先增大后减小的单峰变化曲线，且膜下滴灌低于常规滴灌。

周乾等(2016)在水肥一体化条件下针对宁夏农牧交错带青贮玉米滴灌灌溉制度、水肥协同效应不明确的问题，通过田间试验，对不同水肥组合下滴灌青贮玉米株高、茎粗、土壤水分、净光合速率、产量及水分生产率等指标进行分析，综合分析青贮玉米生长指标、水分指标、光合指标、产量及水分生产率等指标，提出了宁夏农牧交错带青贮玉米滴灌灌溉制度为：灌溉定额为 2625 m^3/hm^2，灌水次数为 12 次，滴灌专用肥(N、P、K 总含量占 50%)施用量 810 kg/hm^2。

段震宇等(2018)介绍，为探究不同灌水期对青贮玉米农艺性状及产量形成的影响，选用青贮玉米品种新饲玉 19 号在 65%、60%、50%、45%这 4 个不同叶龄期(已出叶数/主茎总叶数×100%)灌头水对植株的农艺性状及产量构成等进行研究。结果表明，45%与 50%叶龄期灌头水时植株的株高、穗位高等农艺性状明显高于其他处理，青贮玉米抽雄后50%叶龄期入头水处理下植株单株干鲜质量显著高于其他处理，同时50%入头水时植株宽窄行上中下透光率表现良好，作物冠层布局合理，而45%叶龄期入头水时灌水较早，植株茎秆较细，倒伏率、倒折率较高，不利于产量形成，50%叶龄期处理青贮玉米产量分别比45%、60%和65%叶龄期处理高14.03%、14.44%和11.99%。因此，在50%叶龄期灌头水有助于提高青贮玉米产量。

加孜拉等(2019)为了确定新疆北部寒旱区滴灌青贮玉米适宜灌溉制度，于2016年以阿勒泰地区青河县为试验地，选择新玉23号为试验品种，通过对青贮玉米株高、茎粗、叶面积指数、产量和土壤水分测定，分析了不同灌水定额和不同灌水频率对滴灌青贮玉米生长和产量的影响。结果表明，滴灌条件下青贮玉米叶面积指数在生育期内的变化趋势呈正态曲线变化，随着青贮玉米生育期的进程叶面积指数呈先升后降的趋势；滴灌青贮玉米灌溉量与产量的关系呈二次抛物线关系。青贮玉米的整个生育期耗水强度呈现先增大、再减小的规律，青贮玉米总需水量为612 mm，抽雄期耗水强度最大，达到8.73 mm/d。推荐新疆北部寒旱区滴灌青贮玉米适宜灌溉制度为：灌溉定额为5625 m^3/hm^2，灌水频率为10 d。

于辉等(2019)曾在鄂尔多斯地区，对青贮玉米进行回用再生水和收集雨水的混合灌溉试验，同时研究在亏水条件下施用抗蒸腾剂的效果，测定整株青贮玉米的鲜、干草产量、粗蛋白、可溶性糖及中性洗涤纤维和酸性洗涤纤维含量，探讨再生水和雨水混合灌溉的适宜比例和灌水量。结果表明，亏水20%(+抗蒸腾剂)处理下，再生水和雨水1∶2混合灌溉处理与纯自来水灌溉处理相比，鲜草产量提高了59.38%($P<0.05$)，干草产量提高了60.55%($P<0.05$)，可溶性糖含量提高25.83%($P<0.05$)。再生水和雨水1∶2混合灌溉显著增加了青贮玉米产草量和可溶性糖含量，同时施用抗蒸腾剂可以节约20%的灌水量。

许庆方等(2019)介绍，2015年4月在山西省太谷县昌晟农牧专业合作社播种粮饲兼用品种晋单42号，大田玉米根据降雨和青贮玉米的生育时期，分别设置了零灌溉、拔节期灌溉1次、拔节期+抽雄期灌溉2次、拔节期+抽雄期+灌浆期灌溉3次的4种灌溉措施。每次灌溉均以漫灌的方式进行。在籽粒腊熟期，于每个灌溉区域分别选择3个5 m×6 m的样方，留茬15 cm手工刈割收获，田间称取鲜重，换算计算单位面积鲜重产量，每个样方中，随机选取10株玉米，切碎混匀。实验室测定中性洗涤纤维含量、酸性洗涤纤维含量及干物质含量等成分。采用田间试验和室内分析相结合的方式，探讨灌溉次数对青贮玉米的产量和品质的影响。结果表明，随着灌溉次数的增加，青贮玉米产量极显著提高($P<0.01$)，灌溉3次产量可以增加6倍。灌溉处理青贮玉米的干物质(DM)、粗蛋白(CP)、碳水化合物(WSC)和淀粉含量有显著差异($P<0.05$)，灌溉处理显著提高了青贮玉米的MILK 2006奶吨指数8%~11%($P<0.05$)，与对照相比，奶亩指数差异极显著($P<0.01$)，奶亩指数提高了2.4~5.8倍。玉米青贮饲料发酵品质差异不显著。青贮玉米栽培管理中，适当予以灌溉，可以提高产量，改善品质。

五、应对环境胁迫

玉米栽培过程中常常遇到不利环境因素影响，即易受逆境胁迫。近年来，逆境因子逐渐增多，影响逐渐增大。逆境包括生物逆境和非生物逆境。通常，病菌危害、虫害、杂草危害等称为生物逆境胁迫；干旱胁迫、淹水胁迫、高温胁迫、低温胁迫、盐碱胁迫、大风(飓风)、酸雨胁迫、重金属胁迫等称为非生物逆境胁迫。生物胁迫和非生物胁迫因素相互交错，互相影响，给玉米栽培带来很大的挑战。需依照具体情况，采取不同的措施才能有效预防或降低环境带来的损失。（详见第四章）

六、适期收获

青贮玉米以饲用为主要种植目的，收获时期的确定以获取最高生物产量为原则。

孙连双等（2010）介绍了他们于 2007 年的试验研究。黑龙江是中国最北、纬度最高的省份，饲料不足已成为影响寒地畜牧业发展的瓶颈之一。以青贮玉米龙辐单 208、东青 1 号、吉饲 8 号和中原单 32 为材料，研究了不同收割期对青贮玉米鲜草产量和干物质产量的影响。试验结果表明，青贮玉米整株鲜草产量在授粉后 20～30 d 较高，干物质产量随着收获期的延迟而不断增加，不同青贮玉米品种的干物质分配差异很大。从干物质积累角度看，北方寒地青贮玉米适宜收获期为授粉后 40～50 d。

付忠军等（2014）于 2012 年在重庆地区所做的试验研究中，以青贮玉米品种渝青玉 3 号为研究对象，分 5 个采收期研究了不同采收期对青贮玉米品质和产量的影响。结果表明，采收期对青贮玉米品质和产量均有不同程度的影响。随着采收期推迟，干重一直增加，鲜重不断降低，秸秆中 ADF（酸性洗涤纤维）和 NDF（中性洗涤纤维）含量不断增加，粗蛋白含量和 IVOMD（有机物降解率）不断降低，粗脂肪含量先升高后下降，籽粒中粗蛋白和赖氨酸含量呈下降趋势，粗淀粉含量呈上升趋势，粗脂肪含量先上升后下降。研究显示，授粉后 27～34 d 是最佳采收时期。

王丽学等（2016）结合天津地区全株玉米的收获现状，于 2013 年在奶牛场收获全株玉米过程中采用裂区试验设计，对不同收获时期和留茬高度下青贮前玉米进行产量测定和营养成分分析。结果表明，随着收获期延长，全株玉米在 74 d、78 d 的鲜物质量趋于稳定，显著高于 70 d，干物质量、干物质含量及干物质中淀粉、NDF（中性洗涤纤维）和 ADF（酸性洗涤纤维）含量显著增加，粗蛋白含量显著降低；随着留茬高度增加，全株玉米干物质量下降但差异不显著，鲜物质量和干物质中 NDF，ADF 含量显著降低，干物质含量及干物质中粗蛋白和淀粉含量显著增加。根据总隶属函数比较，最终确定以 24 cm 留茬高度为佳，但收获期应适当延长至乳熟末期或蜡熟期。

雷艳芳等（2016）研究上海崇明地区不同刈割时间对青贮玉米品种生物量、干物质、营养成分和纤维含量的影响。选用雅玉 8 号、耀青 3 号和登海 11 号适宜长江中下游地区的春玉米品种，在上海崇明区长江农场于 2013 年 5 月 7 日进行穴播，根据收获时间设计 25 个处理，分别为 7 月 29 日、7 月 30 日、7 月 31 日、8 月 1 日、8 月 2 日、8 月 5 日、8 月 6 日、8 月 7 日、8 月 8 日、8 月 9 日、8 月 10 日、8 月 11 日、8 月 12 日、8 月 13 日、8 月 14 日、8 月 15 日、8 月 16 日、8 月 17 日、8 月 18 日、8 月 19 日、8 月 20 日、8 月 23 日、8 月 24 日、8 月 27 日、8 月 28 日。结果表明，随着刈割时间的推迟，不同青贮玉米品种全株生物量均呈现先上升后下降的趋势，雅玉 8 号生物量的高峰值出现在 8 月 6 日和 8 月 7 日，耀青 3 号生物量的高峰值出现在 8 月 2 日，登海 11 号生物量的高峰值出现在 8 月 5 日和 8 月 7 日。刈割时间对 3 个青贮玉米全株干物质含量有显著影响，随着收获时间的推迟，干物质含量呈增加趋势。青贮玉米的淀粉、粗蛋白和粗脂肪含量随着收获时间的变化差异显著，淀粉含量最高峰在 8 月 23 日，为 36.7%；粗蛋白含量最高峰在 8 月 17 日，为 7.87%；粗脂肪含量最高峰在 8 月 18 日，为 4.38%。不同阶段的酸性洗涤纤维和中性洗涤纤维含量存在显著差异，3 个青贮玉米平均相对饲用价值在 8 月 7 日达到最高，为 152.34%。主成分分析表明，生物量和干物质的累计贡献率达到 74.741%，收获时间为 8 月 9 日时主成分的综合得分最高。

姜富贵等(2019)于 2018 年的试验旨在研究不同收获期对全株玉米青贮营养价值、发酵品质和瘤胃降解率的影响。试验抽样采集山东 44 个区(县)130 个养殖场 130 份全株玉米青贮饲料样品，按照收获时玉米籽粒的乳线位置，共分为 1/2 乳线、2/3 乳线和 3/4 乳线 3 个时期，样品数量分别为 40 份、60 份和 30 份，测定其营养价值、发酵品质和瘤胃降解率。结果表明：①随着收获期的延迟，全株玉米青贮的干物质(DM)含量显著增加($P<0.05$)，粗灰分(Ash)含量显著降低($P<0.05$)。1/2 乳线期全株玉米青贮的中性洗涤纤维(NDF)、酸性洗涤纤维(ADF)和酸性洗涤木质素(ADL)含量显著高于 2/3 乳线期和 3/4 乳线期($P<0.05$)。②随着收获期的延迟，全株玉米青贮的淀粉(CB1)含量显著增加($P<0.05$)。1/2 乳线期全株玉米青贮的总碳水化合物(CHO)、可溶性糖(CA)含量显著低于 3/4 乳线期($P<0.05$)，1/2 乳线期全株玉米青贮的不可利用纤维(CC)和可利用中性洗涤纤维(CB3)含量显著高于 2/3 乳线期和 3/4 乳线期($P<0.05$)。③随着收获期的延迟，全株玉米青贮的发酵系数和费氏评分显著增加($P<0.05$)。1/2 乳线期和 2/3 乳线期全株玉米青贮的乳酸含量显著高于 3/4 乳线期($P<0.05$)，1/2 乳线期全株玉米青贮的丙酸含量显著高于 2/3 乳线期和 3/4 乳线期($P<0.05$)。④随着收获期的延迟，全株玉米青贮的总可消化养分含量及消化能、代谢能均显著增加($P<0.05$)。1/2 乳线期全株玉米青贮的维持净能、增重净能和泌乳净能显著低于 2/3 乳线期和 3/4乳线期($P<0.05$)。⑤1/2 乳线期和 2/3 乳线期全株玉米青贮的 24 h 和 48 h 的干物质降解率显著低于 3/4 乳线期($P<0.05$)。综上所述，收获期为 3/4 乳线期时，全株玉米青贮的营养价值和发酵品质最优。

杨大盛等(2019)曾于 2017 年研究收获期对青贮玉米青贮品质及体外发酵特性的影响。以青贮玉米品种科玉 1108 为试验材料，分别在乳熟中期、乳熟后期、蜡熟初期及蜡熟中期收获青贮玉米，评定其青贮 90 d 的品质，再通过体外产气法，进行 72 h 发酵培养。结果表明：①在青贮前，随着收获期的延长，青贮玉米全株生物量(一次线性，$P<0.0001$)、秸秆生物量(一次线性，$P=0.0190$)、籽实生物量(一次线性，$P<0.0001$)、百粒重(一次线性，$P<0.0001$；二次曲线，$P=0.006$)、籽实占比(一次线性，$P<0.0001$)及粗脂肪含量(一次线性，$P=0.037$)均增加，秸秆占比(一次线性，$P<0.0001$)与粗蛋白含量(一次线性，$P=0.028$)均降低，中性洗涤纤维含量(二次曲线，$P=0.029$)与酸性洗涤纤维含量(二次曲线，$P=0.067$)均先下降后上升，水溶性碳水化合物含量(二次曲线，$P=0.001$)先上升后下降；②在青贮过程中，随着收获期的延长，青贮玉米异戊酸摩尔比例(一次线性，$P=0.035$)降低，丙酸摩尔比例(二次曲线，$P=0.064$)先降低后增加，乙酸摩尔比例(二次曲线，$P=0.098$)先增加后降低；③在青贮后，随着收获期的延长，青贮玉米体外发酵时潜在最大产气量(一次线性，$P=0.015$)、总挥发性脂肪酸浓度(一次线性，$P=0.017$)及干物质消失率(一次线性，$P=0.099$)均下降，乙酸摩尔比例(一次线性，$P=0.043$)上升。结果显示，延长青贮玉米收获期，可以提高生物量，改变营养成分，不会影响青贮品质，但会降低青贮后体外降解特性。

丁一等(2019)为研究收获期对不同品种青贮玉米生物产量和品质的影响，以京科青贮 301、京科青贮 516、饲玉 1 号、饲玉 2 号、鲁单 256 和鲁单 258 为试材，分别于 3 个不同收获期收获，对相关指标进行测定分析。结果表明，综合考虑生物产量和青贮品质，结合不同品种的农艺特性和当地气候条件，青贮玉米最佳的收获时期在Ⅱ期和Ⅲ期之间，即乳线到达籽粒中、下部。此时青贮玉米的生物产量收益最高，品质好，适口性好，易于动物消化吸收。

周文静等(2022)为明确河西地区适合种植的青贮玉米品种及收获时间，选用 23 个品种，分别在播后 107 d、112 d、125 d、130 d 及 135 d 采集青贮玉米全株样品，研究不同品种玉米植株乳熟期和蜡熟期的营养动态。综合分析表明，青贮玉米品种及刈割时间均显著影响干质量、粗蛋白含量、中性洗涤纤维含量、酸性洗涤纤维含量和淀粉的动态营养组成，各品种干物质和淀粉含量随着收获时间延长显著增加。

七、青贮玉米的全程机械化种植

青贮玉米全程机械化指机械化种植耕地、机械化种植整地、机械化种植播种、机械化种植田间管理及机械化种植收获等从耕地、整地、播种、田间管理及收获全程机械化操作。青贮玉米全程机械化是推动我国农牧业发展的重要措施。

王连锐等(2020)总结与半机械化生产和人工作业相比，青贮玉米全程机械化种植有以下 10 点优势：①有利于种养结合，缓解种养矛盾，形成良性循环，保障农业可持续发展。②降低农民种植成本，减轻劳动强度，达到节本增效目的。③有利于增强农产品的产后加工能力，延长青贮玉米的产业链条，提高农业综合生产能力。④进一步提高地区农业机械化装备水平，促进农村农业的结构优化调整，推动青贮玉米的规模化种植，提高种养户收入。⑤有效减少风蚀，防止水土流失。⑥大幅提高肥料、农药利用率，减少环境污染，促进绿色可持续发展。⑦有利于形成全株青贮玉米生产高标准和高效益的良性循环，促进标准化生产推广普及。⑧为畜牧业发展提供充足、廉价、优质的饲料，提高畜牧产品的市场竞争力。⑨推动牲畜舍饲圈养，促进发展生态畜牧业之路。⑩使得青贮玉米易于运输和商品化，提高农户种植积极性，推动青贮玉米生产健康发展。

王义鹏等(2021)针对丘陵山区农业基础薄弱、人工成本高、生产效率低、青贮原料短缺，肉牛养殖对青饲料的需求量大、现有耕地载畜量低、饲草供不应求、养殖成本高等问题，研究了一种青贮玉米全程机械化种植技术，将宜机化改造技术、机械化播种技术、机械化收获技术、田间转运技术应用在青贮玉米的种植环节上，实现了流转土地、撂荒土地的集约化利用。对耕地进行宜机化改造后，大中型农机可顺利作业，实现了青贮玉米的全程机械化种植，大大降低了种植成本，有助于促进丘陵山区肉牛产业的发展。宜机化改造技术主要建设内容有地块互联互通、消除作业死角、优化地块布局、土壤培肥熟化、砾石填埋处理等。耕地整改后，田间作业道路通达，方便农机掉头，因此，选用两行青贮玉米免耕施肥精播机播种，该机配有地面仿形功能，在地块起伏不平时可保持固定播种深度，点播同时条施晶粒状化肥，一次完成开沟施肥、开种沟、播种、覆土、镇压等作业，与 604 拖拉机配套作业，在未耕或已耕地精播单粒青贮玉米。机械化免耕施肥精播参数主要有施肥深度（8～10 cm)、播种深度（4～5 cm)、配套动力(44 kW)、栽植行距(60 cm)、栽植株距(13 cm、20 cm、23 cm)、工作效率(0.2～0.3 hm^2/h)。按照该参数，每公顷地块需播种包衣青贮玉米种子质量 53.36 kg，等距穴播侧深施肥，每公顷施底肥 215.16 kg，选取 0.2 hm^2 地，栽植株距分别设定为 18 cm、22 cm、26 cm，每公顷留苗 4840～6200 株，漏播率小于 1%，发芽率达 98%，发育 5～10 d 后，发现漏播率、死苗率低。在不同株距和栽植密度下，观察种子生长发育情况，发现采用机械化播种技术的青贮玉米长势良好。机械化收获：通过测定青贮玉米生长情况，机播出苗率高于人工播种，且长势一致性好，利于机械化收获。青贮玉米割捆机的前进速度为 1.53～3.94 m/s，打捆质量为 15.0 kg。当前进速度快、种植密度高时，打捆质量差；速度越慢，打捆质量越好。高度作物打小捆，低矮作物打大捆，提高了饲草收割的效率，降低了人工成本。青贮玉米的机械化收获技术增加了养殖户的经济效益，提升了项目区青贮玉米全程机械化种植水平。

张小娟等(2020)针对山西北部地区青贮玉米生产现状，研究了一套青贮玉米机械化高产栽培技术，从地块选择与平整土地、品种选择、播种、田间管理、病虫害防治、收获等方面进行介绍，以指导青贮玉米生产，全面提升玉米种植产量和经济效益。①地块选择。选择地势平坦，肥力均等、无盐碱，且适宜机械化作业的壤土地块，前茬作物以玉米、谷子或豆科作物为宜。②前茬作物在收获后，要及时进行秸秆还田和秋深耕。秸秆还田的目的是为了提高土壤有机质含量，秋深耕可以延长土壤熟化时间，以提高土壤肥力。来不及进行秋深耕的，要等到翌年进行早春耕。播前旋耕耙耱，深度为 25～28 cm，力求深浅一致，表土平整。边耕边耢，防止跑墒。在条件允许的情况下，可以结合翻耕把有机肥、底肥、农药一次施入。整地前深施有机肥 3.75 万～4.50 万 kg/hm^2、尿素 75 kg/hm^2、磷酸二铵 390～480 kg/hm^2 作基肥。③品种选择。要求选用的青贮玉米品种生育期 130～135 d，生物学产量高、品质佳、抗性好，粗蛋白含量≥7%、中性洗涤纤维含量≤55%、酸性洗涤纤维含量≤28%。④采用免耕播种机进行播种。播种机调试行距为 46～50 cm，株距为 22～26 cm；播种深度为 3～5 cm；用种量为 39 kg/hm^2。牵引机以 2～3 挡匀速行驶，路线要直且中途不能停顿。在播种不同品种时，尽量保证种量足够，一次性播完 1 个品种的用地。⑤田间管理。苗期以根系生长为主，早中耕，促使根系下扎，利于壮苗。在幼苗长到 3～4 片真叶时定苗，每穴留 1 株；4～5 叶时间苗，依土壤肥力表现确定留苗密度，留苗 6.75 万～7.50 万株/hm^2。苗期进行 1 次中耕，拔节后再中耕 1 次，深度在 10 cm 左右；在苗期结合中耕追施 675 kg/hm^2 碳铵。视土壤墒情以及降雨量进行灌溉，一般全生育期浇水 4～5 次。玉米在拔节期后，随着叶片的旺盛生长，对水分的要求逐渐增加。进入孕穗期后，玉米营养生长和生殖生长同时进行，所以对水分的需求量更大。特别是在抽雄前后 20 d 为需水临界期，如遇干旱，对产量影响极大，因此，一定要保证水分充足。⑥病虫害防治。按照“预防为主，综合防治”的植保方针，以农业、物理、生物防治手段为主，化学防治方法为辅的原则，使农药使用量大幅度下降，避免农药污染和残留，确保玉米的绿色无污染生产。需要注意的是，喷施农药必须在无风无雨的天气进行。⑦收获。收获应选择天气晴好时进行，阴雨天因雨水过多会影响青贮饲料的营养价值和产量。青贮玉米的最适收获期为玉米籽粒的乳熟末期到蜡熟前期，即乳线位置在籽粒的 1/2 处。机械收获要求果穗含水量不能高于 25%。

张彩云(2022)介绍在内蒙古化德县青贮玉米全程机械化种植技术，第一是在种植前进行翻耕整地，前茬作物收获后及时深松处理，每亩田施用完全腐熟有机肥 1500～2000 kg、氮磷钾复合肥 30 kg、磷钾肥各 10 kg。第二是科学播种，选择适宜当地的高产、优质、高抗品种，施用精量玉米播种机播种调好株行距，一次性完成开沟、播种、施肥、镇压等工序，种肥施在种子侧下方 5～8 cm 处。第三是进行有效的中耕除草、科学追肥、病虫害防控等田间管理。第四是适时收获，在青贮玉米处于乳熟末期或蜡熟初期，平均含水量为 50%～70%时收获，收获时科学确定留茬高度，避免在青贮饲料中混入泥土。收获后的青贮玉米切割为 2 cm 左右。第五是青贮方法，主要包含青贮窖储存和圆捆裹膜青贮两种方式，两种青贮处理方法都能显著延长青贮饲料的保存时间，并且易于运输，能够实现商业化利用。

许洪峰(2023)介绍在山西进行青贮玉米全程机械化种植技术，第一是播前准备。首先是选择地块，适合大型机械作业，集中连片，地势平坦，排灌设施配套完善、土质疏松且富含有机质的地块；其次是前茬作物处理，及时处理田块中的碎石、杂草、地膜等；最后是良种选择，选择适合当地自然气候条件的耐密植、生物产量高、粗蛋白含量高的品种。第二是耕整地与施肥。应根据生产需要选择深翻犁、深松机、旋耕机、旋耕灭茬机、镇压器作业，结合整地作业选用厩肥撒施机施足基肥。第三是播种。当土壤耕层(地面下 5～10 cm)的温度持续稳定在 8 ℃以上时，为适宜播种期。播种机械采用单粒(精密)旋耕施肥播种一体机作业，一穴一粒，种肥同播，一年两作区可根据地表情况选用免耕播种机或旋耕播种机作业。种植密度根据青贮玉米的品种特性、播种地块的气候条件及目标产量等因素确定。一年一作区，种植密度一般为 5.5 万～8.25 万株/hm^2；一年两熟复播区种植密度一般为 8.25 万～9 万株/hm^2。第四是田间管理。首先是追肥，根据测土配方施肥，在青贮玉米拔节期或大喇叭口期，采用高地隙中耕追肥机一次性完成开沟、施肥(高氮钾肥)、培土、镇压等作业；其次是病虫草害防治，病虫草害防治可选用中耕除草机、杆式喷雾机和植保无人机作业；最后是排灌，青贮玉米的整个生长期一般要灌溉3～4 次，可采用滴灌、微喷等节水灌溉设施设备，根据当地的降雨情况和土壤的墒情适时灌溉。第五是收割。玉米处于乳熟期末至蜡熟期初，茎叶青绿，籽粒尚未饱满，植株含水量 65%～70%，籽粒乳线在 1/2 为最佳收割期。为保障作业质量，必须选用籽粒破碎功能良好的青贮玉米收获机，直接对直立生长在田间的全株玉米进行收割，一次性完成切割、粉碎、揉搓、输送和装车作业，及时运送至贮存地点进行贮存。第六是青贮。①窖(池)青贮。将粉碎后的青贮玉米原料装入青贮窖，并压实密封保存，确保不透气、不透水，以防青贮饲料氧化和腐烂变质。②袋式青贮。袋式青贮使用套袋打包机将经过青贮菌喷洒混合调制后的青贮玉米原料，压缩成型装入塑料袋密封贮存。③裹包青贮作业。采用青贮饲草打捆包膜机，将经过青贮菌喷洒混合调制后的青贮玉米原料压制成形状规则的草捆，使用专门的塑料拉伸膜缠绕打包密封贮存。

第二节　其他方式栽培

一、覆盖栽培

荆立奇等(2017)介绍了新疆青贮玉米宽幅覆膜密植高产栽培技术。采用青贮玉米专用宽覆膜精量播种机，施肥、播种、覆膜、覆土一次完成。青贮玉米种植带型宽度 185～190 cm，每膜种植 4 行，带型内采用宽窄行种植，每 1 个带型内为 2 行宽行，中间间隔 1 行窄行，宽行 45～55 cm，窄行 35～45 cm，地膜覆在 2 行宽行及中间的 1 行窄行上，地膜边缘距离宽行中的最外 1 行青贮玉米 5～7 cm，相邻带型之间相距 30～40 cm。精量单粒播种，播深 4～5 cm，保证苗全、苗匀。

张兆丽(2017)曾在宁南山区全膜覆盖双垄沟播栽培条件下，对引进的 12 个青贮玉米品种进行优化鉴选，对其生物学性状、抗逆性以及适应性进行分析。结果表明，鉴定筛选出桂青贮1、屯玉168、金刚50、登海605和陇单9等高产优质抗旱青贮玉米新品种，在海拔1600 m区域内，植株高大，茎秆粗壮，绿叶数多，保绿性好，抗倒伏性强，生物产量达到75 t/hm^2，最高产量达到84499.5 kg/hm^2，较对照品种中夏玉4增产7.9%～20.9%，产值1.5万元/hm^{2}以上。在全膜覆盖双垄集雨沟播条件下，桂青贮1、屯玉168、金刚50、登海605等品种表现突出。

买尔亚木等(2017)为了研究覆盖材料对新疆哈密灌区玉米生长和营养价值的影响，于2016年3—10月在哈密沁城进行田间试验。试验结果表明，普通膜、降解膜和秸秆覆盖均不同程度地增加了玉米叶面积、干物质积累量和干草产量；降解膜覆盖玉米粗蛋白、粗脂肪和粗纤维产量达最大值；与裸露种植相比，普通膜覆盖、降解膜覆盖和秸秆覆盖的玉米单株叶面积指数分别增加11.52%、10.81%和7.80%，单株干物质积累量分别增加26.84%、23.99%和7.38%，干草产量分别提高22.87%、21.16%和4.10%。从玉米干草产量、营养产量和环保等方面综合考虑，降解膜可作为该区域普通膜的代替覆盖材料。

刘震等(2020)为探索环渤海低平原区青贮玉米最佳种植模式，以等行距露地平作为对照，研究了6种种植模式对青贮玉米光合特性、产量及耕层土壤水分、温度变化的影响。结果表明，宽窄行种植和起垄覆膜均能提高青贮玉米的光合速率、叶绿素含量和叶面积指数，同时各覆膜处理均能提高0～20 cm土层的土壤含水量和土壤温度。其中40/70垄作膜侧模式效果最优，较对照增产30.52%，差异达到显著水平。综合分析认为，40/70垄作膜侧模式具有土壤增温、集雨保墒、促进光合、稳产增产作用，在春季干旱少雨的滨海平原区具有广阔的应用前景。

刘青松等(2021)为研究不同种植模式对坝上地区青贮玉米生长的影响，设置3个种植模式(起垄覆膜侧播、平作覆膜膜下种植以及不覆膜平作种植)，并测定2个青贮玉米品种连续2年在3种种植模式下的生长表现。结果表明，起垄覆膜侧播种植模式在产量、品质、干物质含量、保温保墒和水分利用效率等方面均显著优于其他两种模式。起垄覆膜侧播种植模式下，方玉1201产量较常规种植提高20%以上，淀粉含量提高25%以上，酸性洗涤纤维和中性洗涤纤维含量分别降低4.94%和3.38%，基本达到全株青贮玉米标准。整个生育期内，起垄覆膜侧播种植模式0～30 cm耕层土壤平均含水量15.18%，比膜下种植平均高2.67%，比不覆膜平均高9.68%，差异显著($P<0.05$)。起垄覆膜侧播种植模式地上生物量水分利用效率较膜下和不覆膜种植分别提高17.04%和48.27%，差异显著($P<0.05$)。

魏鹏程等(2023)为探明不同覆盖材料对西北地区青贮玉米生长性状及产量的影响，在甘肃中部的永登县中川镇廖家槽进行田间试验。以青贮玉米品种陇青贮1号为材料，设置4个处理，分别为普通白色地膜(M_1)、黑色地布(M_2)、生物降解膜(M_3)、液态地膜(M_4)，测量株高、茎粗、叶面积、花后干物质积累量、果穗产量、果穗率、籽粒含水率、全株含水率、鲜草产量、干草产量。结果显示，成熟期M_1玉米的株高较M_2、M_3、M_4分别高0.7%、7.7%、14.2%。M_1、M_2、M_3、M_4在拔节期对玉米茎粗、株高具有显著性影响($P<0.05$)。成熟期单株叶面积表现为$M_4>M_2>M_1>M_3$。与M_2、M_3、M_4处理相比，M_1花后干物质积累量分别高122.2%、68.7%、68.3%，果穗产量分别高26.6%、24.7%、57.8%，鲜草产量分别提高6.5%、9.0%、10.2%，干草产量分别提高20.4%、25.2%、36.9%。果穗率、籽粒含水率表现为$M_4>M_2>M_3>M_1$，全株含水率表现为$M_4>M_3>M_2>M_1$。研究表明，液态地膜不利于西北地区青贮玉米种植。

二、免耕栽培

桑志勤等(2012)对新疆北部麦后免耕滴灌复播青贮玉米生理特性和产量结构特点进行了研究。以3个生育期不同的玉米品种新玉15号、新玉28号和垦青129为试验材料,研究各品种的生长发育特性和产量结构特点。结果表明,在新疆北部地区选择新玉15号、新玉28号作为麦后复播青贮玉米种植,可以正常成熟;垦青129麦后复播种植不能完全成熟。复播青贮玉米的叶面积指数在吐丝期后急速下降,干物质积累从小喇叭口期到抽雄期速度最快。得出结论为,新疆北部地区种植复播青贮玉米选择生育期在95～100 d的玉米品种是达到高产优质关键,新玉15号和新玉28号可作为新疆北部光热资源较丰富地区适宜种植的高产复播青贮玉米品种。

杨相昆等(2015)在新疆生产建设兵团第七师130团七连8号地段大田,小麦收获的同时,秸秆粉碎还田,然后采取免耕播种和铧式犁翻耕后播种两种耕作方式,对比研究保护性耕作对新疆北部复播田土壤温度及复播作物生长发育的影响规律。结果表明,保护性耕作条件下土壤温度具有明显的阶段性变化,在复播玉米LAI达到1之前秸秆覆盖具有降温效用,土壤温度低于翻耕处理,之后则具有保温作用。整个生育期免耕田土壤温度变化平缓,累积温度、累积温差及日平均温差均低于翻耕处理。免耕处理下作物生育期后移,干物质积累主要在生育后期,产量及干物质积累略低于翻耕处理。

李鑫等(2016)研究了不同配置方式对麦后免耕复播滴灌青贮玉米生物产量及品质的影响。选用青贮玉米品种新饲玉13号,设置3个种植密度(D_1、D_2、D_3)、两种株行距配置(S_1、S_2),于不同生育时期测量其干物质积累量,收获后测定其饲用品质。结果表明,在等行距条件下,随着密度增加单株重及生物产量下降,饲用品质降低;在宽窄行条件下,随着密度增加单株重及生物产量均上升,除干物质百分含量下降,其余饲用品质均表现良好。其中D_1S_1生物产量为104.08 t/hm^2,且饲用品质最佳;D_3S_2生物产量为99.13 t/hm^2,且品质较佳。得出结论为,等行距条件下,植株个体对新饲玉13号生物产量和品质影响大于群体效应;宽窄行条件下,植株群体对新饲玉13号生物产量和品质影响大于个体效应,即D_1S_1是等行距条件下理想配置模式;D_3S_2是宽窄行条件下理想配置模式,且具有增产潜力。

田峰(2017)对深松全层施肥免耕精量播种青贮玉米的综合效应进行了3年的研究和示范。结果表明,在宁夏中部干旱带采取深松免耕全层施肥耕作栽培技术,生态、经济、社会效益显著,与常规耕作栽培技术相比,0～40 cm耕层土壤蓄水量增加26.3%,肥料利用率提高34.6%,产量增加28800 kg/hm^2,经济产投比提高36.7%。其增产机理表现在集流渗水、集中施肥、根际养分增强、田间小气候改善四个方面。

朱玉梅(2017)通过对麦后免耕复播青贮玉米农艺性状、产量相关性及效益进行分析,结果表明,采用高效节水滴灌种植模式,既提高了青贮玉米生物产量,又降低了生产成本投入,有效提高了麦后复播的产量,单产可实现4 t/亩以上的高产目标。

三、间套作

在青贮玉米产区,青贮玉米多与牧草进行间套作,也可以与蔬菜、粮食作物间套作,还可以进行林下间作。各地有不同的间套作类型、规格和模式。

（一）与牧草间套作

刘景辉等(2006)曾于2003—2004年开展不同青贮玉米品种与紫花苜蓿的间作试验，结果表明，间作青贮玉米边际效应显著，并因品种和生育时期的不同而异。大喇叭口期，间作青贮玉米光照强度和透光率比单作的提高了，在基部为15.3%～88.1%和15.1%～89.0%，在中部为52.1%～74.1%和51.2%～73.0%。全生育期内，间作青贮玉米平均透光率比单作的提高，在基部为49.5%～62.1%，中部为40.7%～56.6%。5～30 cm土层地温从上到下呈递减趋势，同一土层温度均为间作高于单作；5 cm土层生育期内的平均地温间作比单作提高了1.0%～1.8%。收获期，间作青贮玉米株高、茎粗和叶面积指数比相同种植面积的单作玉米分别提高了2.3%～20.9%、0.4%～7.6%和2.2%～19.6%。间作复合群体的粗脂肪和粗蛋白含量比单作玉米分别提高了30.8%～59.1%和99.4%～137.5%，而鲜草和干草产量比单作玉米分别降低了22.7%～32.3%和17.6%～28.2%，比单作紫花苜蓿分别提高了156.7%～202.4%和176.5%～197.5%。间作紫花苜蓿初花期鲜草和干草产量及粗脂肪和粗蛋白含量表现出边行劣势，但差异不显著。综合分析表明，间作复合群体可充分利用田间光照和地温条件，并且紫花苜蓿是多年生豆科牧草，具有覆盖地面、防风固沙、培肥地力的作用，第2年5—6月即可收获第一茬，不仅可以解决内蒙古因缺草而影响养殖业发展的问题，而且为间作青贮玉米提供了较大的生长空间。

马宁等(2019)介绍了北林202紫花苜蓿与青贮玉米在贵州间作的技术要点。间作中，紫花苜蓿每年可刈割4～5次，初次刈割在10%植株开花时进行，再生草刈割高度为50 cm，留茬高度以5 cm左右为宜。玉米在乳熟后期全株采收。紫花苜蓿主要以鲜饲为主，青贮玉米可鲜饲和制作青贮料。一般每亩可收获紫花苜蓿4500 kg、青贮玉米3800 kg。

马超然等(2020)以单播青贮玉米为对照，套种紫花苜蓿(*Medicago sativa*)模式下，测定了第一年早熟、晚熟青贮玉米根际土壤碳(C)、氮(N)、磷(P)、土壤微生物生物量碳(Microbial Biomass C，MBC)、土壤微生物生物量氮(Microbial Biomass N，MBN)、土壤微生物生物量磷(Microbial Biomass P，MBP)、土壤地表球囊霉素相关蛋白(Glomalin-Related Soil Protein，GRSP)、土壤真菌多样性和群落结构特征等。结果表明，两品种青贮玉米根际土壤全氮含量在套种当年显著增加($P<0.05$)，说明套种可能增强了土壤固氮微生物的活性。套种显著($P<0.05$)增加了早熟玉米根际土壤MBN、MBP、易提取球囊霉素(Easily Extractable Glomalin，EEG)和晚熟品种土壤MBC的含量，且使根际土壤真菌群落特征趋于相似，这表明套种可改善土壤养分供应状况，促进土壤微生物活动，从而提高土壤肥力，促进植物生长。因此，综合第一年土壤理化性质和真菌等多项指标结果分析，在关中地区进行紫花苜蓿和青贮玉米套种可有效提高土壤营养元素利用效率。

张龙等(2020)研究了不同施氮量(0、60 kg/hm^2、120 kg/hm^2、180 kg/hm^2)和不同玉米种植密度(30000株/hm^2、45000株/hm^2、60000株/hm^2)对苜蓿和玉米生产性能以及杂草发生情况的影响，筛选出最佳的施氮量和玉米种植密度，以期为苜蓿/玉米套作系统的杂草防除提供科学依据。结果表明，苜蓿/玉米套作田中的杂草以马唐和稗草为主；在60 kg/hm^2施氮处理下苜蓿存活率较高，达10.25%，120 kg/hm^2施氮处理下返青时紫花苜蓿的生物量相对较高，达0.88 kg/m^2。不同种植密度对玉米三叶期的苜蓿生物量、苜蓿高度以及灌浆期、乳熟期的玉米高度影响显著；密度、施氮量互作效应对杂草的高度、密度及盖度影响极显著。综上所述，在

120 kg/hm^2施氮量和 60000 株/hm^2玉米种植密度时能够提高苜蓿、玉米的生物量，并且密度和施肥互作效应能够较好地控制杂草。

许瑞轩等(2021)为解决夏季在单作紫花苜蓿田中套作青贮玉米后苜蓿和苗期玉米种间竞争的问题，于 2018—2019 年在套播青贮玉米后对苜蓿喷施 3 种植物生长延缓剂(调环酸钙、多效唑和甲哌鎓)和两种玉米田除草剂(丁异莠去津和异丙甲草胺)，分析其对苜蓿和玉米种间竞争和系统生产力的影响。结果表明，植物生长延缓剂和除草剂混施没有交互作用；除 2019 年多效唑增加套作期间苜蓿的产量外，与清水对照(CK)相比，3 种植物生长延缓剂对苜蓿的抑制作用不显著($P>0.05$)，未能改变苜蓿、玉米以及系统的总产量。与 CK 相比，除草剂丁异莠去津对苜蓿的抑制作用显著($P<0.05$)，降低了苜蓿再生初期的株高、叶绿素含量和套作期间的产量，显著增加了套作玉米的产量($P<0.05$)，但对苜蓿第 2 年春季的生长也造成了影响，导致 2019 年系统总产量和食物当量值显著降低($P<0.05$)。异丙甲草胺处理玉米、苜蓿的产量与 CK 差异不显著($P>0.05$)，但对苜蓿春季产量有提高作用，系统总产量和食物当量值有升高的趋势。本研究采用的植物生长延缓剂和除草剂均未能达到在保证系统生产力的前提下短期有效抑制苜蓿再生、缓解苜蓿与套作玉米苗期的竞争的目的。

彭滟茹等(2022)为研究多样性种植条件下青贮玉米生长发育和对氮素的响应，以期在“粮改饲”背景下氮肥高效利用、实现化肥零增长战略提供理论依据。于 2019—2020 年在云南农业大学现代农业教育科研基地进行试验，设置 3 种种植方式(青贮玉米单作、青贮玉米间作苜蓿、青贮玉米混作白三叶草)和 3 种施肥水平(常规施氮 $N_3=345$ kg/hm^2；减氮 20%$N_2=276$ kg/hm^2；减氮 40%$N_1=207$ kg/hm^2)，分析不同处理对青贮玉米生长发育、产量及氮素吸收利用的影响。结果显示：①青贮玉米株高、茎粗和叶面积指数随施氮量的减少而下降，而混作白三叶草能减缓减氮对青贮玉米叶面积等农艺性状变差的影响，减氮 40%条件下，能提高青贮玉米叶面积指数 17.87%。②单作减氮 40%条件下青贮玉米鲜草质量和干草质量显著降低，分别降低 10.9%和 21.3%；减氮 40%和 20%条件下，间作苜蓿和混作白三叶草处理较常规施氮单作处理干草质量分别降低 14.2%、9.3%和 9.6%、7.4%。③青贮玉米氮素吸收和利用效率随施氮量的降低而提高，间作苜蓿和混作白三叶草能进一步提高低氮投入条件下青贮玉米对氮素的吸收和利用效率，但在常规施氮条件下，间作、混作与单作处理间青贮玉米氮素吸收和利用效率差异不显著。总之，青贮玉米间作苜蓿和混作白三叶草能提高减氮条件下氮素的利用效率，保证在减氮 20%条件下青贮玉米生物产量不会显著降低。

蒋紫薇等(2022)在河西灌区进行玉米/秣食豆间作田间试验，设置 7.5 万株/hm^2(D_1)、9.0 万株/hm^2(D_2)、10.5 万株/hm^2(D_3)3 个青贮玉米种植密度，每个种植密度下设置 0(N_1)、120 kg/hm^2(N_2)、240 kg/hm^2(N_3)、360 kg/hm^2(N_4)4 个施氮水平，探究种植密度与施氮对饲草产量、品质和氮肥利用的影响。结果表明，两年 D_2 和 D_3 处理的青贮玉米、秣食豆及总体的干草产量、粗蛋白产量显著高于 D_1，N_3 和 N_4 处理的青贮玉米及总体的干草产量、粗蛋白产量显著高于 N_2 和 N_1。所有处理中，D_2N_3 获得了最高的总干草产量，2019 年和 2020 年分别为 36.16 t/hm^2和 30.31 t/hm^2。两年随着密度的增加，青贮玉米、秣食豆及总体的粗蛋白、粗脂肪含量呈下降趋势，而粗灰分、中性洗涤纤维、酸性洗涤纤维含量呈增加趋势。随着施氮量的增加，总体粗蛋白、粗脂肪含量增加，而粗灰分、中性洗涤纤维、酸性洗涤纤维含量呈下降趋势。两年 D_2 处理下总体氮含量、氮吸收量和氮肥利用效率显著高于 D_3，且 D_2 获得较高的氮肥农学效率。N_2、N_3、N_4 处理的总体氮含量和氮吸收量显著高于 N_1，N_3 处理的氮肥农学效率和氮肥利用效率显著高于 N_4。所有处理中 D_2N_3 获得最高的氮肥利用效率，2019 年和 2020 年分别为 1.41 kg/kg 和 0.86 kg/kg。因此，该处理是一种河西灌区青贮玉米/秣食豆间作系统适宜的田间管理措施，具有一定推广价值。

王雪萍等（2022）为探究间作行宽对玉米和高丹草青贮营养品质和发酵品质的影响，以玉米和高丹草宽行（6∶12）、中行（4∶8）和窄行（2∶4）种植模式下的材料为研究对象，以其单播为对照，在蜡熟期进行刈割及青贮发酵处理，青贮 60 d 后，测定其营养成分及发酵指标。结果表明，在宽行种植模式下，玉米青贮后中性洗涤纤维含量较对照降低了 5.4%，泌乳净能提高了 2.4%，高丹草青贮后粗蛋白含量较对照提高了 10.8%，乙酸含量较对照提高了 480%；在中行种植模式下，玉米青贮后泌乳净能较对照降低了 1.9%，高丹草青贮后粗蛋白含量较对照提高了 7.0%，泌乳净能较对照降低了 0.8%；在窄行种植模式下，玉米青贮后可溶性糖含量较对照提高了 27.6%，乳酸含量较对照提高了 49.2%。高丹草青贮后干物质含量较对照降低了 1.0%，泌乳净能较对照提高了 0.8%。经灰色关联度综合分析表明，玉米在窄行种植模式下青贮品质最好，高丹草在中行种植模式下青贮品质最好。

刘岳华等（2022）为充分挖掘四川地区丰富的水热资源，建立饲草料周年生产体系，进行了不同种植模式下青贮玉米与饲用燕麦（*Avena sativa*）产量和品质的研究。结果表明，随着播期延迟，燕麦和青贮玉米生育期均缩短。晚秋播种饲用燕麦林纳综合表现良好，可前作青贮玉米。青贮玉米播期为 5 月 21 日时，奥玉 3628 表现最优，可作为两季青贮玉米轮作模式中的第一季饲草。播期为 8 月 21 日时，雅玉 158 综合表现最好，可作为两季青贮玉米轮作模式中的第二季饲草。“青贮玉米奥玉 3628→青贮玉米雅玉 158→饲用燕麦林纳”轮作模式下饲草全年生长时间长达 339 d，全年干草产量高达 48905.15 kg/hm²，粗蛋白产量达 5388.35 kg/hm²，显著高于其他种植模式，具有良好的推广利用潜力。

（二）与蔬菜间套作

王照霞等（2005）在不灌水和灌水 60 mm 条件下将青贮玉米与豌豆以 6 种带型种植，研究了玉米、豌豆行间土壤水分变化、各群体鲜草产量及干物质水分利用效率。结果表明，豌豆生长旺盛期需水量大，在共生期对水分竞争激烈，影响了玉米的生长；玉米豌豆 3∶3 间作具有明显的间作产量优势和较高的群体水分利用效率；不灌水和灌水 60 mm 处理的土地当量比（LER）分别为 1.29 和 1.33，群体水分利用效率不灌水和灌水 60 mm 处理比玉米单作分别提高了 24.86%和 19.24%，比豌豆单作分别提高了 14.58%和 37.25%。播前灌水 60 mm 可使玉米间作行间土壤水分状况得到改善，豌豆产量较不灌水处理增长显著。

林有全等（2013）介绍了新疆焉耆垦区茴香套种青贮玉米的栽培技术。茴香俗称孜然，是一种调味原料。在生产中充分发挥茴香生育期短、株型矮小紧凑、投入少、成本低的优势，与其他高秆作物间作、套种、复播，共生期间互不影响，可以有效提高土地利用率。

张晓梦等（2013）为了获得高产、高蛋白的牲畜粗饲料，通过研究黑龙江西部地区不同种植密度和施肥水平对龙引扁豆 1 号与青贮玉米混种的影响，筛选出了适合该地区的较优栽培模式。结果表明，随着龙引扁豆 1 号密度的增加，其混种生物产量显著增加，当龙引扁豆 1 号的种植密度与青贮玉米的种植密度均为 60000 株/hm² 时，混种生物产量最高，平均为 53359.99 kg/hm² 和 56933.20 kg/hm²；追施尿素的施用量在 300～375 kg/hm² 增产显著；通过对种植密度和施肥水平搭配组合筛选黑龙江西部地区龙引扁豆 1 号与玉米混种的较优栽培模式，龙引扁豆 1 号播种密度 60000 株/hm²＋施肥（尿素）375 kg/hm² 的栽培模式组合混种增产效果最好，比对照组合平均增产 16.76%。

（三）青贮玉米的林下间作

多年来，林下种植农作物已是林下经济的一个重要组成部分和较普遍现象。青贮玉米的林下种植也不鲜见。

斯日古楞等（2014）对人工杨树林下青贮玉米种植进行调查，归纳出一套适合通辽人工杨树林下高产青贮玉米种植技术，包括播前准备、播种、田间管理、病虫害综合防治及收获等方面内容。

（四）与粮食作物间套作

吴秀梅（2016）针对宁夏引黄灌区传统春小麦套种玉米光、热未能充分利用的现状，进行小麦套种玉米复种青饲玉米的试验研究。结果表明，相对小麦套种玉米，小麦套种玉米复种青贮玉米种植模式的太阳总辐射、生理辐射、日照、积温、降水利用率依次提高 15.30%、16.20%、17.51%、30.20%和 33.30%，土地利用率提高了 45%，每 1 kg N、P_2O_5生产的农产品总量分别多 220.6 kg、813.5 kg，平均产青贮玉米 45 t/hm^2，产投比提高了 12.3%，为引黄灌区现代农业发展开拓了一条新途径。

瓮巧云等（2021）为明确冀西北地区玉米/大豆间作模式（简称玉豆间作模式）对青贮玉米产量、品质及土壤微生物群落的影响，以青贮玉米中原单 32 与大豆绥农 41 为材料，于 2017—2018 年进行了 5 种不同间作模式种植试验，测定了青贮玉米产量、品质以及土壤营养与微生物的变化。结果表明，与玉米单种（CK）相比，玉豆间作能明显提高青贮玉米产量、品质，改善土壤营养和微生物菌落。玉豆 2∶1 模式为该地区最佳间作模式，该模式青贮玉米产量为 68.53 t/hm^2，粗蛋白（CP）、淀粉含量明显增加，分别比 CK 多 0.5 和 3.2 个百分点；每吨干物质可生产的牛奶量达到 1539.00 kg/t。与 CK 相比，玉豆间作下根瘤菌固氮作用明显，其中玉豆 2∶1 模式下灌浆期根际土壤碱解氮含量为 124.3 mg/kg。此外，在玉豆间作模式中，玉米根际土壤中子囊菌门真菌表达丰度增加，担子菌门真菌表达丰度降低；出现柄孢壳菌、Harpophoraradicicola 等新真菌类型。玉豆 2∶1 模式下玉米根际土壤微生物 OTU 最多，达到 318 个。本研究为冀西北地区开展高产、优质玉豆间作栽培技术模式提供了理论依据。

陈诚等（2022）对山西中部小麦套种青贮玉米栽培技术进行了研究。山西中部地区小麦套种青贮玉米种植模式比传统单一种植小麦、玉米更容易实现增产增收。在该种植模式下，选择山西审定的水旱兼用小麦新品种长麦 251 作为小麦配套品种，在小麦产量得以保证的前提下，青贮玉米品种的选择以及适宜的套种种植密度和播期是实现小麦玉米双增产的关键因素。试验结果显示，大京九 26 在所有参试青贮玉米品种中产量位居第一，是比较适合小麦套种的青贮玉米品种；大京九 26 在该套种模式下的最佳种植密度是 75000 株/hm^2，其最佳播期为 5 月 22 日。

四、混作

在青贮玉米主产区，青贮玉米不同品种间混作以及与其他作物混作是常见的种植方式。

（一）品种间混作

高洪雷等（2009）以中熟的中原单 32 和晚熟的东青 1 号两个青贮玉米品种为材料，进行同行混播、间行混播试验，研究不同混播方式与青贮玉米各生育时期、产量和饲用品质的关系。结果表明，不同混播方式对青贮玉米品种生育时期影响不显著；实行 2：2 间行混播，并在中原单 32 达到乳熟末期时进行混合收获，可获得较高干物质产量和较好的饲用品质。

高飞等(2009)为研究不同成熟期青贮玉米混播对产量和品质的影响，将不同生育期的青贮玉米品种以混播方式进行种植，晚熟品种可保证较高的生物产量，早熟品种可提高籽实产量，从而改善青贮品质，达到稳产优质的目的。以晚熟玉米品种中原单 32 和 4 个早熟玉米品种龙单 13、龙单 8、海育 9 号及海育 8 号为材料在黑龙江北部地区进行单播及混播试验，探讨混播对不同品种玉米农艺性状、产量和饲用品质的影响。结果表明，混播对于各品种玉米农艺性状影响不显著；混播显著提高干物质产量和饲用品质($P<0.05$)；应用 Milk 2000 粗饲料评价指数分析，中原单 32 与海育 9 号的混播组合评价指数最高。

姚江华等(2010)曾以 4 个青贮玉米品种为材料. 设置 6.20 万株/hm^2、7.95 万株/hm^2 及 9.70 万株/hm^2 3 个种植密度，进行了不同青贮玉米品种的混播试验，分别测定各处理的产量及营养成分等指标。通过统计分析，试验得出的主要结论如下：2 个混播组合的产量、中性洗涤纤维含量、淀粉含量、粗灰分含量与组合内品种单播相比差异不显著。在各密度下，混播组合 1(中原单 32＋东青 1 号＋吉饲 9 号)的粗蛋白含量及粗脂肪含量均高于组合内品种单播处理，其中在密度为 7.95 万株/hm^2 时粗蛋白含量及粗脂肪含量达到最高。

兰宏亮(2015)为了提高夏播青贮玉米产量，获得优质青贮饲料，通过将夏播青贮玉米品种京科青贮 301 和富友 9 号按一定比例(2：1、1：1 和 1：2)进行同行或间行混播混收，研究不同混播方式和比例对夏播青贮玉米植株农艺性状和产量的影响。结果表明，混播种植对群体内植株生育时期和主要农艺性状影响不显著；不同混播方式下地上部鲜重产量表现为富友 9 号＞间行混播＞京科青贮 301＞同行混播，干物质产量则表现为间行混播＞京科青贮 301＞富友 9 号＞同行混播，同行和间行混播中不同比例(2：1、1：1 和 1：2)在生物产量上无显著差异($P>1.05$)。综合农艺性状和生物产量可知，京科青贮 301 与富友 9 号以 1：1 比例进行同行混播混收可在夏播条件下获得较高产量和品质，适宜推广应用。

于辉等(2015)在内蒙古鄂尔多斯地区，以 3 个青贮玉米品种为试验材料，设置 6 万株/hm^2、6.75 万株/hm^2 及 7.5 万株/hm^2 三个种植密度，进行了不同青贮玉米品种的混播试验，分别测定了各处理的产量及营养成分等指标。结果表明，在不同密度条件下，混播组合 1(东陵白＋科多 8 号)的粗蛋白和粗脂肪含量均高于组合内品种单播处理，在密度为 6.75 万株/hm^2 时粗蛋白和粗脂肪含量最高。

王瑞军等(2019)介绍，在晋北旱作区可选择的早熟类青贮玉米有龙牧 3 号、江单 2 号、江单 3 号、海玉 8 号、龙辐玉 2 号等；晚熟类品种有辽单青贮 625、三北青贮 17、登海青贮 3930、京科青贮 516、文玉 3 号等，可以进行同一熟期类型的不同品种间混播种植。

(二)青贮玉米与豆类作物混作

张晓梦等(2013)为获得高产、高蛋白的牲畜粗饲料，通过研究黑龙江西部地区不同种植密度和施肥水平对龙引扁豆 1 号与青贮玉米混种的影响，筛选出了适合该地区的较优栽培模式。结果表明，随着龙引扁豆 1 号密度的增加，其混种生物产量显著增加，当龙引扁豆 1 号的种植密度与青贮玉米的种植密度均为 60000 株/hm^2 时，混种生物产量最高，平均为 53359.99 kg/hm^2 和 56933.20 kg/hm^2，追施尿素的施用量在 300～375 kg/hm^2 增产显著；通过对种植密度和施肥水平搭配组合筛选黑龙江西部地区龙引扁豆 1 号与玉米混种的较优栽培模式，龙引扁豆 1 号播种密度 60000 株/hm^2 ＋施肥(尿素)375 kg/hm^2 的栽培模式组合混种增产效果最好，比对照组合平均增产 16.76％。

姬承东等(2015)通过对青贮玉米 SC704 与拉巴豆进行混播，研究不同生育期青贮玉米 SC704 与拉巴豆混播的生育期、农艺性状、产量与青贮效果。结果表明，青贮玉米 SC704 与拉巴豆混播对其生育期没有影响。混播对青贮玉米 SC704 的株高、穗位高、茎粗、叶片数的影响不大。青贮玉米 SC704 与拉巴豆混播能够提高 CP 和 RFV 的值，还可以降低 NDF 和 ADF 含量。表明：青贮玉米 SC704 与拉巴豆混播可以改善饲料的青贮品质。

郭郁频等(2015)在冀西北地区，通过研究青贮玉米与扁豆不同混播种植密度(青贮玉米：扁豆设密度比 1：1、2：1、3：1)对混播饲草生物产量和营养成分的影响，筛选出了适合该地区的较优混播栽培模式。结果表明，青贮玉米和扁豆混播比例 2：1 为最佳模式，在该模式下饲草的产量和品质均可达到最佳水平，混播饲草产量最高，比对照增产 11.6％，粗蛋白含量得到明显增加，高出 2.49 个百分点。青贮玉米与扁豆混播技术简单，收益明显，必定会成为青贮玉米种植的一种新模式，在该地区奶牛粗饲料品质改良中发挥重要作用，具有非常广阔的推广前景。

柳茜等(2015)对青贮玉米单播、青贮玉米与拉巴豆混播进行生产性能研究，结果表明，在西昌地区玉米 5558 株/亩的播量，拉巴豆播种量为 2.5 kg/亩，两行玉米间套种拉巴豆的生产模式，可收获鲜草 132366.15 kg/hm^2，干草 30669.30 kg/hm^2，比单播提高 11.85％。在整个产量构成中玉米占到总产量的 70.87％，拉巴豆达 29.13％，粗蛋白含量为 8.93％，比单播提高 31.13％，饲草产量高，营养品质好，是适宜西昌地区的混播模式。

马垭杰等(2017)曾为加快调整优化农业种植结构，有效解决日益突出的优质饲草料供给不足的矛盾，于甘肃做了试验研究。将青贮玉米新品种和秣食豆混作，以探索其混作比例对群体生物产量和饲用品质的影响。试验显示，青贮玉米和秣食豆混作在 1：2 的比例下群体地上生物产量最高，群体地上生物产量亩均增产 231.69 kg；干物质产量亩均增加 362.3 kg；粗蛋白含量平均提高 0.5％；粗纤维、酸性洗涤纤维和中性洗涤纤维含量平均降低 0.06％、4.82％、5％和 9.75％；产出效益平均达到 1964.15 元/hm^2，平均亩产出效益多增加 71.33 元。其中正德 305 和豫青贮 23 在所有品种中无论是混作效果、群体地上生物产量、营养价值、饲料品质和经济效益等都表现较为突出。结果表明，青贮玉米与秣食豆混作不仅影响群体地上生物产量，并可大幅度提高混作群体蛋白质含量和降低粗纤维、酸性洗涤纤维和中性洗涤纤维含量，提高饲料营养价值和饲用品质，实现节本增效的目的。

连露等(2017)在 3 个青贮玉米种植密度(5.4 万株/hm^2，6.2 万株/hm^2，7.95 万株/hm^2)基础上，分别按株数 1：1、1：2、1：3 三个比例与秣食豆(*Glycine max*(L.)Merr)混播，以单播为对照，探究青贮玉米种植密度及与秣食豆混播比例对青贮玉米品质的影响。结果表明，青贮玉米种植密度为 6.2 万株/hm^2，混播比例为 1：1 时氨态氮含量最低，为 5.42％。随着青贮玉米种植密度的增加，淀粉含量呈降低趋势；在同一种植密度下，随着秣食豆混播比例增加，粗蛋白含量呈增加趋势，其中 6.2 万株/hm^2 混播比例为 1：3 时粗蛋白含量最高，达到 8.09％，比同一种植密度单播提高 19.67％。种植密度为 7.95 万株/hm^2 混播比例为 1：1 时干物质含量最高，达到了 28.71％。采用灰色关联度法综合比较，种植密度为 7.95 万株/hm^2 混播比例为 1：1 的处理得分最高，综合青贮品质最佳；其次是种植密度 6.2 万株/hm^2 混播比例为 1：2 的处理。

崔超等(2017)以青贮玉米金创1号与海沃饲用扁豆为材料，在1∶1、2∶1、3∶1三种混播比例处理下，研究了各处理间群体干鲜重、全生育期干物质积累特性与根冠生理特性的差异。结果表明，不同混播比例对群体干物质产量有显著影响，均较对照增产显著；其中尤以2∶1混播处理最优，较其他处理增产显著；混播处理有利于增加吐丝期到蜡熟期植株根系物质积累量，有利于保持吐丝期到蜡熟期植株绿叶面积，保持植株后期较高的干物质合成能力，进而影响干物质的合成与积累，最终提高了青贮玉米干物质产量。

闫慧颖等(2018)为了探讨祁连山牧区在青贮玉米拔节期追施尿素，青贮玉米与箭筈豌豆混播对草产量及品质的影响开展了研究。结果显示，在玉米拔节期追施尿素150 kg/hm²，鲜草产量比不追施增产13.72%～22.91%，干草产量增加12.70%～27.29%；追施150 kg/hm²，对粗蛋白含量没有影响；可降低灰分含量2.06%～25.68%。青贮玉米单播或与箭筈豌豆混播草产量差异不显著，混播灰分含量分别降低4.77%和18.15%，粗蛋白含量分别提高19.09%和34.38%，粗纤维含量分别降低5.80%和18.17%，钙含量分别增加19.51%和42.32%，磷含量分别增加20.16%和27.47%，混播能明显改善饲草品质。

姜胜男等(2018)研究青贮玉米和秣食豆混播比例对群体生产机能的影响。以青贮玉米科多八号和秣食豆为试验材料，研究不同混播比例处理对混播群体生产机能的影响。结果表明，玉米与秣食豆2∶0处理的玉米株高、茎粗略低，显著高于玉米常规单播处理，但与其他处理无显著差异；随着混播比例的增加，玉米的茎粗、叶面积呈下降趋势。各混播处理的玉米干物质积累在生育后期均高于单播处理，其中以混播处理2∶2、2∶3较高；不同混播处理群体中玉米的产量无显著影响，但是对玉米+秣食豆的群体总产量有显著影响，其中混播处理2∶2产量最高，显著高于混播处理2∶0和对照，产量分别提高10.86%和9.01%。该研究为青贮玉米高产研究提供理论依据。

孙东升等(2019)通过在辽宁地区对2个野生大豆品系与青贮玉米进行混作栽培，研究其对饲草产量和营养成分的影响。结果表明，野生大豆与青贮玉米混作可显著提高饲草产量，二者混作收获物青贮后营养成分较玉米单播均有所增加，野生大豆品系LYD140116与青贮玉米在混播密度6.75万株/hm²条件下，饲草产量和品质可达较佳水平。

董姗等(2020)为探究灌溉模式与种植方式对青贮玉米生长、产量和经济效益的影响，在河西地区设置3个种植方式(S：青贮玉米单播；SM：青贮玉米与秣食豆混播；SL：青贮玉米与拉巴豆混播)和6种灌溉模式(W_1：6叶期灌溉；W_2：6叶期和12叶期灌溉；W_3：6叶期和散粉期灌溉；W_4：6叶期、12叶期和散粉期灌溉；W_5：6叶期、散粉期和灌浆期灌溉；W_6：6叶期、12叶期、散粉期和灌浆期灌溉)进行田间试验。结果表明，SM、SL和S种植下玉米的株高、茎粗和相对叶绿素含量差异不显著，但SM和SL较S显著提高了叶面积指数；SM和SL的鲜干草产量和净收益显著高于S；在灌浆期和收获期，W_5和W_6的株高、茎粗、相对叶绿素含量和叶面积指数显著高于W_1、W_5、W_6的鲜干草产量和净收益显著高于W_1、W_2和W_3。所有处理中，SM-W_5获得了最高的干草产量和净收益，是河西地区青贮玉米适宜的栽培模式。

王斌等(2021)为探究宁夏雨养区不同播量拉巴豆与青贮玉米混播对草地生产性能和牧草品质的影响，试验采用随机区组设计，以不同播量(0、22.5 kg/hm²、45.0 kg/hm²、67.5 kg/hm²、90.0 kg/hm²)的拉巴豆与青贮玉米混播，并运用灰色关联度法对各处理进行了综合评价。结果表明，青贮玉米单播的鲜、干草产量分别为82.09 t/hm²和25.21 t/hm²，显著高于青贮玉米播量为45.0 kg/hm²，90.0 kg/hm²拉巴豆混播($P<0.05$)；不同播量拉巴豆与青贮玉米混播饲

草的粗蛋白、粗灰分、中性和酸性洗涤纤维含量较青贮玉米单播均有不同程度的增加。经灰色关联度分析，拉巴豆播种量为 22.5 kg/hm^2 与青贮玉米混播综合性状排名第一，优于其他混播处理和青贮玉米单播，可作为宁夏雨养区适宜播种量推广。

连金番等(2022)为提高饲草的产量和品质，将不同蔓生型饲草大豆与青贮玉米同行、带状复合种植，测定混合饲草的产量和营养指标，通过聚类和主成分分析筛选出综合性状最优的饲草大豆种质及对应的栽培模式。结果显示，混合种植饲草产量、粗蛋白含量、干物质消化率、干物质采食量和相对饲用价值显著高于单种青贮玉米($P<0.05$)。混合饲草通过系统聚类分为 3 个类群，第Ⅰ类群包括 FML10 与青贮玉米带状、同行复合种植的混合饲草，FML2 与青贮玉米同行复合种植的混合饲草，上述 3 种饲草为丰产和高相对饲用价值类。主成分综合评价得分第一位的是 FML10 与青贮玉米带状复合种植的混合饲草。研究表明，FML10 青贮玉米带状复合种植为宁夏引黄灌区适宜种植模式。

陈爱国等(2022)选用 2 个野生大豆品种与青贮玉米进行混播栽培，研究其对青贮玉米饲草的产量及发酵后品质的影响。研究表明，野生大豆与青贮玉米混播可显著提高饲草产量，与对照组相比，饲草产量分别显著提高 15.34%、16.53%；混播可提高饲草品质，可显著提高饲草粗蛋白含量，与对照组相比，饲草粗蛋白分别提高 17.51%、23.52%。随着发酵时间的延长，粗蛋白含量呈先升高后降低的趋势，粗脂肪的含量也随着发酵时间的延长而升高，可溶性糖含量和粗纤维含量在发酵期间呈逐渐降低趋势，钙含量和磷含量在发酵期间无明显变化。

梁小玉等(2023)为研究不同种豆科作物与不同品种青贮玉米间作对混合饲草生产性能和品质的影响，以期探索适宜四川农区及类似生态区青贮玉米和豆科作物间作模式。本研究设置青贮玉米(3 个品种)、豇豆、四季豆和拉巴豆 6 个单作模式，以及 3 个品种青贮玉米分别与豇豆、四季豆和拉巴豆间作的 9 个种植模式，共计 15 个处理，分析不同处理对土地当量比、青贮玉米农艺性状、干草产量及营养价值的影响。结果表明，间作处理土地当量比均大于 1，具有间作优势，紧凑型玉米间作处理增产率和土地当量比值高于平散型和半紧凑型间作处理，A_2B_3(四季豆/雅玉 719)增产率和土地当量比值最高，分别达到 79.01%和 2.68；与单作比较，间作处理对青贮玉米株高、茎粗、绿叶数、全株产量以及豆科作物产量均无显著影响；混合饲草粗蛋白、粗脂肪等营养成分及干草产量显著或极显著高于其单作青贮玉米；豆科作物对间作总产量贡献由大到小的顺序依次是四季豆>豇豆>拉巴豆，对营养品质贡献则反之；15 个处理中，A_2B_1(四季豆/川单青贮 1 号)干草产量最高，为 29485 kg/hm^2，其次为 A_1B_1，为 28677 kg/hm^2。综合考虑产量、品质及消化率，A_1B_1(早熟新选小叶王豇豆/川单青贮 1 号)为最佳推广种植模式。

五、轮作

青贮玉米生产中，轮作是一种主要的种植方式，得到普遍应用。

赵祥(2012)于 2010—2012 年在张家口坝上察北管理区试验场进行试验，以种植马铃薯、燕麦、亚麻、蚕豆作物为前茬作物，青贮玉米曲辰 9 号为对照。通过对不同前茬小区种植的青贮玉米干物质产量进行比较试验，旨在明确适宜该区域种植青贮玉米的前茬作物。结果表明，前茬产量依次是蚕豆、亚麻、马铃薯、燕麦，前茬是蚕豆的青贮玉米干物质产量达 16150.6 kg/hm^2，较对照增产 30.4%，极显著高于对照；依次是亚麻、马铃薯和燕麦分别较对照增产 20.8%、11.1%

和 2.9%。同时前作是马铃薯、燕麦、亚麻、蚕豆等作物的比对照病虫害发生较轻。

杨东海等(2015)为了筛选出在宁夏北部地区苜蓿轮作后适宜种植的青贮玉米品种，对 10 个青贮玉米品种进行了比较试验。结果表明，中原单 32、陕单 609、登海 701、先玉 335 种植效益较好，适宜在宁夏北部 6 月上旬两季轮作倒茬模式中推广种植。

文建国等(2017)针对四川攀枝花二半山区肉牛养殖现状及饲草资源利用情况，于 2012—2015 年引进 3 个青贮玉米品种和 4 个黑麦草品种，开展“青贮玉米＋黑麦草”轮作模式试验研究。结果表明，在参试的 4 个黑麦草品种中，绿岛的鲜草产量和种植效益均最高，分别为 12973.2 kg/亩和 5189.3 元/亩；在参试的 3 个青贮玉米品种中，YR12 的鲜草产量和种植效益均最高，分别为 8967.4 kg/亩和 3587.0 元/亩；筛选出的最佳轮作品种组合是“绿岛＋YR12”，年产鲜草 21940.6 kg/亩，其次是“特高＋YR12”，年产鲜草 20762.2 kg/亩。在攀枝花二半山区海拔 1400～1600 m 区域内推广“青贮玉米＋黑麦草”轮作模式，可大幅增加土地单位面积牧草产量，显著提高了土地资源综合利用率。

王仪明等(2017)为探明苜蓿—青贮玉米(A－C)、大麦－青贮玉米(B－C)、小麦－青贮玉米(W－C)、燕麦－青贮玉米(O－C)、黑麦草－青贮玉米(L－C)5 种不同轮作模式对青贮玉米产量、品质和土壤肥力的影响，以玉米－玉米(C－C)连作为对照，在 2014 年和 2015 年于上海崇明地区进行了田间随机区组试验。结果表明，不同轮作模式下青贮玉米产量、粗蛋白、淀粉、粗脂肪、pH 值、有机质、速效养分和土壤酶活性指标均显著优于连作模式($P<0.05$)。A－C处理中青贮玉米产量、裹包青贮玉米的粗蛋白、淀粉、粗脂肪含量均高于其他处理，并分别高出对照(C－C)39.29%、27.90%、39.46%和 28.30%。随着种植年限的延长，土壤酶活性呈下降趋势，其中 A－C 和 O－C 处理中，蔗糖酶随着种植年限的延长明显下降；W－C 处理中，碱性磷酸酶活性随着种植年限的延长明显下降。因子分析结果表明，不同轮作处理土壤肥力得分依次为 A－C＞O－C＞B－C＞W－C＞L－C，说明苜蓿与青贮玉米轮作不仅有利于提高玉米产量和改善青贮饲料品质，还有助于改良土壤。研究结果为长三角地区优质饲草轮作制度的建立提供了理论依据。

李元华等(2018)介绍了在四川所做的青贮玉米与多花黑麦草轮作的试验。结果表明，“青贮玉米－多花黑麦草”轮作种植系统，其干物质成本是“稻谷－小麦”种植系统的 27.24%，而且其营养价值高，在添加很少量精料的情况下，就能满足生产肉牛和奶牛的营养需要。

谯记等(2018)曾在贵州对苜蓿－青贮玉米(A－C)、大麦－青贮玉米(B－C)、小麦－青贮玉米(W－C)、燕麦－青贮玉米(O－C)、黑麦草－青贮玉米(L－C)5 种不同轮作模式对青贮玉米产量和土壤肥力的影响进行探究，用玉米－玉米(C－C)连作为对照，在 2014 年和 2015 年进行了田间随机试验。结果表明，不同轮作模式下青贮玉米产量、pH 值、有机质、速效养分和土壤酶活性指标都明显优于连作模式。因此，分析结果表明，不同轮作处理土壤肥力得分依次为 A－C＞O－C＞B－C＞W－C＞L－C，说明苜蓿和青贮玉米轮作不仅有利于提高玉米产量和改善玉米青贮饲料品质，还有助于改良土壤质量。

郭耀东等(2018)为明确种植和翻压绿肥改良和培肥盐碱地的效果，采用田间试验研究了种植和翻压毛叶苕子(*Vicia villosa* Roth.)、田菁(*Sesbania cannabina* Poir.)、草木樨(*Melilotus officinalis* L.)、紫花苜蓿(*Medicago sativa* L.)、箭筈豌豆(*Vicia sativa* L.)和黑麦草(*Lolium perenne* L.)6 种绿肥对中度苏打盐碱地土壤理化性质、返还土壤的 N、P_2O_5 和 K_2O 数量、后作青贮玉米鲜草产量及蛋白质含量的影响。结果表明，与对照(不种植绿肥)相比，绿肥生长后期可显著提高土壤含水量 1.0%～6.2%，使 pH 降低 0.03～0.43，EC 降低 0.12～1.50 mS/cm；翻压绿肥可返还土壤 N 15.6～195.4 kg/hm²、P_2O_5 5.3～58.8 kg/hm² 和 K_2O 34.5～127.9 kg/hm²，使土壤有机质、全氮、碱解氮、速效磷和速效钾分别提高 0.421.86 g/kg、0.050.34 g/kg、0.532.3 mg/kg、0.424.65 mg/k 和 3.826.1 mg/kg；与对照相比，青贮玉米的鲜草产量和蛋白质含量分别增加 1294～19391 kg/hm² 和 0.4～23.9 mg/g。总体而言，种植和翻压豆科绿肥在保蓄土壤水分，降低土壤 pH 和 EC，提升土壤有机质含量和 N、P_2O_5、K_2O 养分数量（特别是氮素数量），提高青贮玉米鲜草产量与蛋白质等方面的效果均显著优于禾本科绿肥，其中以适应性强、生长快、生物量大的毛叶苕子处理的改良、培肥土壤，生产优质牧草的效果最好；其次是草木樨处理。种植和翻压豆科绿肥可有效改良中度苏打盐碱地，显著提高土壤肥力，提供无机养分替代部分化肥，提高优质牧草的生产，是适合大同盆地中度苏打盐碱地经济、有效和环保的改良模式，对稳定耕地面积、保证粮食安全具有重要意义。

刘岳华等（2022）为充分挖掘四川地区丰富的水热资源，建立饲草料周年生产体系，进行了不同种植模式下青贮玉米与饲用燕麦（*Avena sativa*）产量和品质的研究。结果表明，随着播期延迟，燕麦和青贮玉米生育期均缩短。晚秋播种林纳综合表现良好，可前作青贮玉米。青贮玉米播期为 5 月 21 日时，奥玉 3628 表现最优，可作为两季青贮玉米轮作模式中的第一季饲草。播期为 8 月 21 日时，雅玉 158 综合表现最好，可作为两季青贮玉米轮作模式中的第二季饲草。“青贮玉米奥玉 3628→青贮玉米雅玉 158→饲用燕麦林纳”轮作模式下饲草全年生长时间长达 339 d，全年干草产量高达 48905.15 kg/hm²，粗蛋白产量达 5388.35 kg/hm²，显著高于其他种植模式，具有良好的推广利用潜力。

杨月等（2023）为探明奶牛场沼液施用量对作物产量和品质的影响，以小麦一玉米轮作系统为研究对象，通过田间小区试验探讨了 100%沼液氮替代（BS100）和 150%沼液氮替代（BS150）对小麦及青贮玉米植株产量和品质指标的影响。结果表明，施用沼液 2 年后青贮玉米植株产量显著增加（$P<0.05$），BS150 处理的最高产量可达 101.07 t/hm²，而小麦产量无显著变化。施用沼液显著增加了小麦籽粒中粗蛋白和粗淀粉的含量（$P<0.05$），最高可分别达 14.24%和 78.40%。青贮玉米植株中粗蛋白含量显著增加（$P<0.05$），但粗纤维和粗脂肪含量变化不明显。施用沼液显著提高了小麦籽粒中微量元素 Fe 和 Zn 含量（$P<0.05$），最高分别可达 22.09 mg/kg 和 20.53 mg/kg，但青贮玉米植株中两者含量有所降低。施用沼液未增加作物中有害金属 Cd 含量，As 含量小幅增加，但均未超过相关标准中污染物限量值。综上所述，施用沼液未降低小麦一玉米系统的作物产量，且明显提升了作物品质，也未增加作物中 As 和 Cd 积累的风险。

六、连作（连续种植）

在多熟制地区，连作（连续种植）是青贮玉米应用最多、最广泛的种植方式，主要体现了合理的茬口关系。

周世忠等（1992，1993）研究玉米连作 4 年，结果表明，产量逐年下降，化肥利用率变化不大，土壤有机质含量有增加的趋势，试验第 4 年连作区玉米病虫害的发生重于轮作区，差异极显著，并由此影响产量；综合分析玉米连作 4 年的纯经济效益明显高于轮作区，故在生产上实行玉米连作是可行的。土壤有机质含量有不显著的增加，连作地块病虫害发生逐年严重，并由此影响产量，综合分析玉米连作 4 年的经济效益明显高于玉米—大豆—高粱—玉米 4 年轮作形式，故在生产上实行玉米多年（4 年）连作是可行的。

孙淑荣等（2004）通过玉米连作对中部农区主要土壤微生物区系组成影响的分析，明确了作物生长期间在高肥力条件下，非连作与连作相比，土壤中细菌数量增加了 24.6%～32.8%，放线菌的数量增加不明显，真菌数量在成熟期有明显的提高，低肥土壤和高肥土壤分别增加 29.6%和 38.4%。说明非连作土壤中的微生物类群以细菌占优势，放线菌次之，真菌较少。氮素生理群中氨化细菌数量最多，反硝化细菌次之，固氮菌和硝化细菌最少。玉米生长期间非连作和连作相比较，高肥土壤中氨化细菌、硝化细菌和反硝化细菌数量都有明显增加，固氮菌数量差异不显著。

王磊等（2009）采用玉米连作不同年限土壤，并对土壤进行消毒排除土壤生物因子的影响，通过玉米盆栽试验，研究玉米连作对其发芽率及苗期生长的影响情况和对玉米连作障碍的影响因素进行探索。结果表明，玉米连作对其发芽率产生了明显的抑制作用，且随着连作年限的增加，抑制作用越明显；玉米连作对其苗期地上及地下部分的生长发育有抑制作用，随着连作年限的增加其抑制作用越大；未消毒连作土壤对玉米苗期的生长发育也有抑制作用，且随着连作年限的增加抑制作用越明显，说明土传病虫害是影响连作障碍的因素之一；消毒连作土壤对玉米苗期的生长发育有较强的抑制作用，且随着连作年限的增加抑制作用越强，表明自毒作用是引起玉米连作障碍的重要因素之一。

谭德水等（2009）通过在东北三省代表性土壤上连续 13 年的长期钾肥定位试验，研究施钾对连作大田玉米和耕层土壤钾素系统特征的影响。结果表明，施钾可明显增加玉米植株各部分含钾量，对秸秆钾含量的提高尤其明显。施用钾肥可显著提高玉米籽粒产量，施钾量增加，籽粒产量没有进一步提高，从而使钾肥效益降低。各定位点 NP 和 NPK_1 处理的土壤钾素显现出一定的表观亏缺，年均亏缺量在 4.7～135.5 kgK_2O/hm^2，NPK_2处理则表观盈余。施钾可提高，土壤速效钾含量，施钾量增加速效钾含量升高，相比 NP 处理施钾总体增加了土壤缓效钾和全钾的含量；施钾增加速效钾和缓效钾在全钾中的比例，降低矿物钾的比例。与 1993 年定位时相比：NP 处理速效钾含量下降，其余施钾处理含量表现上升；各处理缓效钾含量略有增加；全钾含量则有不同幅度的下降，东北三省的土壤表现一致，可考虑玉米秸秆还田来缓解农田土壤钾素的逐年下降。

蔡红光等（2010）通过 2 年田间试验，在 2 种肥力、3 种氮肥施用水平（不施氮 N_0，中量施氮 N_1，高量施氮 N_2）下，研究了吉林春玉米连作体系中土壤氮素的矿化、残留特征及氮素平衡，并比较了种植不同玉米品种的效应。结果表明，德惠高肥力土壤中氮素两季总矿化量为 203 kg/hm^2，是新立城低肥力土壤的 2.7 倍。中量氮（N_1）处理，2 试验点 2 年土壤累计的氮素残留量为 103～112 kg/hm^2，对环境威胁较小；高量氮（N_2）处理，新立城低肥力条件下土壤的氮素残留量为 174 kg/hm^2，且有下移趋势，而在德惠高肥力条件下，土壤的氮素残留量仅为107 kg/hm^2。在新立城低肥力土壤上，施氮量在氮素输入项中起主要作用，在氮素输出项中，作物携出量并不随着输入量的增加而有显著的变化，从而导致氮素盈余随着施氮量的增加而显著增加。氮盈余主要以残留 Nm in 积累在土壤剖面中，变幅为 34.0%～88.4%。在德惠高肥力土壤上，土壤矿化氮在 2 个施氮处理中分别占氮素输入的 28.3%和 36.5%，在氮素输出中，氮肥表观损失量显著高于新立城，且氮盈余中以表观损失为主，变幅为 54.3%～70.8%，平均为 65.5%。两个试验点的氮素表观损失可能主要是由生物固持作用引起的肥料氮向土壤氮的转换。不同玉米品种对氮素矿化和表观利用率有一定的影响，在优化施肥中应加以考虑。

时鹏等(2010)采用 Biolog 技术，借助吉林农业大学 1984 年建立的长期定位试验，以撂荒和非玉米连作(当季作物为芸豆)为对照，研究玉米连作及其不同施肥措施对土壤微生物功能多样性的影响。结果表明，反映土壤微生物活性的平均颜色变化率(AWCD)呈现出以下变化规律：撂荒(UC)＞非玉米连作(NCC)＞玉米连作不施肥(CK)；玉米连作配施秸秆(S、SN、SNPK)＞玉米连作配施 NPK(NPK)＞玉米连作不施肥(CK)＞玉米连作单施 N(N)。微生物培养 72 h 活性旺盛，各处理 AWCD 为 0.395～0.732，其中撂荒 AWCD 显著高于非玉米连作和玉米连作不施肥($P<0.05$)；玉米连作配施秸秆明显提高微生物活性，玉米连作配施秸秆(S、SN、SNPK)AWCD 是玉米连作不施肥和单施化肥(N、NPK)的 1.26～1.62 倍。玉米连作不施肥土壤微生物群落多样性指数(H、E、S)低于撂荒处理，但高于非玉米连作处理，非玉米连作提高了土壤微生物优势度指数。玉米连作配施秸秆土壤微生物物种丰富度指数和均匀度指数高于玉米连作不施肥和玉米连作施化肥，玉米连作单施氮肥优势度指数较高，其他多样性指数降低。主成分分析结果表明，不同处理土壤微生物碳源利用特征出现分异：撂荒和玉米连作配施秸秆处理集中在第 1 主成分正方向，得分系数为 2.39～4.17，土壤微生物碳源利用特征相似；玉米连作不施肥、玉米连作单施化肥和非玉米连作处理分布在第 1 主成分负方向，得分系数为－5.43～－1.59。土壤微生物利用的碳源主要是糖类、羧酸类、氨基酸和聚合物。玉米连作配施秸秆和撂荒有利于提高土壤微生物代谢活性和土壤微生物群落功能多样性，玉米连作单施化肥尤其单施氮肥土壤微生物活性和功能多样性下降。

蔡红光等(2012)研究不同施肥方式对东北春玉米生长及连作体系土壤中氮素含量的影响，为春玉米的合理施肥提供理论依据。2005—2006 年，在东北中部黑土春玉米连作区进行 2 年的田间定点试验，研究了一次性施肥(农民习惯施肥 1、农民习惯施肥 2)和推荐施肥条件下，玉米不同生育阶段地上部生物量和吸氮量及土壤无机氮含量的变化特征，并对土壤氮素表观盈亏进行了估算。玉米地上部生物量和吸氮量均随着施氮量的增加而增大，其中推荐施肥处理的生物量和吸氮量均最高。施氮显著增加了 0～90 cm 土层中的无机氮含量。2 个习惯施肥处理土壤的硝态氮含量受降雨量的影响较大，且下移明显；推荐施肥处理可明显降低硝态氮在土壤中的残留。土壤氮素表观盈亏取决于氮肥用量，2006 年农民习惯施肥 1 处理的土壤氮素表观盈余量最高，且多以残留硝态氮的形式累积在深层土壤中。在东北黑土春玉米连作区，氮肥一次性基施会导致土壤中的无机氮高残留，增加氮损失，易对该地区的生态环境造成威胁，本试验中的推荐施肥是较好的施肥方式。

唐艺玲等(2015)通过 3 季大田试验，采用静态箱气相色谱法对比研究了两种施氮水平[300 kg(N)/hm^2，N_0；360 kg(N)/hm^2，N_1]和 3 种种植模式[甜玉米：大豆按 2 行：3 行(S_2B_3)和 2 行：4 行(S_2B_4)行数比间作，甜玉米单作(SS)]对华南地区甜玉米连作农田 N_2O 排放情况的影响。结果表明，相比常规施氮，减量施氮显著降低了土壤 N_2O 的全球增温潜势(GWPN_2O，kg/hm^2)，其中 $S_2B_4-N_0$ 的减排效果最好，其 3 季的土壤 GWPN_2O 依次比 $S_2B_4-N_1$ 减少 66.31%、84.08%和 51.31%。种植模式对 GWPN_2O 没有显著影响；间作和减量施氮均显著降低了单位产量的 GWPN_2O(即 N_2O 排放强度，GHGIN_2O，kg/t)，其中 $S_2B_4-N_0$的减幅最大，其 3 季平均的 GHGIN_2O 分别比 SS$-N_0$ 和 $S_2B_4-N_1$ 降低 71.60%和 71.21%；减量施氮不会影响作物产量且间作系统的土地当量比(LER)均大于 1。因此，减量施氮下的甜玉米‖大豆间作不仅能保证作物产量，提高土地利用率，而且能降低土壤 N_2O 的排放，其中减量施氮水平下的甜玉米‖大豆2行∶4行间作模式（$S_2B_4-N_0$）的效益最佳。

李娟等（2015）探索渭北旱塬春玉米连作田在不同保护性耕作措施下土壤蓄水保墒效果和作物增产增收效应。于2007—2013年在陕西合阳实施了渭北旱塬春玉米连作田保护性耕作长期定位试验，设置了连续免耕、免耕/深松和连续翻耕3种不同轮耕处理措施下的田间定位试验，测定春玉米休闲期和生育期土壤水分，分析各耕作处理下春玉米产量及水分利用效率的变化规律。结果表明：①相对于连续翻耕处理，冬闲期免耕/深松和连续免耕处理0200 cm土层土壤蓄水效率6年平均值分别提高64.6%（$P<0.05$）和46.1%（$P<0.05$）。平水年免耕/深松较连续免耕处理土壤蓄水效率有提高的趋势，但枯水年差异不显著。②相对于连续翻耕处理，玉米生育期免耕/深松和连续免耕处理0200 cm土层土壤蓄水量6年平均分别增加了9.7 mm和2.1 mm，休闲期蓄水效率分别增加了0.7和0.5个百分点（$P<0.05$）。③相对于连续翻耕处理，免耕/深松和连续免耕处理6年平均玉米籽粒产量分别提高7.6%、0.3%，收获指数分别提高3.6和2.3个百分点，水分利用效率分别提高18.6%、5.8%（$P<0.05$）。在3种耕作处理中，冬闲期和生育期深松/翻耕和连续免耕模式下土壤蓄水量、玉米籽粒产量、收获指数和水分利用效率均优于传统连续翻耕，且免耕/深松处理模式对于提高土壤蓄水保墒能力和作物增产效果最好，可作为渭北旱塬区春玉米连作田较适宜的休闲保护性轮耕模式。

张福韬等（2016）研究玉米连作24年前后黑土有机质红外光谱特征，探明长期玉米连作对黑土各团聚体及密度组分中有机质结构的影响，完善长期连作下土壤有机质化学结构动态变化理论。以中国科学院海伦农业生态试验站长期定位试验为研究平台，选取24年玉米连作下耕层（0～20 cm）土壤为研究对象，以试验设置前土样为对照，根据团聚体和密度大小，将土壤有机质进行分级，分别用元素分析仪和傅里叶红外光谱仪测定原土、各粒级团聚体及密度组分中的碳含量和有机质的红外光谱，对比分析玉米连作24年前后土壤有机质含量及红外光谱特征。玉米连作24年后，全土中碳含量降低5.3%，2～0.25 mm团聚体中碳含量显著降低，其他粒级团聚体中有降低的趋势；LF（游离态轻组）中碳含量增加32.74%，OF（闭蓄态轻组）中减少16.72%，MF（矿质结合态组分）中没有显著变化。土壤有机质中脂肪族-CH、多糖C-O、酚醇-OH吸收峰相对强度增强，芳香族C=C和羧基C=O吸收峰相对强度降低，脂肪族-CH/芳香族C=C比值增加。在各粒级团聚体中，-CH/C=C比值增加主要表现在>2 mm团聚体中，主成分分析也表明>2 mm团聚体中有机质结构变化最大，该粒级团聚体中3个密度组分LF、OF和MF有机质-CH/C=C比值增加，且LF中增加程度最大；在其他粒级中的3个密度组分有机质-CH/C=C比值有增加的趋势。结果表明，长期玉米连作，黑土大粒级团聚体和各密度组分中有机质结构趋于脂肪化、简单化，团聚体和矿物质结合对有机质的保护作用降低，黑土有机质稳定性下降。

冯国忠等（2017）以吉林春玉米连作体系为研究对象，采用多因素方差分析的方法，对多年田间定位试验结果进行分析比较，以探讨土壤类型变异对土壤—作物系统氮素平衡的影响。通过在相同气候条件下，2种土壤类型黑土（黏化湿润均腐土）和风沙土（湿润冲积新成土）上开展的连续4年的氮肥施用量（0、168 kg/hm^2、312 kg/hm^2）田间定位试验，研究了不同土壤类型间玉米产量、氮素矿化、残留及氮素表观损失的差异。结果表明，土壤类型显著影响玉米产量，黑土的玉米籽粒产量较高（6469～10106 kg/hm^2），平均为8623 kg/hm^2，风沙土的玉米籽粒产量较低（1386～8196 kg/hm^2），平均为5911 kg/hm^2；黑土和风沙土玉米籽粒产量的年际间（2009—2012年）变异系数分别为13.4%和59.1%，黑土的玉米籽粒产量稳定性显著大于风沙土;黑土连续4季氮素总表观矿化量为328 kg/hm²,为风沙土的2.2倍;受土壤质地影响,黑土收获后0100 cm土层土壤矿质氮残留量为99321 kg/hm²,显著高于风沙土(3877 kg/hm²);在中等施氮(168 kg/hm²)条件下,黑土与风沙土的氮肥表观损失量无显著差异,分别为320 kg/hm²和315 kg/hm²;当施氮量增加至312 kg/hm²时,黑土和风沙土的氮肥表观损失量均显著增加,且风沙土的氮肥表观损失量达到827 kg/hm²,显著高于黑土。由于受土壤质地和土壤供肥能力的影响,土壤类型会对玉米产量、氮素矿化和表观损失有一定的影响,因此,在氮肥优化管理中应考虑土壤类型的变异。

车娟等(2022)为深入了解饲用玉米连作对土壤微生物多样性的影响,对甘肃采集的连续7年种植玉米土壤中可培养细菌的多样性和促生细菌资源进行全面的分析和挖掘。分别利用富营养(NA)和选择性(Ashby)培养基进行可培养细菌的分离,对获得菌株进行16S rRNA基因测序和比对分析,评价其产植物生长素(IAA)、溶磷、固氮等能力。自不同年份土壤中共分离得到各类细菌224株。菌株功能评价结果表明,34株具有产IAA的能力,25株具有溶解有机磷的能力,19株具有溶解无机磷的能力,27株具有较高的固氮酶活性,有5株可同时具有产IAA和溶磷的功能。可培养细菌分离信息分析结果表明,种植玉米土壤的细菌及肥效菌株的丰富度及多样性随着连作年限的增加呈逐渐上升趋势,优势菌属均为Pseudomonas,广泛分布于各年份的土壤中,且表现出优秀的产IAA、溶磷及固氮的能力。研究表明,玉米7年连作可明显影响土壤菌群结构,土壤中蕴藏着丰富的有益功能细菌资源。分离的功能菌株为研制适用于甘肃玉米绿色生产的微生物肥料提供信息与优良菌种支撑。

高传俊等(2023)针对科尔沁沙地土壤质量退化、花生连作障碍问题,于辽宁省农业科学院章古台试验站进行田间定位实验,设置玉米(*Zea mays* L.)—花生(*Arachis hypogaea*)—玉米轮作(L1)、花生—玉米—花生轮作(L2)、玉米连作(YL)和花生连作(HL)4种种植模式,采集0~20 cm土层土壤样品,采用磷脂脂肪酸法(PLFA)分析土壤微生物群落结构组成及多样性,测定土壤可培养微生物数量及土壤微生物量碳氮磷含量。结果表明,L1和L2模式下土壤微生物群落总丰度、细菌群落丰度、真菌群落丰度、放线菌群落丰度均显著高于YL和HL。主成分分析与冗余分析结果表明,L1和L2与土壤微生物量碳氮磷含量、土壤微生物各菌群丰度呈正相关;土壤可培养微生物总量与土壤总PLFA含量呈正相关。综上所述,轮作引起的土壤微生物群落丰度的变化是土壤微生物量碳氮磷累积的驱动因素。花生—玉米轮作种植能有效改善土壤微生态环境,缓解花生连作障碍。

汪冬至等(2023)为探究黑土区秸秆还田配施氮肥对玉米连作体系土壤养分及细菌群落的影响,在吉林梨树县设置田间试验,设置对照(NS)、秸秆深翻还田(SP)和秸秆覆盖还田(SM)3组主处理,主处理下设两个氮肥施用处理(0、180 kg/hm²)。采用高通量测序技术分析不同处理下土壤细菌群落多样性、组成及结构的差异,结合土壤理化性质探究驱动土壤细菌群落变化的关键因子,揭示土壤养分及细菌群落对秸秆还田和氮肥施用的响应。结果表明,秸秆还田配施氮肥显著提高了土壤养分含量,SP处理的效果优于SM。秸秆还田配施氮肥对土壤细菌Alpha多样性没有显著影响,但改变了土壤微生物群落结构及物种组成,且SP处理对群落结构的影响更大。网络分析结果表明,SP和SM均提高了土壤细菌种间的物质信息传递效率,降低了土壤细菌群落结构稳定性,秸秆还田处理下配施氮肥提高土壤细菌群落结构稳定性,降低土壤细菌种间的物质信息传递效率。土壤理化性质与细菌丰度密切相关,优势菌门和属主要受土壤有机质、碱解氮、速效磷、速效钾的影响。RDA分析结果表明,OM是影响群落结构最关键因子。综上所述，同秸秆覆盖还田相比，秸秆深翻还田配施氮肥对黑土区玉米连作体系土壤养分的提升效果更显著，且对土壤细菌群落结构的影响更大。

第三节 制种栽培

一、青贮玉米的生产现状及其种子生产的意义

（一）青贮玉米的生产现状

青贮玉米是草食家畜优质的青贮饲料。西方畜牧业发达国家非常重视青贮玉米的生产，据丁光省（2019a）报道，美国2015—2017年每年收获青贮玉米面积约266.7万hm^2，在玉米面积中的占比超过7%，在美国奶牛的日粮配方中青贮玉米一般占到粗饲料的80%；中国2016年青贮玉米种植面积约104.0万hm^2，2017年青贮玉米种植面积约146.7万hm^2，中国青贮玉米种植面积占各玉米种植总面积的占比仅为4.0%，远低于德国（83.7%）和欧洲（42.0%）。另据卢欣石（2021）分析显示，2015年以前，中国青贮玉米种植面积相对较少，一般稳定在20万～30万hm^2；2015年，中国启动“粮改饲”试点计划，青贮玉米推广种植速度加快，试点种植面积在2016年增加到40.9万hm^2，2017年为66.6万hm^2，2019年达到100万hm^2，青贮玉米生产发展明显加快。随着青贮玉米的种植与推广成为中央一号文件中“粮改饲”的重点，青贮玉米逐渐成为中国玉米种植业的一个主导方向，种植面积逐年递增。丁光省（2019b）表示，考虑到畜牧业对青贮玉米的缺口很大，青贮玉米种植面积还会有很大的上升空间，预计到2030年，中国青贮玉米种植面积可达666.7万hm^2，占玉米种植总面积的20%。

（二）青贮玉米种子生产的意义

国以农为本，农以种为先。种子是农业的“芯片”，是发展现代农业、促进农业长期稳定发展、保障国家粮食安全的基础。种子作为基础性的农业生产资料，其质量优劣直接影响粮食产量和品质。随着中国青贮玉米的种植面积递增，青贮玉米种子需求越来越大。

对于种子生产企业来说，制种产量高才能有效降低成本，提高市场竞争力，获得良好的经济效益和社会效益；对于种子使用者来说，制种技术要求高、质量指标合格的好种子才能被接受，田间抗性好、产量高才能获得良好的经济效益，实现增产增效；对于农业生产来说，足量、优质的种子是实现持续、稳定增产和调整品种结构、产业结构的先决条件和重要保证。因此，做好青贮玉米优良品种种子生产对提高农业效益，增加农民收入，助推国家“粮改饲”计划的落实，建立种、贮、养、奶有机合作高效共赢机制，实现中国从耗粮型畜牧业向食草型畜牧业的转变意义重大。

二、中国玉米种子生产的主要地区和主要模式

（一）中国玉米种子生产的主要地区

中国玉米杂交种子常年生产面积约20万hm^2，其中以甘肃最大，约10万hm^2，其次是新疆，约6.7万hm^2，云南、四川、贵州、内蒙古、宁夏也有一定规模的玉米制种。在2003—2022

年的20年里，2006年全国玉米制种面积达到32.5万hm^2的高峰，2004年产量最低，为3660 kg/hm^2。从发展趋势看，玉米制种面积已趋于稳定，每年基本维持在20万hm^2左右，制种产量逐年提高，目前年平均单产已达6000 kg/hm^2左右（尤其是西北地区）。

随着玉米制种产业的发展，中国逐渐形成以北方春播制种区、黄淮平原夏播制种区、西南山地制种区、海南冬播制种区和西北内陆制种区为主的5个玉米制种区域。2022年初，农业农村部发布关于公布国家级制种大县和区域性良种繁育基地认定结果的通知，认定了96个县（市、区、场）为国家级制种大县，20个县（市、区）为区域性良种繁育基地。其中，玉米制种大县除了位于甘肃、新疆（含新疆生产建设兵团），还位于内蒙古、黑龙江、吉林、四川、云南、宁夏等地。具体分别为内蒙古赤峰松山；黑龙江林口、宁安；吉林洮南；四川西昌；云南陆良；甘肃张掖甘州、临泽、高台、酒泉肃州、武威凉州、永昌、景泰；宁夏青铜峡；新疆昌吉、玛纳斯、呼图壁、巩留；新疆生产建设兵团第四师、第九师、第五师、第六师、第八师。

在以上玉米制种区中，尤以甘肃河西走廊玉米制种基地具有更为突出的优势。据郑荣等（2016）介绍，甘肃河西走廊常年制种面积稳定在10万hm^2，年产种子占全国玉米大田用种量的近50%。李旭功等（2022）介绍，甘肃玉米制种面积达到8.7万hm^2，产量达到5.5亿kg，分别占全国的55.6%和59.7%，保障了全国50%以上的大田玉米用种。与旱年频率40%以上的陕西关中东部、晋西南平原及长城沿线相比，甘肃河西走廊水资源相对丰富而人工灌溉更有保障；与东北地区相比，河西走廊光照优势非常明显，全年光照时间可达2550～3500 h，且光照时间长，光照强度也大，全年总辐射量为147.99 kJ/cm^2，比天津（126.7 kJ/cm^2）、哈尔滨（111.8 kJ/cm^2）及同纬度的大连（112.1 kJ/cm^2）都明显高出很多；与同属西北干旱区的新疆相比，河西走廊在交通区位上优势非常明显，在G30高速、国道312线、227线、兰新铁路沿线大面积建立种子生产基地，可通过铁路、公路实现种子的快速调运。

20世纪60—70年代，中国玉米制种主要分布在黑龙江、吉林部分区域、辽宁西部、内蒙古赤峰、河北张承地区、山西、黄淮部分夏播区，当时的玉米杂交种处于计划经济时期，市场对种子质量要求不高，生产基地得益于得天独厚的隔离条件，发展到一定规模，但生产的种子质量并不高。2000年种子法出台后，种子市场化、商品化对种子质量要求越来越高，种子企业开始向西北的内蒙古西部、宁夏、甘肃、新疆转移，这些地区降雨量少、昼夜温差大、光照充足、水浇条件好，生产的种子饱满、水分低、发芽率高，广受市场欢迎。西北地区最终取代了东北和华北的玉米制种基地。

近年来，中国玉米种子生产成本逐年增加，尤以制种玉米的生产种植环节增加最为明显。敬惠媛等（2022）以临泽县为例，分析制种玉米的整个产业链条中发现，制种玉米的生产种植环节成本最高，主要是土地环境成本、人工服务成本和物质费用3个方面。成广雷（2023）介绍，甘肃张掖2021—2022年两年来每年生产成本以15000元/hm^2的速度增长，这就意味着如果产量为6000 kg/hm^2，那么每千克种子增加直接生产成本5元，如果大田生产按22.5 kg/hm^2用种量计算，种子成本增加112.5元/hm^2。在玉米种子生产成本剧增背景下，遴选新基地，尝试制种本地化，将是目前的主要应对策略。在基地的选择上，一是选择成本低但水源充足的基地，二是选择机械化程度高的基地，三是选择管理水平高的基地，四是尝试开辟新基地或制种基地本地化。对生产基地而言，制种成本的快速增长将迫使种子企业寻找新的出路，形成新的基地竞争和新的基地格局。现在，随着西北玉米制种基地制种成本的连年上涨，受市场经济规律影响，制种企业在制种基地选择上开始尝试到西北以外的区域进行玉米制种，向华北传统制种区回流的趋势初显。同时，越来越多的种子企业制种正向制种成本相对较低的新疆、内蒙古、宁夏、陕西、山西等省份转移。

（二）中国玉米种子生产的主要模式

目前，中国玉米制种生产模式，主要采用制种公司＋基地＋农户的生产模式，制种公司、基地、农户是玉米制种生产中缺一不可的三个元素，其中，制种公司起着管理和指导生产的作用。目前，中国大部分种子公司的玉米制种基地建立在乡村，农户是基本的生产单位，农户的素质影响到玉米制种的产量和质量，因此，制种企业选择农户也有着很高的要求，从事玉米制种生产的农户必须有责任心，能够严格地按照企业所制定的规程进行管理，才能保证玉米良种的产量和纯度。

三、中国玉米制种产业发展存在的问题

胡娜等（2023）分析了目前玉米制种产业发展中存在的主要问题，认为主要有三个方面：一是玉米制种全程机械化推广应用程度不均衡，严重制约了玉米制种产业的现代化发展水平。二是优势制种基地无序竞争，加重了企业负担，使制种生产受到严重干扰，种子质量得不到很好的保证，严重制约农业生产。三是自然灾害影响制种产量及质量，生育期遇到低温冷害、开花期遇高温干旱、花期遭遇连阴雨天气、父母本花期不遇均严重影响制种产量和质量。

孟祥旭（2023）分析了甘肃高台玉米制种产业存在的问题，指出基地资金投入力度不够、智能技术装备水平不高、育种科技创新能力不强、制种农户持续增收空间有限是该县玉米制种产业存在的问题。董军亮（2023）对甘肃武威玉米制种产业的生产优势和发展现状进行阐述，分析了武威玉米制种产业发展存在的种子基地质量不高、企业竞争力不强、育种行业生产秩序不规范、种质资源保护利用力度不够、种业监管服务力量较弱等突出问题。张红萍等（2021）分析了河西玉米制种产业存在的主要问题，认为主要有以下几个方面：制种企业综合实力不强，市场竞争能力弱；制种企业研发能力不强，发展后劲不足；长期连作危害日益加剧，制种效益下降；制种品种多而杂乱，种子质量下降；企业人才资源匮乏，技术力量薄弱。

王亚军等（2022）对新疆生产建设兵团第四师可克达拉“十三五”期间玉米制种产业发展情况进行总结，并分析了“十四五”期间玉米制种基地存在的问题，一是基础设施不完善，“五化”（标准化、规模化、集约化、机械化、信息化）水平不高。去雄机和专用种子玉米收获机使用占比不高，农田基础设施与数字化建设有差距。第四师可克达拉玉米制种数字化建设处于起步阶段，虽然在北斗导航、病虫测报方面建设了监测点，但系统体系不完善，缺少专业的人才队伍，数字化建设管理能力欠缺。二是龙头企业与基地结合不紧密，产业体系不稳定。师市辖区办证种子企业主要从事代繁代销业务，没有能力开展育种工作。种子企业与种植农户联结不畅，农户组织化程度不高，“企业＋合作社＋农户”模式不完善。三是加工处理水平滞后。现有的种子加工线不能满足商品种子包装生产要求，只能做初级加工。四是监管能力较弱。监管主要以传统的基地检查、社会举报、事后监管等方式为主，基地团场监管设备不足，沟通不畅，监管方式单一。刘华等（2023）分析了四川西昌玉米制种产业发展现状、并指出了玉米制种产业面临的问题：制种基地基础条件薄弱，制种基地监管困难，研发人才和技术力量不足。

党晟等（2017）对甘肃张掖的玉米制种生产全程机械化的发展现状以及存在的有关问题进

行分析，指出耕地整地、残膜捡拾、植保等水平基本实现了100%机械化，然而在制种玉米播种方面，受制于机具数量不足，机械化水平只有40%，机械化去雄和机械化收获等方面水平较低。分析其原因，一是制种品种多和不规范的种植模式导致难以进行统一的机械化作业，二是农机利用率低，三是农机具操作水平低，四是未能积极进行农机化科技示范推广机械化作业。李旭功等(2022)介绍，张掖2020年制种玉米播种环节和收获环节机械化率分别仅为12.2%和8.9%，耕种收综合机械化率仅为46.3%。杨平(2022)分析了影响玉米制种去雄和收获机械化作业的因素，认为机械作业目前需要解决的问题有四个：一是机械损伤影响产量；二是技术不成熟影响效果；三是机具庞大、地块散小，影响作业；四是机械价格高、有效利用时间短。

综上可知，中国青贮玉米不同制种地区制种产业的发展存在的问题虽有不同，但共性比较明显。一是制种全程机械化水平低。全程机械化是降低制种玉米生产成本的有效途径，但中国玉米制种机械化区域差距明显，存在农艺种植模式多样化、种植行距不一，机械化生产进地难、作业难、效能低的问题。耕作环节性能先进的复式作业机械少或现有复式作业机械无法满足当前农艺要求；收获环节多采取分段式机械化作业、半机械化作业或纯手工作业，特别是制种过程中去雄、授粉、摘穗等关键环节完全靠人工作业，生产成本难以降低。因此，大田种植和机械化生产是中国玉米制种需要解决的重要问题，也是中国制种业迈向科学化、产业化的重要基础。二是制种基地基础设施不完善。制种基地规模存在分布范围广、连片度低、规模水平不高、水肥一体化设施设备配套率低、高效节水设施不配套等问题，基地建设资金投入力度不够。三是数字化信息化建设水平较低。大数据、“互联网+”等现代化新兴产业技术与种业发展尚未实现深度融合，无法利用信息化手段解决种子生产、销售、监管等环节的关键问题。四是种子企业与制种基地及农户联结不畅。各个农户开展玉米制种田间生产虽有企业技术人员指导，但执行标准参差不齐，制种技术上存在隔离条件不符合要求、施肥方式不科学、病虫草害加重，田间管理粗放等问题，造成种子质量优劣不一。五是农户持续增收空间有限，影响农户从事制种的积极性。农村劳动力转移，玉米制种季节性用工矛盾突出，劳动力成本大幅增加，制种成本上升，再加上劳动强度大、比较效益逐年下降，农民从事制种积极性降低。

农业现代化的核心是实现农业生产过程中的“五化”，在推进国家级玉米制种基地建设过程中应该以“五化”基地建设为重点，大力改善基础设施条件，优化种业发展环境，加大科技创新力度，降成本，提效益，培育以种业企业和各类新型经营组织为主体、产学研相结合、繁育推一体化的现代产业发展体系，实现玉米制种产业高质量发展。

四、青贮玉米杂交种子的生产技术

生产优质、量足的青贮玉米种子满足生产需要是青贮玉米种子生产的中心任务。青贮玉米种子生产主要以单交种为主，其制种技术主要有两个方面，一是要通过各种措施保证种子质量，二是要千方百计提高制种产量，降低生产成本。要做到这两点，必须严格遵守操作规程和杂交制种技术，主要包含以下环节。

（一）安全隔离

青贮玉米是异花授粉作物，风媒传粉，异交率较高，易串粉混杂。为避免与其他玉米品种串粉混杂，保持亲本的纯度，提高种子质量，自交系的繁殖和杂交种的配制都必须在隔离区内进行。玉米制种地块的质量高低直接影响玉米种子的产量和纯度，因此，制种田应选择自然条件好、能够安全隔离、土壤肥沃、肥力均匀、有排灌条件、交通便利的地块，以保质保量完成制种任务。

1. 制种基地及隔离区的选择

付洋等(2015)介绍了青贮玉米品种筑青 1 号、筑青 2 号的制种技术，指出最好选择隔离安全、土壤肥沃、地势平坦、排灌方便、干部责任心强、群众制种积极性高的地方作为制种基地。雷伏贵等(2013)介绍了青贮玉米品种明青贮 1 号的高产栽培制种技术，认为制种应选择地势平坦、排灌方便、肥力较好的地块，以保证一播全苗，快发稳长。柳延涛等(2017)制定了新疆玛纳斯制种青贮玉米高产栽培技术规程，在选择制种基地时提到，一是能够安全隔离，在玉米制种田四周的隔离范围内严禁种植不同品系的玉米，空间隔离区不少于 300 m；二是地块无自生玉米，要求土壤肥力中上等以上、肥力均匀，没有盐碱。刘波等(2017)介绍青贮玉米盘江 7 号制种技术时指出，选择种子生产地除了考虑水源、土壤肥力、交通因素外，必须要考虑隔离条件。段虹宇等(2016)介绍，高蛋白青贮玉米曲辰九号制种基地应该选择在隔离条件好、土壤肥沃、排灌方便的田块，玉米杂交种制种要求有隔离区，即与其他玉米地相距在 500 m 以上，最好不设在下风口。

因此，在建立制种基地和隔离区时，应从自然条件和社会经济因素上进行整体综合考虑，主要涉及以下几个方面：①所选地区应具有较好的自然条件和隔离优势，可以利用当地有利的地形(丘陵、山岭、村庄、树林等)进行隔离；②所选地区以农业生产为主，其他产业和经济来源较少，从事玉米制种的经济收益高于其他种植业，这些地方的农户制种积极性高，落实制种面积和满足隔离要求较为容易；③所选地区土地面积大且集中连片，以保证机械化顺利实施；④所选地块土壤肥沃、地势平坦、肥力均匀，具有排灌条件，若无排灌条件，年降水量应保证在 400 mm 以上；⑤选择劳动力相对充足的地区，以保证在制种关键期有充足的劳动力及时完成去杂、去劣、去雄；⑥最好不要选择重茬地块，以防止病虫害发生和流行。

2. 隔离区面积确定

确定隔离区面积，主要根据下年大田生产需要杂交种子数量和杂交制种的平均单产，以及亲本自交系的繁殖产量计算。按比例安排亲本繁殖和杂交制种面积，做到有计划合理繁殖亲本和配制杂交种子。计算公式为：

$$\text{杂交制种田面积}(hm^2)=\text{次年用种量(下年播种面积}\times\text{单位面积播种量)}/[\text{当年母本平均单位面积产}\times\text{母本行比}\times\text{种子合格率}(\%)] \quad (3\text{-}1)$$

$$\text{亲本繁殖区面积}=\text{次年需种量(下年播种面积}\times\text{单位面积播种量)}/[\text{亲本自交系平均单位面积产量}\times\text{种子合格率}(\%)] \quad (3\text{-}2)$$

3. 隔离区数目

生产 1 个玉米杂交种子所需的隔离区数目，因杂交种类型不同而异。配套繁育 1 个单交种，每年需要设置 3 个隔离区，即 2 个亲本自交系繁殖区和 1 个单交制种区；配套繁育 1 个三交种或改良单交种，需要同时分别设置 3 个亲本繁殖区和 1 个亲本单交或姊妹单交、1 个三交制种区共 5 个隔离区；配套繁育 1 个双交种，需要同时设置 7 个隔离区，即 4 个亲本自交系繁殖区、2 个亲本单交制种区和 1 个双交制种区。

4. 隔离方法

付洋等(2015)介绍,青贮玉米品种筑青1号、筑青2号制种时可采用以下几种方式隔离:空间隔离,即制种区与其他玉米间隔400 m以上;时间隔离,将筑青1号、筑青2号父母本播种期比隔离区外其他玉米提前或推后35 d(春播)或25 d(夏播)以上;自然屏障隔离,可利用山岭、村庄、树林等自然屏障,防止其他外来玉米花粉飞入;高秆作物隔离,可在隔离区开口地方种植50 m的高秆作物(如高粱、向日葵、棒豆等),阻挡外来玉米花粉的侵入。雷伏贵等(2013)认为,青贮玉米品种明青贮1号制种田的空间隔离不得少于500 m,高秆隔离不得少于200 m,且高度要高出制种田玉米植株50 cm。另外,制种田周边禁种杂交玉米且周围严禁放蜂。连晓荣等(2019)介绍,青贮玉米新品种陇青贮2号亲本繁殖要求严格,应要求隔离500 m以上,杂交种制种田要求隔离在300 m以上。刘波等(2017)介绍青贮玉米制种隔离区主要采用自然屏障隔离、空间隔离、时间隔离3种形式:自然屏障主要利用村庄、树林、山岭、江河湖泊等,空间隔离不少于400 m;时间隔离是把隔离区玉米与同区外相邻近玉米的播种期错开,一般情况下错期至少25 d,以保证隔离区的玉米在开花期内不会有其他玉米花粉传入发生天然异交,从而保证种子质量和纯度。

综合来看,制种田隔离区的设置应该结合制种地区的自然环境以及地理位置综合确定,一般有空间隔离、时间隔离、自然屏障隔离和高秆作物隔离4种方法。

(1)空间隔离

即在亲本繁殖区和杂交制种区四周一定空间距离内,不得种植其他玉米,以防止因外来花粉侵入而导致的生物学混杂,同时可在杂交制种区外围种植额外的父本保护行。自然屏障或时间隔离均不能代替空间隔离。一般要求亲本繁殖区与其他玉米花粉来源至少相距500 m,杂交制种区至少相距300 m。在多风地区,如果隔离区设在其他玉米田块的下风口,或者其他玉米田块的地势较高时,还应适当加大隔离距离。

(2)时间隔离

时间隔离要求制种田玉米提早或者延迟播种,使其开花期与四周其他玉米品种错开,从时间上以达到安全隔离的目的,一般春播玉米制种,间隔应在35 d以上;夏播玉米制种,相隔25 d以上;早熟品种先播,晚熟品种后播。

(3)自然屏障隔离

屏障隔离一般在空间隔离达不到300 m时使用,利用山岭、树林、果园、村庄、建筑物等自然屏障,阻挡外来花粉传入,以达到安全隔离的目的。具体应用时,应根据当地具体情况灵活掌握。

(4)高秆作物隔离

在以上隔离方法不能完全满足隔离要求的情况下,可以在隔离区四周种植一定数量的高粱、向日葵、麻类等高秆作物,以阻挡外来花粉的传入,起到屏障隔离的作用。高秆作物要适当早播并加强管理,使其株高在隔离区玉米吐丝散粉时超过玉米的株高70 cm以上。此外,高秆作物的种植量不能太少,应有一定的宽度,一般要求自交系繁殖田种植宽度100 m以上,杂交制种田种植宽度50 m以上。但这种方法在实践中很少单独使用,仅作为一种辅助性的隔离措施。

在制种时,可利用当地的自然条件,结合种植习惯,采用多种隔离方式,以达到安全隔离的目的。

(二)规格播种

1. 调整父母本播期

李仕伟等(2023)在介绍青贮玉米新品种南青 521 的制种要点时明确,其在四川南充春播制种时,父本分 2 期播种,1 期父本(总量 1/3)与母本同播,7 d 后播 2 期父本(总量 2/3);在云南元江南繁制种时,父本分 3 期播种,1 期父本(总量 1/3)先播,3 d 后 2 期父本(总量 1/3)与母本同播,再过 3 d 后播 3 期父本(总量 1/3)。金容等(2023)在介绍青贮玉米新品种南青 77 的制种要点时指出,第 1 期父本(1/2)与母本同期播种,第 2 期父本(1/2)延后 7 d 播种。王鹏等(2023)提出,青贮玉米新品种南玉 21 号在四川地区制种时,母本 SCML7275 先播,7 d 后播第 1 期父本南 S267(2/3),12 d 后播第 2 期父本(1/3);在云南或海南制种时,母本 SCML7275 先播,同时播第 1 期父本南 S267(1/2),3 d 后播第 2 期父本(1/2)。孙广全等(2018)指出,在青贮玉米中龙 1 号的制种中,参照父母本生育期时间,需对父本分 2 次错期播种,分别为错期 3 d 和 5 d,以延长父本花期提高授粉质量。段虹宇等(2016)介绍,高蛋白青贮玉米曲辰九号制种时,为确保父母本的花期相遇,母本 215-99×M31 抽丝期比父本 sc122 抽雄期提前 7～8 d,父本宜提前 5～7 d 播种。付洋等(2015)介绍,青贮玉米品种筑青 1 号、筑青 2 号在贵州地区制种时,筑青 1 号父本要比母本早播 3～4 d,筑青 2 号父母本同期播。冯培煜等(2015)指出,京科青贮 628 在制种时,当母本播种后种子破胸后播第 1 期父本(50%),当母本扎根(7～9 d)播第 2 期父本(50%)。雷伏贵等(2013)指出,青贮玉米品种明青贮 1 号制种时,母本现行后播父本,即春季母本比父本早播 7～10 d,秋季母本比父本早播 4～6 d。项明华(2010)介绍,锦玉青贮 28 玉米制种田可在 4 月中旬开始播种,父母本分期播种,先播母本,待母本二叶一心时播第 1 期父本,母本三叶一心时播第 2 期父本。

在配制青贮玉米杂交种时,应根据父母本的生育期和吐丝、散粉期确定父、母本的播种时间,以达到母本结实良好,提高制种产量的目的。母本吐丝期与父本散粉期是否能够良好相遇是制种成败的关键。一般来说,在父母本花期相同的情况下,可以同期播种,但若双亲花期不遇,就必须采取有效措施,促使双亲花期良好相遇。如果双亲花期相差天数较多,就必须采用错期播种的办法,即先种开花较晚的亲本,隔一定天数再播花期早的另一亲本,错期播种的具体天数主要根据不同杂交组合的双亲花期相差的天数,需要注意的是,双亲花期相差的天数并不是错期播种的天数,还应根据制种地区、双亲生育期早晚、播种时的温度、土壤墒情等具体条件灵活掌握,不能盲目套用其他组合不同条件下的研究结果。尤其是在春播制种时,早播的亲本由于地温低,发芽、出苗和生长发育均比较缓慢,所以错期的天数应比花期相差的天数多几天。一般的经验是:春播制种田错期播种的天数应是双亲花期相差天数的 1.5～2.0 倍,夏播制种田应是 1～1.5 倍。如母本的抽丝期较父本的散粉期晚 3～5 d,春播制种时,则母本必须提前 7～9 d,夏播制种时,也需要提前 5～7 d。值得注意的是,有些自交系的开花期随不同地区的气候条件的变化而变化,在一地的错期天数并不等于另一地的错期天数。因此,对新引进杂交组合进行制种时,应首先了解和掌握在制种当地条件下双亲的生育特点,以免因错期不当而使制种产量很低,甚至失败。

父母本花期良好相遇的标准是母本雌穗吐丝比父本雄穗散粉早 2～3 d,其依据是花丝生活力维持时间和雄花散粉时间。玉米雌穗花丝的生活力一般可以维持 7～10 d,但花丝的受精结实率与吐丝时间也有很大的关系。如果父、母本的生育期和吐丝、散粉期相同或者母本比父本早 3～5 d,可同期播种;如父、母本花期相差 5 d 以上时,特别是母本比父本开花晚的情况下，就应考虑调整两者的播期，使双亲花期相遇。

一般来说，玉米吐丝后 4 d 授粉的结实粒数最多。雄穗的开花散粉一般可维持 6～8 d，以第 2～5 天散粉量最大；花粉的生活力一般只能维持 4～6 h。玉米雄穗散粉时间短，而雌穗花丝抽出的时间长，并且一经抽出，就有接受花粉的能力，所以调节播种期时，应使母本的吐丝期比父本的散粉期早 3～4 d 为宜。如对父、母本的花期不太熟悉时，应掌握"宁肯母本等父本，勿使父本等母本"的原则。但要增加雌穗结实粒数，提高制种产量，应尽量使父本散粉与母本吐丝同步，当母本刚开始吐丝时，田间就有一定量的花粉，从而可以保证花丝能在生活力最旺盛的时间授粉。

在父母同期播种不能满足母本对花粉的需要时，也可对父本分期播种。一般在第 1 期播种后 5～7 d，在父本行内再播第 2 期父本，这样可以使父本散粉期延长，保证了母本对花粉的需要。甚至可以增加第 3 期父本，但要注意在墒情好的情况下播种，以保证第 2、3 期父本正常出苗。

2. 确定父母本行比

在玉米制种田，父、母本要分行相间种植，母本抽雄散粉前拔除雄穗，使母本的雌穗接受父本的花粉，从而达到杂交的目的。制种田母本行数是决定制种产量的重要因素，为了提高制种产量、原则上应在保证母本授粉需要的前提下，尽可能增加母本行数，以提高制种田产量。

李少强(2017)以先玉 335 制种技术为对象，在新疆生产建设兵团第五师八十四团基地进行了父母本行比对杂交种种子生产中制种产量的影响研究，结果显示，与父母本行比 1∶6 与 1∶8 相比，先玉 335 在父母本行比 1∶7 时，其制种产量最高，为 7586.353 kg/hm^2，显著高于父母本行比 1∶6 与 1∶8 处理，分别较父母本行比 1∶6 与 1∶8 处理增产 8.1%与 14.2%。在父母本行比 1∶7 时，其穗粒数显著高于父母本行比为 1∶6 与 1∶8 处理，而果穗长度、穗粗、秃尖长度、百粒重以及穗数性状上与另外两种行比处理相比差异均不显著。可见，在博乐八十四团先玉 335 制种中父母本行比以 1∶7 最适宜。王鹏等(2023)提出，青贮玉米新品种南玉 21 号在四川地区制种时，母本 SCML7275 与父本南 S267 的比例为 1∶3～1∶4；在云南或海南制种时，父母本比例为 1∶4～1∶5。冉伟男等(2023)介绍，青贮杂交玉米新品种黔青 235 在制种时，父母本可同期播种，按一定行比或满天星种植，父母本行比为 1∶6。涂前程等(2009)研究父母本行间比例对青贮玉米明饲 1 号制种产量的影响。结果表明，父母本行间比例对明饲 1 号的制种产量影响极显著，该组合在制种生产中宜采用父母行比 1∶4。而罗晓锋等(2016)在福建沙县进行青贮玉米明青贮 1 号(明饲 1 号)制种大区比较试验发现，由于受气候差异的影响，采用父本中间行插播的方式，1 畦 3 行，中间行为父本，边行为母本，父母本行比为 1∶2 时，制种产量较高；孙广全等(2018)介绍，根据青贮玉米中龙 1 号父母本的特征特性，制种时父母本需采用 1∶6 的行比进行播种。

可见，不同青贮玉米品种制种时的父母本行比不同，甚至同一品种在不同地区制种时的父母本行比也不同。具体确定行比时，可根据不同父本自交系的雄花发达程度、开花习性、花器构造及父母本株高和长势等特点，并预先试验制种品种在制种基地的表现，灵活掌握。如果父本雄花比较发达、花粉量较多、植株生长势较好、比母本植株高并采用人工授粉的情况，可适当加大母本行的比例，否则不宜增加。通常单交种制种时父、母本的行比为 1∶4 或 2∶8，双交种制种为 1∶4～1∶6。如果父本花粉量大时可采用 1∶6～1∶8，增产效果明显。

3. 制种田播前准备及播种要求

(1)播前整地

段虹宇等(2016)指出，制种田应尽量做到精细整地，达到平、松、碎、净、齐，同时要施足底肥，可施用优质腐熟农家肥 22500～37500 kg/hm^2，加三元复合肥 600～750 kg/hm^2，以满足其前期生长的需求。在青贮玉米实际制种中，由于自交系发芽出苗时顶土力较弱，所以一定要精细整地，施足底肥，浇好底水，做到土地平整、耙碎耙平、墒情良好。耙地的同时可进行化学除草剂除草，苗前除草剂使用到播种间隔不得少于 7 d。耙地后根据墒情及时镇压，要求地表上实下虚，不拉沟，不堆积。铺膜、铺设滴管、底肥施入等工作一般由机械一次性作业完成。铺膜时要做到行向正直，覆土均匀；铺设滴管要求滴管压在地膜中间，滴管平展，无皱褶，保证畅通，地头留出 0.5 m 滴管，以便操作；底肥可采用条施和撒施两种方式，严禁种肥不分，防止烧苗。

(2)种子准备

柳延涛等(2017)在新疆玛纳斯制种青贮玉米高产栽培技术规程中指出，播前应做好种子处理，一是人工粒选，把亲本种子中的霉种和破粒挑选出来，避免播种后出现缺苗断垄现象；二是种子包衣，在播种前 7～10 d，包衣的种子必须晒干待播，在种子处理时必须彻底清扫干净所在的场地、仓库、使用工具；三是严格防杂，播种不同品种时，播种机具一定要严格清理干净，切实注意先播的种子是否遗留在机具中。在发放和搬运种子时要细，加强种子保管和播种人员的责任，谨防不同品种混杂。在发放种子时，精量发放，不许退种子，防止人为混杂种子。孙广全等(2018)指出，在青贮玉米中龙 1 号的制种中，为保证出苗一致，避免播种后出现缺苗断垄现象，需挑出亲本种子中的发霉种子及破损种子，清选出均匀饱满的种子；为防止土壤中的病菌及地下害虫对亲本种子苗期的侵害，在播种前 7～10 d，需对亲本种子进行包衣处理，晒干待播。另外，在种子处理时，必须将场地及使用工具彻底清扫干净，严格防止其他玉米种子混杂。刘波等(2017)介绍，青贮玉米制种亲本应选用发芽率 85%以上、净度 98%以上、纯度 98%以上、水分 13%以下的种子，选播前将亲本种子进行人工粒选，选择粒大、饱满、无损伤的种子并剔除霉种、破粒，晾晒 3～4 d，然后包衣，从而促使出苗整齐，确保一次播种全出苗。段虹宇等(2016)指出，制种用亲本自交系种子要做到播前晒种，精选种子。种子采用包衣剂处理，以提高种子发芽率，减少病虫害，保全苗，促壮苗。付洋等(2015)介绍，青贮玉米制种时，在播前将亲本种子中的杂粒或怀疑杂粒、霉变等种子彻底选掉，并最好选晴天晒种 2～3 d，以提高发芽力。

综上所述，青贮玉米制种田在播前首先要精选种子，清除破粒、杂粒和杂质等。选择晴天晒种 2～3 d，晒种可杀除部分病菌，促进早发快出。播种时可进行浸种处理或药剂、生长剂拌种，有利于提高出苗率和防治地下害虫。

(3)确定播期

张志刚等(2019)在介绍粮饲兼用型玉米屯玉 168 的制种技术时指出，在保证墒情，日平均温度稳定在 10 ℃以上时先播父本，父本露头播母本。孙广全等(2018)介绍，当土壤表层温度稳定在 8～10 ℃，大概时间在 4 月末至 5 月初时，中龙 1 号父母本种子即可以进行播种。柳延涛等(2017)在新疆玛纳斯制种青贮玉米高产栽培技术规程中指出，当土壤表层 5～10 cm 地温稳定通过 8～10 ℃，即可播种，3 月 28 日—4 月 10 日为适播期，原则上抢墒播种。

青贮玉米自交系生活力弱，抗逆性差，只有适期播种，才能苗全、苗壮、生长良好。如果播种过早，地温较低，发芽出苗缓慢，时间较长，容易造成病菌侵染。在华北地区，春播较晚则常遇上夏季高温，授粉结实不良。制种田在春播条件下，一般要求土壤耕作层温度持续一周稳定在 10～12 ℃时即可播种；夏播制种时，可在小麦收获后即行播种。从时间上看，北方春播区播期在 4 月下旬到 5 月上旬，如采用地膜覆盖可提前 7～10 d 播种；黄淮海夏播区播期在 6 月上、中旬。制种田父母本种子需错期播种和分期播种的，应按要求进行。

（4）播深播量

孙广全等（2018）介绍，青贮玉米中龙 1 号父母本种子播深均选择在 6～7 cm为宜。柳延涛等（2017）指出，青贮玉米制种要求播种深度一致，下籽均匀，达到出苗整齐的目的，这是抓住一播全苗的关键技术措施。在北方春播区，因青贮玉米亲本自交系顶土能力不及杂交种，故播种深度要比杂交种稍浅一些，一般以 6 cm 左右为宜。播种量的确定应考虑种子的发芽率、发芽势、种子百粒重以及播种方式等因素，一般 45～60 kg/hm^2。在精细整地、土壤墒情较好的情况下，采用点播的方式可减少播种量。各地应根据实际情况、种子质量及播种方式等确定适宜的播种量。

（5）合理密植

苏天增等（2019a）为提高青贮玉米制种产量，采用 5 因素二次正交旋转组合设计，研究了玉米品种豫青贮 23 施肥量、播期、密度、多效唑用量、人工辅助授粉次数与制种产量的关系，建立高产制种技术措施数学模型。结果表明，5 个制种技术措施对产量的贡献率表现为密度＞人工辅助授粉次数＞施肥量＞多效唑用量＞播期。康洪彪等（2023）为提高青贮玉米品种青贮 808 的制种产量，设置 7.5 万株/hm^2、9.0 万株/hm^2、10.5 万株/hm^2三个种植密度处理，研究了不同密度下青贮 808 的制种产量和品质。结果表明，青贮 808 制种产量随着密度的增加表现为先升高后降低，种植密度为 9.0 万株/hm^2时制种产量最高，且品质优良；当种植密度增加到 10.5 万株/hm^2时，青贮 808 制种产量和品质均显著下降。涂前程等（2009）研究认为，种植密度对青贮玉米明饲 1 号的制种产量影响极显著，该组合在制种生产中应采用种植密度 6.00 万～6.75 万株/hm^2为宜。李少强（2017）以先玉 335 制种技术为对象，在新疆生产建设兵团第五师八十四团基地进行了母本播种密度对杂交种种子生产中制种产量的影响研究，结果显示，随着先玉 335 母本种植密度在 8.25 万～9.75 万株/hm^2增大，制种玉米果穗的穗长、穗粗均呈现增加趋势，但差异不显著，但在母本播种密度达到 10.50 万株/hm^2后表现为递减趋势，穗长和穗粗出现显著下降；秃尖长度在供试密度中随母本密度增加呈现明显递增趋势。穗粒数以母本密度为 9.00 万株/hm^2时最高，与密度 9.75 万株/hm^2处理差异不显著，但显著为 8.25 万株/hm^2、10.50 万株/hm^2、11.25 万株/hm^2三个密度处理；百粒重在母本种植密度 8.25 万～9.75 万株/hm^2随密度增大略有增加，但差异不显著，但显著高于母本密度 10.5 万株/hm^2和 11.25 万株/hm^2处理；母本密度为 8.25 万～11.25 万株/hm^2，制种产量随母本密度的增加呈抛物线变化；母本密度为 9.00 万株/hm^2时，其制种产量最高，为 7866.279 kg/hm^2。经过曲线拟合发现，先玉 335 种子生产中群体和个体的产量性状相对较为协调的种植母本密度是 94536 株/hm^2。柳延涛等（2017）指出，青贮玉米制种田在播种前应确定合理的群体结构，由于父母本植株比大田玉米植株矮，单株叶面积小，故制种田留苗密度比粮食玉米大些，留苗均匀，不能留双苗，不能补种。冉伟男等（2023）介绍，青贮杂交玉米新品种黔青 235 制种时，父本繁殖密度 57000 株/hm^2 左右，母本生产密度 60000 株/hm^2 左右。

由此可见，青贮玉米制种田的留苗密度应视亲本的特点、水肥条件、土壤肥力状况等因素而定。对于单交制种田，由于自交系单株产量潜力有限，在水肥充足的情况下，可以适当加大密度，通过增株、增穗提高制种产量。制种田的留苗密度可根据亲本自交系的植株长相和水肥条件而具体确定。水肥条件较好，植株叶片紧凑上冲、株型比较紧凑的母本，留苗密度可在9.0万株/hm^2以上；水肥条件较差，植株叶片平展、株型比较松散的母本留苗密度在7.5万株/hm^2以上。父本的密度可以更大，尤其在行比较大、花粉量不足的情况下。对于双交种、三交种的制种田，由于母本单交种的植株高大，单株产量优势大，种植密度应适当减小。

(6)播前注意事项和播种方式

播前注意事项：播种前，第一，应核对种子。根据亲本种子的特征特性与种子袋编号、名称，核对杂交组合亲本，确定准确无误时方可播种，播种时制种田不种横头。第二，要严格区分父、母本行。父母本的行向要端直，严防错行、交叉、漏播、重播。第三，种好标记作物。播种时在父本行的两头和行中间作适当标记或种植豆类等其他标记作物，以便于区别双亲和进行间苗、定苗、去杂、去劣、去雄、田间管理、调查和收获工作，对于父母本同期播种的杂交组合，应有两组人员分别负责播种父本或母本；父母本分期播，且早播亲本未出苗时就需要播种晚播亲本的，更应该在父本行保留标记。第四，确定行株距。按照播种密度，确定适宜的行距、株距，做到足量下种保全苗。第五，规划父母本行的播种宽度。特别是在错期播种的情况下，要留足晚播亲本的行距。按照父母本行比和行距，规划好每次播种母本行和父本行的宽度。如：父母本行比为1∶4，行距为50 cm时，如同期播种，应先播父本，后播母本，每隔50 cm播种1行即可，如父母本错期播种，而且先种母本时，必须留足父本行的种植距离，即1行父本时留1 m，两行父本时留1.5 m宽。第六，种植授粉区。在制种田的四周或上风头，要种植一定数量的父本作为采粉区，以防止花粉不足和花期相遇不好时，人工辅助授粉。

目前，主要采用条播方式，如机播、耧播、犁开沟手留籽等。冷凉干旱地区采用地膜覆盖方式播种，可用地膜覆盖机一次性完成播种、施肥、覆膜等作业。

(三)科学管理

1. 苗期管理

玉米苗期一般指出苗到拔节这一时期，这段时间主要以营养生长为主，是分化根、茎节及节间、叶的时期。这一阶段的主要生长特点是地上部分生长缓慢，根系生长迅速。此阶段田间管理的中心任务是促进根系生长，培育壮苗，匀苗，使父母本正常生长，为花期良好相遇打下基础。

(1)查苗补苗

付洋等(2015)指出，青贮玉米制种苗期间，须逐块检查，若发生缺苗，父本行可以同行内移苗补栽(带土移栽)，或补种原来的父本种子(最好浸种催芽)；母本行最好补种豆类等低秆作物，不要补种原来的母本种子，也不要移苗，以免拖长去雄时间和影响去雄质量。对补栽或补种的植株要偏肥偏水管理，促其生长。因此，青贮玉米制种时，母本自交系出苗后如果缺苗，切不可补种其他玉米材料，如补种其他作物要与原标记作物分开。父本行可补种和移栽原父本种子或幼苗；母本行一般不允许补种或移栽，只可补种其他作物，以防母本抽雄时间过长，影响去雄质量。

(2)间苗定苗

付洋等(2015)介绍，青贮玉米杂交制种时，间苗在3～4叶期进行，定苗则在5～6叶期进行。间苗一是去掉生长势旺、植株高、叶片宽大或虽无优势，但不具备父、母本特征的杂苗

(株),包括畸变苗、生杂种苗、混杂苗;二是去掉虽有父、母本特征但长势弱或者形态异常的畸形劣苗。段虹宇等(2016)指出,高蛋白青贮玉米曲辰九号制种母本在 3 叶 1 心时定苗,父本可在 5 叶时一次性间苗、定苗,定苗时可适当留双株和大小苗,以拉长父本散粉时间。刘波等(2017)介绍,青贮玉米盘江 7 号制种在 3～4 叶期进行间苗,同时定苗,定苗期间可根据具体情况在 5～6 叶期进行,注意选留典型株,母本应选留整齐度和生长势保持一致的壮苗,父本则可留大、中、小苗(以延长散粉期),中小苗的比例应小些。

综上分析,青贮玉米杂交制种时的间苗、定苗原则:去大去小留中间(留匀),三叶间苗五叶定苗。适时间苗、定苗可以避免幼苗拥挤,相互争光争肥争水,以利培育壮苗。间苗工作一般在 3～4 片叶时进行,因为此时幼苗要求有良好的光照条件,以利于制造较多营养物质供应幼苗生长需要。定苗根据密度指标计算出的平均株距进行。间、定苗时应根据亲本自交系的苗期特征特性,拔除杂苗并去除生长势弱的白化苗、畸形苗,留性状一致的标准苗。另外,间苗、定苗要在晴天进行,母本要去强去弱,保留大小一致、株距均匀的苗;父本要留大保小按比例去中间苗,以利将来相对延长散粉期。不论是父本还是母本,若有缺苗,可在相邻位置的前后留双苗或近苗,以弥补密度的不足。

(3)中耕管理

中耕是玉米田间管理的一项重要措施,中耕可以清除杂草,疏松土壤,提高地温,还能调节水分,防旱保墒。中耕的时间应根据土壤、气候等条件而定,一般雨后不久就要进行中耕。中耕次数以保墒、除草为原则,土质黏、干旱、草多应勤中耕,尤其对于夏播制种田来说,玉米苗期正值杂草旺盛生长季节,要及时中耕除草,以免影响幼苗生长。玉米苗期结合间苗、定苗一般中耕 2～3 次,定苗前幼苗矮小,可进行第 1 次中耕,深度以 3～5 cm 为宜;拔节前进行第二、三次中耕,深度以 5～8 cm 为宜。中耕时要求把地皮全部锄到,不留空白;苗旁宜浅,行间宜深。此外,也可用化学除草剂进行化学除草。

(4)苗期去杂

玉米制种在苗期管理上,与普通商品玉米管理不同的是,结合间苗、定苗做好苗期去杂工作。去杂,就是拔除不符合本品种特性的玉米杂株。要做到"宁可错杀一千,不能放过一个"。去杂工作将一直贯穿玉米制种的全过程,以保证玉米种子的纯度。玉米苗期去杂的方法是,根据玉米的株高、长势、叶片颜色、叶片形状等性状,逐株检查,将与亲本性状不相符的玉米植株一一拔出。

(5)苗期追肥和灌水

雷联(2023)研究了不同生育期调亏灌溉对河西走廊绿洲灌区制种玉米产量和水分利用的影响,结果表明,苗期水分轻度调亏(占田间持水率的 60%～70%)处理的产量、水分利用效率、灌溉水利用率与充分灌溉(CK)无显著差异($P>0.05$),而苗期水分中度调亏(占田间持水率的 50%～60%)处理的产量较 CK 显著($P<0.05$)降低 8.83%。从提高产量和水分利用效率方面考虑,苗期轻度水分调亏的方式,即苗期土壤含水量保持在田间持水量的 60%～70%,其他生育时期保持田间持水量的 70%～80%可作为河西走廊绿洲灌区适宜制种玉米的灌溉方式。雷伏贵等(2013)、柳延涛等(2017)指出,青贮玉米制种中,由于苗期比较耐旱,适当控水蹲苗可以促进根系下扎,有利于培育壮苗。

由于青贮玉米苗期需水需肥量相对较小,一般苗期不需要浇水、施肥。但在特别干旱和苗期生长瘦弱时可适当进行追肥,苗期追肥具有促根、壮苗、促叶、壮秆等作用,一般在定苗后至拔节期进行。苗期追肥一般使用尿素 225 kg/hm²，二胺 300 kg/hm²，玉米复合肥 225 kg/hm²。需要注意的是，施肥深度一定要保持在 15 cm 左右，才能使玉米有效地吸收养分。另外，为调节花期，对生长慢的亲本可偏施肥浇水或进行根外喷肥。

(6)苗期病虫草害防治

付洋等(2015)介绍，青贮玉米制种苗期管理应注意防治小地老虎，暴食阶段可用 2.5%的敌百虫与炒熟的面粉，以 3∶100 的剂量拌和撒于行内，最好是幼苗根周围；或者用 2.5%溴氰菊酯乳油 1500 液喷施幼苗。雷伏贵等(2013)介绍，青贮玉米制种时，播种后 3 d 内及时喷 96%金都尔乳油对土壤进行封闭处理，可有效防治玉米田中的杂草，同时重点防治苗期的地下害虫、斜纹夜蛾及鸟鼠危害等。刘波等(2017)介绍，青贮玉米盘江 7 号制种田苗期可用甲胺磷做毒饵或毒土傍晚撒在玉米行间，防治地老虎、蛴螬等地下害虫，并及时防范玉米青虫等。李琰聪等(2023)介绍，保玉 17 号制种田玉米出苗后要喷施"毒死蜱乳油＋吡虫啉"及时防治地老虎和灰飞虱；根据草地贪夜蛾虫情，本着治早、治小、治了的原则，用甲维盐＋虱螨脲及时防治其低龄幼虫，同时兼治虫卵。

青贮玉米杂交制种时在玉米制种生产中，常常会受到病虫害的影响，尤其是玉米苗期易发生的病虫害种类较多，常见的病害有黑粉病、叶斑病、花叶病、粗缩病、锈病、疯顶病及纹枯病等，虫害有红蜘蛛、地下害虫、蚜虫、玉米螟及棉铃虫等，均会影响玉米苗株健康生长，不利于提升玉米制种质量。地下害虫防治方法：可用 3911、锌硫磷或锌拌磷等药剂 1 份，与细沙、细灰碴、麦麸等 50 份，拌成毒土、毒饵撒于植株根部进行防治。苗期还要特别注意防治蚜虫、蓟马、棉铃虫、灯蛾等，以防止矮化叶病、粗缩病、条纹矮缩病等病毒病的发生。在制种生产中应及时做好虫情测报工作，发现害虫及时防治。

2. 拔节期管理

(1)追肥浇水

一般来说，玉米植株第 6 片叶展开时，即进入拔节期，此时玉米株高 60 cm 左右。人们常说："有肥地发旱，庄稼干瞪眼。""有肥没水，庄稼噘嘴。"玉米拔节以后，茎叶生长快，对水分需求大，是需水高峰期，而且玉米进入拔节期，旺盛生长，内部雌雄穗迅速分化，是生长最快的时期，需要大量的养分。因此，拔节期是玉米对水肥需求的第一个关键时期。

雷联(2023)研究了不同生育期调亏灌溉对制种玉米产量和水分利用的影响，结果表明，拔节期轻度水分调亏(占田间持水率的 60%～70%)处理、拔节期中度水分调亏(占田间持水率的 50%～60%)处理、苗期中度＋拔节期轻度水分调亏处理的制种玉米产量较充分灌溉(CK)显著($P<0.05$)降低 7.07%～23.90%。王金涛(2017)以西北旱区制种玉米为研究对象，进行了不同生育阶段不同程度的水分亏缺试验，结果显示，拔节孕穗期(六叶期到抽雄期前)水分亏缺降低了制种玉米母本群体吐丝速率、母本单穗吐丝速率、母本单穗吐丝总数、母本雌穗受精结实能力、雌穗高度处的花粉密度，延迟了母本群体吐丝时间，降低了父本群体到达各散粉时期的速率，延迟了父本群体到达各散粉时期的时间，降低了制种玉米耗水量、母本地上生物量和开花后地上生物量增量；减少了制种玉米籽粒数和制种玉米产量。李琰聪等(2023)在介绍保玉 17 号制种技术时指出，拔节期结合中耕锄草，施入复合肥(15∶15∶15)525 kg/hm²、尿素 300 kg/hm²，应开沟深施，防止烧根，肥料不可撒在玉米心叶上，以防烧伤植株；根据土壤墒情及时灌水，确保制种田玉米拔节期不受旱，注意速灌速排。吴百万等(2023)在介绍禾盛 219 高产制种技术时指出，根据墒情，遵循"苗期需水少，拔节期逐渐增加，抽雄扬花期需水最多，成熟

期逐渐减少”的规律适时灌水，以亲本玉米品系的拔节期、孕穗期为重点灌水时期。

为了满足拔节期玉米营养需求，达到穗大粒饱，应及时追施拔节肥并浇水，以保证植株的良好生长和雄穗的正常分化。拔节肥宜在6～7片叶展开时施入。一般施尿素75～105 kg/hm^2，施肥后及时浇水。

(2)中耕锄草

追肥浇水后，要及时进行深中耕锄草。中耕可打破板结，疏松土壤，促进根层和根量的增加，玉米拔节期中耕一次，深度为6～8 cm。

(3)拔节期去杂

整个拔节期，仍然要做好去杂的工作，才能保证玉米种子的纯度，拔节期去杂和苗期去杂一样，也是逐株检查，剔除与亲本性状不一致的杂株。

(4)拔节期病虫害防治

玉米拔节期常见的虫害有黏虫、玉米螟等，常见的病害有大小叶斑病、粗缩病等，防治方法与常规商品玉米病虫害防治方法相同。

3. 孕穗期管理

玉米从拔节期到雌穗吐丝为孕穗期，孕穗期正处于结实器官分化形成的时期，是玉米生长发育的最旺盛阶段，也是玉米制种田间管理的最关键时期，该时期应注意提早进行母本去雄，重施肥，浇足水量，及时中耕除草，以保证雌雄穗的分化和生长。

(1)母本去雄

即将母本孕育的雄穗去掉。一般采用摸苞带叶去雄的方法，即在玉米制种田母本雄穗未露出之前，摸苞带1～2片叶去雄。母本去雄是保证种子纯度的关键环节，必须做到风雨无阻，并达到超前、干净、彻底的技术措施要求。同时，要求去除的雄穗必须装入袋子带离制种区挖坑深埋或销毁，不能放在制种区内，更不能散落在田间地头，防止裸露地面吸湿散粉而影响种子纯度。去雄不仅能保证种子的纯度，还能降低植株高度，减少养分的消耗，促进吐丝一致，减少遮阴，提高制种质量和产量。

(2)孕穗期去杂

玉米在制种生产过程中，孕穗期仍然要做好去杂的工作，对于与亲本性状不符的玉米植株，仍然要一一拔出。

(3)重施孕穗肥

玉米孕穗期是决定果穗大小、籽粒多少的关键时期，也是植株需肥的高峰期。孕穗肥施用量应根据土壤肥力、底肥数量和植株生育状况等灵活掌握。施肥时期一般在玉米10～12叶期，施尿素225～300 kg/hm^2。

(4)浇足水量

玉米孕穗期不仅是需肥高峰期，也是需水高峰期。柳延涛等(2017)在制定的新疆玛纳斯制种青贮玉米高产栽培技术规程中指出，玉米孕穗期营养生长和生死生长并进，对水分要求量大，这时遇旱对产量影响极大，一定要保证有足够的水分供玉米生长发育的需要。王金涛(2017)的试验结果表明，孕穗期水分亏缺降低了制种玉米母本的吐丝速率、单穗吐丝总数和母本雌穗受精结实能力，延迟了母本群体吐丝时间，降低了父本群体到达各散粉时期的速率，延迟了父本群体到达各散粉时期的时间，降低了母本地上生物量和开花后地上生物量增量，减少了制种玉米产量。该时期土壤水分应保持在田间持水量的70%。此期若土壤缺水，减产率可达 30%～50%。因此，青贮玉米制种中，孕穗期要浇足浇透孕穗水。

(5)及时中耕

玉米孕穗期及时中耕能预防风雨造成的玉米倒伏；及时清除杂草、拔除分蘖，减少养分消耗。

(6)化学调控

刘永刚等(2015)介绍了新疆地区玉米制种施用“矮丰”的配套高产栽培技术，指出玉米制种施用“矮丰”生长调节剂可以控制母本株高，为了防止玉米喷施“矮丰”时间提前或推迟，建议在玉米制种母本第 7 叶完全展开后喷施“矮丰”。也可以根据叶龄指数确定喷施“矮丰”的时间，在玉米叶龄指数达到 33%～43%时就可以喷施，叶龄指数＝(某时期的展开叶片数/总叶片数)×100%。而对于早熟品种，建议不要使用“矮丰”控制株高。玉米制种母本喷施“矮丰”时应采取保护性措施，防止将药液喷施到父本上去。喷施时应注意收听天气预报，避免在雨前喷施，选择在无雨天的傍晚喷施效果较好。

李少强(2017)以先玉 335 制种技术为对象，研究了化学调控技术对杂交种种子生产中制种产量和制种效益的影响，结果显示，在母本可见叶为 11～12 片、展开叶为 7～8 片时，采用玉米健壮素 375 g/hm^2 进行叶面喷施，可显著增加先玉 335 的制种产量，较未喷施玉米健壮素增产 13%以上。分析产量因素发现，叶面喷施玉米健壮素 375 g/hm^2 处理的穗粒数显著高于 0、300 g/hm^2、450 g/hm^2、525 g/hm^2 处理，但 5 个处理的果穗长、穗粗、秃尖长度、百粒重与穗数性状差异均未达到显著水平。母本叶面喷施玉米健壮素 375 g/hm^2，其生产成本增加了 240 元/hm^2，但因其产量增加了 375 g/hm^2，其成本的增加远小于制种产量提高带来的经济收益提高，是高产高效的技术措施。因此，在青贮玉米制种实践中，可根据实际需要，在母本展开叶达到 7～8 片时，喷施矮壮素或健壮素，以有效降低母本高度，壮秆抗倒，提高授粉率和结实率。

(7)病虫害防治

李琰聪等(2023)介绍，保玉 17 号制种田在大喇叭口期用 3%辛硫磷颗粒剂 800 g，拌细沙 4 kg 左右，以每株 2 g 的用量于 16:00 后灌入心叶内，对钻心虫防治效果较好，同时也可兼治大喇叭口期草地贪夜蛾。青贮玉米制种实际中，应及时进行病虫害监测预报，根据监测结果及时使用药剂对玉米病虫害进行防治，并且需要及时清除病株、残叶，以减少病虫来源。

4. 抽穗吐丝期管理

在制种田管理中，父本玉米植株的雄穗主轴从顶叶抽出 5～10 cm 时，表示父本玉米已经进入了抽穗期；母本玉米植株的雌穗花丝露出苞叶 5 cm 以上时，表示母本玉米已经进入吐丝期。

(1)灌水

王金涛(2017)对西北旱区制种玉米进行了不同生育阶段不同程度的水分亏缺试验，结果显示，开花期(抽雄期、散粉期和吐丝期)水分亏缺降低了制种玉米母本群体和单穗的吐丝速率、母本单穗吐丝总数、母本雌穗受精结实能力、雌穗高度处的花粉密度，延迟了母本群体吐丝时间；增加了制种玉米吐丝—散粉时间间隔；减少了制种玉米籽粒数和制种玉米产量。付洋等(2015)介绍，从抽雄前 10 d 开始到抽雄后 20 d 的 1 个月左右时间是筑青 1 号、筑青 2 号亲本对水分最为敏感的时期。拔节到孕穗阶段田间持水量须保持 65%～70%，从孕穗到灌浆乳熟阶段须保持 70%～80%，土壤水分低于下限，须及时浇水、灌水。

抽穗吐丝期是青贮玉米需水量最多的时期，一般要求田间相对湿度为 80%～90%，以保证父母本自交系正常散粉、吐丝，授粉结实。干旱不仅影响雌雄穗的正常抽丝和开花，而且延长开花和吐丝的间隔时间，容易造成父母本花期不遇，所以如果遇到高温干旱天气要及时灌水。如植株生长较弱时，可少量施肥或叶面喷肥，以保证籽粒饱满。

(2)病虫害防治

青贮玉米制种在抽雄前后防治蚜虫和玉米螟，尤其注意防治父本雄花的蚜虫为害，避免影响父本散粉。李琰聪等(2023)介绍，保玉17号制种田抽穗到开花期及时防治蚜虫，当有蚜株率在30%以上时，及时用25%噻虫嗪水分散粒剂6000倍液进行喷雾防治。每次喷施农药必须集中在2～3 d完成，实行集中联防，提高防治效果。

5. 灌浆期管理

(1)割除父本

在授粉结束后(95%的母本花丝萎蔫)10 d内100%割除父本，以改善田间通光条件，有利于提高光能利用率，并降低田间湿度，减轻各种病害的发生，尤其是黑穗病。

(2)保持适量水肥

张芮等(2009)研究表明，玉米不同生育时期对水分的需求不同，对缺水的反应也不同：抽穗至灌浆期缺水会影响籽粒干物质积累，导致籽粒库容减少，籽粒变小，粒重降低，产量降低；而灌浆至成熟期进行适度的水分胁迫不会影响产量，还可以提高水分利用效率。张立勤等(2007)认为，在抽穗期至灌浆期进行适度水分亏缺不会影响作物产量，同时还能提高制种玉米的质量。樊廷录等(2014)研究表明，玉米灌浆到成熟期适度控水有利于节水增产并提高种子活力。任利沙等(2016)研究表明，灌浆期控水导致制种产量降低2.01%，粒数产量降低2.48%，但对种子活力没有明显影响，可以有效提高玉米水分利用效率，节约成本，增加制种经济效益。前人研究结果虽有不同，但从提高玉米水分利用效率、增加制种经济效益的角度来看，青贮玉米制种在灌浆期保持适量的水分供应即可，尤其避免在灌浆后期大量施用肥水。

对于脱肥的制种用青贮玉米，可在抽雄到吐丝期施用粒肥，以氮肥为主，施尿素150 kg/hm^2左右，可达到促进籽粒灌浆，提高结实率和粒重的目的，但要避免过度施肥和在成熟期施肥。张树庚等(2023)研究了外源调节物质“富硒叶面调节剂”对制种田玉米产量、籽粒硒含量及种子活力的影响。结果表明，喷施有机硒肥对制种玉米产量影响不显著，不同基因型玉米秃尖长减少未达到显著水平，但出籽率显著增加，且显著提高种子硒含量、种子发芽势和种子发芽率。因此，可适当喷施外源调节物质，以提高青贮玉米种子的发芽率、发芽势和品质。

(3)预防病虫害

邹畅(2021)介绍，制种玉米到灌浆阶段时产生玉米螟的机会十分大，可运用杀虫粉对封果的穗顶位置予以涂抹。青贮玉米制种田病虫害防治与常规商品玉米的病虫害防治方法一样，应注意及时监测，综合防治病虫害。

(四)严格去杂去劣

为保证玉米制种田繁殖和制种质量，必须及时、严格、彻底地分期多次进行去杂去劣。孙广全等(2018)介绍，根据青贮玉米中龙1号父母本各生育时期的性状特点，在苗期、喇叭口期和开花前期3个时期，对制种田里的杂株和分离株系进行严格剔除，同时去除劣株；除杂工作需在玉米抽雄前完成，特别要对父本行中的杂株进行严格清理，确保制种种子的纯度。柳延涛等(2017)指出，青贮玉米制种应做好田间去杂去劣，在定苗后拔节期、喇叭口期，凡异常的父母本植株均应拔除，应在抽雄前将杂株彻底拔除干净。更为重要的是，父本行中的杂株必须反复清理干净。母本行发现一株散粉株，必须把半径5 m内的玉米株全部拔出，以保证纯度。王春梅等(2017)在介绍糯玉米黔糯868杂交种制种时，要在苗期、抽雄前和收获后进行3次去杂去劣。刘波等(2017)介绍，在青贮玉米种子生产时，在制种区田间一般需要进行3次去杂去劣，第一次结合间苗、定苗，根据父母本的长相、叶形、叶色、叶鞘色和生长势等特征去除与亲本性状不相一致的杂株；第二次在拔节期进行严格去杂去劣；第三次在抽雄散粉前，按照亲本的典型性状进行关键性的去杂去劣，保证杂株花粉不在制种区田间扩散、传播。另外，收获时要严格进行穗选，去除杂穗劣穗。

综合以上分析，青贮玉米制种过程中一般在苗期、拔节期、抽雄散粉前和收获后进行4次去杂去劣。

1. 苗期

苗期去杂结合间苗、定苗进行，即在幼苗4～5片叶需要间苗、定苗时，根据幼苗的长相、长势、叶色、叶形、叶鞘色等特征，拔除与该亲本自交系典型性状不符的杂苗、劣苗、弱苗、病苗及怀疑苗。苗期去杂工作很重要，此时选留余地较大，可以保证密度，不仅有利于减少后期去杂工作量，而且对提高制种产量也十分重要。

2. 拔节期

拔节期去杂根据植株的叶色、叶形、株高、株型及叶片宽窄等，去掉过旺苗、过弱苗、杂色异样苗，保留性状整齐一致与本自交系相符的典型苗，要求去杂去劣彻底。

3. 抽雄散粉前

由于自交系的许多特征特性在苗期表现不十分明显，鉴别准确性较差，难以拔除全部杂劣株。因此，只靠苗期去杂是很不够的。抽雄前植株的性状表现已趋于明显化，是去杂去劣的好时机，同时也是防杂保纯、保证种子质量的关键措施。抽雄前去杂去劣主要根据株高、株型、叶形、叶色、叶片大小、雄穗形状、抽雄时间早晚等特征，务必要把父、母本行内的全部杂株干净、彻底地去掉。凡异常的父母本植株均应在散粉前拔除干净，若父本的散粉杂株数超过父本植株总数的0.5%，制种田应报废。

4. 收获后脱粒前

收获后去杂根据母本自交系的穗形、粒形、粒色、轴色等性状进行鉴别，剔除非典型杂穗。经检查核准，杂穗率在1.5%以下时，才能脱粒。

(五)花期调控

玉米制种田父母本花期能否良好相遇，是影响制种产量、决定杂交制种成败的关键。杨海涛等(2010)指出，多数青贮玉米杂交种的亲本自交系含有热带、亚热带种质基因，在制种方面，易造成花期不育、制种产量低、种子质量差等问题。因此，在青贮玉米制种时尤其要注意做好花期调控。在父母本花期相同的情况下，可以同期播种，但若双亲花期不遇，必须采取有效措施，促使双亲花期良好相遇。

1. 调节花期的原则和依据

父母本花期良好相遇的标准是母本雌穗吐丝比父本雄穗散粉早2～3 d。其依据是花丝生活力维持时间和雄花散粉时间。玉米雌穗花丝的生活力一般可以维持7～10 d，但花丝的受精结实率与吐丝时间也有很大的关系。因此，在错期播种时一般应遵循“宁可母等父，不要父等母”的原则。但要增加雌穗结实粒数，提高制种产量，应尽量使父本散粉与母本吐丝同步，当母本刚开始吐丝时，田间就有一定量的花粉，从而可以保证花丝能在生活力最旺盛的时间授粉。在高温(气温＞35 ℃)低湿(空气相对湿度＜30%)的条件下，花丝容易枯萎，授粉受精能力差，致使授粉后结实率低,甚至不结实。在这样的情况下,雄穗的散粉性也比较差,花粉量小,花粉生活力低。

2. 花期预测

秦永梅等(2008)根据玉米杂交制种和科研实践,分析了玉米杂交制种过程中多导致花期不遇的因素,提出玉米花期预测的叶片观察法、幼穗分化观察法、叶脉预测、未生长出叶预测和叶环预测等方法。

按要求调节了双亲的播期之后,双亲花期能否相遇还受亲本种子自身因素、土壤墒情、气候、肥水管理不当、病虫危害、种植密度等各种原因的影响,仍有可能出现花期不遇的情况。因此,在制种期间,必须经常观察检查花期相遇的情况,事先对双亲花期进行预测,以便及时采取有效措施尽量补救,避免造成无可挽回的严重后果和经济损失。花期预测主要使用以下方法。

(1)叶片观察法

定期观察双亲的出叶数,判断它们的雌雄穗发育的进展情况,进而预测花期能否相遇。这种方法需预先了解双亲在制种当地条件下的总叶片数。具体做法是,在制种田中选择在生长发育有代表性的父、母本样点各3～5个,每点各选典型植株10株,每隔一定时间调查父母本的叶片数,观察双亲生长是否协调,出叶数目是否符合花期相遇的要求。在双亲总叶数相近的情况下,父本的出叶数比母本少1～2片叶时,可视为花期相遇良好;如果父本展开叶比母本少3片及以上,则说明母本比父本发育快,应该及时采取促控补救措施;如果母本展开叶与父本相同甚至少于父本,也需要调控。若双亲的总叶片数不同,则应根据母本和父本已出叶片数、出叶速度(出苗至检查日期已出叶片数)和未出叶片数而定。如母本植株未出叶片数保持比父本少1～2片叶时,则花期相遇良好;反之,如果母本植株未出叶片数比父本多出2片或1片叶时,则可能花期相遇不好,需要进行调控。

(2)叶脉预测法

根据以往大量观察,得知玉米植株某叶片上的侧脉数($R=R_1+R_2$)与该叶片的叶位(氮)有比较稳定的对应关系,从而推断其花期。其关系式如下:

$$N=(R_1+R_2)/2-2 \tag{3-3}$$

即某叶片的叶位等于该叶片主脉两侧的侧脉总数之和除以2,再减去2。该式可方便地计算某叶片的叶位,从而推断某时期玉米植株的叶龄。例如,观察一株玉米植株某叶片的侧脉数总和为14,据上公式计算可知,该叶片为第5叶。然后再对比双亲的展开叶数,即可判断将来花期能否相遇。采用这种方法,需要事先知道双亲的总叶片数,但不必进行定位、定株观察,就能知道每叶的叶位(第几叶)和植株的叶龄。

(3)剥叶检查法

在双亲植株进入拔节期后,选有代表性的典型植株剥出尚未伸出的叶片数,如果母本未出叶数比父本少1～2叶,可推断花期相遇良好;如果双亲未出叶数相同或母本比父本多,则可推断花期不遇,需要采取措施进行调控。该方法不必了解双亲总叶数,也不用定位定株,比较方便。

(4)幼穗分化观察法

在10～13片叶时选择有代表性的父母本植株,小心剥去所有叶片,比较双亲雌雄穗生长锥,若母本的生长锥是父本的2～3倍,则花期相遇良好。

(5)叶环预测法

叶环即是在叶舌的着生部位、在叶背面叶片与叶鞘相连接的环状结构,展开叶(100%展开)在叶基背面可以看到环状结构,未完全展开叶在叶基背面看不到环状结构。叶环是从外部形态上区分展开叶与未完全展开叶的重要标志。结合叶标记,依据叶环确定叶龄简便准确而且对植株无损害。据试验研究,一般母本叶龄余数 6～7 片叶时,预示 5～7 d 后玉米即进入抽雄期。

3. 花期不遇的调节措施

经过预测,若发现双亲花期可能不遇时,应及时采取措施进行调控,以促使两者花期相遇。

秦永梅等(2008)针对玉米制种中父母本花期不遇的情况,提出了错期试验,苗期、拔节孕穗期、抽雄开花期调控措施,并提出人工辅助授粉和改杂交制种为亲本繁殖田等补救措施。刘波等(2017)针对青贮玉米制种中花期不遇的情况,提出水肥管理、地膜调节、深中耕和打底叶、适当推迟去雄、人工辅助授粉、使用植物生长调节剂 6 种调节方法。孙振纲等(2001)研究了地膜覆盖对制种田玉米花期的调节作用,结果表明,地膜覆盖能够改变玉米自交系的抽雄抽丝期,播后 10 d 内,每早盖 1 d,抽雄抽丝期提前 0.8 d,父母本抽雄吐丝期相差 10 d 之内,可将父母本同期播种,选择正确的时间地膜覆盖晚熟亲本,可以起到调节花期的作用,从而保证制种产量的稳产高产,减弱外界环境的干扰。岳高红等(2012)研究了甜玉米金玉甜 1 号制种父母本不同播期差对其花期相遇和制种产量的影响。结果表明,金玉甜 1 号春季制种父本比母本迟播 18～20 d,父母本花期达到最佳相遇。侯自明等(2013)介绍了甜玉米花期不遇的补救措施:拔节期可对发育快的亲本增施氮肥,以延长其营养生长阶段,对发育慢的亲本则增施速效磷、钾,促进营养生长向生殖生长转化。孕穗期,在玉米生长到 7～9 片可见叶时,用 0.3%～0.5%的磷酸二氢钾进行叶面喷施,促进早抽雄扬花和吐丝。对发育迟缓的亲本可喷施 1～2 次 40 mg/L“九二〇”和 1%尿素混合液。抽雄期,如果父本已抽雄穗,而母本才欲抽雄,应及早对母本去雄或带一叶去雄,可提早 2 天抽丝。如果父本已散粉而母本雌穗因苞叶过长,或苞叶过紧吐丝困难,应及时将母本雌穗苞叶顶端剪去 3～4 cm,促进花丝早抽出;如果母本雌穗花丝吐得太早,花丝过长,应将花丝剪短,留 2～3 cm,以利于授粉。

综合以上分析并借鉴玉米制种的经验,青贮玉米制种过程中若双亲花期可能不遇时,可通过如下方法及时调控。

(1)父母本分期播期调节法

如果双亲花期相差天数较多,则必须采用分期播种的办法。在制定制种技术方案前,要充分了解父母本特征特性和制种当地的自然气候条件,包括父母本生育期长短、株高、穗位高、总叶片数、生长发育快慢、雌雄穗开花结实习性及制种田当地的降水、土壤、光照等。父母本花期相同或母本雌穗吐丝比父本雄穗散粉早 2～3 d,母本可与父本同播;母本雌穗吐丝比父本雄穗散粉晚 2～3 d,母本可在播种前一天晚上用 35 ℃的水浸种4～5 h,捞出阴干与父本同播;母本雌穗吐丝比父本雄穗散粉晚 4 d 以上时,可根据母本种子播后在土壤里萌发状态和幼苗生长发育进程指标来确定父本的播期。一般情况下,母本雌穗吐丝比父本雄穗散粉晚 4～5 d,父本应在母本幼苗透土到出苗时播种。母本雌穗吐丝比父本雄穗散粉晚 6～8 d 时,父本应在母本幼苗二叶一心时播种。若父本雄穗散粉比母本雌穗吐丝晚,则应先播父本,先播的天数应是父、母本出苗期相差天数再减去 4～5 d。

(2)水肥促控法

在早期发现双亲生长发育不协调时,除对发育迟缓的亲本给予偏水、偏肥、偏管理外,可采用 0.3%～0.5%的磷酸二氢钾进行叶面喷施进行叶面追肥,对生长发育偏晚较重的可在 5～

7 d后再喷施一遍，叶面追肥可提早花期 3～4 d。而对发育偏早的亲本在肥水管理上要适当控制。

(3)深中耕和打底叶

对发育偏早的亲本还可以采取深中耕断根和打底叶的方法，深中耕可通过切断部分根系来抑制营养和水分的吸收，进而抑制其发育。断根可在 11～14 片可见叶时进行，用铁锹在靠近主茎 7～10 cm 处四周垂直向下切 15 cm 深，以断掉部分根为宜。撤锹时，应垂直向上拔起，以免伤根太多。打底叶，可通过控制光合作用，减缓其发育。

(4)苗期促控法

如果在苗期就发现双亲生长快慢不一致时，可采用“促慢控快”法，对生长慢的亲本采取早间苗、早定苗、早松土、早施肥、根外喷肥等措施，促其生长；对生长较快的亲本则采取晚间苗、晚定苗、晚松土、不施肥或晚施肥的方法，控制其生长，以达到生长一致、花期相遇的目的。

(5)地膜调节

地膜覆盖栽培可增温保湿，保水保肥，提早成熟，是山区高海拔地区实现高产稳产的有效措施。原先已全部盖膜的，可对发育较早的自交系实行及早揭膜，原先未盖膜的，可对晚熟的自交系单独实行地膜覆盖，从而调节花期，使之相遇良好。

(6)提早去雄、剪苞叶

在抽雄之前若发现母本花期晚于父本时，可对母本采取提前去雄或摸苞带叶去雄，这样可促使母本早吐丝 2～3 d。母本雌穗苞叶过长或吐丝不畅也可以采取母本剪苞叶的办法，一般剪去苞叶的 2～3 cm，也可以使母本早吐丝 2～3 d，而且吐丝比较整齐，便于授粉，必要时可将提早去雄与剪苞叶同时使用。

(7)剪花丝

玉米雌穗的花丝生命力一般只有 7～8 d，吐丝后 2～4 d 接受花粉能力最强。吐丝后花丝没有粉可接受，会继续生长，花丝生长过长时，下边的花丝接受不到花粉，完不成受精，将影响结实率，果穗常常会出现虾米腰、半拉瓢现象。如果母本花丝较长，可将母本尚未授粉的花丝留 2 cm 左右剪断，这样可以避免花丝相互遮盖，有利于授粉，提高结实率。剪花丝最好于下午进行。

(8)剪顶叶

有些紧凑型自交系做父本时，常因雄穗刚露头就散粉，而且顶叶肥大，遮挡花粉，使其散出不畅，并延迟了散粉时间。如果将雄穗下二叶去掉，可以达到提前散粉和完全散粉的目的。必要时可采集花粉进行人工辅助授粉。

(9)激素调解法

植物生产调节剂是用于调节植物生长发育的一类农药，主要包括生长促进剂、生长延缓剂、生长抑制剂和乙烯利类 4 种植物生长调节剂。通过植物生长调节剂的应用，可以控制玉米植株的长势，以便减少植株徒长和提高抗倒伏能力。在大喇叭口期，根据花期预测，对生长发育慢的亲本，可使用生长促进剂，使花期提早 3～4 d，如使用九二〇溶液(1 g 赤霉素兑水 30 kg)进行灌心。

(10)父本分期播种和留大、中、小苗

可将父本分两期播种，第 1 期父本与第 2 期父本间隔 5 d 为宜，第 1 期父本与第 2 期父本播种比例各占50%。在父本定苗时，有意识地留大、中、小三类苗，其比例为2∶6∶2。父本分两期播种和留大、中、小三类苗可有效延长其散粉期，使父本的散粉期涵盖母本的吐丝期，做到“头花不空，主期击中，尾花有用”，确保父、母本花期相遇，从而提高母本的结实率，减少秃尖和缺粒程度。

（六）母本去雄

母本花粉的控制是成功生产杂交种的技术关键。物理去雄和雄性不育是当今玉米杂交制种技术使用的两大手段。吕庆雪等(2018)从技术和优劣势等层面分析了几种具有代表性的玉米杂交制种系统，综述发现，玉米人工授粉操作简单方便，机械去雄不但可以提高去雄的工作效率，还可以提高玉米制种的质量和产量，细胞质雄性不育对自然群体的进化和商品杂种一代的生产具有重要作用。基于细胞核雄性不育系构建的种子生产技术(SPT)可以利用转基因的生物技术手段培育出不含转基因成分的不育系和杂交种，解决了转基因食品的安全问题，显性不育系系统需要将父本和母本都进行转基因改造，应用成本和育种回交消耗较高，雄性不育诱导系统为规避化学杂交剂的植物毒副作用提供了一些新的途径，为玉米雄性不育的利用提供了较全面的分析，给农业生产带来更大的益处。祁显涛等(2014)通过综述玉米雄性不育机制及其产业化应用研究进展，总结认为，雄性不育系主要分为细胞质雄性不育和细胞核雄性不育。玉米T型细胞质不育系、保持系以及恢复系组成的三系配套策略在玉米杂交种生产程序中的成功应用推动了玉米杂交种的生产，但由于T型细胞质雄性不育系易感病，S型细胞质雄性不育系易恢复育性，C型细胞质雄性不育系在实际生产过程中很难选择到相应的恢复系，这些因素限制了细胞质雄性不育系在生产中的应用。因此，关于细胞核雄性不育系的研究与应用备受关注，但传统两系法制种中细胞核雄性不育系与保持系分选困难，限制了细胞核雄性不育系的应用。随着细胞核雄性不育系机制研究的不断深入以及应用上的不断创新，玉米细胞核雄性不育系的应用将成为玉米杂交种制种技术的重要发展方向。

可见，利用植物雄性不育系进行杂交种子的规模化生产，不仅可以免去人工去雄，降低劳动成本，又能有效保证杂交种纯度，同时还可避免极端天气条件下的人工去雄或机械去雄的田间操作困难等问题。因此，利用雄性不育进行不育化制种是玉米种业发展的必然趋势。但就目前来说，玉米雄性不育系在青贮玉米制种中的应用还受到诸多限制，存在诸多问题，物理去雄仍是青贮玉米制种生产母本去雄的主要手段。相信随着人们对植物花发育调控网络的深入了解和基因编辑技术的迅速发展，利用基因编辑技术有望实现玉米雄性不育材料的高通量定向创制。以下主要对青贮玉米制种中母本物理去雄的要求、方法、方式进行介绍。

1. 去雄要求

付洋等(2015)介绍，青贮玉米制种时，要求及时、彻底、干净地去掉母本雄穗，即母本每株的雄穗刚露出叶面尚未散粉前及时拔除，制种区母本雄穗1株不漏地彻底去掉，每个雄穗不留分枝拔除干净。在抽雄初期可隔天去雄1次，抽穗盛期和后期必须每天去雄，风雨无阻。抽雄末期全区只有5%以下植株尚未去雄时应1次拔完，对特别矮小的植株，可全部砍掉结束去雄工作，以节约劳力和保证去雄质量。柳延涛等(2017)指出，青贮玉米制种人工去雄要做到及时、彻底、干净，百分之百抽完。一早二净：尽早去雄，实行人工摸苞去雄的方法，连同1～2片心叶一起拔去，去净母本雄穗，除净残留枝梗。在母本临近抽穗的前几天，要经常到制种田查看，一般去雄要逐株一次拔净，不遗留残枝。二清一防：清除拔掉的雄穗和清理弱小亲本植株，防止花粉污染。拔出的雄穗不要留挂到植株叶片上，以免散粉串花。当田间雄穗最后剩下5%左右时,未完全结束去雄工作,可在1~2 d内将尚未抽雄的母本植株连同心叶一起拔除,并清除弱小植株。去雄工作一旦开始,必须连续无间断地进行,风雨无阻,保证制种质量。

综上分析,对去雄工作的总要求是:及时、彻底、干净。及时是指在母本的雄穗刚露出顶叶、尚未散粉前就及时去掉,不准母本的雄穗有散粉现象;干净是指要把每个母本植株上的雄穗都要完完整整地去掉,不留分枝、残枝、断穗和小穗;彻底是指要把制种田中所有母本的雄穗一株不漏地全部去掉。

此外,要保证去雄质量,必须在去雄工作开始之前,组织好人员并做好思想动员,使他们认清去雄的重要性,熟练掌握去雄技术,分清父本、母本。有些自交系由于抽雄、散粉的特殊性,给去雄工作带来了一定的难度,如雄穗在刚刚抽出尚未露出顶叶就开始散粉,或者是抽雄、散粉与雌雄吐丝同步,或者叶片紧包雄穗轴,不易抽出。在干旱条件下,有些正常自交系也会出现抽雄不畅现象,造成类似后果。在这些情况下,去雄工作需要更加细致观察,尽早拔除雄穗,必要时即使伤叶、带叶也要及时拔除。拔下的雄穗要及时带出隔离区外妥善处理,以免开花散粉造成混杂。参加去雄工作的人员在进入隔离区前,不要进入其他玉米田,否则会因带入异源花粉造成混杂。

当母本快要抽穗时,应经常到制种田检查,一旦发现有个别母本植株雄穗露出顶叶还未散粉时,去雄工作应立即开始。去雄时要做到坚持每天至少1次,风雨无阻。保证不让1株母本的雄穗开花散粉。每天去雄的时间,可在露水干后进行,上下午均可。

去雄时要沿着母本行间逐株细心检查,发现雄穗从顶叶中抽出或刚露头时,立即将它拔除。母本花丝抽出后至萎缩前,如果发现植株上出现花药外露的花在10个以上时,即定为散粉株。在任何一次检查中,发现散粉的母本植株数超过0.2%,或在整个检查过程中3次检查母本散粉株率累计超过0.3%时,所产种子报废。

到抽穗后期,当全田只剩下5%左右的母本雄穗尚未抽出时,为了安全及时地结束去雄工作,可在1~2 d内将剩下的母本植株的雄穗连同1~2片顶叶一齐拔掉。一般全区去雄的时间为10~15 d,但由于地力不匀、长势不齐、气候不适等原因,会使去雄时间延长。

2. 去雄方法

吕亚娟等(2009)针对辽西地区杂交玉米制种研究了带不同数量叶片去雄对产量的影响,结果表明,带1~2片叶去雄具有明显的增产效应,平均增产450 kg/hm^2。赵增(2013)指出,多穗型青贮玉米科多8号制种时传统的母本去雄方法是,每株母本都要等到见雄穗露头未变绿时去雄,每块地必须每天都要去雄一次,一块地要去雄5~6次才能完成去雄工作;同时由于母本去雄时间不一致,吐丝时间拉得较长,授粉时间也要相应拉长。去雄、授粉工作费工费时。而高效制种采用带叶摸苞去雄,即母本有5%的雄穗露头时就开始第一次去雄;去雄时,看哪株母本的雄穗准备露头的,用手抓住带有1~2片叶子的雄穗,用力往上拔,这样就很容易拔掉母本雄穗了。对摸不到母本雄穗的就留下一次再拔,隔2 d后进行第二次去雄,这次去雄把第一次拔后剩下的母本雄花全部去除,去雄时,用手抓住带有1~2片叶子能拔的就带1~2片叶子拔,带1~2片叶子不能拔的,带3、4张叶子也要拔,拔除不了雄花的小株,连根拔起,保证二次去雄后100%去完母本雄穗。带叶摸苞去雄使传统用工大幅减少,制种的经济效益得到很大提高。张春庆等(2016)以郑8等3个自交系为材料,研究去雄带0~5片顶叶对产量的影响,结果表明,去雄带1片叶产量最高,随着去叶片数的增多产量开始明显降低,不同材料对去叶片数产量反应不同。去掉叶片数大于1片叶时，去掉叶片数每增加1片，在新疆单位面积产量减少5.52%，在甘肃减少6.77%。机械化去雄时，适当增加密度是减少机械去雄对产量影响的有效措施。曹晋军等(2017)研究了超前去雄携带叶片数量对玉米品种郑单958光合特性及生长的影响，种植密度90000株/hm^2，当能摸到雄穗苞叶内穗苞时去雄，每2 d隔1行去2行雄穗，雄穗完全抽出时停止，统计每个处理平均携带叶片数，设有3.2片叶、2.8片叶、2.6片叶、1.6片叶、0.5片叶5个处理，以不去雄为对照。结果表明，与对照相比，携带2.8片叶的去雄处理，完熟期穗位叶SPAD值增加16.7%；在灌浆期穗位叶净光合速率增加5.2%；平均灌浆速率增加5.6%，最大灌浆速率增加6.0%，灌浆最大活跃期延长3.9 d；穗干质量增加了25.4%，单株干质量增加11.1%；百粒质量(32.32 g)比对照增加10.6%，产量(14879.10 kg/hm^2)比对照增加21.6%。杨德光等(2022)研究了隔行去雄携带顶叶对被去雄及未去雄玉米光合特性、干物质积累及产量的影响，结果表明，去雄携带顶叶提高了单位面积玉米产量，增加了被去雄玉米的单穗籽粒产量和千粒质量，降低了秃尖长，但对未去雄玉米穗部性状的影响无显著差异；去雄携带顶叶有效增加了冠层内透光率，使玉米冠层内光能分布更加合理。因此，去雄携带顶叶能通过优化冠层光能分布，增加中下部叶片的受光面积，提高光合能力，促进光合产物向籽粒转运，获得更高的玉米产量。李少强(2017)在新疆生产建设兵团第五师八十四团基地对先玉335制种方法进行了研究，比较了不同去雄方式对杂交种种子生产中制种产量和制种效益的影响，结果显示，人工"摸苞去雄"方法制种产量略高于人工"带二叶一心"与"带一叶一心"去雄方法，这三种人工去雄方法对制种果穗长、穗粗、秃尖长度、百粒重与果穗数的影响无显著差异，但人工"摸苞去雄"方法使得穗粒数较人工"带二叶一心"去雄方法显著增加，而与人工"带一叶一心"去雄方法相比虽略有增产但差异不显著。在3种机械去雄方法下，也同样以"摸苞去雄"方法下制种产量略高于另外2种方法，这主要归因于机械"摸苞去雄"方法的穗粒数显著高于另外2种方法，而3种方法对穗长、果穗粗、秃尖长度、百粒重以及穗数的影响差异不显著。在同样去雄方法下，人工去雄方式较机械去雄方式下制种产量高约300 kg/hm^2。人工去雄成本较机械去雄的平均成本高约376.5元/hm^2，但制种产量却高出约300 kg/hm^2，因此，在劳动力能有充分保障并且劳动力成本许可的情况下，采用人工去雄方式经济效益更高。

综上分析，青贮玉米制种过程中，母本去雄可采用"超前带1～2片去雄"或"摸苞去雄"的方法，即在母本雄穗尚未露出顶叶时，就将顶叶剥开或连同顶部1～2片叶一齐拔除，这样可将去雄的时间提前3～5 d，减少了去雄次数，节省了劳力，并且有效地防止了个别母本植株过早抽雄并散粉的可能性，提高了制种质量，同时制种产量没有显著下降。

超前去雄应集中分次进行，第一次在全区内母本第一个果穗开始出现，尚未吐丝前，将形成喇叭口的植株的雄穗去掉；第二次在未去雄植株中开始有雄穗要抽出顶叶时，把这部分雄穗去掉；第三次在全区内第一株母本吐丝时将所剩母本的雄穗全部彻底去掉。需要注意的是，无论采取何种方法去雄，都要将去除的雄穗收集起来埋入地下或带出制种田妥善处理，切不可随地乱扔。这是因为花粉在低温潮湿的情况下可存活24 h以上，扔在地上的雄穗花粉仍可成熟，随风飞散，影响制种质量。

3. 去雄方式

青贮玉米制种中母本物理去雄的方式有人工去雄和机械去雄。人工去雄主要是人工用手将制种玉米母本的雄穗抽取下来而达到去雄的目的，但也存在诸多问题，如去雄的质量受去雄人员工作态度影响、人工去雄作业劳动强度大、作业效率低、生产成本高等问题。

玉米机械去雄技术是指应用农业机械，通过机械代替人工适时将玉米的雄穗去除，避免自花授粉，玉米机械去雄可大大提高玉米去雄的工作效率，进而提高玉米制种的质量和产量。张捍霞(2017)介绍了机械去雄相比于人工去雄具有的优势：一是目前劳动力资源越来越紧张，劳动力价格逐年上涨，玉米去雄机可以减轻劳动强度，节省劳动力，降低作业成本，保证农时。二是去雄效率高(1台玉米去雄机是人工作业的120～150倍)，玉米去雄机去雄费用不及人工去雄的60%，既降低了费用，又节省了时间。三是玉米去雄机机动性强，容易调配。四是改善作业环境，制种玉米去雄机为高架自走式的作业机具，操作人员在驾驶室内便可以完成对机具的操作控制，驾驶室高于玉米植株，视野开阔，工作条件好。五是使用玉米去雄机进行喷药作业，具有喷洒均匀、药量准确、控制方便的特点，可以在作物生长的不同时期喷药，能够满足大面积作物病虫害预防的需要，可降低病虫害防治费用及劳动强度。因此，采用机械化作业是玉米制种基地去雄作业的必然选择。

据陆志伟等(2023)介绍，随着玉米全程机械化的推进，中国新疆伊犁地区、昌吉地区、塔城地区等地从美国引进多台 Big John 玉米去雄机和 Hagie 玉米去雄机，国内制种玉米机械去雄机市场逐渐被美国去雄机占领。而中国玉米去雄机的相关研究起步较晚，目前国内的玉米去雄机械主要有酒泉奥凯种子机械股份有限公司研制的 3CP-8A 型玉米抽雄喷药一体机、3CX-8A 型玉米去雄机和 3QX-6A 型玉米去雄机。对比国内外去雄机械设备可以看出，目前中国主要引进的是大型玉米去雄机，并且被广泛应用于新疆地区。在国内其他玉米制种区域，因为地块面积、道路环境等多种因素的影响制约了玉米制种机械化发展。如何适应全国各地各种制种玉米种植模式是广大农业机械科研人员所面临的一个问题。

(七)人工辅助授粉

苏天增等(2019b)研究结果表明，5个制种技术措施(施肥量、播期、密度、多效唑用量、人工辅助授粉次数)中，人工辅助授粉次数对青贮玉米制种产量的贡献率仅次于密度。吕庆雪等(2018)指出，实行人工辅助授粉能减少秃尖和缺粒现象，使籽粒饱满，一般可增产10%左右；玉米实行人工授粉操作简单方便，易于掌握，能增加异交，充分发挥出杂种优势，是一项增产创收的好措施。张建军等(2017)研究表明，与自然授粉(CK)相比，完全人工授粉与完全授粉后去主茎或去雄等3种措施极显著提高了2个玉米品种产量，显著降低了千粒重，对穗行数影响不显著，认为人工授粉能弥补因气候、晚播、阴雨、越区种植等自然生态因素导致自然授粉的不足，可提高玉米坐果结实率、穗粒数、产量及减少秃尖程度。段虹宇等(2016)指出，为了提高青贮玉米制种产量，必须进行人工辅助授粉，在开花期进行2～3次人工辅助授粉，可提高母本授粉结实率。尤其是在开花时遇连绵阴雨，散粉不好，或遇严重干旱，父母本花期相遇不好时，加强人工辅助授粉是提高制种产量和质量的有效途径。付洋等(2015)指出，人工辅助授粉可以提高青贮玉米的结实率和制种产量。在开花盛期和末期可连续进行3～4次人工辅助授粉。在父母本开花相遇不好或受不良气候影响授粉不完全时，则必须加强人工辅助授粉。若遇连绵阴雨天气，采粉较困难时，可在授粉前日下午采集主轴1/3散粉的雄穗放在室内进行水培，第二天上午收集花粉，10:00左右先擦去母本雌穗花丝上水分，进行人工授粉。吴百万等(2023)在介绍禾盛219高产制种技术时指出，母本授粉阶段若遇高温、阴雨等非正常天气，在自然授粉不良的情况下必须进行人工辅助授粉。一般采用人工拉绳法，即采用两根笔直均匀的竹竿，在竹竿的一端拴上粗绳，两人各执一竹竿，每隔6～8行顺着玉米行匀速前进，将绳子在雄穗顶端轻轻拉过，节拍一致地抖动雄穗让花粉散落至雌穗的花丝上，从而达到及时充分地授粉，提高制种田种籽产量的目的。

因此，为保证青贮玉米制种田授粉良好，应根据情况进行人工辅助授粉，对减少缺粒和秃尖、提高结实率和制种产量具有一定作用，尤其是在母本行比大、父本粉量少、双亲花期不协调或受不良气候影响的情况下，效果十分明显。特别要注意开花初期和末期的辅助授粉工作。一般要求在开花盛期连续进行 2～3 次，效果较好。人工辅助授粉可采用以下 3 个技术要点。①选择采粉株。根据玉米雄穗开花的规律，要选择雄穗中上部开花的父本采集花粉。适时采粉，在无风或微风的晴天，露水干后，一般上午 09:00 以后采粉为宜，阴天可延长到下午。采下的花粉过筛后分批量装到授粉器里，以免一次装多形成疙瘩。采粉时切忌用金属器皿作收粉器和授粉器，以免降低花粉活力。②选择授粉株。授粉时要根据母本花丝形态判断是否受精。若花丝萎蔫，停止生长，已变成褐色，说明该雌穗已受精，不必再授粉，反之则未受精。应选择未受精的植株为授粉株。授粉时，若花丝太长，不利于受精，应将花丝剪短，只留 1.5 cm 左右，呈绒球状，互不掩盖，以利于授粉。授粉一般在晴天进行，授粉适宜温度是 25～30 ℃，授粉适宜时间是上午露水干后到中午 12:00 或 16:00—19:00 进行，雨后花丝上有水时不能授粉。③授粉方法。花粉采后先倒入塑料盆中，滤去颖壳，将花粉筛入授粉器中，采用半径 2～3 cm，长 15～20 cm 的竹筒或硬纸筒。将筒的一端用 2～3 层尼龙纱或一层纱布封口，将粉装入筒内。授粉时，将授粉器置于花丝正上方 3 cm 左右，将扎有纱巾的那端对准花丝，轻击授粉器，使花粉均匀地落到花丝上，达到授粉的目的。要求边采粉、边授粉，以保证授粉质量，并且要连续进行多次。雨后天晴要等雌穗上水珠蒸发后再进行；另外，也可用拉绳法或者竹竿将父本花粉抖落至雌穗花丝上，也可用空的背负式动力喷雾器，将父本花粉吹落，以充分利用当天花粉，解决花粉量不足的问题，每天或隔天上午 09:00—11:00 进行。若遇连绵阴雨天气，采粉较困难时，可在授粉前日下午采集主轴 1/3 散粉的雄穗放在室内进行水培，第二天上午收集花粉，10:00 左右先擦去母本雌穗花丝上水分，进行人工授粉。

(八)授粉后割除父本

在杂交玉米制种中，父本的主要作用在于提供母本授粉所需要的足够量高活力花粉。付洋等(2015)介绍，青贮玉米制种，授粉结束后应及时将父本割除，特别是播有“满天星”父本时更应及时将父本割除。这样可以改善母本通风透光条件，减少病虫害，使养分集中供应母本，增加制种产量，又可防止收获时父本混入母本(杂交种)中。孙广全等(2018)指出，青贮玉米中龙 1 号制种过程中，父本全部散粉结束后将其植株及时割除，可避免收获过程中母本混入父本果穗，且明显改善母本植株的田间通风透光环境，在提高边际效应的同时有利于母本果穗后期脱水，进而提高母本种子的产量和质量。李少强(2017)研究授粉后父本去留对杂交种种子生产中制种产量和制种效益的影响发现，在母本授粉结束后割除父本，较保留父本田可增产约 535 kg/hm^2，差异达到显著水平，但割除父本后对制种玉米的果穗长、穗粗、秃尖长度、穗粒数、百粒重与穗数性状影响较小，其差异均未达到显著水平。授粉结束后，割除父本会产生 300 元/hm^2 的费用，但因该措施使得制种产量提高了 535 kg/hm^2，其制种产量的提高带来的经济收益远高于割除父本引发的成本费用。

因此，在青贮玉米制种中，可在散粉结束后将父本行割除，即播种时父本、母本仍按确定的行比种植，待父本植株全部散粉结束后，立即把父本株全部割除。第一，可以使父母本对养分和水分的竞争减少到最低限度，改善母本行通风和透光条件，提高光合强度，增加干物质积累，从而提高粒重，进一步提高制种产量，这已被李少强(2017)证实。第二，可以避免收获时种子混杂，有利于保证种子纯度和质量。第三，对增加母本种植密度，提高制种产量比较有利。

(九)收获与贮藏

1. 适时收获

付洋等(2015)指出，当青贮玉米制种田母本籽粒进入蜡熟(籽粒变硬)后应及时收获，以避免遇雨果穗发芽或发霉，影响种子质量和产量。若未提前砍掉父本，2 个亲本基本同时成熟时，应先收母本行的果穗，全部运走后再收父本。掉在地上的果穗，若不能确切分清是父本还是母本，应按杂穗处理，不能作种子用。运回的父本、母本果穗，要分开堆放，特别是母本果穗，绝不能混杂进其他玉米果穗。柳延涛等(2017)指出，青贮玉米制种田使用机械收获时，要求种穗在秆上的含水量不能大于 25%。孙广全等(2018)指出，当观察到青贮玉米田间母本果穗籽粒黑粉层出现时，需要对果穗进行扒皮晾晒，当籽粒含水量达到 20%以下时进行收获，并在收获时挑出杂穗、变异穗、霉变穗，保证种子纯度和净度。

玉米籽粒黑粉层的形成是玉米种子成熟的标志，此时玉米灌浆已基本结束，理论上蜡熟后期是种子收获的最佳时期，但为了在田间让果穗进一步脱水干燥，故可推迟至完熟期收获。制种隔离区母本果穗苞叶变黄，籽粒变硬，并表现出本品种的固有色泽时，要及时收获，以免遇雨使果穗发霉，影响种子的发芽率。制种田的父母本应分收、分运、分晒、分脱、分藏。先收母本，再收父本。父本行上收的种子一般作粮食处理，掉在地上的果穗若分不清父本、母本时，应作为杂穗处理。

2. 干燥与贮藏

段虹宇等(2016)指出，青贮玉米制种田的种子在晾晒和存放过程中，要及时采取措施防止种子发热、发霉、受潮、受冻、保证种子的发芽率不受影响，在果穗晾晒、存放过程中要严防混杂；脱粒前要准备好脱粒的场地和机械，并拣除杂劣穗，要对场地和机械进行彻底清理，减少混杂机会，对于含水量达标的种子(低于 13%)，可以边脱粒、边精选、边包装、边入库，对于含水量高的种子，脱粒后要及时进行晾晒，等含水量达标再进行精选和包装。刘波等(2017)介绍，在青贮玉米杂交果穗晾晒脱水过程中，随时拣出杂穗劣穗，脱粒前再进行一次穗选，彻底去除杂穗，晾晒后果穗水分达到 15%～20%时进行脱粒，脱粒后要对籽粒及时进行晾晒，待水分含量达到 13%以下时进行精选和包装。朱慧娥等(2023)在有效提高玉米杂交制种质量的方法中提到，杂交玉米种子成熟后收获，有条件的直接烘干鲜果穗，减少种子霉烂损失；没有烘干设备的制种区收获后要勤晒勤翻，防止霉烂，同时拣除杂劣霉变果穗，脱粒后晾晒至种子含水量 13%以下打包交售。吴百万等(2023)指出，玉米种子收获后剥离苞叶的果穗要及时晾晒，选择地面干燥、阳光充足的晒场，均匀摊平果穗，厚度不得超过 10 cm，每隔 2～3 d 翻动 1 次，以加速脱水速度和防止霉变，翻晒时将杂穗、病穗、秕穗、霉穗、遗漏父本、花丝等杂质全部剔除干净。

因此，青贮玉米制种田刚收获的果穗，由于含水量较高(穗轴含水量 50%，籽粒含水量 20%～30%)应及时晾晒、干燥，否则会发霉变质，遇低温还会使胚受冻，降低发芽率。对收回的果穗要严格分堆分晒，母本果穗晒干后，首先根据其穗部典型性状剔除杂劣穗，然后再脱粒、摊晒，有条件的地方，果穗和籽粒可用干燥设备进行干燥，待籽粒含水量降到 13%以下时方可进行精选、包装，包装袋的里外均应放置标签，注明杂交种的名称、产地、纯度级别、收获时间、生产年份、生产单位，然后专仓贮放。库存期间要有专人负责，定期检查，严防种子受潮发霉、受虫(鼠)害，必要时进行含水量、生活力或发芽率试验，确保安全贮藏。

(十)种子质量检验

在亲本自交系繁殖和杂交制种过程中,隔离、去杂、去雄、收获、脱粒、贮藏等关键技术环节是否按操作规程严格执行都会影响青贮玉米杂交种的种子质量。针对制种过程的关键环节以及成品种子质量的合格程度,必须根据规定方法对规定项目进行检验,这是保证种子质量的关键。高振环(2022)指出,对玉米种子进行检验能够优化制种流程,保证种子质量合格。种子检验项目包括品种纯度、净度、水分、发芽率。在检验方式上以田间检验和室内检验为主,检验人员需要按照相关标准和检验规范,对玉米种子进行检测,为玉米种植奠定坚实基础。在种子检验过程中,田间检验通常用于检验玉米种子的品种纯度,而室内检验则可以进行全面检验。韩培玉(2018)从隔离区检验和母本散粉株率、亲本纯度检验、去雄效果检验、收获与晾晒检验等田间检验方面总结分析了杂交青贮玉米制种的田间检验技术,指出杂交青贮玉米制种田间检验技术的水平高低对玉米种子的质量好坏起决定性作用。

1. 隔离区安全检验

在播种前,严格检查杂交制种或亲本繁殖区的隔离条件是否达到规定的安全隔离标准,若不合乎要求,就应该及时调整地块或采取早、晚播种技术等。如果在抽雄散粉前发现隔离不安全,应迅速对周围其他玉米采取彻底去雄等果断措施及时处理。经采取措施后符合隔离要求的,收获的种子可作种用,否则,应视具体情况部分或全部作粮食处理。

2. 田间检验

田间检验是在检查繁殖或制种区、隔离区安全的基础上,在玉米生长期间在主要特征特性表现最明显的时期检验种子的纯度,同时了解异作物(品种)、杂草、病虫危害以及倒伏情况、生育状况等。种子纯度检验应以田间检验为主,分别在4～5片叶的苗期、拔节期和抽雄前检查田间杂株率,若发现杂株必须在雄穗散粉前彻底去掉。陈彦惠等(1996)指出,自交系繁殖要求杂株率一般不能高于0.2%,杂交制种不能高于0.3%。对于杂交制种田,在抽雄前几天和抽雄始期、盛期、末期分几次对母本散粉株率进行调查,分别计算去雄不及时、去雄不干净和未去雄的百分率,以平均数表示。母本散粉株率一般不能超过2%。

3. 室内检验

在青贮玉米杂交制种收获后至播种前,需要对种子的纯度、净度、发芽率在室内进行检验。

(1)种子纯度检验

高振环(2022)介绍,玉米种子纯度常见的检验方法有盐溶蛋白凝胶电泳检验法、形态检验法、SSR分子标记检验法。盐溶蛋白凝胶电泳检验法需要检测人员按照回归方程进行操作,采用标准的计算方法,得出种子的品种纯度,并将其与国家玉米种子质量标准相对比,确定种子纯度的合格率。形态检验法是指检验人员对玉米种子的籽粒、幼苗、植株形态等进行观察和检验,科学分析玉米植株的大小、玉米籽粒的形态、表面润滑度、花丝遗迹等。SSR分子标记检验法,则需要检验人员提取玉米植株的DNA,通过分离、扩增等手段,对DNA片段进行排列,比较植株的差异。随着现代化生物鉴定技术的不断发展,各种新型的种子纯度检验技术层出不穷,检验人员需要结合具体情况,选择科学有效的检验方式。

(2)种子发芽率检验

发芽率是衡量青贮玉米种子质量的关键因素,检验人员可采用室内检验的方法,全面测定青贮玉米种子的发芽率,根据种子的发芽情况对其进行分级。一般情况下,种子发芽率的检验需要运用沙床、纸床、土壤等材料,按照相关的检验标准和检验流程,对发芽床进行全面消毒,满足玉米种子发芽的各项要求，保证环境的温度、湿度，测定玉米种子的发芽率。

(3)种子水分检验

玉米种子所蕴含的水分会直接影响到种子的贮藏效果、寿命、包装方式，对种子的运输产生影响。如果种子水分不达标，含水量较大，玉米种子就容易在调运或者贮藏过程中发生冻伤、霉变等情况。因此，检测人员需要保证玉米种子的水分处于安全范围之内，全面提高玉米种子的质量，进一步控制种子水分。

参考文献

白雪纯，张君红，冯魁亮，等，2020. 化肥减量配施有机肥对青贮玉米产量、营养价值及土壤微生物活性的影响[J]. 草业科学，37(2)：348-354.

蔡红光，米国华，陈范骏，等，2010. 东北春玉米连作体系中土壤氮矿化、残留特征及氮素平衡[J]. 植物营养与肥料学报，16(5)：1144-1152.

蔡红光，张秀芝，任军，等，2012. 东北春玉米连作体系土壤剖面无机氮的变化特征[J]. 西北农林科技大学学报(自然科学版)，40(5)：143-148，156.

曹健，2012. 青贮玉米一年两熟优质高产栽培技术[J]. 新疆农业科技(6)：44.

曹晋军，刘永忠，李万星，等，2017. 超前去雄携带叶片数对玉米光合特性及生长的影响[J]. 江苏农业科学，45(10)：56-58.

车娟，江旭，周义清，等，2022. 饲用玉米连作土壤可培养细菌多样性与肥效菌株监测[J]. 中国土壤与肥料(6)：55-63.

车文利，庞国新，阚玉文，等，2014. 春播马铃薯与夏播青贮玉米两种两收高产栽培技术[J]. 现代农村科技(22)：12，13.

陈爱国，李兆波，崔晓光，等，2022. 一年生野生大豆与青贮玉米混作对饲草产量及品质的影响[J]. 中国饲料，708(16)：83-86.

陈诚，刘丽，刘彤，等，2022. 山西中部小麦套种青贮玉米栽培技术研究[J]. 安徽农业科学，50(8)：33-35.

陈彦惠，李玉玲，1996. 玉米遗传育种学[M]. 郑州：河南科学技术出版社.

成广雷，2023. 玉米种子生产成本剧增背景下的应对策略[J]. 农村工作通讯(8)：10，11.

程林润，朱璞，王良美，等，2008. 南方青贮玉米秋播品比试验[J]. 河北农业科学，12(12)：41-43.

程明军，刘志华，严东海，等，2020. 四川高原藏区不同播种方式下 25 个饲用型玉米品种的评价与筛选[J]. 草原与草坪，40(1)：92-99.

崔超，王海燕，王靖，等，2017. 青贮玉米与饲用扁豆混播对群体产量形成的影响[J]. 中国种业，264(3)：37-40.

党晟，罗黎晨，2017. 张掖市推进玉米制种生产全程机械化存在的问题及对策[J]. 农业机械(7)：75-77.

底姝霞，苏东升，朱媛，2018. 不同种植密度对青贮玉米产量和营养价值的影响[J]. 中国饲料(12)：26-30.

丁光省，2019a. 从欧美青贮玉米产业发展看中国之差距[J]. 中国乳业(4)：30-35.

丁光省，2019b. 美国青贮玉米种植情况的调研报告[J]. 中国乳业(205)：24-29.

丁一，李会海，徐相波，等，2019. 收获期对不同品种青贮玉米生物产量和品质的影响[J]. 山东农业科学，51(6)：83-85.

董军亮，2023. 甘肃武威玉米制种产业现状及发展对策[J]. 中国种业(4)：32-35.

董姗，王皓，贾倩民，等，2020. 灌溉模式与种植方式对河西地区青贮玉米生长、产量和经济效益的影响[J]. 草地学报，28(4)：1111-1120.

杜桂林，董家行，隋华，等，2018. 天津市青贮玉米两茬种植模式下不同品种的农艺性状与产量比较[J]. 天津农林科技(6)：1，2.
段虹宇，杨莲，张晶，等，2016. 高蛋白青贮玉米曲辰九号杂交制种技术[J]. 农业科技通讯(12)：198-200.
段震宇，张小伟，王婷，等，2018. 不同入水期对青贮玉米农艺性状及产量形成的影响[J]. 江苏农业科学，46(10)：62-66.
樊廷录，杨珍，王建华，等，2014. 灌水时期和灌水量对甘肃河西玉米制种产量和水分利用的影响[J]. 干旱地区农业研究，32(5)：1-6.
范晓慧，吕志远，郭克贞，等，2014. 毛乌苏沙地膜下滴灌青贮玉米作物需水量研究[J]. 灌溉排水学报，33(1)：65-67.
冯国忠，王寅，焉莉，等，2017. 土壤类型和施氮量对连作春玉米产量及氮素平衡的影响[J]. 土壤学报，54(2)：444-455.
冯健英，邢东海，许洛，等，2020. 河北省夏播青贮玉米绿色高效关键栽培技术[J]. 中国种业(7)：80，81.
冯培煜，宋瑞连，2015. 京科青贮 516 玉米高产制种技术[J]. 种子世界(1)：48.
冯鹏，温定英，孙启忠，2011. 种植密度对玉米产量及青贮品质的影响[J]. 草业科学，28(12)：2203-2208.
付洋，周剑，闵清友，等，2015. 青贮玉米新品种筑青 1 号、筑青 2 号制种技术[J]. 种子，34(4)：111-113.
付忠军，杨华，姜参参，等，2014. 采收期对青贮玉米品质和产量的影响[J]. 西南农业学报，27(3)：1343-1345.
高传俊，杨晨曦，高欣，等，2023. 种植模式对科尔沁沙地土壤微生物群落的影响[J]. 干旱区资源与环境，37(4)：162-169.
高飞，高洪雷，王丽霁，等，2009. 不同成熟期青贮玉米混播对产量和品质的影响[J]. 草地学报，17(4)：490-494.
高洪雷，高飞，王丽霁，等，2009. 混播对青贮玉米生长、产量和饲用品质的影响[J]. 东北农业大学学报，40(8)：68-71.
高家强，史龙，蒋欣，2019. 青贮玉米水肥一体化高产栽培技术[J]. 农村科技(5)：5-7.
高文俊，杨国义，高新中，等，2018. 氮磷钾肥对青贮玉米产量和品质的影响[J]. 作物杂志(5)：144-149.
高振环，2022. 关于农作物种子检验与提高玉米种子质量的探究[J]. 农村实用技术(5)：55-57.
贡万辉，蔡利华，2018. 阿拉尔垦区一年两季滴灌青贮玉米栽培技术[J]. 新疆农垦科技(2)：11-13.
顾敏健，2012. 青贮玉米播期与性状的关系[J]. 上海农业科技(1)：54-56.
贯春雨，杨克军，卢翠华，等，2007. 不同播期处理对寒地青贮玉米发育及经济学性状的影响[J]. 黑龙江八一农垦大学学报，19(1)：33-35.
郭莉，马现斌，胡飞，等，2020. 夏播粮饲通用型青贮玉米品种农艺性状与生物学产量的相关性分析[J]. 湖北农业科学，59(22)：24-28.
郭耀东，程曼，赵秀峰，等，2018. 轮作绿肥对盐碱地土壤性质、后作青贮玉米产量及品质的影响[J]. 中国生态农业学报，26(6)：856-864.
郭郁频，任永霞，李亚奎，等，2015. 青贮玉米与扁豆混播栽培技术及营养价值评定研究[J]. 河北北方学院学报(自然科学版)，31(3)：14-17.
韩培玉，2018. 浅述杂交青贮玉米制种田间检验技术[J]. 种子科技，36(9)：59，60.
何佳蕾，张瑜，陈淑娴，等，2021. 不同青贮玉米品种在四川农区的筛选研究[J]. 草学(3)：21-27.
何伟，2014. 种植密度对中原单 32 青贮玉米产量及植株性状的影响[J]. 养殖技术顾问(1)：198.
侯自明，和凤美，朱永平，2013. 云南热区甜玉米冬季制种技术[J]. 种子，32(3)：113-115.
胡娜，陈德胜，崔明亮，等，2023. 玉米制种产业存在的问题及对策[J]. 现代农业科技(10)：209-212.
华鹤良，卞云龙，李国生，等，2014. 密度和施氮量对青贮玉米产量与品质的影响[J]. 上海农业学报，30(4)：81-84.
黄荣才，郭子泰，高胜涛，等，2019. 不同种类有机肥对全株玉米青贮营养品质的影响[J]. 草业学报，36(8)：

2112-2117.
姬承东,史卉玲,周芸芸,2015.青贮玉米 SC704 与拉巴豆混播后的青贮品质测定[J].安徽农业科学,43(26):151-154.
加孜拉,白云岗,曹彪,2019.北疆寒旱区不同水分处理对膜下滴灌青贮玉米植株生长与产量的影响[J].中国农学通报,35(16):6-14.
贾梦杨,姚泽英,李长青,等,2020.种植密度对青贮玉米生长发育、产量和品质的影响[J].饲料研究(10):43.
姜富贵,成海建,刘栋,等,2019.不同收获期对全株玉米青贮营养价值、发酵品质和瘤胃降解率的影响[J].动物影响学报,31(6):2807-2815.
姜胜男,张淑艳,刘殿鹏,2018.青贮玉米和秣食豆混播比例对群体生产机能的影响[J].安徽农业科学,46(26):38-40,43.
蒋梅巧,朱璞,程林润,等,2011.青贮玉米春播品种比较试验简报[J].上海农业科技(4):52,53.
蒋紫薇,刘桂宇,安昊云,等,2022.种植密度与施氮对玉米/秣食豆间作系统饲草产量、品质和氮肥利用的影响[J].草业学报,31(7):157-171.
金容,罗峰,李仕伟,等,2023.青贮玉米新品种南青 77[J].中国种业(4):104-107.
荆立奇,柳延涛,付斌军,等,2017.青贮玉米宽幅覆膜密植高产栽培技术[J].新疆农垦科技,40(5):10,11.
敬惠媛,龚大鑫,杨正东,2022.供应链视角下制种玉米成本调查分析:以临泽县为例[J].物流工程与管理,44(12):39-42.
康洪彪,杨毅成,王瑞莲,等,2023.不同种植密度对青贮 808 玉米制种的影响[J].种子科技,41(7):15-17,29.
兰宏亮,2015.混播种植对夏播青贮玉米产量的影响[J].黑龙江农业科学,258(12):37-40.
雷伏贵,涂前程,2013.青贮玉米品种明青贮 1 号的特性及高产栽培制种技术[J].种子,32(5):115,116.
雷联,2023.膜下滴灌调亏对制种玉米植株生长、产量和水分利用的影响[J/OL].浙江农业学报:1-10[2023-08-02].http://kns.cnki.net/kcms/detail/33.1151.S.20230616.0919.002.html.
雷艳芳,王仪明,常伟,等,2016.不同刈割时间对青贮玉米生物量和品质的影响[J].上海农业学报,32(4):45-49.
李含刚,2011.青贮玉米高产种植技术[J].农业科学研究,32(4):90,91.
李红,周礼伦,2020.浅议高寒地区青贮玉米高产栽培技术[J].种子科技(2):37,39.
李娟,王丽,李军,等,2015.轮耕对渭北旱塬玉米连作系统土壤水分和作物产量的影响[J].农业工程学报,31(16):110-118.
李兰英,2016.滦南县青贮玉米双茬种植气象条件分析[J].农业与技术(24):225.
李立鑫,2022.青贮玉米栽培技术要点[J].世界热带农业信息(5):34,35.
李少强,2017.博乐八十四团高效玉米制种研究[D].石河子:石河子大学.
李世平,张诗慧,袁福锦,等,2023.云贵高原区青贮玉米不同播种方式的饲草产量和效益[J].草学(6):44-48.
李仕伟,蒲全波,夏清清,等,2023.青贮玉米新品种南青 521[J].中国种业(5):119-121.
李雯,马琳峰,曹熙敏,等,2021.播期对冀西北坝上农牧交错区青贮玉米产量和品质的影响[J].草地学报,29(5):1080-1086.
李鑫,刁明,魏列,等,2016.不同配置方式对麦后免耕复播滴灌青贮玉米生物产量及品质的影响[J].新疆农业科学,53(4):589-595.
李旭功,梁凤鸣,2022.中美对比视角下的中国玉米制种业现状分析与对策[J].甘肃金融(2):54-58.
李琰聪,谢志坚,刘婷婷,等,2023.玉米新品种保玉 17 号的选育与栽培制种技术[J].农业科技通讯(7):160-162,165.
李元华,程明军,2018.一举多得的青贮玉米与多花黑麦草轮作[J].四川畜牧兽医,45(1):38,40.

连金番,赵志刚,罗瑞萍,等,2022. 饲草大豆与青贮玉米复合种植对混合饲料产量和品质的影响[J]. 饲料研究,45(8):90-94.

连露,胡国富,李冰,等,2017. 青贮玉米种植密度及与秣食豆混播比例对青贮品质的影响[J]. 草地学报,25(1):178-183.

连晓荣,寇思荣,何海军,等,2019. 青贮玉米新品种陇青贮 2 号选育及栽培制种技术[J]. 中国种业(10):71-73.

梁虹,赵敏,朱玲玲,等,2012. 氮缓释复合肥对玉米青贮品质的影响[J]. 草业科学,29(11):1749-1754.

梁小玉,季杨,胡远彬,等,2023. 豆科作物与青贮玉米间作对混合饲草生产性能及品质的影响[J]. 江苏农业科学,51(12):158-164.

廖国芳,孙建印,吕海漫,2015. 额尔古纳市青贮玉米栽培及制作技术[J]. 现代农业科技(8):281,282.

林红,马延年,潘丽艳,等,2022. 播期对不同类型青贮玉米产量和品质的影响[J]. 黑龙江农业科学(4):17-20.

林有全,孙泽斌,刘英姿,2013. 焉耆垦区茴香套种青贮玉米栽培技术[J]. 农村科技,341(11):7,8.

刘波,严志伟,夏加胜,等,2017. 青贮玉米盘江 7 号的亲本特性及其制种技术[J]. 耕作与栽培(5):80-82.

刘洪梅,2021. 青贮玉米高产栽培技术的实施[J]. 现代畜牧科技,6(78):59,60.

刘华,马海布都,龙强,2023. 西昌市现代玉米种业发展现状、问题分析及对策研究[J]. 四川农业与农机(2):21-23.

刘景辉,曾昭海,焦立新,等,2006. 不同青贮玉米品种与紫花苜蓿的间作效应[J]. 作物学报,32(1):125-130.

刘青松,贾艳丽,肖宇,等,2021. 河北省坝上地区青贮玉米旱作种植模式研究[J]. 中国草地学报,43(10):76-81.

刘万军,祁翠兰,2016. 复种青贮玉米不同播种期试验研究[J]. 农民致富之友(11):154.

刘晓,王博,朱晓艳,等,2019.21 个粮饲兼用型青贮玉米在河南的品种比较试验[J]. 草业学报,28(8):49-60.

刘勇,周俗,张玉,等,2019. 不同品种与播期和播种量对青贮玉米病害发生的影响[J]. 草原与草坪,39(6):105-110.

刘永刚,石强,刘心雨,等,2015. 玉米制种施用“矮丰”配套高产栽培技术[J]. 中国种业(2):70,71.

刘岳华,李晓锋,刘伟,等,2022. 不同种植模式下饲用燕麦与青贮玉米的生产性能及品质[J]. 草业科学,39(3):538-550.

刘震,王秀领,徐玉鹏,等,2020. 环渤海低平原区青贮玉米垄作覆膜种植模式研究初报[J]. 作物研究,34(2):137-140.

柳斌辉,赵海明,游永亮,等,2016. 海河平原区引进青贮玉米品种的生产性能及适应性评价[J]. 草地学报,24(3):632-641.

柳延涛,吕晓庆,付斌军,2017. 新疆玛纳斯县制种青贮玉米高产栽培技术规程[J]. 时代农机,44(12):163,167.

卢欣石,2021. 中国饲草商品生产形势分析与 2021 年展望[J]. 畜牧产业(3):31-36.

卢雨霞,2017. 冬麦田免耕复播青贮玉米高产栽培技术[J]. 农村科技(7):15,16.

陆志伟,付秋峰,贾峻,2023. 轻量化玉米去雄机的应用前景及研发[J]. 粮食加工,48(3):61-65.

吕庆雪,于彩虹,李毅丹,等,2018. 浅析玉米杂交制种技术[J]. 分子植物育种,16(12):4037-4042.

吕亚娟,杜世毅,2009. 杂交玉米制种带叶去雄对产量的影响[J]. 黑龙江农业科学(3):52,53.

罗晓锋,陈芝华,雷伏贵,等,2016. 青贮玉米新品种“明青贮 1 号”制种大区比较试验[J]. 福建农业科技(Z1):14,15.

马超然,何树斌,白雪纯,等,2020. 套种紫花苜蓿对玉米根际土壤碳、氮、磷及真菌群落的影响[J]. 草业科学,37(1):20-29.

马磊,袁飞,朱玲玲,等,2013. 氮复合肥种类及施氮量对坝上地区青贮玉米产量和品质的影[J]. 草业学报,22

(6):53-59.
马宁,马培杰,李亚娇,等,2019.北林202紫花苜蓿与青贮玉米在贵州的间作技术要点[J].农技服务,36(6):9,14.
马垭杰,张贞明,权金鹏,等,2017.青贮玉米与秣食豆混作对产量和饲用品质的影响[J].畜牧兽医杂志,36(4):20-24.
买尔亚木,玉苏甫,2017.不同覆盖材料对哈密市青贮玉米生长和营养品质的影响[J].新疆畜牧业(6):32-34,59.
孟凡晶,2019.青贮玉米的关键种植技术[J].现代畜牧科技(3):46,47.
孟祥旭,2023.高台县玉米制种产业存在的问题及对策[J].现代化农业(5):25-27.
牛生和,林伟平,2006.磷、锌、硼肥对青贮玉米产量品质的影响[J].新疆农业科技(6):44.
潘蒙英健,高峰,李长忠,等,2018.黄淮海地区不同青贮玉米品种播期及其适应性研究[J].青岛农业大学学报(自然科学版),35(3):200-206.
彭滟茹,周锋,何晓波,等,2022.间混作豆科牧草对青贮玉米产量及氮肥利用的影响[J].江苏农业科学,50(12):180-188.
祁显涛,杨海龙,谢传晓,2014.玉米雄性不育机制及其产业化应用研究进展[J].作物杂志(6):1-9.
谯记,娄芬,杨西友,等,2018.不同轮作模式对青贮玉米产量和土壤肥力的影响[J].现代畜牧科技(3):5,6.
秦伟娜,焦婷,师尚礼,等,2021.不同水热资源条件下10个青饲玉米品种的青贮品质评价[J].草地学报,29(5):1070-1079.
秦永梅,牛贞福,李贞赟,2008.杂交玉米花期预测及调控途径的研究[J].种子(7):79-81.
冉伟男,张开武,牟琼,等,2023.青贮杂交玉米新品种黔青235的选育[J].农技服务,40(1):78-80.
任利沙,顾日良,贾光耀,等,2016.灌浆期控水和施用控释肥对杂交玉米制种产量和种子质量的影响[J].中国农业科学,49(16):3108-3118.
任伟,张玉强,任圣玉,等,2016.青贮玉米一年双季栽培技术[J].种子世界(8):46,47.
桑志勤,陈树宾,段震宇,等,2012.北疆麦后免耕滴灌复播青贮玉米生理特性和产量结构特点研究[J].新疆农业科学,49(9):1576-1580.
申孝军,高阳,刘浩,等,2010.不同水分处理对青贮玉米产量和水分利用效率的影响[J].节水灌溉(6):6-9.
时鹏,高强,王淑平,等,2010.玉米连作及其施肥对土壤微生物群落功能多样性的影响[J].生态学报,30(22):6173-6182.
史存银,2017.不同栽培密度对青贮玉米效益的影响[J].现代农业科技(23):4,6.
斯日古楞,高丽娟,2014.人工杨树林下高产青贮玉米栽植技术[J].现代农业科技(14):240,252.
宋创业,郭柯,刘高焕,2008.播期对浑善达克沙地青贮玉米产量及生物量分配的影响[J].中国生态农业学报,16(4):865,866.
宋晋辉,赵祥,高运青,等,2012.施氮量对青贮玉米产量和品质的影响[J].江苏农业科学,40(5):155,156.
宋利学,2016.邢台市青贮玉米连作种植关键技术[J].河北农业(12):10,11.
苏天增,侯乐新,张玉强,等,2019a.青贮玉米高产群体生理特性及其对密度的响应[J].华北农学报,34(2):132-137.
苏天增,任伟,丁光省,等,2019b.青贮玉米高产制种技术措施模型的研究与应用[J].河南农业科学,48(4):55-58.
孙东升,刘成启,2019.野生大豆与青贮玉米混作对饲草产量及品质的影响[J].大麦与谷类科学,36(2):38-41.
孙广全,焦少杰,王黎明,等,2018.青贮玉米中龙1号制种技术[J].黑龙江农业科学(8):151,152.
孙洪仁,张吉萍,江丽华,等,2019.中国五大自然区域玉米土壤速效钾丰缺指标推荐施肥系统[J].北方农业学报,47(2):36-45.

孙继颖,高聚林,王志刚,等,2019. 不同类型青贮玉米饲用产量及营养价值对密度调控的响应[J]. 草地学报,27(6):1733-1742.

孙连双,李东阳,张亚龙,等,2010. 收获期对青贮玉米产量的影响[J]. 中国农学通报,26(3):157-160.

孙淑荣,吴海燕,刘春光,等,2004. 玉米连作对中部农区主要土壤微生物区系组成特征影响的研究[J]. 玉米科学(4):67-69.

孙毅鹏,2017. 北疆地区复播青贮玉米栽培技术研究[D]. 石河子:石河子大学.

孙振纲,王安乐,陈朝晖,等,2001. 地膜覆盖对制种田玉米花期调节的研究[J]. 华北农学报(3):28-30.

谭德水,金继运,黄绍文,等,2009. 长期施钾对玉米连作土壤-作物系统钾素特征的影响[J]. 土壤通报,40(6):1376-1380.

谭华,韦新兴,黄爱花,等,2010. 不同播期对玉米品种玉美头168生长发育及产量的影响[J]. 广西农业科学,41(5):427-431.

汤晓昀,李志强,吕军,等,2017. 施肥对青贮玉米产量及品质的影响研究[J]. 新疆农垦科技,40(6):44-46.

唐华,2020. 焉耆垦区小茴香套种玉米栽培技术[J]. 农村科技(2):5-7.

唐艺玲,管奥湄,周贤玉,等,2015. 减量施氮与间作大豆对华南地区甜玉米连作农田 N_2O 排放的影响[J]. 中国生态农业学报,23(12):1529-1535.

田峰,2017. 深松全层施肥免耕精量播种青贮玉米的综合效应研究[J]. 现代农业科技(16):22,24.

田景梅,江波,杨晓云,等,2019a. 丽江市青贮饲用玉米高产栽培技术[J]. 农业科技通讯(3):157-159.

田景梅,芮麟,江波,等,2019b. 不同品种及栽培措施对青贮饲用玉米产量的影响[J]. 农业科技通讯(4):114-117.

涂前程,雷伏贵,张晓亮,2009. 青贮玉米明饲1号新组合高产制种技术初探[J]. 江西农业学报,21(10):151-153.

汪冬至,董思奇,吴梦娜,等,2023. 秸秆还田配施氮肥对黑土区玉米连作体系土壤细菌群落结构的影响[J]. 吉林农业大学学报(10):1-13.

王斌,董秀,李满有,等,2021. 不同播量拉巴豆与青贮玉米混播对草地生产性能及牧草品质的影响[J]. 草地学报,29(4):828-834.

王春梅,沈建华,赵晓燕,等,2017. 高产优质糯玉米黔糯868亲本繁育及杂交种制种技术[J]. 种子,36(7):122-124.

王德民,2022. 青贮玉米的种植、田间管理及病虫害防治[J]. 现代畜牧科技(2):56,57.

王海波,周永香,徐向东,2011. 北京地区夏播青贮高产技术之我见[J]. 北京农业(2):49,50.

王建国,2012. 两熟不足区复种青贮玉米种植方式研究[J]. 辽宁农业科学(5):30-34.

王金涛,2017. 制种玉米开花特性与籽粒数模拟及节水调质高效灌溉优化决策研究[D]. 北京:中国农业大学.

王磊,王兰英,朱朝华,等,2009. 玉米连作对其发芽率和苗期生长的影响[J]. 东北林业大学学报,37(2):53-55.

王丽学,霍文娟,刘景喜,等,2016. 全株玉米青贮收获时期和留茬高度研究[J]. 山西农业科学,44(5):609-613.

王连锐,方佳梦,王志文,等,2020. 青贮玉米全程机械化生产技术与配套机具的研究现状及发展思路[J]. 江苏农业科学,48(13):47-53.

王鹏,蒲全波,杨云,等,2023. 青贮玉米新品种南玉21号的选育及栽培制种技术[J]. 中国种业(7):99-101.

王瑞军,李洪,王彧超,等,2019. 旱作区青贮玉米混作栽培技术[J]. 农业科技通讯(4):211-213.

王淑英,樊廷录,李尚中,等,2023. 半干旱区青贮玉米生物降解地膜覆盖栽培技术规程[J]. 寒旱农业科学,2(7):674-678.

王晓娟,何海军,寇思荣,等,2019. 种植密度对不同品种青贮玉米生物产量和品质的影响[J]. 草业科学,36(1):169-177.

王兴川,2017.一年两熟青贮玉米高效栽培技术[J].中国农业信息(5):78,79.
王雪萍,祁娟,祁希明,等,2022.间作行宽对玉米、高丹草青贮品质的影响[J].草原与草坪,42(6):79-87.
王亚军,王伟飞,李秀平,等,2022.抓好玉米制种基地监管工作思路[J].中国种业(10):41-43.
王仪明,雷艳芳,魏臻武,等,2017.不同轮作模式对青贮玉米产量、品质及土壤肥力的影响[J].核农学报,31(9):1803-1810.
王义鹏,赵帮泰,刘宇,等,2021.丘陵山区青贮玉米全程机械化种植技术研究[J].四川农业与农机(4):59-61.
王照霞,郭贤仕,马一凡,等,2005.青贮玉米豌豆间作对产量和水分利用效率的影响[J].甘肃农业大学学报(4):492-497.
王志成,张新田,李春艳,等,2018.春播青贮玉米-冬小麦-夏播青贮玉米高效栽培模式[J].农业科技通讯(8):217-219.
王忠美,赵敏,朱玲玲,等,2012.氮缓释复合肥对坝上地区青贮玉米产量及氮素利用率的影响[J].草地学报,20(5):888-893.
魏鹏,双胡尔,顾祥,等,2018.南疆地区一年两熟青贮玉米品比试验[J].安徽农业科学,46(9):80-82.
魏鹏程,张芮,王建旺,等,2023.不同覆盖材料对西北地区青贮玉米生长性状及产量的影响[J].饲料研究(11):106-109.
文建国,杨应东,韦雷飞,等,2017.青贮玉米与黑麦草轮作模式试验[J].畜牧与饲料科学,38(1):58-60.
瓮巧云,黄新军,许翰林,等,2021.玉米/大豆间作模式对青贮玉米产量、品质及土壤营养、根际微生物的影响[J].核农学报,35(2):462-470.
吴百万,罗健科,刘明华,等,2023.玉米新品种禾盛219的选育及高产制种技术[J].中国种业(6):121-124.
吴立伦,王元清,张国权,等,2005.夏播青贮玉米的播期及产量性能初探[J].四川畜牧兽医(3):24,26.
吴荣辉,于云,何喻,等,2020.鄂东地区青贮玉米品种适宜性研究[J].现代农业科技(4):23,26.
吴秀梅,2016.小麦套种玉米复种青贮玉米种植模式的效益研究[J].现代农业科技(19):37,39.
解婷婷,苏培玺,丁松爽,2009.黑河中游边缘绿洲不同水分条件对青贮玉米叶片光合特性及产量的影响[J].西北农业学报,18(6):127-133.
解婷婷,苏培玺,2010.荒漠绿洲不同种植方式对青贮玉米产量及水肥利用效率的影响[J].中国农学通报,26(3):249-252.
席杰军,梁子栋,张钰靖,等.2018.陕西关中地区31个青贮玉米品种比较试验[J].草地学报,26(6):1363-1367.
项明华,2010.玉米新品种锦玉青贮28选育及制种技术[J].辽宁农业职业技术学院学报,12(4):6,11.
徐敏云,谢帆,李运起,等,2011.施肥对青贮玉米营养品质和饲用价值的影响[J].动物营养学报,23(6):1043-1051.
徐婷,樊景胜,连永利,等,2020.不同种植密度对齐齐哈尔地区青贮玉米产量和品质影响[J].黑龙江农业科学(1):49-51.
徐媛,2017.不同种植密度对青贮玉米混种饲用扁豆产量的影响[J].现代农业(12):25,26.
许洪峰,2023.青贮玉米生产全程机械化技术应用研究[J].中国农机装备(7):103-106.
许庆方,玉栓,侯建刚,等,2019.灌溉对青贮玉米产量和品质的影响[J].中国饲料(3):46-49.
许瑞轩,赵海明,刘贵波,等,2021.不同植物生长延缓剂和除草剂对苜蓿/玉米套作系统产量和种间竞争的影响[J].草业科学,38(6):1128-1137.
闫慧颖,李春喜,2018.祁连山牧区青贮玉米追肥及与箭筈豌豆混播对草产量及品质的影响[J].青海草业,27(3):2-6,27.
杨大盛,汪水平,贺喜全,等,2019.收获期对青贮玉米青贮品质及体外发酵特性的影响[J].畜牧兽医学报,50(11):2264-2272.

杨德光，陈庚，吴宝欣，等，2022. 去雄携带顶叶对玉米光合特性、干物质积累及产量的影响[J]. 西北农业学报，31(1)：25-33.

杨东海，移军俊，李东宁，等，2015. 苜蓿轮作夏种青贮玉米品种筛选试验研究[J]. 宁夏农林科技，56(2)：1，2，15.

杨海涛，赵久然，鲁利平，等，2010. 北京市青贮玉米利用与发展策略[J]. 中国农学通报，26(21)：29-32.

杨平，2022. 玉米制种去雄和收获环节机械化程度低的问题与对策[J]. 种子科技，40(5)：136-138.

杨相昆，张占琴，田海燕，等，2015. 保护性耕作对北疆麦后复种青贮玉米田地温和作物生长的影响[J]. 干旱地区农业研究，33(5)：52-57.

杨月，宫少硕，靳红梅，等，2023. 奶牛场沼液施用对小麦及青贮玉米植株产量和品质的影响[J]. 生态与农村环境学报，39(2)：264-272.

姚江华，杨吉雅，侯少青，等，2010. 不同种植密度下青贮玉米混播的研究[J]. 内蒙古草业，22(4)：51-53.

殷大伟，金梁，郭晓红，等，2019. 生物炭基肥替代化肥对沙壤土养分含量及青贮玉米产量的影响[J]. 东北农业科学，44(4)：19-24，88.

游永亮，赵海明，李源，等，2017. 黑龙港地区晚春播青贮玉米品种的生产性能及适应性评价[J]. 草原与草坪，37(4)：88-97.

游永亮，李源，赵海明，等，2021. 播期和种植密度对青贮玉米生产性能和饲用品质的影响[J]. 草地学报，29(11)：2615-2624.

于德花，陈小芳，毕云霞，等，2018. 种植密度对不同株型青贮玉米产量及相关性状的影响[J]. 草业科学，35(6)：1465-1471.

于辉，苏雅拉巴特尔，刘真，等，2015. 不同密度条件下青贮玉米混播试验[J]. 中国草食动物科学(4)：70-72.

于辉，萨日娜，靳玉荣，等，2019. 再生水、雨水混合灌溉及抗蒸腾剂对青贮玉米产草量、营养品质的影响[J]. 中国饲料(23)：31-34.

袁慧敏，许瀚林，刘瑶，等，2020. 播期对北方农牧区青贮玉米产量和品质的影响[J]. 黑龙江畜牧兽医(22)：102-107，113，168.

岳高红，许立奎，潘彬荣，等，2012. 甜玉米金玉甜 1 号制种父母本花期及栽培密度研究[J]. 西南农业学报，25(3)：809-812.

张彩云，2022. 内蒙古化德县青贮玉米全程机械化种植技术要点[J]. 农业工程技术(8)：62，63.

张春庆，李岩，吴承来，2016. 玉米自交系去雄所带叶片数对产量影响的研究[J]. 种子，35(8)：118-120.

张福韬，乔云发，苗淑杰，等，2016. 长期玉米连作下黑土各组分有机质化学结构特征[J]. 中国农业科学，49(10)：1913-1924.

张捍霞，2017. 推广应用玉米去雄机前景广阔[J]. 当代农机(4)：68，69.

张红萍，张宏彦，2021. 乡村振兴背景下河西地区玉米制种产业发展对策[J]. 甘肃农业(4)：41，42，56.

张建军，刘红，黄庆林，等，2017. 授粉技术组合对玉米籽粒产量及穗部性状的影响[J]. 江苏农业科学，45(24)：52-55.

张兰兰，2009. 锌、硼、钼等微肥可提高青贮玉米产量[J]. 农家顾问(9)：31.

张立勤，马忠明，俄胜哲，2007. 垄膜沟灌栽培对制种玉米产量和水分利用效率的影响[J]. 西北农业学报，16(4)：83-86.

张龙，高峰，付丹丹，等，2020. 不同施氮量和种植密度对苜蓿-玉米套作系统生产性能及杂草的影响[J]. 青岛农业大学学报(自然科学版)，37(3)：172-182.

张芮，成自勇，2009. 调亏对膜下滴灌制种玉米产量及水分利用效率的影响[J]. 华南农业大学学报，30(4)：98-101.

张树庚，任成梁，杨珍，等，2023. 硒肥对制种田玉米杂交种子活力及产量的影响[J]. 玉米科学，31(3)：147-151.

张随成，付显菊，肖宝珍，等，2019. 襄阳青贮玉米高产栽培技术[J]. 农业科技通讯(8):329,330.
张小娟，郭庆瑞，郭凤琴，等，2020. 山西北部地区青贮玉米机械化高产栽培技术[J]. 种业导刊(6):27,28.
张晓梦，王树林，张瑞萍，2013. 黑龙江省西部地区扁豆与青贮玉米混种技术研究[J]. 黑龙江农业科学，229(7):123-126.
张翼飞，于菘，营立群，等，2019. 播期对松嫩平原西部青贮玉米生物产量和品质的影响[J]. 中国饲料(14):43-47.
张占琴，魏建军，杨相昆，等，2015. 北疆春播、麦后复播青贮玉米物质生产和温光生态效应利用的比较[J]. 干旱地区农业研究(5):170-175.
张兆丽，2017. 旱地全膜双垄覆盖沟播青贮玉米品种鉴选试验[J]. 现代农业科技(24):31,32.
张志刚，郝跃春，郭伟，等，2019. 粮饲兼用型玉米屯玉168的选育及栽培制种技术[J]. 中国种业(8):61-63.
张志远，2009. 春播青贮玉米高产栽培技术[J]. 石河子科技(2):13.
赵贵宾，刘广才，李博文，2020. 甘肃省旱地青贮玉米优质高产栽培技术规程[J]. 甘肃农业科技(5):61-65.
赵世翔，魏邦泰，李斐，2022. 青贮玉米高产与环境友好型施肥模式探究[J]. 中国土壤与肥料(4):169-177.
赵祥，2012. 河北坝上地区不同前作对青贮玉米产量的影响[J]. 河北北方学院学报(自然科学版)，28(3):31,32,37.
赵增，2013. 多穗型青贮玉米科多8号制种技术比较[J]. 广西农学报，28(3):29-31.
郑荣，刘建勋，杨霞，等，2016. 河西走廊玉米制种膜下滴灌水肥一体化栽培技术[J]. 农业科技与信息(7):104,105.
周波，韩小花，李小红，等，2021. 河南省夏播青贮玉米品种筛选与综合评价[J]. 草业科学，38(2):316-326.
周乾，鲍子云，王怀博，等，2016. 宁夏农牧交错带青贮玉米滴灌灌溉制度研究[J]. 节水灌溉(9):112-116.
周世忠，王自林，刘凤洁，1992. 玉米连作试验研究报告[J]. 吉林农业科学(1):27-32.
周世忠，王自林，李淑敏，等，1993. 玉米连作效果分析[J]. 耕作与栽培(3):5-8,36.
周文静，李文娟，郭涛，等，2022. 品种及收获时间对青贮玉米营养组成的影响[J]. 草业科学，39(7):1419-1428.
朱慧娥，张良，2023. 有效提高玉米杂交制种质量[J]. 云南农业(7):57,58.
朱璞，蒋梅巧，程林润，等，2011. 青贮玉米秋播品比试验[J]. 上海农业科技(5):70,71.
朱玉梅，2017. 麦后免耕复播青贮玉米节水种植模式探讨[J]. 新疆农垦科技，40(4):10,11.
邹畅，2021. 玉米制种实现优质高产的关键技术探讨[J]. 农业开发与装备(4):226,227.

第四章 环境胁迫及其应对

第一节 生物胁迫及其应对

一、病害及其防治

（一）病害种类

1. 病毒性病害

(1)玉米矮花叶病毒病

症状：玉米整个生育期均可发病，以苗期受害最重，抽穗后发病较轻。最初在幼苗心叶基部细脉间出现许多椭圆形褪绿小点，呈虚线状排列，以后发展成实线。病部继续呈不规则状扩大，不受叶脉限制，在粗脉间形成许多黄色的条纹，与健部相间形成花叶症状。病部可包围健部，形成许多大、小不同略呈圆形的绿斑，叶片变黄、棕、紫或干枯。重病株的苞叶、叶鞘、雄花穗有时出现褪绿斑，植株矮小，其高度有时只为健株的1/2～1/3，不能抽穗或迟抽穗而不结实。病株茎细，根部不发达或萎缩。

病原：甘蔗花叶病毒（*Sugarcane mosaic virus*），简称SCMV，属马铃薯Y病毒组。病毒粒体线状，致死温度55～60 ℃，稀释限点1000～2000倍。

发病规律：该病毒主要在雀麦、牛鞭草等寄主上越冬，是该病重要初侵染源，带毒种子发芽出苗后也可成为发病中心。传毒主要靠蚜虫的扩散而传播。生产上有大面积种植的感病玉米品种和对蚜虫活动有利的气候条件，即5—7月凉爽、降雨不多，蚜虫迁飞到玉米田吸食传毒，大量繁殖后辗转为害，易造成该病流行。冬暖春早，有利于蚜虫越冬和繁殖，发病重。蚜虫发生为害高峰期正与春玉米易感病的苗期相吻合，发病重。田间管理粗放，草荒重，易发病。偏施氮肥，少施微肥，可加重病情。该病毒在河南、陕西、甘肃、河北、山东、山西、辽宁、北京、内蒙古等玉米重要栽培区都有此病发生，一般损失3%～10%。

(2)玉米粗缩病

症状：玉米整个生育期都可侵染发病，以苗期受害最重。幼苗在5～6叶期可表现症状，初在心叶中脉及两侧的叶片上出现长短不等的白色蜡状突起。病株严重矮化，仅为健株高的1/2～1/3，叶色深绿，宽短质硬，呈对生状，叶背面侧脉上出现蜡白色突起物，粗糙明显。有时叶鞘、果穗苞叶上具有蜡白色条斑。病株分蘖多，根系不发达易拔出。雄穗败育或发育不良，花丝不发达，结实少，重病株多提早枯死或无收。

病原：玉米粗缩病（*Rice black streaked dwarf virus*，RBSDV），称为水稻黑条矮缩病毒。病毒粒体球形，钝化温度为 80 ℃，20 ℃可存活 37 d。

发病规律：玉米粗缩病毒主要在小麦及杂草上越冬，也可在传毒昆虫体内越冬，主要靠灰飞虱传毒。灰飞虱成虫和若虫在田埂地边杂草丛中越冬，翌春迁入玉米田。玉米 5 叶期前易感病，10 叶期抗性增强。套种田、早播田及杂草多的玉米田发病重。玉米苗期是玉米粗缩病的敏感期。玉米粗缩病近年北方冀、鲁、陕、晋、辽、津等省（市）暴发成灾，严重威胁玉米生产的发展。发病株率一般在 16%～25%，发病严重田块达 35%，严重影响了玉米的产量及质量。

（3）玉米条纹矮缩病

症状：病株节间缩短，植株矮缩，沿叶脉产生褪绿条纹，后条纹上产生坏死褐斑。植株早期受害，生长停滞，提早枯死。中期染病植株矮化，顶叶丛生，雄花不易抽出，植株多向一侧倾斜。后期染病植株矮缩不明显。根据叶片上条纹的宽度分为密纹型和疏纹型两种。叶片受害，最初上部叶片稍硬、直立，沿叶脉出现淡黄色条纹，自叶基部向叶尖发展。后期叶脉向上产生灰黄色或土红色坏死斑，病叶提前枯死。叶鞘、茎秆、髓、穗轴、雄花花序的小梗、苞叶及苞叶上的小叶均可受害，产生淡黄色条纹及褐色坏死斑，而苞叶及其顶端的小叶特别敏感，发病后易显症。

病原：玉米条纹矮缩病毒（*Maize streak dwarf virus*，MSDV），属病毒。病毒粒体炮弹状，每粒病毒有横纹 50 条，纹间距 4 nm。

发病规律：该病毒由灰飞虱传播。灰飞虱最短获毒时间为 8 h，体内循环期最短 5 d。病毒不经卵传播。气温 20～30 ℃时，潜育期 7～20 d，一般 9 d。该病发生与灰飞虱若虫的发生有直接关系。3～4 龄若虫在田埂的杂草和土块下越冬。翌年春转入麦田，羽化后成虫有一部分迁飞到刚出苗玉米田为害。7—8 月虫口最大，为害也重。玉米收割后又转移到田埂杂草上，潜入根际或土块下越冬。带毒若虫是翌年的主要初侵染源。灌溉次数多或多雨，地边杂草繁茂，有利于灰飞虱繁殖。玉米第一水适时浇灌发病轻，过早或过迟发病重。田间湿度大易招来灰飞虱栖息。玉米条纹矮缩病又称玉米条矮病，是西北局部地区玉米的重要病害之一。

2. 细菌性病害

（1）玉米细菌性茎腐病

症状：主要为害中部茎秆和叶鞘。叶鞘上初现水渍状腐烂，病组织开始软化，散发出臭味。叶鞘上病斑不规则形，中央灰白色，边缘黑褐色，病健组织交界处水渍状尤为明显。湿度大时，病斑向上下迅速扩展，严重时植株常在发病后 3～4 d 病部以上倒折，溢出黄褐色腐臭菌液。干燥条件下扩展缓慢，但病部也易折断，造成不能抽穗或结实。

病原：菊欧文氏菌玉米致病变种（*Erwinia chrysanthemi pv. zeae*），属细菌。菌体杆状，两端钝圆，单生，偶成双链，革兰氏染色阴性，周生鞭毛 6～8 根，无芽孢，无荚膜。

发病规律：病菌在土壤中病残体上越冬，翌年从植株的气孔或伤口侵入。玉米 60 cm 高时组织柔嫩易发病，害虫为害造成的伤口利于病菌侵入。此外，害虫携带病菌同时起到传播和接种的作用，如玉米螟、棉铃虫等虫口数量大则发病重。高温高湿利于发病，温度 30 ℃左右、相对湿度高于 70%即可发病；地势低洼或排水不良，密度过大、通风不良、施用氮肥过多、伤口多发病重。江苏、河南、山东、四川、广西均有发生。近年四川受害较重。

(2)玉米细菌性条斑病

症状：玉米细菌性条斑病有两种类型叶部病斑，一种病斑圆至椭圆形，病斑在叶脉间发展，中央灰褐色，边缘深褐色，周围有水浸状褪绿晕圈，大小为3～4 mm×2 mm。另一种病斑是在叶脉间出现水浸状深绿色或黄褐色条斑，边缘规则。在茎和叶鞘上，病斑为水浸状，长形，橄榄色，逐渐变为淡黄色。

病原：玉米细菌性条斑病是由高粱假单胞菌[*Pseudomonas and ropogoni*(*Smith*)*Stapp*]引起的细菌性病害，菌体杆状，大小为(1～2)μm×(0.5～0.7)μm，有1根或很少有2根极生鞭毛，常可见1根有鞘的鞭毛，不产生荧光色素，无膜，无芽孢，革兰染色阴性，好气性。在肉汁陈琼脂平面上菌落圆形，白色，略具光泽，边缘整齐，光滑，半透明，稍隆起。生长适温为5～38 ℃，最适为22～28 ℃，致死温度50 ℃。除为害玉米外，还可侵染高粱等禾本科植物。

发病规律：病原细菌在病组织中越冬。翌春经风雨、昆虫或流水传播，从伤口或气孔、皮孔侵入，病菌深入内部组织引起发病。高温多雨季节、地势低洼、土壤板结易发病，伤口多，偏施氮肥发病重。

(3)玉米细菌萎蔫病

症状：玉米细菌萎蔫病又称玉米细菌性叶枯病、斯氏细菌枯萎病、斯氏叶枯病、玉米欧氏菌萎蔫病等，属全株系统性维管束病害。玉米细菌萎蔫病最初的症状是萎蔫，叶片现灰绿色至黄色线状条斑，有不规则形或波浪形的边缘，与叶脉平行，严重的可延伸到全叶。这些条斑迅速变黄褐干枯，在近地面处茎的髓部变为中空。细菌通过维管束扩展，有时从维管束切口处流出黄色细菌脓液。有的还能进入籽粒。受害株变矮或雄花过早变白死亡。

病原：玉米细菌萎蔫病是由玉米斯氏欧文氏菌(*Xanthomonasstewartii*(*Smith*)*Dowson*，异名*Erwiniastewartii*(*Smith*)*Dye*)引起，属细菌。细菌杆状，无鞭毛，革兰染色阴性，大小为(0.9～2.2)μm×(0.4～0.8)μm。

发病规律：该病菌可在种子表面或内部及昆虫和病残组织中越冬，从而成为主要侵染来源，尤其种子带菌是该病远距离传播的主要途径。该病菌可由种子萌发时破裂的种皮处侵入，带菌昆虫咬伤叶片则也能传染。此外，微量元素影响玉米对该菌侵染的敏感性。施用过多铵态氮和磷肥可增加感病性，高温有利于该病流行。甜玉米不抗病，马齿型玉米发病较轻(宋淑云 等，2007)。

3. 真菌性病害

(1)玉米大斑病

症状：玉米大斑病又称条斑病、煤纹病、枯叶病等，是世界各玉米产区分布较广，为害较重的玉米病害，我国主要发生在东北，华北春玉米和南方海拔高、气温较低的山区。主要为害叶片，严重时也为害叶鞘和苞叶。下叶片先发病，在叶片上先出现水渍状青灰色斑点，然后沿叶脉向两端扩展，形成边缘暗褐色、中央淡褐色或青灰色的大斑，一般长5～10 cm，宽1.0～1.5 cm，潮湿时病斑上有明显的黑褐色霉层，后期病斑常纵裂。严重时病斑融合，叶片变褐枯死。

病原：玉米大斑凸脐蠕孢(*Exserohilum Turcicum*)，属半知菌亚门真菌。分生孢子梗自气孔伸出，青褐色，单生或2～6根束生，褐色不分枝，直立或膝状弯曲，基细胞较大，顶端色淡。分生孢子呈梭形或长梭形，顶端细胞椭圆形，基细胞尖锥形，脐明显，突出于基细胞外部。

发生规律：病原以休眠菌丝体或以分生孢子在病株残体内越冬，成为第二年的主要初侵染来源。玉米生长季节，越冬菌源产生孢子，随雨水飞溅或气流传播到玉米叶片上，适宜温度、湿度条件下萌发入侵。感病品种上，病原侵入后迅速扩展，约经 14 d，即可引起局部萎蔫，组织坏死，进而形成枯死病斑。潮湿的气候条件下，病斑上可产生大量分生孢子，随着气流传播，进行多次再侵染，造成病害流行。温度 20～25 ℃、相对湿度 90%以上利于病害发展。从拔节到出穗期间，若降雨集中，田间湿度大，再加上气温适宜，可造成病害流行。在北方玉米产区，6—7 月降雨量大，雨日较多，加之 8 月雨量适中，病情发展严重。玉米孕穗、出穗期间氮肥不足，发病较重。连作地、排水不良的低洼地以及田间密度高、郁闭、通风不良的田块发病重。

(2)玉米小斑病

症状：玉米小斑病是国内外普遍发生的病害。在温暖潮湿的玉米产区发病较重。玉米整个生育期均可发病，但以抽雄、灌浆期发生较多。主要为害叶片，有时也可为害叶鞘，苞叶和果穗。苗期染病，初在叶面上产生小病斑，周围或两端具褐色水浸状区域，病斑多时融合在一起，叶片迅速死亡。在感病品种上，病斑为椭圆形或纺锤形，较大，不受叶脉限制，灰色至黄褐色，病斑边缘褐色或边缘不明显，后期略有轮纹。在抗病品种上，出现黄褐色坏死小斑点，有黄色晕圈，表面霉层很少。在一般品种上，多在叶脉间产生椭圆形或近长方形斑，黄褐色，边缘有紫色或红色晕圈。有时病斑上有 2～3 个同心轮纹。多数病斑连片，病叶变黄枯死。叶鞘和苞叶染病，病斑较大，纺锤形，黄褐色，边缘紫色不明显，病部长有灰黑色霉层。果穗染病病部产生不规则的灰黑色霉区，严重的果穗腐烂，种子发黑霉变。

病原：玉蜀黍平脐蠕孢(*Bipolaris Maydis*)，属半知菌亚门真菌。分生孢子梗单生或 2～3 根束生，散生在病叶斑块两面，从病斑气孔中伸出，褐色，伸直或呈膝状弯曲，基部细胞大，顶端略细，色较浅，下部色深较粗，孢痕明显。分生孢子为长椭圆形或近梭形，多弯向一方，中间最粗，向两端渐细，褐色或深褐色。有性时期子囊座黑色，近球形，子囊顶端钝圆，基部具短柄，子囊内有 2～4 个子囊孢子。子囊孢子线形，彼此缠绕成螺旋状，有隔膜，萌发时每个细胞均可长出芽管。该菌菌丝发育的最适温度为 28～30 ℃，形成分生孢子的最适温度为 20～30 ℃，分生孢子萌发的最适温度为 26～32 ℃，所以分生孢子的形成和萌发都需要高温。

发病规律：病原以菌丝或分生孢子在病株残体内外越冬，在地面上能存活 1～2 年。堆放在村舍的玉米秸垛、遗留在田间的病叶、苞叶、秸秆等，都是第二年发病的初侵染主要菌源。第二年越冬病原产生大量分生孢子，借气流或雨水传播到田间玉米叶片上。如遇田间湿度较大或重雾，叶面上结有游离水滴存在时，分生孢子 4～8 h 即萌发产生芽管侵入到叶表皮细胞里，3～4 d 即可形成病斑。以后病斑上产生大量分生孢子，借气流传播，进行重复侵染。玉米收获后，病原又随着病株残体进入越冬阶段。发病适宜温度 26～29 ℃。遇充足水分或高湿条件，病情迅速扩展。7—8 月，如温度偏高，多雨高湿，病害发生重。玉米孕穗、抽穗期降水多、湿度高，容易造成小斑病的流行。夏玉米比春玉米发病重。低洼地、排水不良、土壤潮湿、过于密植荫蔽地，连作田发病较重。

(3)玉米锈病

症状：该病在我国华南、西南、华北、东北、华东以及西北地区均有发生，是玉米的常见病害。通常在玉米生育的中后期发生，为害较轻。个别地方或年份发病严重。主要侵害叶片，偶尔为害玉米苞叶和叶鞘，严重时也为害茎秆。发病初期在叶片基部散生或聚生淡黄色斑点，后突起形成红褐色疱斑，后期病斑形成黑色疱斑。发生严重时，叶片上布满孢子堆，造成大量叶片干枯，植株早衰，籽粒不饱满，导致减产。茎秆受害，症状同叶片。更重时，造成叶片从受害部位折断，全株干枯，减产严重。

病原：高粱柄锈菌（*Puccinia Sorghi*），属担子菌亚门真菌。夏孢子堆黄褐色，引起玉米普通锈病。夏孢子椭圆形至亚球状，具细刺，有 4 个芽孔。冬孢子裸露时黑褐色，椭圆形至棍棒形，分隔处稍缢缩，柄浅褐色。性孢子器生在叶两面。锈孢子器生在叶背，杯形。锈孢子椭圆形至亚球形，具细瘤，寄生在酢浆草上。另外，多堆柄锈菌（*P. polysora*）也可引起玉米锈病。

发病规律：玉米锈病在我国南方以夏孢子辗转传播、蔓延，不存在越冬问题。北方则较复杂，菌源来自病残体或来自南方的夏孢子及转主寄主酢浆草，成为该病初侵染源。田间叶片染病后，病部产生的夏孢子借气流传播，进行再侵染，蔓延扩展。5 月下旬见玉米锈菌冬孢子，7 月达到高峰，9 月中旬又一高峰出现；6 月底见夏孢子，8 月中旬达高峰，6 月中旬至 7 月中旬为玉米锈病的侵染期，玉米锈病从 7 月中旬开始发病，夏孢子靠气流传播，重复侵染，8 月底发病盛期。田间发病时，先从植株顶部开始向下扩展。高温有利于孢子的存活、萌发、传播、侵染，发病重。地势低洼，种植密度大，通风透气差，发病严重。一般叶色黄、叶片少的品种发病重。病害的发生与田间施肥情况有很大的关系。偏施或多施氮肥的地块发病重。

（4）南方锈病

症状：症状与普通锈病相似，但是普通锈病夏孢子堆颜色为锈黄，南方锈病夏孢子堆颜色为橘黄。病原菌侵染后，在叶片上初生褪绿小斑点，很快发展成为黄褐色突起的疱斑，即病原菌夏孢子堆。与普通锈病不同的症状特点主要有：夏孢子堆生于叶片正面，数量多，分布密集，很少生于叶片背面。有时叶背出现少量夏孢子堆，但仅分布于中脉及其附近。夏孢子堆圆形、卵圆形，比普通锈病的夏孢子堆更小，色泽较淡。覆盖夏孢子堆的表皮开裂缓慢而不明显。发病后期，在夏孢子堆附近散生冬孢子堆。冬孢子堆深褐色至黑色，常在周围出现暗色晕圈。冬孢子堆的表皮多不破裂。

病原：病原菌为多堆柄锈菌（*Puccinia Polysora Underw*）。夏孢子呈球形或卵形，少数近圆形。大小为（30～40）μm×（23～28）μm，厚 1～1.5 μm，表面有稀疏刺淡黄色到金黄色，芽孔腰生，4～5 个。冬孢子形状不规则，常有棱角，近椭圆形或近倒卵球形，大小为（18～29）μm×（30～42）μm，顶端圆或平截基部圆或狭隔膜处略缢缩表面光滑栗褐色，柄无色或淡色，有时歪生不脱落。

发病规律：病原菌产生夏孢子，随风雨传播，辗转危害，在一个生长季节中发生多次再侵染，使病株率和病叶率不断升高，由点片发生发展到普遍发病，在适宜条件下，严重度剧增，造成较大危害。高温（27 ℃）、多雨、高湿的气候条件适于南方锈病发生，近几年来，南方锈病在我国华中、华北南部的黄淮平原玉米区的发生面积和危害程度也都呈逐年加重趋势。玉米南方锈菌也是专性寄生菌，病原菌不能脱离寄主植物而长期存活。夏孢子可随着气流远距离传播，进行异地菌源交流。

（5）玉米瘤黑粉病

症状：玉米瘤黑粉病分布极广，在我国南、北方玉米产区均有发生。该病是我国玉米的重要病害之一，发生普遍，但一般年份发生很轻，对玉米产量影响不大，暴发年份能造成 50％以上的减产，甚至绝收。瘤黑粉病在玉米从幼苗到成株各个器官都能感染，凡具有分生能力的任何地上部幼嫩组织，如气生根、叶片、茎秆、雄穗、雌穗等都可以被侵染发病，形成大小形状不同的瘤状物。苗期发病，常在幼苗茎基部生瘤，病苗茎叶扭曲畸形，明显矮化，可造成植株死亡。

成株期发病，叶和叶鞘上的病瘤常为黄、红、紫、灰杂色疮痂病斑，成串密生或呈粗糙的皱折状，在叶基近中脉两侧最多，一般形成冬孢子前就干枯。雌穗受害多在上半部或个别籽粒生瘤，病瘤一般较大，常突破苞叶外露。雄穗抽出后，部分小穗感染常长出长囊状或角状的小瘤，多几个聚集成堆，一个雄穗可长出几个至十几个病瘤。

病原：黑粉菌(*Ustilago Maydis*)，属担子菌亚门真菌。冬孢子球形或椭圆形，表面具细刺，黄褐色至深褐色。担孢子顶端和分隔处侧生 4 个无色、单胞、梭形或略弯曲的担孢子。发育成熟的冬孢子不需要休眠就可萌发。冬孢子萌发最适温度为 26～34 ℃，最高为 36～38 ℃，最低为 8～10 ℃，在 35 ℃以上担孢子形成较少。担孢子萌发的适宜温度为 20～26 ℃，最高为 40 ℃。侵入的适温为 26.7～35 ℃。担孢子的抗逆性很强，在干燥情况下经 30～35 d 才死亡。但在玉米生长期，只要有数小时的雨、露或雾，担孢子即可萌发侵入。

发病规律：病原以厚垣孢子在土壤中及病株残体上越冬。春季气温上升以后，一旦湿度合适，在土表、浅土层，秸秆上或堆肥中越冬的病原厚垣孢子便萌发产生担孢子，随着气流传播，陆续引起苗期和成株期发病形成肿瘤，肿瘤破裂后冬孢子还可以进行再侵染，蔓延发病。一般耐旱的和果穗苞叶长而包得紧的较抗病。早熟品种较晚熟品种发病略轻。该病在玉米抽穗开花期发病最快，直至玉米老熟后才停止侵害。高温、高湿利于孢子萌发，发病适温为 26～35 ℃。玉米受旱，抗病力弱，遇微雨或多雾、多露，发病重。前期干旱，后期多雨或干湿交替易发病。连作地或高肥密植地发病重。寄主组织柔嫩，有机械伤口病原易侵入。

(6)玉米纹枯病

症状：该病属世界性土传病害，在我国各地玉米生产区均有发生，尤以南方夏玉米区发病较为严重。20 世纪 80 年代以来，该病在一些地区为害日趋严重。在辽宁、河北、四川、浙江等省部分地区为害较重。一般田块发病率为 10%～30%，重病田达 70%以上，共至 100%。随着玉米种子面积的迅速扩大和高产栽培技术的推广，纹枯病发展蔓延迅速，已成为制约玉米持续增产的主要障碍。从苗期至成株期均可发病，主要为害叶鞘，也可为害茎秆和苞叶，严重时引起果穗受害。发病初期多在基部 1～2 茎节叶鞘上产生暗绿色水渍状病斑，后扩展融合成不规则形或云纹状大病斑。病斑中部灰褐色，边缘深褐色，由下向上蔓延扩展。严重时根茎基部组织变为灰白色，次生根黄褐色或腐烂。多雨、高湿持续时间长时，病部长出稠密的白色菌丝体，菌丝进一步聚集成多个菌丝团，形成小菌核。为害苞叶，症状同茎秆。

病原：立枯丝核菌(*Rhizoctonia Solani*)，属半知菌亚门真菌。具 3 个或 3 个以上的细胞核。菌核初白色，后变褐色，不规则形，较密集，表面粗糙。菌丝初无色，较细，逐渐变粗短，棕紫色至褐色；分枝处缢缩且有一横隔。纹枯病菌生长温度为 7～39 ℃，适温为 26～30 ℃，菌核形成温度为 11～37 ℃，适温为 22 ℃。

发病规律：病原以菌核遗留在土壤中和以菌丝、菌核在病残株上越冬。菌核萌发产生菌丝或以病株上存活的菌丝接触寄主茎基部表面引起发病。发病后，菌丝又从病斑处伸出，很快向上和左右邻株蔓延，形成第二次和多次病斑。形成病斑后，病原气生菌丝伸长，向上部叶鞘发展，病原常透过叶鞘而为害茎秆，形成下陷的黑色斑块。湿度大时，病斑上也可长出担孢子，担孢子可借风力传播侵染。在玉米拔节期开始发病，抽雄期发展快，吐丝灌浆期受害最重。一般而言，生育期长的中晚熟品种发生时间长，病情较重。温度 20～30 ℃，雨日多、雨量大、湿度高，病情发展快。玉米连作、播种过密、施氮过多，发病重。玉米单作比间作发病重。地势低洼、排水不良、土壤湿度大的田块发病重。

(7)玉米弯孢霉叶斑病

症状:玉米弯孢霉叶斑病是20世纪80年代中后期在华北地区发生的一种为害较大的新病害,玉米各产区均有发生。抽雄后病害迅速扩展蔓延,叶片布满病斑,提早干枯,一般减产20%～30%,严重地块减产50%以上,甚至绝收。主要为害叶片,偶尔为害叶鞘。叶部病斑初为水浸状褪绿半透明小点,后扩大为圆形、椭圆形、梭形或长条形,病斑大小为2～5 mm×2 mm,最大的可达7 mm×3 mm,病斑中心灰白色,边缘黄褐或红褐色,外围有淡黄色晕圈,并具有黄褐相间的断续环纹。潮湿条件下,病斑正反两面均可产生灰黑色图纸状物,即病原菌的分生孢子。感病品种叶片密布病斑,病斑结合后叶片枯死。

病原:新月弯孢(*Curvularia Iunata*),属半知菌亚门真菌。菌落墨绿色丝绒状,呈放射状扩展,老熟后呈黑色,表面平伏状。分生孢子梗褐色至深褐色,单生或簇生,较直或弯曲。分生孢子花瓣状聚生在梗端。分生孢子暗褐色,弯曲或呈新月形,具隔膜3个,大多4胞,中间2细胞膨大,其中第三个细胞最明显,两端细胞稍小,颜色也浅。分生孢子最适萌发温度为30～32 ℃,最适的湿度为超饱和湿度,相对湿度低于90%则很少萌发或不萌发。

发病规律:病菌以菌丝潜伏于病残体组织中越冬,也能以分生孢子状态越冬,遗落于田间的病叶和秸秆是主要的初侵染源。品种抗病性随植株生长而递减,苗期抗性较强,后期易感病,此病属于成株期病害。在华北地区,发病高峰期是8月中旬到9月上旬,即玉米抽雄后。病害发生轻重与品种、气候和栽培管理等均有密切关系。该病在高温、高湿条件下易于流行,一般以7—8月为发生盛期。密度过大、地势低洼、四周有屏障等,会使田间通风透光性差,造成高湿小气候而有利于病菌滋生,病害发生严重。

(8)玉米褐斑病

症状:该病害主要发生在四川、云南、贵州、广东、广西、江苏、陕西、河南、山东、河北、吉林等地区。一般为害不重,但在温暖、潮湿的玉米产区有时会突发流行,重者可引起毁种。主要为害叶片、叶鞘和茎秆,叶片与叶鞘相连处易染病。叶片、叶鞘染病后病斑圆形至椭圆形,褐色或红褐色,病斑易密集成行,小病斑融合成大病斑,病斑四周的叶肉常呈粉红色,后期病斑表皮易破裂,散出褐色粉末。受害严重时,叶鞘受害的茎节,常常在感染中心折断。

病原:玉蜀黍节壶菌(*Physoderma Maydis*),属鞭毛菌亚门真菌。休眠孢子呈椭圆形,一端扁平有盖,内生具乳头状突起无盖的排孢,释放出具单尾鞭毛的游动孢子;外生菌体为长椭圆形至长卵圆形的薄壁孢子囊,产生具单尾鞭毛的小型游动孢子。

发病规律:病菌以休眠孢子囊在病残体上或土壤中越冬。翌年玉米生长期产生分生孢子借风雨传播到叶片上侵入为害。游动孢子在叶片表面水滴中游动,并形成侵染丝,在喇叭口期侵染幼嫩组织。玉米多年连作或收获后不能及时处理秸秆,发病重。7—9月气温高、湿度大,长时间降雨易诱发此病。密度大的田块、低洼潮湿的田块发病较重。

(9)玉米灰斑病

症状:玉米灰斑病主要为害叶片,又称尾孢菌叶斑病。主要分布在我国的辽宁、吉林等地,为害较重,一般年份可减产20%,严重时损失达30%～50%。也可侵染叶鞘和苞叶。初在叶面上形成无明显边缘的椭圆形至矩圆形灰色至浅褐色病斑,后期变为褐色。扩展的病斑初期呈褐色,当病菌在叶背开始产孢时,病斑变成灰色长条病斑,与叶脉平行。该病最典型的特征是成熟病斑具有明显的平行边缘,病斑不透明。严重时病斑汇合连片,叶片枯死,叶片两面产生灰色霉层(分生孢子梗和分生孢子),以叶背产生的多。湿度大时,病斑背面生出灰色霉状物，即病菌分生孢子梗和分生孢子。

病原：玉蜀黍尾孢菌(*Cercospora Zeaemaydis*)，属半知菌亚门真菌。菌落铺散状，菌丝体多埋生，常生小型子座。分生孢子梗 3～10 丛生，暗褐色，1～4 个隔膜，直或稍弯，着生分生孢子处孢痕明显；分生孢子倒棍棒形，细长，直或稍弯，无色，具 1～8 个隔膜，基部倒圆锥形，脐点明显，顶端渐细，稍钝。

发病规律：病菌以菌丝体、子座在病株残体上越冬，成为第二年田间的初次侵染来源。该菌在地表病残体上可存活 7 个月，但埋在土壤中的病残体上的病菌则很快丧失生命力。第二年春季，从子座组织上产生分生孢子，借风雨传播，进行再侵染。分生孢子着落在叶表后萌发产生芽管，芽管在气孔表面形成附着胞，然后通过再侵染进入气孔。一般 7—8 月多雨的年份易发病。该病多在温暖、湿润的山区和沿海地带发生。

(10)玉米青枯病

症状：玉米青枯病在我国东北、华北、华东、西南、西北等地区的 15 省(市、区)发现其为害。一般年份发病在 5%～20%，个别地区的个别年份可达 60%以上。严重为害时可导致绝产。在玉米灌浆期开始发病，乳熟末期至蜡熟期进入显症高峰。根和茎基部受害严重的植株从茎基部发病处折断，根茎内部组织腐烂坏死，叶片表现出青枯、黄枯或青黄枯，病株的果穗往往下垂，籽粒松瘪，造成玉米提前枯死、倒伏，千粒重、穗粒重、穗长和行粒数降低。

叶片受害：症状有青枯、黄枯和青黄枯 3 种。如在发病期遇到雨后高温，蒸腾作用较大，因根系及茎基受害，使水分吸收运输功能减弱，从而导致植株叶片迅速枯死，全株呈青枯症状。如发病期没有明显雨后高温，蒸腾作用缓慢，在水分供应不足情况下叶片由下而上缓慢失水，逐步枯死，呈黄枯症状。

病原：病原包括腐霉菌和镰刀菌两大类：①腐霉菌。*Pythium Aphanidermatum* 称瓜果腐霉和 *Pythium in flatum* 称肿囊腐霉及 *Pythium Graminicola* 称禾生腐霉菌，均属鞭毛菌亚门真菌。②镰刀菌。*Fusarium Graminearum* 称禾谷镰孢，*F. moniliforme* 称串珠镰刀菌，属半知菌亚门真菌。禾谷镰孢有性世代为 *Gibberellazeae* 称玉蜀黍赤霉；串珠镰孢有性世代为 *G. fujikuroi* 称藤仓赤霉，均属子囊菌亚门真菌。

发病规律：该病是土传病害，镰刀菌以菌丝和厚垣孢子，腐霉菌以卵孢子在病残体组织内外、土壤中存活越冬。带病种子和病残体产生子囊壳，翌年 3 月中旬释放的子囊孢子是主要初侵染源，从根部伤口侵入。玉米抽雄期至成熟期高温、高湿是茎腐病发生流行的重要条件，尤其是雨后骤晴，土壤湿度大，气温剧升，往往导致该病暴发成灾。串珠镰刀菌在高湿时不发病，而腐霉菌只在高湿条件下才发病。土壤质地黏重，地势低洼、透水性差，地下水位高的地块发病重。栽植过密及连作地发病重。底肥不足，氮肥偏多，致使植株的机械性能降低，对病菌的侵染及扩展也有利。

(11)玉米丝黑穗病

症状：玉米丝黑穗病在华北、东北、华中、西南、华南和西北地区普遍发生。以北方春播玉米区，西南丘陵山地玉米和西北玉米区受害较重，一般年份发病率为 5%～10%，严重时可达 60%，甚至 90%以上，严重影响着玉米的产量和品质，是幼苗侵染的系统性病害，其症状有时在生长前期就有表现，但典型症状一般到穗期出现。生长前期 5 叶期后症状表现为病苗节间缩短，茎秆基部膨大，下粗上细，叶片簇生，叶色暗绿挺直。雌穗被害后，大多数变为一个基部膨大、端部较尖、短小、不能抽丝的圆锥形菌瘤。苞叶一般不破，黑粉也不外露。玉米乳熟后，有些苞叶变黄破裂散出黑粉，可看到内部有乱丝状的寄主维管束组织，故名丝黑穗病。雄穗受害后，多数情况下只是局部小穗变为黑粉苞，穗形不变。

病原：丝孢堆黑粉菌（*Sporlsortum Reiliana*），属担子菌亚门真菌。冬孢子在没有成熟前集合成孢子球，成熟后分散。冬孢子球形或近球形，黄褐色至赤褐色。具厚壁，表面有细刺。冬孢子萌发生4个细胞的担子，侧生担孢子。担孢子无色、单胞、椭圆形。

发病规律：在北方自然条件下，病原后垣孢子可在土壤中存活3年左右。病田土壤和混有病残组织粪肥是其主要侵染来源。附在种子表面的后垣孢子虽可传病，但侵染率极低，它是远距离传播的侵染源。在玉米播种后发芽时，越冬的厚垣孢子也开始萌发，从玉米幼芽的芽鞘、胚轴或幼根侵入，并到达生长点，其菌丝随着玉米植株生育扩展，至玉米花芽分化时，进入花芽和原始穗，破坏穗部，形成大量黑粉，成为丝黑穗。病原的侵染高峰在玉米三叶期以前。玉米连作年限越长，发病越严重。套种或夏播的玉米一般很少发病。土温25 ℃、土壤含水量12%～29%，最适宜发病。高寒冷凉地块易发病，水浇地发病轻，坡地、山地或较干旱的田块发病重。施用带菌粪肥、田间管理粗放，均可加重发病。

(12)玉米干腐病

症状：该病是世界玉米重要病害之一，我国东北发生重，江苏、安徽、四川、广东、云南、贵州、湖南、湖北、浙江等地都有发生。玉米受害以后，除导致穗腐以外，病株多折断倒伏，引起减产。在玉米生育后期发生较重。症状以茎秆和果穗最为明显。茎秆受害，多在植株近基部4～5节或病穗附近的茎秆节间产生褐色、紫红色或黑褐色的斑块，叶鞘和茎秆之间常有白色菌丝相连。严重时病节髓部碎裂，组织腐败，极易倒折。果穗被害，病穗一般成熟早，僵化变轻，病果穗和苞叶之间充满白色菌丝体，以致苞叶和果穗粘连，不易剥离。剥去苞叶，可见果穗下部或全穗籽粒皱缩，呈暗褐色或污浊状，失去光泽，粒间常有紧密的灰白色菌丝体，穗轴松软变轻，易于折断破裂。严重时，籽粒基部甚至全粒均有少量白色菌丝体，散生许多小黑点。穗轴和护颖上也常生许多小黑点，这些症状是识别该病的重要特征。病穗与苞叶之间也长满白色菌丝体，以致苞叶与果穗粘连，不易剥离。

病原：玉米狭壳柱孢（*Stenocarpella Maydis*），大孢狭壳柱孢（*S. macros-pora*），干腐色二孢（*Diplodia Frumenti*），均属半知菌亚门真菌。

发病规律：以菌丝体和分生孢子器在种子和病株残体上越冬。在病株残体上越冬的分生孢子器，条件适宜产生大量的分生孢子，借气流和雨水传播发病。玉米开花时其叶鞘变松，分生孢子即随同花粉落入叶鞘内，萌发后从叶鞘侵入，也可以从茎秆基部，不定芽或花丝、穗梗及果穗的苞叶间直接侵入，种子带菌，可以进行远距离传播。在田间条件下，侵染和发病高峰期出现在果穗成熟期及以后阶段，延迟收获会加重发病。玉米成熟期连续降雨，特别是早期干旱，吐丝后2～3周又遇高温、多湿天气，病害更易流行。玉米生长前期遇有高温干旱，气温28～30 ℃，雌穗吐丝后半个月内遇有多雨天气有利其发病。

(13)玉米圆斑病

症状：该病害主要分布在吉林、辽宁、河北等地。主要为害果穗、苞叶、叶片和叶鞘。在玉米果穗冒尖期开始侵染穗顶部和穗基部的苞叶，以后病害由外层苞叶逐步向里扩展蔓延，侵害玉米籽粒和穗轴，病部变黑凹陷，导致果穗变形弯曲，籽粒和穗轴变黑，籽粒完全失去发芽能力，后期籽粒表面和苞叶上长满黑色霉层，即病原菌的分生孢子梗及分生孢子。苞叶病斑初为褐色斑点，以后扩展为圆形大斑，有同心轮纹，后期表面长满黑色霉层。叶片受害，形成圆形、卵圆形病斑。病斑散生，初为水渍状淡绿至淡黄色小点，以后扩大为圆形或卵圆形斑点，有同心轮纹，中央淡褐色，边缘褐色，具黄绿色晕圈。有时数个病斑汇合，变成长条斑，导致叶片局部或全部枯死，表面易生黑色霉层。叶鞘发病后症状与苞叶相似，但形状不甚规则，表面也生黑色霉层。

病原：炭色长蠕孢（*Bipolaris Carbonum*），属半知菌亚门真菌。分生孢子梗暗褐色，顶端色浅，单生或2～6根丛生，正直或有膝状弯曲，两端钝圆，基部细胞膨大，有隔膜3～5个。分生孢子深橄榄色，长椭圆形，中央宽，两端渐窄，孢壁较厚，顶细胞和基细胞钝圆形，多数正直，脐点小，不明显，具隔膜4～10个。

发病规律：病原以休眠菌丝和分生孢子在病叶、叶鞘、苞叶、病穗或病种子上越冬。播种带菌种子可引起烂芽或幼苗枯死。此外，遗落在田间或秸秆垛上残留的病株残体，也可成为翌年的初侵染源。条件适宜时，越冬病原孢子传播到玉米植株上，经1～2 d潜育萌发侵入。病斑上产生的病原借风雨传播，引起叶斑或穗腐，进行多次再侵染。玉米吐丝至灌浆期，是该病侵入的关键时期。

（14）玉米小光壳叶斑病

症状：主要为害幼嫩叶片，也侵染叶柄和老叶。叶部症状随着环境和叶片的生理状况而变化。病斑初起小形，黑色，保持“胡椒斑”状，或扩大成直径1～3 mm的“眼斑”。病斑中央淡褐色至黄褐色，有暗褐色边缘，常有一个褪色绿区环绕。当条件有利于侵染时，随着植株迅速生长，病害同时发展，病斑扩大，汇合成一片黄化的叶区。在这样的条件下，叶片常枯死，并在短期内仍附挂在枝条上，直至被风吹落或刈割时碰落。早春感病使植株矮化。吉林曾报道由巴西格孢球壳（*Pleosphaerulina Briosiana* Poll. var. *Bresiliensis* Putt.）引起的褐星病，其病斑中部颜色较深。由病斑中央多为灰白色，故被称为“灰星病”。

病原：苜蓿小光壳（*Leptosphaerulina Briosiana*（Poll.）J. H. Graham & Luttrell），异名：苜蓿格孢球壳（*Pleosphaerulina Briosiana* Poll.）；苜蓿格孢假壳（*Pseudoplea Briosiana*（Poll）Hohm. ＝*P. medicaginis* L. E. Miles）。子囊果（假囊壳）散生，球形、近球形，初埋生，后突破表皮，有一宽的开口，壳壁淡褐色，由薄壁细胞构成，膜质，直径83～152 μm。内有几个大的袋状子囊，无色，双层壁，大小53～98 μm×31～48 μm，子囊内有8个子囊孢子。子囊孢子椭圆形、近棱形，无色至淡黄色，两端较钝圆，多个细胞组成，大多呈砖格状，有3～5（通常4）个横隔，0～2个纵隔。在人工培养基上形成的子囊果、子囊和子囊孢子比在寄主组织上形成的稍大。在V～8液琼脂上形成的菌落是腹背紧贴的，几乎是黑色。当在有光和20～22 ℃温度条件下，培养5 d，子囊孢子从主要菌落外围向许多小菌落弹射出来。在黑暗条件下，很少产生子囊孢子。

发病规律：病菌以菌丝和子囊果在病组织内越冬。子囊果多在脱落的病叶上形成，在冷凉潮湿的条件，提供初侵染来源。子囊孢子被强制弹射到气流中，落在玉米叶片上。如遇有利的潮湿天气，病害在生长季节的任何时间内均可流行。在广东、广西、云南等地较为流行。

（15）玉米全蚀病

症状：玉米全蚀病是我国近年来发现和报道的重要玉米病害，发生在辽宁、山东等北方地区。主要为害根部，影响灌浆，导致千粒重下降，严重威胁玉米生产。发病轻者减产9%，一般减产21%，重者减产36%。苗期染病地上部症状不明显，间苗时可见种子根上出现长椭圆形栗褐色病斑，抽穗灌浆期地上部开始显症，发病初期叶尖、叶缘变黄，逐渐向叶基和中脉扩展，后叶片自下而上变为黄褐色枯死。严重时茎秆松软，根系呈栗褐色腐烂，须根和根毛明显减少，易折断倒伏。7—8月土壤湿度大根系易腐烂，病株早衰20多天。影响灌浆，千粒重下降，严重威胁玉米生产。收获后菌丝在根组织内继续扩展，致根皮变黑发亮，并向根基延伸，呈黑脚或黑膏药状，剥开茎基，表皮内侧有小黑点，即病菌子囊壳。

病原：禾顶囊壳玉米变种（*Gacumannomyces Graminis* var.，*zeae*），属子囊菌亚门真菌。病组织在PDA培养基上，生出灰白色绒毛状纤细菌丝，沿基底生长，后渐变成灰褐色至灰黑色。经诱发可产生简单的附着枝，似菌丝状，无色透明；另一种为扁球形，似球拍状，有柄，浅褐色，表面略具皱纹。子囊壳黑褐色梨形，子囊棍棒状，内含8个子囊孢子，呈束状排列。子囊孢子线形，无色。

发病规律：该菌是较严格的土壤寄居菌，只能在病根茬组织内于土壤中越冬。染病根茬上的病菌在土壤中至少可存活3年，罹病根茬是主要初侵染源。病菌从苗期种子根系侵入，后病菌向次生根蔓延，致根皮变色坏死或腐烂，为害整个生育期。该菌在根系上活动受土壤湿度影响，5—6月病菌扩展不快，7—8月气温升高雨量增加，病情迅速扩展。7—9月高温多雨发病重。沙土重于壤土，壤土重于黏土。洼地重于平地，平地重于坡地。肥力不足发病重。

（16）玉米疯顶病

症状：玉米疯顶病在我国宁夏、甘肃、新疆、四川、河北、北京、江苏、山西、山东、台湾等局部地区发生。轻病田病株率为3%～10%，重病田达60%以上。发病初期出现过度分蘖，每株3～5个或6～10个，上部的叶片旋转扭曲。典型症状是雄穗局部或完全增生，致穗上形成一堆叶状结构。这些变态的叶状花序称为丛顶或疯顶。有时叶扭曲也可能发生在雌穗上。发病严重的叶片变狭窄，呈带状，坚韧。有的仅表现植株矮化或叶片上有褪绿条斑。

病原：大孢指疫霉玉蜀黍变种（*Sclerophthora Macrospora*），属鞭毛菌亚门真菌。菌丝体生在寄主组织细胞间，孢囊梗很短，单生，偶有2次分枝，由气孔伸出，其上着生孢子囊。孢子囊椭圆形或倒卵形至洋梨状，具带紫褐色或浅黄色的乳突。孢子囊萌发产生30～90个游动孢子。游动孢子椭圆形。藏卵器球形至椭圆形。浅黄褐色至茶褐色。卵孢子球形，浅黄色，位于寄主维管束及叶肉组织中不易散出，萌发产生孢子囊。1～3个雄器侧生，浅黄色。

发病规律：以卵孢子在土壤中越冬。翌春卵孢子在潮湿的土壤中萌发，产生孢子囊和游动孢子，侵入寄主的组织。田间植株在4～5片叶以前若土壤湿度饱和，苗期就可发病，土壤湿度饱和状态持续24～48 h，就能完成侵染。在叶面上形成孢子适温为24～28 ℃，孢子发芽适温为12～16 ℃。该病多发生在温带或暖温带。

（17）玉米链格孢菌叶枯病

症状：该病害近年个别地块发病率14%～53%，为害有上升之势。主要在玉米生长后期为害叶片、叶鞘及苞叶。初期病部出现水渍状小圆斑点，逐渐扩展成椭圆形至近圆形的病斑，中央灰白色至枯白色，边缘红褐色，病健部交界明显。病斑扩展不受叶脉限制，大小为6～13 mm×4～8 mm。后期病部可见黑色霉层，一些病斑中间破裂穿孔，严重的整株叶片病斑满布，呈撕裂状干枯坏死。

病原：细链格孢（*Alternaria Tenuis*），属半知菌亚门真菌。分生孢子梗淡褐色，直或稍弯曲。分生孢子3～6个串生、梭形、椭圆形、卵形、倒棒状，形状不一致，褐色至淡褐色，无喙或喙短，喙长不超过孢子的1/3，分生孢子光滑或具瘤，孢痕明显，具横隔膜1～7个，多为4～5个，隔膜处缢缩，纵隔膜0～3个。在病组织上分生孢子梗单生或3～4根丛生，淡褐色至褐色，顶端细胞色淡或上下色泽均匀，多屈曲状，少数直，不分枝或少有不规则分枝，孢痕明显，基细胞膨大，具 2～8 个分隔。

发病规律：病菌以菌丝体和分生孢子在病残体上或随着病残体遗落土中越冬，翌年产生分生孢子进行初侵染和再侵染。该菌寄生性虽不强，但寄主种类多，分布广泛，在其他寄主上形成的分生孢子，也是玉米生长期中该病的初侵染和再侵染源。一般成熟老叶易染病，雨季或管理粗放、植株长势差，有利于该病扩展。

(18)玉米眼斑病

症状：玉米眼斑病主要分布在黑龙江、吉林、辽宁、北京和云南等地。近年来该病在北方有上升趋势。主要为害叶片，多在接近成熟的上部叶片上发生。发病初期叶片上出现水渍状小斑点。病斑圆形至卵形，半透明，中央乳白色至茶褐色，四周具褐色至紫色的环，并有具黄色晕圈的狭窄带，从外表看像一种“眼斑”，故称眼斑病。条件适宜时，病斑可融合为大的坏死斑，发病早的，病斑扩展成带状或片状。叶鞘、苞叶也可产生类似的症状。

病原：玉蜀黍球梗孢菌(*Kabatiella Zeae*)，属半知菌亚门真菌。

发病规律：病菌在种子和病残组织上越冬，也可在幼嫩玉米的病组织上越夏。传播到幼苗上后，分生孢子萌发侵入叶片，经 7～10 d 潜育即出现病症。病斑上形成的新的分生孢子借风力传播，进行多次再侵染，致该病扩展蔓延。冷湿的气候条件或冷凉、湿度大的山区或 7—9 月气温不高、降雨多的年份有利于病害流行。

(19)玉米炭疽病

症状：主要为害叶片。病斑梭形至近梭形，中央浅褐色，四周深褐色，病部生有黑色小粒点，即病菌分生孢子盘，后期病斑融合，致叶片枯死。

病原：禾生炭疽菌(*Colletotrichum Graminicola*)，属半知菌亚门真菌。分生孢子盘散生或聚生，黑色；刚毛暗褐色，具隔膜 3～7 个，顶端浅褐色，稍尖，基部稍膨大；分生孢子梗圆柱形，单胞无色；分生孢子新月形，无色，单胞。

发病规律：病菌以分生孢子盘或菌丝块在病残体上越冬。翌年产生分生孢子借风雨传播，进行初侵染和再侵染。高温多雨易发病。

(20)玉米顶腐病

症状：玉米顶腐病是我国的一种新病害，主要由土壤中的串珠镰刀菌引发。顶腐病的发生呈上升趋势，为害损失重。成株期病株矮小，但也有矮化不明显的，其他症状更呈多样化：①叶缘缺刻型。感病叶片的基部或边缘出现“刀切状”缺刻，叶缘和顶部褪绿呈黄亮色，严重时 1 个叶片的半边或者全叶脱落，只留下叶片中脉。②叶片枯死型。叶片基部边缘褐色腐烂，叶片有时呈“撕裂状”或“断叶状”，严重时顶部 4～5 叶的叶尖或全叶枯死。③扭曲卷裹型。顶部叶片蜷缩成直立“长鞭状”，有的顶部几个叶片扭曲缠结不能伸展，缠结的叶片常呈“撕裂状”“皱缩状”。为害严重时，全田植株都可受害。高湿的条件下，病部出现粉白色至粉红色霉状物。

病原：玉米顶腐病的病原菌(*Fusarium Monili Forme* var. Subglutinans)称亚黏团串珠镰孢和禾谷镰孢(*Fgraminearum*)等，属半知菌亚门真菌。

发病规律：病原菌在土壤，病残体和带菌种子中越冬，成为下一季玉米发病的初侵染菌源。种子带菌还可远距离传播，使发病区域不断扩大。顶腐病具有某些系统侵染的特征，病株产生的病源菌分生孢子还可以随风雨传播，进行再侵染。该病在玉米整个生长期侵染发病，以抽穗前后表现最为明显(夏玉米一般在 7 月下旬至 8 月上旬)。

(21)玉米穗腐病

症状：玉米穗腐病是玉米生长后期的重要病害之一，又称玉米穗粒腐病，属世界性玉米病害。一般品种发病率5%～10%，感病品种发病率可高达50%左右，造成严重损失。玉米穗腐病不仅因果穗腐烂而导致直接减产，而且带菌的种子发芽率和幼苗成活率均降低，造成进一步的损失。果穗及籽粒均可受害，被害果穗顶部或中部变色，并出现粉红色、蓝绿色、黑灰色或暗褐色、黄褐色霉层，即病原的菌丝体、分生孢子梗和分生孢子。病粒无光泽，不饱满，质脆，内部空虚，常为交织的菌丝所充塞。果穗病部苞叶常被密集的菌丝贯穿，黏结在一起贴于果穗上不易剥离。仓贮玉米受害后，粮堆内外则长出疏密不等、各种颜色的菌丝和分生孢子，并散出发霉的气味。

病原：串珠镰菌(*Fusarium Moniliforme*)；禾谷镰孢(*Fusarium gra. minearum*)；多主枝孢(*Cladosporium Herbarum*)；草酸青霉(*Penicillium Oxalicum*)；粉红聚端孢(*Trichothecium Roseum*)，均属半知菌亚门真菌。

发病规律：病菌以菌丝体在种子、病残体上越冬，为初侵染病原。病原主要从伤口侵入，分生孢子借风雨传播。温度在15～28 ℃，相对湿度在75%以上，有利于病原的侵染和流行。高温多雨以及玉米虫害发生偏重的年份，穗腐和粒腐病也较重发生。玉米粒没有晒干，入库时含水量偏高，以及贮藏期仓库密封不严，库内湿度升高，也有利于各种霉菌腐生蔓延，引起玉米粒腐烂或发霉。

(22)玉米霜霉病

症状：在玉米上均引起系统症状。病叶淡绿至淡黄色或苍白色，紫色条纹和条斑，湿度高时在叶背面形成灰白色霉状物，即病菌的无性繁殖体游动孢子囊梗和游动孢子囊。以后条纹和条斑颜色逐渐加深变褐，组织坏死。幼苗染病后生长缓慢，节间缩短，植株矮化。重病株不能正常抽穗。果穗雄花畸形。

病原：指霜霉(*Peronosclerospora* spp)，有4种：玉米指霜霉(*Peronosclerospora maydis*)，菲律宾指霜霉(*P. philipinesis*)，甘蔗指霜霉(*P. sachari*)，高粱指霜霉(*P. sorghi*)，属鞭毛菌亚门真菌。分生孢子梗无色，基部细，具一隔膜，上部肥大而分枝，分枝为双分叉，小梗近圆锥形，弯曲，每小梗顶生1个孢子。分生孢子无色，长椭圆形或长卵形，顶端稍圆，基部较尖。

发病规律：以病株残体内和落入土中的卵孢子、种子内潜伏的菌丝体及杂草寄主上的游动孢子囊越冬。带病种子是远距离传播的主要载体。病菌常以游动孢子囊萌发形成的芽管或以菌丝从气孔侵入玉米叶片，经过叶鞘进入茎秆，在茎端寄生，再发展到嫩叶上。生长季病株上产生的游动孢子囊，借气流和雨水反溅进行再侵染。高湿，特别是降雨和结露是影响发病的决定性因素。玉米种植密度过大，通风透光不良，株间湿度高发病重。重茬连作，造成病菌积累发病重。

(二)病害防治

(1)选用抗病品种

合理利用抗病品种可充分发挥其防病效果，延缓其抗病性丧失，延长其使用年限。在种植抗病品种时，应科学地进行栽培管理，确保植株健康生长发育和发挥抗病、防病功能。同时，要做好品种的提纯复壮工作，及时拔除抗病品种群体中因机械混杂、天然杂交、突变和遗传分离等产生的杂株、劣株和病株，选留优良抗病单株，保持种子纯度。

抗病性"丧失"是抗病品种应用中最重要的问题。目前推广种植的多数抗病品种仅具有小种专化抗病性，这类品种推广数年后，随着种植面积的扩大，因寄主对病原物小种的定向选择，病原物群体中能侵染这些品种的小种逐渐上升为新的优势小种，因而品种“丧失”抗病性而变成感病品种。为延缓或克服品种抗病性“丧失”，延长抗病品种使用年限，可以采取以下措施：①对抗病品种进行合理布局，即在一定区域内，搭配种植具有不同抗病基因的品种，造成寄主群体遗传上的异质性和多样性，减小对病原物的选择压力。②有计划地轮换种植具不同抗病基因的品种。③利用聚合品种即多抗品种，即将多种抗性基因通过育种手段聚集到一个品种中，这样的聚合品种能抗多种病原菌小种，甚至可抗多种病害或病虫。④利用多系品种，即将几个分别具有不同的单个抗病基因的品系按一定比例混合成一个多品系的品种，使植物群体中抗性多样化，控制病原物优势生理小种的形成。

此外，应重视其他类型抗病性的利用。非小种专化抗病性由多基因控制，因而抗病性稳定、持久，不因病原物生理小种组成的变化而改变。非小种专化抗病性品种受病原物侵染后，往往病害潜育期长，病斑少而小，病菌产孢量低，病害流行速度慢。耐病性是植物固有的或后天获得的忍受病害的能力，在病情相同时，耐病品种产量损失较少。避病性虽不同于抗病性，但避病品种能在时间和空间上避过病原物的侵染，因而使病害不发生或发生较轻，很有实用价值(侯明生 等，2014)。

青贮玉米不同品种对不同病害的抗病性表现不同。刘勇等(2019)研究 10 份青贮玉米材料对锈病表现，抗性的品种有玉草 1 号、玉草 2 号和玉草 3 号，表现中抗的有郑青贮 1 号、豫青贮 23 号、雅玉青贮 26、雅玉 8 号和雅玉 04889；对大斑病表现抗性和中抗的品种有 9 个，只有罗单 6 号感病；对小斑病表现抗性和中抗的品种有 9 个，只有玉草 2 号感病。陈威等(2019)分析 2004—2017 年国审 28 个青贮玉米品种的抗病性发现，对大斑病、小斑病、矮花叶病、丝黑穗病和纹枯病表现高抗的品种(1 级)分别有 2 个、3 个、14 个、4 个、0 个；表现抗性的品种(3 级)分别有 12 个、14 个、7 个、14 个、3 个；表现中抗(5 级)的品种分别有 7 个、7 个、3 个、6 个、15 个；表现感(7 级)的品种分别有 7 个、2 个、1 个、4 个、10 个；表现为高感(9 级)的品种分别有 0 个、2 个、1 个、0 个、0 个。对大斑病和丝黑穗病抗性主要表现为抗、中抗和感；对小斑病抗性主要表为抗和中抗；对矮花叶病抗性主要集中在高抗和抗；对纹枯病抗性表现为中抗和感。这表明，青贮玉米病害虽然受气候、土壤、耕作栽培制度等多种因素的影响，但最重要的是玉米种质自身的抗病性。李红等(2012)分析 58 份 2008—2011 年国家青贮玉米组区域试验参试品种对丝黑穗病抗性评价发现，玉米不同品种间对丝黑穗病的抗性存在显著差异，2008 年中抗及以上品种 10 份，占参试品种的 45.5%；2009 年中抗及以上品种 8 份，占参试品种的 66.7%；2010 年中抗及以上品种 8 份，占参试品种的 61.5%；2011 年中抗及以上品种 8 份，占参试品种的 72.7%。因此，选用综合抗病好的青贮玉米品种是防治病害最重要的方法。

(2)农艺防治

合理的耕作制度：合理的耕作制度既可调节农田生态系统，改善土壤肥力和理化性质，有利于作物生长发育和土壤中有益微生物的繁衍，又能降低病原物的存活，切断病害循环，减轻病害发生。值得注意的是，耕作制度的改变会引起相应的农田生态条件和生物群落组成的变化，这些变化可导致一些病害的减轻和另一些病害的加重。因此，当大面积耕作制度和种植方式发生改变后，要密切注意可能引起的病害相应变化，并及时进行调整或采取相应的有效措施。

轮作是一项经济、易行、有效的控制土传病害的措施。合理轮作除有调节土壤肥力、有利于作物生长、提高作物抗病力的作用外，还可使有一定寄生专化性的病原物因没有适宜寄主而丧失生活力，或其生长发育因作物根际和根围微生物区系的改变而受抑制。轮作作物必须是病原物的非寄主，轮作年限和轮作方式因病害而异。一般病害轮作 2～3 年。如果病原物腐生能力强或能产生抗逆性强的休眠体，在寄主缺乏时也可长期存活。在这种情况下，只有长期轮作才能控制病害。通常水旱轮作是最理想的轮作方式，其控病效果明显，轮作周期可缩短（苏美霞 等，2011）。

周益军等（2000）研究证明，玉米粗缩病病源在各地普遍存在，一旦耕作制度及气候条件适合于灰飞虱的生存繁衍和传毒危害，玉米粗缩病就可能在更大范围内暴发流行。贾曦等（2016）研究发现，间作模式下玉米和花生病害的发生率都有所降低，玉米病害发病率降低程度尤为显著，其中对玉米茎腐病影响最大，发病降低率可达 42.53%。代真林等（2020）研究指出，玉米大豆间作的玉米锈病、灰斑病、小斑病和大斑病的病情指数均显著低于玉米单作（$P<0.05$），玉米间作处理对玉米锈病、玉米灰斑病、玉米小斑病和玉米大斑病的病防效分别是 25.59%、23.07%、23.13%和 19.67%。于舒怡等（2011）研究认为，免耕模式有利于玉米大斑病的发生，而在宽窄行模式下该病发生较轻。不同栽培模式下玉米大斑病的指数增长期不同，在免耕模式下的病情指数最高，依次为免耕、平播、常规、宽窄行栽培模式，该时期也是最佳药剂防治时间。玉米大斑病流行过程中的病情严重程度依次为免耕＞平播＞常规＞宽窄行。

各地自然条件和作物种类不同，种植方式和耕作制度也很复杂，各种耕种措施如轮作、间作、套作、土地休闲和少耕免耕等对不同病害的影响不尽一致。因此，必须根据当地具体情况，兼顾丰产和防病控病的需要，建立合理的耕作制度。

合理播种：播种期、播种深度和种植密度均对玉米病害的发生有重要影响。徐爱清（2019）研究指出，播种时，要注重对播种时间的选择。太早播种，土壤温度要低于外部温度，土壤含水量较大，玉米种子也会迅速吸收土壤中的水分，然后转化成糖分。这样会导致玉米发芽十分困难，土壤内部的各种细菌和寄生虫等也会侵害到玉米种子。所以必须把握好播种时机，不能太晚也不能太早。播种时，还要控制好播种深度，播种过深会影响到玉米破土的时间，消耗玉米大量的养分，同时造成之后的玉米植株较弱。如果播种较浅，这不能够保证玉米的生长，影响产量。刘勇等（2019）研究介绍，在成都市大邑县韩场镇和眉山市洪雅县中保镇主要种植区种植青贮玉米，设置早播、中播和晚播 3 个播期，10 个青贮玉米品种，以及 5 个播种密度等农业措施，研究其对青贮玉米锈病、小斑病和大斑病的影响。结果表明，中播较晚播青贮玉米锈病、小斑病和大斑病的发病率分别降低 43.3%、27.4%和 28.2%；青贮玉米播种密度 266.7 株/hm^2时，各病害发病率降低至不足 10%，甚至不发病；青贮玉米不同品种间锈病、小斑病和大斑病的发病率有显著差异（$P<0.05$），适宜的品种使青贮玉米锈病、小斑病和大斑病发病率分别降低 6.2%～32.4%、4.5%～27.9%和 8.0%～27.5%，病情指数分别降低 1.9～28.1、1.9～28.1 和 3.9～25.7，试验表明，适宜的提早播期、选择合适的品种、降低播种密度可降低青贮玉米病害的发生。

科学管理水肥：徐爱清（2019）研究指出，在种植玉米时，要对玉米植株进行施肥，还要合理进行耕作。播种时，开始要撒施一遍底肥，为玉米种子提供足够的养分。其次，在覆土之后，要实行精量点播，如果追肥的，可以等玉米生长到 3～5 叶期进行。如未及时追肥，就会导致玉米斑病发生，从而加速发病植株的病情恶化，玉米叶片短时间内被损害枯死，还会降低玉米的产量。所以，玉米健康生长的必要手段就在于追肥的步骤。在施肥过程中，要根据各个阶段的实际情况进行科学施肥。李保军等(2016)在小麦—玉米轮作制下，通过2年的定位施肥后，研究了氮、磷、钾、锌对玉米茎基腐病的影响。结果发现，氮是影响玉米茎基腐病的首要营养因子、钾次之，连续高量施氮处理发病最重、连续不施钾处理次之，施钾可显著减轻茎基腐病的发生；氮是影响玉米产量的首要营养因子、磷次之，在氮磷配施的基础上施用钾肥可以显著提高产量、减缓发病。张少华等(2020)系统调查了微蜜、木醋液、黄腐酸钾、秸秆腐熟剂、松土促根剂、耕地方式、牛粪、生物炭等处理的夏玉米田地上部分病害的发生状况。结果表明，BYM秸秆腐熟剂、Agri-star松土促根剂或者二者的混合处理能抑制玉米锈病的发生，凡是含有Agri-star松土促根剂的处理还能抑制玉米纹枯病的发生。BYM秸秆腐熟剂的应用会显著加重玉米小斑病的发生，而Agri-star松土促根剂能够拮抗这种负面作用。耕作方式(深耕、旋耕)、有机替代措施(不替代、替代牛粪、替代生物炭)对玉米田地上部分的病虫害均无显著影响。因此，生产实践中可以结合使用松土促根剂和BYM秸秆腐熟剂，以便在改善土壤结构的同时兼顾病虫害防治方面的问题。深松田土壤中的玉米致病菌、非致病菌和有益菌数量较常规耕作农田有大幅度增加。随着深松年限的延长，呈现出土壤真菌数量也不断增长的趋势。深松耕作年限与土壤病原菌数量和有益菌数量的积累呈正相关。深松10年比深松5年的土壤病原菌数量有明显增加。在深松田中，3类菌中以非致病菌数量居多，其次是致病菌，有益菌数量最少。深松耕作促进了深层土壤的通风透气，有利于土壤微生物的生长和繁殖，玉米病原菌数量也得到了相应的增加和积累。深松田的病害发生程度与土壤致病菌数量变化趋势相一致。深松耕作能使玉米病原菌数量增加，导致玉米病害加重。深松田的玉米苗期病害和茎腐病的发病率较常规耕作农田有明显加重趋势，增幅为23.0%～36.8%。在玉米整个生育期中，水肥管理应结合进行，充分发挥水、肥的综合调控作用，提高抗病能力，达到控制病害、提高产量的目的。

(3)物理防治

物理防治(physical control)是指通过利用物理方法清除、抑制、钝化或杀死病原物来控制植物病害发生发展的方法，物理处理的方法很多，主要有汰除、热力处理、辐射等。

汰除：汰除是根据病种、菌瘿、菌核等与健种在重量和形态上的差异，清除混杂于种子中病原物的方法，根据不同病害，可采用筛选和风选等方法或汰除机械除去病原物，也可用清水、盐水或泥水等漂除病原物，从而达到防病增产的目的。

热力处理：用温度适当的热水处理种子能有效地杀死病原物而不损害种子。通常需要通过预备试验选择适宜的温度和处理时间。浸种前先将种子在冷水中预浸数小时，以提高种子在温汤浸种时的传热能力，从而提高杀菌效果。

辐射：核辐射在一定安全剂量范围内有灭菌作用，一般用于处理贮藏期的农产品和食品，达到防腐保鲜的目的。常用的核辐射是^{60}Co-γ射线，其穿透力强，成本低。例如，以3.225×10^{7} C/kg的^{60}Co-γ射线照射玉米种子，可杀死玉米种子中的斯氏萎蔫病菌。

(4)化学防治

化学防治(chemical control)是利用化学药剂即农药(pesticide)控制植物病害发生发展的方法，农药处理植物后，可减少或清除病原物，或抑制病原物的侵入和扩展，或改变植物代谢过程，以提高植株抗病力，从而达到预防或治疗植物病害的目的。化学防治具有快速、高效等优点。但使用不当会杀伤有益生物，导致病原物产生抗药性，造成环境污染，引起人、畜中毒。因此，应用化学防治的同时，应考虑最大限度地降低对环境的不良影响。

分类：根据防治的病原物的类型，防治植物病害的农药可分为杀真菌剂、杀细菌剂、杀线虫剂、病毒抑制剂；根据防病原理，可分为保护剂、治疗剂、铲除剂、诱抗剂；根据使用途径，可分为种子处理剂、土壤处理剂、叶面喷洒剂和熏蒸剂等；根据是否被植物吸收和在植物体内转运，可分为内吸性药剂和非内吸性药剂。另外，农药可加工成水剂、粉剂、可湿性粉剂、悬浮剂、乳油、粒剂和烟剂等各种剂型。

① 无机类

石硫合剂(lime sulfur)：由生石灰、硫黄粉与水加热熬制而成的保护性杀菌剂。原液枣红色，主要成分为多硫化钙和硫代硫酸钙。根据玉米的生育期和发病情况而调整兑水稀释比例，可防治锈病和白粉病等多病害。

波尔多液(bordeaux mixture)：一种由硫酸铜、生石灰和水配制而成的保护性杀菌剂。当三者比例为 1∶1∶100 时，称为等量式波尔多液；三者比例为 0.5∶1∶100 时，称为倍量式波尔多液；三者比例为 1∶0.5∶100 时，称为半量式波尔多液。根据玉米的生育期和发病情况选择使用适当配制比例的波尔多液。配成的波尔多液为天蓝色胶状悬浊液，主要成分为碱式硫酸铜，在植物上黏着性好，耐雨水冲刷，杀菌谱广，保护作用可持续 1～2 周。可防治多种病害，如霜霉病和炭疽病等。

② 有机硫类

福美双(thiram)：广谱保护性杀菌剂。可作种子和土壤处理，也可用于叶面喷雾。可单独使用，也可与其他药剂混配制成混剂使用。例如，复配剂拌种双含 20%福美双和 20%拌种灵(噻唑类内吸性杀菌剂)，可防治条纹病、霜霉病、炭疽病等。对植物安全，对人、畜低毒，但对皮肤、黏膜有刺激作用。

代森锰锌(mancozeb)：广谱保护性杀菌剂。主要用于防治霜霉病、白粉病、早疫病、炭疽病以及由尾孢菌(*Cercospora* spp.)引起的叶斑病等病害。间隔 7～10 d 用药 1 次。对人、畜低毒，但对皮肤和黏膜有一定刺激作用，对鱼类有毒。遇酸、碱、高温或受潮易分解。可与内吸性杀菌剂混配使用，不能与铜制剂和碱性药剂混用。

乙蒜素：又名抗菌剂 402。广谱保护性杀菌剂。主要用于种苗处理(浸种或闷种)，也可以土壤浇灌或叶面喷洒。有刺激植物生长的作用，处理过的种子出苗快，幼苗生长健壮，但不能与碱性物质混用。

③ 有机磷类

乙磷铝(phosethyl-Al)；又名疫霜灵。内吸性杀菌剂，在植物体内可双向传导，具有保护和治疗作用。对病菌的直接杀菌毒力不大，防病作用主要通过诱导植物体内产生多酚物质和倍半萜类物质，增强植株的抗病能力来实现。可单独使用，也可与灭菌丹或代森锰锌等混配使用。主要用于防治卵菌引起的霜霉病、疫病等。应密封、干燥保存，遇潮结块，但一般不影响药效。

异稻瘟净(kitazin-P)：内吸性杀菌剂。主要防治纹枯病。安全间隔期为 20 d。不能与碱性农药混用。长期单一使用会使病菌产生抗药性。

④ 取代苯类

甲基硫菌灵(thiophanate-methyl)：又名甲基托布津。广谱内吸性杀菌剂。具有保护和治疗作用。其水溶液在长期贮存后或在植物体内均能被分解为多菌灵，故其抗菌谱和对病菌的作用方式均同多菌灵。

甲霜灵(metalaxyl)：又名瑞毒霉、雷多米尔和甲霜胺。选择性内吸杀菌剂。有较强的被植物吸收和在植株体内双向传导的能力，兼具保护和治疗作用，残效期长。对腐霉、疫霉和霜霉等卵菌引起的植物病害有特效。可与其他保护剂如代森锰锌、灭菌丹和硫酸铜等混用。对鱼和蜜蜂有一定毒性。

⑤ 有机杂环类

菌核净(dimethachlone)：保护性杀菌剂。不能被植物吸收和输导。主要用于防治灰霉病、早疫病和枯病等。应与其他类型杀菌剂混用或轮用。贮运和使用时避免遇碱和强光照射。

异菌脲(iprodione)：又名扑海因、休菌清和咪唑霉。广谱保护性杀菌剂。对葡萄孢、丛梗孢和小核菌等有特效，对交链孢、丝核菌、镰孢菌和茎点霉等也有效。喷雾可防治番茄早疫病、白菜黑斑病、梨黑斑病、苹果早期落叶病、油菜菌核病和多种作物灰霉病等。种子处理可防治小麦腥黑穗病。异菌脲长期使用易使病菌产生抗药性。

腐霉利(procymidone)：又名速克灵、菌核酮、二甲菌核利、环丙胺酮、杀霉利。保护性杀菌剂。渗透性强，具有局部治疗作用。对葡萄孢和核盘菌有特效，主要用于防治蔬菜、果树和花卉等的灰霉病和菌核病等。对人、畜低毒，对植物安全。

多菌灵(carbendazim)：广谱内吸性杀菌剂。具有保护和治疗作用。可作种子处理和叶面喷洒，防治多种子囊菌、无性真菌和担子菌引起的植物病害，如赤霉病、白粉病、黑穗病、灰斑病等，但对交链孢和卵菌、壶菌和根肿菌等引起的病害效果较差。多菌灵对病菌作用位点单一，长期使用易致病菌产生抗药性。

咪鲜胺(prochloraz)：又名施宝克、施百克。广谱、内吸、传导、高效、低毒杀菌剂，兼具保护和治疗作用。喷雾可防治麦类作物白粉病和锈病；拌种可控制黑穗病和根腐病。

萎锈灵(carboxin)：选择性内吸杀菌剂。宜作拌种或浸种，不作叶面喷洒，对丝核菌、黑粉菌、锈菌等担子菌以及轮枝孢等无性真菌等引起的病害有效。与福美双等混用可扩大防治范围，有促进种子萌芽和生长的作用。

三环唑(tricyclazole)：又名比艳和克瘟唑。选择性内吸杀菌剂。很易被植株吸收并在其体内转运。可拌种、蘸根或叶面喷洒。主要用作保护剂。

三唑酮(triadimefon)：又名粉锈宁、粉锈灵和百理通。高效、内吸杀菌剂，持效期长。在植物体内和敏感真菌体内可转化为三唑醇。可作种子处理或叶面喷洒，对黑粉菌、锈菌和白粉菌等引起的病害有很好的防效。也可用于防治生长后期的叶部病害。使用浓度偏高会抑制作物出苗和生长。

烯唑醇(diniconazole)：又名速保利和壮麦灵。广谱内吸性杀菌剂。对子囊菌、担子菌和无性真菌特别有效。可作种子处理或叶面喷洒，防白粉病、黑穗病、锈病等。不可与碱性药剂混用。

戊唑醇(tebuconazole)：又名立克秀。内吸、低毒杀菌剂。种子处理可防治黑穗病及其他种传病害，叶面喷洒可防治禾谷类作物白粉病、锈病、赤霉病以及由喙孢属、核腔菌属、壳针孢属真菌引起的云纹病、网斑病和叶枯病等多种病害。

噻枯唑：又名川化-018、叶枯唑和叶青双。内吸性杀菌剂。主要用于防治叶枯病和细菌性条斑病等植物细菌性病害。

⑥ 其他

嘧菌酯(azoxystrobin)：又名阿米西达。β-甲氧基丙烯酸酯类杀菌剂。杀菌谱广，兼具保护、治疗和铲除三重功效，通过抑制病菌的呼吸作用来破坏病菌的能量合成而使其丧失生命力。叶面喷雾可防治霜霉病、早疫病、炭疽病、叶斑病。

(5)生物防治

① 生物防治原理

病害的生物防治主要是通过有益微生物对病原物造成各种不利影响来实现的，其基本原理主要包括抗菌作用、竞争作用、重寄生作用和交叉保护作用等。

抗菌作用(antibiosis)指一种生物通过其代谢产物抑制另一种生物的生长发育的现象。这种代谢产物包括多糖类抗生素和抗菌蛋白等。抗菌作用在自然界普遍发生，真菌、细菌和放线菌等均可产生抗生素或抗菌蛋白。例如，吸水链霉井冈变种产生的井冈霉素是一种葡萄糖苷类抗生素；芽孢杆菌的抗菌作用通常是分泌抗菌蛋白。

竞争作用(competition)指两个或两个以上的微生物之间争夺空间、营养、氧气和水分等的现象。其中，以空间竞争和营养竞争最重要。空间竞争是指有益微生物对植物表面空间，尤其是对病原物侵入位点的争夺和占领，使病原物难以侵入。例如，枯草芽孢杆菌对大白菜软腐病菌(*Erwinia carotovora subsp. carotovora*)侵入位点的占领属于空间竞争。营养竞争指有益微生物与病原物对植物分泌物和植物残体等的争夺，使病原物因得不到足够的营养物质而生长繁殖受到抑制。例如，草生欧文氏菌(*E. herbicola*)对梨火疫病菌(*E. amylovora*)的抑制作用主要是营养竞争。

重寄生作用(hyperparasitism)指植物病原物被其他微生物寄生的现象。这种寄生物称为重寄生物，有真菌、细菌、线虫和病毒等。被寄生的病原物可以是病原真菌、细菌和线虫等。例如，哈茨木霉可以寄生茄丝核菌。

交叉保护作用(cross protection)指一种弱致病力微生物接种后能诱导植物不感染或少感染强致病力病原物的现象，实际上属于诱导抗病作用。交叉保护可发生在同种真菌或细菌的不同菌株间或同种病毒的不同株系间，也可发生在不同种甚至不同类的病原物之间。例如，番茄花叶病毒(*Tomato mosaic virus*, ToMV)弱毒株系接种可防治其强毒株系的侵染。

② 生物防治的应用

生物防治主要有利用自然界中已有有益微生物和人工引入有益微生物两个途径。

利用已有的有益微生物。根据植物、病原物和有益微生物生长发育所需的环境条件和营养等差异，采取适当的栽培方法和措施，改变土壤的营养状况和理化性状，使之有利于植物和有益微生物而不利于病原物的生长，从而提高自然界中有益微生物的数量和质量，达到减轻病害发生的目的。

自然条件下对病原物生长发育不利、在有病菌存在时病害发生很轻或不发生的土壤称为抑病土(disease suppressive soil)。将抑病土与病土掺和可使病土获得抑病能力。

人工引入有益微生物。从植物体内外或土壤等处分离得到的或经人工诱变或遗传工程改造获得的有益微生物，经工业化大量发酵培养，制成生防菌剂后施用于植物，以获得防病效果。生防菌剂因植物或病害的不同可有多种使用方法，例如，将生防菌剂以一定方式均匀分布于植物种子和苗木等繁殖材料表面的方法称为种子细菌化；用生防菌剂处理土壤可防治土传病害；将生防菌剂喷于植物地上部可防治植物地上部病害。生防菌剂还可与杀菌剂、肥料混用，以提高生防效果。例如，将木霉制剂与堆肥混用，可防治多种土传病害。

此外，利用有益微生物对病原物有抑制作用的代谢产物也是生物防治的一个重要方面，如农用链霉素和井冈霉素等。

③ 化学农药的合理使用

科学合理地使用农药就是在确保人、畜和环境安全的前提下，以最少的农药用量取得最佳的防治效果，并避免或延缓病原物抗药性的产生。

④ 农药的科学使用

对症下药：根据药剂的防治范围与作用机制，以及防治对象的种类及其发生规律和危害部位等，选用合适的药剂种类与剂型，选择适当的施药方法和时间。如药剂选用或使用方法不当，不仅防病效果差，而且可能对植物造成药害。

按需施药：根据药剂和病害种类、玉米生育期、土壤条件和气候因素等，科学地确定施药量、施药时期、施药次数和多次施药间的间隔时间。不可随意增加用药量和用药次数，以减轻农药对病原物的选择压力。

轮换用药：病原物对某种药剂产生抗性后，往往对同类型其他药剂也产生抗性，这种现象称正交互抗性；病原物对一种药剂产生抗性后，对其他类型药剂仍敏感，这种现象称负交互抗性。为避免病原物产生抗药性，应注意不同类型药剂或有负交互抗性的药剂轮换使用，避免长期使用同一种或同一类型的药剂。

⑤ 农药的合理混用

两种或两种以上的农药混合使用可扩大防治对象谱，提高防效，降低劳动强度，增加经济效益。农药混用有现混现用和加工成混剂使用两种方式。与开发新农药相比，农药混用具有投入少、周期短、见效快、延缓病原物抗药性产生等优点。合理混用农药应遵循下列原则。

混用农药之间不因化学反应和酸碱中和等而失效或减效。

现混现用的农药混合后不能产生分层、沉淀等不良性状。

混用的农药应有不同的作用方式、作用位点或靶标，混用后具有明显增效，或扩大杀菌谱，或延缓病原物抗药性产生等作用。

农药混用后应不提高对人、畜、禽和鱼类的毒性及对其他有益生物和天敌的危害。

农药混用应能降低农药使用成本。

⑥ 农药的安全使用

农药对人、畜都有不同程度的毒性。在接触农药过程中，农药可经口、鼻和皮肤进入人体，引起各种急、慢性中毒。因此，施药人员要严格遵守安全使用农药的有关规定，穿戴必要的防护用具，如长袖衣裤、口罩或防毒面具，避免药剂与人体皮肤的直接接触；不在农药烟、雾中呼吸，防止吸入农药；施药时禁止进食、饮水或抽烟；施药后应充分洗手，防止“药”从口入；妥善处理残留药液。不使用剧毒和高残留农药。严格执行农药允许残留标准和有关安全使用间隔期（允许的最后一次施药距作物收获期的间隔时间）的规定，防止农产品中残留农药对人、畜的危害。

二、虫害及其防治

（一）害虫种类

害虫的类别，根据不同情况，可有很多种不同的划分方法。农业害虫都是植食性昆虫，根据其取食作物种类的多寡，可分为多食性、寡食性和单食性害虫；根据其取食作物的部位，可分为食叶性害虫、食茎秆性害虫、食根性害虫（地下害虫）等；根据害虫的口器，可分为刺吸式害虫、咀嚼式害虫、锉吸式害虫和虹吸式吸果害虫等；根据害虫迁飞与否，可分为迁飞性害虫和非迁飞性害虫。另外，根据害虫的类别，可分为鞘翅目害虫、鳞翅目害虫、半翅目害虫等（洪晓月等，2020）。

1. 地下害虫

（1）地老虎

地老虎（*Agrotis ypsilon*）俗称土蚕、地蚕，属鳞翅目，夜蛾科。常见的地老虎有小地老虎 *Agrotls ypstlon*（Rottemberg）、黄地老虎 *A*，*segatum*（Schiffermller）和大地老虎 *Trachen tokionis*（Butler），其中以小地老虎为害玉米最为普遍、严重。在全国各地均有分布，是一种典型的杂食性害虫，寄主植物十分广泛，除水稻等少数水生植物外，几乎对所有植物的幼苗均能取食为害，特别是玉米、棉花、豆类、芝麻、烟草及蔬菜受害严重，作物受害后造成缺苗断垄，甚至毁种重播。玉米幼苗被害，形成缺苗、缺窝，往往需要多次补苗，严重的甚至改种，费工费时。

① 形态特征：成虫体色为暗褐色，体长 17～23 mm，翅展（两翅伸展开的长度）40～45 mm；前翅黑褐色，中部有一条圆形的环状纹和一个肾状纹，肾状纹外方，有一个三角形的楔状纹，后翅灰白色，边缘褐色，翅脉黄褐色。卵，半球形，表面有许多纵横的隆起线，初产时乳白色，后变为黄褐色。幼虫体暗褐色，表皮粗糙，密生大小不同的颗粒，腹部第一节至第八节背面，每节有 4 个毛瘤，前两个显著小于后两个，身体末端有比较坚硬的臂板，为黄褐色，上有黑褐色纵带两条。蛹，纺锤形，红褐色，腹部末端有一对毛刺。黄地老虎幼虫体长 33～45 mm，头部黑褐色，有不规则深褐色网纹，体表多皱纹，臀板有两大黄褐色斑纹，中央断开，有较多分散的小黑点。大地老虎幼虫体长 41～61 mm，体黄褐色，体表多皱纹，微小颗粒不显，腹部第 1～8 节背面的 4 个毛片，前两个和后两个大小几乎相同。臀板为深褐色的一整块密布龟裂状的皱纹板。

② 为害症状：叶片被咬成小孔、缺刻状；可为害生长点或从根茎处蛀入嫩茎中取食，造成萎蔫苗和空心苗；大龄幼虫常把幼苗齐地咬断，并拉入洞穴取食，严重时形成缺苗断垄。幼虫有转株为害习性。

③ 发生规律：一年发生 4～5 代（高寒地区 2～3 代），以幼虫和蛹越冬，在黄淮流域不能越冬，越冬代成虫从南方迁入，以第一代幼虫为害最重。成虫，夜间活动，喜糖蜜，有趋光性，迁飞能力很强，多趋向在杂草上产卵，一头雌蛾产卵千粒左右，卵粒分散或数粒集成一小块排成一条线。卵经过 5～7 d 孵化。幼虫，一般 6 龄，幼龄时，昼夜均在叶片上取食叶肉，残留表皮，形成针孔状花叶，或将幼嫩组织吃成缺刻；3 龄以后，昼伏土中，夜出活动，或大块咬食叶片，或咬食幼茎基部，或从根茎处蛀入嫩茎中取食；5～6 龄，进入暴食阶段，食量大，为害猖獗。幼虫有转株为害习性，故能造成大量缺苗。幼虫老熟入土化蛹。高温不利于发生，阴凉潮湿、田间覆盖度大、杂草丛生、土壤湿度大时虫量就多，为害加重，沙填上黏壤土发生为害重，沙质土发生为害轻。

（2）蝼蛄

直翅目，蝼蛄科。在我国危害玉米的主要有华北蝼蛄（*Gryllotalpa unispina Saussure*）和东方蝼蛄（*G. orientalis Burmeister*）两种。

① 形态特征。

东方蝼蛄：成虫雌虫体长 31～35 mm，雄虫体长 30～32 mm。体淡灰褐色，密生细毛。头圆锥形，暗黑色。前胸背板卵圆形，背面中央有长约 5 mm 的凹陷。前翅黄褐色，伸及腹部长度之半；后翅卷折如尾状，伸出腹端。前足特化为开掘足，后足胫节背侧内缘有棘 3～4 个。腹部纺锤形，背面黑褐色，腹面暗黄色，末端有较长的尾须 1 对。卵椭圆形。初产时长约 2.8 mm，宽 1.5 mm，孵化前长约 4 mm，宽约 2.3 mm。初产时乳白色，后变黄褐色，孵化前呈暗紫色。若虫共 8～9 龄。初孵时乳白色，腹部红色或棕色，2～3 龄以后体色接近于成虫。初龄若虫体长 4 mm 左右，末龄 24～28 mm。后足胫节有棘 3～4 个。

华北蝼蛄：成虫雌虫体长 45～50 mm；雄虫体长 39～45 mm。形似东方蝼蛄，但体黄褐至暗褐色，前胸背板中央有 1 心脏形暗红色斑点。后足胫节背侧内缘有棘 1 个或消失。腹部近圆筒形，背面黑褐色，腹面黄褐色，尾须长约为体长之半。卵椭圆形。初产时长 1.6～1.8 mm，宽 1.1～1.3 mm，孵化前长 2.4～2.8 mm，宽 1.5～1.7 mm。初产时黄白色，后变黄褐色，孵化前呈深灰色。若虫共 13 龄。初孵时乳白色，后变浅黄色，2 龄后黄褐色，5、6 龄后基本与成虫同色。初孵时体长 4～5 mm，13 龄时体长 41 mm。后足胫节有棘 0～2 个。

蝼蛄雌雄区别：雌虫体较大，腹部第 7 节大而长，第 9 节大部分为第 8 节所遮盖，前翅纵脉不呈角状弯曲；雄虫体较小，腹部 9 节各节明显，前翅纵脉呈角状弯曲。

② 为害症状：直接取食萌动的种子，或咬断幼苗的根茎，咬断处呈乱麻状，造成植株萎蔫。蝼蛄常在地表土层穿行，形成的隧道，使幼苗和土壤分离，失水干枯而死。

③ 发生规律。

东方蝼蛄：成虫和若虫越冬。在华中地区、长江流域及其以南各地 1 年发生 1 代。如在江西南昌和四川成都平原，越冬成虫 3—4 月恢复活动，4—5 月产卵；越冬若虫 5—6 月羽化为成虫，7 月仍有羽化。在华北、东北、西北以及华东北部地区 2 年左右完成 1 代。如在江苏徐州地区 2 年完成 1 代。越冬成虫 5 月开始产卵，盛期为 6、7 月，当年孵化的若虫发育至第 4～7 龄后，在 40～60 cm 深土中越冬，至翌年春夏季再蜕皮 2～4 次，羽化为成虫。当年少数羽化的成虫可产卵，大部分越冬后在第 3 年 5—6 月产卵。而在河南郑州完成 1 世代的时间为 387～418 d，越冬成虫 4—10 月产卵，单雌产卵平均 62 粒，卵期 5—9 月，平均为 22.4 d，若虫多为 7～8 龄，少数为 6 龄和 9 龄，个别有 10 龄，若虫历期 130～335 d。成虫寿命因羽化迟早而异，平均历期 114.5～251 d。

华北蝼蛄：3 年左右完成 1 代。以成虫和若虫在土中越冬。在河南郑州，越冬成虫 5—7 月交配，6—8 月产卵繁殖。卵期平均 17.1 d。当年孵化的若虫发育至 8、9 龄越冬，次年再蜕皮 3～4 次，越冬后于第 3 年羽化为成虫。若虫共 12 龄，平均历期 736 d。成虫平均寿命 378 d。完成 1 代共需 1131 d。在安徽砀山和合肥，完成 1 代的历期为 963.8～1128.6 d。越冬成虫 5 月上旬开始产卵，盛期为 6 月下旬至 8 月中旬，末期为 9 月下旬。卵期 17～29 d，平均 21.6 d。成虫期 456～789 d，平均 658.5 d；若虫经 2 年越冬后羽化为成虫，盛期出现在 6 月上旬至 7 月中旬，当年羽化的成虫经越冬后交配产卵。雌雄成虫平均历期分别为 448.5 d 和 283.7 d，单雌产卵 58～1072 粒，平均 367.9 粒。

(3)蛴螬

蛴螬是鞘翅目、金龟甲幼虫的总称，是地下害虫中分布最广、种类最多、为害也最重的一大类群。我国重要的蛴螬有 30 余种，南北方均有发生，而且一地常有多种混合发生，全国以黄淮海地区发生面积最大。长江中、下游各省旱作地区以及在河南、山东、河北等省，为害较重的是暗黑鳃金龟（*Holotrichia parallela* Motschulsky）、铜绿丽金龟（*Anomala corpulenta* Motschulsky）和华北大黑鳃金龟［*Holotrichia oblita*（Faldermann）］。

① 形态特征。

暗黑鳃金龟：成虫体长 17～22 mm。长椭圆形。体多黑褐色，光泽不明显，被黑色或黄褐色绒毛和蓝灰色闪光粉层。前胸背板最宽处位于侧缘中间，前缘具沿，并有成排纤毛；前侧角钝角形，后侧角直角形，后缘无沿。前足胫节外侧具 3 齿，中齿明显靠近顶齿，内方距相对于中、基齿之间，稍近基齿。鞘翅两侧缘几乎平行，近后部稍膨大。腹部腹板具青蓝色丝绒色泽。卵长约 2.5 mm，宽约 2.2 mm。白色稍带黄绿色光泽。孵化前可透见幼虫体节和上颚。幼虫成长幼虫体长 35～45 mm。头部前顶毛每侧 1 根，位于冠缝旁，胸腹部乳白色，臀节腹面仅有钩状刚毛，呈三角形分布。肛门孔三裂。蛹体长 20～25 mm。尾节三角形，二尾角呈锐角岔开。体形弯曲呈 C 形，白色至黄白色。头部黄褐色至红褐色，上颚显著，头部前顶每侧生有左右对称的刚毛。具胸足 3 对。

华北大黑鳃金龟：成虫体长 17～22 mm，长椭圆形，黑褐色，有光泽，前胸背板侧缘外突，前缘中部呈弧形凹陷，前足胫节外侧具 3 齿，内侧有 1 距，后足胫节有 2 端距，两鞘翎会合处呈纵线隆起，隆起向后渐扩大，每鞘翅上有 3 条隆线。臀节侧而观，臀板隆凸顶点近后缘，顶端圆尖。前臀节腹板的三角形凹坑较狭。雄性外生殖器阳基侧突下突分叉，一粗一细。卵长2.0～2.7 mm，长椭圆形，乳白色，表面光滑。孵化前卵壳透明，可辨幼虫体节和上颚。幼虫体长 37～45 mm。头部赤褐色，有光泽，每侧具前顶毛 3 根，其中 2 根位于冠缝侧，1 根位于额缝侧。其余特征同暗黑鳃金龟。蛹长约 20 mm，椭圆形。初为黄白色，后变橙黄色。腹部末端有叉状尾角 1 对：末节腹面雄蛹有 3 个毗连的瘤状突，雌蛹无。

铜绿丽金龟：成虫体长 18～21 mm。头部、前胸背板、小盾片和鞘翅呈铜绿色，具闪光；头和前胸背板色较深；前胸背板密生刻点，侧缘黄色，前缘角尖锐，后缘角圆钝，最宽处位于两后角之间。胸足基节和腿节黄褐色，胫节和跗节深褐色；前足胫节外侧具 2 齿，对面生 1 棘刺；前、中足大爪分叉；后足大爪不分叉。鞘翅每侧具 4 条纵肋。腹部腹板灰白或黄白色。卵初产时椭圆形，长约 1.8 mm，乳白色，孵化前几呈圆形，卵壳表面光滑。成长幼虫体长 30～33 mm。头部前顶毛每侧 8 根，形成 1 纵列。臀节腹面具刺毛 2 列，每列由 13～14 根组成，两列刺尖交叉或相遇，钩毛分布于刺毛列周围。肛门孔横裂。蛹体长 18～22 mm。长椭圆形，稍弯曲；土黄色。臀节腹面半椭圆形，雄蛹具 4 裂的瘤状突起；雌蛹较平坦，无瘤状突起。

② 为害症状：取食萌发的种子或幼苗根茎，常导致地上部萎蔫死亡。害虫造成的伤口有利病原菌侵入，诱发病害。

③ 发生规律。

暗黑鳃金龟：暗黑鳃金龟在江苏、安徽、河南、山东、河北等地一年发生 1 代。多以 3 龄老熟幼虫越冬，少数以成虫越冬。幼虫在土中越冬深度平均为 23.14 cm，成虫为 8～28 cm，平均为 16 cm。越冬幼虫至翌年化蛹前一直停留在土室中。一般春季不为害，4 月底至 5 月初始蛹，5 月中、下旬为化蛹盛期。5 月下旬或 6 月初始见成虫，6 月中旬至 7 月盛发，高峰期为 7 月中旬，8 月下旬后逐渐减少，9 月绝迹。成虫产卵盛期在 7 月上、中旬，幼虫 7 月中、下旬盛孵，8 月中、下旬发育至 3 龄进入为害盛期。主要为害花生、大豆、甘薯和秋播麦苗。9 月中旬前后，老熟幼虫开始下移越冬。以成虫越冬的，翌年 4 月下旬以后出土，5 月下旬灯下始见。

华北大黑鳃金龟：华北大黑鳃金龟在浙江慈溪 1 年 1 代。以 3 龄幼虫越冬。在主要发生区黄淮海地区多为 2 年 1 代。以成虫或幼虫为主交替越冬。但越冬成虫早产的卵，在食料条件丰富的情况下，少数一年可完成 1 代。越冬成虫当 4 月 10 cm 土温 15 ℃左右开始出土，

4 月下旬灯下始见，出土高峰期为 5 月上、中旬，产卵盛期为 5 月下旬至 6 月上、中旬。幼虫 6 月上旬始孵，孵化盛期为 6 月中、下旬，幼虫为害盛期在 7 月下旬至 10 月中旬，10 月底 3 龄幼虫则向深土层移动，进入越冬。越冬深度在土下 11～34 cm 处。翌年 4 月上旬气温达 14 ℃左右，越冬幼虫上升为害麦苗和春播作物，6 月中旬进入预蛹期，6 月下旬开始化蛹，7 月中旬成虫羽化，至 10 月上旬结束。当年羽化的成虫仍在蛹室内潜伏，直接进入越冬。

铜绿丽金龟：铜绿丽金龟在各地 1 年发生 1 代。以幼虫越冬。在江苏、安徽等地，越冬幼虫翌年 3 月下旬至 4 月上旬上升活动为害。4 月下旬开始进入预蛹期，5、6 月化蛹，盛期为 5 月下旬。成虫 5 月下旬始见，6 月中旬盛发，8 月上旬终见。卵期自 6 月中旬至 8 月中旬。产卵盛期为 6 月下旬至 7 月上旬，幼虫盛孵期为 7 月上旬至 7 月中旬，8 月下旬大部分幼虫达 3 龄，10 月下旬后开始向土壤深层迁移越冬，越冬分布深度 9～35 cm，平均 23 cm。

（4）金针虫

鞘翅目，叩头虫科幼虫的通称。为害玉米常见的有沟金针虫（*Pleonomuscanaliculatus* Faldermann）、细胸金针虫（*Agriotes fuscicollis* Miwa）和褐纹金针虫（*Melanotus caudex* Lewis）。

① 形态特征。

沟金针虫：成虫体长 14～17 mm。雄虫体形瘦窄，背面扁平，深褐色，密被金黄色细毛。头扁，头顶中央低凹，密生明显刻点。雌虫体较扁平，前胸发达，背面呈半球形隆起，前狭后宽，宽大于长，密布刻点，中央有极细小的纵沟。雄虫触角 12 节，丝状，长达鞘翅末端，有后翅；雌虫触角 11 节，略呈锯齿状，长约为前胸的 2 倍，后翅退化。卵椭圆形，长约 0.7 mm，宽约 0.6 mm。乳白色。老熟幼虫体长 20～30 mm，金黄色，具黄色细毛。前头和口器暗褐色。头扁平，上唇呈三叉状突起。体节宽大于长，背面中央有 1 条细纵沟。尾节背面凹入近圆形，并密布较粗刻点，两侧缘隆起，每侧有 3 个齿状突起，尾端分叉，并略向上弯曲，每叉内侧各有 1 小齿。蛹体长 15～22 mm。前胸背板隆起呈半圆形，前缘及后缘角各有 1 对剑状长刺，中胸较后胸为短。足腿节与胫节并叠，与体躯略成直角。腹部末端瘦削，尾端自中间裂开，有刺状突起。初蛹为淡绿色，后渐变为深色。

细胸金针虫：成虫体细长，长 8～9 mm，暗褐色，密被灰色短毛，有光泽。触角红褐色，第 2 节球形。前胸背板略带圆形，长大于宽。鞘翅约为头胸部的 2 倍，具 9 条纵列刻点。足赤褐色。卵圆形，长 0.5～1 mm，乳白色。幼虫有 11 龄。末龄幼虫体长 23 mm。体细长，圆筒形，色淡黄，有光泽。尾节呈圆锥形，近基部的背面两侧各有 1 褐色圆斑，背面有 4 条褐色纵纹。蛹长 8～9 mm。初蛹时乳白色，后变黄色。羽化前复眼黑色，口器淡褐色，翅芽灰黑色。

褐纹金针虫：成虫体长 9 mm，宽 2.7 mm，体细长被灰色短毛，黑褐色，头部黑色向前凸密生刻点，触角暗褐色，2、3 节近球形，4 节较 2、3 节长。前胸背板黑色，刻点较头上的小后缘角后突。鞘翅长为胸部 2.5 倍，黑褐色，具纵列刻点 9 条，腹部暗红色，足暗褐色。长 0.5 mm，椭圆形至长卵形，白色至黄白色。末龄幼虫体长 25 mm，宽 1.7 mm，体圆筒形，棕褐色具光泽。第一胸节、第九腹节红褐色。头梯形扁平，上生纵沟并具小刻点，体具微细到点和细沟，第一胸节长，第二胸节至第八腹节各节的前缘两侧，均具深褐色新月斑纹。尾节扁平且尖，尾节前缘具半月形斑 2 个，前部具纵纹 4 条，后半部具皱纹且密生大刻点。幼虫共 7 龄。

② 为害症状：取食种子、嫩芽，使其不能发芽；可钻蛀在根茎内取食，有褐色蛀孔，被害株的主根很少被咬断，被害部位不整齐，呈丝状。

③ 发生规律。

沟金针虫：沟金针虫 2～3 年或更长时间完成 1 个世代。以成虫和幼虫在土中越冬。由于生活历期长，土壤环境复杂多变，田间幼虫发育不整齐，因而引起世代重叠。据钟启谦(1957)和魏鸿钧(1953)观察，沟金针虫在北京地区3年多完成1代。其幼虫期长达1150 d。越冬幼虫于8月上旬至9月上旬先后化蛹，蛹期16～20 d。田间9月初成虫开始羽化，当年不出土，即在土中越冬。翌年春3、4月越冬成虫开始活动，以4月上旬为最盛，4月中旬后田间很少发现。寿命约220 d。成虫4月中旬至6月初产卵。卵期约35 d。幼虫6月全部孵出，新孵幼虫以上旬最多。另据吴铱(1966)研究，沟金针虫在河南郾城2年多完成1代。越冬幼虫8月下旬开始化蛹，9月中旬成虫初见。越冬成虫在翌年2月下旬便出土活动，3月中旬至4月中旬为盛期，4月下旬绝迹。幼虫5月初始孵，5月上、中旬为孵化盛期。可以看出，沟金针虫在两地完成1世代所需时间相差1年以上，但在安徽和陕西亦发现饲养的沟金针重幼虫，有的三、四年，甚至5年仍有未化蛹者。因此，沟金针虫的发生世代可能存在多态现象。

成虫白天潜伏在土块下或杂草中，傍晚外出活动交尾。有假死性，无趋光性。雌虫行动迟钝，不能飞翔，雄虫活跃，能作短距离飞翔。雌虫交配后，将卵产在土下3～7 cm深处。卵散产。每雌产卵可达200余粒。卵粒小，常黏有土粒，难以发现。

细胸金针虫：陕西武功地区多为2年1代。由于该虫有世代多态现象，也有1年或3年、4年完成1代的。以成虫和幼虫在土下20～40 cm处越冬。越冬成虫3月上、中旬，当10 cm土温平均7.6～11.6 ℃，气温5.3 ℃时开始出土活动，4月中、下旬土温平均15.6 ℃，气温为13 ℃左右时进入活动盛期，6月中旬为末期。甘肃武威地区3年完成1代，也有2年或4～5年1代者。主要以幼虫，少数为成虫越冬。越冬幼虫2月下旬向上移动，3月下旬至4月上旬移至表土层，经1个月的取食，老熟幼虫5月上旬进入预蛹期。5月20日左右始蛹，6月上、中旬为化蛹盛期，8月中旬终见。成虫5月下旬始见，6月下旬为羽化盛期，7月中旬开始产卵，下旬为产卵盛期，8月下旬产卵终止。幼虫孵出后，多数经3年左右老熟化蛹，部分8月下旬后当年羽化的成虫，未经交配产卵，即在避风向阳的隐蔽处越冬，翌年4—5月中午出土活动，5月上旬开始产卵，6月上、中旬孵化为幼虫，越冬成虫寿命270 d。在河南北部地区，多数为2年1代，少数3年1代。以成、幼虫在土中越冬，但以幼虫越冬为主。越冬幼虫3月上旬恢复活动，为害返青小麦，以3月下旬至4月上旬为最严重。6月中旬化蛹，蛹盛期在7—8月。成虫羽化后当年不出土，于翌年3月中旬出蛰，4月上旬为发生盛期并大量产卵。

2. 地上害虫

(1)灰飞虱

灰飞虱[*Laodelphax striatellus*(Fallén)]属同翅目，飞虱科。国内分布遍及全国各地，在华北和西北主要传播小麦丛矮病和玉米矮缩病。其传毒为害所造成的损失远大于直接刺吸为害。

① 形态特征：成虫长翅型连翅体长3.5～4.0 mm，短翅型体长2.4～2.6 mm。头顶四方形，额侧脊弧形，以中部为最宽。头顶端半两侧脊间、面部和胸部侧板黑褐色。头顶后半、前胸背板、中胸翅基片、额和唇基的脊、触角及足均为淡黄褐色。雄虫中胸背板黑色，雌虫中域淡黄色，两侧具暗褐色宽条斑。腹部雄虫为黑褐色，雌虫腹部背面暗褐色，腹面黄褐色。前翅淡黄褐色，透明，脉与翅面同色，翅斑黑褐色。卵长0.78 mm，宽0.21 mm。卵帽底宽大于高，顶端钝圆，在产卵痕中露出呈念珠状。若虫 多为5龄。长椭圆形，落水后足向后斜伸呈八字形。1、2龄体长分别为1.0 mm、1.2 mm，乳白至淡黄色，腹部背面无斑纹，或有不明显的浅灰色横条纹；2龄体两侧色较深，翅芽不明显；3～5龄体长分别为1.5 mm、2.0 mm、2.7 mm，体灰褐

色，胸部背面有不规则节各有1个浅色八字形斑纹，第6～8节背面中央具模糊的浅横带，翅芽明显。

② 为害症状：成虫、若虫均以口器刺吸玉米汁液，直接为害影响小。但因其传播玉米粗缩病毒，会引起粗缩病。目前生产上的品种大多高感粗缩病，灰飞虱大发生，会导致该病流行。

③ 发生规律：1年4～8代，因地而异。以若虫在麦田及禾本科杂草上越冬，翌年羽化。5月下旬至6月上旬，迁飞到玉米上为害。成虫有趋向生长嫩绿茂密玉米田的习性。

(2)玉米螟

亚洲玉米螟(*Ostrinia furnacalis*)属鳞翅目，螟蛾科。我国各玉米产区均有发生，为世界性的蛀食性大害虫。一般发生年春玉米受害后减产10%左右，夏玉米减产20%～30%，大发生年减产达30%以上。以北方春玉米区和黄淮平原春、夏玉米区为害最重。

① 形态特征：成虫体黄褐色，雄蛾体长10～14 mm，翅展20～26 mm；触角丝状，灰褐色，复眼黑色；前翅内横线为暗褐色波状纹，内侧黄褐色，基部褐色；外横线为暗褐色锯齿状纹，外侧黄褐色，外横线与外缘线之间，有1褐色带。内横线与外横线之间淡褐色，有2个褐色斑；缘毛内侧褐色，外侧白色，后翅灰黄色，中央和近外缘处各有1褐色带；雌蛾比雄蛾体形大，体色浅，前翅淡黄色，线纹与斑纹均淡褐色，外横线与外缘线之间的阔带极淡，不易察觉；后翅灰白或淡灰褐色；后翅基部有翅缰，雄蛾1根，较粗壮；雌蛾2根，稍细。卵长约1 mm，短椭圆形，扁平，略有光泽；初产时呈乳白色，后转黄白色，半透明；临孵化前卵粒中央呈现黑点，为幼虫头壳，边缘仍为乳白色。幼虫初孵化时长约1.5 mm，头壳黑色，体乳白色，半透明。末龄幼虫体长20～30 mm，宽3～3.5 mm，头壳深棕色，体淡灰褐或淡红褐色，有纵线3条，以背线较明显；胸部第2、3节背面各有4个圆形毛瘤，腹部第1～8节背面各有2列横排毛瘤，前列4个，后列2个，前大后小；第9腹节具毛瘤3个，中央一个较大；胸足黄色，腹足趾钩为三序缺环。蛹纺锤形，黄褐色至红褐色，体长15～18 mm，体背密布细小波状横皱纹。雄蛹腹部较瘦削、尾端较尖。雌蛹腹部较雄蛹肥大，尾端较钝圆。

② 为害症状：幼虫孵化后，一部分潜藏在雌穗着生节以上各叶片的叶腋间，取食积存的花粉和叶腋组织，至4龄后蛀茎为害；绝大部分初孵幼虫集中到雌穗顶端的花丝基部取食为害，在卵量大的年份，一个穗顶上常有数条甚至数十条幼虫。生活在雌穗顶端的幼虫取食花丝及未成熟的嫩粒，使籽粒残缺不全，并引起霉烂，降低玉米籽粒的品质。至4～5龄时，这些幼虫有的自雌穗顶端蛀入穗轴，有的自雌穗基部蛀入雌穗柄，也有的蛀入雌穗着生节上下的茎秆。但此时玉米已进入灌浆中、后期，雌穗的大小已经定型，所以这一代幼虫主要影响千粒重和籽粒的品质。

③ 发生规律：东北及西北地区一年发生1～2代，黄淮及华北平原发生2～4代，江汉平原发生4～5代，广东、广西及台湾发生5～7代，西南地区发生2～4代。均以老熟幼虫在寄主被害部位及根茬内越冬。在北方越冬幼虫翌年5月中下旬进入化蛹盛期，5月下旬至6月上旬越冬代成虫盛发，在春玉米上产卵。1代幼虫6月中下旬盛发为害，此时春玉米正处于心叶期，为害很重。2代幼虫7月中下旬为害夏玉米(心叶期)和春玉米(穗期)。3代幼虫8月中下旬进入盛发，为害夏玉米穗及茎部。在春、夏玉米混种区发生重。成虫常在晚上羽化，且有雄虫比雌虫早1～2 d羽化的习性。白天多躲藏在杂草丛、稻田、豆地茂密的作物间，夜晚飞出活动，飞行力强。成虫有趋光性和较强的性诱反应。幼虫孵出后有取食卵壳的现象。初孵幼虫行动敏捷，能迅速爬行，遇风吹或被触动，即吐丝下垂，转移到其他部位或扩散到邻近植株。幼

虫具有趋糖、趋湿多种特性。播期早、生长茂盛、叶色浓绿的植株着卵量往往超过一般玉米。不同生育期、品种和播期的玉米上，由于幼虫成活率高低不同，受害轻重也就不同。开花期最易吸引螟蛾产卵；在小花和嫩粒上，幼虫成活率显著较心叶期高。在相同的卵量或虫口密度下，感虫品种(系)受害重，玉米螟幼虫的存活率高。

(3)玉米蚜

玉米蚜(*Rhopalosiphum maidis*)属同翅目，蚜科。又称玉米缢管蚜，俗称麦蚰、腻虫、蚁虫等，主要分布在华北、东北、西南、华南、华东等地。为害玉米、高粱、小麦、大麦、水稻等作物，另外，还为害马唐、狗尾草、牛筋草、稗草、雀稗等禾本科杂草。

① 形态特征：无翅孤雌蚜体长卵形，若蚜体深绿色，成蚜为暗绿色，被薄白粉，附肢黑色，复眼红褐色，触角6节，体表有网纹。腹管长圆筒形，端部收缩，腹管具覆瓦状纹，基部周围有黑色的晕纹；尾片圆锥状，具毛4～5根。有翅孤雌蚜长卵形，体深绿色，头、胸黑色发亮，复眼为暗红褐色，腹部黄红色至深绿色；触角6节比身体短；腹部2～4节各具1对大型缘斑；翅透明，前翅中脉分为二叉，足为黑色；腹管为圆筒形，绿色且较短；尾片两侧各着生刚L2根。卵椭圆形。

② 为害症状：以成、若蚜刺吸植株汁液。幼苗期蚜虫群集于心叶为害，植株生长停滞，发育不良，严重受害时，甚至死苗。玉米抽穗后，移向新生的心叶中繁殖，在展开的叶面可见到一层密布的灰白色脱皮壳，这是玉米蚜为害的主要特征。穗期除刺吸汁液外，蚜虫则密布于叶背、叶鞘和穗部的穗苞或花丝上取食，还因蚜虫排泄的“蜜露”，黏附叶片，引起煤污病，常在叶面形成一层黑色的霉状物，影响光合作用，千粒重下降，引起减产。同时蚜虫大量吸取汁液，使玉米植株水分、养分供应失调，影响正常灌浆，导致秕粒增多，粒重下降，甚至造成无棒“空株”。

③ 发生规律：一年发生20代左右，以成、若蚜在麦类及早熟禾、看麦娘等禾本科杂草的心叶里越冬。翌年3—4月随着气温上升，开始在越冬寄主上活动、繁殖为害。6月下旬7月初蚜虫由其他寄主迁往夏玉米，7月下旬玉米蚜大量迁入，抽雄前蚜虫在心叶为害，7月底至8月上旬玉米进入抽雄期、玉米蚜迅速增殖。8月上旬至中旬进入盛期，百株蚜量达万头以上。8月下旬末天敌大量出现，气候干燥凉爽、蚜量急剧下降、集中在雌穗苞叶或下部叶片，玉米收获前产生有翅蚜迁飞其他寄主。

(4)大螟

大螟(*Sesamia inferens*)俗称旋心虫、钻心虫，属鳞翅目，螟蛾科，是玉米的主要虫害之一。四川大部分地区均有发生，以深丘区和山区为害较重，春播玉米重于夏播玉米。

① 形态特征：成虫体长12～15 mm，翅展27～30 mm，头胸部灰黄色，腹部浅褐色；前翅近长方形，淡灰褐色，近外缘色较深，从翅基到外缘有一条褐色条纹，后翅白色，近外缘稍带淡褐色；雄虫体较小，触角栉齿状；雌虫体较大，触角丝状。卵扁球形，顶部稍凹，表面有放射状细隆线；初产时乳白色，后变淡黄色，孵化前变灰褐色；卵在玉米植株叶鞘内侧排成2～3行，或者散产。老熟幼虫体为30 mm，体较粗壮，头红褐色或暗褐色，腹部背面带紫红色；腹足发达，趾钩17～21个，在内侧纵排成眉状半环，体节上着生疣状突起，其上着生短毛。幼虫5～7龄，3龄前前胸背面鲜黄，3龄后为鲜红色。雄蛹长13～15 mm，雌蛹长15～18 mm。左右翅芽近端部有一段互相接合；初化蛹时淡黄色，后变成黄褐色，背面色较深；头胸有白粉状分泌物，第2～7腹节除后缘附近外，其他均有黑褐色圆形小刻点；臂刺明显，黑色，其背面和腹面各有两个小型角质突起。

② 为害症状：幼虫蛀食玉米幼苗茎秆，造成枯心和整株死亡。大螟为杂食性害虫，除为害玉米外，还为害水稻、甘蔗、高粱等禾本科作物。

③ 发生规律：一年发生 2～4 代，随海拔的升高而减少，随着温度的升高而增加。以老熟幼虫在寄主残体或近地面的土壤中越冬，翌年 3 月中旬化蛹，4 月上旬交尾产卵，3～5 d 达高峰期，4 月下旬为孵化高峰期。成虫白天潜伏，傍晚开始活动，趋光性较弱，寿命 5 d 左右。雌蛾交尾后 2～3 d 开始产卵，3～5 d 达高峰期，喜在玉米苗上和地边产卵，多集中在玉米茎秆较细、叶鞘抱合不紧的植株靠近地面的第 2 节和第 3 节叶鞘的内侧，可占产卵量的 80%以上。雌蛾飞翔力弱，产卵较集中，靠近虫源的地方，虫口密度大，为害重。刚孵化出的幼虫，不分散，群集叶鞘内侧，蛀食叶鞘和幼茎，1 d 后，被害叶鞘的叶尖开始萎蔫，3～5 d 后发展成枯心、断心、烂心等症状，植株停止生长，矮化，甚至造成死苗。一开始被害株(即产卵株)，常有幼虫 10～30 条。幼虫 3 龄以后，分散迁害邻株，可转害 5～6 株不等。此时，是大螟的严重为害期。早春 10 ℃以上的温度来得早，则大螟发生早。靠近村庄的低洼地及麦套玉米地发生重。春玉米发生偏轻，夏玉米发生较重。

(5)黏虫

黏虫(*Mythimna separata*)属鳞翅目，夜蛾科。又称剃枝虫、行军虫，是一种以为害粮食作物和牧草的多食性、迁移性、暴发性大害虫。除西北局部地区外，其他各地均有分布。

① 形态特征：成虫体长 17～20 mm，翅展 36～45 mm，淡黄褐至淡灰褐色，触角丝状；前翅环形纹圆形，中室下角处有一小白点，由翅尖向斜后方有 1 条暗色条纹。后翅正面暗褐，反面淡褐，缘毛白色，雄蛾较小，体色较深，其尾端经挤压后，可伸出 1 对鳃盖形的抱握器，抱握器顶端具 1 长刺，这一特征是区别于其他近似种的可靠特征。雌蛾腹部末端有 1 尖形的产卵器。卵半球形，初产时乳白色，表面有网状脊纹，孵化前呈黄褐色至黑褐色。幼虫 6 龄，体长 35 mm 左右，体色变化很大，密度小时，4 龄以上幼虫多呈淡黄褐至黄绿色不等，密度大时，多为灰黑至黑色；头黄褐至红褐色；有暗色网纹，沿蜕裂线有黑褐色纵纹，似“八”字形，幼虫体表有许多纵行条纹，背中线白色，边缘有细黑线，背中线两侧有 2 条红褐色纵条纹，近背面较宽，两纵线间均有灰白色纵行细纹；腹面污黄色，腹足外侧具有黑褐色斑。蛹红褐色，长 20 mm，第 5～7 腹节背面近前缘处有横脊状隆起，上具刻点，横列成行，腹末有尾刺 3 对。

② 为害症状：孵化后 3 龄前的幼虫多集中在叶片上取食，可将幼苗叶片吃光，只剩下叶脉。大发生时可把作物叶片食光，在暴发年份，幼虫成群结队迁移时，几乎所有绿色作物被掠食一空，造成大面积减产或绝收。

③ 发生规律：每年发生世代数全国各地不一，东北、内蒙古每年发生 2～3 代，华北中南部 3～4 代，江苏淮河流域 4～5 代，长江流域 5～6 代，华南 6～8 代。黏虫属迁飞性害虫，在北纬 33°以北地区任何虫态均不能越冬。在江西、浙江一带，以幼虫和蛹在稻桩、田埂杂草、绿肥田、麦田表土下等处越冬。在广东、福建南部终年繁殖，无越冬现象。北方春季出现的大量成虫系由南方迁飞所致。3—4 月由长江以南向北迁飞至黄淮地区繁殖，4—5 月为害麦类作物，5—6 月先后化蛹羽化为成虫后又迁往东北、西北和西南等地繁殖为害，6—7 月为害小麦、玉米、水稻和牧草，7 月中下旬至 8 月上旬化蛹羽化成虫向南迁往山东、河北、河南、苏北和皖北等地繁殖，为害玉米、水稻。成虫飞翔力强，有迁飞的习性，对黑光灯和糖、醋、酒液有很强的趋性。成虫产卵部位趋向于黄枯叶片。产卵时分泌黏液，使叶片卷成条状，常将卵粘包住，以致不易看见。黏虫是一种喜好潮湿而怕高温和干旱的害虫，高温低湿不利于成虫产卵、发育。但雨水

多，湿度过大，也可控制黏虫发生。密植、多雨、灌溉条件好、生长茂盛的水稻、小麦、谷子，或荒草多、大的玉米、高粱地，黏虫发生量就多。小麦、玉米套种，有利于黏虫的转移为害，发生较重。

(6)草地贪夜蛾

草地贪夜蛾(*Spodoptera frugiperda*)又称秋行军虫、秋黏虫、草地夜蛾，为夜蛾科，夜盗蛾属害虫。原产美洲热带、亚热带地区，广泛分布美洲大陆，具有适应性强、防控难度大的特点。草地贪夜蛾幼虫大量啃食禾本科(水稻、甘蔗、玉米)及菊科、十字花科等多种农作物，造成严重经济损失，发育速度随着气温上升而加快，1 年可繁衍数代，1 只雌蛾可产下超过 1000 颗卵。繁殖能力强，成虫可长距离飞行，短时间内造成大范围的为害。

① 形态特征：成虫翅展 32～40 mm。前翅灰色至深棕色，后翅白色，边缘有窄褐色带。雌虫前翅呈灰褐色至灰棕色，有环形纹和肾形纹；雄虫前翅灰棕色，翅顶角向内各具一大白斑，环形纹后侧各有一浅色带自翅外缘至中室，肾形纹内侧各有一白色楔形纹。卵呈圆顶形，直径 0.4 mm，高 0.3 mm，通常 100～200 粒卵堆积成块状，多由白色鳞毛覆盖，初产时为浅绿色或白色，孵化前逐渐变为棕色卵，多产于叶片正面，玉米喇叭口期多见于近喇叭口处。温度适宜时 2～3 d 孵化。幼虫 6 个龄期，偶为 5 个。初孵时全身绿色，具黑线和斑点。生长时仍保持绿色或浅黄色，具黑色背中线和气门线。老熟幼虫体长 35～50 mm，头部具黄白色倒“Y”形斑，黑色背毛片着生原生刚毛(每节背中线两侧有 2 根刚毛)。腹部末节有呈正方形排列的 4 个黑斑。如密集时(种群密度大、食物短缺时)，末龄幼虫在迁移期几乎为黑色。幼虫共 6 龄，体色和体长随龄期而变化，低龄幼虫体色呈绿色或黄色，体长 6～9 mm，头呈黑色或橙色。高龄幼虫多呈棕色，也有黑色或绿色的个体存在，体长 30～50 mm，头部呈黑色、棕色或橙色，具白色或黄色倒“Y”形斑。幼虫体表有许多纵行条纹，背中线黄色，背中线两侧各有 1 条黄色纵条纹，条纹外侧依次是黑色、黄色纵条纹。幼虫最明显的特征是腹部末节有呈正方形排列的 4 个黑斑，头部呈明显的倒“Y”形纹。蛹呈椭圆形，红棕色，长 14～18 mm，宽 4.5 mm。老熟幼虫落到地上借用浅层(深 2～8 cm)土壤做一个蛹室，土沙粒包裹的蛹茧在其中化蛹，亦可在为害寄主植物如玉米穗上化蛹。

② 为害症状：为害玉米时，1～3 龄幼虫通常隐藏在心叶、叶鞘等部位取食，形成半透明薄膜“窗孔”，低龄幼虫还会吐丝，借助风扩散转移至周边植株上继续为害。4～6 龄幼虫为害更为严重，取食叶片后形成不规则的长形孔洞，可将整株玉米叶片取食光，也会钻进心叶、未抽出的雄穗和幼嫩雌穗为害，影响叶片和果穗正常发育。苗期严重破坏生长点，形成枯心苗。种群数量大时，幼虫如行军状成群扩散。环境有利时，常留在杂草中。

③ 发生规律：草地贪夜蛾无滞育现象，适宜发育温度广，为 11～30 ℃，在 28 ℃条件下 30 d 即可完成 1 个世代。雌雄虫均可多次交配，单头雌虫可产卵块 10 块以上，卵量约 1500 粒。新孵出的幼虫以卵壳本身为食，然后静置 2～10 h。幼虫即毛毛虫更喜欢以新叶为食，由于食性习惯通常各自找到一片新叶。幼虫改变皮肤 7 次，并在最后一次离开墨囊，穿透 0.5 cm 深的土壤变成蛹。蛹阶段在一年中最热的时期持续 10～12 d。成虫寿命约 12 d，完整周期仅为 30 d。

(7)玉米叶夜蛾

玉米叶夜蛾(*Spodoptera exigua*)属鳞翅目，夜蛾科，又称甜菜夜蛾、玉米小夜蛾。世界性害虫。在国内各省(区)均有分布。在亚洲、美洲、欧洲及非洲均有为害。

① 形态特征：成虫体长 8～10 mm，翅展 19～25 mm。灰褐色，头、胸有黑点。前翅灰褐

色，基线仅前端可见双黑纹；内横线双线黑色，波浪形外斜；剑纹为一黑条；环纹粉黄色，黑边；肾纹粉黄色，中央褐色，黑边；中横线黑色，波浪形；外横线双线黑色，锯齿形，前、后端的线间白色；亚缘线白色，锯齿形，两侧有黑点，外侧有一个较大的黑点；缘线为一列黑点，各点内侧均衬白色。后翅白色，翅脉及缘线黑褐色。卵白色，馒头形，上有放射状纹，单层或多层重叠排列成块，卵块上覆盖有雌蛾脱落的白色或淡黄色茸毛。幼虫5龄，1～3龄虫体色由淡绿到浅绿，头黑色渐呈浅褐色；2龄时前胸背板有一个倒梯形斑纹；3龄时气门后出现白点。4龄虫体色开始多变，有绿、暗绿、黄褐、黑褐等色；前胸背板斑纹呈口字形，背线有不同颜色或不明显，气门线下为黄白色或绿色，有时带粉红色的纵带出现并直达腹末。老熟幼虫体色变化很大，由绿色、暗绿色、黄褐色、褐色至黑褐色；背线有或无，颜色亦各异；较明显的特征为：腹部气门下线为明显的黄白色纵带，有时带粉红色，此带直达腹部末端，不弯到臀足上，是区别于甘蓝夜蛾的重要特征。

② 为害症状：幼虫食叶成缺刻或孔洞，严重的把叶片吃光，仅剩下叶柄、叶脉，对产量影响很大。

③ 发生规律：每年发生的代数由北向南逐渐增加。陕西4～5代，北京5代，山东5代，湖北5～6代，江西6～7代，福建8～10代.广东10～11代，世代重叠。江苏、陕西以北地区，以蛹在土室中越冬；也可以成虫在北方地区温室中越冬；华南地区无越冬现象，可终年繁殖为害。蛹在−12 ℃以下经数日即死亡。成虫具有趋光性和趋化性，对糖醋酒液有较强趋性。成虫昼伏夜出，白天潜伏于植株叶间、枯叶杂草或土缝等隐蔽场所，受惊时可作短距离飞行，夜间进行取食、交配产卵。初孵幼虫先取食卵壳，2～5 h后陆续从茸毛内爬出，群集叶背。3龄前群集为害，但食量小，4龄后食量大增，占幼虫一生食量的88%～92%。老熟幼虫有强的负趋光性，白天隐匿在叶背、植株中下部，有时隐藏于松表土中及枯枝落叶中，阴雨天全天为害。初冬和越冬期死亡是影响春季成虫大发生的重要因素。

(8)桃蛀螟

桃蛀螟(*Dichocrocis punetiferalis*)属鳞翅目，螟蛾科。国内分布区北起黑龙江、内蒙古，南至台湾、海南及广东，广西、云南，东接俄罗斯东境、朝鲜北境并临海边，西面自山西，陕西宁夏、甘肃后，折入四川、云南。黄河以南局部地方，密度颇高。

① 形态特征：成虫体长11～13 mm，翅展20～26 mm，鲜草黄色；下唇须两侧黑色；前胸两侧有各带1黑点的披毛，腹部背面与侧面有成排的黑斑；前后翅草黄色，前翅约有25～26个黑斑，后翅约有10个黑斑。雌蛾腹部末端呈圆锥形，雄蛾腹部末端较钝，且有黑色毛丛；卵椭圆形，稍扁平；初产时乳白色，后变米黄色，孵化前呈暗红色。末龄幼虫体长22～25 mm，体背淡红色，头部暗褐色，前胸背板深褐色，体各节有粗大的灰褐色瘤点。腹足趾钩双序缺环。蛹褐色到深褐色，腹部第5、6、7各节背面前缘各生1列小齿，臀棘细长，上生钩刺1丛。

② 为害症状：以幼虫为害玉米穗，初孵幼虫蛀入幼嫩籽粒内，在其内为害至3龄前。3龄后吐丝结网缀合小穗，严重时将籽粒食空。

③ 发生规律：在华北地区一年发生2～3代，长江流域4～5代以末代老熟幼虫在病残株和仓库缝隙中越冬。高粱、玉米、向日葵的秸秆里也有一少部分越冬幼虫。华北地区越冬代幼虫翌年4月开始化蛹，5月上中旬羽化。第1代成虫及产卵盛期在7月上旬，7月中旬发生第2代幼虫，8月中下旬是第3代幼虫发生期，9—10月出现第4代幼虫，10月中下旬以老熟幼虫越冬。成虫对黑光灯有强烈的趋性，对糖醋味也有趋性，白天停歇在叶背面，傍晚以后活动。

多雨高湿年份，发生严重。晚播重于早播，夏播重于春播。

(9)叶螨

二斑叶螨(*Tetranychus urticae*)、朱砂叶螨(*Tetrany-chuscinnabarinus*)各地均有分布。

① 形态特征。

二斑叶螨：雌成螨色多变有浓绿、褐绿、黑褐、橙红等色；体背两侧各具一块暗红色长斑，有时斑中部色淡分成前后两块。雌体椭圆形，多为深红色，也有黄棕色的；越冬者橙黄色，较夏型肥大。雄成螨体近卵圆形，前端近圆形，腹末较尖，多呈鲜红色。卵球形，光滑，初无色透明，渐变橙红色，将孵化时现出红色眼点。幼螨初孵时近圆形，无色透明，取食后变暗绿色，眼红色，足3对。若螨前期若螨体近卵圆形，色变深，体背出现色斑；后期若螨体黄褐色，与成虫相似。

朱砂叶螨：雌成螨体椭圆形；体背两侧具有一块三裂长条形深褐色大斑。雄成螨体菱形，一般为红色或锈红色，也有浓绿黄色的，足4对。卵近球形，初期无色透明，逐渐变淡黄色或橙黄色，孵化前呈微红色。幼螨和若螨：卵孵化后为1龄，仅具3对足，称幼螨。幼螨蜕皮后变为2龄，又叫前期若螨，前期若螨再蜕皮，为3龄，称后期若螨，若螨均有4对足。雄螨一生只蜕1次皮，只有前期若螨。幼螨黄色，圆形，透明，具3对足。若螨体似成螨，具4对足。前期体色淡，后期体色变红。

② 为害症状：若螨和成螨群聚叶背吸取汁液，使叶片呈灰白色或枯黄色细斑，严重时，整个叶片发黄、皱缩，直至干枯脱落，玉米籽粒秕瘦，造成减产、绝收。

③ 发生规律。

二斑叶螨：南方一年生20代以上，北方12～15代。越冬场所随地区不同，在华北以雌成虫在杂草、枯枝落叶及土缝中吐丝结网潜伏越冬；在华中以各种虫态在杂草及树皮缝中越冬；在四川以雌成虫在杂草或豌豆、蚕豆作物上越冬。2月均温达5～6 ℃时，越冬雌虫开始活动，3—4月先在杂草或其他为害对象上取食，4月下旬至5月上中旬迁入瓜田，先是点片发生，而后扩散全田。6月中旬至7月中旬为猖獗为害期。靠近村庄、果园、温室和长满杂草的向阳沟渠边的玉米田发生早且重，其次是常年旱作田。

朱砂叶螨：在北方一年发生12～15代，长江流域18～20代，华南地区每年发生20代以上。以雌成螨在草根、枯叶及土缝或树皮裂缝内吐丝结网群集越冬，最多可达上千头聚在一起。7月中旬雨季到来，叶螨发生量迅速减少，8月若天气干旱可再次大发生。干旱少雨时发生严重；暴雨对朱砂叶螨的发生有明显的抑制作用；轮作田发生轻，邻作或间作瓜类和果树的田块发生较重。

(10)棉铃虫

棉铃虫(*Heliocoverpa armigera*)属鳞翅目，夜蛾科。各地均有发生，以辽南、长江流域地区为害较重，受害重时受害率45%，减产30%。

① 形态特征：成虫头胸青灰或淡灰褐色。前翅青灰或淡灰褐色，呈锯齿形，环纹圆形，有褐边，中央有一褐点；肾纹有褐边，中央有一深褐色肾形斑，肾纹前方的前缘脉上有2个褐色纹。后翅灰白色或褐色，翅脉深褐色，端区棕褐色，较宽，缘毛灰白色。基部有一褐线，后半部不明显。卵半球形，高大于宽，纵棱达底部，初产时乳白，后黄白色，孵化前深紫色。幼虫多数6龄。1龄幼虫头纯黑色，前胸背板红褐色，体表线纹不明显；2龄幼虫头黑褐色或褐色；3龄幼虫头淡褐色，出现大片褐斑和相连斑二点，前胸背板两侧绿黑色，中间较淡；4龄幼虫头淡褐带白色，有褐色纵斑；5龄幼虫头较小，往往有小褐斑，前胸背板白色，斑纹复杂；6龄幼虫头淡黄

色，白色网纹显著，前胸背板白色，体侧3条线条清晰；老熟幼虫体色因食物或环境不同变化很大，体色淡红、黄白、淡绿、绿色、黄绿色、暗紫色和黄白色相间。蛹纺锤形，初蛹为灰绿色、绿褐色或褐色，复眼淡红色。

② 为害症状：以幼虫蛀食穗部籽粒。幼穗常被吃空或引起腐烂，雨水、病原易侵入引起腐烂、脱落。

③ 发生规律：在我国由北向南一年发生3～7代，世代重叠。以蛹在寄主植物根际附近的土中越冬。当气温上升至15 ℃以上时，越冬蛹开始羽化。各地主要发生期及主要为害世代有所不同。成虫多在19时至次日凌晨02时羽化，羽化后沿原道爬出土面后展翅。成虫昼伏夜出，白天躲藏在隐蔽处，黄昏开始活动，在开花植物间飞翔吸食花蜜，交尾产卵，成虫有趋光性和趋化性，对新枯萎的杨树枝叶等有很强的趋性。成虫羽化后当晚即可交配，2～3 d后开始产卵，卵散产，喜产于生长茂密、花蕾多的棉花上，产卵部位一般选择嫩尖、嫩叶等幼嫩部分。初孵幼虫取食卵壳，第二天开始为害生长点和取食嫩叶。2龄后开始蛀食幼蕾。3～4龄幼虫主要为害蕾和花，引起落蕾。5～6龄进入暴食期，多为害青铃、大蕾或花朵。老熟幼虫在3～9 cm处的表土层筑土室化蛹。干旱地区灌水及时或水肥条件好，长势旺盛的棉田，前作是麦类或绿肥的棉田及玉米与棉花邻作的棉田，均有利于棉铃虫发生。

(11)黄呆蓟马

黄呆蓟马(*Anaphothrips obscurus*)属缨翅目，蓟马科，又称玉米蓟马、玉米黄蓟马、草蓟马。分布于国内分布区，北起北京、甘肃，南抵台湾、海南及广东、云南南境，东面滨海，西达新疆西陲，并由甘肃折入四川、云南，再向西发展。在新疆及四川均有严重为害报道。

① 形态特征：雌虫长翅型体暗黄色，胸部有暗灰斑，腹部背片较暗；前翅灰黄色；足黄色；触角8节。卵壳白色，肾形，乳白至乳黄色。若虫初孵若虫小如针尖；2龄后体色为乳青或乳黄色，有灰色斑纹；触角末数节灰色。

② 为害症状：主要是成虫对植物造成严重为害，为害叶背致叶背面呈现断续的银白色条斑，伴随有小污点，叶正面与银白色相对的部分呈现黄色条斑。受害严重者叶背如涂一层银粉，端半部变黄枯干，甚至毁种。

③ 发生规律：每年发生代数不详。成虫在禾本科杂草根基部和枯叶内越冬。春季5月中下旬从禾本科植物上迁向玉米，在玉米上繁殖2代，第一代若虫于5月下旬至6月初发生在春玉米或麦类作物上，6月中旬进入成虫盛发期，6月20日为卵高峰期，6月下旬是若虫盛发期，7月上旬成虫发生在夏玉米上，该虫为孤雌生殖。玉米黄呆蓟马行动迟缓，阴雨天活动减少，有时被触动后也不迁飞爬行。干旱年份发生多，为害重；缺水缺肥的玉米受害最重。

(12)斜纹夜蛾

斜纹夜蛾(*Prodenia litura*)属鳞翅目，夜蛾科。为间歇性大暴发的杂食性食叶害虫，几乎遍及各省(区)，可为害99科200余种植物，最喜食植物90余种。主要为害玉米、棉花、烟草、水稻、高粱、豆类和蔬菜等。

① 形态特征：成虫体长14～20 mm，翅展35～40 mm，头、胸、腹均深褐色；胸部背面有白色丛毛，腹部前数节背面中央具暗褐色丛毛；前翅灰褐色，斑纹复杂，内横线及外横线灰白色，波浪形中间有白色条纹、在环状纹与肾状纹间，自前缘向后缘外方有3条白色斜线；后翅白色、无斑纹；前后翅常有水红色至紫红色闪光。卵扁半球形，初产黄白色、后转淡绿，孵化前紫黑色。卵粒集结成3～4层的卵块，外覆灰黄色疏松的绒毛。老熟幼虫体长35～47 mm、头部黑

褐色、腹部体色因寄主和虫口密度不同而异:土黄色、青黄色、灰褐色或暗绿色,背线、亚背线及气门下线均为灰黄色及橙黄色;从中胸至第 9 腹节在亚背线内侧有三角形黑斑 1 对,其中以第 1、7、8 腹节的最大;胸足近黑色,腹足暗褐色。蛹赭红色、腹部背面第 4 至第 7 节近前缘处各有一个小刻点。

② 为害症状:幼虫以食叶为主,也食害花、果、嫩枝。虫口密度高时全田吃成光秆,成群迁移,造成大面积毁产。

③ 发生规律:在我国华北地区每年发生 4～5 代,长江流域 5～6 代,福建 6～9 代。幼虫由于取食不同食料,发育参差不齐,造成世代重叠现象严重。华北大部分地区以蛹越冬,少数以老熟幼虫入土作室越冬;在华南地区无滞育现象,终年繁殖;有时在长江以北地区不能越冬,属单性迁飞害虫。在黄淮地区,2～4 代幼虫发生在 6 月至 8 月下旬,7—9 月为害严重。斜纹夜蛾成虫终日均能羽化,以下午 6—9 时为最多。羽化后白天潜伏于作物下部、枯叶或土壤间隙内,夜晚外出活动,取食花蜜作为补充营养,然后才能交尾产卵,未取食者只能产数粒。初孵虫群集为害,啃食叶肉留下表皮,呈窗纱透明状,也有吐丝下垂随风飘散的习性;3 龄以上幼虫有明显的假死性;4 龄幼虫食量剧增,占全幼虫期总食量的 90%以上,当食料不足时有成群迁移的习性。末龄幼虫入土筑一椭圆形土室化蛹。斜纹夜蛾是一种喜温性害虫,其生长发育最适宜温、湿度条件为温度 28～30 ℃,相对湿度 75%～85%。38 ℃以上高温和冬季低温,对卵、幼虫和蛹的发育都不利。当土壤湿度过低,含水量在 20%以下时,不利于幼虫化蛹和成虫羽化。1～2 龄幼虫如遇暴风雨则大量死亡。蛹期大雨,田间积水也不利于羽化。田间水肥好,作物生长茂盛的田块,虫口密度往往较大。

(13)红缘灯蛾

红缘灯蛾(*Amsacta lactinea*)又称红袖灯蛾、红边灯蛾,属鳞翅目,灯蛾科。国内发生面广,除新疆、青海未见外,其他各省(区)均有,部分地区发生严重。

① 形态特征:雌成蛾体长 20～31 mm,翅展 56～71 mm;头红色,领片后缘深红色,两翅基片中前方各有一黑点;前后翅粉白色,前翅前缘鲜红色呈一条红边,前后翅中室端各有一黑点。雄蛾后翅外缘有 2 个黑点;雌蛾的有 3 个或 1 个,或 1 个也没有;腹部背面第 1 节为白色,其余为黄色。卵粒扁圆形,卵壳表面自顶部向周缘有放射状纵纹:初产黄白色,有光泽,后渐变为灰黄色至暗灰色;卵孔微红、后变为黑色。幼龄幼虫体色灰黄色,老熟幼虫体长 40 mm 左右,头黄褐色,胴部深赭色或黑色,全身密披红褐色或黑色长毛,每节有 12 个毛瘤,胸足黑色,腹足红色。蛹体黑棕色、形似橄榄。胸腹部交界处略缩成颈状。各节间紧密相接,平滑、有光泽,腹部几乎不能扭动。茧椭圆形,灰黄色,外围有幼虫的黑色体毛。

② 为害症状:幼虫咬食雌穗花丝,严重的花丝被咬断或被吃掉穗顶嫩粒。

③ 发生规律:河北一年发生 1 代,南京 3 代。以蛹越冬。5—6 月开始羽化。成虫白天在作物叶背、茅棚等处所隐藏,夜间活动、交尾。雄蛾活跃,善飞翔,趋光性较强。雌蛾飞翔力较差,多在晚上产卵,喜产于作物中上部叶背,卵粒排成多行、长条形。幼虫孵化后群集为害,先取食叶片下表皮和叶肉,仅留上表皮和叶脉,受害叶面出现斑驳的枯斑。低龄幼虫行动敏捷,遇振动即吐丝下垂,扩散为害。3 龄后分散为害,爬行迅速,可蚕食叶片,咬成缺刻。幼虫每天 10:00前和 16:00 后取食较盛,有转株为害习性。整个幼虫期为 31～45 d,老熟后即爬至附近的旱沟、路边、泥墙等处的缝隙中吐丝作茧化蛹。地势低洼积水,排水不良;土质黏重、土壤偏酸的田块;多年连作地,土壤得不到深耕,耕作层浅缺少有机肥;栽培过密、氮肥使用过多,株行

间通风透光差的地块以及苗期低温多雨，成株期高温高湿或长期连阴雨的年份发生为害重。

(14)稀点雪灯蛾

稀点雪灯蛾(*Spilosoma urticae*)属鳞翅目，灯蛾科。我国发生范围较广，北起黑龙江、内蒙古，其北缘靠近我国北部边境线，南抵浙江、贵州，东面临海，西向新疆西陲，并自甘肃折入四川，止于盆地西缘。河北曾有大发生记录。

① 形态特征：成虫体白色；雌成虫体长为 14～18 mm，翅展 39～44 mm，雄蛾略小；触角端部黑色；前翅白色；中室肩角及内、外横线及亚端线处有黑点；后翅白色；腹面白色，腹背黄色，腹背中央有黑点纹 7 个，侧面有黑点 5 个，个体之间黑点纹数差异较大：胸足有黑带，足节上方黄色。卵圆球形，初为乳白色，后变为淡黄色至黄褐色。幼虫黄褐色，4 龄后变为暗褐色。末龄幼虫全身披有暗灰色长毛，头部黑色。蛹椭圆形，黑褐色，节间黄色；表面粗糙，密生小刻点，化蛹时结一薄茧。

② 为害症状：幼虫为害玉米、小麦、谷子、花生、棉花叶片，尤其为害套种的玉米苗，初孵幼虫取食叶肉，残留表皮和叶脉，3 龄后蚕食叶片，5 龄进入暴食期，可把玉米叶片吃光。幼虫食叶成缺刻或孔洞，严重的仅留叶脉。

③ 发生规律：河北，山东一带每年发生 3 代。末龄幼虫爬至地头、路旁石块或枯枝杂草丛中吐丝结薄茧化蛹越冬。成虫趋光性强，白天喜欢栖息在植物丛中叶背面，晚上飞出活动。初孵幼虫只啃食叶肉，3 龄后把叶片吃成缺刻或孔洞，4～6 龄进入暴食阶段，食料缺乏时互相残杀；幼虫白天上午栖息在叶背面或土块及枯枝落叶下，下午开始取食，傍晚最盛。地势低洼积水，排水不良；土质黏重、土壤偏酸的田块发生重；多年连作地，土壤得不到深耕，耕作层浅缺少有机肥；栽培过密、氮肥使用过多，株行间通风透光差发生重。

(15)白脉黏虫

白脉黏虫(*Leucania venalba*)属鳞翅目，夜蛾科。常与黏虫、劳氏黏虫混合发生，混合为害。国内分布北起黑龙江(佳木斯)，南至南部我国国境线，东面滨海，西达四川、云南。

① 形态特征：成虫体长 11～13 mm，翅展 27～29 mm，前翅黄褐色，中脉总干白色直达翅基部，白色线条四周具黑暗纹。卵椭圆形至馒头形，表面具细网纹。幼虫浅青色至污黄绿色，头部黄褐色，上生褐色“八”字纹。颅侧区具网状细纹，靠近单眼外侧部分的颜色较深，呈黑褐色，余为浅黄褐色，气门筛浅黄褐色，四周黑色。与黏虫近似，但尾端外侧的 1 对钩刺基部膨大明显。

② 为害症状：孵化后 3 龄前的幼虫多集中在叶片上取食，可将玉米、高粱、谷子的幼苗叶片吃光，只剩下叶脉。

③ 发生规律：广东每年发生 5～6 代，福建每年发生 6 代，华北发生代数不详。以幼虫及蛹越冬。

(16)二点委夜蛾

二点委夜蛾[*Poxenus lepigone*(*Moschler*)]属鳞翅目(*Lepidoptera*)夜蛾科(*Noctuidae*)，因环纹为 1 个黑点，每个翅膀 1 个，共 2 个，比较明显，所以称为二点委夜蛾。主要以幼虫取食为害玉米茎基、根部，导致玉米心叶萎蔫、植株倒伏，严重者枯死。幼虫可迁徙为害，致使玉米田大面积缺苗断垄，对玉米生产构成了严重威胁。

① 形态特征：二点委夜蛾成虫体灰褐色，前翅灰褐色，后翅银白色，翅表有光泽，前翅中央近前缘有肾形纹，内方有一环形纹，肾形纹较小，形成一小黑点，肾形纹外侧常有一白点，形成对比；

环形纹较大，形成一明显黑点，前翅外缘锯齿形，有黑褐色小点 7 个。成虫体长 8～15 mm，翅展 20～28 mm，雌虫体略大于雄虫，雌雄蛾明显的区别体现在腹部末部的生殖器形状差异明显。雌蛾腹部末部生殖孔明显，雄蛾外生殖器的抱器瓣端半部宽，背缘凹，中部有一钩状突起；阳茎内有刺状阳茎针。卵粒较大，直径可达 0.5～0.6 mm，圆球形或馒头状，带有光泽，卵壳表面隆起贯穿两极，隆起间具梯形纹饰。初产卵为白色或淡绿色，后卵上半部逐渐变成淡棕色。卵粒单层排列成行或单粒散产，很少有成块多层。幼虫黄灰色或黑褐色，各体节有一个倒三角的深褐色斑纹，腹部背面有 2 条褐色背侧线，到胸节消失，每节对称分布有 4 个呈梯形的白色中间有黑点的毛瘤。气门黑色，气门上线黑褐色，气门下线白色，体表光滑。老熟幼虫体长 20 mm 左右。蛹呈纺锤形，长约 10 mm，为被蛹；蛹尾部腹面可见明显的生殖孔纵裂缝、肛门和尾刺等，雌雄蛹的生殖孔形态和位置差异明显，雄性生殖孔周围凸起明显，在第 9 腹节中央形成一纵裂缝，离腹部末端距离较近，而雌蛹生殖孔稍凹，离腹部末端距离较远，在第 8 腹节中央形成一纵裂缝。化蛹初期为淡黄色，后逐渐加深成黄褐色，羽化时成黑褐色。

② 为害症状：二点委夜蛾主要以幼虫躲在玉米幼苗周围的碎麦秸下或在 2～5 cm 的表土层危害玉米苗，一般一株有虫 1～2 头，多的达 10～20 头。在玉米幼苗 3～5 叶期的地块，幼虫主要咬食玉米茎基部，形成 3～4 mm 圆形或椭网形孔洞，切断营养输送，造成地上部玉米倾斜、倾倒或枯死。在玉米苗较大(8～10 叶期)的地块，幼虫主要咬断玉米根部，包括气生根和主根。受危害的玉米田，轻者玉米植株东倒西歪，重者造成缺苗断垄，玉米田中出现大面积空白地，严重者造成玉米心叶萎蔫枯死。二点委夜蛾喜阴暗潮湿，畏惧强光，一般在玉米根部或者湿润的土缝中生存，遇到声音或药液喷淋后呈“C”形假死。

③ 发生规律：该虫在黄淮海地区一年发生 4 代。越冬代成虫和 1 代幼虫在小麦田间完成发育；1 代成虫发生盛期与小麦收获和玉米播种期相遇，2 代幼虫是主害代，为害麦茬夏玉米，当幼虫发育到 3 龄后期，开始向玉米幼苗周围集聚，咬食、钻蛀玉米苗或咬食次生根，这时扒开被害苗周围的麦秸，可见少则 1～5 头、多的可达 20 头幼虫，发生严重地块，3～4 天即可造成夏玉米大量死苗，严重的死苗率能达 90%。由于田间虫量大且在麦秸下隐蔽危害，防治难度大，且危害速度快、时间短，往往来不及防治；2、3 代成虫和 3、4 代幼虫主要在当地众多具有遮阴的生境中生存，如甘薯、花生、大豆、玉米以及蔬菜和果园内，4 代幼虫在植物残体或枯枝落叶下做茧越冬。

(二)防治措施

1. 农艺防治

(1)选用抗(耐)虫品种

在高抗玉米自交系 HL6044(代号为 H101468)上饲养了 3 代的朱砂叶螨，其体内乙酰胆碱酯酶、多功能氧化酶和羧酸酯酶活性显著高于其余 7 种玉米自交系($P<0.05$)，谷胱甘肽硫转移酶(GST) 活性在高抗玉米自交系 HL6044 (代号为 H101468)和中抗玉米自交系 HL8028 (代号为 H1014299)上显著高于其余 6 个自交系。殷山山等(2023)研究发现，草地贪夜蛾成虫产卵偏好于宣宏 18 号和桥单 6 号，在危害高峰期，滇玉 888、宣宏 18 号危害最重，危害指数分别为 48.67、48；垦玉 1505 危害较轻，抗虫性较好。也有人研究新疆 47 个主栽品种抗虫性指出，主栽玉米品种抗虫性存在显著差异，其中 16W2T118 的田间为害最轻、抗虫能力最佳，其百株幼虫量、百株为害蛀道长、被害株率依次为 25 头/百株、90 cm/百株、20%，其次分别是华美 1 号、DK517、九圣禾 692 抗螟性较好，其百株幼虫量、百株为害蛀道长及被害株率依次为

40头/百株、265 cm/百株、40%，50头/百株、245 cm/百株、40%，60头/百株、250 cm/百株、45%。五谷310、KWS6333、富友968、宁玉525等品种抗螟性一般。金庆202则为害最为严重、抗虫水平最低，其百株幼虫量、百株为害蛀道长、被害株率依次为195头/百株、875 cm/百株、90%。金庆1号、新玉29号等品种的抗螟性整体较差。李远(2012)对不同玉米品种(系)田间抗蚜性研究发现，昌7和昌7～2的抗蚜性最强达到高抗水平，而齐319抗蚜性最弱，但全生育期累计蚜量高达150头(株)以上。徐雪等(2013)对24个玉米品种进行玉米蚜自然感虫和室内接蚜试验显示，抗虫品种平均蚜量100头/株，感虫品种则高达900头/株。黄凯等(2014)对不同玉米品种进行抗螟性鉴定，结果显示，在玉米心叶期中农大311、中科11、登海3号、东单80、蠡玉16、郑单23、济单8号、滑玉13等8个品种的抗螟性较强；在玉米穗期，浚单20、齐单1号、中科4号、农大108、鲁单6018等5个品种的抗螟性较强；但在心叶期和穗期都抗螟品种几乎没有，33个品种穗期雌穗上玉米螟幼虫数均在10个以上，金赛6850则高达51个，其中浚单20和郑单958综合抗玉米螟性较好。罗梅浩等(2007)通过田间调查14个玉米品种玉米螟和棉铃虫危害程度，发现浚单20和郑单958危害最轻，被害株数为5株和9株，花叶指数仅有4.0%和7.8%，洛玉1号危害最重，被害株数高达59株，花叶指数也达到48.3%。因此，选用抗虫品种具有积极的意义(库尔班妮萨·奥布力喀斯木 等，2021)。

(2)翻耕土壤、秸秆处理

玉米收获时进行秸秆粉碎还田，可以杀死以老熟幼虫在秸秆中越冬的玉米螟、桃蛀螟等钻蛀性害虫，有效减少越冬基数；在黄淮海夏玉米区，进行小麦灭茬处理，或清除冬小麦收获后玉米播种行的麦秸和麦糠，是绿色防控二点委夜蛾幼虫的重要农业措施。翻耕土地不仅可以直接杀死一部分地下害虫，还能破坏害虫栖息或化蛹的场所，让害虫暴露在土壤浅层，易于鸟类等天敌捕食，减少害虫的基数。精耕细作，合理轮作，有条件的地区开展水旱轮作，对杀灭地下害虫有十分显著的效果。清除田边地头杂草，集中处理，清理秸秆残茬，并带出地外处理，以减少幼虫和虫卵数量(李少昆，2011)。

(3)合理耕作、科学栽培

在玉米种植方式上，可选用中早熟品种，适期播种，可使抽穗期提前，避开双斑长跗萤叶甲、灰飞虱等害虫的盛发期。合理施肥、浇水，促进玉米健壮生长，改善小气候环境，以利天敌的生存和繁殖。合理间作套种可以通过影响田间气候和天敌数量来控制害虫为害。田耀加等(2012)发现，玉米‖绿豆间作对玉米田有一定的控害增益作用，其中蜘蛛和瓢虫类天敌数量比单作田分别增加了21.16%和83%，收获期玉米螟的活虫数和总蛀孔数也明显低于单作田。玉米和豆科植物间作或同穴混播，或与甘薯间作，可明显增加天敌种类和数量，减轻虫害。据调查，间作田玉米螟卵的赤眼蜂寄生率比单作玉米高6%～15%(赵霞，2016)。

2. 物理防治

物理防治主要根据害虫的趋光性、趋化性和假死性等特点进行诱杀害虫。频振式杀虫灯具有光谱独特的既可诱杀害虫，又能保护天敌的特点。太阳能杀虫灯适用范围广，常用于害虫调查、测报及诱杀。闫三强等(2021)研究发现，340 nm和368 nm波长对草地贪夜蛾的诱集效果最好；480 nm和445 nm波长对亚洲玉米螟的诱集效果最好；340 nm、545 nm和368 nm波长对棉铃虫的诱集效果最好，其中368 nm和340 nm的综合诱集效果最好。王磊等(2019)应用持续覆盖式设置黑光灯来诱杀草地贪夜蛾的成虫，从而有效减少害虫入侵。另有研究应用5种不同波长的LED单波杀虫灯的诱杀效果表明，分别选用401 nm和405 nm LED单波杀虫灯可有效防治桃蛀螟和金龟子等害虫。

色板诱杀主要利用害虫对不同颜色的强烈趋性，制作相应颜色的粘虫板用于害虫的诱捕。有研究发现，玉米田间悬挂黄板既可用于监测双斑萤叶甲和蚜虫的种群发生动态，又具有诱杀的潜力。另有研究应用蓝色 PVC 板对蓟马进行诱捕，可减少其成虫产卵和为害。应用双面驱虫液铝箔板加常规农药常量减施 1 次，对玉米蚜虫、草地贪夜蛾、玉米螟等害虫的防治效果显著。采用物理防治手段针对不同害虫的特点进行有效防治，可达到安全、无污染的防效（王永芳 等，2019）。

3. 化学防治

化学防治就是利用化学农药——杀虫剂来杀灭害虫。其优点是杀虫谱广，作用快，效果好，使用方便，不受地区和季节性局限，适于大面积机械化防治。在目前及今后相当长的一段时间内，化学防治仍然是综合治理的一个重要手段。但化学防治也存在缺点，如保管使用不慎，会引起人、畜中毒，污染环境和造成公害；长期大量使用农药还会引起害虫的抗药性，并杀伤天敌，导致次要害虫上升为主要害虫和某些害虫的再猖獗。因此，要注意合理用药、节制用药，研制高效、低毒、低残留，并具有选择性的农药。同时要考虑改进农药剂型和使用技术，以便尽可能减少其不良影响。

（1）杀虫剂类型

有机氯杀虫剂：这是一类化学分子结构中含有氯原子的有机化合物。其中，六六六和 DDT 是我国 20 世纪 80 年代前用来防治农作物害虫的主要品种，这类药剂大多性质稳定，脂溶性强，水溶性差，易被土壤吸附，不易分解。用于防治害虫杀虫谱广，但对蚜虫和螨类防效差。对害虫有强烈的触杀和胃毒作用，药效长，对人、畜急性毒性较低。但生物降解代谢很慢，可通过生物富集和食物链在生物体内累积，其中不少品种还有致癌、致畸和致突变的作用。因此，此类农药如六六六、DDT、七氯、氯丹和毒杀酚等都已明令禁止生产和使用，只有硫丹和三氯杀螨醇等少数品种仍在使用。

有机磷杀虫剂：这是 1945 年以后发展起来的一类含磷酸酯结构的有机杀虫剂，也具有杀螨作用。目前全世界有机磷杀虫剂的品种有 100 余种，我国生产的有 30 多种。这类杀虫剂化学性质不稳定，易水解，易氧化；对害虫广谱、高效，作用方式多样，如触杀、胃毒、熏蒸、内吸等；化学结构变化复杂，品种多，适用范围广。毒性差异大。如辛硫磷、敌百虫毒性很低，而对硫磷、甲拌磷为剧毒品种。但总的来说，有机磷杀虫剂毒性偏高。与有机氯，特别是与拟除虫菊酯类杀虫剂相比，害虫对有机磷杀虫剂的抗性发展较缓慢。大多数品种无选择毒性，对天敌杀伤力也强。

目前主要品种有 90％晶体敌百虫、80％敌敌畏乳油、45％马拉硫磷乳油、40％乐果乳油、50％辛硫磷乳油、75％乙酰甲胺磷可溶性粉剂、40％毒死蜱乳油、40％甲基异柳磷乳油、20％三唑磷乳油等。

氨基甲酸酯类杀虫剂：氨基甲酸酯是在甲酸酯类化合物中碳原子所连接的氢原子被氨基取代的化合物。这类杀虫剂大多数品种对温血动物和鱼类低毒，在自然界易分解，不留残毒，不易污染环境，但少数品种为剧毒，如克百威；大多数品种作用迅速，持效期短，选择性强，杀虫作用以触杀为主，但也有兼具多种作用的品种，对叶蝉、飞虱、蓟马等防效好，而对螨类及介壳虫无效，一般对天敌较安全。不同结构类型的品种，其生物活性和防治对象差异很大。如含萘环的甲萘威杀虫谱广，含苯并呋喃的克百威杀虫谱更广，还能杀线虫，而且具有强内吸性，但含杂环的抗蚜威却只能防治蚜虫。目前常用品种有25%西维因可湿性粉剂，50%抗蚜威可湿性粉剂，3%克百威颗粒剂，25y丁硫克百威乳油，75%拉维因可湿性粉剂，20%更多成乳油等。

沙蚕毒素类杀虫剂：一类以沙蚕毒素为先导化合物开发的仿生杀虫剂。这类杀虫剂对虫具有触杀、胃毒及内吸作用，广泛用于粮食、蔬菜、果树、茶叶等作物害虫的防治。杀虫谱广，对人、畜及鱼类等水生动物毒性低，但对蜜蜂、家蚕毒性大，作用机制独特，未发现与其类型杀虫剂产生交互抗性，在动植物体内及环境中易降解，对环境较安全。

目前常用品种有25%条虫双水剂、90%杀虫单可溶性粉剂、95%巴丹可溶性粉剂等，拟除虫菊酯类杀虫剂是一类以天然除虫菊素为先导化合物开发成功的人工合成剂。这类杀虫剂的特点是广谱，对绝大多数农林害虫、卫生害虫都有良好防效，对鳞翅目幼虫蚜虫的效果尤为突出，但连续使用也易导致害虫产生抗性，故需与其他农药轮换使用；高效，田间用量很低：作用迅速，击倒快；对哺乳动物低毒，因而使用安全。但对蜜蜂、鱼类及天敌昆虫毒性大，施药时应远离桑园、河流和养蜂场，也不能在稻田使用；具强烈的触杀和胃毒作用，无内吸作用，使用时以叶面喷洒为主，很少做土壤处理或种子处理。生产上常用品种有10%氯氰菊酯乳油、20%氰戊菊酯乳油、2.5%溴氰菊酯乳油、20%甲氰菊酯乳油、2.5%三氟氯氰菊酯乳油、2.5%联苯菊酯乳油等。后3个品种还具有良好的杀螨活性。

灭幼脲类杀虫剂：20世纪70年代发展起来的一类取代苯基苯甲酰基脲类化合物。原药多为晶体，难溶于水，可溶于极性溶剂。选择性强，对人、畜低毒，对眼睛和皮肤有一定的刺激作用，药效迟缓，处理成虫时，具有抑制产卵和使卵不孵化的作用。作用机理是抑制昆虫表皮中几丁质的合成，导致昆虫蜕皮时不能形成新表皮，因而害虫的生长和变态受阻，导致死亡或形成畸形虫体。多数品种对鳞翅目幼虫效果好，触杀作用强的品种可用于防治刺吸式口器害虫（同翅目、半翅目害虫）和螨类。施药要求均匀周到，并在低龄幼虫期施药，严禁在桑园及其附近使用，以免家蚕因取食被农药污染的桑叶而中毒死亡。

主要药剂品种有25%噻嗪酮可湿性粉剂、5%氟虫脲乳油、5%定虫隆乳油、5%农梦特乳油、25%灭幼脲悬浮剂、5%盖虫散乳油等。

杂环类杀虫剂：10多年来，杀虫剂发展中最突出的成就是许多杂环化合物被开发成超高效杀虫剂。其中氮杂环在新型杀虫杀螨剂中占有主要地位。杂环类杀虫剂的特点是化学结构、作用机制新颖，不易与现有杀虫剂产生交互抗性；对害虫高效，对抗性害虫种群也有很好的防效；对哺乳动物毒性低或中等，使用安全，对害虫天敌也较安全，有利于综合治理。

目前生产上使用的有含吡啶基团的10%吡虫啉可湿性粉剂和3%啶虫脒乳油、含三唑环的25%唑蚜威乳油、含吡唑环的5%氟虫氰（锐劲特）悬浮剂、含吡咯环的10%除尽悬浮剂等。

（2）种子处理

种子处理是防治玉米害虫经济、简便、有效的方法。利用种子处理剂拌种或包衣，一方面能防治蛴螬、地老虎、金针虫、蝼蛄等地下害虫；另一方面还能够防治蚜虫、蓟马、灰飞虱等玉米苗期害虫。目前，登记用于防治玉米害虫的种子处理剂主要是选择高效农药，须掌握准确的剂量和施用时期及方法。种子处理剂有噻虫嗪、吡虫啉、噻虫胺等新烟碱类或与氯虫苯甲酰胺、溴氰虫酰胺以及高效氯氟氰菊酯、氟虫腈、硫双威、丁硫克百威等杀虫剂的复配剂。徐春梅（2017）研究表明，用溴氰虫酰胺包衣处理后的玉米种子对小地老虎具有较高的毒力。另有研究表明，溴氰虫酰胺与噻虫嗪复配进行种子包衣处理，其对二点委夜蛾的防治效果显著。新烟碱类药剂由于具有较高向顶内吸性和杀虫活性，通过种子处理可有效防治玉米等多种作物地上部的多种害虫，其中吡虫啉、噻虫嗪和噻虫胺种子处理剂使用最广泛，对半翅目的蚜虫、粉虱以及鞘翅目的甲虫类防效较好。何发林等(2020)研究发现，氯虫苯甲酰胺高剂量拌种处理在播种后 20 d 对沟金针虫、蛴螬及小地老虎的防效在 80%左右，特别是对小地老虎的防效显著高于吡虫啉和氟虫腈。

(3)生长中后期化学防治

化学防治具有杀虫谱广、见效快、效果显著、使用方便、不受地区和季节限制，便于大面积机械化防治的特点，仍是目前防治玉米害虫，特别是应急防治迁飞性和暴发性害虫不可替代的措施。5 年来，登记用于防治玉米生长中后期害虫的化学药剂成分主要有氯虫苯甲酰胺、甲氨基阿维菌素苯甲酸盐(甲维盐)、乙酰甲胺磷、氟苯虫酰胺、四氯虫酰胺、杀虫双、噻虫嗪、高效氯氟氰菊酯、溴氰菊酯、辛硫磷、虱螨脲、唑螨酯等。夏中卫等(2018)试验表明，16%甲维·茚虫威 SC、20%氯虫苯甲酰胺 SC、34%乙多·甲氧虫 SC 在玉米螟、棉铃虫、桃蛀螟低龄幼虫期喷施，防效达 79.3%～82.1%。李琴瑆等(2021)研究也发现，25 g/hm^2 的 200 g/L 氯虫苯甲酰胺 SC 是防治玉米穗期害虫较为理想的药剂。郭雪岗等(2016)研究表明，在棉铃虫进入 2～3 龄高峰期时，10%四氯虫酰胺 SC 具有良好的防效，表现出优异的速效性和持效性。氯虫·噻虫嗪、高氯氟·甲维盐对玉米中后期的玉米螟、桃蛀螟、棉铃虫、蚜虫等虫害的防效理想。2020 年，农业农村部对草地贪夜蛾应急防治化学药剂推荐名单进行了优化调整，将已产生抗性的菊酯类农药和乙酰甲胺磷剔除，新增加了乙基多杀菌素和氟苯虫酰胺；单剂的数量由 2019 年的 12 种减少到 8 种，复配剂的数量由原来的 8 种增加到 14 种，有效成分主要为甲氨基阿维菌素苯甲酸盐、氯虫苯甲酰胺、茚虫威、四氯虫酰胺、虱螨脲、虫螨腈、乙基多杀菌素、氟苯虫酰胺。研究表明，苯氧威、溴氰虫酰胺、除虫脲、灭幼脲、唑虫酰胺、杀螟丹、吡丙醚对草地贪夜蛾卵的防效可达 90%以上，甲维盐、茚虫威、甲维·虫螨腈、甲维·灭幼脲、甲维·虱螨脲、氯氰·丙溴磷、丙溴·多威、乙多·甲氧虫和氟虫·乙多素等复配剂对草地贪夜蛾幼虫的防效为 80%～100%。

化学农药的过度使用会引起人、畜中毒，环境污染，杀伤天敌，引起次要害虫再猖獗，并且长期使用同一种农药会导致害虫抗药性迅速增加、生物多样性降低等一系列问题，因此，需要综合应用农业、物理、生物等防治技术，选用低毒、低残留、对环境友好的化学农药，科学有效地防治玉米害虫。

4. 生物防治

(1)天敌的应用

天敌对害虫的种群数量具有一定的调节和控制作用，应用天敌防控害虫具有安全、无毒、不污染环境、使用方法简单、经济效益高等其他防治方法无法比拟的优点，是生物灭虫的重要典范。我国目前应用最多的天敌昆虫是寄生蜂和捕食螨，寄生蜂主要用于防治玉米螟、草地贪夜蛾等重要害虫，捕食螨则主要用于防治蓟马、叶螨。赤眼蜂是当前世界各国生物防治中应用面积最大、最有效、最成功的天敌昆虫。在亚洲玉米螟、棉铃虫和桃蛀螟等鳞翅目害虫的卵期，可以释放松毛虫赤眼蜂(*Trichogramma dendrolimi*)、螟黄赤眼蜂(*T. chilonis*)和玉米螟赤眼蜂(*T. ostriniae*)进行防治。赵秀梅(2012)研究表明，赤眼蜂对玉米螟的平均防效为 65.83%，挽回产量损失率为 6.47%，投入产出比可达 1∶20.5。孙加伟等(2020)室内研究发现，松毛虫赤眼蜂对草地贪夜蛾卵的寄生能力和适应性最好，可作为防治草地贪夜蛾的优势蜂种。另有研究发现，应用捕食螨对玉米叶螨的防治效果较好。对于玉米蚜虫的防治，有研究者通过释放瓢虫、草蛉、蜘蛛等天敌来进行防治。同时，国内外在对天敌的人工饲养及释放方面也进行了大量深入的研究，天敌的应用提升了对玉米害虫的防效。

(2)生物农药的应用

目前，用于防治玉米刺吸害虫蚜虫、蓟马、灰飞虱等的生物农药主要有苦参碱、金龟子绿僵菌、印楝素等，用于防治叶螨的主要有阿维菌素、藜芦碱等，用于防治草地贪夜蛾、玉米螟、黏虫、棉铃虫、桃蛀螟等蛀食性害虫的生物农药主要有苏云金杆菌(Bt)、金龟子绿僵菌、球孢白僵菌、短稳杆菌、甘蓝夜蛾核型多角体病毒等。王喜印等(2009)研究发现，白僵菌既能有效防治玉米螟，又不伤害有益生物和天敌，是安全控害的理想药剂。有研究通过在幼虫低龄期喷洒Bt制剂或白僵菌可湿性粉剂，对桃蛀螟、玉米螟等害虫进行防控。赵秀梅(2012)的试验表明，Bt G033A在玉米心叶期和穗期分别防治玉米螟1代和2代低龄幼虫，平均防效大于90%。李冬霞等(2019)应用棉铃虫核型多角体病毒对玉米草地贪夜蛾进行防治。此外，也有研究表明，斜纹夜蛾核型多角体病毒侵染宿主后，斜纹夜蛾的存活率、化蛹率都降低，5～6龄幼虫历期也明显延长，因此，可用于斜纹夜蛾害虫的有效防治。

(3)性诱剂的应用

昆虫性诱剂是通过人工合成昆虫性信息素制成诱芯，与诱捕器配套使用诱杀同种异性昆虫，能有效降低昆虫的交配率，以减少下一代的害虫数量，达到防治目的。韩海亮等(2021)研究发现，不同诱捕器和诱芯组合对亚洲玉米螟的诱捕效率有显著差异，性诱剂也可有效用于亚洲玉米螟田间种群监测。另有研究通过灯诱和性信息素诱捕方法共同对草地贪夜蛾进行防治。此外，有研究表明，昆虫性诱剂对防治玉米螟、甜菜夜蛾、斜纹夜蛾的效果明显。例如，岳瑾等(2016)在玉米主产区开展“性诱芯＋太阳能杀虫灯”防治玉米主要害虫示范，在示范区安装的515台太阳能杀虫灯每年可诱杀黏虫、玉米螟、桃蛀螟、棉铃虫成虫60.15万头，效果明显。

三、杂草及其防除

(一)中国杂草区系

1. 寒温带主要杂草区系

本区为大兴安岭北部山地，地形不高，是我国最寒冷的地区。年平均温度低于0 ℃，绝对低温达−45 ℃，夏季最长不超过1个月。年降水量平均为360～500 mm，90%以上集中在7、8月，有利于作物与杂草的生长。

杂草分布及其组合受地形影响很大，不同海拔高度因受水热条件的综合影响，反映出杂草分布的垂直地带性，可以划分为不同的垂直带，本区的农业仅限于山地基部，农作物有较耐寒的各种麦类、甜菜、马铃薯、甘蓝等，另有少量的玉米、大豆、谷子及瓜类中的耐寒品种。有较耐寒的果树，如苹果、李子和草本的草莓。主要杂草有鼬瓣花、北山莴苣及叉分蓼、野燕麦、苦荞麦、刺藜等(张慧丽 等，2000)。

2. 温带主要杂草区系

本区域包括东北松嫩平原以南、松辽平原以北的广阔山地，地形复杂，河川密布，范围广大，山峦重叠，地形起伏显著，由于纬度较北，年平均气温较低，冬季长而夏季短，愈北冬季愈长。由于南北相距甚远，水热条件不同，影响杂草组合上的差异可分北部和南部两个亚地带。

北部亚地带年平均温度为1～2 ℃，年降水量为500～700 mm，以7、8月为最多。有本地区的代表性杂草。东部有大面积的三江平原沼泽地区。主要杂草有卷茎蓼、柳叶刺蓼、藜、野燕麦、狗尾草、问荆、大刺儿菜、眼子菜、稗草等。

南部亚地带由于纬度偏南，直接受到日本海的湿气团的影响，气候温暖而雨量充沛。年平均气温为3～6 ℃，年降水量为500～800 mm，以7、8月为最多。典型杂草有胜红蓟、黄花稔及圆叶节节菜等（陈庆华 等，2010）。

3. 温带草原主要杂草区系

本区域主要分布在东北松辽平原以及内蒙古高原等地，面积十分辽阔，一小部分在新疆北部，地形比较平缓，海拔由东向西逐渐上升，松辽平原中部为130～400 m，内蒙古高原为800～1300 m，个别山地在2000 m以上。属于半干旱性气候，越到西部，干燥程度越是增加。年降水量由东到西从500 mm左右逐渐降至150 mm，降水大部分集中在夏季。年平均温度由北到南增加。各地变化大，为－2.5～10 ℃。全年各月差异很大。每天温度变化也大。由东到西由于气候干燥程度不同，所以杂草及其组合也有差异。

本区域草原占全国土地面积1/5，野生植物资源丰富，有纤维及药用植物等。农作物有春小麦、马铃薯、燕麦、玉米等。温带（草原）杂草主要有藜、狗尾草、卷茎蓼、藨草、野燕麦、问荆、柳叶刺蓼、大刺儿菜、凤眼莲、稗草、紫背浮萍、扁秆藨草等。

4. 暖温带主要杂草区系

本区域包括东北辽东半岛、华北地区大部分，南到秦岭、淮河一线，略呈西部狭窄东部广宽的三角形。位于冀北山地与秦岭两大山体之间，全区西高而东低，明显分为山地、丘陵和平原三部分。气候特点是夏季酷热，冬季严寒而晴燥。年平均气温为8～14 ℃。由北向南递增，这种差异是使杂草种类和组合向南逐渐复杂的主要原因。年降水量平均为500～10000 mm，由东南向西北递减。夏季雨量极为丰富，约占全年2/3，华北大平原则占3/4（魏守辉 等，2006）。

暖温带主要和常见杂草有：葎草、田旋花、酸模叶蓼、荠菜、萹蓄、小藜、葶苈、播娘蒿、马唐、反枝苋、马齿苋、牛筋草、扁秆藨草、稗草、茨藻、野慈姑、水莎草、藜、香附子、狗牙根、看麦娘、牛繁缕、千金子、双穗雀稗、空心莲子草、离子草等。其中危害严重的葎草和田旋花属喜凉耐旱杂草。

本区域因水热条件不同，杂草种类及杂草组合都有差异，表现为纬向、经向和垂直地带性的变化。

因热量不同而引起的纬向变化，是本区域表现最为明显的地带性差异。从南到北，由于热量的逐渐减少，可以看到其分布的规律性，在秦岭、淮河一线以南，杂草种类中南方的亚热带成分很多。许多种类向北就逐渐减少或不存在。作物种类也存在南北差异（强胜 等，1990）。

5. 亚热带杂草区系

本区位于我国东南部，北起秦岭、淮河一线，南到南岭山脉间，西至西藏东南部的横断山脉，包括台湾北部在内，是世界上唯一分布着亚热带大面积的陆地。自然条件优越，为我国主要产粮地区。四川、湖南、湖北及长江三角洲都在本区域内，我国一半人口居住在本区域，是我国的粮食和经济植物及森林的良好产地。杂草种类约占全国总数的1/2。

主要杂草有：千金子、马唐、稗草、醴肠、牛筋草、稻稗、扁秆藨草、异型莎草、水莎草、碎米莎草、节节菜、牛繁缕、看麦娘、硬草、棒头草、萹蓄、春蓼、猪殃殃、播娘蒿、离子草、田旋花、刺儿菜、矮慈姑、双穗雀稗、空心莲子草、臭矢菜、粟米草、铺地黍、牛毛草、雀舌草、碎米荠、大巢菜、丁香蓼、鸭舌草。在中亚热带中，冬季杂草比夏季杂草明显减少。南亚热带还有草龙、白花蛇舌草、竹节菜、两耳草、凹头苋、臂形草、水龙、圆叶节节菜、四叶萍、裸柱菊、芫荽菊、腋花蓼等。

亚热带区域地形复杂，西部高而东部低，西部包括横断山脉南部以及云贵高原大部分。海拔 1000～2000 m,东部平均温度都在 15 ℃以上,最冷月平均温度均超过 0 ℃。年降水量为 800～2000 mm,东部大于西部,降雨时间一般都集中在夏秋两季。

本区东部主要杂草种类较多,较高的山地的杂草属寒温性杂草。本区域野生及栽培植物资源种类都占全国重要地位,开发利用有很大潜力(梅必主,1990)。

6. 热带杂草区系

这是我国最南部的一个杂草区域,从台湾南部至大陆的南岭以南到西藏的喜马拉雅山南麓,地形多样而复杂。有冲积平原、珊瑚岛、丘陵、山地和高原等。从东到西逐渐上升,东西两部有明显的地形上的差异。此外,东南部海岸线曲折绵长,港湾岛屿甚多,南海海面有南海诸岛。地形复杂多样,因而出现众多的杂草种类。本区域位于热带,具有热带气候的特点,温度高而雨量多,年平均温度一般为 20～22 ℃,南部可高达 25～26 ℃,最冷月平均气温为 12～15 ℃,全年基本无霜,是我国年降水量最高的区域,各地大都超过 1500 mm。降雨集中在 4—10 月,为雨季,其余为少雨季节,称为旱季,干湿季分明。

由于环境条件复杂而多样,杂草有热带类型和亚热带类型。东部地区有偏湿性的类型,西部有偏干性的类型,栽培植物更为多样化。本区域水热条件优越,生长季节长,植物资源丰富,杂草种类众多。

热带主要杂草有脉耳草、龙爪茅、马唐、臭矢菜、香附子、草决明、含羞草、水龙、圆叶节节菜、稗草、四叶萍、日照飘拂草、尖瓣花、碎米莎草等;亚热带类型杂草有马唐、草龙、白花蛇舌草、胜红蓟、竹节草、两耳草、凹头苋、铺地黍、牛筋草、臂形草、莲子草、稗草、异型莎草、水龙等(梅红 等,2002)。

7. 温带荒漠杂草区系

我国荒漠区域占全国面积 1/5 以上,位于西北部,包括新疆、青海、甘肃、宁夏和内蒙古等省(区)的大部或部分地区,包括沙漠和戈壁等部分。沙漠的地面由沙质组成,戈壁以砾石为主。地形基本特征是高山与盆地相间,形成不同的地形单位。气候具有明显的强大陆性特点,全区域较干旱或十分干旱,不但冬夏温差大,每天温度变化也很大,年降水量都在 250 mm 以下,大部分地区不到 100 mm,最低的只有 5 mm。西部典型荒漠地区,杂草极为稀少,只有比较湿润的地方有少数杂草,水源较丰富的地方有杂草分布。

在荒漠中的绿洲,有不少已开垦为农田,种植一年一熟的春小麦、燕麦、马铃薯、甜菜等,盛产葡萄、瓜类等特产果品。

主要杂草有:野燕麦、卷茎蓼、问荆、狗尾草、藜、柳叶刺藜等。

8. 青藏高原高寒带主要杂草区系

青藏高原位于我国西南部,平均海拔 4000 m 以上,是举世闻名的最大最高的高原。东与云贵高原相接,北达昆仑山,西至国境线。地形主要有高山、高原、沿湖盆地和谷地。气候具有气温低,年变化小,日变化大,干湿季和冷暖季变化分明等特点。由于高原面积辽阔,各地海拔不同,地形复杂,与海洋的距离相差悬殊等特点,因而青藏高原各地的气候极不相同。

主要及常见杂草有:薄蒴草、野燕麦、卷茎蓼、田旋花、藜、密穗香薷、野荞麦、大刺儿菜、猪殃殃、苣荬菜、野荠菜、萹蓄、大巢菜、遏兰菜等。

青藏高原的东部及东南部,水分充沛,湿润多雨,比较温暖。东北部地区气候寒冷而较温润,成为著名的高原沼泽区,除沼泽植物外,主要为高寒杂草。藏北高原为明显的高原气候,干冷、风大、气温的年变化和日变化大,分布高寒杂草,西部阿里地区冬季很寒冷,非常干旱,海拔

5000 m 以上，有高寒杂草。

（二）杂草的生物学特性

杂草是伴随人类的出现而产生的，并随着农业的发展不断壮大起来，它具有同作物不断竞争的能力，比作物更能忍受复杂多变或较为不良的环境条件。杂草与作物的长期共生和相互适应，导致其自身生物学特性上的变异，加之漫长的自然选择，更造成了杂草具有多种多样的生物学特性。所谓杂草的生物学特性，是指杂草对人类生产和生活活动所致的环境条件（人工环境）长期适应，形成的具有不断延续能力的表现。因此，了解杂草的生物学特性及其规律，就可能了解到杂草延续过程中的薄弱环节，对制定科学的杂草治理策略和探索防除技术有着重要的理论与实践意义（李扬汉，1998）。

1. 杂草形态结构的多型性

在人为和自然的选择压力下，杂草的形态结构形成了多种多样的适应性方式。它们主要表现在下述诸方面。

（1）杂草个体大小变化大

不同种类的杂草个体大小差异明显，高的可达 2 m 以上，如假高粱、芦苇（*Phragmites australis* CCav. Trin. ex Steud.）等，中等的有约 1 m 的梵天花（*Ure-na lobata* L.）等，矮的仅有几厘米，如鸡眼草［*Kummerowia striata* C（Thunb.）Schindlor］、地棉等。就主要农作物田间杂草而言，多数杂草的株高范围主要集中在几十厘米左右。同种杂草在不同的生境条件下，个体大小变化也较大。例如，荠菜生长在较空旷、土壤肥力充足、水湿光照条件较好的生境，植株高度可在 50 cm 以上，相反，生长在贫瘠、干燥的裸地上的荠菜，其高度仅在 10 cm 以内；又如，漆姑草［*Sagina ja ponica*（Sw.）Ohwi］生长在具稀疏阳光和湿度较好的半裸地带，其枝叶舒展，个体较高，而分布在草坪植物丛中或砖石缝隙中，因常受到人们的践踏而植株矮小，节间短，叶片小，甚至开花习性也明显不同。

（2）根茎叶形态特征多变化

生长在阳光充足地带的杂草如马齿苋、反枝苋、土荆芥（*Che-nopodium ambrosioides* L.）、繁缕等多数杂草茎秆粗壮、叶片厚实、根系发达，具较强的耐旱、耐热能力。相反，生长在阴湿地带杂草，即使是上述同种杂草，其茎秆细弱，叶片宽薄、根系不发达，当进行生境互换时，后者的适应性明显下降。

（3）组织结构随生态环境变化

生长在水湿环境中的杂草通气组织发达，而机械组织薄弱，生长在陆地湿度低的地段的杂草，则通气组织不发达，而机械组织、薄壁组织都很发达。前者如水生杂草萤蔺、野荸荠（*Eleocharis* sp.）、空心莲子草等，后者如狗尾草、牛筋草等。同一杂草中如醴肠等，生活在水环境中，其茎中通气组织发达、茎秆中空，而生长在干旱环境下的则茎秆多数实心、薄壁组织发达、细胞含水量高（强胜，2001）。

2. 杂草生活史的多型性

一般早发生的杂草生育期较长，晚发生的较短，但同类杂草成熟期则差不多。根据杂草当年开花，一次结实成熟，隔年开花一次结实成熟和多年多次开花结实成熟的习性，可将杂草的生活史（Clife cycle）过程分为一年生类型（annual）、二年生类型（biennial）和多年生类型（perenni-al）。

一年生杂草在一年中完成从种子萌发到产生种子直至死亡的生活史全过程，可分为春季一年生杂草和夏季一年生杂草。春季一年生杂草是指在春季萌发,经低温春化,初夏开花结实并形成种子,如繁缕、波斯婆婆纳等。夏季一年生杂草是指初夏杂草种子发芽,不必低温春化,生长发育时经过夏季高温,当年秋季产生种子并成熟越冬,如大豆田中的狗尾草、牛筋草等。一般来说,春播作物的栽培对上年秋季萌发的杂草有破坏性,而秋播作物对来年春季萌发的杂草有竞争上的优势。

二年生杂草的生活史在跨年度中完成。第一年秋季杂草萌发生长产生莲座叶丛,耐寒能力强,第二年抽茎、开花、结籽、死亡,如野胡萝卜等。这类杂草主要分布于温带,其莲座叶丛期对除草剂敏感,易防除。

多年生杂草可存活两年以上。这类杂草不但能结子传代,而且能通过地下变态器官生存繁衍。一般春夏发芽生长,夏秋开花结实,秋冬地上部枯死,但地下部不死,翌年春可重新抽芽生长。多年生杂草可分为两种类型:简单多年生杂草(*simple perennial*),如蒲公英(*Taraxacum mongolicum* Hand. Mazz)、酸模(*Rumex acetosa* L.)、车前等,可借种子繁殖,也可因切割由宿根繁殖;匍匍多年生杂草(*creeping perennial*),可以借球茎、匍匍茎或根状茎等进行繁殖。匍匐多年生杂草是一类很难控制的杂草,当其地上部枯死后,其土壤中的无性繁殖器官可再次占据该地域而繁衍滋生。这类杂草的幼苗在最初生长的6～8周易受栽培措施或适当的除草剂控制,随生长期延长,抗性和生存能力增强。因此,防止这类多年生杂草入侵农田,是一项控制其繁衍和危害的重要措施。

但是,不同类型之间在一定条件下可以相互转变。多年生的蓖麻(*CRicinus communis* L.)发生于北方,则变为一年生杂草。当一年生或二年生的野塘蒿被不断刈割后,即变为多年生杂草。草坪上的红尾翎[*Digitaria radicosa*(Presl.)Miq.]是一年生杂草,不断地修剪也可使其变为多年生。这也反映出杂草本身的不断繁衍持续的特性。

3. 杂草营养方式的多样性

杂草的营养方式是多种多样的。绝大多数杂草是光合自养的,但也有不少杂草属于寄生性的。寄生性杂草分全寄生和半寄生两类。寄生性杂草在其种子发芽后,历经一定时期的生长,其必须依赖于寄主的存在和寄主提供足够有效的养分才能完成生活史全过程。例如,全寄生性杂草如菟丝子类是大豆、苜蓿和洋葱等植物的茎寄生性杂草;列当是一类根寄生性杂草,主要寄生和危害瓜类、向日葵等作物。无根藤(*Cassytha filiformis* L.)是樟科木本植物等的茎寄生性或半寄生性杂草。半寄生性杂草如桑寄生[*Taxillus chinensis*(OC.)Danser]和槲寄生[*Viscum coloratum*(Korn.)Nakai]等,寄生于桑等木本植物的茎上,依赖寄主提供水和无机盐,自身光合作用。有些寄生性杂草如生长一定阶段后仍不能寄生于寄主,则通过"自主寄生"和"反寄生"来维持一定时间的生长,直至自身营养耗尽而死亡,如日本菟丝子等。

4. 杂草适应环境能力强

(1)抗逆性(stress resistance)强

杂草具有强的生态适应性和抗逆性,表现在对盐碱、人工干扰、旱涝、极端高低温等有很强的耐受能力。有些杂草个体小、生长快,生命周期短,群体不稳定,一年一更新,繁殖快,结实率高,如繁缕、反枝苋等一年生杂草。有些杂草个体大,竞争力强、生命周期长,在一个生命周期内可多次重复生殖,群体饱和稳定,如回旋花、芦苇等多年生杂草。有些杂草,例如藜、扁秆藨草和眼子菜等都有不同程度耐受盐碱的能力。马唐在干旱和湿润土壤生境中都能良好的生长。C_4 植物杂草体内的淀粉主要储存在维管束周围,不易被草食动物利用,故也免除了食草动物的更多啃食。野胡萝卜作为二年生杂草，在营养体被啃食或被刈割的情况下，可以保持营养生长数年，直至开花结实为止。野唐蒿也具有类似的特性。天名精（*Carpesium abrotanoides* L.）、黄花蒿等会散发特殊的气味，趋避禽畜和昆虫的啃食。还有些植物含有毒素或刺毛，如曼陀罗（*Datura stramonium* L.）、刺苋等，以保护自身，免受伤害。

(2)可塑性(plasticity)大

由于长期对自然条件的适应和进化，植物在不同生境下对其个体大小、数量和生长量的自我调节能力被称为可塑性。可塑性使得杂草在多变的人工环境条件下，如在密度较低的情况下能通过其个体结实量的提高来产生足量的种子，或在极端不利的环境条件下，缩减个体并减少物质的消耗，保证种子的形成，延续其后代。藜和反枝苋的株高可矮小至 5 cm，高至 300 cm，结实数可少至 5 粒，多至百万粒。当土壤中杂草子实量很大时，其发芽率会大大降低，以避免由于群体过大而导致个体的死亡率的增加。

(3)生长势 (growth vigor)强

杂草中的 C_4 植物比例明显较高，全世界 18 种恶性杂草中，C_4 植物有 14 种，占 78%。在全世界 16 种主要作物中，只有玉米、谷子、高粱等是 C_4 植物，不到 20%。C_4 植物由于光能利用率高、CO_2 补偿点和光补偿点低，其饱和点高、蒸腾系数低而净光合速率高，因而能够充分利用光能、CO_2 和水进行有机物的生产。所以，杂草要比作物表现出较强的竞争能力，这就是为什么 C_3 作物田中 C_4 杂草疯长成灾的原因。如稻田中的稗草、碎米莎草，花生田中的马唐、狗尾草、反枝苋、马齿苋、香附子等。还有许多杂草能以其地下根、茎的变态器官避开逆境，繁衍扩散，当其地上部分受伤或地下部分被切断后，能迅速恢复生长、传播繁殖。例如，刺儿菜是一种多年生耐旱、耐盐碱的杂草，其地下根状茎人土较深，地下分枝很多，积储有大量养分，枝芽发达，每个芽都能发育成新的植株。在一个生长季节内，刺儿菜的地下根状茎能向外蔓延长达 3 m 以上。狗牙根等杂草的地下根状茎则更加发达。据统计，在 1 亩的田地中，根茎总长可达 60 km，有近 30 万个地下芽。这样的杂草还有很多，如香附子、空心莲子草等能成片生长。

(4)杂合性(heterozygosity)

由于杂草群落的混杂性、种内异花授粉、基因重组、基因突变和染色体数目的变异性，一般杂草基因型都具有杂合性，这也是保证杂草具有较强适应性的重要因素。杂合性增加了杂草的变异性，从而大大增强了抗逆性能，特别是在遭遇恶劣环境条件如低温、旱、涝以及使用除草剂治理杂草时，可以避免整个种群的覆灭，使物种得以延续。

(5)拟态性(mimicry)

稗草与水稻伴生、野燕麦或看麦娘与麦类作物伴生、亚麻荠与亚麻、狗尾草与谷子伴生等，这是因为它们在形态、生长发育规律以及对生态因子的需求等方面有许多相似之处，很难将这些杂草与其伴生的作物分开或从中清除。杂草的这种特性被称为对作物的拟态性（crop mimicry），这些杂草也被称为伴生杂草。它们给除草，特别是人工除草带来了极大的困难。例如，狗尾草经常混杂在谷子中，被一起播种、管理和收获，在脱皮后的小米中仍可找到许多狗尾草的子实。此外，杂草的拟态性还可以经与作物的杂交或形成多倍体等使杂草更具多态性。

5. 杂草繁衍滋生的复杂性与强势性

(1)惊人的多实性

农田杂草是一类适应性广、繁殖能力强的特殊类型的植物。许多杂草都具有尽可能多地繁殖种群的个体数量，来适应环境繁衍种族的特性。绝大多数杂草的结实力高于作物几倍或几百倍，千粒重则小于作物的种子。一株杂草往往能结出成千上万甚至数十万粒细小的种子。如野燕麦多达 1000 粒，荠菜可结 20000 粒，而蒿则高达 810000 粒。杂草强大的结实能力，是一年生和二年生杂草在长期的竞争中处于优势的重要条件。

(2)种子的寿命长

相对于作物而言，所有杂草种子的寿命都较长。许多杂草的种子埋于土中，经历多年仍能存活。藜等植物的种子最长可在土壤中存活 1700 年之久，繁缕种子可存活 622 年，野燕麦、早熟禾、马齿苋、荠菜和泽漆等都可存活数十年。即使在耕作层中，杂草的种子仍然保持较长的寿命，野燕麦 7 年、狗尾草 9 年、繁缕和车前等 10 年以上也能保持发芽力。在一般情况下，杂草子实皮越厚越硬，透水性越差，其寿命越长。此外，有些杂草种子，如稗草、马齿苋等，通过牲畜的消化道排出后，仍有一部分可以发芽。野苋和荨麻（*Urtica* sp.）的种子经过鸟的消化后发芽更好且整齐，在堆肥或厩肥中杂草种子仍能保持一定的发芽力。例如稗草种子在 40 ℃高温的厩肥中，可保持生活力达 1 个月。一般杂草种子在没有腐熟的堆肥或熟肥里，不失其发芽力。此外，有些杂草如繁缕等的种子在低温 3 ℃下仍然可以萌发。

(3)种子的成熟度与萌发时期参差不齐

荠菜、藜及打碗花，即使其种子没有成熟，也可萌发长成幼苗。很多杂草被连根拔出后，其植株上的未成熟种子仍能继续成熟。作物的种子一般都是同时成熟的，而杂草种子的成熟却参差不齐，呈梯递性、序列性。同一种杂草，有的植株已开花结实，而另一些植株则刚刚出苗。有的杂草在同一植株上，一面开花，一面继续生长，种子成熟期延绵达数月之久。杂草与作物常同时结实，但成熟期比作物早。种子继续成熟，分期分批散落田间，由于成熟期不一致，对第二年的萌发时间也有一定影响，这也为清除杂草带来了困难。

有些杂草种子在形态和生理上具有某些特殊的结构或物质，从而使其具有保持休眠的机制。如坚硬不透气的种皮或果皮，含有抑制萌发的物质，种子需经过后熟作用或需光等刺激才能萌发等。由于不同时期、植株不同部位产生的杂草种子的结构和生理抑制性物质含量的差异，使其成为杂草种子萌发不整齐的又一重要原因。此外，杂草种子基因型的多样性，对逆境的适应性差异、种子休眠程度以及田间水、温、光条件的差异和对萌发条件要求和反应的不同等都是田间杂草出草不齐的重要因素。滨藜草［*Atriplex patens*(Litv.)Iljin］是一种耐盐性的杂草，能结出 3 种类型的种子，上层的粒大呈褐色，当年即可萌发；中层的粒小，黑色或青灰色，翌年才可萌发；下层的种子最小，黑色，第三年才能萌发。藜和苍耳等也有类似的情形。

(4)繁殖方式多样

杂草的繁殖方式主要有两大类：营养繁殖和有性生殖。

杂草的营养繁殖是指杂草以其营养器官根、茎、叶或其一部分传播、繁衍滋生的方式。例如，马唐等的匍筒枝、蒲公英的根、香附子等的球茎、刺儿菜等的地下“生殖茎”、狗牙根等的根状茎都能产生大量的芽，并形成新的个体。空心莲子草可通过匍匐茎、根状茎和纺锤根 3 种营养繁殖器官繁殖。杂草的营养繁殖特性使杂草保持了亲代或母体的遗传特性，生长势、抗逆性、适应性都很强。具有这种特性的杂草给人类的有效治理造成极大的困难。至今，人们还未找到一种行之有效的控制或清除这类杂草的方法。

杂草的有性生殖是指杂草经一定时期的营养生长后，经花芽(序)分化，进入生殖生长，产生种子(或果实)传播繁殖后代的方式。有性生殖是杂草普遍进行的一种生殖方式，在有性生殖过程中，杂草一般既可异花受精，又能自花或闭花受精，且对传粉媒介要求不严格，其花粉一般均可通过风、水、昆虫、动物或人，从一朵花传到另一朵花上或从一株传到另一株上。多数杂草具有远缘亲和性和自交亲和性，如旱雀麦（*Bromus tectorum* L.）和紫羊茅（*Festuca rubra* L.）等自交和异交均为可育，而栽培泽兰则自交败育。异花传粉受精有利于为杂草种群创造新的变异和生命力更强的种子。自花授粉受精可保证其杂草在独处时仍能正常受精结实、繁衍滋生蔓延。具有这种生殖特性的杂草其后代的变异性、遗传背景复杂，杂草的多型性、多样性、多态性丰富，是化学药剂控制杂草难以长期稳定有效的根本原因所在。

(5)子实具有适应广泛传播的结构和途径

杂草的种子或果实有容易脱落的特性，有些杂草具有适应于散布的结构或附属物，借外力可以传播很远，分布很广。例如酢浆草（*Coxalis car-niculata* L.）、野老鹤草（*Geranium carolinianum* L.）的蒴果在开裂时，会将其中的种子弹射出去，散布开来；野燕麦的膝曲芒，在麦堆中感应空气中的湿度变化曲张，驱动子实运动，而在麦堆中均匀散布；十字花科、石竹科和玄参科的杂草如荠菜、麦瓶草、婆婆纳等，其种子可借果皮开裂而脱落散布。菊科如蒲公英、刺儿菜等杂草的种子往往有冠毛，可借助风力传播。有的杂草如苍耳、鬼针草（*Bidens* sp. ）等果实表面有刺毛，可附着他物而传播；有些杂草如独行菜（*Lepidium apetalum* Willd.）、菵草等果实上有翅或囊状结构，可随水漂流。还有的杂草如稗草、反枝苋、繁缕等子实被动物吞食后，随粪便排出而传播等。此外，杂草种子还可混杂在作物的种子内，或饲料、肥料中而传播，也可借交通工具或动物携带而传播。有些杂草种子和作物的种子相似，很不容易和作物种子分开，作物种子中掺杂杂草种子，可使农田杂草传播危害更为广泛。然而，杂草种子的人为传播和扩散则是上述所有杂草种子的传播扩散（尤其是远距离的传播和扩散）途径中，影响最大、造成的危害最重的一种方式，理应引起人们的高度重视。

归纳起来，杂草的基本特征大致应包括如下几个方面。

① 种子可在许多不同生境中萌发。

② 种子的序列性萌发和长寿的种子。

③ 可以迅速完成营养生长并开花结实。

④ 只要生长条件许可，可以不断产生种子边熟边落。

⑤ 自体受精亲和，但绝不是完全自花传粉和无融合生殖。

⑥ 异花传粉的媒介不专化。

⑦ 在适宜环境条件下，种子产生量很大。

⑧ 在不利环境条件下仍能产生出种子，对环境条件的忍耐性高，可塑性强。

⑨ 适应短和长距离传播种子。

⑩ 有旺盛的营养繁殖能力和通过营养体片断形成植株的能力。

⑪ 多年生杂草的植物体易断裂，很难将整个植株从土壤中拔出。

⑫ 具强的生长势，常在种间竞争中占优势。

⑬ 一些杂草总与某些作物密切伴生，形态上、生理生态需求上有很多相似之处。这些方面归纳起来，均与杂草在复杂多变的人工环境中不断可以延续其种群相关。

(三)玉米田常见杂草简介

1. 禾本科

禾本科植物为木本或草本。绝大多数植物具须根。茎多为直立，但亦有匍匐蔓延乃至藤状。禾本科植物适应性广，分布遍及全球，从热带至寒带，从平原到高山，乃至湖泊、沼泽、沙漠地区均有禾本科植物的踪迹。禾本科植物危害玉米田的植物主要有马唐、牛筋草、虎尾草、狗尾草、金色狗尾草、白茅、鹅观草、披碱草、芦苇、荻、画眉草、稷、雀麦、野燕麦、丛生隐子草、稗等。

(1)马唐 (*Digitaria sanguinalis*(L.)Scop.)

识别要点:一年生草本。秆直立或下部倾斜,膝曲上升,高 10～80 cm,无毛或节生柔毛。叶鞘短于节间;叶舌长 1～3 mm;叶片线状披针形,长 5～15 cm,宽 4～12 mm,基部圆形,具柔毛或无毛。4～12 个总状花序成指状着生于主轴上;每节 2 小穗,同型,一小穗具柄,另一小穗无柄;小穗第一颖明显,三角形,较小;第一外稃之侧脉上部锯齿状,粗糙,顶端渐尖,但不生芒,亦无小尖头。颖果。

发生与危害特点:种子繁殖。喜湿喜光,潮湿多肥的地块生长茂盛,4 月下旬至 6 月下旬发生量大,8—10 月结籽,种子边成熟边脱落,生活力强。成熟种子有休眠习性。茎直立或斜生,下部茎节着地生根,蔓延成片,难以拔除。全国各地均有分布,是旱秋作物、果园、苗圃的主要杂草。分布于北美和欧洲,见于草坪、田野和荒地。

(2)牛筋草 (*Eleusine indica*(L.)Gaertn)

识别要点:一年生草本。根系极发达。秆丛生,基部倾斜,高 10～90 cm。叶舌长约 1 mm;叶片线形,长 10～15 cm,宽 3～5 mm,无毛或正面被疣基柔毛。穗状花序 2～7 个指状着生于秆顶,长 3～10 cm,宽 3～5 mm;小穗长 4～7 mm,宽 2～3 mm,含 3～6 小花,两侧压扁,无柄,紧密地覆瓦状排列于宽扁的穗轴一侧,穗轴顶端具有顶生小穗;小穗轴无毛;脱节于颖上及诸小花之间。胞果卵形。

发生与危害特点:种子繁殖。5 月出苗,易形成出苗高峰,于每年 9 月出现第二次出苗高峰。一般颖果于每年的 7—10 月成熟,随熟而落。种子经过冬季休眠而萌发,广泛分布于我国中北部地区,为玉米田危害较重的恶性杂草。

(3)虎尾草(*Chloris virgata* Sw.)

识别要点:一年生草本。秆直立或基部膝曲,高 12～75 cm。叶舌长约 1 mm;叶片线形,长 3～25 cm,宽 3～6 mm。穗状花序 5～10 个,长 1.5～5 cm,指状着生于秆顶,常直而并拢成毛刷状;小穗无柄,成 2 行覆瓦状排列于穗轴的一侧;小穗含 2～4 小花,第一小花两性,上部其余小花退化不孕;第一外稃两侧压扁,中脉延伸成直芒,基盘被柔毛。颖果。

发生与危害特点:种子繁殖。华北地区 4—5 月出苗,花期 6—7 月,果期 7—9 月。遍布全国各省(区),是玉米田的重要杂草。

(4)狗尾草 (*Setaria viridis*(L.)Beauv.)

识别要点:一年生草本。具须根;秆直立或基部膝曲,高 10～100 cm。叶边缘具较长纤毛;叶舌短;叶长三角状披针形或线状披针形,长 4～10 cm,宽 2～18 mm。圆锥花序紧密呈圆柱状,基部有时稍疏离,顶端稍狭尖或渐尖,长 2～15 cm,宽 4～13 mm(除刚毛外);小穗 2～5 个簇生于主轴上;每小穗下具多数绿色、褐黄、紫红或紫色刚毛,长 4～12 mm;小穗顶端钝,长 2～2.5 mm;颖不等长。颖果。

发生与危害特点:种子繁殖。耐干旱、耐瘠薄。4—5 月出苗,5 月中下旬形成生长高峰,以后随降雨及灌水还会出现小高峰;种子于 7—9 月陆续成熟。种子经冬眠后萌发。分布几遍全国,是玉米田的主要杂草之一,同时也可危害其他秋收作物。

(5)金色狗尾草 (*Setaria glauca*(L.)Beauv.)

识别要点:一年生草本。茎秆直立或基部倾斜,近地面节上可生根,株高 20～90 cm。叶片线状披针形或狭披针形，长 5～40 cm，宽 2～10 mm，正面粗糙，背面光滑；叶舌由极短柔毛围成圈状。圆锥花序紧密成圆柱状或狭圆锥状，直立，长 3～17 cm，宽 4～8 mm(刚毛除外)；花序主轴每小枝的一簇小穗中仅一个发育成熟；小穗基部具金黄色或略带褐色刚毛，长 4～8 mm；小穗长 2.5～4 mm，有花 1～2 枚；外稃纸质，不具皱纹，颖果。

发生与危害特点：种子繁殖。4—5 月出苗，5 月中下旬形成高峰，种子于 7—9 月陆续成熟。发生于较潮湿农田、沟渠或路旁。分布几遍全国，是玉米田的主要杂草之一，同时也可危害其他秋收作物。

(6)白茅(*Imperata cylindrica* (L.) Beauv.)

识别要点：多年生草本。具粗壮的根状茎。秆直立，高 30～80 cm，具 1～3 节，节无毛，常为叶鞘所包。分蘖叶片长约 20 cm，宽约 8 mm，叶片窄线形，通常内卷，顶端渐尖呈刺状，下部渐窄；叶舌膜质。圆锥花序呈狭窄紧缩的圆柱状，长 20 cm，宽 3 cm，基盘具长 12～16 mm 的白色丝状柔毛；两颖近相等，具 5～9 脉；柱头 2，紫黑色，羽状。颖果。

发生与危害特点：多以根状茎繁殖。苗期 3—4 月，花果期 4—6 月。分布全国，尤以黄河流域及以南地区发生较多。

(7)芦苇 (*Phragmites australis* (Cav.) Trin. ex Steud.)

识别要点：多年生草本。根状茎十分发达。秆直立，高 1～3 m，直径 1～4 cm，具 20 多节，节间最长可达 20～40 cm，节下被腊粉。叶舌边缘密生一圈短纤毛；叶片披针状线形，长 30 cm，宽 2 cm。圆锥花序大型，长 20～40 cm，宽约 10 cm，分枝长 5～20 cm，其上小穗稠密；小穗长 13～20 mm，含 4 花；外稃无毛；基盘延长，两侧密生等长于外稃的丝状柔毛。颖果。

发生与危害特点：种子及根茎繁殖。4—5 月发芽出苗，8—9 月开花。多生于低湿地或浅水中，尤以新垦农田危害较重。为全球广泛分布的多型种，在我国各省(区)广泛分布。

(8)荻 (*Triarrhena sacchariflora* (Maxim.) Nakai)

识别要点：多年生草本。具发达的根状茎。秆直立，高 1～1.5 m，具 10 多节，节生柔毛。叶鞘无毛；叶舌、叶耳及叶基部具纤毛；叶片带状或宽线形，长 20～50 cm，宽 5～18 mm，两面无毛，边缘粗糙，呈锯齿状；中脉白色，粗壮。圆锥花序大型，长 10～20 cm，宽约 10 cm，具多数分枝；分枝每节具 2 小穗，一具短柄，一具长柄；小穗无芒；基盘具丝状柔毛，长为小穗 2 倍；第一颖与第二颖等长；柱头紫黑色。颖果。

发生与危害特点：种子及根茎繁殖。花期 7—8 月，果期 8—9 月。常野生在山坡、荒地、河滩、固定沙丘群及荒芜的低山孤丘上，繁殖力强，耐瘠薄土壤；有时在农耕地的田边、地埂上也有它的群落片断残存，可见于玉米田。东北、西北、华北及华东均有分布。

(9)画眉草(*Eragrostis pilosa* (L.) Beauv.)

识别要点：一年生草本。秆丛生，直立或基部膝曲，高 15～60 cm。叶舌为一圈纤毛；叶片线形扁平或蜷缩，长 6～20 cm，宽 2～3 mm，无毛。圆锥花序松散，长 10～25 cm，宽 2～10 cm；花序分枝腋间具柔毛；小穗长 3～10 mm，具柄，含 4～14 小花；第一颖不具脉，长 1 mm 以下，第二颖长约 1.5 mm；第一外稃具 3 脉，无芒；内稃稍弯曲。颖果，成熟时小穗脱节于颖上，每一节间和小花并不同时脱落。

发生与危害特点：种子繁殖。5—7 月出苗。降雨和灌水后往往出现出苗高峰，花果期 7—10 月。种子经冬眠后萌发。全国各地均有分布，主要危害玉米及其他秋收作物，局部地区危害严重。

(10)稷(*Panicum miliaceum* L.)

识别要点:一年生草本。秆粗壮,直立或斜升,高 40～120 cm,单生或少数丛生。叶片线形或线状披针形,长 10～30 cm,宽 5～20 mm。圆锥花序,成熟时下垂,长 10～30 cm,无不育小枝,且穗轴亦不延伸出顶生小穗之上;小穗背腹压扁,卵状椭圆形,长 3～5 mm,具 2 小花,第二小花(谷粒)平滑;鳞被纸质,多脉;第一颖长为小穗的 1/3 以上;第二外稃背部圆形,厚于第一外稃及颖片,平滑,具 7 脉,无芒。颖果,成熟时脱节于颖之下。

发生与危害特点:种子繁殖。花果期 9—11 月,种子休眠后春季萌发。为一般性杂草,发生量小,危害轻。广泛分布于我国东南部、南部、西南部和东北部。

(11)野燕麦(*Avena fatua* L.)

识别要点:一年生草本。须根较坚韧。秆光滑无毛,高 60～120 cm,具 2～4 节。叶鞘松弛;叶舌透明膜质;叶呈两行互生,叶片线形,长 10～30 cm,宽 4～12 mm。圆锥花序开展下垂,长 10 ～25 cm;小穗长 18～25 mm,含 2～3 小花,小穗轴延伸于小花后;小穗轴密生淡棕色或白色硬毛;两颖近于等长,通常具 9 脉,第二颖等长或较长于第一小花;外稃质地坚硬,背面被疏密不等的硬毛,第一外稃长 15～20 mm,具 5 至多脉,芒自外稃背部伸出,长 2～4 cm,膝曲扭转。颖果。

发生与危害特点:种子繁殖。花果期 4—9 月。春、秋季出苗,4 月抽穗,5 月成熟。生长快,强烈抑制作物生长。广布于我国南北各省,尤以西北和东北地区危害严重。

(12)丛生隐子草(*Cleistogenes caespitosa* Keng)

识别要点:多年生草本。秆纤细,丛生,高 20～45 cm,直径 1 mm。叶鞘除鞘口外均平滑无毛;叶舌具纤毛;叶片线形,长 3～6 cm,宽 2～4 mm。圆锥花序稀疏,有时部分小穗隐藏叶鞘内;小穗长 5～11 mm,多少有柄,含 3～5 小花;颖卵状披针形,短于外稃;外稃具 5 脉,边缘具柔毛,第一外稃长 4 ～5.5 mm,先端具长 0.5～1 mm 的短芒;内稃与外稃近等长。颖果。

发生与危害特点:种子及根茎繁殖。多生长在海拔 800 m 以下的阳坡、半阳坡或半阴坡。性耐旱、喜暖。5 月下旬返青,且生长很慢,雨季后开始迅速生长,7—8 月开花,9 月结实,10 月中旬枯黄。

(13)稗(*Echinochloa crusgalli*(L.)Beauv.)

识别要点:一年生草本植物。秆高 50～150 cm,光滑无毛,植株基部常向外开展。叶鞘疏松裹秆;叶舌缺;叶片扁平,线形,长 10～40 cm,宽 5～20 mm。圆锥花序,分枝长 6～20 cm,斜上举或贴向主轴,无不育小枝,穗轴不伸出顶生小穗之上;小穗卵形,背复压扁,长 3～4 mm,具短柄或近无柄,排列于穗轴之一侧;二颖不等长;小穗常有 2 小花,第一小花多为无性花,其外稃顶端具长 0.5～3 cm 的芒,或有时无芒,从而形成多个变种;第二小花外稃厚于第一外稃及颖片,成熟后变硬,顶端具小尖头,边缘内卷,包着内稃,内稃露出较多。颖果。

发生与危害特点:种子繁殖,生命力极强。属晚春型杂草,正常出苗的杂草大致在 7 月上旬抽穗开花,8 月初果实逐渐成熟。分布几遍全国,以及全世界温暖地区,属世界性恶性杂草,主要发生于湿度较大的玉米田。

2. 菊科

菊科共 13 族 1300 余属,近 25000～30000 种,除南极外,全球分布。中国约有 220 属近 3000 种,全国各地分布。菊科植物中危害玉米田的主要有苍耳、刺儿菜、小蓬草、鳢肠、窄叶小苦荬、艾、鬼针草、紫茎泽兰、黄顶菊等四十余种。

(1)苍耳(*Xanthium sibiricum* Patrin ex Widder)

识别要点:一年生草本,高 20～90 cm,被灰白色糙伏毛。叶互生,有长柄,叶片三角状卵形或心形,长 4～9 cm,宽 5～10 cm,近全缘,或有 3～5 个不明显浅裂,正面绿色,背面苍白色,被粗糙毛或短白伏毛,多数叶片具明显基生三出脉,侧脉弧形,直达叶缘。雄性的头状花序球形,直径 4～6 mm;雌性的头状花序椭圆形,内层总苞片结合成囊状,宽卵形或椭圆形。瘦果成熟时变坚硬,连同喙部长 12～15 mm,宽 4～7 mm,外面有疏生的具钩状的刺,刺极细而直,基部微增粗或几不增粗,长 1～1.5mm;喙坚硬,锥形,常不等长,少有结合而成 1 个喙。瘦果 2,倒卵形。

发生与危害特点:种子繁殖。在我国北方,4—5 月萌发,花期 7—8 月,果期 9—10 月。种子经休眠后萌发。全国各地均有分布,为一种常见的田间杂草,在部分地区玉米田危害严重。

(2)刺儿菜(*Cirsium setosum*(Willd.)MB.)

识别要点:多年生草本,高 30～120 cm。叶互生,椭圆形、长椭圆形、披针形或椭圆状倒披针形,中部、下部叶长 7～15 cm,宽 1.5～10 cm,上部茎叶渐小,通常无叶柄;全部茎叶或不分裂,叶缘有针刺或刺齿,部分茎生叶羽状浅裂、半裂或边缘具粗大圆锯齿,齿顶及裂片顶端有针刺;全部茎生叶通常两面无毛、同色。头状花序单生茎端,或在茎枝顶端排成伞房花序;总苞卵形或卵圆形,直径 1.5～2 cm,总苞片约 6 层,顶端有针刺;小花细管状,紫红色或白色。瘦果椭圆形;冠毛污白色。

发生与危害特点:根芽繁殖为主,种子繁殖为辅。在我国北部最早于 3—4 月出苗,花期 5—6 月,果期 6—10 月。种子借风力飞散,实生苗当年只进行营养生长,翌年才能抽薹开花。全国均有分布和危害,以北方更为普遍。

(3)小蓬草(*Conyza canadensis*(L.)Cronq.)

识别要点:一年生草本,高 50～100 cm 或更高。茎疏被硬毛,茎及叶两面均绿色。叶密集,下部叶倒披针形,长 6～10 cm,宽 1～1.5 cm,边缘具疏锯齿或全缘,具柄;中部、上部叶较小,渐无柄;两面或仅正面被疏短毛。头状花序多数,直径 3～4 mm,排列成顶生多分枝的大圆锥花序;总苞片 2～3 层;雌花舌状,白色,舌片小,稍超出花盘,线形;两性花管状淡黄色。瘦果线状披针形,长 1.2～1.5 mm;冠毛污白色。

发生与危害特点:种子繁殖。花果期 5—10 月。常生长于旷野、荒地、田边和路旁,为一种常见的杂草。原产北美洲,现在各地广泛分布,我国南北各省(区)均有分布。

(4)香丝草(*Conyza bonariensis*(L.)Cronq.)

识别要点:一年生或二年生草本,高 20～50 cm。茎、叶密被贴生的短毛、杂疏长毛,植株呈灰绿色。叶密集,倒披针形或长圆状披针形,长 3～8 cm,宽 0.3～1 cm,通常具粗齿或羽状浅裂,上部叶全缘,基部叶具长柄,中部、上部叶渐无柄。头状花序多数,直径 5～10 mm,在茎端排列成总状花序或总状圆锥花序;总苞片 2～3 层,线形,背面密被灰白色短糙毛;雌花细管状,白色;两性花管状,淡黄色。瘦果线状披针形;冠毛 1 层,淡红褐色。

发生与危害特点:种子繁殖。花果期 5—10 月。原产南美洲,现广泛分布于热带及亚热带地区,我国中部、东部、南部至西南部各省(区)均有发生,为一种常见的杂草。

(5)鳢肠(*Eclipta prostrata* L.)

识别要点:一年生草本,高 60 cm。茎上长有贴生糙毛。叶对生,叶片长圆状披针形或披针形,长 3～10 cm,宽 0.5～2.5 cm,顶端锐尖或渐尖,边缘有细锯齿或仅波状,两面被密硬糙毛,无柄或有短柄。头状花序直径 6～8 mm;总苞片 2 层,外层较内层稍短;边花为舌状花,2

层，白色，舌片长 2～3 mm，顶端 2 浅裂或全缘；盘花为管状花，白色，顶端 4 齿裂；花托凸，有披针形或线形的托片。瘦果暗褐色，长 2.8 mm，雌花的瘦果三棱形，两性花的瘦果扁四棱形。

发生与危害特点：种子繁殖。花期 6—9 月。常见于田边、路旁或河边。分布于全国各地。

(6)苦苣菜（*Sonchus oleraceus* L.）

识别要点：一年生或二年生草本。茎直立，高 40～150 cm，茎枝光滑无毛，有时花序及花序梗被腺毛。叶披针形、长椭圆形或倒披针形，长 3～12 cm，宽 2～7 cm；茎生叶多羽状深裂或大头状羽状深裂，侧生裂片 1～5 对，叶基部渐宽大，成戟状或耳状抱茎，部分叶不裂，全部叶或裂片边缘有大小不等的急尖锯齿或大锯齿，两面无毛。头状花序单生茎枝顶端，或排列成伞房花序或总状花序；总苞光滑无毛；具 80 枚以上舌状花，花黄色。瘦果长椭圆形，有横皱纹，每面有 3 条细纵肋；冠毛白色。

发生与危害特点：种子繁殖。花果期 5—12 月。为玉米田常见杂草，全国各地均有分布。

(7)蒲公英（*Taraxacum mongolicum* Hand.-Mazz.）

识别要点：多年生草本。叶倒卵状披针形至长圆状披针形，长 4～20 cm，宽 1～5 cm，边缘多逆向羽状深裂，有时大头羽状深裂；裂片 3～5 对，三角形或三角状披针形，通常全缘或具齿；具叶柄，叶柄及主脉常带红紫色。花葶 1 至数个，与叶等长或稍长，上部多为紫红色，密被蛛丝状白色长柔毛；头状花序直径 3～4 cm；总苞钟状，苞片 2～3 层，外层总苞片先端增厚或具角状突起，内层具小角状突起；舌状花黄色。瘦果倒卵状披针形，暗褐色；冠毛白色。蒲公英属有 70 余种植物，均具叶莲座状基生、有乳汁、花序中全为舌状花、花黄色或白色等共同特点，依据外层总苞片、瘦果、喙、冠毛等的形状、大小、颜色、质地和其上突出物等特征进行鉴别。很多同种植物叶形变化较大，叶可从深裂至近全缘，因而难以单纯根据叶形分辨本属植物。

发生与危害特点：种子和根芽繁殖。花果期 4—10 月。在我国分布于东北、华北、西北及西南等省(区)。

3. 藜科

藜科有 100 余属 1400 余种植物，中国有 39 属 180 余种，分布于全国各地，但主要产于盐碱地和北方各省的干旱地区，尤以新疆最盛。多为一年生草本或半灌木，根系发达，叶变小或消失，茎枝为绿色，植株密被毛或无毛；生于海滨或盐碱地的多数种类器官肉质，组织液中富含盐分而具有高渗透压。危害玉米的该科杂草主要有藜、灰绿藜、小藜、细穗藜、刺藜、菊叶香藜、地肤和猪毛菜等。

(1)藜（*Chenopodium album* L.）

识别要点：一年生草本，高 30～150 cm。茎直立，粗壮，具条棱。叶互生，叶片菱状卵形至宽披针形，长 3～6 cm，宽 2.5～5 cm，边缘具不整齐锯齿，嫩叶正面常有白色或紫红色粉粒，后渐无粉，背面多少有粉，叶柄为叶片长度 1/2 至近等长。花序顶生或腋生，在枝上部组成圆锥状花序；花两性，花被裂片 5，有粉；雄蕊 5。果皮与种子贴生。种子横生，双凸镜状。

发生与危害特点：种子繁殖。从早春到晚秋种子均可萌发。一般 3—4 月出苗，7—8 月开花，8—9 月成熟。分布遍及全球温带及热带，我国各地均有分布。为很难除掉的杂草，发生量大，危害严重。

(2)灰绿藜（*Chenopodium glaucum* L.）

识别要点：一年生草本，高 20～40 cm。茎平卧或外倾，具条棱及绿色或紫红色色条。叶互生，叶片矩圆状卵形至披针形，长 2～4 cm，宽 6～20 mm，边缘具缺刻状牙齿，正面无粉，绿色，背面有粉而呈灰白色，有时稍带紫红色，具叶柄。圆锥状花序顶生或腋生，分枝上数花聚成团伞花序；花两性兼有雌性，花被裂片3～4，浅绿色，长不及1 mm。胞果黄白色。种子扁球形。

发生与危害特点：种子繁殖。种子发芽的最低温度为5 ℃，最适温度为15～30 ℃，最高为40 ℃；适宜土层深度在3 cm以内。3月开始发生，5月见花，6月果实开始成熟；菜地6—7月屡见幼苗。花果期7—10月。我国东北、华北及西北均有分布。发生量大，危害重。

(3)小藜（*Chenopodium serotinum* L.）

识别要点：一年生草本，高20～50 cm。茎直立，具条棱。叶片卵状矩圆形，长2.5～5 cm，宽1～3.5 cm，通常三浅裂，中裂片两边近平行，先端边缘多具波状锯齿，侧裂片位于中部以下，通常各具2浅裂齿。圆锥状花序顶生，较开展；花两性，花被5深裂，不开展，雄蕊5。胞果包在花被内，果皮与种子贴生。种子双凸镜状。

发生与危害特点：种子繁殖，可越冬。一年两代。第一代3月发芽，5月开花，5月底至6月初果实逐渐成熟；第二代通常7—8月发芽，9月开花，种子10月成熟。繁殖能力极强，每株产种子数万至数十万粒，且种子存活时间长，在土层深处发芽能力可以保持10年以上，被牲畜取食排出体外后仍具有发芽能力。在我国除西藏外均有分布，属恶性杂草。生长快，密度大，可强烈消耗地力，为玉米田主要杂草。

(4)地肤（*Kochia scoparia*(L.)Schrad.）

识别要点：一年生草本，高50～100 cm。茎直立，淡绿色或带紫红色，稍有毛或下部几无毛。叶互生，叶片平展，披针形或条状披针形，长2～5 cm，宽3～7 mm，无毛或稍有毛。花两性或雌性，通常1～3枚生于上部叶腋，花被近球形，淡绿色，花被裂片近三角形。胞果扁球形，果皮膜质，与种子离生。种子卵形，黑褐色。

发生与危害特点：种子繁殖。花期6—9月，果期7—10月。春季出苗，喜阳光，喜温暖，不耐寒，极耐炎热，耐盐碱，耐干旱，耐瘠薄。原产于欧洲及亚洲中部和南部地区，分布于亚洲、欧洲及我国的大部分地区。

(5)猪毛菜（*Salsola collina* Pall.）

识别要点：一年生草本，高20～100 cm。茎、枝绿色，有白色或紫红色条纹。叶互生，肉质，叶片丝状圆柱形，伸展或微弯曲，长2～5 cm，宽0.5～1.5 mm，生短硬毛，顶端有刺状尖，基部稍下延。花序穗状，生枝条上部；苞片、小苞片顶部有刺状尖；花小，花被片绿色。种子横生或斜生。

发生与危害特点：种子繁殖。3—4月发芽，花期6—9月，果期8—10月。成株一次可产生数万粒种子，可在湿润肥沃的土地上长成巨大的株丛。主要分布于东北、华北、西北及四川等。为玉米田常见杂草，有时数量较多，危害较重。

4. 苋科

苋科包括60属约850种植物，多为草本或灌木，稀有乔木或藤本。广泛分布于全世界的亚热带和热带地区，但也有许多种分布于温带甚至寒温带地区。苋科在玉米田发生较多的主要有反枝苋、凹头苋和皱果苋，其中以反枝苋的危害最重，广泛分布于全国各地玉米田，有较强的适生性。

(1)反枝苋（*Amaranthus retroflexus* L.）

识别要点：一年生草本，高可达1 m。茎直立，粗壮，密生短柔毛。叶片菱状卵形或椭圆状卵形，长5～12 cm，宽2～5 cm，全缘或波状缘，背面毛较密，有叶柄。圆锥花序顶生及腋生；苞片白色，较长，长 4～6 mm，顶端有白色尖芒；花被片 5，白色，雄蕊 5。胞果，环状横裂，包裹在宿存花被片内。

发生与危害特点：种子繁殖。华北地区早春萌发，4 月初出苗，4 月中旬至 5 月上旬为出苗高峰；花期 7—8 月，果期 8—9 月。适宜发芽温度为 15～30 ℃，通常发芽深度在 2 cm 以内；生活力强，种子量大。种子边成熟边脱落，借风传播，埋藏于土层深处 10 年以上仍有发芽能力。分布广泛，适应性强，为玉米田主要杂草，全国各地均有发生。

(2)凹头苋 (*Amaranthus lividus* L.)

识别要点：一年生草本，高 10～30 cm，全体无毛。茎斜升，从基部分枝，淡绿色或紫红色。叶互生，叶片卵形或菱状卵形，长 1.5～4.5 cm，宽 1～3 cm，顶端多凹缺，叶全缘或稍呈波状，有叶柄。花簇生于叶腋，或在茎顶端成直立穗状花序或圆锥花序；花被片 3，淡绿色，雄蕊 3，比花被片稍短，柱头 3 或 2。胞果不裂，近平滑，超出宿存花被片。

发生与危害特点：种子繁殖。5—6 月为苗期，幼苗数量较多，花期 7—8 月，果期 8—10 月，每株成株可产生种子几千粒至几万粒。为农田主要杂草，喜湿润耐旱。主要危害棉花、大豆、甘薯、玉米和蔬菜。除内蒙古、宁夏、青海及西藏外，全国广泛分布。

(3)皱果苋(*Amaranthus viridis* L.)

识别要点：一年生草本，高 40～80 cm，全体无毛。叶片卵形、卵状矩圆形或卵状椭圆形，长 3～9 cm，宽 2.5～6 cm，叶片上常有“V”形白斑，顶端尖凹或凹缺，少数圆钝，叶全缘或微呈波状缘，有叶柄。圆锥花序顶生，有分枝，圆柱形，细长，直立；苞片及小苞片披针形；花被片 3，雄蕊 3，比花被片短，柱头 3 或 2。胞果不裂，极皱缩。

发生与危害特点：种子繁殖。苗期 4—5 月，花期 6—8 月，果期 8—10 月。喜生于疏松的干燥土壤。为我国特有植物，主要分布于华北、华南、华东及东北等。

5. 鸭跖草科

鸭跖草科均为草本植物，主要分布在热带地区，也有少数分布在温带和亚热带地区，中国有 13 属约 50 种，分布在全国各地，主要在广东和云南。该科多种植物被培植作为观赏植物品种。鸭跖草科危害玉米田的植物主要有鸭跖草和饭包草，特别是鸭跖草已成为我国各玉米产区的主要杂草，危害严重。

(1)鸭跖草 (*Commelina communis* L.)

识别要点：一年生草本。茎匍匐，长可达 1 m。叶披针形至卵状披针形，长 3～9 cm，宽 1.5～2 cm。总苞片佛焰苞状；聚伞花序，下面一枝仅有花 1 枚，不孕；上面一枝具花 3～4 枚，花瓣深蓝色；内面 2 枚具爪，长近 1 cm。蒴果椭圆形，2 室，有种子 4 颗。种子棕黄色，有不规则窝孔。

发生与危害特点：种子繁殖。华北地区 4—5 月出苗，茎基部匍匐，着土后节易生根，匍匐蔓延迅速。花果期 6—10 月。适生于潮湿地或阴湿处，部分地区受害严重，在全国分布广泛。

(2)饭包草(*Commelina bengalensis* L.)

识别要点：多年生草本。茎匍匐，上部上升，长可达 70 cm。叶片卵形，长 3～7 cm，宽 1.5～3.5 cm，顶端钝或急尖，有叶柄。总苞片佛焰苞状，下缘愈合成漏斗状；花序下面一枝具 1～3 枚不孕的花，伸出佛焰苞；上面一枝有花数枚，结实，不伸出佛焰苞；花两侧对称，花瓣蓝色，圆形，内面 2 枚具长爪。蒴果椭圆状，每室具 1～2 颗种子，或无种子。种子黑色，多皱并有不规则网纹。

发生与危害特点:种子及匍匐茎均可繁殖。花果期 7—10 月。适生于阴湿地或林下潮湿处。在东北、华北、西北等广泛分布。

6. 旋花科

旋花科多为缠绕或直立草本,少数为木质藤本、乔木或灌木。茎含乳汁,少数种有块茎。约有 60 属 1650 种,广泛分布于全球,主要产于美洲和亚洲的热带和亚热带地区,中国有 22 属约 125 种,南北均有分布。其中有多种为蔬菜和经济作物,有不少为药用和观赏植物,有一些为农田常见杂草。旋花科植物中危害玉米田的较多,主要有牵牛、圆叶牵牛、田旋花、打碗花和旋花,多为半直立茎或缠绕茎,其中田旋花和打碗花危害最为严重。

(1)牵牛[*Pharbitis nil*(L.)Choisy]

识别要点:一年生缠绕草本,全株被毛。叶互生,长 4～15 cm,宽 4.5～14 cm,宽卵形或近圆形,掌状 3 浅裂至深裂,具叶柄。花腋生,单一或通常 2 枚着生于花序梗顶;小苞片线形;萼片近等长,外萼片 3,内萼片 2,花冠漏斗状,长 5～10 cm,蓝紫色或紫红色,花冠管色淡,雄蕊和花柱藏于花冠管内,柱头头状,子房 3 室,具 6 胚珠。蒴果近球形,3 瓣裂。种子卵状三棱形。

发生与危害特点:种子繁殖。4—5 月萌发,花期 6—9 月,果期 7—10 月。除东北、西北一些地区,全国各地均有分布。为玉米田重要杂草。

(2)田旋花(*Convolvulus arvensis* L.)

识别要点:多年生蔓生草本。茎平卧或缠绕,有条纹及棱角,无毛或上部被疏柔毛。叶互生,叶形变化大,卵状长圆形、披针形或线形,长 1.5～5 cm,宽 1～3 cm,全缘或 3 裂,中裂片最大,基部大多戟形、箭形或心形,具叶柄。花 1～3 枚腋生,花梗细长;苞片 2,小,线形,着生在花梗中、上部,远离花冠,花冠宽漏斗形,长 1.5～2.6 cm,白色或粉红色,5 浅裂,雄蕊 5,柱头 2,线形。蒴果卵状球形或圆锥形。种子 4,卵圆形。

发生与危害特点:根状茎横走,地下茎及种子繁殖。秋季近地面处的根茎产生越冬芽,翌年春季出苗。花期 5—8 月,果期 6—9 月。为玉米田常见杂草,广泛分布于我国东北、华北及西北等省(区)。

(3)打碗花(*Calystegia hederacea* Wall.)

识别要点:多年生蔓生草本,全体不被毛,长 8～40 cm。茎平卧,有细棱。叶互生,具长柄,叶片三角状戟形,长 2～5.5 cm,宽 1～2.5 cm,叶片基部心形或戟形;茎中部、上部叶片 3 裂,中裂片长圆形或长圆状披针形,侧裂片全缘或 2 裂。花腋生,1 枚,花梗长于叶柄;苞片 2,宽卵形,包着花萼,漏斗状花冠,淡紫色或淡红色,长 2～4 cm,柱头 2,线形。蒴果卵球形。种子黑褐色。

发生与危害特点:地下茎和种子繁殖。华北地区 4—5 月出苗,花期 7—9 月,果期 8—10 月。适生于湿润肥沃的土壤,也耐干旱贫瘠,全国分布,在有些地区成为恶性杂草。

(4)旋花(*Calystegia sepium*(L.)R. Br.)

识别要点:多年生草本,全体不被毛。茎缠绕,有细棱。叶互生,叶片形状多变,三角状卵形或宽卵形,叶较大,长 4～15 cm 或更长,宽 2～10 cm 或更宽,基部戟形或心形,全缘或基部稍伸展为具 2～3 个大齿缺的裂片,叶柄短于叶片或两者近等长。花腋生,1 枚,花梗长,有细棱或有时具狭翅;苞片 2,宽卵形,较大,包着花萼,漏斗状花冠,较大,长 5～6 cm,白色、淡红或紫色,柱头 2,卵形,扁平。蒴果卵形。种子黑褐色。

发生与危害特点:根芽和种子繁殖。3—4 月出苗,花期 5—7 月,果期 6—8 月。适生于湿润肥沃的土壤，也耐干旱贫瘠。全国分布，在有些地区成为恶性杂草。

7. 蓼科

蓼科，双子叶植物，共 40 属 800 种，主产北温带，少数在热带，中国有 14 属约 228 种，全国均有分布，水田、潮湿人造沟渠或湿地中生长旺盛。

蓼科植物危害玉米的主要有萹蓄、两栖蓼、酸模叶蓼、红蓼、卷茎蓼、巴天酸模、齿果酸模、西伯利亚蓼、杠板归和荞麦等，其中萹蓄、红蓼和酸模叶蓼等危害较重。

(1)萹蓄(*Polygonum aviculare* L.)

识别要点：一年生草本。茎平卧、斜升或直立，高 10～40 cm。叶互生，椭圆形、狭椭圆形或披针形，长 1～4 cm，宽 3～12 mm，边缘全缘，两面无毛，叶柄短或近无柄，叶基部具关节；托叶鞘 2 裂，以后撕裂。花单生或数朵簇生于叶腋；花被 5 深裂，长 2～2.5 mm，绿色，边缘白色或淡红色，雄蕊 8，花柱 3。瘦果卵形，具 3 棱，黑褐色，与宿存花被近等长或稍超过。

发生与危害特点：种子繁殖。种子发芽的适宜温度为 10～20 ℃，适宜深度为 1～4 cm。我国北方 3—4 月出苗，5—9 月开花结果，6 月以后果实渐次成熟。种子落地经越冬休眠后可萌发。全国均有分布。

(2)酸模叶蓼(*Polygonum lapathifolium* L.)

识别要点：一年生草本，高 40～90 cm。茎直立，具分枝，无毛，节部膨大。叶披针形或宽披针形，长 5～15 cm，宽 1～3 cm，正面绿色，常有一个大的黑褐色新月形斑点，两面沿中脉被短硬伏毛，全缘，有叶柄；托叶鞘筒状。总状花序呈穗状，花紧密，花序梗被腺体；花被淡红色或白色，4 或 5 深裂，雄蕊通常 6。瘦果宽卵形，双凹，包于宿存花被内。

发生与危害特点：种子繁殖。种子发芽的适宜温度为 15～20 ℃，适宜的土层深度为 2～3 cm，有多次开花结实的习性。东北及黄河流域 4—5 月出苗，花期 6—8 月，果期 7—9 月。种子经休眠后可萌发，生长竞争性强，危害较大，可致作物严重减产。主要危害玉米田和小麦田。

8. 大戟科

大戟科约 300 属 8000 种以上，广布于全球，中国有 66 属约 864 种，全国各地均有分布，但主产地为西南至台湾。

大戟科植物中危害玉米田的有铁苋菜、地锦、齿裂大戟和叶下珠等杂草，其中齿裂大戟和铁苋菜危害最重，分布也最为普遍。

(1)铁苋菜(*Acalypha australis* L.)

识别要点：一年生草本，高 0.2～0.5 m，被柔毛，毛逐渐稀疏。叶互生，长卵形、近菱状卵形或阔披针形，长 3～9 cm，宽 1～5 cm，边缘具圆锯，正面无毛，背面沿中脉具柔毛，具叶柄；具托叶。花序腋生或顶生，雌雄花同序；雌花苞片 1～4 枚，卵状心形，花后增大，边缘具齿，苞腋具雌花 1～3 枚，雄花生于花序上部，排列呈穗状或头状。蒴果具 3 个分果爿。种子近卵状。

发生与危害特点：种子繁殖。苗期 4—5 月，花期 7—8 月，果期 8—10 月。果实成熟开裂、散落，经冬季休眠后可萌发。除新疆外，分布遍及全国，黄河流域及其以南地区发生普遍。为玉米田的主要杂草。

(2)地锦(*Euphorbia humifusa* Willd. ex Schlecht.)

识别要点：一年生草本。茎平卧，含白色乳汁，基部常红色或淡红色，长 20～30 cm，直径 1～3 mm，被柔毛或疏柔毛。叶对生，矩圆形或椭圆形，长 5～10 mm，宽 3～6 mm，先端钝圆，边缘常于中部以上具细锯齿，被疏柔毛，叶柄极短。花序单生于叶腋，总苞陀螺状，边缘 4 裂；

雄花数枚，近与总苞边缘等长，雌花 1 枚，子房柄伸出至总苞边缘，花柱 3，分离。蒴果三棱状卵球形，长约 2 mm，成熟时分裂为 3 个分果爿。种子三棱状卵球形。

发生与危害特点：种子繁殖。华北地区 4—5 月出苗，花期 6—7 月，果期 7—10 月。成株可产生种子数千粒，种子经越冬可发芽，在土层深处的种子其发芽能力可保持若干年。分布于全国各地。

(3)齿裂大戟(*Euphorbia dentata* Michx)

识别要点：一年生草本，高 20～50 cm，具乳汁。叶对生，线形至卵形，多变化，长 2～7 cm，宽 5～20 mm，基部渐狭，边缘全缘、浅裂至波状齿裂；有叶柄；总苞叶 2～3 枚，与茎生叶相同，伞幅 2～3 个，长 2～4 cm，苞叶数枚，与退化叶混生。花序数枚，聚伞状生于分枝顶部；雄花数枚，伸出总苞之外，雌花 1 枚，子房柄与总苞边缘近等长，子房球状，花柱 3，分离。蒴果扁球状，具 3 个纵沟；成熟时分裂为 3 个分果爿。种子卵球状。

发生与危害特点：种子繁殖。花期 5—8 月，果期 6—9 月。除台湾、云南、西藏和新疆外，广布于全国，北方尤为普遍。为一般性杂草，危害不重，在河北和内蒙古有成片生长的情况。

9. 锦葵科

锦葵科多为木本或草本。茎皮有很多纤维，有黏液。锦葵科大约有 75 属，1000～1500 种，分布于温带及热带。中国有 16 属 81 种。玉米田常见的锦葵科杂草有苘麻、野葵和野西瓜苗，其中苘麻在局部地区发生较重，防治也比较困难。

苘麻(*Abutilon theophrastii* Medic.)

识别要点：一年生亚灌木状草本，高 0.3～2 m，全株密生绒毛状星状毛。叶互生，圆心形，直径 5～18 cm，先端长渐尖，基部心形，边缘具粗锯齿，叶脉掌状，叶柄长。花单生于叶腋，花萼 5 裂，花瓣 5，黄色，基部与雄蕊筒合生，单体雄蕊，心皮 15～20，环列成扁球形，先端突出如芒。果实半圆球形似磨盘，密生星状毛，成熟后形成分果。种子黑色。

发生与危害特点：种子繁殖。4—5 月出苗，花期 6—8 月，果期 8—9 月。适生于较湿润而肥沃的土壤，部分地块发生严重。全国各地均有分布。

10. 马齿苋科

马齿苋科植物约有 20 属 580 种，中国现有 2 属 7 种。广泛分布在河岸边、池塘边、沟渠旁和山坡草地、田野、路边及住宅附近，几乎随处可见。其抗旱能力极强，它的茎可储存水分，再生力很强，几乎可以在任何土壤中生长，并且相当耐阴，对温度变化也不敏感，10 ℃以上就可生长。马齿苋科危害玉米田的杂草主要为马齿苋，因其具有肉质茎、种子量大而较难防治。

马齿苋(*Portulaca oleracea* L.)

识别要点：一年生草本，全株无毛。茎肉质，平卧或斜升，长 10～15 cm，淡绿色或带暗红色。叶肉质，肥厚扁平，互生，有时近对生，叶片倒卵形，顶端圆钝或平截，似马齿状，长 1～3 cm，宽 0.6～1.5 cm，全缘，叶柄粗短。花无梗，常 3～5 枚簇生枝端，苞片 2～6，叶状，花萼 2，花瓣 5，稀 4，黄色，雄蕊 5，分离，子房半下位。蒴果卵球形，盖裂。

发生与危害特点：种子繁殖。花期 5—8 月，果期 6—9 月。春季、夏季都有幼苗发生，盛夏开花，夏末秋初果实成熟，果实种子量极大。性喜肥沃土壤，耐旱亦耐涝，拔除后可以暴晒数日而不死，生活力强，为田间常见杂草。

11. 莎草科

莎草科为单子叶植物纲的禾草样草本植物，多数具根状茎少有兼具块茎，大多数具有三棱形的秆。分布于潮湿地区。中国有28属500余种,广布于全国,多生长于潮湿处或沼泽中。莎草科植物中危害玉米田的主要有香附子和头状穗莎草等,一般较难防除。

(1)香附子(*Cyperus rotundus* L.)

识别要点:多年生草本。匍匐根状茎长,具椭圆形块茎。高15~95 cm,茎锐三棱形,平滑。叶片条形,宽2~5 mm;鞘棕色,常裂成纤维状。叶状苞片2~3枚,稀5枚,多长于花序;辐射枝2~10个,最长达12 cm;辐射枝上穗状花序的轮廓为陀螺形;小穗斜展开,线形,长1~3 cm,小穗轴具较宽的、白色透明的翅;鳞片稍密地复瓦状排列,卵形或长圆状卵形,长约3 mm,中间绿色,两侧紫红色或红棕色;雄蕊3,柱头3,花柱长,伸出鳞片外。小坚果长圆状倒卵形,三棱形。

发生与危害特点:种子及根茎繁殖。花果期5—11月。生长于山坡荒地草丛中或水边潮湿处,是玉米田的重要杂草,分布于西北、华北、华南等省(区)。

(2)头状穗莎草(*Cyperus glomeratus* L.)

识别要点:一年生草本。具须根。叶秆散生,粗壮,高50~90 cm,钝三棱形,平滑,具秆生叶。叶短,宽4~10 cm,边缘不粗糙;叶鞘长,红棕色。叶状苞片3~4枚,较花序长,边缘粗糙;复出长侧枝聚伞花序具3~8个辐射枝,辐射枝长短不等,最长达12 cm;小穗轴具白色透明的翅;鳞片排列疏松,膜质,近长圆形,棕红色,背面无龙骨状突起,脉极不明显;雄蕊3,花药短,长圆形,暗血红色,花柱长,柱头3。小坚果长圆形,三棱形,长为鳞片的1/2,灰色,具明显的网纹。

发生与危害特点:种子繁殖。花期5—6月,果期7—9月。玉米田的常见杂草,常生长于湿地、河岸、沼泽等处。广泛分布在东北、华北、内蒙古、江苏、浙江及云南等地。

12. 车前科

车前科,一年生或多年生草本,也有灌木或水生。以车前属为最大,约265种,广布于全世界。车前科植物中危害玉米田的主要有大车前、车前、平车前等。

(1)大车前(*Plantago major* L.)

识别要点:二年生或多年生草本。须根多数。叶基生呈莲座状,平卧、斜展或直立,叶片大,宽卵形至宽椭圆形,长3~30 cm,宽2~21 cm,长通常不及宽的2倍,边缘波状、疏生不规则牙齿或近全缘,脉3~7条,具长叶柄。穗状花序细圆柱状;苞片宽卵状三角形;花无梗,有花萼,花冠白色,雄蕊明显外伸,花药通常初为淡紫色,稀白色,干后变淡褐色。蒴果近球形、卵球形或宽椭圆球形。种子卵形、椭圆形或菱形。

发生与危害特点:种子或根芽繁殖。春季、秋季出苗,花期6—8月,果期7—9月。农田常见,数量不多,危害不重。分布于东北、华北、西北、华南及西藏等省(区)。

(2)车前(*Plantago asiatica* L.)

识别要点:二年生或多年生草本。属须根系。叶莲座状基生,平卧、斜展或直立,叶宽卵形至宽椭圆形,长4~12 cm,宽2.5~6.5 cm,长通常不及宽的2倍,边缘波状、全缘或中部以下有锯齿、牙齿或裂齿,叶脉5~7条,在叶片上排列成弧形,有叶柄。穗状花序,花序梗疏生白色短柔毛;花具短梗,有花萼,花冠白色,无毛,花药白色,干后淡褐色。蒴果卵形。种子椭圆形,背腹面微隆起。

发生与危害特点:种子繁殖。春季出苗,华北地区花期4—8月,果期6—9月,部分玉米田较多,危害较重。

13. 木贼科

木贼科为蕨类植物，具有极强的抗逆性和环境适应能力。木贼科杂草危害玉米田的主要有笔管草、草问荆和问荆等，一般分布于气候凉爽的玉米产区。

(1)笔管草(*Equisetum ramosissimum* Desf. subsp. debile(Roxb. ex Vauch.)Hauke)

识别要点：多年生草本。地上枝当年不枯萎，高 20～60 cm 或更多，枝上气孔下陷，呈单列；枝一型，孢子囊穗长在枝顶，棒状或椭圆形，顶端具小尖突；枝中部直径 3～7 mm，髓腔中空。成熟主枝上常有分枝，但不为典型轮状分枝；主枝有脊 10～20 条，脊的背部弧形，有一行小瘤或浅色小横纹；鞘筒下部绿色，顶部黑棕色；鞘齿 10～22 枚，上部膜质，黑棕色或淡棕色，常早落。侧枝较硬，圆柱状，脊和鞘齿数目少于主枝。

发生与危害特点：种子繁殖。花期 5—7 月，果期 6—9 月。喜水，多生于潮湿的地块，一般性杂草，发生量小，危害小。分布于我国华南、华西及长江中上游各省(区)。

(2)草问荆(*Equisetum pratense* Ehrhart)

识别要点：多年生草本。根茎黑棕色。地上枝当年枯萎，气孔位于地上枝的表面；枝二型，能育枝与不育枝同期萌发。能育枝禾秆色，高 15～25 cm，孢子囊穗顶生，顶端钝；不育枝高 30～60 cm，直径 2～2.5 mm。轮生分枝多，通常在 6 枝以上，分枝较平展，向上与主枝常成 45°～90°夹角；侧枝扁，柔软纤长，可达 20 cm；主枝有脊 14～22 条，每脊常有一行硅质小刺状或瘤状突起，略有粗糙感；鞘齿膜质，14～22 枚，宿存，不开张，不呈漏斗状。

发生与危害特点：根茎繁殖为主，孢子也能繁殖。在北方，4—5 月生孢子茎，不久孢子成熟散出，孢子茎枯死；5 月中下旬生营养茎，9 月营养茎死亡。广泛分布于东北、华北及西北等地区，在东北地区危害较重。

14. 豆科

豆科为乔木、灌木、亚灌木或草本，直立或攀缘，常有能固氮的根瘤植物。约 650 属 18000 种，广泛分布于全世界。我国有 172 属 1485 种，各省(区)均有分布。

豆科杂草可危害玉米、小麦等多种作物。草木樨状黄耆、兴安胡枝子、草木樨、紫苜蓿、天蓝苜蓿野大豆、绣球小冠花、大花野豌豆、狭叶米口袋和白花车轴草等偶见于玉米田。

(1)草木樨状黄耆(*Astragalus melilotoides* Pall.)

识别要点：多年生草本，高 30～50 cm，被白色短柔毛或近无毛。奇数羽状复叶，互生；小叶 5～7 枚，具极短的叶柄与托叶，小叶长圆状楔形或线状长圆形，长 7～20 mm，宽 1.5～3 mm，两面均被白色细伏贴柔毛。总状花序生多数花，排列稀疏；花冠蝶形，小，白色或带粉红色，旗瓣长约 5 mm。荚果宽倒卵状球形或椭圆形，先端微凹，背部具稍深的沟。种子 4～5 颗，肾形。

发生与危害特点：种子繁殖。5 月返青，6 月下旬—7 月上旬现蕾，7—8 月开花，8 月中旬—10 月上旬果实成熟。分布于长江以北各省(区)。

(2)紫苜蓿(*Medicago sativa* L.)

识别要点：多年生草本，高 30～100 cm。茎直立、丛生以至平卧。羽状三出复叶，互生；小叶长卵形、倒长卵形至线状卵形，等大，或顶生小叶稍大，长 5～40 mm，宽 3～10 mm，边缘 1/3 以上具锯齿；有托叶。花序总状或头状，长 1～2.5 cm，具花 5～30 枚；花冠蝶形，长 6～12 mm，花冠各色，淡黄、深蓝至暗紫色。荚果螺旋状紧卷 2～6 圈，中央无孔或近无孔，直径 5～9 mm。种子卵形。

发生与危害特点：种子繁殖。花期5—7月，果期6—8月。生于田边、路旁、旷野、草原、河岸及沟谷等地，为玉米田一般性杂草，危害不重。

15. 玄参科

玄参科，草本、灌木或少有乔木。约200属3000余种，广布于全球各地，多数在温带地区。中国有56属约650种，主要分布于西南部山地。该科危害玉米田的主要杂草是地黄和通泉草，是常见杂草，但危害不重。

地黄[*Rehmannia glutinosa*(Gaetn.)Libosch. ex Fisch. et Mey.]

识别要点：多年生草本，高10～30 cm，密被灰白色多细胞长柔毛和腺毛。根茎肉质，鲜时黄色。茎紫红色。叶通常基生成莲座状，叶片卵形至长椭圆形，正面绿色，背面略带紫色或成紫红色，长2～13 cm，宽1～6 cm，边缘具不规则圆齿或钝锯齿以至牙齿，叶基部渐狭成柄；茎上叶互生，明显变小。总状花序顶生；萼齿5，唇形花冠长3～4.5 cm，外面紫红色，内面黄紫色，两面均被长柔毛，雄蕊4枚。蒴果卵形至长卵形。

发生与危害特点：种子和根茎繁殖。华北地区3月萌发，花期4—6月，果期4—7月。分布于辽宁、河北、河南、山东、山西、陕西、甘肃、内蒙古、江苏及湖北等省（区）。为一般性杂草。

（四）防除措施

1. 农艺防除

农业防治(agricultural control)是指利用农田耕作、栽培技术和田间管理措施等控制和减少农田土壤中杂草种子基数，抑制杂草的成苗和生长，减轻草害，降低农作物产量和质量损失的杂草防治的策略方法。农业防治是杂草防除中重要的和首要的一环。其优点是对作物和对环境安全不会造成任何污染，联合作业时，成本低、易掌握、可操作性强。但是农业防治难以从根本上削弱杂草的侵害，从而确保作物安全生长发育和高产、优质。

(1)预防措施

防止杂草种子入侵农田是最现实和最经济有效的措施。杂草种子侵入农田的途径是多方面的，归纳起来可分为人为的和自然的两个方面的因素。前者包括伴随作物种子播种入田、未腐熟有机肥施用、秸秆还田及已被杂草种子污染了的水源灌溉等方面。后者包括成熟的杂草种子在田间的脱落，以及由于风、雨、水等作用的传播等方面。因此，要防止杂草种子入侵农田就必须：①确保不使用含有杂草种子的优良作物种子、肥料、灌水和机械等。②防止田间杂草产生种子。③禁止可营养繁殖的多年生杂草在田间扩散和传播（梁巧玲 等，2007）。

精选种子：杂草种子混杂在作物种子中，随着作物种子的播种进入田间，成为农田杂草的来源之一，也是杂草传播扩散的主要途径之一。例如，野燕麦在20世纪60年代初期仅限青海、黑龙江等部分地区，后因国内地区间种子检疫不严，致使野燕麦传播到全国十多个省（区、市）的数百万公顷农田，成为农业生产上的一大草害。又如，我国东北垦区原本没有稗草等，随着水稻种植的年次增加，稗草的分布和危害亦逐年增多、加重，其稗草种子就是随着稻种调入、种植而传播的。因此，在加强杂草种子检疫基础上，应努力抓好播前选种。精选作物种子、提高作物种子纯度，是减少田间杂草发生量的一项重要措施。

减少秸秆直接还田：秸秆直接还田是指在作物收获过程中，将作物的大量或全部的非收获物遗留或抛弃于田间，以改良土壤理化性状、增加土壤有机质含量的一种农业生产措施。实践证明，秸秆还田可以增加田间土壤中有机质含量、抑制杂草的发生和生长等。但值得注意的是，秸秆还田也是加重农田草害的因素之一。若大量采用秸秆还田或收获时留高茬，则可把大量的杂草种子留在田间。例如，麦田中大量生长的硬草、看麦娘、麦家公等低矮的杂草繁衍与危害更为突出。因此，在不需要作物的秸秆作燃料的地方，应提倡将其切割堆制腐熟，再施入田间，既可肥田，又能减少田间杂草种子的基数。当然，最好的办法是在作物收获前设法清理田间杂草或采取措施阻止杂草种子发育成熟，以减少杂草对下茬作物生长的压力。

施用腐熟的有机肥：施用有机肥是可持续农业的一项基本的生产措施。当前生产中施用的有机肥料种类多、组成比较复杂，有人畜粪便、饲料残渣、各种杂草、农作物的秸秆，以及农副产品加工余料和一些其他垃圾(如场头废料、"什边"草皮、生活垃圾)等。它们往往掺杂有大量的杂草种子，且保持着相当高的发芽力，若未经高温腐熟，便不能杀死杂草的种子。有些杂草的种子，如田菁等被牲畜取食，经其胃肠的消化后更有利于发芽。如将这类未腐熟的有机肥料直接施入农田，无疑同时也向田间输入了杂草种子。因此，为要避免随着有机肥料的施用传播杂草，就必须在一定的温度、水分、通气条件下，堆置发酵产生 50～70 ℃持续高温杀死种子。堆置的时间视肥料的种类和气温而定。猪、牛粪以及一般土杂肥属冷性肥料，所含杂草种子也较多，需堆置较长时间，一般气温 30℃以上，配合经常翻耕，外加薄膜覆盖，堆置 6～7 周即可，常年堆置则要半年以上。鸡、马、羊粪属热性肥料，堆置时间可较短，一般 3～6 个月。南方气温较高，所需时间较短，北方气温较低，则所需时间要适当延长；夏天堆置所需时间短于冬季堆置所需的时间。经腐熟的有机肥料，不仅绝大多数杂草种子丧失发芽能力，而且有效肥力也大大提高。

清理田边、地头杂草：田边、路旁、沟渠、荒地等都是杂草容易"栖息"和生长的地方，是农田杂草的重要来源之一，也是杂草防除过程中易被疏忽的"死角"。在新开垦农田，杂草每年以 20～30 m 的速度由田边、路边或隙地向田中蔓延，二荒地农田杂草可达头荒地的 3～14 倍。为了减少杂草的自然传播和扩散，传统农业曾提倡铲地皮深埋或沤制塘泥，清除"什边"杂草。为充分利用农田环境资源，减轻杂草入侵农田产生的草害，应提倡适当种植一些作物，如水稻田边种大豆、麦田边种蚕豆、棉田边种向日葵等。或种植多年生的蔓生绿肥，如三叶草等。利用三叶草替代多种杂草，既高效、持效控抑杂草，又能作绿肥养护农田，或作为青饲料发展养殖业。同时，三叶草四季常青，还可以美化田园。也有些地方在田埂、路边种植薄荷等经济作物，既能抑草又能增加经济收入。

(2)耕作、栽培措施除草

土地耕耙、镇压或覆盖、作物轮作、水渠管理等均能有效地抑制或防治杂草。但是，在农业生产中，所有的农业措施都不应孤立进行，应当根据作物种类、栽培方式、杂草群落的组成结构、变化特征以及土壤、气候条件和种植制度等的差异综合考虑、配套合理运用，才能发挥更大的除草作用。

耕作治草：耕作治草是借助土壤耕作的各种措施，在不同时期，不同程度上消灭杂草幼芽、植株或切断多年生杂草的营养繁殖器官，进而有效治理杂草的一项农业措施。鉴于现今的农业生产水平，"间歇耕法"(即立足于免耕，隔几年进行一次深耕)是控制农田杂草的有效措施。持续免耕，杂草种子大量集中在土表，杂草发生早、数量大、危害重，但萌发整齐，利于防治。年年耕翻，搅乱了土层，使杂草种子在全部耕层分布，杂草总体密度较大，出苗分散，不利防治。在多年生杂草较少的农田，以浅旋耕灭茬为宜。在多年生杂草发生较重的田块，例如，东北一年一熟的地区，杂草的生态适应性强，深耕则是一项有效的治理多年生杂草的好方法。

耕翻治草按其耕翻时间划分，有春耕、伏耕、秋耕几种类型。其治草效果各有不同。早春耕的治草效果较差，耕翻后下部的草种翻上来，仍可随时萌发危害。晚春耕能翻压正在生长但未结籽成熟的杂草。如南方春耕翻压绿肥，北方在大豆、玉米等晚播作物播前耕作消灭早春杂草等，对减少作物生育期内的一年生和多年生杂草均有一定的效果。多年生杂草经春翻后延缓了出苗期，其生长势和竞争力均有所削弱。在北方，往往以耙茬代替春耕，只能耙杀已萌发的一年生杂草，多年生杂草效果差。伏耕主要用于开荒以及北方麦茬、亚麻茬耕翻。伏耕有利于争取主动，将正在旺盛生长和危害、尚未结籽成熟的各种杂草翻压入土，在高温、多雨的季节促其腐烂，对减少下年杂草发生十分有效。但是，伏耕所占面积比例不大。秋翻是南北各地广为施行的耕作制，通常在 9—10 月进行。秋耕土壤疏松，通透性好，能接纳较多的降水，对促进土壤熟化、提高土壤肥力有利。秋翻能切断多年生杂草的地下根茎、翻埋地上部分，使其在土壤中窒息而死。地下根茎翻上来，经冬季干燥、冷冻、动物取食等而丧失活力。耕翻的深度影响灭草效果，深翻比浅翻效果好(樊翠芹 等，2009)。

在耕作较频繁的地区，为了避免将前次翻到深层的大量草种再次翻回到土表，可采用深浅交替的轮耕方式。如第一年深翻 25～27 cm，将集中在土表的大量杂草种子翻入深土层；第二年耙茬或浅耕 15～18 cm，在耕耙过程中可使 20 cm 左右土层的杂草种子短时间受到光和其他因子的刺激，打破休眠而萌动，但因土层太厚而不能出土，萌动的草种子因窒息和营养消耗而丧失活力，既减少了深土层的有效杂草种子含量，又不致土表草籽过多；第三年耕翻 18～20 cm，杂草仍然较少。此外，深松也是一种有效治理杂草的耕作方法。深松可起到三方面的作用：①疏松土壤；②消灭已萌发的草；③破坏多年生杂草的地下根茎。因不打乱土层，可使杂草集中萌发，便于提高治草效果。

中耕灭草是作物生长期间重要的除草措施。中耕灭草的原则是除早除小，连续杀灭，提高工效与防效，不让杂草有恢复生长和积累营养的机会。中耕结合培土，不仅能消灭大量行间杂草，也能消灭部分株间杂草。在大豆、玉米、棉花等作物的一生中，一般可进行 2～3 次中耕。第一次强调早、窄、深，一般玉米 4～5 叶期进行。第二、三次中耕则应适当培土以埋压株间杂草。如果防除效果好，土壤质地疏松，可减少中耕次数。夏季作物前期适逢高温、多雨，应在雨季开始之前，结合间苗，连续中耕 2～3 次，将杂草消灭在萌芽及幼苗阶段。中耕后若遇大雨，则造成水土和肥料流失。作物群体较大、墒情较好时，中耕诱发的杂草可随着作物封行而被控制。作物群体较小时或多年生杂草较多时，中耕应配合其他措施，如施用除草剂或行株间覆盖等，才能收到良好的除草效果。

轮作治草：轮作是指不同作物间交替或轮番种植的一种种植方式，是克服作物连作障碍，抑制病虫草害，促进作物持续高产和农业可持续发展的一项重要农艺措施。通过轮作能有效地防止或减少伴生性杂草，尤其是寄生性杂草的危害。

轮作可分为水旱轮作和旱作轮作两种方式。水旱轮作使土壤水分、理化性状等发生急骤变化，改变了杂草的适生条件。湿生型、水生型以及藻类杂草在旱田不能生长，而旱田杂草在有水层情况下必然死亡。因此，轮作对水湿生或旱生杂草都有较好的防治效果。

水旱轮作治草功效的大小与轮作对象、种植方式、水分运筹和轮作周期的长短关系极大。在北方地区，水改旱后土质黏重、冷浆，湿生杂草往往仍很严重，应先种植适应性强、前期作物群体较大、控草能力较强的作物，如大豆、小麦等。随后，待土壤条件改善后种植玉米、高粱等宽行中耕作物。春小麦早播和密植，在早期能迅速封垄、郁闭，对一年生晚春性杂草如稗草、马唐、鸭跖草等有较强的抑制作用;春大豆、春玉米等播种较晚,通过播前整地、苗前耙地等措施,可防治一年生早春与晚春性杂草,而对多年生杂草也有一定的防治作用,其后通过中耕、旋耕、深松等能较好地防治行间杂草,但株间杂草难以防治。因此,将密播作物小麦、亚麻、油菜与中耕作物进行轮作,可充分发挥每种作物控制和防治杂草的作用。

旱作作物间的轮作,主要通过改变作物与杂草间的作用关系或人为打破杂草传播生长、繁殖危害的连续环节,达到控制杂草的目的。旱作轮作主要有高秆作物与矮秆作物、中耕作物与密播作物、阔叶作物与禾本科作物、固氮作物与非固氮作物、对某种病虫害敏感的作物与非敏感作物以及具化感作用的作物间的轮作(如燕麦与向日葵轮作比燕麦连作杂草显著减少)等。只有合理地搭配,才能收到良好的增产、控草的效果。在一熟制地区,改小麦连作为麦豆轮,在耕作、养分吸收、除草剂选择性诸多方面得到互补,十分有利于增产控草。若改为麦—豆—麦—玉米(棉)轮作制,增加了一次中耕除草和高秆作物控草机会,使多年生杂草和一年生杂草都能得到较好的控制,使草害进一步减轻,不仅有利于控制当季杂草,还能减轻下茬除草压力。

间(套)作控草:依据不同植物或作物间生长发育特性的差异,合理地进行不同作物的间作或套作。如稻麦套作、麦豆套作、粮棉套作、果桑套作、棉瓜(葱)套作或葡萄园里种紫罗兰,玫瑰园里种百合,月季园里种大蒜等。间(套)作是利用不同作物的生育特性,有效占据土壤空间,形成作物群体优势抑草,或是利用植(作)物间互补的优势,提高对杂草的竞争能力,或利用植物间的化感作用,抑制杂草的生长发育,达到治草的目的。此外,还充分利用光能和空间。例如玉米行间套种大豆,大豆是直根系深耕性作物,玉米是须根系浅耕性作物。前者能充分利用土壤深层的水分和养分,后者主要吸收上层土壤中的水分和养分:玉米是高秆植物,耐旱、耐强光,大豆是矮生性作物,具一定的耐阴性。大豆早期生长旺,很快形成群体优势,控草治草能力强,如玉米田中的小藜、灰绿黎、苍耳、马唐等均能明显受抑制,有些杂草如铁苋菜等则因早期生长量小,很快被大豆群体覆盖,而逐渐衰弱死亡,而玉米的生长量前期小,后期大,中、后期才能形成群体优势,起到控草抑草的作用,两种作物同田种植,可以显著地减少除草的难度。间(套)种不仅能有效增加作物产量和经济收益,而且能节省除草的工本和费用,尤其是大大减少(少用或不用)除草剂用量,有利于保护环境,应积极提倡,大力推广。

2. 化学防除

常用化学除草剂简介如下。

(1)乙草胺(acetochlor)

理化性质:棕色或紫色透明液体,比重 1.12 g/cm^3,沸点 162 ℃/933 Pa,不易挥发和光解,水中溶解度 223 mg/L(25 ℃),能溶于多种有机溶剂。由于土壤对乙草胺的附性强,乙草胺在土壤中的移动性弱,阴离子表面活性剂可促进其在土壤中的迁移,阳离子表面活性剂则促进土壤对乙草胺的吸附性,降低其在土壤中的移动性;乙草胺在土壤中的半衰期为 8~18 d,土壤中的微生物能加快乙草胺的降解。

生物活性:对禾本科杂草和部分双子叶杂草的生物活性高,如牛筋草、狗尾草、稗、马唐、早熟禾、画眉草、反枝苋、马齿苋、龙葵等。对多年生杂草无效。

使用方法:播后苗前土壤喷雾。东北春玉米地区的有效成分用量 1500~1875 g/hm^2,其他地区 1080~1350 g/hm^2。可与莠去津、2,4-滴丁酯、烟嘧磺隆、硝磺草酮等按照一定比例混配。

常见含量和剂型:50%乳油、900 g/L 乳油、990 g/L 乳油,50%微乳剂,25%微胶囊悬浮剂，50％水乳剂。

作用机理：单子叶植物对乙草胺的吸收主要通过胚芽鞘，双子叶植物主要通过下胚轴。有效成分进入植物体后会抑制细胞的有丝分裂，干扰核酸代谢和蛋白质合成，导致杂草的幼苗和幼根停止生长最后死亡。玉米、大豆等植物吸收乙草胺后可迅速将其代谢转化为无害物质。

注意事项：乙草胺对眼睛、皮肤和呼吸道均有刺激作用，对水体环境长期有害，对水生生物中高毒。只能在杂草出苗前施药，杂草出苗后无效。

(2)异丙甲草胺(metolachlor)

理化性质：无色至浅褐色液体，比重 1.12 g/cm^3，沸点 100 ℃/0.133 Pa，水中溶解度 488 mg/L (25 ℃)，与苯、二甲苯、甲苯、二氯甲烷、二氯乙烷、己烷、甲醇混溶，不溶于乙二醇、丙醇、石油醚。土壤对异丙甲草胺的吸附能力低于乙草胺，土壤中的腐殖酸会增强其吸附能力，异丙甲草胺在土壤中的半衰期为 8.5～11.1 d。

生物活性：对一年生禾本科杂草的生物活性高，如牛筋草、马唐、狗尾草、稗等，对反枝苋、马齿苋等部分阔叶杂草和碎米莎草也有一定防除效果，对铁苋菜防除效果差。

使用方法：播后苗前土壤喷雾。东北春玉米田的有效成分用量 1296～1620 g/hm^2，其他地区夏玉米田 1080～1350 g/hm^2。可与乙草胺、莠去津按一定比例进行混配。

常见含量和剂型：720 g/L 乳油、960 g/L 乳油、72％乳油、88％乳油。

作用机理：通过胚芽鞘和幼根吸收，在植物体内抑制蛋白质和卵磷脂的合成。禾本科杂草对异丙甲草胺的吸收能力高于阔叶杂草，因此，对禾本科杂草的防除效果高于阔叶杂草。

注意事项：异丙甲草胺对鱼中低毒，对蜜蜂低毒，对皮肤有刺激性并可能产生过敏反应；土壤干旱时药后应迅速浅混土；覆膜地药后不需混土但应立即覆膜；异丙甲草胺的淋溶性强，因此，多雨且土壤有机质小于 1.0 的沙土地不能使用。

(3)精异丙甲草胺(s-metolachlor)

精异丙甲草胺是异丙甲草胺去除了活性低的 R 型手性对映体而制成的，其生物活性和安全性均优于异丙甲草胺。

理化性质：无色至浅褐色油状液体，比重 1.12 g/cm^3，沸点 100 ℃/2.66 Pa，水中溶解度 488 mg/L(25 ℃)，与苯、二甲苯、甲苯、二氯甲烷、二氯乙烷、己烷、甲醇混溶，不溶于乙二醇、丙醇、石油醚。土壤对其吸附性低，半衰期为 9～12.7 d。

生物活性：对一年生禾本科杂草的生物活性高，如牛筋草、马唐、狗尾草、稗等，对反枝苋、马齿苋等部分阔叶杂草和碎米莎草也有一定防除效果，对铁苋菜的防除效果差。

使用方法：播后苗前土壤喷雾。东北春玉米田的有效成分用量 1152～1768 g/hm^2，夏玉米田 864～1224 g/hm^2。可与莠去津、特丁津等按一定比例混配。

常见含量和剂型：960 g/L 乳油，40％微胶囊悬浮剂。

作用机理：通过胚芽鞘和幼根吸收，在植物体内抑制蛋白质和卵磷脂的合成。

注意事项：参考异丙甲草胺相关内容。

(4)异丙草胺(propisochlor)

理化性质：无色至浅褐色液体，比重 1.12 g/cm^3，水中溶解度 488 mg/L(25 ℃，与苯、辛醇、二甲苯、甲苯、二氯甲烷、二氯乙烷、二甲基甲酰胺、己烷、甲醇混溶，不溶于乙二醇、丙醇、石油醚。土壤对异丙草胺的吸附能力高于异丙甲草胺，土壤中的降解半衰期为 19～21.2 d。

生物活性：对牛筋草、稗、狗尾草、谷莠子、马唐、反枝苋、藜等一年生禾本科杂草和部分双子叶杂草的生物活性高，对马齿苋、铁苋菜等的生物活性低，对苍耳、蓼、田旋花无效。

使用方法：播后苗前土壤喷雾或玉米苗后早期茎叶喷雾。东北春玉米田有效成分用量1620～2160 g/hm^2，其他地区夏玉米田 1296～1620 g/hm^2。可与莠去津、烟嘧磺隆、硝磺草酮按一定比例混配。

常见含量和剂型：50%乳油、70%乳油、72%乳油、720 g/L 乳油、900 g/L 乳油，30%可湿性粉剂。

作用机理：通过植物幼芽吸收，抑制蛋白质的合成。

注意事项：异丙草胺对环境和动物低毒。本品燃点 110 ℃，属易燃品，应注意妥善保管；土壤湿度对异丙草胺的防除效果影响大，干旱土壤用药后应立即浅混土。

(5)烟嘧磺隆(nicosulfuron)

理化性质：无色晶体，密度 1.45 g/cm^3，25 ℃时在有机溶剂中的溶解度分别为丙酮 18 g/kg，乙醇 45 g/kg，二甲基甲酰胺 64 g/kg，甲苯 0.37 g/kg，二氯甲烷 160 g/kg。烟嘧磺隆在玉米和土壤中的半衰期分别为 2 d 和 6～14 d，低 pH、高有机质、黏性大的土壤对其吸附能力强。

生物活性：对多种一年生禾本科杂草和阔叶杂草、莎草的生物活性高，可防除马唐、牛筋草、狗尾草、金色狗尾草、稗、反枝苋、莎草、刺儿菜、苣荬菜、龙葵、苘麻、苍耳、卷茎蓼、酸模叶蓼和问荆等。

使用方法：适宜用药时期为玉米 3～5 叶期(杂草 3～6 叶期)，茎叶喷雾用药，有效成分用量 40～60 g/hm^2。可与莠去津、乙草胺、硝磺草酮、嗪草酸甲酯、2,4-滴丁酯、异丙草胺、氯氟吡氧乙酸等按一定比例混配。

常见含量和剂型：40 g/L 悬浮剂，40 g/L 可分散油悬浮剂、60 g/L 可分散油悬浮剂、6%可分散油悬浮剂、8%可分散油悬浮剂，80%可湿性粉剂，75%水分散粒剂。

作用机理：植物的叶片和茎吸收烟嘧磺隆后，被输导组织传导至分生组织，与乙酰乳酸合成酶的作用位点结合后抑制其生物活性，导致侧链氨基酸的合成受阻。敏感植物受害症状为停止生长，新叶褪色、坏死并逐渐扩大范围，最后整株死亡，死亡过程比较缓慢，需要 20～30 d。

注意事项：烟嘧磺隆对环境低毒，对皮肤、眼睛、黏膜有刺激性。烟嘧磺隆会被碱性溶液分解而失去生物活性，禁止与有机磷类农药一起使用，二者使用至少间隔 7 d。正常条件下，用药后玉米的心叶会白化，生长也可能受到轻微抑制，但可以逐渐恢复，对产量基本没有影响。但玉米的喇叭口期为敏感时期，高温、高湿等环境条件会加重药害，因此，半定向喷药以避开玉米的心叶，可有效减轻烟嘧磺隆的药害程度。玉米品种间对烟嘧磺隆的耐受程度差异很大，马齿型玉米的安全性最高，其次是硬质玉米，爆裂玉米和甜玉米的耐药性最差，应避免在这两类玉米上使用。

(6)砜嘧磺隆(rimsulfuron)

理化性质：无色晶体，密度 1.50 g/cm^3，25 ℃时在水中的溶解度＜10 mg/L，熔点 172～177 ℃。土壤中易降解，在玉米和土壤中的半衰期分别为 7～8 d 和 10～11 d。

生物活性：可以防治多种杂草，对马唐、狗尾草、稗草、反枝苋、苘麻、鸭跖草、苍耳、猪殃殃、繁缕等的生物活性高。

使用方法：杂草 2～5 叶期茎叶定向喷雾，有效成分用量 18.75～22.5 g/hm^2。可与莠去津、烟嘧磺隆、特丁津等按一定比例混配。

常见含量和剂型：25%水分散粒剂。

作用机理：砜嘧磺隆在玉米、马铃薯等作物体内可迅速代谢为无害物质，玉米体内半衰期小于 1 h；杂草代谢缓慢，半衰期一般 1 d 以上。砜嘧磺隆通过抑制侧链氨基酸的合成导致杂草停止生长，最终杂草被“饿死”。

注意事项：甜玉米、爆裂玉米、糯玉米及制种田不宜使用砜嘧磺隆。

(7)噻吩磺隆(thifensulfuron-methyl)

理化性质：无色无味晶体，密度 1.49 g/cm^3，25 ℃时的溶解度：己烷<0.1 g/L、二甲苯 0.2 g/L、乙醇 0.9 g/L、乙酸乙酯 2.6 g/L、乙腈 7.3 g/L、丙酮 11.9 g/L、二氯甲烷 27.5 g/L。土壤对噻吩磺隆的吸附能力弱，半衰期为 2.7～9.8 d。

生物活性：防除一年生阔叶杂草，如藜、反枝苋、卷茎蓼、苘麻、铁苋菜、苍耳、龙葵等。

使用方法：播后苗前土壤喷雾用药。东北春玉米地区的有效成分用量 30～37.5 g/hm^2，其他地区 22.5～30 g/hm^2。可与乙草胺、2,4-滴丁酯按一定比例混配。

常见含量和剂型：75%水分散粒剂，15%可湿性粉剂、20%可湿性粉剂、25%可湿性粉剂、70%可湿性粉剂、75%可湿性粉剂。

作用机理：阔叶杂草的幼苗通过下胚轴吸收噻吩磺隆后向全株传导，抑制侧链氨基酸的合成。

注意事项：对环境低毒，对眼睛、皮肤有刺激作用。土壤湿度过大或干旱时不能施药；在土壤中容易降解，持效期 10 d 左右。

(8)硝磺草酮(mesotrione)

理化性质：纯品为淡黄色固体，原药为淡茶色至茶色不透明固体，常温下性质稳定，20 ℃时的溶解度：水 0.16 g/L，二甲苯 1.4 g/L，甲苯 2.7 g/L，甲醇 3.6 g/L，丙酮 76.4 g/L，二氯甲烷 82.7 g/L，乙腈 96.1 g/L。硝磺草酮在玉米和土壤中的半衰期分别为 3.1 d 和 3.5～3.8 d。

生物活性：可防除多种一年生阔叶杂草和禾本科杂草，如牛筋草、狗尾草、稗、藜、龙葵、反枝苋、蓼、马唐等，对铁苋菜防效低。

使用方法：玉米苗后茎叶喷雾，用药时期为玉米 6 叶期前用药(杂草 2～5 叶期)，有效成分用量 100～200 g/hm^2。硝磺草酮可与莠去津、烟嘧磺隆、氰草津等药剂进行复配。

常见含量和剂型：10%可分散油悬浮剂，9%悬浮剂、15%悬浮剂、20%悬浮剂、40%悬浮剂、480 g/L 悬浮剂，75%水分散粒剂。

作用机理：可被植物叶片吸收，通过木质部和韧皮部传导，抑制对羟基苯基丙酮酸酯双氧化酶的活性，导致类胡萝卜素的生物合成受阻，抑制植物的光合作用。

注意事项：该药剂对环境低毒，对眼睛有轻度刺激性。对甜玉米和糯玉米的安全性低，出现药害后可尽早喷施叶面保护剂，以减轻药害。

(9)苯唑草酮(topramezone)

理化性质：米黄色粉末，常温下性质稳定。比重 1.425 g/cm^3；20 ℃时的溶解度：二氯甲烷 25 g/L，二甲基甲酰胺 114 g/L，丙酮、乙腈、甲苯、甲醇<10 g/L。

生物活性：防除多种一年生杂草，如马唐、稗、牛筋草、野黍、狗尾草、藜、蓼、苘麻、反枝苋、豚草、曼陀罗、牛膝菊、马齿苋、苍耳、龙葵、一点红等。

使用方法：苗后茎叶喷雾，用药时间为玉米 2～4 叶期(杂草 2～4 叶期)。有效成分用量 25～30 g/hm^2，按照喷液量的 0.3%～0.5%添加助剂(甲基化植物油)可显著提高苯唑草酮的防除效果。可与莠去津、烟嘧磺隆、嗪草酸甲酯、2-甲-4-氯等除草剂按一定比例复配。

常见含量和剂型：30%悬浮剂。

作用机理：通过植物的叶片和根吸收，向全株传导至分生组织，抑制对羟基苯基丙酮酸酯双氧化酶活性，致使酪氨酸积累，进而使质体醌和生育酚的生物合成受阻，最终影响到类胡萝卜素的生物合成，导致叶片白化失去光合作用的能力。玉米可迅速代谢苯唑草酮为无害物质，且在体内传导速度缓慢。

注意事项：苯唑草酮对环境和动物低毒，对玉米的安全性高于硝磺草酮和烟嘧磺隆，但对马齿型玉米、甜玉米、爆裂玉米、自交系等类型的玉米需要先进行小范围试用。低温、干旱会降低苯唑草酮的除草效果。

(10)环磺酮(tembotrione)

理化性质：米黄色粉末固体，相对密度 1.56 g/cm^3，20 ℃时的溶解度：水 28.3 g/L(pH 7.0)，乙醇 8.2 g/L，甲苯 75.7 g/L，正己烷 47.6 g/L，丙酮 300～600 g/L，二氯甲烷>600 g/L，二甲基亚砜>600 g/L。

生物活性：对多种阔叶杂草和狗尾草属杂草的生物活性高，阔叶杂草包括蓟属、旋花属、婆婆纳属、辣子草属、荨麻属、野藜属、春黄菊和猪殃殃等。可与特丁津、莠去津等按一定比例复配。

使用方法：苗后茎叶喷雾处理，用药时间为杂草 2～4 叶期，有效成分用量 75～100 g/hm^2。环磺酮使用时需要添加双苯噁唑酸以增加安全性和药效。

常见含量和剂型：440 g/L 悬浮剂。

作用机理：对羟基苯基丙酮酸酯双氧化酶抑制剂，通过抑制光合作用达到对杂草防除的目的。

注意事项：对环境低毒，对眼睛、皮肤、呼吸道有强刺激性并会造成伤害。

(11)氯氟吡氧乙酸(fluroxypyr)

理化性质：浅褐色固体，熔点 56 ℃，常温下性质稳定，相对密度 1.09 g/cm^3，20 ℃时溶解度：水 91 g/L，丙酮 51 g/L，甲醇 34.6 g/L，乙酸乙酯 10.6 g/L，异丙醇 9.2 g/L，二氯甲烷 0.1 g/L，甲苯 0.8 g/L，土壤中的半衰期 7.99～9.92 d。

生物活性：防除一年生阔叶杂草，如空心莲子草、猪殃殃、卷茎蓼、马齿苋、龙葵、繁缕、大巢菜、田旋花、酸模叶蓼、柳叶刺蓼、反枝苋、鸭跖草、香薷、野豌豆、遏蓝菜、播娘蒿。对禾本科和莎草科杂草无效。

使用方法：苗后茎叶喷雾，杂草 2～4 叶期用药，有效成分用量 180～210 g/hm^2。可与烟嘧磺隆、莠去津等按一定比例复配。

常见含量和剂型：200 g/L 乳油、288 g/L 乳油、20%乳油。

作用机理：属内吸激素型除草剂，药后被植物吸收迅速，敏感植物呈现畸形、扭曲等症状，最终杂草死亡。抗性植物体内氯氟吡氧乙酸会形成轭合物而失去生物活性。

注意事项：氯氟吡氧乙酸对环境低毒，对皮肤、眼睛、呼吸道有刺激性。本品易燃，注意防火。温度对最终药效没有影响，但适宜的温度能加快杂草死亡的速度。药液中加入非离子表面活性剂能提高药效。

(12)百草枯(paraquat)

理化性质：无色晶体，相对密度 1.24 g/cm^3，20 ℃时在水中的溶解度为 700 g/L，几乎不溶于有机溶剂。紫外线下发生光分解，百草枯在土壤中的半衰期为 5.86～12.16 h。

生物活性：对一年生杂草和植物的绿色部分有高生物活性，如马唐、牛筋草、稗草、谷莠子、狗尾草、反枝苋、铁苋菜、马齿苋等。对再生能力强或多年生的杂草仅造成绿色叶片部分的枯死，整株不易死亡。

使用方法：用药方式为行间定向茎叶喷雾，用药时间为玉米 6～9 叶期，有效成分用量 300～600 g/hm^2。

常见含量和剂型：50％可溶性粒剂，200 g/L 水剂、20％水剂，20％可溶胶剂。

作用机理：百草枯属触杀型除草剂，植物的叶片能迅速吸收百草枯但不能在体内传导，通过中止叶绿素的合成和光合作用达到除草目的。药效症状表现迅速，喷药后 2～3 h 植物的叶片就会表现出枯死症状。

注意事项：百草枯口服有致死性，吸入会导致鼻出血，手接触后指甲会变形；对鱼中毒。2016 年 7 月 1 日起国内禁止销售和使用百草枯水剂，可用剂型为可溶性粒剂和可溶胶剂。光照和温暖的气温有利于药效发挥。百草枯为灭生性除草剂，需要保护周围其他植物不能接触药液，否则产生药害。

(13)二氯吡啶酸(clopyralid)

理化性质：白色或浅褐色粉末，20 ℃溶解度：水 1.0 g/L、丙酮 153 g/L、环己酮 387 g/L、二甲苯 6.5 g/L。土壤中半衰期为 3.8～4.7 d。

生物活性：对菊科、豆科杂草的防除效果好，如苣荬菜、刺儿菜、大巢菜、稻搓菜、鬼针草等。

使用方法：喷药方式为苗后茎叶喷雾，喷药时期为杂草 2～5 叶期，有效成分用量 150～300 g/hm^2。可与烟嘧磺隆、甲基磺草酮、莠去津等按一定比例混配。

常见含量和剂型：75％可溶性粉剂，75％可溶粒剂，75％水分散粒剂，30％水剂、300 g/L 水剂。

作用机理：植物通过叶片和根吸收并在体内传导，能促进核酸的形成，产生过量的核糖核酸，造成根部过量生长，茎叶畸形，消耗大量养分，维管束丧失输导功能，最后杂草死亡。

注意事项：对眼睛、皮肤、呼吸道有刺激性。

(14)嗪草酸甲酯(fluthiacet-methyl)

理化性质：象牙白粉末，不溶于水。土壤中半衰期为 2.1～3.1 d。

生物活性：防除一年生阔叶杂草，如苘麻、反枝苋、藜、马齿苋、蓼、龙葵等。对鸭跖草的防效低，对禾本科杂草无效。

使用方法：用药方法为苗后茎叶喷雾，用药时期为玉米 3～6 叶期(杂草 2～4 叶期)，有效成分用量：春玉米田 7.5～11.25 g/hm^2，夏玉米田 6～9 g/hm^2。可与烟嘧磺隆、莠去津按一定比例混配。

常见含量和剂型：5％乳油。

作用机理：为触杀型茎叶处理剂，作用靶标是原卟啉原氧化酶，通过抑制酶的活性使原卟啉原积累，造成细胞质过氧化，导致细胞膜结构和功能的不可逆损害，药后 24 h 杂草叶片即有枯斑等药害症状。

(15)莠去津(atrazine)

理化性质：无色粉末，密度 1.378 g/cm^3，20 ℃时的溶解度：水 33 g/L、氯仿 28 g/L、丙酮 31 g/L、乙酸乙酯 24 g/L、甲醇 15 g/L。土壤中半衰期为 20.6～33.2 d。

生物活性：对阔叶杂草的生物活性高于禾本科杂草，对反枝苋、卷茎蓼、藜、马齿苋、酸浆、独行菜、焯菜、马唐、牛筋草、狗尾草、看麦娘、莎草的生物活性高。

使用方法：播后苗前土壤喷雾或苗后茎叶喷雾。播后苗前用药时，东北春玉米田的有效成分用量 2025～2700 g/hm^2，其他地区夏玉米田 1350～2025 g/hm^2。苗后茎叶喷雾处理的用药时期为玉米 4 叶期（杂草 2～4 叶期），有效成分用量 1200～1500 g/hm^2。可与烟嘧磺隆、苯唑草酮、硝磺草酮、辛酰溴苯腈、乙草胺、嗪草酸甲酯、2,4-滴丁酯、异丙草胺等按一定比例混配。

常见含量和剂型：25%可分散油悬浮剂，38%悬浮剂、50%悬浮剂，48%可湿性粉剂、80%可湿性粉剂，90%水分散粒剂。

作用机理：主要通过根吸收并通过非共质体传导到芽，叶片也可吸收但不能向下传导，其作用靶标是光合系统Ⅱ电子传递链中的QB，抑制电子从QA传递到QB。

注意事项：莠去津是一种内分泌干扰物，对哺乳动物中毒，对鱼类和两栖动物影响严重，对藻类高毒；对眼睛、皮肤、呼吸道有刺激性。莠去津在地下水中的残留期达 105～200 d。蔬菜，果树，大豆、小麦、水稻等其他作物对莠去津敏感。

(16)嗪草酮(metribuzin)

理化性质：无色晶体，略有气味，常温下性质稳定，密度 1.31 g/cm^3，20 ℃时的溶解度：水 1.05 g/L、二甲基甲酰胺 1780 g/L、环己酮 1000 g/L、三氯甲烷 850 g/L、丙酮 820 g/L、甲醇 450 g/L、二氯甲烷 333 g/L、苯 220 g/L、正丁醇 150 g/L、乙醇 190 g/L、二甲苯 90 g/L。

生物活性：可防除部分一年生阔叶杂草，如反枝苋、马齿苋、鸭跖草等，对铁苋菜的效果差。

使用方法：播后苗前土壤喷雾，东北春玉米田有效成分用量 570～795 g/hm^2，其他地区的夏玉米田 367.5～577.5 g/hm^2。可与乙草胺、2,4-滴丁酯按一定比例混配。

常见含量和剂型：50%可湿性粉剂、70%可湿性粉剂，75%水分散粒剂，44%悬浮剂、480 g/L悬浮剂。

作用机理：主要通过杂草根部吸收，随蒸腾流向上传导，叶部吸收后移动距离短。用药后不影响杂草的出苗，杂草出苗后光合作用受到抑制，最终导致杂草死亡。

注意事项：嗪草酮对环境低毒，对眼睛、皮肤、呼吸道有中度刺激性。一般条件下嗪草酮的土壤半衰期为 28 d 左右，对后茬作物较安全。黏质土壤、高有机质、高腐殖质、低温等环境条件下需要增加有效成分用量，土壤湿润有利于提高药效。

(17)扑草净(prometryn)

理化性质：白色粉末，密度 1.15 g/cm^3，20 ℃时的溶解度：水 33 g/L、丙酮 300 g/L、乙醇 140 g/L、甲苯 200 g/L、正辛醇 110 g/L。紫外光下易分解，土壤对扑草净的吸附主要受有机质含量影响，有机质含量越高，土壤对扑草净的吸附能力就越大。

生物活性：防除部分一年生禾本科杂草和阔叶杂草，如马唐、牛筋草、稗、马齿苋、反枝苋。

使用方法：播后苗前土壤喷雾，有效成分用量 750～1125 g/hm^2。可与乙草胺、2,4-滴丁酯等药剂按一定比例复配。

常见含量和剂型：25%可湿性粉剂、40%可湿性粉剂、50%可湿性粉剂。

作用机理：通过植物的根和叶片吸收有效成分并在叶部积累，抑制叶片的光合作用，最终杂草失绿干枯死亡。

注意事项：扑草净对环境中低毒，对眼睛、皮肤和呼吸道有刺激作用。沙质土壤不宜使用扑草净。

(18)西玛津(simazine)

理化性质:白色粉末,常温下性质稳定,密度 1.302 g/cm^3,20 ℃时的溶解度:水 6.2 mg/L、乙醇 570 mg/L、丙酮 1500 mg/L、甲苯 130 mg/L、正辛醇 390 mg/L、正己烷 3.1 mg/L。土壤中半衰期为 10.8~19.3 d。

生物活性:防除一年生杂草,如马唐、牛筋草、狗尾草、画眉草、虎尾草、稗、苍耳、鳢肠、青葙、马齿苋、野西瓜苗、罗布麻、莎草、反枝苋、地锦、铁苋菜、藜等。

使用方法:播后苗前土壤喷雾,东北春玉米田有效成分用量 2160~2700 g/hm^2,其他地区夏玉米田用量 1620~2160 g/hm^2。可与莠去津按一定比例进行混配。

常见含量和剂型:50%悬浮剂,50%可湿性粉剂,90%水分散粒剂。

作用机理:通过植物根系吸收并输导至叶片,抑制光合作用导致杂草死亡。西玛津的选择性是通过在抗性植物体被代谢为无毒物质实现的。

注意事项:西玛津对环境低毒,对眼睛、皮肤和呼吸道有中度刺激性。西玛津在干旱、低温、低肥的条件下在土壤中的残留期可长达 1 年,后茬应避免种植小麦、棉花、大豆、水稻、十字花科蔬菜等。

(19)特丁津(terbuthylazine)

理化性质:灰白色悬浮液体,比重 1.188 g/cm^3,25 ℃时溶解度:水 8.5 g/L、丙酮 41 g/L、乙醇 14 g/L、辛醇 12 g/L、已烷 0.36 g/L。土壤中半衰期大于 40 d。

生物活性:对阔叶杂草的防除效果高于禾本科杂草,如马齿苋、反枝苋、马唐、牛筋草、狗尾草等。

使用方法:播后苗前用药,有效成分用量 750~900 g/hm^2。可与乙草胺、烟嘧磺隆等按一定比例混配。

常见含量和剂型:50%悬浮剂,80%可湿性粉剂。

作用机理:主要由根部吸收,叶片也能吸收,对刚萌发的幼苗效果好,通过抑制光合作用使杂草死亡。

(20)草甘膦(glyphosate)

理化性质:无色晶体,常温下性质稳定,密度 1.74 g/cm^3,25 ℃时在水中的溶解度 12 g/L,不溶于多种有机溶剂,如丙酮、乙醇、二甲苯等。草甘膦对土壤中微生物有强抑制作用,土壤对草甘膦有强吸附能力,在土壤中降解迅速,半衰期为 10.7~16.1 d。

生物活性:可防除多种杂草,包括多年生杂草,如马唐、早熟禾、狗尾草、稗、牛筋草、看麦娘、益母草、苍耳、繁缕、碎米荠、紫苏、婆婆纳、猪殃殃、刺苋、地锦、酢浆草、藜、空心莲子草、野豌豆、荩草、香附子、马兰、车前、小飞蓬、双穗雀稗、艾蒿、鸭跖草、一年蓬、鱼腥草等。

使用方法:玉米播种前茎叶喷雾,用于防除播种前就已经生长的一年生或多年生杂草。有效成分用量 1500~2250 g/hm^2。可与 2-甲-4-氯、2,4-滴丁酯按一定比例进行混配。

常见含量和剂型:38%水剂、41%水剂、30%水剂,68%可溶性粒剂、70%可溶性粒剂,65%可溶性粉剂、80%可溶性粉剂。

作用机理:通过植物叶片吸收并被传导到全株,作用于 5-烯醇丙酮酰-莽草酸-3 磷酸合酶(EPSPS),抑制芳香族氨基酸的合成。

注意事项:草甘膦对环境低毒,对眼睛刺激性强,对皮肤和呼吸道也有刺激性。草甘膦为灭生性除草剂,避免用药时漂移到其他作物或作物绿色部分接触药液。草甘膦遇土钝化,不能用于土壤处理。晴朗、温暖的天气条件有利于草甘膦发挥药效。草甘膦的其他化合物有草甘膦二甲胺盐、草甘膦钾盐、草甘膦钠盐、草甘膦异丙胺盐、草甘膦铵盐等产品，其使用方法与草甘膦相似(卢信 等，2005)。

(21)草铵膦(glufosinate-ammonium)

理化性质：蓝绿色液体，比重 1.157 g/cm^3，22 ℃时在水中的溶解度为 1370 g/L，有机溶剂中的溶解度低。紫外线下不易分解。

生物活性：可防除多种一年生杂草，如马唐、牛筋草、狗尾草、稗、反枝苋、藜、铁苋菜、苘麻、马齿苋等，对再生能力强或多年生杂草的防效低。

使用方法：玉米播种前，对已经出苗的杂草进行茎叶喷雾，有效成分用量 1050～2100 g/hm^2。

常见含量和剂型：10％水剂、18％水剂、30％水剂、200 g/L 水剂。

作用机理：属于灭生性除草剂，主要是触杀作用，略有内吸，可以在木质部通过蒸腾流传导，通过抑制谷氨酰胺合成酶活性，破坏植物的氨代谢，造成铵离子在细胞内积累，光合作用同时被抑制，最终使杂草死亡。

注意事项：草铵膦对环境低毒，对眼睛有刺激性。可用于抗草甘膦杂草的防除。杂草死亡速度介于百草枯和草甘膦之间。其他注意事项同草甘膦。

(22)绿麦隆(chlortoluron)

理化性质：白色粉末，密度 1.40 g/cm^3，25 ℃时的溶解度：水 74 g/L、丙酮 54 g/L、二氯甲烷 51 g/L、乙醇 48 g/L、甲苯 3 g/L、正辛醇 24 g/L、乙酸乙酯 21 g/L。强酸或强碱下可缓慢分解。

生物活性：对多种禾本科杂草和阔叶杂草有高的生物活性，可防除繁缕、反枝苋、藜、猪殃殃、婆婆纳、野燕麦、看麦娘、早熟禾等，对田旋花、锦葵、问荆等杂草无效。

使用方法：播后苗前土壤喷雾或苗后早期(玉米 4 叶期前)茎叶喷雾。北方玉米田有效成分用量 1500～3000 g/hm^2，南方玉米田 600～1500 g/hm^2。

常见含量和剂型：25％可湿性粉剂。

作用机理：植物通过根部吸收，叶片接触后有触杀作用，随蒸腾流在叶片积累，通过抑制光合作用系统Ⅱ中的电子传递达到除草的目的。

注意事项：绿麦隆对环境低毒，对眼睛、皮肤、呼吸道有刺激性。土壤湿度大可提高绿麦隆的除草效果。土壤干旱或沙质土壤不宜使用绿麦隆，会影响药效或造成药害。豆类、黄瓜、菠菜、油菜、苜蓿等阔叶作物对绿麦隆敏感。

(23)敌草隆(diuron)

理化性质：无色晶体，熔点 158～159 ℃，密度 1.48 g/cm^3，25 ℃时的溶解度：水 42 g/L、丙酮 53 g/L、苯 1.2 g/L、丁基硬脂酸盐 1.4 g/L。

生物活性：防除一年生禾本科杂草和部分阔叶杂草，如马唐、牛筋草、狗尾草、稗、反枝苋、藜等。

使用方法：播后苗前土壤喷雾，有效成分用量 750～940 g/hm^2。可与莠去津、2-甲-4-氯等按一定比例混配。

常见含量和剂型：25％可湿性粉剂、50％可湿性粉剂、80％可湿性粉剂。

作用机理：通过根部吸收，茎叶吸收少，向上传导至叶片后抑制光合作用，使植物缺乏养分而死亡。黑暗条件下敌草隆不影响植物的气体交换，对植物没有影响，光照可加快植物死亡。

注意事项：敌草隆对环境低毒，对鱼中毒，对眼睛、皮肤和呼吸道有刺激性。沙壤土应减少有效成分的用量，有机质高的土壤应增加有效成分用量。

(24)2,4-滴丁酯(2,4-D butylate)

理化性质：无色或褐色油状液体，比重 1.24 g/cm^3。对金属有腐蚀性；难溶于水，易溶于乙醇、丙酮等有机溶剂，易挥发，遇碱分解。

生物活性：对阔叶杂草有高生物活性，如藜、离子草、苍耳、问荆、繁缕、莎草、反枝苋、萹蓄、葎草、马齿苋、独行菜、鸭跖草、蓼、刺儿菜、田旋花等，对禾本科杂草无效。

使用方法：播后苗前土壤喷雾，东北春玉米田有效成分用量 769～940 g/hm^2。可与乙草胺、莠去津等按一定比例复配。

常见含量和剂型：57%乳油、82.5%乳油。

作用机理：有强的内吸传导性，在植物体内抑制核酸代谢和蛋白质合成，杂草的生长点停止生长，茎部和叶片扭曲变形，筛管和韧皮部被破坏，丧失运输有机物的能力。根部由于细胞分裂异常，导致根尖膨大，丧失吸收能力。这些破坏最终导致植物死亡。

注意事项：2,4-滴丁酯易挥发，刺激性强，损伤肝、肾。由于棉花、大豆、果树、蔬菜等阔叶植物对 2,4-滴丁酯敏感，因此，在一年两熟制地区的夏播玉米田不宜大范围使用。2,4-滴丁酯使用的喷药器械难以清洗，应专用，以避免对敏感作物造成药害。其他相似的产品有 2,4-滴、2,4-滴钠盐、2,4-滴钾盐、2,4-滴异辛酯等。

(25)2-甲-4-氯(MCPA)

理化性质：无色晶体，25 ℃时的溶解度：水 734 mg/L、乙醇 1530 g/L、乙醚 770 g/L、甲醇 26.5 g/L、二甲苯 49 g/L、庚烷 5 g/L。

生物活性：对阔叶植物生物活性高，如眼子菜、藜、蓼、苋、马齿苋、苍耳、苘麻、龙葵、问荆、野慈姑、牛毛毡等，对禾本科杂草无效。

使用方法：玉米 4 叶期茎叶喷雾用药，有效成分用量 540～800 g/hm^2。

常见含量和剂型：13%水剂、750 g/L 水剂，56%可溶性粉剂。

作用机理：2-甲-4-氯的挥发性和药效速度低于 2,4-滴丁酯，因此，对作物的安全性高于 2,4-滴丁酯。植物能通过根、茎、叶吸收，双子叶植物代谢缓慢，导致根、茎、叶扭曲畸形，不能传导和吸收养分，造成杂草死亡。禾本科植物能迅速代谢而失去毒性。

注意事项：毒性和药害部分参考 2,4-滴丁酯。其他相似的产品有 2-甲-4-氯异辛酯、2-甲-4-氯钠、2-甲-4-氯二甲胺盐等。

(26)辛酰溴苯腈(bromoxyniloctanoate)

理化性质：浅黄色固体，不溶于水，25 ℃时的溶解度：丙酮 100 g/L、甲醇 100 g/L、二甲苯 700 g/L。

生物活性：对多种一年生阔叶杂草有生物活性，如藜、蓼、反枝苋、麦瓶草、龙葵、苍耳、猪毛菜、麦家公、田旋花、卷茎蓼等，对禾本科杂草无效。

使用方法：苗后茎叶喷雾，杂草 2～4 叶期用药，有效成分用量 375～562.5 g/hm^2。可与莠去津、烟嘧磺隆等按一定比例复配。

常见含量和剂型：30%乳油、25%乳油。

作用机理：叶片吸收后植物体内传导距离短，主要是触杀作用，通过抑制植物光合作用（光合磷酸化反应和电子传递）使叶片迅速失绿坏死，药效症状表现迅速。

注意事项：辛酰溴苯腈对环境低毒，对眼睛、皮肤和呼吸道有刺激性，对水生生物中毒。光照和温暖的气温有利于辛酰溴苯腈药效发挥，气温超过 35 ℃时安全性降低。

(27)辛酰碘苯腈(ioxyniloctanoate)

理化性质：蜡状固体，熔点 59～60 ℃，低挥发性，常温下性质稳定，几乎不溶于水，25 ℃时的溶解度：丙酮 100 g/L、乙醇 150 g/L、氯仿 700 g/L、二氯甲烷 700 g/L、环己酮 550 g/L、二甲苯 550 g/L。

生物活性：对一年生阔叶杂草有高生物活性，如藜、蓼、反枝苋、麦瓶草、龙葵、苍耳、猪毛菜、麦家公、田旋花、卷茎蓼。对禾本科杂草无效，对再生能力强或多年生阔叶杂草仅造成叶片枯死，并不能杀死整个植物。

使用方法：苗后茎叶喷雾，杂草 2～4 叶期时用药，有效成分用量 540～765 g/hm^2。

常见含量和剂型：30%水乳剂。

作用机理：属触杀型除草剂，叶片能迅速吸收，在植物体内传导距离短。通过抑制植物的光合作用、呼吸作用和电子传递，使叶片迅速枯死，药效症状表现迅速。

注意事项：参考辛酰溴苯腈。

(28)二甲戊灵(pendimethalin)

理化性质：橙黄色晶状固体，熔点 54～58 ℃，密度 1.19 g/cm^3，光下缓慢分解，难溶于水，易溶于苯、甲苯、氯仿、二氯甲烷。

生物活性：对一年生禾本科杂草的生物活性高于阔叶杂草，可防除马唐、牛筋草、狗尾草、稗、早熟禾、藜、反枝苋、蓼等。

使用方法：播后苗前土壤喷雾，有效成分用量 750～1500 g/hm^2。可与莠去津、扑草净等除草剂按一定比例混配。

常见含量和剂型：30%乳油、33%乳油、330 g/L 乳油，40%悬浮剂，450 g/L 微胶囊悬浮剂。

作用机理：对杂草的萌发没有影响，通过下胚轴或幼芽吸收有效成分，抑制分生组织的细胞分裂，杂草的次生根和芽受到抑制而死亡。

注意事项：二甲戊灵对哺乳动物低毒，对眼睛、皮肤、呼吸道有刺激性，对水生生物高毒，废液等避免污染环境。

(29)麦草畏(dicamba)

理化性质：无色晶体，熔点 114～116 ℃，密度 1.57 g/cm^3，常温下性质稳定，25 ℃时的溶解度：水 6.5 g/L、乙醇 922 g/L、环己酮 916 g/L、二甲苯 78 g/L、甲苯 130 g/L、二氯甲烷 260 g/L、二恶烷 1180 g/L。

生物活性：对一年生和多年生阔叶杂草有生物活性，如猪殃殃、卷茎蓼、藜、牛繁缕、大巢菜、播娘蒿、苍耳、田旋花、刺儿菜、问荆、醴肠等，对禾本科杂草无效。

使用方法：苗后茎叶喷雾，玉米 3～5 叶期用药，有效成分用量 216～488 g/hm^2。可与烟嘧磺隆等按一定比例混配。

常见含量和剂型：48%水剂、480 g/L 水剂，70%可溶性粒剂，70%水分散粒剂。

作用机理：从作用方式上来说，麦草畏属于激素类除草剂，由植物的叶片、茎和根吸收，通过木质部和韧皮部进行传导。麦草畏干扰敏感植物的核酸代谢，促进核糖核酸和蛋白质的合成，使细胞分裂异常，破坏韧皮部和薄壁细胞，影响根和芽的正常生长发育，造成叶片畸形、茎弯曲、根肿大、生长点萎缩、分枝增多等症状，15～20 d 杂草死亡。禾本科植物能迅速将其代谢为无害物质而表现耐药性。

注意事项：麦草畏对环境低毒；误服后有消化道症状，如恶心、呕吐、腹痛、腹泻等；严重情况下损伤肝、肾。麦草畏用于防除对 2,4-滴丁酯有抗性的阔叶杂草。玉米田用药后会出现倾斜、匍匐等药害症状，一般 5～10 d 可恢复正常，在此期间避免中耕，以免加重药害。玉米拔节后禁止用药。由于阔叶作物对麦草畏敏感，应注意防护(李有明 等，2010；苏少泉，1979，1988)。

3. 土壤处理

一般分为苗前土壤处理、苗后土壤处理和苗前兼苗后土壤处理。

常用的土壤处理剂及用量：乙草胺(1080～1350 g・ai/hm^2)、(精)异丙甲草胺(900～1020 g・ai/hm^2)、二甲戊灵(990～1237.5 g・ai/hm^2)、莠去津(1425～1710 g・ai/hm^2)。

注意事项：

(1)根据土壤质地确定用药量

有机质含量高的土壤应提高除草剂的使用量，土壤墒情好的地块可适当降低除草剂的用量。

(2)提高整地质量，充分发挥药效

土地平整、均匀有利于除草剂在土壤表面的均匀分布，不仅有利于药效的发挥，同时也可减少由于药剂施用不均对作物造成的药害。

(3)根据土壤墒情择机用药

土壤墒情对土壤处理除草剂的药效影响极大，土壤墒情差不利于除草剂药效的发挥。为了保证土壤处理除草剂的药效，在土表干燥时施药，应提高喷液量或施药后及时浇水。

4. 茎叶处理

一般分为玉米苗后早期进行茎叶处理和玉米中期封行前定向处理。

常用的茎叶处理剂及用量：

苯唑草酮(50～75 g・ai/hm^2)

(硝)磺草酮(144～240 g・ai/hm^2)

烟嘧磺隆(52.5～60 g・ai/hm^2)

氯氟吡氧乙酸(150～210 g・ai/hm^2)

噻吩磺隆(22.5～25.9 g・ai/hm^2)

2,4-滴丁酯及 2,4-滴异辛酯(645～915 g・ai/hm^2)

2-甲-4-氯(900～1200 g・ai/hm^2)

莠去津(1140～1425 g・ai/hm^2)

溴苯腈(360～400 g・ai/hm^2)

二氯吡啶酸(140～180 g・ai/hm^2)

注意事项：

①施药后遇低温或高温天气会降低除草效果，对作物的安全性也会降低。

②施药后需 6 h 无雨，才能确保药效。

③不宜与肥料混用，否则会造成作物药害。

玉米田行间杂草的防除技术(补救措施)。

草铵膦铵盐:用量一般为1200～1500 g·ai/hm²,施用方法为定向茎叶喷雾。该药剂具有双向内吸传导作用,因而除草效果较为突出。但应注意对玉米的安全性,一定要到玉米株高1 m以上进行定向喷雾(必须在喷头上加保护罩),尽量避免药剂喷施到玉米的茎秆。

草铵膦:用量一般为900～1200 g·ai/hm²,使用方法为定向茎叶喷雾。该药剂药效发挥速度较快。但应注意以下几点。

根据草龄决定用量:茎叶处理剂的使用量主要根据玉米对药剂的敏感期和杂草的草龄。一般禾本科杂草在3～5叶期,阔叶杂草在4～6叶期效果较好。

适当加入渗透剂或表面活性剂,充分发挥药效。许多助剂有利于增加除草剂在杂草叶片的均匀展布和渗透。

湿度高利于药效发挥:空气湿度大时,有利于杂草叶片气孔开张,同时延长了除草剂在叶片上滞留的时间。

定向精准喷雾,降低使用量和增加安全性。

不主张草甘膦(草铵膦)和复配制剂用于玉米田苗后除草(綦立义,1994)。

5. 杂草检疫

杂草检疫指人们依据国家指定的植物检疫法,运用一定的仪器设备和技术,科学地对输入和输出本地区、本国的动物、植物或其产品中夹带的立法规定的有潜在危害性的有毒、有害杂草或杂草的繁殖体(主要是种子)进行检疫监督处理的过程。杂草种子因其体积小、数量多,很容易夹杂在动植物产品、货物外包装、各种铺垫材料、运输车(船)厢及其连接处等而传入非发生区,从而危害本土农业及生态体系的健康发展。近年来,黄顶菊、薇甘菊、刺萼龙葵等检疫性杂草的传入,使得我国对外来入侵杂草的研究和重视程度有所提高。河北农业大学真菌毒素与植物分子病理学实验室于2013年在河北张家口玉米田发现了危害严重的刺果瓜,经文献查询发现,该植物于2007年在我国大连首次发现,何时传入河北尚无考证。因此,加强国内玉米产区之间的杂草检疫工作势在必行。

6. 生物防治

杂草生物防治是研究利用杂草生物天敌控制杂草的技术及其原理。传统的生物防治是利用杂草的天敌进行有效防治,如牛、羊、鸭等动物食草,已不符合现代农业的发展规模;昆虫食草曾在仙人掌、空心莲子草、豚草等杂草的防治过程中做出过较大的贡献,但这些昆虫释放于田间后,对生态系统的平衡存在潜在的不确定因素。

利用杂草的病原微生物及其代谢产物来防治杂草表现出了强劲的优势。因此,首先需要知道哪些能使杂草严重感病、能够影响杂草生长发育的微生物,可被用来作为较佳的杂草生防资源。我国在微生物除草方面的研究起步较早。众所周知的鲁保1号就是最成功的产品之一,主要用于防治大豆菟丝子。至今,国内外已获得登记的微生物除草剂品种达数十种之多。河北农业大学真菌毒素与植物分子病理学实验室经多年研究筛选出PM1、CB-4、Ha1等除草活性菌株,并将其加工为水剂、颗粒剂等进行了室内试验,有望用于玉米田,解决生产上化学药剂的减量化问题。

7. 除草剂的减量化防治技术

化学除草剂的长期大面积应用导致了一系列的环境问题和杂草抗药性等问题。但鉴于化学防治的彻底性、经济效益高、施用方便等特点,仍是当前不可或缺的主要防控措施。可以断定,在可预见的将来,化学除草剂仍是不可替代的一项杂草防除技术。

如何最大限度地减少化学除草剂的应用是目前科学家们关注的热点，因而化学除草剂的减量化被提上了日程。除草剂减量化使用技术即通过农艺技术及化学手段来提高除草剂药效、达到使用低剂量药剂获得正常用药量相同或更高的除草效果的目的。目前可用于除草剂减量化使用的农艺技术手段包括：大田秸秆覆盖配合土壤苗前处理剂的方式；使用优良的喷雾机械例如弥雾机等。而化学手段包括：在喷施除草剂的药液中加入适量的助剂，如有机硅、甲基化大豆油等，都可以提高除草剂的渗透性，从而可以在除草剂使用剂量比建议用量低的条件下表现出良好的防除效果。目前较为有效的杂草防除措施是化学药剂与生物制剂联合应用，以及添加助剂或增效剂以提高药剂的药效，以达到最少施用化学除草剂的目的。可见，除草剂的减量化使用是发展循环农业、可持续发展农业的一项有效手段（叶贵标，1999）。

（1）化学除草剂与生物除草剂混用

许多化学除草剂与生物除草剂混用时能通过增效作用或加成作用提高除草效果，这是化学除草剂的优点之一，可以测定混合制剂中病原菌与除草剂的费用一效益比率来评价除草效果。这些制剂的应用实现了化学药剂的减量化。早在 20 世纪 90 年代，美国就有报道将少量化学除草剂与细菌混合使用，化学除草剂使植物变弱，细菌继而将其杀死。巴西报道 Bipolaris euphorbiae 可与化学除草剂混用，防治很多种类的杂草，这种真菌的孢子在含有除草剂苯达松、氟磺胺草醚的培养基共培养时生长势没有减弱，说明该真菌活体孢子可与两种除草剂有效地混合（卢向阳，2003）。

（2）助剂的有效利用

近几年，杂草对磺酰脲类除草剂的抗药性问题日趋严重。使用助剂与药剂、作物、杂草、施药技术的最佳组合才能提高防效、减少药害，取得最大的经济和生态效益，可以有效降低药害、减少农药残留，利于环境保护。0.3%甲基化植物油可以使同等剂量的苞卫（苯唑草酮）对谷莠子和苘麻的药效分别提高 1.5 倍和 1 倍；2%磷酸脲可以有效降低草甘膦的田间 ED50，提高药效。可见，助剂在增加药效、治理抗药性方面的作用是非常重要的。河北农业大学真菌毒素与植物分子病理学实验室 2014 年在我国东北黑河、铁岭，内蒙古通辽和安徽宿州进行了除草剂的减量化试验，结果表明，添加有机硅和甲基化大豆油均可以减少化学除草剂 1/5～1/4 的用量，这样既节约了成本，又保护了环境。

第二节　非生物胁迫及其应对

一、温度胁迫

（一）低温胁迫

1. 低温胁迫对玉米生长的影响

一般表现为季节性低温的影响。

姜辉（2016）于 2015 年为研究不同低温条件对玉米苗期根系生长的影响，选用黑龙江种植面积较大的金玉 5 号、兴垦 3、吉单 198 三个玉米品种为试验材料，通过水培方法，研究了三种低温胁迫水平下（18 ℃/9 ℃、16 ℃/7 ℃、14 ℃/5 ℃（昼/夜））玉米的苗期根系性状。结果表明:金玉5号的耐低温自动调节能力较强。三种类型的玉米在各温度胁迫下苗期根系活力随时间延长呈现先增高后降低的趋势,不同品种的玉米根系的长度、表面积、体积在低温下呈现不同程度的降低趋势,低温胁迫下阻碍了根系的生长。

郭春明等(2017)为研究低温胁迫对玉米光合特性以及粒重的影响,以郑单958为材料,利用人工气候室模拟自然低温,研究不同温度(13 ℃、15 ℃、17 ℃)、不同处理时间(1 d、2 d、3 d、4 d、5 d)下玉米抽雄期、开花期、吐丝期、灌浆期光合特性及粒重变化。结果表明,玉米生育后期低温降低光合速率(P_n)和气孔导度(G_s),胞间CO_2浓度(C_i)提高;抽雄期、吐丝期、灌浆期蒸腾速率(T_r)受短期(1～2 d)低温影响较大;抽雄期、开花期、吐丝期玉米光合特性分别受1 d、4 d、5 d低温影响最大;灌浆期低温对粒重影响最大,平均下降37%,吐丝期次之,平均下降6%,抽雄期、开花期无显著影响。

黄伟超等(2018)曾于2016年作过试验。为了研究低温胁迫下不同基因型玉米幼苗抗氧化系统及渗透调节物质的差异响应,选用先玉335和丰禾1号为供试品种,设置了常温对照(CK)和低温处理(L),采用盆栽方式种植,随机设计。结果表明,低温胁迫会影响玉米形态的建成,降低株高、叶面积、总干重、根长、根表面积和根体积,且先玉335的指标下降值小于丰禾1号。低温胁迫下叶片内的丙二醛(MDA)和超氧阴离子(O_2^-)含量会明显升高,先玉335的积累量小于丰禾1号。随着有害物质的积累,叶片内的超氧化物歧化酶(SOD)、过氧化物酶(POD)和过氧化氢酶(CAT)活性随之升高,以便清除有害物质,保护细胞膜。先玉335的酶活性在低温胁迫时上升得快于丰禾1号。可溶性蛋白、可溶性糖和脯氨酸含量在低温胁迫下会升高,有利于维持细胞膨压,减少低温损伤。玉米会调节自身生理代谢,从而减少低温带来的损伤。

崔婷茹等(2019)研究了10个来自河北农业大学的玉米自交系作为试验材料,分别为G135、G105、15X-F-100、G-248、15B-G-100、丹598、MO113、HC2-16、沿812、W64a。于每个玉米自交系各取150粒种子,分成3组,每组50粒。在75%乙醇中浸泡10 s,用5%次氯酸钙溶液消毒10 min,将消毒后的种子置于蒸馏水中于25 ℃培养箱浸种14 h,然后将种子均匀撒在灭菌湿润的纱布上,并盖上4层灭菌湿润的纱布于不同恒温箱(25 ℃,10 ℃,4 ℃)催芽48 h,每天记录发芽结果。之后又于每个玉米自交系各取20粒种子,在75%乙醇中浸泡10 s,用5%次氯酸钙溶液消毒10 min,将消毒后的种子置于蒸馏水中于25 ℃恒温培养箱浸种14 h,然后将种子均匀撒在灭菌湿润的纱布上,并盖上4层灭菌湿润纱布于25 ℃恒温培养箱中催芽48 h。从每份玉米自交系萌发的种子中,选取长势一致的3株玉米种子转入蛭石中,在25 ℃恒温培养箱中培养10 d,并每天测定1次株高,共培养2 d。同时,将地上部和地下部剪下并洗净,称取地上部和地下部的鲜质量;然后置于110 ℃杀青5 min,于80 ℃烘箱烘干至质量恒定,并测定地上部和地下部干质量,计算根冠比。根据每天记录的种子发芽数发现,玉米种子在25 ℃、10 ℃、4 ℃这3个温度处理下,种子发芽数在25 ℃中最高,10 ℃次之,4 ℃最低,且发现温度对玉米种子发芽数的影响达极显著,说明同一品种在不同温度处理下,玉米种子的发芽数存在极大差异,即温度变化对玉米种子的萌发影响较大。表明适宜的温度条件有助于玉米种子萌发,低温会导致种子的发芽数降低。低温会影响玉米等植物细胞的酶活性、膜系统以及各项生理生化指标。

株高能够直接反映玉米幼苗的生长状况,一般而言,苗期株高高,增长速度快,幼苗的生长状况则良好。而在试验中发现,在25 ℃下株高呈现较快增长的趋势,而在10 ℃环境下,幼苗株高增长相对缓慢，并且 25 ℃中株高及其增长量均高于 10 ℃。从图 4-1 可以看出，自交系 G-248 株高的增长趋势显著高于 15B-G-100。可见，低温胁迫会阻碍玉米幼苗生长，不同品种对低温的适应性不同。同一品种幼苗在 4 ℃、10 ℃、25 ℃这 3 个温度梯度中表现出的植株高度以及株高增速均随着温度的升高而提高；不同品种玉米幼苗在同一温度条件下的植株高度和株高增长速度也表现出较大差异，与发芽数相同，株高和株高增长速度因品种的不同而表现出较大差异，在很大程度上取决于品种的抗冷性。

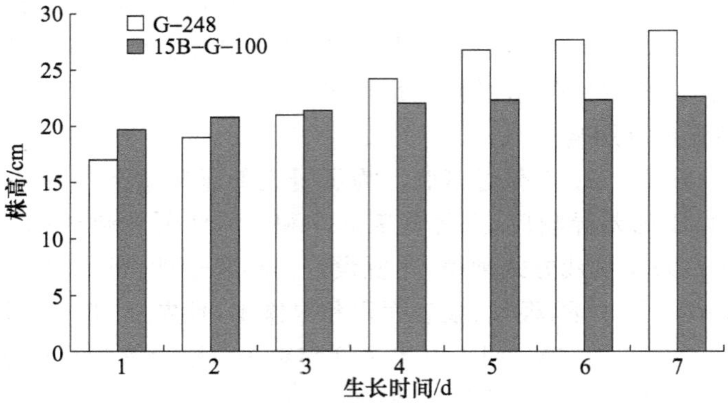

图 4-1　25 ℃下 G-248 和 15B-G-100 株高的比较

（引自崔婷茹 等，2019. 低温胁迫对玉米种子萌发和幼苗活力的影响）

崔婷茹等（2019）调查研究低温胁迫对玉米种子萌发和幼苗活力的影响。根冠比是指植物地下部分与地上部分的鲜质量或干质量的比值。它的大小反映了植物地下部分与地上部分的相关性，在作物苗期，为了给作物创造良好营养生长条件，要促进根系生长，增大根冠比。根据试验可知，温度对根冠比影响极显著，且 25 ℃环境下的幼苗根冠比显著高于 10 ℃低温环境中根冠比；而不同玉米自交系品种间差异则不显著。表明低温会导致幼苗根系受损，致使植株生长受阻，发育缓慢。且相同品种的地上部鲜质量因温度条件不同而表现出极显著的差异水平；且不同品种对地上部鲜质量的影响也达到显著性水平。同时，温度不同，玉米幼苗的地下部鲜质量也极显著不同；但不同玉米品种间的地下部鲜质量的差异则不显著。地上部干质量因温度条件的改变而表现为极显著的差异水平；而不同的品种对其地上部的干质量影响不显著。对于地下部干质量而言，温度和品种对其影响不显著。地上部鲜质量、地下部鲜质量、地上部干质量、地下部干质量以及幼苗根冠比可直观反映玉米幼苗生长状况。同一品种在 25 ℃下培养的玉米幼苗，其地上部鲜质量、地下部鲜质量、地上部干质量、地下部干质量普遍高于 10 ℃下培养的幼苗。

赵训超等（2020）对低温胁迫下玉米根系生理变化及相关基因表达分析进行了研究，在低温胁迫下，发现植物中 ROS 积累；同时植物细胞在应对氧化应激时，会增加抗氧化酶活性，降低 ROS 的水平。

魏湜等（2014）发现低温条件下，玉米幼苗抗冷性与抗氧化酶活性密切相关，低温处理 10 d 与低温处理 2 d 相比，SOD 和 POD 的活性分别提高了 47.8%和 69.3%。本研究表明，低温条件下玉米幼苗根系抗氧化酶 SOD 和 POD 活性呈上升趋势，表明当玉米幼苗根系遭受低温胁迫时，可以激发活性氧清除酶系统，减少玉米体内 ROS 的积累，保护细胞的完整性。同时对玉米根系样品进行的转录组测序分析表明，大多数 ZmSODs 种子基因上调表达，还有 4 个 ZmPODs 基因有较高的上调表达量，相对表达量 Log2FC>4，表明相关基因可能参与低温胁迫下调节活性氧代谢平衡。本研究表明，SOD 和 POD 的活性逐渐升高，在低温处理后期（3 d 和 7 d）时，SOD 和 POD 的活性均处于较高水平；同时，ZmSOD1，ZmSOD9 和 ZmPOD92，ZmPOD94 基因上调表达量较高。本研究结合基因表达分析进一步对低温胁迫下生理指标进行验证，表明当玉米幼苗根系遭受低温冷害时相关基因的表达与其生理响应可能存在重要的相关性。

杨德光等（2018）对低温胁迫对玉米发芽及幼苗生理特性的影响进行了研究，发现低温胁迫对玉米苗期生长影响较大，影响植株叶片形态和根系生长发育。玉米幼苗不同阶段对低温处理敏感性不同，幼苗低温胁迫初期敏感性大于后期，且不同品种间存在差异。根系为玉米吸收水分和养分重要器官，根系生长受温度影响，且玉米根系在低温处理后与常温对照相比，主根长、侧根数、根干鲜重显著下降。研究发现，玉米苗期低温处理明显降低根表面积、根体积和根总长，还发现，两品种幼苗根系对不同低温胁迫阶段敏感性不同，低温胁迫后期对根系生长抑制程度更大，且不同品种间存在差异；恢复生长后，植株地上、地下部均在恢复后期生长能力最强。两品种幼苗地上部和地下部对不同低温处理时期敏感性不同，植物叶片光合系统受抑制，影响地上部生长发育。玉米光合作用器官对低温敏感。低温会引起光合器官发生变化，叶绿素含量降低，光合速率下降。即使温度恢复正常后，光合速率仍较低，叶片发育延迟。研究发现，与对照相比，低温胁迫降低叶绿素相对含量和净光合速率，且胁迫后期对两指标影响更显著；恢复生长后两指标值仍低于对照。说明低温对光合作用影响为持续性伤害，且随着作用时间延长，抑制程度增强。低温胁迫条件下，细胞活性氧（ROS）增加，引起脂质过氧化作用，植物膜系统氧化损伤，影响细胞膜稳定性，MDA 含量则是植物细胞脂质过氧化指标。研究表明，玉米幼苗 4 ℃低温胁迫下，MDA 含量和保护酶活性随着处理时间呈先升后降趋势，且不同品种间存在差异，同时低温处理对幼苗 MDA 含量和保护酶活性影响随着处理时间延长而减弱，即低温处理初期敏感性大于后期，品种间存在差异。

于海瑞（2017）对玉米幼苗的丙二醛含量、超氧化物歧化酶活性、过氧化物酶活性、过氧化氢酶活性 4 种生理生化指标进行了研究。进行规范实验操作后，可以得到不同温度处理条件下，玉米幼苗的 4 种生理生化指标的变化状况。

玉米幼苗丙二醛含量：未经低温胁迫的玉米幼苗丙二醛的含量随着低温胁迫时间的增加几乎没有出现波动，温度为 2 ℃、4 ℃、0 ℃的幼苗的 MDA 含量变化趋势相同，先是随着低温胁迫时间的增加而增加，在低温胁迫 12 h 的时候达到最大值，然后随着低温胁迫时间的增加，含量虽然逐渐减低，但却始终高于未经低温处理的幼苗丙二醛的含量。与上述略有不同的是，低温 6 ℃时幼苗内 MDA 的含量在胁迫时间为 24 h 达到峰值。

玉米幼苗超氧化物歧化酶活性：未经低温胁迫的玉米幼苗超氧化物歧化酶活性随着低温胁迫时间的增加浮动不大，2 ℃、6 ℃低温处理时，玉米幼苗 SOD 活性呈现缓慢增长的趋势，0 ℃低温处理时，玉米幼苗超氧化物歧化酶的活性先有所下降，在胁迫时间为 12 h 达到最低值，之后随着胁迫时间的增长，略有提升。而 4 ℃下玉米幼苗 SOD 的活性一直呈现高增长的趋势。

玉米幼苗过氧化物酶活性：未经低温胁迫的玉米幼苗过氧化物酶活性随着低温胁迫时间的增加始终保持在 0.15U・g^{-1}(FM)・min^{-1}，0 ℃、2 ℃、6 ℃处理下，玉米幼苗过氧化物酶活性呈现先增长后降低的趋势，在胁迫时间 12 h 时达到最大值，4 ℃处理下，POD 活性逐渐呈现增长的趋势，在胁迫时间 36 h 时达到峰值。低温处理条件下玉米幼苗的过氧化物酶活性始终高于未受低温胁迫的玉米幼苗。

玉米幼苗过氧化氢酶活性：未经低温胁迫的玉米幼苗过氧化氢酶活性随着低温胁迫时间的增加几乎没有出现浮动，始终保持在 0.10Ug^{-1}(FM)min^{-1}附近，4 ℃、6 ℃处理下玉米幼苗 CAT 活性呈现先降低后增长的趋势，并在 12 h 时到达最低水平后，在 24 h 时呈现高活性状态，而 0 ℃、2 ℃处理中 CAT 变化为先呈现增长状态，分别在胁迫时间 24 h、12 h 时达到高峰后出现降低，在低温胁迫时间为 36 h 的时候，玉米幼苗 CAT 活性低于未经低温胁迫的幼苗水平。

王洪刚等(2008)研究发现，当玉米生育期在苗期时，其株高及茎粗受温度影响较大，株高随着温度增加而增加，在低温条件下，植株较小。玉米茎粗也随着温度的增加而有增加的趋势，但是不同品种间对温度的反应存在显著差异性。玉米茎端生长发育易受低温的影响，这种影响表现为温度对光合作用，水分和养分吸收的直接作用及温度对茎端和根端的形态变化过程的间接作用。在低温条件下，根端和茎端的干物质积累有明显的差异性，但在适宜的条件下常表现不明显。玉米在变温处理下，叶面积生长速率对温度下降的反应比茎端干重下降的反应更敏感。玉米苗期在低温胁迫下，叶鞘及中胚轴变为褐色，更严重时叶片呈现萎蔫水渍状，不利于幼苗的生长发育。

史占忠等(2003)研究指出，玉米苗期遭遇低温会降低叶片的光合速率，株高降低，进而减少干物质的积累，减缓了玉米的营养生长过程；当低温持续 10 d 时，全株的干物质显著降低，并且干物质积累降低的程度与低温持续的时间成正相关。

2. 应对措施

(1)农艺措施

① 做好品种区划，选用早熟品种，严禁越区种植。玉米遭受的冷害多为延迟性冷害，所以要做好品种规划，使玉米品种所需的积温与当地可能的积温相协调，避免盲目选用不适合的品种。应尽量选用适合本地种植的熟期匹配的品种，如：无霜期为 120～30 d 的地方选用生育期不超过 120 d 的品种。

② 精细整地。土壤耕作的主要任务就是精细整地，为玉米的播种及种子萌发创造适宜的土壤环境。精细整地的要求是：在播种区内地面平整，土壤松碎，土细，没有大土块且表土层上虚下实。这样可以保证种子播种的深浅一致性，并将种子播在扎实而不再下沉的土层中，种子上面有一层松碎的覆盖层，促进土壤中的毛管水不断流向种子处，保证出苗整齐均匀。

③ 适时早播。种子播前处理：适时早播时期应该掌握地温在 0～5 cm 处，稳定通过 7～8 ℃时开始播种，覆土 3～5 cm，集中在 10～15 d 播完，以达到缩短播期，保证出苗整齐。种子在播种前可用浓度为 0.02%、0.05%的硫酸铜、氯化锌、钼酸铵等溶液浸种，以提高种子在低温下的发芽力，并使玉米提前成熟，减轻冷害。

④ 采用地膜覆盖栽培技术。王丹等(2015)研究发现，地膜覆盖栽培技术是一项应对低温胁迫有效的措施，主要是通过增加地温，促进土壤微生物活动，进而提高肥料利用效率，以改善土壤理化性质等促进根系生长，加快出苗速度，从而消除低温胁迫对玉米造成的不利影响。然而，地膜覆盖栽培技术存在着一些隐患，例如，地膜回收率低造成的农业污染等，因此，提倡使用光降解膜和生物降解膜，以防污染。

⑤ 科学使用肥料。邹国元等(1998)研究发现，玉米在低温胁迫下，适当施用钾肥有利于质膜透性保持在较低水平，并且明显降低玉米的萎蔫率，增强抗性。

陈兵兵等(2011)研究发现,在低温胁迫条件下,当氮肥的含量固定时,适量地施用磷肥,玉米中的超氧化物歧化酶的活性逐渐增强,细胞膜透性降低,干物质量增加;当施用适量的钾肥时,玉米中电解质的平均渗出率降低,可溶性糖含量提高;硅肥也能提高叶片中叶绿素的含量,降低电解质的渗出量。因此,研究发现,不同用量的磷肥、钾肥和硅肥对玉米抗寒起到重要的作用。科学使用肥料这项措施比较简单、操作性强并且价格低廉,比较利于大田的广泛使用。

⑥ 加强田间前期管理。玉米出苗时,应该及时查看玉米出苗情况,以及时补苗,确保苗齐、苗匀、苗壮。中耕管理应该根据天气和土壤墒情灵活掌握。中耕松土时要求在控制土壤墒情的前提下由浅到深,天旱时,底墒不足,应以保墒为中心,中耕时浅趟,避免出现断垄跑墒现象;土壤水分大时,要早趟、深趟,降低土壤含水量,以提高地温(刘茜,2012)。

(2)化学调控

李晶等(2015)曾采用盆栽试验,外源应用5个不同浓度ABA(0、10^{-7} mol/L、10^{-6} mol/L、10^{-5} mol/L、10^{-4} mol/L)浇注玉米幼苗根系,测定幼苗地上部鲜重、地下部鲜重、根冠比、根表面积、根体积、根长、根干重变化。结果表明,同一低温胁迫时间下,ABA使用表现出低促高抑效应(10^{-5}mol/L>10^{-6}mol/L>10^{-7}mol/L>0),其中10^{-5} mol/L处理达到显著水平;同一ABA浓度处理下,幼苗增长率表现为低温处理中期(2～4 d和4～6 d)大于前期(0～2 d)和后期(6～8 d),说明在一定低温胁迫时间范围内,适宜浓度ABA通过对玉米幼苗根系生长调控,能缓解一定程度低温胁迫,提高作物抗寒性。

李可凡等(2015)曾以豫单2670为试材,以0.5 mmol/L外源水杨酸对玉米幼苗进行叶面喷施,结果表明,在低温胁迫下,0.5 mmol/L外源水杨酸预处理下,玉米幼苗叶片的电解质渗漏率和丙二醛的含量降低,脯氨酸、可溶性糖、可溶性蛋白质和总蛋白质、叶绿素的含量增加,气孔导度及胞间CO_2含量下降,净光合速率增加。试验表明,低温胁迫下,0.5 mmol/L外源水杨酸预处理可能通过减少玉米幼苗的细胞膜的伤害,调节细胞渗透势和对光合器官的保护,提高玉米幼苗对低温胁迫的抵抗能力。

杨德光等(2016)采用叶面喷施外源水杨酸(SA)0、25 mg/L、50 mg/L、100 mg/L、150 mg/L不同浓度处理,比较分析低温胁迫下玉米幼苗株高、根长、地上部和地下部干重等农艺指标和相对含水量、相对电导率、F_v/F_m、P_n、MDA含量、SOD和POD活性等生理生化指标的变化。结果表明,在低温抑制玉米幼苗生长条件下,低浓度SA(25～50 mg/L)减缓玉米幼苗生长受抑制程度,其中,50 mg/L SA处理效果最佳,与对照比较,玉米自交系B125和昌7-2株高分别增加12.9%、14.5%,相对含水量分别提高60.4%、64.5%,相对电导率分别降低47.6%、57.5%,POD活性分别增加29.6%、35.6%。适宜浓度的SA在常温条件下可促进玉米幼苗的生长和缓解低温胁迫对玉米幼苗造成的伤害。

石如意等(2018)为了探讨外源ABA对玉米苗期耐寒性的影响,选取了耐寒能力强的青农105和冷敏感的农华101为试验材料,对其进行低温和外施ABA处理后,测定2个玉米品种的MDA含量、相对电导率、可溶性糖含量、保护酶活性和激素含量,并通过荧光定量PCR对低温胁迫相关基因的表达量进行了比较。结果表明,外源ABA处理降低了低温胁迫下2个玉米品种的MDA含量和相对电导率,提高了可溶性糖含量。抗寒品种青农105的MDA含量和电导率下降幅度大,而可溶性糖含量上升幅度大,外源ABA对抗寒性强的青农105作用更明显。对植物体内保护酶活性和激素含量分析发现,外源ABA可以提高低温胁迫下2个品种的SOD、POD、CAT、APX活性,增强清除活性氧的能力,减少活性氧物质的积累,抗寒品种青农105的SOD、POD、CAT、APX活性增幅较大，外源ABA对抗寒品种青农105作用更明显。外源ABA处理明显提高了低温胁迫下2个玉米品种的内源ABA的含量，降低了GA3、ZR、IAA含量，低温及ABA处理对抗寒品种青农105作用更明显。分子水平的证据表明，外源ABA处理增强了低温条件下一些与逆境胁迫相关基因的表达。对青农105和农华101的抗寒基因分析表明，低温胁迫诱导2个品种的Apx1、Fad8、Lip15、Cat3基因及抗寒品种青农105的Dreb1和Asr1基因的表达，抑制冷敏感品种农华101的Dreb1和Asr1基因的表达，结果发现，外施ABA对耐寒性强的玉米品种作用明显。

王丹等(2015)对丛枝菌根对玉米的影响进行了研究。丛枝菌根是植物根系和丛生菌根真菌所形成的互惠共生体，在自然界中普遍存在，大约90%的维管植物都能和AM真菌形成共生关系。AM真菌从植物获取生长所需碳源，同时促进宿主对氮、磷等矿物营养物质的吸收，有效改善宿主植物营养代谢。菌根共生能够扩大寄主植物根系的吸收面积，增加寄主植物对磷及其他矿质营养元素的吸收；能够产生生长激素，促进植物生根、萌发和生长；可以提高寄主植物对不良环境的综合抵抗能力。接种菌根真菌可以通过改变植物形态结构和生理特征，促进植物对低温的耐受性和适应性。低温条件下，AM真菌可通过提高叶绿素含量及改善叶片叶绿素荧光和光合作用来减轻低温胁迫对玉米植株造成的伤害，提高玉米耐受低温的能力，进而提高玉米的生物量，促进玉米生长。加强丛枝菌根真菌等生物有机肥在玉米生产上的应用研究，为玉米抗低温提供新的措施。

祁利潘等(2013)对化学药剂处理对灌浆期低温条件下玉米光合特性及产量的影响进行了研究。本试验针对北方春玉米区生育后期低温影响玉米光合与籽粒灌浆成熟的问题，运用化学调控的方法减轻低温对玉米生长的影响。试验表明，适当喷施化学药剂可减轻灌浆中后期低温带来的伤害，增强叶片的光合能力，提高籽粒干重，从而达到提高产量的目的。试验结果表明，不同药剂处理对灌浆期低温条件下玉米的光合特性影响不同。喷施脱落酸降低了叶片的净光合速率，高浓度脱落酸处理降低了PSⅡ的光化学效率。研究表明，ABA增强植物的抗逆性与ABA诱导抗氧化防御系统有关。也有研究表明，脱落酸处理抑制了玉米幼苗的生长与光合作用。在低温胁迫条件下，甜菜碱通过保持PSⅡ复合体蛋白的稳定性来保持光系统的活性。本试验中甜菜碱处理增加了叶片的净光合速率和PSⅡ的光化学效率，能够有效维持并提高玉米的光合性能，水杨酸能够有效维持并提高叶片的净光合速率和PSⅡ的光化学效率，提高其低温耐性。本试验中药剂喷施调控产量主要通过调节千粒重实现。低浓度脱落酸处理的光合能力在设置浓度中降低幅度最小，光合产物积累相对增加；高浓度处理促使叶片衰亡，籽粒干重较对照增加了2.6%；中浓度脱落酸处理显著降低了籽粒千粒重，这是因为中浓度脱落酸处理既降低了叶片的光合能力，又不能有效促进干物质向籽粒转运，因此，千粒重最低。试验结果表明，不同药剂处理对灌浆期低温条件下玉米的光合特性影响不同。喷施脱落酸降低了叶片的净光合速率，高浓度脱落酸处理降低了PSⅡ的光化学效率。研究表明，ABA增强植物的抗逆性与ABA诱导抗氧化防御系统有关，也有研究表明，脱落酸处理抑制了玉米幼苗的生长与光合作用。在低温胁迫条件下，甜菜碱通过保持PSⅡ复合体蛋白的稳定性来保持光系统的活性。本试验中甜菜碱处理增加了叶片的净光合速率和PSⅡ的光化学效率，能够有效维持并提高玉米的光合性能，水杨酸能够有效维持并提高叶片的净光合速率和PSⅡ的光化学效率，提高其低温耐性。

（二）高温胁迫

生产中，一般也受到季节性高温的影响。

1. 高温胁迫对生长发育的影响

郭文建等(2014)研究了玉米在高温胁迫下叶片内叶绿素 a、叶绿素 b 和类胡萝卜素等生理指标的变化情况。结果表明,高温胁迫下酶的活性降低,同时叶绿素的生成受到抑制,因此,在高温胁迫下会导致叶绿素 a、叶绿素 b、叶绿素总量含量下降,且随着胁迫时间的增加这种变化愈加明显;伴随胁迫温度的升高,玉米叶片中的类胡萝卜素随着时间的延长而呈总体下降的趋势,当温度超过 40 ℃时,下降趋势最为显著。

闫迎迎等(2017)、刘海等(2014)介绍,长期高温环境下,细胞内的一些物质含量会发生变化,从而对细胞特性造成影响。为研究高温胁迫对玉米幼苗的生长影响,通过试验观察玉米幼苗中各种物质含量在不同温度和时间段的变化情况。结果表明,玉米幼苗叶片中的丙二醛和游离脯氨酸的含量会随着温度的升高而增加;幼苗叶片中可溶性蛋白质的含量随着温度的升高而减少;叶片中的 SOD 和 POD 酶的活性随着温度的升高,处于高温环境下的时间增长,会出现先升高后下降的变化趋势,而且温度越高,含量变化趋势就会越来越明显。因此,当达到高温胁迫时,一旦胁迫时间超过 24 h,就需要对玉米采取降温措施,从而确保玉米正常生长。

芮鹏环等(2018)曾以玉米杂交种秦龙 14、隆平 206 及隆平 206 亲本 L239(母本)、L7221(父本)为材料,在籽粒灌浆期进行高温处理,分析高温对玉米叶片抗氧化酶活性的影响。结果表明,灌浆期高温使叶片丙二醛(MDA)含量均显著上升,其中秦龙 14 上升幅度较隆平 206 高;对隆平 206 的 2 个亲本进行比较可知,L239 叶片 MDA 含量上升的幅度高于 L7221。经高温处理,玉米叶片超氧化物歧化酶(SOD)、过氧化物酶(POD)、过氧化氢酶(CAT)活性及可溶性蛋白含量显著低于对照。与秦龙 14 相比,在高温处理下,隆平 206 的 MDA 含量、SOD 活性、POD 活性、CAT 活性及可溶性蛋白含量的降幅均较低,其父本 L7221 在高温下的降幅较 L239 低,可见在灌浆期高温胁迫下,与秦龙 14 相比,耐高温较强品种隆平 206 的叶片抗氧化酶活性的降幅较低。

嵇仁兰等(2005)研究发现,高温胁迫还会影响玉米的农艺性状。通常将每日最高气温 ≥35 ℃作为青贮玉米高温热害的温度指标,日最高气温超过 35 ℃将会对玉米生产带来不利影响。研究结果表明,苗期高温,可导致夏玉米出苗不全,长势不齐,秧苗细弱,叶片卷缩,光合面积减少,光合能力降低。

陈允秀(2017)曾研究发现,孕穗期高温热害会导致出现畸形穗,如:果穗变短、苞叶变短、无苞叶、大花脸等不良现象。花期高温热害可对雌穗和雄穗发育产生影响,高温热害严重时,顶部叶片呈水渍状,雄穗青枯失绿,玉米植株无花粉,雄穗枯萎加速。当温度超过 35 ℃以上时,雄穗发育异常:表现在分枝少、数量不足,花药不饱满,小花退化,花粉数量减少,活力降低,最终造成玉米秃尖和稀籽花棒现象。

李艳丽(2019)认为,高温热害可影响花粉粒的发育,高温胁迫条件下药隔维管组织遭受严重破坏,维管束鞘细胞不能正常发育,排列紊乱,韧皮部和木质部之间的界限不清,造成输导组织的功能发生障碍,花粉粒的物质供应不充分,最终导致花粉败育。

王涛(2013)介绍,玉米高温热害的严重程度随温度的升高和持续时间的延长而增加,若异常高温超过 38 ℃以上,则雄穗不能开花,花粉失去活力,散粉和受精受阻,果穗缺粒,产量降低。

宋试金(2018)发现,夏玉米生育期受高温干旱影响,雄穗生长过快而雌穗不能跟上雄穗的发育,造成雌雄开花时间不一致,最终导致雌雄穗开花授粉脱节。

(1)高温胁迫对光合作用及相关酶的影响

贾相春等(2018)介绍,叶片是植物最重要的光合器官,也是对高温胁迫最敏感的器官之一。高温等非生物胁迫加速叶片衰老,对不同成熟度的叶片影响程度不同,对成熟叶片的影响大于幼嫩叶片,且品种间存在差异。玉米籽粒干物质有 95%左右直接或间接地来自光合作用,其中绝大部分由抽丝后的光合作用供应,高产需要有高强度长时间的光合产物提供。光合作用在 30～35 ℃范围内基本保持稳定。高温胁迫通过抑制 PSⅡ原初电子转换效率、荧光猝灭系数和碳代谢关键酶活性等影响光合能力。

闫振华等(2021)认为,高温降低了叶片宽度和厚度、叶肉厚度和叶肉细胞大小,使叶面积比、叶绿素含量、光合速率、气孔导度、光合作用的关键酶的活性显著降低。

张吉旺等(2007)认为,高温胁迫下,耐热基因型品种比热敏感基因型品种能够维持较高的叶绿素含量、PSⅡ电子传递速率及相对较高的光合速率。光合作用相关酶在不同品种、不同成熟度叶片中表现不同。

(2)高温胁迫对生殖作用的影响

邵靖宜等(2021)研究认为,高温逆境阻碍了玉米生殖器官的生长发育过程,影响花粉花丝的形态结构生理生化变化,使开花授粉过程受阻、散粉及吐丝延迟、雌雄间隔期增大,导致产量下降,高温对雄穗的影响要大于雌穗,因为雌小穗会产生热激蛋白。

(3)高温对雄穗和花粉的影响

杨杰等(2021)介绍,高温下雄穗分枝分化受阻,表现为分枝数量减少,长度缩短,小花退化,花药瘦瘪,花粉发育或分裂不正常,使花粉数量减少或形成畸形花粉粒,降低了活力与萌发能力。花粉对高温非常敏感,因为花粉在热胁迫下的水势显著降低且花粉中缺乏热休克蛋白,这导致花粉产生后没有活性以及脱落时间缩短。温度在 32～35 ℃,花粉失水干枯,活力很容易丧失,且高温对柱头上花粉的进一步发育(如花粉的萌发和花粉管生长)有抑制作用;长期暴露在 32 ℃以上的环境下,许多基因型品种的花粉萌发率降低到接近零的水平;当气温持续高于35 ℃时,对玉米花粉活力的影响是致命的;当温度超过 38 ℃时,雄穗不能开花。正在散粉期的雄穗在 38 ℃高温下胁迫 3 d 后便完全停止散粉。

张吉旺等(2007)在田间气候条件下,发现花粉粒活力只能保持 5～6 h,8 h 以后活力显著下降,24 h 以后丧失活力。玉米花粉含水量低且保水力弱,在高温干燥环境下容易失水干瘪,一般散粉后 1～2 h,花粉粒迅速失水,丧失活力而不能授粉。

(4)对雌穗和花丝的影响

贾良良等(2020)研究表明,雌穗吐丝小花数与穗粒数呈显著的正相关关系;花丝活性的长短影响玉米产量,花丝生活力时间越长,结实率越高。高温影响雌穗的生长发育。高温容易使雌穗吐丝困难,延迟或吐丝不协调;吐丝后花丝失水枯萎,花丝表面无黏液,丧失生活力,缩短花丝寿命,造成花粉在柱头上萌发困难;萌发后由于花丝表面不能供给充足的水分,导致花粉管到达子房的速度减慢,授粉后仅有少量受精,最后结实率不高。雌花的活力与温度呈负相关,温度越高,雌花的寿命就越短。

李余良等(2013)介绍,高温热胁迫下,花丝的 SOD 活性降低,自由基的清除能力下降,膜质过氧化作用的终产物 MDA 的含量增加,促使活性氧(ROS)的产生过量,从而使核酸、蛋白质、磷化合物代谢发生紊乱,导致花丝发育不良,活性降低;同时高温胁迫下,花丝细胞中的水势下降,ATP 和 ADP 的含量也随之下降,进而影响花粉管的正常生长发育,受精作用受阻。

在高温胁迫下，由于花粉和花丝活力同时降低，最终导致玉米穗粒数严重不足。

(5)高温胁迫对淀粉合成及相关酶的影响

卢红芳等(2020)介绍，淀粉是玉米籽粒中最主要的组成物质，一般占玉米籽粒重量的60%～70%，籽粒中淀粉含量的多寡直接影响玉米的产量和品质。叶片制造的光合产物以蔗糖形式运输到籽粒后，在一系列酶的作用下形成淀粉。高温会降低籽粒中淀粉代谢酶的活性，特别是焦磷酸化酶和淀粉合成酶的活性，阻碍糖分向淀粉的转化，最终降低籽粒质量和产量。

赵福成等(2013)研究表明，高温使蔗糖代谢酶活性降低，从而使蔗糖和淀粉的含量降低。高温胁迫下，玉米植株同化物合成量减少，地上干物质的累积量降低。同时，在高温胁迫下，玉米植株呼吸作用增强，呼吸消耗的有机物的量增多，导致供给籽粒灌浆的有机物不足。

付景等(2019)试验认为，高温热害还会导致玉米籽粒中各种代谢酶尤其是淀粉合成酶和焦磷酸化酶的活性降低，使糖分向淀粉的转化受到阻碍，籽粒的生长速率降低，籽粒发育不良，千粒重降低。高温胁迫亦可加速玉米生长发育过程中的各种生理生化反应进程，缩短生育期，使灌浆时间缩短。

2. 应对措施

(1)选用耐高温品种

高英波等(2019)介绍，花期高温是影响玉米稳产和高产的重要因素之一，筛选和推广耐热性较强的玉米品种是减少高温热害损失的有效途径。曾以 10 个山东主推玉米品种为试材，研究高温对不同夏玉米品种产量、产量构成因素及穗部性状的影响，继而通过主成分分析、聚类分析和各品种的表现进行综合评定，筛选确定夏玉米花期耐热性评价指标，并以此对 10 个玉米品种进行花期耐高温能力强弱分类。结果表明，花期高温胁迫下，10 个玉米品种产量、穗粒数和穗数分别比对照平均降低 27.19%、9.31%和 7.31%。主成分分析表明，产量、行粒数、穗粒数、秃尖长和穗数可作为花期玉米耐高温筛选的主要鉴定指标；10 个夏玉米品种耐高温能力具有较大差异，其中郑单 958、鲁单 818 和中单 909 为耐高温型品种，农大 108 为中度耐高温型品种，登海 605 和农华 101 等 6 个品种为高温敏感型品种。本研究得出产量、行粒数、穗粒数、秃尖长和穗数可作为花期玉米品种耐高温能力评价的主要鉴定指标，郑单 958、鲁单 818 和中单 909 可用于易发生玉米花期高温热害区域种植。

孙武等(2019)曾为筛选山东耐高温胁迫丰产夏玉米品种，以郑单 958 为对照，在 2017 年 7 月 10—15 日(小穗分化期)和 8 月 2—5 日(抽雄期)连续高温热害下分析 42 个夏玉米品种间产量差异。结果表明，以产量及其主要性状、兼顾穗位系数为综合评价指标，与对照相比，明科玉 77 行粒数最多，产量最高，穗位系数比对照低 13.04%，大京九 6 号产量大，但是穗位系数和空秆率均较大。德发 5 号、青农 11、正大 12、裕丰 303、金海 13、裕丰 105 产量比对照高，并且穗位系数小于对照。通过聚类分析和综合评价，筛选出 7 个耐高温低穗位系数品种，即明科玉 77、德发 5 号、青农 11、正大 12、裕丰 303、金海 13、裕丰 105。

任仰涛等(2019)介绍，针对高温对玉米生产的影响越来越明显的现实，以 29 个新选育的玉米品种为供试材料，以郑单 958 为对照，利用江苏淮北地区特有的高温气候，研究了各品种在最适种植密度下，与高温胁迫相关的植株农艺性状、产量及相关要素的表现，以探究各品种在江苏淮北地区的生态适应性，为该区域玉米生产推广提供参考。试验结果表明，C1210、郑原玉 432、瑞华玉 288、京农科 738、隆平 259、硕秋 518、MC708、登海 187、先玉 1466 等品种表现出良好的耐高温能力，且增产幅度均≥3%，表现出良好的丰产性及高温胁迫耐受性，在江苏淮北地区具有良好的生态适应性及生产推广价值。

(2)综合农艺措施

① 调整播期。任火英等(2020)研究表明,由于不同生育期遭遇高温胁迫对玉米产量的影响程度不同,作物生殖生长期的极端热胁迫对作物生产力的影响比生长季的平均温度更为关键,因此,可以通过调整播期避免或减轻关键生育期热害。大量研究表明,夏玉米随着播期的推迟,达到各个生育时期所需的积温的天数逐渐减少,生育期缩短、叶面积指数减少、干物质积累量下降,并且播种过晚会使灌浆中、后期温度和有效积温快速下降,导致灌浆速率减慢,产量减少,甚至不能正常成熟。适期早播和适时晚收不仅可以有效规避吐丝后高温,还可以增加有效积温,延长玉米生育期,提高对光热资源的利用,植株干物质积累多穗大粒多,有利于玉米实现高产。

② 改进栽培方式和农田管理措施。刘元元等(2019)研究表明,对于高温热害的易发区,应适当降低玉米种植密度,流通空气,降低个体间水肥竞争,提高玉米对高温环境的适应能力;若土壤结构适宜,肥力中上等,灌溉条件良好,可以适当增加种植密度。调整耕作方式改善土壤水分和根系生长,如深松和垄作可以提高春玉米灌浆期抗高温胁迫的能力,通过间接改善植株水分状况、光合作用和籽粒灌浆,从而提高产量。镇压会使土壤空隙减少,土壤热容量、导热率增加,白天热量下传快,土壤表层温度下降。适时灌溉可以补充水分,并且水分蒸发吸热,温度可以降低 1～3 ℃,改变田间小气候,减轻高温对玉米的伤害。

③ 施外源物质。李永生等(2012)研究发现,叶面喷施外源化学物质能补充作物生长发育必需的水分及营养,提高抗高温能力,但施用时须控制水和试剂比例。在玉米喇叭口期叶面喷洒微量元素,可增强耐热性,喷施 10% 蔗糖和 0.01% 硼酸溶液,可提高高温下花粉的萌发率,加快花粉管生长。花期对玉米茎秆注射 10.6 mol/L 氯化钙溶液也可增强植株的抗高温能力。

④ 科学间混作。冯慧民(2001)利用不同基因型玉米品种的耐热性存在差异的特点,可将耐热性弱的品种与耐热性较强的品种按一定比例进行混种,比如可将花粉量较少或花粉活力耐热性较差的玉米品种与花粉量较大且花粉活力耐热性较强的玉米品种进行混种,显著地改善高温热害发生时前者易出现的花粉量不足和花粉活力过低的问题,从而提高前者玉米品种的授粉率和结实率。除了将不同玉米品种进行混种外,还可以将玉米与其他矮位的农作物间作,比如将玉米与大豆、辣椒等作物间作,利用高秆和矮秆之间的搭配,改良作物群体间的通风和透光条件,从而达到有效减弱玉米高温热害的目的。

二、水分胁迫

(一)发生时期

一般表现为季节性缺少天然降水或关键生育时期缺水。

赵龙等(2021)以玉米品种吉祥 1 号为试验材料,通过桶栽试验,在玉米苗期(M)和拔节期(B)进行不同程度[轻度干旱胁迫(W_1)、中度干旱胁迫(W_2)、重度干旱胁迫(W_3)]以及不同时长[5 d(T_1)、10 d(T_2)、15 d(T_3)]的干旱—复水处理,探究夏玉米干旱—复水过程中生化指标的变化规律和夏玉米保护酶系统的响应机制,进而探究夏玉米对干旱—复水的响应机理。对夏玉米生育期 5 个生化指标(MDA、SOD、POD、CAT 与 GSH)的变化响应进行比较与分析,结果表明，拔节期的各指标峰值（活性、含量）均高于对应的苗期峰值，胁迫时长为 10 d 的中度胁迫处理组各指标峰值（活性、含量）均高于其他处理组。因此，夏玉米苗期抗旱能力不强，不宜开展持续时间较久或干旱程度较重的亏水灌溉方案；拔节期适宜采用持续时间为 10 d 灌水量为 55%～65%土壤田间持水量的胁迫处理方案进行灌溉。

袁宏伟等（2019）基于安徽省新马桥农水综合试验站的玉米受旱胁迫专项试验数据，研究分析了干旱胁迫对玉米植株生长发育的影响及其响应规律。结果表明，干旱会影响玉米光合作用的各项指标，而光合性能的变化会影响玉米株高和叶面积的生长发育；玉米营养生长中前期，作物处于快速生长期，对水分胁迫的适应机能更强，适度轻微的受旱胁迫解除后玉米可迅速恢复正常生长，其后的生长发育反而会优于未受旱作物；同等受旱胁迫程度下，玉米营养生长后期及生殖生长阶段对水分亏缺的响应更为敏感，受旱更容易造成玉米植株永久损伤并导致减产。为提高玉米全生育期内的水分利用率，实现高效节水并保障稳产，认为玉米营养生长中前期可适度缺水，实施非充分灌溉，而营养生长后期及生殖生长阶段则需实施充分灌溉。

（二）水分胁迫对青贮玉米生长发育和产量的影响

申孝军等（2010）曾采用人工控水试验研究了不同水分处理对青贮玉米生长、产量、耗水量以及水分利用效率的影响。试验设置 3 个处理，利用取土烘干法监测田间土壤贮水量的变化过程，并实测了青贮玉米形态指标和产量，利用水量平衡法得出了不同处理的耗水量。结果表明，轻度水分胁迫可以在减产 11.26%的情况下节省 25%的灌溉水，使水分利用效率提高了 18.32%。

龚雨田等（2017）为了研究不同生育期玉米水分胁迫对玉米农艺性状的影响，为干旱、半干旱地区玉米抗旱提供理论依据。以玉米在苗期、拔节期、抽雄—吐丝、灌浆—成熟期进行水分胁迫，测量玉米株高、穗位高、叶面积、穗部性状，对比充分灌水与非充分灌溉下玉米农艺性状差异。利用 Jensen 模型求解出玉米各生育期水分敏感系数，验证水分胁迫对玉米产量的影响。结果表明，在拔节期进行干旱处理的株高、穗位高、叶面积受影响较大，有明显的抑制作用。抽雄—吐丝期干旱胁迫对穗部性状的形成较为明显，并且对产量影响较大。

李涛龙等（2017）曾采用桶栽的方法，对 3 个不同灌水下限处理条件下全生育期玉米叶片脯氨酸和丙二醛的累积量与土壤相对含水率之间的相关关系进行了研究，旨在探索水分胁迫对玉米脯氨酸和丙二醛的影响。结果表明，水分胁迫对不同灌水下限处理的脯氨酸和丙二醛的影响较显著，脯氨酸和丙二醛含量及其均值随着水分胁迫的加重而增加；不同生育期，玉米脯氨酸累积量的均值大小分别为：抽雄灌浆期>成熟期>拔节期，丙二醛累积量的均值大小分别为：拔节期>抽雄灌浆期>成熟期；脯氨酸和丙二醛累积量是相互制约的关系，脯氨酸渗透调节作用的充分发挥有利于减小作物体内丙二醛的累积。

徐莹莹等（2017）为促进玉米抗旱栽培，以先玉 335 为材料，采用大田小区对比试验，开展吐丝期干旱胁迫对玉米生长及产量影响的研究。通过对土壤含水量、玉米叶片形态和生理、果穗性状及产量等指标的测定，分析于旱胁迫对玉米生长及产量的影响。结果表明，土层 0～20 cm、20～40 cm 和 40～60 cm，不同处理的土壤含水量显著差异（$P<0.05$），无干旱胁迫（T_2）>干旱胁迫 5 d（T_3）>干旱胁迫 10 d（T_4）>干旱胁迫 15 d（T_5）>自然生长（T_1）。叶片卷曲度 $T_1>T_5>T_4>T_3>T_2$。叶片保绿性、相对含水量、SPAD 值均为 $T_2>T_3>T_4>T_5>T_1$。T_2 叶片相对含水量分别比 T_1、T_3、T_4、T_5 高 55.38%、5.31%、24.17%和 37.91%，T_2 的

SPAD值分别比 T_1、T_3、T_4、T_5 高 38.70%、9.45%、18.97%和 27.10%。干旱胁迫对玉米性状及产量具有影响，干旱导致玉米穗长缩短，秃尖变长，穗粗、行粒数减少，产量下降（$P<0.05$），T_2 产量分别比 T_1、T_3、T_4 和 T_5 高 50.25%、8.94%、15.06%和 28.12%。

任丽雯等（2019）曾试验设置 3 种水分处理，包括 CK（整个生育期供水充足）、T_1（从拔节期开始控水，持续不灌水直至生育期结束）、T_2（从抽雄期开始控水，持续不灌水直至生育期结束），讨论水分胁迫对玉米生长和产量的影响。结果表明，玉米株高和叶面积指数对拔节期水分胁迫 T_1 处理比较敏感，T_2 处理下的影响不是很显著；水分胁迫作用下营养器官积累的干物质对籽粒的贡献率显著下降，特别是叶片和茎秆积累的产物下降明显，叶鞘的干物质积累量仅对 T_1 处理比较敏感；水分胁迫对玉米的穗部性状影响较大，最终导致 T_1、T_2 处理较 CK 处理减产 62.8%和 37.8%；水分胁迫作用下，对产量影响大小的因子排序为：穗粒数＞穗长＞百粒重＞干物质转运率＞穗粗＞叶面积指数＞生物量。

路振广等（2019）为研究夏玉米干旱胁迫时生理响应机制，寻求适宜干旱胁迫调控指标。通过完全随机试验设计，研究不同生育阶段与干旱胁迫程度对夏玉米叶片光合特性与产量的影响。结果表明，随干旱胁迫程度的增加，P_n 与产量均呈降低趋势，且 P_n 与产量呈同步变化。对于光合速率大小的影响主要在干旱胁迫阶段，复水后叶片气体交换基本恢复正常；干旱胁迫时间段随着生育期的推进，作物产量影响较大，与适宜水分相比，产量降低幅度逐渐增大。长期持续受旱复水后其叶片气体交换无法完全恢复至正常水平；生育后期中旱更有利于夏玉米节水保产。全生育期干旱胁迫时，随干旱胁迫程度与时间的增加，夏玉米叶片气体交换能力、产量与耗水量基本均呈下降的趋势，因此，应避免全生育期干旱胁迫，最低应高于中旱。在河南豫中地区以节水高产为目的，适宜选择轻旱，各生育阶段缺水时至少保证土壤水分在田持（重量含水率）的 50%以上。

宋晋辉等（2020）对干旱胁迫导致玉米生长发育缓慢和减产程度的大小的研究指出，因胁迫时期、胁迫程度及持续时间而不同。干旱胁迫对株高的抑制作用：拔节孕穗期＞抽雄吐丝期＞苗期，其中苗期株高在复水后得到了超补偿。受水分胁迫影响，穗重、穗粒重和穗粒数都呈减少的趋势，变化幅度为穗粒数＞穗重＞穗粒重，不同生育期干旱胁迫处理的减产幅度为抽雄吐丝期＞拔节孕穗期＞苗期。

范晓慧等（2014）通过分析研究不同水分胁迫下青贮玉米需水量及优化灌溉制度指出，在青贮玉米的各项生理过程中，生长对水分胁迫最为敏感，即使是轻微的水分胁迫也会产生不同的反应。株高增长快慢是衡量作物生育状况的一个重要指标。不同生育阶段株高日增长量大小直接反映青贮玉米营养生长和生殖生长的协调程度。青贮玉米的株高随着生育进程的推进而增高，但生长速度随着水分胁迫的加剧而减缓；株高对水分胁迫的响应随着生育进程的推进而加剧，在由营养生长向生殖生长过渡时期，水分胁迫严重抑制青贮玉米株高的生长。一般在苗期的需水量较少，尤其是在 4 叶期前不宜进行灌溉，否则会造成幼苗徒长，导致玉米苗细弱，极易在后期的生长发育过程中发生倒伏。青贮玉米到了拔节期和抽穗期等关键期需要根据当地的降雨情况来确定是否需要灌溉。玉米在抽雄期的前后 10 d 对水分的需求量最大，这一阶段也称为需水临界期，这个时期需要灌溉，灌溉的方法主要有喷灌、滴灌等，无论选择何种方法都要保证灌溉均匀。玉米极不耐涝，因此，在种植时要尽可能地避免在低洼地种植，并在地下水位高或者是连雨季节要做好排水的工作，否则青贮玉米受涝后植株会发生死亡，严重影响产量。

柴举畔等(2020)和高盼等(2017)对水分胁迫对玉米生长发育影响的研究指出,在整个生长期内,抽穗—开花期是植株生长和生殖生长最旺盛、最重要的时期,株高增长速度最快。这一时期水分重度胁迫使株高植株矮小,叶片短窄,与充分灌溉相比明显降低;在拔节期,这一时期是植株株体成形、生长速度较快的阶段,不灌水株高同样会受到影响,生长速率下降;在灌浆—乳熟期重度水分亏缺,对株高也有一定的影响,但没有前两个生育阶段影响大。

王宁等(2020)为探究不同灌水方式对青贮玉米产量的影响进行实验,结果表明,水分胁迫严重影响青贮玉米苗期生长且拔节期干旱对玉米株高影响较大,导致植株生长速度下降和植株矮化。

青贮玉米苗期受水分胁迫的影响,生育期略有提前或推迟;拔节期受旱,抽雄期不受影响,吐丝期略推迟,孕穗期受旱,抽雄和吐丝期分别推迟 4～7 d 和 4～16 d,雄穗严重败育,抽雄期干旱,只有复水恢复生长后雌穗花丝才能抽出,吐丝期推迟 7～13 d,造成严重花期不遇籽实早衰。在拔节期、大喇叭口期、抽雄初期、灌浆初期等生育阶段遭遇干旱胁迫将导致植株矮化、生长发育受阻、果穗性状恶化、生物和经济产量大幅下降,严重干旱胁迫可使抽雄期、吐丝期滞后,引起成熟期推迟(何文铸 等,2007)。

梁涛等(2009)对玉米生长产量的研究中发现,水分胁迫对果穗发育的影响强度比对营养体更强,即使在轻度胁迫条件下,穗部性状与适宜水分条件下的差异也达到了极显著水平,中度胁迫下穗部性状变化更大,不仅穗长、穗粒数、穗粒重大幅度下降,而且因雌穗抽出推迟,雌、雄穗发育失调。

张淑杰等(2011)的研究表明,正常灌水处理下的干物质在三叶—乳熟期始终呈现快速增长,水分胁迫处理的干物质在乳熟期以前增长明显,但增长率均低于正常灌水处理,在乳熟期干物质重量出现倒退。除三叶期外,水分胁迫对青贮玉米的干物质积累的影响均大于正常灌水处理,干物质积累在乳熟期较正常灌水处理减少最多;正常灌水处理下的叶片、叶鞘所占比重在全生育期逐渐下降,果穗所占比重逐渐上升;而水分胁迫处理下叶片、叶鞘所占比重在乳熟期严重上升,果穗重严重下降。

拔节期干旱对青贮玉米株高影响较大,可能是拔节期为株高增速最快时期,因此导致青贮玉米生长速度下降和植株矮化。生育前期,不同土壤含水量对株高影响的差异较小,拔节期后差异加大。不同水分处理下青贮玉米生育期茎粗的变化动态曲线基本一致,且在不同生育期干旱处理对茎粗影响较小,基部茎节直径在前期随着水分胁迫的加剧有所增加;随后基部茎节直径随着水分胁迫的加剧而减小。在青贮玉米生长前期,轻度水分胁迫可以抑制玉米的旺长,有利于形成壮苗,增强抗倒伏能力。严重的水分亏缺,抗倒伏能力减弱。

郭继柱(2018)在青贮玉米高产栽培技术实验中指出,青贮玉米在遭遇拔节期干旱胁迫后,其株高与叶面积生长受到抑制,进而显著降低其单株鲜重与干物质量。胁迫后再复水可显著加快植株的生长速度,使株高与叶面积得到部分补偿,但其单株干物质量仍显著低于不受干旱胁迫的植株。重度干旱胁迫还会导致青贮玉米的干鲜比与果穗率显著下降。因果穗中粗蛋白、粗脂肪、淀粉等含量高于秸秆,而牲畜难以消化的粗纤维主要分布在秸秆中,故果穗率较大的品种青贮后易被牲畜消化。

李婷(2016)为探索水分胁迫对玉米生长发育和生理指标的影响,研究结果表明,抽雄期,水分胁迫处理和正常灌水处理的玉米茎粗差别不大,不存在显著性差异。进入乳熟期后,水分胁迫处理下的玉米茎粗、果穗长、果穗粗均较正常灌水处理有所减少;成熟后,水分胁迫对玉米的外部形态、产量构成、结实率都有很大影响。成熟期水分胁迫处理下的玉米高度、果穗长、果穗粗、百粒重较正常灌水处理降低，秃尖较正常灌水处理长。水分胁迫处理下的青贮玉米空秆率上升，说明干旱导致玉米空秆、穗粒数减少，造成减产。拔节期以后，植株营养生长与生殖生长并进，新陈代谢旺盛，此时正是需水的关键时期，对水分需求迫切；当青贮玉米植株受旱持久，根系因水分不足而生长发育受阻，造成营养器官发育不良，植株矮小，叶片早衰，植株的各项生育期相关指标均显著低于正常灌水处理。抽雄期前后，是植株的水分临界期，穗分化及开花期对水分的反应十分敏感，干旱会造成幼穗发育不良，果穗偏小，抽出的雄穗在两、三天内会失去散粉能力，甚至有的雄穗不能抽出，或抽出时间延长，导致秃尖增长，造成不同程度的减产，较重的干旱会造成雌穗部分不育甚至空秆。

叶面积指数是作物生长的一个重要指标，叶面积指数越大，作物光合蒸腾能力越强，光合同化物质越多，生物产量越高，同时蒸腾和耗水强度也越大。但是当灌溉量少时，叶面积指数降低，青贮玉米叶面积减少，光合蒸腾能力降低，从而导致作物产量降低。

水分胁迫会不同程度地抑制青贮玉米的生长，不同水分处理条件下干物质积累量的负面影响会随着水分胁迫的加剧而增大；相同程度的水分胁迫在青贮玉米生长后期的危害远大于生长前期。

无论是否水量充足，对叶面积几乎没有影响；叶面积生长在苗期最小，抽穗—开花期叶面积达到最大，到灌浆—乳熟期叶面积又开始减小，是因为青贮玉米在成熟期，植株开始衰老，叶片停止生长发育并逐渐变黄脱落。

当水分过高时，青贮玉米的生物鲜重和生物产量以及生物鲜重水分利用效率和生物产量水分利用效率呈现降低的变化趋势；粗蛋白含量、粗脂肪含量及相对饲用价值降低。

粗蛋白含量越高，饲草品质越好；高的中性洗涤纤维含量会影响牲畜对饲草的采食量；酸性洗涤纤维、干物质和淀粉含量可以衡量饲草的消化率，酸性洗涤纤维含量低、干物质和淀粉含量高的饲草，其消化率也较高，饲用价值也越大。

范晓慧等(2014)介绍，青贮玉米需水规律总体趋势是“小—大—小”，苗期日需水强度较小，基本在 2.00 mm/d 左右，拔节期后逐渐加大，在抽穗—开花期达到峰值 11.60 mm/d，在灌浆—乳熟期，需水强度又开始减小。

申孝军等(2010)对不同水分处理下青贮玉米产量影响研究显示，不同生育时期内的水分胁迫均可导致青贮玉米产量的下降。从苗期到灌浆—乳熟期轻度缺水对产量有影响，但影响不大；从整个生育期来看，水分亏缺发生在苗期和灌浆—乳熟期要优于拔节期和抽穗—开花期，这是因为，在苗期适度缺水复水后起到补偿效应，而且可以使玉米提高抗旱能力；在灌浆—乳熟期玉米发育成熟，基本停止生殖生长，所以轻度缺水不会造成严重减产，但重度水分对产量有很严重的影响，并且在复水后也很难起到补偿效应；因为在这两个生长阶段茎叶生长茂盛，消耗水分较多，所以重度干旱会直接影响到青贮玉米的最终产量。因此，在可供水量不能满足灌溉的条件下，要保证玉米在拔节期和抽穗—开花期的灌水量，这是获得高产的必要条件。

青贮玉米在任何一个阶段发生水分胁迫，都会使植株的高度、叶面积和最终产量比充分灌溉状态时的小。当青贮玉米受到水分胁迫时，拔节期和抽穗—开花期受旱的影响比苗期和灌浆—乳熟期受到的影响大；在受旱阶段相同时，轻度缺水处理与正常情况下没有显著性差异，而重度水分亏缺处理与正常情况下存在显著性差异。

青贮玉米的生长发育对水分供应非常敏感，水分亏缺抑制了植株的生长过程是减产的主要原因。青贮玉米生长的快慢及优劣决定于细胞的分裂和延伸，而这些都受到水分供应的影响。水分胁迫不但减少了细胞的分裂，而且还抑制了细胞的扩张，使玉米的生长受到不同程度的限制。

鲍巨松等(1990)研究表明，青贮玉米受干旱胁迫的影响程度因受干旱轻重、持续时间，以及生育进程的不同而有所差别，受旱越重，持续时间越长，受影响程度就越高。拔节期前玉米株高和生物产量受有限供水或轻度干旱影响不算很大，但从拔节期后直至抽雄和灌浆期，干旱胁迫对株高和产量产生较大不良影响，进而引起果穗性状恶化，穗粒数和百粒重减小，最终导致经济产量大幅下降。

青贮玉米可以通过吸收水分来避免水分胁迫或将水分丧失减小到最低程度，可以通过自身的渗透调节来抵抗水分胁迫。青贮玉米在水分胁迫条件下，其叶面积和横切面的比率较潮湿环境下作物要小，由此可知，作物在水分胁迫的过程中，通过调节自身形态来维持水分的持有，同样，青贮玉米长期处于水分胁迫的条件下，青贮玉米的形态指标就会产生变化，并且形态指标的变化与青贮玉米的抗旱性密切相关。

水分胁迫是抑制植物进行光合作用的最主要环境因素。青贮玉米干物质产量的90%以上是由光合作用生产的，青贮玉米中叶绿素含量影响着作物叶片的光合作用的强弱，水分胁迫对植物光合作用的影响是多方面的，不仅直接引发光合机构异常，同时也影响光合电子传递。

在青贮玉米生长过程中土壤水分的多少直接影响玉米籽粒的产量。这主要是因为水分胁迫影响玉米叶片光合作用，减少了有机质的累积，从而对产量产生影响。不同生育期内的水分胁迫对产量的影响不同，抽雄期干旱减产最明显，其次是拔节期和成熟期，苗期影响较小。同时，土壤水分不同对玉米蛋白质含量也有显著影响。

(三)应对措施

1. 选用抗(耐)旱品种

李强等(2014)在盆栽条件下，采用人工控水法，研究了不同水分处理对夏播玉米抗旱型品种和不抗旱型品种苗期形态、生理指标的影响。结果表明，水分胁迫时间对抗旱型和不抗旱型玉米品种苗期的生理特性有一定的影响。在水分胁迫下，抗旱型玉米品种幼苗期的株高、地下干重、叶面积、叶绿素含量、净光合速率等生理指标均高于不抗旱型品种。

张兴端等(2015)曾评价37个玉米新品种(组合)的耐旱性潜力，采用4种控水处理对玉米植株性状和产量性状进行了分析评价。结果表明，水分胁迫对穗长、秃尖长、行粒数、百粒重和单株产量等性状有显著或极显著影响。水分胁迫使玉米品种抽丝散粉间隔期延长，秃尖变长，结实率降低，行粒数减少，籽粒变小，百粒重下降，单株产量降低。应用模糊数学隶属函数法综合评价分析，帮豪玉509、忠玉9号、D36、BH0310和D30综合耐旱性较强，D23、D3、D26和BH3404综合耐旱性较差。

滕伟超等(2019)曾针对黑龙江青贮玉米进行品种筛选实验研究，结果表明，京科青贮665综合表现最好，出苗至收获日数123 d，株高312 cm，茎粗2.21 cm，抗倒伏性强，抗螟虫性较强，抗旱性强，抗病性强，生物产量3761.88 kg/亩，纯效益373.25元/亩。京科青贮301综合表现较好，出苗至收获日数118 d，株高298 cm，茎粗2.26 cm，抗倒伏性强，抗螟虫性强，抗旱性强，抗病性强，生物产量3724.53 kg/亩，纯效益358.31元/亩。综合分析得出，京科青贮

665、京科青贮301适应性强，适宜当地种植，较对照增产增收，建议推广应用；京科青贮968综合表现较差，京科青贮516综合表现最差，主要是生物产量和纯效益均比黑饲1号(CK)低，不建议在当地推广应用。

河套地区隶属西北地区，灌溉技术落后，用水比例严重失衡，河套地区亦属于农牧交错区，种植青贮玉米有极高的应用前景。王艺煊(2021)在河套地区节水灌溉对青贮玉米产量和品质的影响实验于巴彦淖尔市农牧业科学研究院园子渠试验站进行，2018年从9份参试青贮玉米品种中筛选出生物产量及籽粒产量较高的品种青贮808参加2019年的节水灌溉试验，对照品种为大京九26。节水灌溉试验设计了4个水分处理——膜下充分滴灌量灌溉(FI)、80%FI、60%FI、40%FI，调查了各水分处理的抗旱性相关农艺性状、干物质积累量、籽粒产量及生物产量，通过方差分析、SNK多重比较、通径分析等统计手段进行分析研究，研究结果如下：①叶面积指数、叶绿素含量、绿叶数、茎秆穿刺强度、株高、穗位及株高整齐度均不同程度地受到水分胁迫的影响，研究发现，茎秆及叶片的相关农艺性状可以作为判定青贮玉米品种耐旱性的性状指标。②青贮808与大京九26均在轻度节水条件下产量及产量构成因素未显著受到水分胁迫的影响，且青贮808在80%FI处理下产量略高于FI处理，说明适量节水会提高青贮玉米的产量；在中重节水条件下参试品种的产量及产量构成因素均极显著受到水分胁迫的影响，说明过度节水会显著影响青贮玉米的籽粒产量及生物产量；两品种比较表明，青贮808对中重度水分胁迫更为敏感，说明青贮808较大京九26更不耐旱。

2. 适时补充灌溉

罗英舰等(2018)曾通过对玉米苗期调亏灌溉的研究，明确最佳的玉米苗期调亏灌溉模式，提高水资源的利用效率，以期为玉米苗期灌溉提供理论和技术支撑。以玉米品种中单808为材料进行盆栽试验，探究玉米苗期调亏灌溉对其生理生化特性，养分积累的影响。结果表明，在展4叶时对玉米中单808进行12 d的苗期调亏，大喇叭口期叶片超氧化物歧化酶(SOD)活性最高，而不同调亏程度对玉米叶片SOD活性无显著影响；在展3叶时对中单808进行为期26 d的55%～65%调亏程度的苗期调亏，抽雄—吐丝期叶片过氧化物酶(POD)活性最高；对中单808进行26 d的苗期调亏，叶片可溶性蛋白含量最高，不同调亏叶龄和不同调亏程度对叶片可溶性蛋白含量无显著影响。而在展3叶或者展4叶时对中单808进行为期12 d的55%～65%苗期调亏，叶片，茎部，全株氮，钾素的积累量最高；在展3叶时对中单808进行12 d的55%～65%的苗期调亏，全株磷素积累量最高。因此，中单808最佳的调亏灌溉模式为在展4叶时进行为期12 d调亏程度为55%～65%的调亏灌溉。

朱梦媛等(2019)为探究玉米播种期水分胁迫及补水对玉米出苗率的影响，利用盆栽方式在玉米播种—出苗期开展水分胁迫及复水控制对比试验，分析播种日土壤相对湿度、播种后补水时间和补水量对辽西地区玉米出苗的影响。结果表明，玉米出苗率随着播种日土壤相对湿度的降低，干旱持续时间的增加和补水量的减少而减小。播种后无补水，当播种日土壤相对湿度(播种)为60%～70%时，出苗率达100%；土壤相对湿度(播种)为50%～55%时，出苗率达66.7%～77.8%；土壤相对湿度(播种)为30%～45%时，出苗率为0。土壤相对湿度(播种)为35%～45%时，持续5～20 d干旱，补水20 mm，出苗率为66.7%～100%，而补水10 mm的出苗率为0～77.8%。土壤相对湿度(播种)为35%～45%时，需在10～20 d内补水，所需补水量随着补水时土壤相对湿度的减小而增加。

于辉等(2019)在鄂尔多斯地区，对青贮玉米进行回用再生水和收集雨水的混合灌溉试验，同时研究在亏水条件下施用抗蒸腾剂的效果，测定整株青贮玉米的鲜、干草产量、粗蛋白、可溶性糖及中性洗涤纤维和酸性洗涤纤维含量，探讨再生水和雨水混合灌溉的适宜比例和灌水量。结果表明，亏水 20%（＋抗蒸腾剂）处理下，再生水和雨水 1：2 混合灌溉处理与纯自来水灌溉处理相比，鲜草产量提高了 59.38%（$P<0.05$），干草产量提高了 60.55%（$P<0.05$），可溶性糖含量提高 25.83%（$P<0.05$）。再生水和雨水 1：2 混合灌溉显著增加了青贮玉米产草量和可溶性糖含量，同时施用抗蒸腾剂可以节约 20%的灌水量。

周乾等（2016）在水肥一体化条件下针对宁夏农牧交错带青贮玉米滴灌灌溉制度、水肥协同效应不明确的问题的研究中，通过田间试验，对不同水肥组合下滴灌青贮玉米株高、茎粗、土壤水分、净光合速率、产量及水分生产率等指标进行分析，其青贮玉米生长指标、水分指标、光合指标、产量及水分生产率等指标的测定方法为：①土壤含水量测定。选择 PR2/6 测量 10 cm、20 cm、30 cm、40 cm、60 cm 和 100 cm 6 个层面土壤含水量。播前测定土壤基础含水量，收获期测定 3 个重复土壤遗留的水分含量，生育期一般每隔 10 d 测一次，播种—出苗期、苗期、拔节期、抽雄—吐丝期、吐丝—灌浆期和成熟期关键降雨阶段前后、滴灌灌水前后加测一次。②生长指标的测定。采用米尺测定青贮玉米的株高，采用游标卡尺测定青贮玉米的径粗。③光合指标的测定。在青贮玉米抽雄—吐丝期选择晴天，08：00—18：00 每隔 2 h 对净光合速率（P_n）等生理指标进行测定，各处理选择该小区具有代表性的植株进行测定。④产量及构成要素的测定。取样测产，采用米尺和天平测定单株青贮玉米穗数、穗长、穗粗、秃尖长、每穗粒数、百粒重、根重、茎重、叶重。研究主要利用 2015 年气象资料和青贮玉米实测数据，综合分析青贮玉米生长指标、水分指标、光合指标、产量及水分生产率等指标，得出了宁夏农牧交错带青贮玉米露地滴灌水肥一体化灌溉制度。通过上述分析和研究得出如下结论：①不同水肥组合下青贮玉米在拔节期到抽雄期这段时间生长最快，平均每天株高长 3.4 cm，茎粗长 0.44 mm，在吐丝—灌浆期，株高和茎粗均增加缓慢。②抽雄—吐丝期和吐丝—灌浆期青贮玉米耗水量以及耗水强度均较其他生育期较大，说明该时段是青贮玉米需水关键期，耗水强度从播种—出苗期开始到成熟期呈先上升后下降再上升最后下降的趋势，各处理在吐丝—灌浆期耗水强度达到顶峰，在 4.77～6.60 mm/d；成熟期耗水强度逐步降低到 3.0～3.7 mm/d。各处理耗水强度并不随着灌水量的变化而有显著变化。③综合青贮玉米生长指标、水分指标、光合指标、产量、水分生产率等指标，确定宁夏农牧交错带露地滴灌青贮玉米最优灌溉制度为：灌溉定额为2625 m^3/hm^2，灌水次数为 12 次，滴灌专用肥（N、P、K 总含量占 50%）施用量 810 kg/hm^2。

合适的灌水量是青贮玉米取得较高产量的重要保证，要根据青贮玉米不同的生育阶段确定其相应的需水规律。对于青贮玉米生育阶段的划分，按生长规律可以划分为播种、出苗、拔节、抽雄和乳熟 5 个生育阶段，每个阶段需水量存在很大差异。青贮玉米在抽雄前后对水分需求迫切，特别在抽雄前 10 d 左右和抽雄穗后 20 d 对水分要求更高，土壤水分不足会影响其产量（周和平 等，2013）。

根据刘虎等（2013）在新疆阿勒泰地区福海县进行的灌溉试验数据（表 4-1），在青贮玉米整个生长发育期内，在适宜水分条件下青贮玉米需水量为 593 mm，其需水量主要靠灌溉来补给，灌溉水量为 550 mm。在青贮玉米整个生长发育期内，需水量变化规律是由小到大，再由大到小，生育前、后期需水量较少，生育盛期需水量多。青贮玉米耗水强度随着气温的变化较为明显，其生育期气温的变化过程是低—高—低，其耗水强度随着气温变化，耗水强度的高峰在气温最高的 8 月上旬。

表 4-1 青贮玉米生育期内需水量变化

（引自刘虎 等，2013. 北疆干旱荒漠地区青贮玉米需水量与需水规律研究）

技术指标		生育期				
		播种—出苗	苗期	分蘖—拔节	孕穗—开花	灌浆—乳熟
土壤水分/%		11.3～16.3	10.2～16.8	11.4～16.9	10.6～17.2	11.0～17.3
有效降水量/mm		0	3	21	1	1
地下水	水位/cm	123～131	129～135	125～138	127～133	135～147
	补给量/mm	1	3	3	6	4
灌水	次数	1	1	4	3	3
	水量/mm	29	70	112	204	135
	总灌水量/mm	—	—	550	—	—
需水量/mm		30	76	136	211	140
总需水量/mm		—	—	593	—	—
生育期长度/d		15	20	16	20	30
耗水强度/(mm/d)		2.0	3.8	8.5	10.6	4.7

灌溉制度是按作物需水要求和不同灌水方法制定的灌水次数、灌水时间、灌水定额及灌溉定额的总称。

于婵等(2006)以水分利用效率和边际产量最高为原则确定了干旱地区青贮玉米高效用水灌溉制度，但此方法有很大的适用限制，必须要求田间灌溉系统达到半自动或全自动，这在新疆大部分灌区是达不到的。

受娜等(2021)为探究施氮量对陇东旱塬区青贮玉米干物质积累及其水分利用的影响，以豫青贮 23 为试验材料，于 2019—2020 年研究了不同施氮水平(0、70 kg/hm^2、140 kg/hm^2、210 kg/hm^{2}和 280 kg/hm^2，分别用 N_0、N_{70}、N_{140}、N_{210}和 N_{280}表示)下青贮玉米的干物质积累与分配、土壤储水量、作物耗水量和水分利用效率。结果表明，青贮玉米干物质积累总体表现为随着施氮量增加而增加的趋势。N_{210}处理下青贮玉米的干物质产量达到最大，在 2019 年和 2020 年分别为 22.0 t/hm^{2}和 23.2 t/hm^2；随着生育时期的推移，青贮玉米叶片干物质比例逐渐降低，茎秆干物质比例先增加后降低，穗干物质比例逐渐增加。随着施氮量的增加，青贮玉米耗水量表现为先增加后降低的趋势；N_{210}处理下青贮玉米的水分利用效率达到最高，在 2019 年和 2020 年分别为 45.7 kg/(hm^2 · mm)和 65.0 kg/(hm^2 · mm)。因此，综合干物质积累与水分利用效率，在陇东旱塬区青贮玉米的推荐施氮量为 210 kg/hm^2。

王佳等(2021)为探索河西灌区青贮玉米高产高效的栽培措施，设置 67500 株/hm^2(L)、82500 株/hm^2(M)和 97500 株/hm^2(H)3 个种植密度及不施氮(N_0)、施氮 120 kg/hm^2(N_1)、240 kg/hm^2(N_2)和 360 kg/hm^2(N_3)4 个施氮水平。结果表明，在玉米 6 叶期和 12 叶期各施氮处理的株高、茎粗、相对叶绿素含量(SPAD)、叶面积指数(LAI)和地上干物质量(ADM)无显著差异，但在灌浆期和收获期 M、H 密度下，N_2 和 N_3 的上述指标显著高于 N_0，且 N_1、N_2 和 N_3 的鲜干草产量显著高于 N_0。在收获期 L 的 SPAD 和茎粗显著高于 H，而 LAI、ADM 和鲜干草产量显著低于 M 和 H。N_2 和 N_3 较 N_0 显著提高粗蛋白、粗脂肪和粗灰分含量，显著降低淀粉和酸性洗涤纤维(ADF)含量，从而提高相对饲用价值(RFV)，且 N_2 和 N_3 的各营养成

分产量显著高于 N_0。随着种植密度的增加，粗蛋白、淀粉和粗脂肪含量降低，而中性洗涤纤维（NDF）和酸性洗涤纤维（ADF）增高，致使 RFV 下降，但 M 和 H 的粗蛋白、淀粉和粗灰分的产量显著高于 L。N_1、N_2 和 N_3 的水分利用效率（WUE）显著高于 N_0，M 和 H 的 WUE 显著高于 L，所有处理中 MN_2 的 WUE 最高。因此，82500 株/hm^2 的种植密度结合 240 kg/hm^2 的施氮量是一种适宜河西灌区青贮玉米生产的栽培措施。

王宁等（2020）研究表明，青贮玉米是河北“粮改饲”的主要目标作物，但河北在青贮玉米种植过程中存在着产量低、灌水施肥不合理等问题。为制定合理的水肥管理措施，提高青贮玉米的产量和水氮利用效率，通过选取科玉 188 型青贮玉米作为试验材料，适宜灌水方式和施氮量作为因子进行青贮玉米种植试验。灌水方式设置畦灌和沟灌两个方式，施氮量设置 4 个水平。研究结果表明，沟灌与畦灌相比，鲜重产量分别增加 3.6%，水分利用效率增加 5.26%，氮肥偏生产力增加 3.8%。施氮量对青贮玉米的干物质和产量影响显著。沟灌、施氮量 168 kg/hm^2 的处理组合有助于提高水分利用效率，获得较高的青贮玉米产量。

加孜拉等（2019）为了确定新疆北部寒旱区滴灌青贮玉米适宜灌溉制度，以阿勒泰地区青河县为试验地，选择新玉 23 号为试验品种，通过对青贮玉米株高、茎粗、叶面积指数、产量和土壤水分测定，分析了不同灌水定额和不同灌水频率对滴灌青贮玉米生长和产量的影响。结果表明，滴灌条件青贮玉米叶面积指数在生育期内的变化趋势呈正态曲线变化，随着青贮玉米生育期的叶面积指数先升后降的趋势；滴灌青贮玉米灌溉量与产量的关系呈二次抛物线关系。青贮玉米的整个生育期耗水强度呈现先增大、再减小的规律，青贮玉米总需水量为 612 mm，抽雄期耗水强度最大，达到 8.73 mm/d。推荐新疆北部寒旱区滴灌青贮玉米适宜灌溉制度为：灌溉定额为 5625 m^3/hm^2，灌水频率为 10 d。

范晓慧等（2014）基于 2011 年内蒙古鄂尔多斯市乌审旗毛乌素沙地试验站气象数据，研究了充分供水条件下膜下滴灌青贮玉米的需水规律。结果表明，膜下滴灌下作物生长发育（株高和叶面积指数）好于常规滴灌，全生育期内青贮玉米的蒸发蒸腾量、平均日耗水强度低于常规滴灌，在青贮玉米整个生育期内有一定的节水保墒效果，有利于作物充分吸收水分。膜下滴灌和常规滴灌青贮玉米作物系数在整个生育期内是先增大后减小的单峰变化曲线，且膜下滴灌低于常规滴灌。

解婷婷等（2009）在甘肃河西走廊中部黑河中游临泽北部边缘绿洲区，运用开放式气体交换 LI-6400 便携式光合作用测定系统和 PAM-2100 型便携式叶绿素荧光仪，研究了不同土壤水分条件下青贮玉米的气体交换特征及叶绿素荧光参数。结果表明，不同土壤水分条件下，青贮玉米均出现光合下调，即“光合午休”现象，引起“光合午休”的原因主要为非气孔因素，光系统Ⅱ光化学效率（F_v/F_m）明显降低，表现为光抑制。不同土壤水分条件下，青贮玉米的 P_n、T_r 均随着土壤水分的降低而降低，WUE 却增加，方差分析表明，高水分条件的 P_n 和 WUE 与低水分条件的 P_n 和 WUE 均存在显著差异，而其他各处理的 P_n 和 WUE 之间无显著差异。随着土壤水分的下降，青贮玉米的地上生物产量逐渐降低，但差异性不显著。这说明高的水分条件并不能消除青贮玉米的光抑制现象，反而显著降低其水分利用效率，低水分条件在降低地上生物产量不显著的情况下显著提高了水分利用效率。

佟长福等（2021）为了探索提高滴灌青贮玉米水分利用效率，进行了连续 2 年的田间灌溉试验，研究了滴灌条件下不同土壤水分调控（4 个灌水水平：70%θfc、60%θfc、50%θfc、40%θfc）对滴灌青贮玉米作物系数和水分利用效率的影响。结果表明，青贮玉米拔节-抽雄期受旱，比对照处理减产 27150 kg/hm²，减产率达到 41.8%，为青贮玉米需水的关键期；青贮玉米耗水量(ETa)与产量呈现出二次抛物线关系，相关性为 0.9118；青贮玉米各处理作物系数在播种—苗期为 0.81～0.97，苗期—拔节期 0.97～1.32，拔节—抽雄期达到最大值 0.98～1.63，抽雄—收割期 0.59～1.07，整个生育期的作物系数呈二次抛物线形；不同降水量与水分调控条件下，降水量较小的年份，灌水量对青贮玉米水分利用效率影响较明显；反之，灌水量对青贮玉米水分利用效率影响不显著。

三、盐碱胁迫

盐碱胁迫对青贮玉米生长和产量的影响。

1. 盐碱胁迫发生条件

杜冬冬(2020)对盐碱土壤的成因进行了分析，指出盐碱土壤是指含有过量可溶性盐离子的土壤。在自然界中，由于土壤的复杂性，土壤盐化和碱化通常是相伴而生的。盐土是指含有大量可溶性盐类(含量在 0.6%～1%甚至更高)的土壤，影响大多数植物的生长；碱土是指 pH 高于 8 的一类土壤，其代换性钠离子的代换量比率多于 20%。盐碱地的特点是高 pH 值和高 Na^+ 含量。中国盐碱地大多数是土壤盐化和碱化相伴而生，成分复杂且情况各异，所以将此类土地统称为盐碱地。中国盐碱地的形成大致可以归结为以下几种原因：由含盐地表水及地下水形成的或由海水倒灌形成的。土壤条件以及人为活动造成的大多数盐碱地的形成或多或少都与水有关，其包括土壤水分蒸发、地下水不足以及矿化，此外，农业灌溉模式也可以影响盐碱地的形成。在水资源缺乏的地区，为了农作物能正常生长，使用低盐水进行灌注，从而加剧盐碱地的形成。同时，灌溉管理的不足又导致土壤二次盐碱化。气候因素是导致土壤盐碱化的根本原因。受中国气候影响，夏季降雨增多，土壤产生季节性脱盐。然而春秋季节降雨并不多，土壤水分丢失严重，土壤以积盐为主。中国滨海盐碱地的成因与此类似，其长期受到海水侵蚀，并且季节性的脱盐和积盐，日积月累，形成盐碱地。人为因素在盐碱地的成因中也占有很大的比重，尤其是在干旱地区，不合理的灌溉方式极易引起土壤盐碱化，同时，不科学的农业管理方式，极易引起土壤二次盐渍化，过度使用化肥，造成土壤板结，也会使盐离子在土壤中积累。其次，乱砍滥伐也会破坏土壤与地下水之间的平衡，使盐离子加速积累。

2. 盐碱胁迫对青贮玉米生长发育的影响

张会丽等(2019)对不同青贮玉米大喇叭口期和成熟期耐盐碱性进行了研究，研究表明，盐碱胁迫最明显的效应表现为植株生长受抑制，而受抑程度取决于作物耐盐碱的能力和盐碱胁迫的强度，结果见表 4-2。

表 4-2 盐碱胁迫条件下玉米大喇叭口期各指标的相关系数(引自张会丽 等，2019)

	X_1	X_2	X_3	X_4	X_5	X_6	X_7	X_8	X_9	X_{10}
X_1	1.00	/	/	/	/	/	/	/	/	/
X_2	0.35	1.00	/	/	/	/	/	/	/	/
X_3	−0.13	0.01	1.00	/	/	/	/	/	/	/
X_4	0.44*	0.44*	−0.13	1.00	/	/	/	/	/	/
X_5	−0.64**	−0.49*	0.01	−0.15	1.00	/	/	/	/	/

续表

	X_1	X_2	X_3	X_4	X_5	X_6	X_7	X_8	X_9	X_{10}
X_6	−0.35	−0.51**	0.10	−0.29	0.39*	1.00	/	/	/	/
X_7	−0.42*	−0.58**	0.14	−0.26	0.65**	0.71**	1.00	/	/	/
X_8	−0.22	−0.30	0.07	−0.32	0.14	0.58**	0.39*	1.00	/	/
X_9	0.03	−0.21	−0.06	0.10	0.07	−0.15	0.01	−0.03	1.00	/
X_{10}	−0.04	0.01	−0.01	0.41*	0.14	−0.04	0.04	0.02	−0.15	1.00
X_{11}	−0.03	0.18	0.03	0.28	0.04	0.03	0.00	0.04	−0.64**	0.84**

注：*和**分别表示在0.05和0.01水平上相关性显著。X_1：株高；X_2：茎粗；X_3：冠层温度；X_4：叶绿素相对值；X_5：净光合速率；X_6：蒸腾速率；X_7：气孔导度；X_8：叶片温度；X_9：植株含水量；X_{10}：公顷鲜重；X_{11}：公顷干重

该试验表明，在盐碱胁迫条件下同一品种不同鉴定指标及同一指标不同玉米品种都存在明显差异，不同青贮玉米品种对盐碱胁迫的耐受能力不同。研究表明，作物的株高和茎粗是衡量植株生长强弱最直接的反映，它们能够间接地表明植株的生长状况与水肥供给情况，而产量是耐盐碱评价中最直观、可靠的证据。盐碱胁迫处理时各品种的株高、茎粗等表型性状均严重受到阻碍（$P<0.05$）。说明盐碱胁迫条件下，不同玉米品种大喇叭口期和成熟期各性状指标均受到不同程度的抑制。可能是玉米在遭受盐碱胁迫时，细胞不能正常地分裂和扩张，为了保证能够发挥正常的功能，细胞必须要维持离子平衡，并降低其原生质中 Na^+ 或其他离子的浓度，使其低于周围介质环境。因此，必定会消耗对作物生长发挥有效作用的能量，导致植株生长受到抑制。也可能是因为盐碱胁迫抑制了根系对无机离子和水分的吸收，导致了作物生长发育减缓。其研究结果显示，盐碱胁迫下植物叶片叶绿素相对值（SPAD）会随着外界环境的变化而改变，SPAD值与株高、地上部植株产量达到显著正相关（$P<0.05$）。植物维持生命活动的基础是通过光合作用来实现的，本研究不同青贮玉米品种在盐碱胁迫下，净光合速率明显降低，气孔导度也有所下降，产量显著低于对照田（$P<0.05$）。可能是因为盐碱胁迫使光合系统受到损害，叶绿素遭到破坏，而叶绿素作为光合作用正常进行的主要色素，它被破坏会引起一系列生理反应，并使自身光合作用受阻，植株体内生理代谢紊乱，最终导致减产甚至绝收。也可能是由于自身存在的因素（如气孔部分关闭等），引起叶片光合效率下降。不同青贮玉米品种的形态学指标和光合气体交换参数对盐碱胁迫的反应有很大差别，盐碱胁迫对玉米植株生长的影响是综合且复杂多样的过程，用某一单项指标来评价其耐盐碱性强弱过于片面、存在局限性，为了弥补单项指标评价耐盐性的不足，可利用主成分分析客观准确地对供试玉米种质资源大喇叭口期和成熟期耐盐性进行深入综合的评价，利用综合评价值来对耐盐性材料进行归类。

3. 盐碱胁迫的应对措施

(1)选用耐盐碱品种

孙浩（2016）以郑单958为对照，在盆栽条件下，对土壤进行对照（非盐碱土）、轻度盐碱（0.188%）、中度盐碱（0.268%）3种处理，对12个黄淮海地区主推夏玉米品种分别进行萌发期和苗期的盐碱耐性评价。结果表明，品种间发芽率和发芽势对盐碱胁迫敏感程度存在显著差异，其中，承玉10在中度盐碱条件下发芽率和发芽势相对值分别比郑单958高21%和43%。与对照土壤相比，在轻度盐碱和中度盐碱胁迫条件下，鲁单818根表面积、根体积、总根长均有明显的增加，金海5号、登海605、德利农318则显著下降。在中度盐碱胁迫条件下，济

丰 96 和郑单 958 叶片 MDA 含量和 SOD 活性均有所下降，鲁单 818 的 POD 活性和可溶性蛋白相对值均最高。根据轻、中度盐碱土壤下 7 个指标隶属函数值综合评价，鲁单 818、承玉 10 为早期耐盐碱品种，济丰 96、德利农 318、浚单 20 为早期不耐盐碱品种，其他为早期中等耐盐碱品种。

张会丽等（2017）为筛选耐盐青贮玉米种质资源材料，在宁夏平罗县不同盐含量的试验地种植 5 个青贮玉米品种，通过测定蜡熟期各品种的光合气体交换参数、生理生化指标和农艺性状进行耐盐性鉴定，并利用主成分分析和隶属函数法对各青贮玉米品种的耐盐性强弱进行综合评价。结果表明，不同青贮玉米品种的生理指标、光合特性及农艺性状均存在一定差异。随着盐胁迫程度的加剧，过氧化氢酶（CAT）活性有所提高，当胁迫程度达到一定限度后呈下降趋势。对于叶片温度（T_L）而言，表现为重度胁迫时最高，轻度胁迫时最低。5 个不同品种在不同盐胁迫程度下的表现不一致，中度胁迫时，玉米品种 H14/A18 的气孔导度（G_s）、蒸腾速率（T_r）及胞间 CO_2浓度（C_i）和胞间 CO_2浓度/大气 CO_2浓度（C_i/C_a）最高；重度胁迫时，玉米品种 H_242/1523 的以上 4 个指标最高；而轻度胁迫时，玉米品种北 21/1522 的以上 4 个指标最高。相关性分析发现，抗氧化保护酶活性中过氧化物酶（POD）活性与 CAT 活性、超氧化物歧化酶（SOD）活性之间呈显著性正相关，G_s 与 C_i、T_r 及 C_i/C_a 呈极显著正相关。对不同盐胁迫程度下的各项指标进行综合分析，按照综合评价值（D 值）的大小，5 个青贮玉米品种在重度胁迫时耐盐性强弱依次为：H_242/1523＞桂青贮 1 号＞北 21/1522＞H14/1528＞H14/A18；中度胁迫时耐盐性强弱依次为：H14/A18＞桂青贮 1 号＞北 21/1522＞H_242/1523＞H14/1528；轻度胁迫时耐盐性强弱依次为：北 21/1522＞H14/1528＞H_242/1523＞桂青贮 1 号＞H14/A18。

于莹等（2018）曾以 31 份玉米自交系为试验材料，萌发期分别采用 100 mmol/L NaCl 和 75 mmol/L $NaHCO_3$盐碱胁迫处理，以发芽势、发芽率、发芽指数、活力指数、根长、芽长、根鲜重、芽鲜重、根干重、芽干重相对值为鉴定指标，采用隶属函数法及聚类分析法综合评价供试材料和划分耐盐碱级别。结果表明，耐中性盐胁迫玉米自交系为 1246、PHT11 和 1153（平均隶属函数值大于 0.6），耐碱性盐胁迫玉米自交系为 PHT11、1246 和 1224（平均隶属函数值大于 0.6）。31 份玉米自交系被划分为 4 类：高耐盐碱自交系 6 个，耐盐碱自交系 6 个，中度耐盐碱自交系 14 个，盐碱敏感自交系 5 个。综合分析表明，自交系 PHT11 和 1246 耐盐碱性较好，可利用其开展玉米耐盐碱育种及盐碱地田间试验。

张会丽等（2019）曾以 25 个不同青贮玉米品种为试验材料，在宁夏银川北部盐碱地，通过测定不同品种大喇叭口期和成熟期的表型性状和光合气体交换参数进行耐盐碱性鉴定，并利用主成分分析和模糊隶属函数法对不同青贮玉米的耐盐碱强弱进行综合评价。结果表明，各青贮玉米品种处于不同生育期时对盐碱的敏感程度不同（发育阶段性），同一时期不同品种之间耐盐碱性也存在着差异（品种特异性）。根据综合评价值（D 值）大小，将耐盐碱性分为三级，D 值大于 0.6 为强耐盐碱性材料；D 值在 0.2～0.6 为中耐盐碱性材料；D 值低于 0.2 为对盐碱敏感的材料。其中，在大喇叭口期时具有强耐盐碱性的材料有：科多 8 号、桂青贮 1 号和 133-2/1528，D 值分别为 0.770、0.705 和 0.614；在成熟期时具有强耐盐碱性的材料有：H14/A18 和桂青贮 1 号，D 值分别为 0.761 和 0.728；而表现为敏盐性的材料为 H14/1528，D 值在大喇叭口期和成熟期时分别为 0.140 和 0.155；其余品种均属于中度耐盐碱材料，D 值为 0.2～0.6。

李乔等（2019）曾利用 7 个自交系进行 4×3 不完全双列杂交，获得 12 个杂交组合，在盐碱土和黑土条件下进行盆栽试验，调查苗期植株形态（株高、叶面积）与生理特性（SOD、POD活性），并进行杂种优势及遗传分析。结果表明，4个指标可以用于鉴定玉米的耐盐碱性，盐碱胁迫下玉米幼苗株高和叶面积降低，SOD、POD活性升高。不同自交系耐盐碱能力差异显著，根据4个指标及减少比例进行动态聚类，筛选出郑58是耐盐碱能力较强的自交系，Mo17对盐碱最敏感，5个中耐品种中昌7-2、444和B73偏敏感。杂交种间耐盐碱能力差异显著，郑单958、郑58×178、郑58×Mo17和黄C×178是耐盐碱性较高的杂交组合，444×Mo17是敏感组合。杂交种的耐盐碱性能与性状的杂种优势无关，与亲本的耐盐碱程度有关。4个指标的广义遗传力较高，非加性遗传的作用较突出。因此，筛选耐盐碱的自交系时既要考虑有关性状，又要考虑其性状对比非逆境条件下的变化率。

景宇鹏（2014）以土默川平原盐渍化土壤为研究对象，研究了盐渍化土壤与改良的微生态特征及盐胁迫对玉米种子萌发、幼苗生长过程中生理生化反应的影响，为次生盐渍化盐分的生物预警、脱硫石膏的改良效果、土壤肥力的恢复提供微生物方面的理论依据，为进一步实现土默川平原盐渍化农田土壤的高产稳产奠定基础。首先，研究了土默川平原不同盐渍化程度土壤微生物、酶活性的基本特征。结果表明，随盐渍化程度加重，土壤微生物数量、微生物量、酶活性下降。三大微生物类群中细菌占绝对优势，其次是放线菌、真菌。土壤各微生物数量和酶活性的月份动态变化规律各不相同，且出现峰值的时间也不同。通过室内模拟试验，研究了不同盐分类型对土壤生物活性的影响。结果表明，不同类型盐胁迫均提高了土壤有效养分含量和土壤代谢熵，显著降低了土壤有机碳、微生物量碳、微生物熵及4种酶的活性。当氯化物型、硫酸盐型、氯化物硫酸盐型、硫酸盐混合型盐分浓度分别达8 g/kg、24 g/kg、14 g/kg、10 g/kg、12 g/kg，土壤基础呼吸、代谢熵发生显著变化，可作为土壤盐胁迫的阈值。土壤脲酶、蔗糖酶、微生物量碳、微生物熵、基础呼吸和代谢熵对盐分的响应较为敏感，可作为次生盐渍化土壤生物的预警指标。

陈秀兰等（1996）将玉米掖单4号种子用0.2%$HgCl_2$消毒5 min，自来水冲洗3遍，以1/4的Hoagland培养液为对照，设置3个处理。研究结果表明，在培养液中加入不同浓度的NaCl能够降低玉米种子的萌发率，延长其萌发期。这与前人在小麦、大麦和棉花等作物上的实验结果一致。α-淀粉酶是富含淀粉的玉米种子萌发的关键酶，种子萌发所需的有机养分都是由此酶水解淀粉而供应。在玉米种子萌发过程中，随着种子内Na^+含量的增加，种子内α-淀粉酶活性明显相应降低。因此，NaCl胁迫下，种子内α-淀粉酶活性降低很可能是由于种子内大量Na^+抑制了酶活性或者影响了酶的合成。由于α-淀粉酶活性的降低，玉米种子内的淀粉不能及时转化为可溶性糖供胚萌发需要。这可能是NaCl胁迫抑制玉米种子萌发的重要原因。研究结果还表明，NaCl胁迫下玉米萌发种子内Ca^{2+}含量随着萌发逐渐降低。这可能是由于培养液中的Na^+取代种子细胞膜上的Ca^{2+}，破坏了细胞膜的选择透性使种子细胞内的Ca^{2+}外泄，导致Ca^{2+}含量大大降低。许多资料表明，Ca^{2+}对α-淀粉酶的合成与分泌及酶蛋白的稳定具有重要作用。因而种子内Ca^{2+}含量大量降低很可能影响种子内α-淀粉酶的合成与分泌，或导致酶蛋白降解，最终使α-淀粉酶的含量降低。在培养液中补充Ca^{2+}，增加了培养液中Ca^{2+}的浓度，减轻或阻止种子内Ca^{2+}外泄，保持种子内Ca^{2+}含量，使α-淀粉酶的合成与分泌少受影响，保持酶蛋白分子的稳定性。因而在NaCl胁迫下，种子的萌发率也明显升高，萌发期也有所缩短。可见，Ca^{2+}能够减轻NaCl胁迫对玉米种子萌发的抑制，从而降低盐害。

张乃华等(2005)以鲁玉 14 号玉米为材料，研究了 Ca^{2+} 对 NaCl 胁迫下玉米叶片的气孔导度、净光合速率、Mehler 反应及其对超氧化物歧化酶 SOD 和抗坏血酸过氧化物酶 APX 活性的影响，探讨了 Ca^{2+} 在盐胁迫中的可能作用及其作用机制。结果表明，正常生长条件下外施 2～16 mmol/L Ca^{2+} 造成气孔导度下降，但在盐胁迫条件下外施 2～8 mmol/L Ca^{2+} 却能降低盐胁迫造成的气孔导度下降。另外，无论正常生长条件下还是盐胁迫下，依赖 Mehler 反应的电子传递都会因 Ca^{2+} 的加入而增强，但后者的增强程度较大。对照植株经 2～8 mmol/L Ca^{2+} 处理后总电子传递明显降低，而外施 2～8 mmol/L Ca^{2+} 对盐胁迫植株的总电子传递却有明显的促进作用。8 mmol/L Ca^{2+} 显著地提高了盐胁迫下 SOD 和 APX 的活性，相比之下 Ca^{2+} 对 APX 活性的促进作用更加显著。Ca^{2+} 的加入明显减轻了盐胁迫对玉米的抑制作用，这主要归因于 Ca^{2+} 降低了盐胁迫造成的气孔关闭，改善了光合作用，并通过促进 Mehler 反应一方面直接耗散过剩的激发电子，避免了电子传递链的过度还原，另一方面建立跨膜的 pH 梯度刺激依赖叶黄素循环的热耗散来耗散过剩光能，从而缓解了盐胁迫下过剩光能对玉米造成的伤害。

(2)农艺措施

王明华等(2016)为了研究盐碱胁迫下改良剂——石膏、粉煤灰和聚丙烯酰胺(PAM)对玉米生长的保护机制及适宜配比，对盆栽玉米郑单 958 幼苗的离子含量、抗氧化酶活性、叶绿素含量等生理指标进行了分析。结果表明，添加改良剂后，玉米幼苗体内 Na^{+} 含量显著降低，Ca^{2+} 和 K^{+} 含量则显著增加($P<0.01$)；SOD、POD、CAT 活性均有所增加($P<0.05$)；MDA、脯氨酸和可溶性糖含量下降($P<0.05$)；叶绿素 a 明显增加，荧光参数 F_0 和 F_m 也明显增加；总根长、根总表面积、根体积、根尖数、生物量和株高($P<0.05$)也显著增加。相关分析表明，Na^{+} 含量与 CAT 活性(−0.60)、MDA 含量(0.79)和叶绿素含量(−0.59)显著相关，Na^{+} 含量、MDA 含量和 CAT 活性与玉米幼苗茎叶及根系生长相关显著。石膏与 PAM 配合(12 g 石膏＋0.75 gPAM/kg 土)的效果最好。

刘艳等(2017)曾通过盆栽试验研究了生物有机肥对盐碱地春玉米生理特性及产量的影响。结果表明，在不同盐碱胁迫条件下，施生物有机肥处理在各生育时期均可以提高玉米穗位叶的超氧化物歧化酶、过氧化物酶和过氧化氢酶活性，其中添加 1.0%生物有机肥的 T_3 处理在低、中盐碱土上显著高于对照处理，丙二醛含量显著低于对照；同时在灌浆期的净光合速率也是 T_3 处理最大，在低、中、高盐碱土上分别可达到 32.7 μmol/(m² · s)、30.6 μmol/(m² · s)、26.9 μmol/(m² · s)；产量比对照增加 14.3%～24.9%。说明施用生物有机肥可以提高玉米的抗盐碱能力，进而提高玉米产量。

刘军等(2015)研究发现，加入根际促生菌对提高作物抗逆性有显著作用，可以有效缓解作物幼苗的胁迫效果，减小了胁迫对作物幼苗的毒害作用。种植玉米时施入微生物菌肥可以起到生物防治、改良盐碱土壤的作用。植物根际促生菌(PGPR)是一类能诱导植物建立抵抗或忍耐机制、增强植物在逆境中的生存能力、促进植物生长的微生物。植物根际促生菌能促进植物的生长、防治病害、增加作物产量等。PGPR 已成为当今土壤微生物学、微生态学和植物抗逆性的研究热点之一，随着分子生物学技术的发展，PGPR 介导植物盐碱抗性的分子机制逐渐被关注。通过调节抗性相关基因及蛋白的表达，PGPR 能显著增强植物盐碱抗性。随着中国耕地土壤盐渍化和次级盐化的情况日益严峻，植物根际促生菌的开发与应用对提高作物产量、改善土壤理化性质和供肥能力、有效利用环境资源及减少农药污染等具有重要作用，对盐渍化土壤 PGPR 的研究与开发已经势在必行。

赵威等(2008)通过研究不同浓度的 SNP 溶液处理 100 mmol/L NaCl 胁迫下待萌发玉米种子，SNP 不仅可促进其萌发，而且还可促进其根和芽的生长；以 100 μmol/L SNP 溶液处理效果最佳。在 100 mmol/L NaCl 胁迫下，0.1 mmol/L SNP 的处理效果最佳，紫苏种子的发芽率、发芽势、发芽指数和活力指数较对照分别提高 78.3%、60.4%、13.7 和 0.1093。

王芳等(2012)研究外源 NO 对 NaCl 胁迫下玉米幼苗氧化损伤的保护作用时发现 SNP 能促进 NaCl 胁迫下玉米幼苗叶片脯氨酸和可溶性糖的积累。外源 NO 对 NaCl 胁迫下玉米幼苗叶片 SOD、POD 和 CAT 活性的影响结果如图 4-2 所示。这与外源 NO 能促进低温胁迫下黑麦草脯氨酸含量的积累，进而提高抗冷性以及提高小麦叶片中脯氨酸含量，增强其耐盐性的研究结果相似。脯氨酸的积累对植物细胞有两方面的调节作用，一方面增加细胞的渗透调节能力，另一方面又避免细胞造成氨中毒，因此，脯氨酸和可溶性糖的积累也是 SNP 缓解 NaCl 胁迫对玉米幼苗氧化损伤的重要原因。

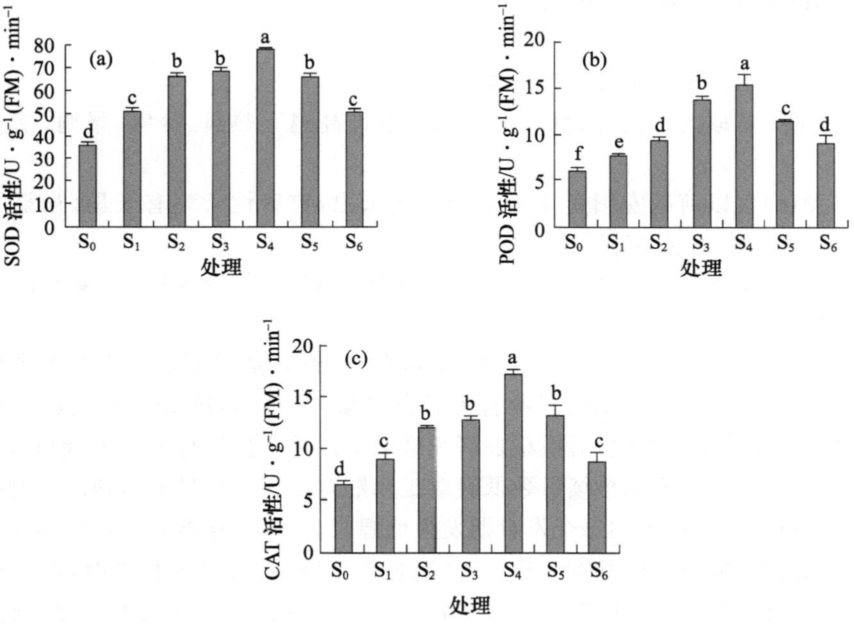

图 4-2　外源 NO 对 NaCl 胁迫下玉米幼苗叶片 SOD、POD 和 CAT 活性的影响

(引自王芳 等，2012. 外源 NO 对 NaCl 胁迫下玉米幼苗氧化损伤的保护作用)

张浩等(2021)研究指出，通过外施脱落酸，显著提高了盐胁迫下玉米的株高、叶片长度和根冠比，但不同浓度的脱落酸处理之间差异并不显著($P>0.05$)。当脱落酸浓度为 5 μmol/L 时，叶片宽度、地上生物量、地下生物量和总生物量达到最大，分别是未添加脱落酸盐胁迫处理的 1.26 倍($P=0.012$)、1.83 倍($P<0.001$)、6.6 倍($P<0.001$)和 2.0 倍($P<0.001$)。同时，外施脱落酸对 NaCl 盐胁迫下玉米叶片叶绿素 a 含量、叶绿素 b 含量、叶绿素 a+b 含量和叶绿素 a/b 产生显著影响($P<0.01$)。随着外施脱落酸浓度的增加，玉米叶片叶绿素 a 含量呈现先上升后下降的趋势。当喷施脱落酸浓度为 5 μmol/L 时，叶绿素 a 含量达到最高，为盐胁迫处理的 2.91 倍($P<0.001$)。玉米叶片叶绿素 b 含量和叶绿素 a+b 含量随着外施脱落酸浓

度的增加呈现上升的趋势，同样是在ABA浓度为5 μmol/L时最高，但同10 μmol/LABA浓度下的叶绿素b和叶绿素a+b含量差异不显著。在NaCl盐处理下（ABA浓度0），玉米叶片叶绿素a/b与对照相比显著提高22.2%（$P=0.008$）。然而，较低浓度的外施脱落酸处理下（1 μmol/L和2.5 μmol/L）的玉米叶片叶绿素a/b与盐胁迫处理（ABA浓度0）相比差异不显著（$P>0.05$）。随着脱落酸浓度的继续增加，叶绿素a/b逐渐降低。当脱落酸浓度升高为5 μmol/L和10 μmol/L时，与盐胁迫处理相比分别降低36.4%（$P<0.001$）和61.8%（$P<0.001$）。

王霞等（2013）研究显示，在NaCl胁迫下玉米幼苗的生长受到明显抑制，随着Si^{4+}浓度的增加，盐胁迫下玉米幼苗株高、全株鲜重、干重及各指标的变化率均呈现先升高后降低的趋势，在Si^{4+}浓度为3 mmol/L时各指标均表现最优，说明适当的Si^{4+}浓度对玉米生长过程具有较好的促进作用，当其浓度过低或过高时反而抑制作物的生长。

四、灾害性天气及其应对

（一）青贮玉米生产的灾害性天气及其影响概述

在青贮玉米生长期内，常见的自然灾害如季节性高温干热风、冷害、暴雨、渍涝、大风、冰雹、霜冻等。

杨正海（2014）仅以河南安阳夏玉米生产为例指出，灾害性天气有干旱（初夏旱、伏旱、秋旱）、洪涝、大风、冰雹、花期高温阴雨等。

周松涛（2015）介绍吉林玉米生产的主要气象灾害有干旱、低温冷害、寡照以及冷害、涝、霜、冰雹等气象灾害。

孙琳丽等（2016）曾揭示不同发育期、不同强度和持续日数的低温冷害对玉米生物量累积和产量的影响。以河套灌区玉米低温冷害为研究对象，在对WOFOST模型进行参数校准的基础上，通过数值模拟试验方法，对模型在研究区域上的适应性进行了分析、检验，同时探讨了不同发育阶段出现不同强度和持续日数低温对玉米贮存器官生物量累积和产量的影响。结果表明，在玉米出苗—灌浆期中的每个发育期发生低温时，玉米贮存器官生物量累积和产量对低温强度和持续日数的响应程度基本一致；当降温强度不同、持续日数相同时，灌浆期低温对玉米产量和贮存器官生物量累积的影响最大；当降温强度相同，持续日数不同时，低温持续日数1 d，玉米拔节至抽雄期发生的低温对贮存器官生物量和产量的影响最大，低温持续日数大于3 d时，玉米灌浆期发生的低温对贮存器官生物量和产量的影响最大；发生时段不同时，出苗至拔节期发生的低温，玉米产量和贮存器官生物量随低温持续日数增加而减少，但持续日数相同，不同低温强度对其影响差别不大；其他发育阶段随着低温强度加大，持续日数增加，玉米产量和贮存器官生物量减少。

荣云鹏等（2017）介绍了2016年山东省桓台县夏玉米播种面积2.33万hm^2，整个生育期气象条件较为有利，但也出现灾害性天气，造成全县夏玉米减产。通过对2016年夏玉米整个生产过程中气象条件进行分析，探讨灾害性天气过程对当年夏玉米产量的影响。结果表明，7月下旬的强降雨天气造成夏玉米授粉不良，穗粒数降低，夏玉米“秃尖”现象偏重；8月中旬的连续性降雨天气造成田间积水和夏玉米青枯病大面积发生，影响玉米灌浆，千粒重降低；9月中旬的风雨冰雹天气造成夏玉米严重倒伏，影响灌浆，且对夏玉米收获不利，增加了生产成本。

薛光明(2021)的研究显示,玉米生育期内常年遇到连阴雨、干旱、高温、大风等灾害性天气,导致玉米苗弱、黄苗、死亡、结实率降低、倒伏等,从而造成了不同程度的减产甚至绝收。为应对这些灾害性天气,预防灾害的发生,减轻灾害程度,避免和减少生产损失,应从加强农田基本建设、选择多抗品种、起垄种植、合理密植、化学调控、抗旱灌水、清沟排水、秸秆还田、合理运筹肥水、人工授粉等方面进行了探讨,提出了一套防灾减灾技术措施,以期为预防和减轻灾害的发生,避免和减少生产损失提供技术支撑。

李凝等(2021)的研究显示,各类极端灾害性天气不断增多,给农业生产带来严重危害。辽宁阜新主要农业灾害天气包括冰雹、暴雨、大风、干旱、霜冻和寒潮等,利用2000—2019年阜新的气象观测资料,对各种灾害天气发生特点、分布情况进行总结,阐述其对农业生产造成的影响,提出科学有效的防灾减灾措施,为更好地防御农业气象灾害提供参考。

(二)渍涝

1. 渍涝对玉米生理活动的影响

张菊等(2014)曾以玉米幼苗的生物量、叶片的可溶性糖、可溶性蛋白、丙二醛(MDA)含量、过氧化物酶(POD)与过氧化氢酶(CAT)活性为指标,采用水培法研究了不同浓度抗坏血酸(AsA)对渍涝胁迫下玉米幼苗生长的影响。结果表明,经0.3 mmol/L AsA缓解后受渍涝胁迫玉米幼苗的根长、株高、鲜重和干重明显增加,叶片的可溶性糖与可溶性蛋白含量均明显提高,叶片的CAT与POD活性均高于对照组和各处理组,且叶片的MDA含量显著降低。

郭太忠等(2014)曾以漯玉336(抗青枯病)和浚单20(易感青枯病)两个玉米品种为试验材料,在吐丝后20 d时采用人工淹水处理,淹水时间为1 d,以淹水前为对照,研究渍涝对不同玉米品种根际土壤微生物的影响。结果表明,淹水使漯玉336和浚单20的产量下降,浚单20下降10.6%,漯玉336下降8.7%;淹水使两品种土壤根际周围的细菌数量增加,漯玉336真菌数量减少,浚单20真菌数量增加,但浚单20淹水后土壤根际周围的细菌数量和真菌数量均高于漯玉336;放线菌数量增加。

周自强等(2013)采用沙培培养方法,比较研究淹水和不同氮形态(铵态氮、硝态氮以及铵态氮:硝态氮为1:1)对苗期玉米根、茎鞘和叶的糖、氮代谢底物——可溶性糖、还原糖、硝态氮和游离氨基酸等物质含量的影响。结果表明,当淹涝胁迫持续7 d时,在非淹涝胁迫条件下,铵态氮处理的根、茎鞘和叶的可溶性糖和游离氨基酸含量均显著高于硝态氮处理($P<0.05$);在淹涝胁迫条件下,硝态氮处理的根、茎鞘和叶的生物量干重显著低于铵态氮处理($P<0.05$),其根和叶的生物量干重也显著低于铵态氮、硝态氮混合处理($P<0.05$)。与非淹涝条件相比,在淹涝胁迫条件下,硝态氮处理的根系和叶的硝态氮含量显著降低($P<0.05$),降低幅度分别高达62.6%和30.0%;此外,与非淹涝条件相比,在淹涝胁迫条件下,铵态氮处理的根的可溶性糖、还原糖以及游离氨基酸含量,茎鞘的可溶性糖和还原糖含量以及叶的可溶性糖和游离氨基酸含量均显著升高,而硝态氮处理仅根、茎鞘和叶的还原糖含量以及叶的游离氨基酸含量显著升高($P<0.05$)。因此,在本试验条件下,由于糖、氮代谢底物含量充足,铵态氮处理的苗期玉米具有相对较强的耐淹涝胁迫能力。

梁茜等(2019)的试验显示,渍涝时期设置为小喇叭口期、大喇叭口期和吐丝期,渍涝时间6 d,选用青贮玉米大京九26(DJJ26)和京科青贮301(JKQZ301),籽粒玉米郑单958(ZD958)和先玉335(XY335)为材料,密度为9株/m^2。卷尺和游标卡尺测量相同节位的茎长、烘干后测茎干重;茎秆强度测定仪测定茎节穿刺强度、抗压强度。结果表明,渍涝胁迫导致玉米茎节长度缩短，大喇叭口期渍涝胁迫的影响最为明显，JKQZ301 茎节长度分别降低 10.1%、10.7% 和 10.1%，DJJ26 降低 1.2%、0.8%和 2.3%。渍涝胁迫导致茎节变细，大喇叭口期胁迫最为显著，JKQZ301 影响最为明显，分别降低 47.5%、35.2%和 39.7%，ZD958 变化最小，为 17.6%、32.4%、5.4%。渍涝胁迫导致茎秆穿刺强度和茎秆抗压强度能力均降低，且以小喇叭口期胁迫效应最为显著。品种间对渍涝胁迫反应具有显著差异，其中茎秆强度表现为：JKQZ301 影响最显著，分别降低 32.4%、19.6%和 31.1%，XY335 变化最小，为 9.4%，18.4%和 4.5%；JKQZ301 茎秆抗压强度降低最为显著，分别降低 61.8%、47.2%和 67.2%，ZD958 变化最小，为 5.9%、34.9%和 5.8%。渍涝胁迫下青贮玉米产量显著降低，表现为：大喇叭口期渍涝减产幅度高于小喇叭口期和抽雄期渍涝，渍涝时间延长，减产幅度增大。

宁金花等(2015)研究了受不同时间渍涝胁迫后形态特征的变化，基于春玉米州玉 2 号 2014 年大田渍涝模拟试验前后株高、绿叶数，抽雄期株高、雄花长度、分枝数，乳熟期茎秆粗等形态特征数据，利用数理统计方法，分析苗期不同阶段(三叶期、七叶期)遭受不同持续时间的渍涝灾害影响后株型、花型等形态特征的变化特点。试验结果表明，渍涝处理前后，不同苗期阶段的株高变化率均与对照存在显著性差异。三叶期渍涝时间持续 5.2 d，七叶期 4.4 d，植株株高开始负增长。三叶期渍涝持续 7.5 d 或以上，七叶期 5.0 d 或以上，对玉米后期的恢复生长不太有利。2 个渍涝处理阶段，叶片变化率均与渍涝持续时间呈二次曲线关系。三叶期渍涝持续时间 2.1 d 以上，七叶期持续 1.1 d 以上，叶片增长速度减少或为负增长。三叶期渍涝持续 14 d，七叶期 13 d，绿叶数为零。苗期渍涝持续时间与乳熟期的茎秆粗细存在极显著相关关系。2 个阶段均是渍涝持续 10 d，乳熟期的茎秆粗低于 10 cm。相同渍涝持续时间，三叶期遭遇渍涝灾害后的玉米雄花长度、分枝数与七叶期差异显著。雄花长度及分枝数与苗期渍涝持续时间呈二次曲线关系。三叶期的渍涝持续 14 d，玉米雄花不再有分枝数，七叶期渍涝持续 9.3 d 时，分枝数最少，可为南方春玉米渍涝灾害评价指标的制定以及春玉米抗灾品种的选育提供科学依据。

2. 渍涝对产量的影响

郭太忠等(2014)以漯玉 336(抗青枯病)和浚单 20(易感青枯病)两个玉米品种为试验材料，在吐丝后 20 d 时采用人工淹水处理，淹水时间为 1 d，以淹水前为对照，研究渍涝对不同玉米品种根际土壤微生物的影响。结果表明，淹水使漯玉 336 和浚单 20 的产量下降，浚单 20 下降 10.6%，漯玉 336 下降 8.7%；淹水使两品种土壤根际周围的细菌数量增加，漯玉 336 真菌数量减少，浚单 20 真菌数量增加，但浚单 20 淹水后土壤根际周围的细菌数量和真菌数量均高于漯玉 336；放线菌数量增加。

3. 渍涝的应对措施

李文等(2016)通过田间试验研究了苗期喷施 Zn、Mo 和 Zn+Mo 对灌浆初期渍涝胁迫下玉米生长发育、光合特性及产量和品质的影响。结果表明，各处理均可有效缓解渍涝胁迫导致的叶片生长受阻及快速枯死、叶绿素破坏及其含量的快速下降，降低渍涝胁迫引起的光合气孔限制，提高渍涝胁迫下叶片气孔导度(C_s)和蒸腾强度(T_r)，维持其较高的光合性能，提高光合速率，维持渍涝胁迫后玉米相对平稳地生长，从而促进玉米干物质积累，提高玉米穗粒重 12.26%和 13.99%，籽粒的粗蛋白、粗脂肪和氨基酸含量分别提高 8.25%、9.69%；12.05%、13.98%；10.71%、14.29%，产量提高 11.51%和 12.90%。和对照比，差异达显著水平。其中，以锌钼配合喷施的上述指标增效最好。

刘元昌等(1994)在缺锌的砂姜黑土上研究锌对玉米增产效应的田间试验中发现,在严重渍涝高温时,锌有显著的增强玉米耐涝抗渍的作用。其机理与锌能明显降低植株体内氮磷含量,提高钾素含量,从而增强玉米的抗渍涝与高温的能力有关。

尤东玲(2016)以玉米品种涝敏感型登海 662(DH662)和耐涝型浚单 20(XD20)为试验材料,以大田盆栽和温室培养相结合的方式,研究了外源 Spd 对渍涝胁迫下玉米幼苗生理和多胺代谢的影响。结果显示,外源 Spd 对淹水胁迫下玉米幼苗生长及生理特性的影响苗期淹水使玉米的地上部干重、株高、相对干重增长速率(RDIR)和相对含水量(RWC)均显著降低,降幅因基因型而异,涝敏感型 DH662 中各指标的下降幅度显著大于耐涝型 XD20。淹水引起涝敏感型 DH662 中丙二醛(MDA)和活性氧(ROS)积累显著升高,耐涝型 XD20 升幅相对较小。淹水胁迫下,耐涝型 XD20 叶片中超氧化物歧化酶(SOD)和过氧化物酶(POD)活性均有明显上升,抗坏血酸过氧化物酶(APX)、谷胱甘肽还原酶(GR)和过氧化氢酶(CAT)活性反而降低;同时,淹水也严重影响了非酶抗氧化剂的代谢,使玉米叶片中还原性抗坏血酸(AsA)含量下降,而还原型谷胱甘肽(GSH)含量则上升。可见,SOD 和 POD 在应对淹水胁迫时具有较强的防御能力,APX、CAT 和 GR 对缓解淹水损伤的作用较弱;玉米幼苗主要依赖 GSH 增强其抗性,而 AsA 的作用不大。外施 Spd 增加了淹水胁迫下两个玉米品种地上部干重、株高、RDIR 和 RWC,降低了 ROS 和 MDA 的积累;提高了叶片中 SOD、POD、APX、GR 和 CAT 活性及 GSH 和 AsA 含量,外施 Spd 亦使叶片中脯氨酸、可溶性糖、可溶性蛋白和游离氨基酸含量升高。外施 Spd 增强了淹水胁迫下玉米幼苗的抗氧能力和渗透调节能力,缓解了淹水胁迫对植株生长的影响,缓解膜脂质过氧化和细胞膜损伤的程度,有效增强了 ROS 清除能力和有毒代谢产物降解,尤其以渍涝敏感的品种 DH662 的反应更为敏感。外源 Spd 对渍涝胁迫下玉米幼苗叶片多胺代谢的调控效应渍涝胁迫能够增加玉米叶片中内源游离态多胺含量,其中 XD20 中 fSpd、fSpm 含量在渍涝胁迫初期迅速上升,fPut 含量在第三天时达到高峰,而 DH662 在渍涝胁迫期间 fPut 含量持续升高。XD20 中(fSpd+fSpm)/fPut 比值上升,DH662 中反而下降。此外,渍涝胁迫也促进了两种结合态多胺含量的上升,XD20 中 PSCC-APs 含量上升幅度明显大于 DH662,而 PISCC-Spd、PISCC-Spm 含量变化在两个品种间差异不显著;由此推知,PISCC-Spd 及 PISCC-Spm 与逆境胁迫的关系不大。渍涝胁迫使 ADC 和 SAMDC 活性增强,ODC 的检测值较小,PAO 活性呈上升趋势。研究表明,外源 Spd 能增加渍涝胁迫下玉米幼苗叶片中 fSpd 和 fSpm 含量的上升,降低 Put 含量,使(fSpd+fSpm)/fPut 比值增大,以 DH662 的效果较为明显。由此可知,涝敏感型 DH662 对外源调节剂具有较大响应,抗性增强,而 fPut 可能对作物的生长有害,fSpd 和 fSpm 可有效缓解 DH662 的胁迫损伤。外源 Spd 也促进了渍涝胁迫下 XD20 中 PSCC-PAs、PISCC-PAs 含量的上升(除淹水胁迫下 PISCC-Put 外),DH662 中均无显著变化(除 PISCC-Put 外)。外源 Spd 显著降低了渍涝胁迫后期 DH662 中 ADC 活性,增强了渍涝胁迫下 SAMDC 活性;同时,外源 Spd 降低了 PAO 活性。

(三)冰雹

杨忠热等(2012)针对贵州情况,提出玉米经雹灾后的补救措施,包括查苗补缺、扶苗、舒展叶片、伤口消毒、培土、追施速效氮肥、排除积水等。

马霞等(2018)介绍,泾源县位于宁夏南端,受六盘山山脉影响,气候条件复杂,夏季多出现冰雹、大风、暴雨等气象灾害,严重影响泾源县主要支柱产业之一"青贮玉米"的产量。基于此,主要分析冰雹对不同生长发育期的青贮玉米所造成影响,并举实例说明,同时针对青贮玉米防雹减灾工作提出建议。

王小林等(2019)对白膜膜际(BM)、黑膜膜际(HM)、白色全膜覆盖垄沟播种(QM)及露地种植(CK)四种旱地栽培模式在冰雹前后玉米形态发育及产量构成的变化研究中诠释了覆膜策略应对冰雹灾害、稳定玉米产量的差异性。结果表明,玉米拔节期,不同覆膜处理土壤含水量显著高出裸地1.0%~1.3%,QM土壤储水高于膜际栽培;冰雹前地膜覆盖显著增加玉米株高和茎粗,QM株高、茎粗分别增加19.7%和23.7%,黑、白膜膜际栽培增加了8.8%~9.9%;冰雹后,BM玉米穗长增加3.5%,较QM提高1.0%、较HM提高2.8%,QM穗粗降低3.9%;冰雹灾害显著降低玉米产量,BM较对照减产8.3%,HM减产14.0%,QM减产19.6%。BM可有效缓解冰雹灾害的副作用,缓解效应高出QM14.1%。总之,膜际栽培玉米生育期得以延迟,降低了冰雹灾害对玉米生殖生长的影响,有助于后期恢复发力,有效补偿前期生物学损失,缓解冰雹的减产强度。

陈笑娟等(2016)对邯郸冰雹的气候特征进行研究、并对6月下旬—9月夏玉米冰雹灾害强度进行了评估与致灾因子危险性区划,以期为冰雹灾害的防御和评估提供科学依据。结果表明,邯郸冰雹具有一定的年际和年代际变化规律,5—7月冰雹出现频率较高,其中6月最高,而秋冬季出现较少;冰雹大部发生在12:00—21:00,最多出现在15:00—17:00;空间分布上呈现自东向西逐渐增多趋势;利用冰雹的直径、持续时间,伴随阵风等级3个因子定义了冰雹强度指数,并利用百分位法对冰雹强度进行分级,为冰雹强度的定量化评估提供依据。致灾因子危险性区划结果表明,自东向西冰雹灾害风险逐渐增加,其中涉县、武安为冰雹灾害高风险区。

(四)高温

尹小刚等(2015)指出,极端高温是制约东北农作区玉米生产的主要气象灾害之一。通过研究气候变暖背景下玉米不同生育时期内日最高温度大于30 ℃的积温(AT)和日最高温度大于30 ℃的天数(AD)的时空变化特征,分析了极端高温对东北农作区不同地区玉米生产的影响,并探讨了应对高温的对策。结果表明,1961—2010年,东北农作区玉米生育期内温度显著升高,开花期(花前花后20 d)最高温度明显大于其他生育时期,玉米全生育期,营养生长期(播种到开花前11 d),花期和生育后期(开花后11 d到收获)4个时期日最高温度的气候趋向率分别为0.16 ℃/(10 a)、0.14 ℃/(10 a)、0.06 ℃/(10 a)、0.23 ℃/(10 a)。近50年东北农作区玉米全生育期AT明显增加,西南部地区的AT明显高于其他区域,营养生长期AT的增加趋势明显大于其他两个时期。玉米全生育期AD明显增加,高值区也主要集中在西南部地区,生育后期的AD的增加趋势大于其他两个生育时期。东北农作区玉米生育期内极端高温显著影响玉米生产,其中营养生长期的极端高温对玉米产量的不利影响十分显著,松辽平原地区玉米生产的高温风险明显大于其他地区。优化作物布局,培育耐高温品种,调整玉米生产管理措施,构建防灾减灾玉米生产体系是东北农作区玉米生产应对高温风险的有效措施。

郭文建等(2014)研究了高温胁迫对玉米光合作用的影响。结果表明,高温胁迫下酶的活性降低,同时叶绿素的生成受抑制,因此,在高温胁迫下会导致叶绿素a、叶绿素b、叶绿素总量含量下降,且随着胁迫时间的增加这种变化愈加明显;伴随胁迫温度的升高,玉米叶片中的类胡萝卜素随着时间的延长而呈总体下降的趋势,当温度超过40 ℃时,下降趋势最为显著。

卫晓轶等(2021)研究了植物受高温胁迫机理及对玉米生长影响。研究认为,开花期高温胁迫会导致花粉成熟及花药开裂、花粉管的伸长受阻、花粉萌发受到影响,造成不育,导致结实率降低。

张学鹏等(2021)为了明确玉米叶片“源”的高温胁迫温度阈值，采用盆栽试验，利用可精准控温(模拟大气温度变化)的人工气候室，以日最高温 32 ℃为对照，分别设置日最高温 34 ℃、36 ℃和 38 ℃ 3 个处理，于玉米拔节期进行持续 10 d 的温度控制试验，比较叶片光合作用光反应和暗反应阶段对不同高温的响应，以及叶片气孔和叶绿体超微结构的变化。结果表明，光反应阶段，38 ℃处理下的光系统Ⅱ最大光化学量子产量(F_v/F_m)和实际光化学量子产量 Y(Ⅱ)与其他处理相比均显著降低，但胁迫解除后均恢复至正常水平，而其他 3 个处理无显著性差异；暗反应阶段，与对照相比，36 ℃和 38 ℃处理的叶片净光合速率(P_n)均显著降低，胞间 CO_2 浓度(C_i)均显著升高，且 38 ℃处理在胁迫解除后 P_n 未能恢复。透射电镜结果显示，在 36 ℃和38 ℃处理下，叶绿体结构逐渐紊乱降解，脂质球体含量增加，淀粉粒合成减少。综上可知，对于玉米叶片“源”，日最高温的胁迫阈值是 36 ℃，阈值附近的高温胁迫主要是限制光合作用的暗反应阶段。

盛得昌等(2020)以热敏型玉米品种驻玉 309 为材料，设置对照(CK)和两个高温处理高温(HT_1)和极高温(HT_2)，研究不同程度日间高温对玉米产量及穗部性状、物质生产及转运、籽粒库容的影响。结果表明，高温(HT_1)对玉米产量无显著影响，极高温(HT_2)显著降低玉米结实率和产量。植株株高在 HT_2 下表现为降低，叶面积则表现为 HT_2＞CK＞HT_1。花期高温胁迫显著降低吐丝期穗位叶净光合速率，但对叶绿素含量无显著影响。HT_2 降低穗粒数和总干物重，增加了成熟期茎、叶、苞叶干物质占单株地上干物质总重比例。高温胁迫增加籽粒粗蛋白含量、可溶性糖含量和淀粉含量。结果显示，HT_1 处理下玉米通过自身增加物质转运能力应对高温胁迫，HT_2 通过显著降低穗粒数而影响籽粒库容减小，造成不可逆损伤，同时影响了玉米“源”(叶面积)和流(物质转运与分配)的能力。

文章荣(2020)试验于 2017—2019 年在扬州大学农学院盆栽场进行，以苏玉糯 5 号和渝糯 7 号为材料，利用人工智能温室进行控温，称重法控制土壤含水量，研究了糯玉米产量、籽粒灌浆、组分代谢相关酶活性、内源激素含量以及胚乳发育在对照(CK)、高温(HS)、干旱(DS)和高温干旱(HDS)下的变化趋势。主要结果如下：①籽粒产量花后高温或干旱胁迫显著降低穗粒数和千粒重，进而降低籽粒产量。高温和干旱单因子胁迫下苏玉糯 5 号穗粒数无显著差异，渝糯 7 号穗粒数在高温胁迫下显著低于干旱胁迫。粒重和产量在高温胁迫下降幅大于干旱胁迫，高温干旱双重胁迫下籽粒产量、粒重和穗粒数降幅最大。②籽粒灌浆花后高温或干旱胁迫降低了灌浆中后期糯玉米籽粒重量和体积，双重胁迫影响最大。花后高温或干旱胁迫下籽粒含水率降速加快，导致灌浆进程缩短。花后高温或干旱胁迫显著降低灌浆结实期籽粒中种皮重量，且灌浆后期对种皮重量的影响较灌浆前期更显著；花后 5～20 d 籽粒中胚和胚乳重量在胁迫下增加，但花后 25～30 d 胚、胚乳和种皮重量增速在胁迫下显著受抑，导致灌浆后期籽粒干重降低。③籽粒胚乳细胞发育花后 5 d，高温或干旱胁迫增加了胚乳细胞的体积，细胞内尚无淀粉体积累，细胞壁建成较明显，易见到呈球形的细胞核；花后 10 d，胚乳细胞开始积累淀粉体，淀粉体呈球形，在细胞内呈簇状分布，对照和高温胁迫下淀粉体充实情况相似，干旱胁迫下淀粉体小于对照和高温胁迫，高温干旱双重胁迫下苏玉糯 5 号淀粉体小于渝糯 7 号；花后 15 d，各处理下胚乳细胞体积均显著增大，细胞内淀粉体数量增多，体积变大，胁迫下淀粉体积累量多于对照，胚乳细胞充实更快，高温和高温干旱双重胁迫下淀粉体数量及大小无显著差异；花后 20 d，胁迫下淀粉体几乎充满整个胚乳细胞，对照下淀粉体积累量比胁迫少，胁迫下胚乳细胞中淀粉体充实情况相似，无显著差异；花后 25 d，各处理下淀粉体均充满胚乳细胞，淀粉体排列紧密，处理间淀粉体大小无显著差异；花后 30 d，高温处理下淀粉体较小，对照、干旱和高温干旱处理下淀粉体较大且处理间淀粉体差异不显著。④籽粒组分代谢花后高温或干旱胁迫降低了籽粒中可溶性糖、淀粉以及清蛋白含量，提高了生育后期总蛋白、球蛋白、醇溶蛋白以及谷蛋白含量。花后高温或干旱胁迫显著提高了籽粒中 GOGAT 活性，高温和干旱单因子胁迫下 GOGAT 活性差异不显著，但显著低于双重胁迫。籽粒中 GOGAT、GS、SS、SPS、AGP、SBE、SDBE 和 SSS 活性随着灌浆进程先升后降，花后高温或干旱胁迫显著降低了籽粒中 AGP、SDBE、SBE、SSS、SPS、SS 以及 GS 活性，后期主要表现为 CK＞HS＞DS＞HDS。花后高温或干旱胁迫降低了籽粒中 IAA 含量，提高了 ABA 含量，高温干旱双重胁迫影响最大。相关分析结果表明，糯玉米产量与籽粒中 GS、SPS、SS、AGP、SBE、SDBE、SSS 活性和 IAA 含量显著正相关，与 GOGAT 和 ABA 含量显著负相关，胁迫下籽粒中较低的 GS、SS、SPS 和 SSS 活性降低了灌浆后期籽粒中淀粉含量，进而降低籽粒粒重，导致籽粒产量损失，且高温干旱胁迫同时发生时影响大于高温或干旱单因素胁迫。

付景等（2019）为揭示玉米穗期高温胁迫对籽粒灌浆生理及产量的影响，以耐热型玉米品种郑单 958 和热敏感型玉米品种先玉 335 为试验材料，研究了第 9 片叶完全展开至抽雄期高温对玉米籽粒灌浆特性、淀粉合成酶活性、激素含量和产量的影响。结果表明，穗期高温处理，郑单 958 和先玉 335 的产量分别比对照降低了 11.14％和 25.40％；2 个品种的粒重和灌浆前期的灌浆速率降低，到达最大灌浆速率的时间延迟，灌浆速率最大时的生长量减小，活跃灌浆期延长；灌浆前期籽粒淀粉合成酶活性降低；高温对先玉 335 的影响明显高于对郑单 958。高温处理后，2 个品种籽粒中的生长素、玉米素核苷和赤霉素含量变化趋势一致，均表现为灌浆初期降低，灌浆后期升高，脱落酸含量表现则相反。

（五）大风

李树岩等（2015）曾利用 2013 年 8 月 1 日河南南阳地区夏玉米大风倒伏灾害的调查数据，分析抽雄期前后不同类型倒伏对夏玉米生长及产量形成的影响，研究不同品种的抗倒性差异和适播期。调查对象为 5 个播期的浚单 20 和 3 个播期的郑单 958，倒伏类型划分为根斜、根倒、茎折和折断 4 种。研究表明，各品种及播期均于抽雄前至抽雄后 15 d 倒伏率较高。浚单 20 各播期的总倒伏率为 86.0％～98.5％，郑单 958 各播期的总倒伏率为 60.0％～76.4％，且播种越早的播期总倒伏率越低。浚单 20 倒伏发生时，播期Ⅱ～Ⅴ的夏玉米生育时期接近抽雄，以根倒类型为主，倒伏率为 53.0％～84.3％，已过抽雄期的播期Ⅰ夏玉米以茎折倒伏为主，倒伏率为 37.5％。倒伏发生后干物质积累显著降低，各倒伏类型对干物质积累的影响总体表现为茎折＞根倒＞根斜，播种越晚的总干物质积累越少。倒伏对干物质分配比例影响表现为叶片和茎秆干物质比例增大，果穗干物质比例减少。根倒和茎折两种倒伏类型使穗长显著变短，穗粗显著变细，穗粒数显著减少，抽雄后发生倒伏也会使百粒重显著降低；而根斜倒伏类型对各性状的影响均不显著。倒伏后产量损失严重，不同倒伏类型中茎折类型减产最多，浚单 20 和郑单 958 平均减产率分别为 74.2％和 68.7％，尤其是茎折发生在抽雄之前难以形成产量；其次是根倒，平均减产率分别为 46.3％和 46.5％；根斜产量损失最小，平均分别为 8.4％和 13.2％。大风倒伏灾害发生后，浚单 20 产量平均为 4959.9 kg/hm^2，产量随播期的推迟而减少；郑单 958 平均为 6026.1 kg/hm^2，随播期变化不明显，总体上，郑单 958 品种抗倒性好于浚单 20。

白晓军等(2004)研究发现，在甘肃河西走廊经常会发生春播期的低温大风天气，危害和影响制种玉米的生长发育。一方面，低温大风天气会造成玉米出苗缓慢、出苗率低、不整齐，甚至会严重缺苗。部分品种组合玉米苗期生长出现植株弯曲、叶片不能正常展开等畸形。另一方面，低温大风天气还会严重影响父母本的准确错期播种，从而给后期的花期良好相遇带来困难。低温对尚未出土的玉米生长发育进程影响还比较小，而对出土以后的玉米生长发育影响十分显著。因此，对父母本播种期错期，以上的品种组合如在低温大风年份仍按以往的经验天数错期播种就会出现后播亲本花期偏快、错期天数不足、花期不遇的问题。低温大风灾害天气虽然不能人为地对其本身进行干预和控制，但根据经验我们可以通过一系列农业综合措施来有效地减轻其危害和不利影响。

郭贝宁(2017)分别在夏玉米灌浆前期和灌浆后期进行倒伏试验，在根倒伏、茎折 2 种倒伏方式、倒伏后 3 d 和 7 d 进行人工扶植，比较不同倒伏方式的产量损失和不同扶植方式的产量差异。结果表明，在灌浆前期，玉米根倒后扶起的比不扶的产量高，倒伏后 3 d 扶植减产率为 18.90%，7 d 扶植减产率为 11.71%，而不扶植的减产率为 24.80%；茎折倒伏，3 d 后扶植减产率达 40.41%，7 d 后扶植减产率达 42.87%，而茎折后不扶植的减产率为 21.80%；在灌浆后期，根倒扶起的和不扶的产量差别不大；茎折后，不扶的产量和百粒重均比扶起的高很多；茎折后不扶的减产率仅有 3.79%，而 3 d 和 7 d 扶起的减产率分别为 18.54%和 13.36%。因此，在灌浆前期，根倒后要及时扶起来，以最大限度地减少产量损失。灌浆后期根倒可以不扶，任何时期的茎折倒伏都不要扶植。

李树岩等(2015)利用 2013 年 8 月 1 日河南南阳地区夏玉米大风倒伏灾害的调查数据，分析抽雄期前后不同类型倒伏对夏玉米生长及产量形成的影响，研究品种的抗倒性差异和适播期。调查对象为 5 个播期的浚单 20 和 3 个播期的郑单 958，倒伏类型划分为根斜、根倒、茎折和折断 4 种。研究表明，各品种及播期均于抽雄前抽雄后 15 d，倒伏率较高。浚单 20 各播期总倒伏率为 86.0%、98.5%，郑单 958 各播期总倒伏率为 60.0%、76.4%，且播种越早的播期总倒伏率越低。倒伏发生时，生育时期接近抽雄的播期Ⅱ和Ⅴ，以根倒类型为主，倒伏率为 53.0%、84.3%，已过抽雄期的播期Ⅰ以茎折倒伏为主，倒伏率为 37.5%。倒伏发生后干物质积累显著降低，各倒伏类型对干物质积累的影响总体表现为茎折＞根倒＞根斜，播种越晚的总干物质积累越少。倒伏对干物质分配比例影响表现为叶片和茎秆干物质比例增大，果穗干物质比例减少。根倒和茎折两种倒伏类型使穗长显著变短，穗粗显著变细，穗粒数显著减少，抽雄后发生倒伏也会使百粒重显著降低；而根斜倒伏类型影响均不显著。倒伏后产量损失严重，不同倒伏类型中茎折类型减产最多，浚单 20 和郑单 958 平均减产率分别为 74.2%和 68.7%，尤其是茎折发生在抽雄之前难以形成产量；其次是根倒，平均减产率分别为 46.3%和 46.5%；根斜产量损失最小，平均分别为 8.4%和 13.2%。大风倒伏灾害后，浚单 20 小区产量平均为 4959.9 kg/hm^2，小区产量随播期的推迟而减少，郑单 958 平均为 6026.1 kg/hm^2，随播期变化不明显。

（六）寡照

刘代惠等(2009)针对西南丘陵春玉米区阴雨低温灾害性天气逐年加重，导致玉米出现倒伏倒折及灌浆结实不良等问题，结合田间多年实践，提出育苗移栽、配方施肥、地膜覆盖、排水防涝、化学调控等玉米减灾防御对策。

王铁固等(2012)采用长日照 15 h、短日照 9 h 和长短日照相互挪移处理玉米自交系黄早 4

和 CML288，利用激光扫描共聚焦显微镜观察了玉米茎尖的形态变化，调查了玉米的主茎叶片数、抽雄散粉期和吐丝期等主要生育性状。结果表明，短日照能促进玉米茎端分生组织向生殖生长转化，促进开花，减少玉米的主茎叶片数，缩短玉米的生育期，而长日照则相反；当从短日照挪移到长日照时，黄早 4 在第五和第六片展开叶之间、CML288 在第六和第七片展开叶之间的挪移，玉米的主茎叶片数突然减少，同时在短日照条件下黄早 4 和 CML288 的茎端分生组织也分别在第五和第六片展开叶、第六和第七片展开叶之间发生了形态变化。茎端生长锥伸长变成圆锥体开始花的发育，而当从长日照挪移到短日照时，玉米的主茎叶片数呈现连续性变化。因此，光周期诱导玉米开花的敏感时期因光照条件和品种有一定差异，长日照条件下玉米的光周期反应不敏感。短日照条件下光周期诱导的敏感时期黄早 4 在第五和第六片展开叶之间，CML288 在第六和第七片展开叶之间。

张占琴等(2015)以新玉 15 号为供试品种，研究了春播和麦后复播青贮玉米(复播 1 期，6 月 30 日播种；复播 2 期，7 月 10 日播种)在产量、干物质积累和光温气候资源利用等方面的差异。结果表明，春播、复播 1 期、复播 2 期的群体干物质产量分别为 15615 kg/hm^2、17615 kg/hm^2、14617 kg/hm^2，春播、复播 1 期、复播 2 期鲜重产量分别为 53988 kg/hm^2、67251 kg/hm^2、68327 kg/hm^2；复播青贮玉米生育期明显缩短，光合有效辐射和≥10 ℃积温较春播少；复播 1 期苗期、穗期、灌浆期均处于最适温度范围之内；春播、复播 1 期、复播 2 期的 LAI 峰值为 5.01、5.72、6.36，总光合势分别为 2.45×10^6 $m^2/(d\cdot hm^2)$、2.84×10^6 $m^2/(d\cdot hm^2)$、3.37×10^6 $m^2/(d\cdot hm^2)$。复播青贮玉米的产量潜力主要在于大喇叭口期之前生育期优越的光温资源条件，且大喇叭口期之前干物质积累速率较春播快。

周卫霞等(2013)以不耐阴型玉米豫玉 22 和耐阴型玉米郑单 958 为试验材料，设置自然光照和弱光胁迫 2 个处理，研究弱光胁迫对不同基因型玉米籽粒建成和碳氮代谢的影响，探求弱光胁迫下碳氮代谢与籽粒建成的关系。结果表明，弱光胁迫下，玉米籽粒生长发育减缓，败育粒增加，籽粒体积和干重降低；果穗顶部籽粒可溶性糖、蔗糖含量和全氮含量升高，淀粉含量和碳氮比降低；豫玉 22 胚乳细胞中淀粉粒密度降低，郑单 958 与对照相近。弱光胁迫下，不耐阴型玉米豫玉 22 果穗籽粒的生长发育减缓程度大于耐阴型玉米郑单 958，同一基因型果穗顶部籽粒生长发育减缓程度大于中部籽粒，耐阴型玉米郑单 958 在恢复自然光照后籽粒体积、干重、籽粒碳氮含量和碳氮比与对照之间的差异均小于豫玉 22，表现出更强的补偿效应。淀粉合成能力和碳氮比的下降可能是弱光胁迫条件下籽粒发育不良，以致最终造成败育的主要原因。

刘如香(2019)研究阴雨寡照天气对玉米生长的影响。阴雨寡照降低了玉米光合速率，影响物质生产，延迟抽雄吐丝，不利于雄穗散粉、雌穗授粉以及籽粒灌浆。阴雨寡照使得田间温度低、湿度大，致使玉米生长势弱并引发多种病害；雨大时还易形成涝渍，玉米根系生长和吸收受到抑制，光合能力、穗粒数、千粒重下降，进而导致玉米产量的下降。

张金萍等(2007)分析寡照对玉米的影响，玉米进入扬花授粉期遭遇连降暴雨，会造成不能授粉，授粉后被雨水冲刷无法形成有效授粉，使玉米不能正常结穗，即使出穗也容易形成秕籽，秃穗；病虫害严重发生，由于玉米长时期在阴雨天气环境中，导致蚜虫、青虫、玉米螟及叶斑病、青枯病、矮花叶病等病虫害的滋生蔓延；容易造成玉米倒伏，玉米长期在雨水或水分较大的环境中生长，使玉米根系不能正常生长发育，遇到强风极易出现倒伏；推迟成熟期，影响小麦等下茬作物正常播种，低温寡照，不能形成有效的积温，无法使玉米在正常成熟期内成熟，势必使成熟期向后推迟，无法按时给小麦腾茬，影响小麦的正常播种。

高志英等(2020)为探明光氮互作条件下玉米生长发育特征及光合生理机制，为通过合理施肥缓解玉米弱光胁迫提供科学依据。采用盆栽试验，研究不同光照强度和氮素水平对玉米生长发育、光合生理及干物质积累的影响。结果表明，中低氮水平下，遮阴处理的玉米生育后期株高较自然光处理有所降低；不同施氮水平灌浆期上部叶、穗位叶和下部叶叶面积也均小于自然光处理，下降幅度分别为13.0%～35.9%、6.1%～28.5%和9.7%～26.4%，生育前期功能叶片叶绿素含量和全生育期净光合速率也有不同程度降低，拔节期叶中可溶性糖含量显著下降11.1%～46.5%($P<0.05$)；中高氮水平下，遮阴处理玉米总生物量显著降低33.1%～49.7%($P<0.05$)。遮阴条件下，低氮处理的不同部位叶片叶面积、净光合速率及根长均高于高氮处理，叶中可溶性糖含量及总生物量也分别较中高氮处理增加19.4%～108.3%和51.1%～85.6%。这些结果表明，在遮阴条件下，玉米生长发育受抑制且低氮处理较中高氮处理更有助于玉米干物质累积。

(七)其他

1. 干旱

干旱是指长时期降水偏少，造成大气干燥，土壤缺水，使农作物体内水分亏缺，影响正常生长发育而减产。玉米属于半湿作物，对缺水敏感性比水稻弱，但比甘蔗、小麦、高粱、棉花、大豆、烟草、西瓜、马铃薯、花生、谷子等都强。由于中国玉米种植区大都属于干旱、半干旱或偏干旱区，水资源匮乏，所以，玉米受干旱的危害较为常见，按干旱发生的季节不同，可分为春旱、夏旱和秋旱(刘茜，2012)。

闫振华等(2021)利用人工智能温室，采用盆栽试验，以郑单958(ZD958)和华农138(HN138)为试验材料，设置对照(CK)、高温胁迫(T)、干旱胁迫(D)和高温干旱复合胁迫(TD)4个处理，研究了夏玉米雄穗形态、花药、花粉结构、花粉活力及雄穗抗氧化指标和产量对花期高温、干旱的响应特征。2年结果表明，高温、干旱及复合胁迫使玉米雄穗分枝数、主轴小花数和分枝小花密度显著减少，T处理3个参数分别平均比CK减少17.31%、15.70%、13.56%，D和TD处理分别比CK减少33.85%、24.87%、27.08%和45.59%、32.02%、26.00%，干旱及复合胁迫使玉米雄穗主轴比CK平均显著缩短23.64%和27.51%。花期高温、干旱胁迫均导致花药皱缩变形，绒毡层细胞结构松散，花粉粒表面凸起，复合胁迫加剧了花药皱缩变形，绒毡层细胞裂解，药隔维管束变细减少，花粉粒网纹状凸起更为明显，萌发孔内陷。高温、干旱及复合胁迫显著降低雄穗日散粉量，T、D和TD处理日散粉量分别比CK平均减少22.18%、54.75%和67.28%，且使最大散粉量日期提前；T、D和TD处理高活力花粉所占比例显著低于CK，且两两间差异达显著水平。T处理雄穗SOD、POD酶活性升高，较CK平均提高21.91%、32.50%，D和TD处理较CK平均增加24.95%(SOD)、53.37%(POD)和17.12%(SOD)、67.24%(POD)，峰值均与CK有极显著差异；T、D和TD处理下雄穗MDA含量较CK平均增加44.18%、64.24%和79.12%，处理间峰值差异达显著水平。高温、干旱及复合胁迫导致玉米产量和行粒数大幅度降低，T、D和TD产量比CK平均降低18.05%、34.58%、46.24%，行粒数比CK平均减少24.58%、41.80%和52.99%。胁迫处理下，2个品种以HN138雄穗分枝数、主轴小花数和分枝小花密度下降幅度大于ZD958，且HN138的高活力花粉占比和散粉量比ZD958分别减少27.00%和17.28%；HN138花药和花粉结构畸变程度超过ZD958，其抗氧化酶活性升高幅度小于ZD958，但MDA含量比ZD958高13.07%，2个品种以 HN138 对高温、干旱及复合胁迫响应更为敏感。玉米花期高温、干旱及复合胁迫显著抑制雄穗生长发育，导致花药和花粉形态结构畸变，抗氧化酶活性降低，散粉量显著减少，导致穗粒数减少，最终导致产量下降；高温干旱复合胁迫对玉米雄穗的影响大于干旱胁迫大于高温胁迫，不同类型品种对高温、干旱的响应程度不同。

2. 霜害

玉米霜害是在玉米温暖季节两头的过渡时期里，温度下降到足以引起玉米植株遭到伤害或死亡的短时间的低温冻害。根据霜害发生的时期，可将其分为早霜害和晚霜害 2 种。早霜害是由温暖季节向寒冷季节过渡的时期里发生的霜害。一般发生在秋季，所以也叫秋霜害，主要危害生育期长或贪青晚熟的玉米。晚霜害是由寒冷季节向温暖季节过渡的时期里发生的霜害。中纬度地带发生在春季，所以又叫作春霜害，危害春玉米的幼苗等。

夏权等(2016)研究农作物冻害程度之间的量化关系，以陇中地区玉米春霜冻害为研究对象，从霜冻灾害的致灾因子的危险性和承灾体的脆弱性出发，建立玉米冻害等级指标。主导指标采用最低地温负距平，能够反映玉米关键生育期作物耐寒程度的动态变化，实现了霜冻强度与作物生育期的结合；辅助指标采用逐时负地积温与日最低地温，体现霜冻强度是低温强度与低温持续时间的累计效应；再参考作物受冻率，构成了完备的春霜冻害指标体系。该指标计算简便，物理及物候学意义显著，经检验与实际情况吻合度达到 80%，可在业务中推广应用。

3. 低温冷害

低温冷害是指 0 ℃以上低温对玉米的危害。冷害是中国北方玉米生产区的主要灾害，主要发生在黑龙江、内蒙古、吉林、辽宁、陕西、甘肃及河北北部等省(区)。引起冷害的低温，虽然不低于 0 ℃，不发生结冰现象，但对玉米这种喜温作物来说也可以引起它们的生理障碍，使玉米受伤甚至死亡。冷害引起的症状与热害相似，主要表现为生长发育迟缓、晚熟、籽粒稀疏、秃尖、果穗变短等。

石如意等(2018)研究了 ABA 对玉米苗期耐寒性的影响，选取了耐寒能力强的青农 105 和冷敏感的农华 101 为试验材料，对其进行低温和外施 ABA 处理后，测定 2 个玉米品种的 MDA 含量、相对电导率、可溶性糖含量、保护酶活性和激素含量，并通过荧光定量 PCR 对低温胁迫相关基因的表达量进行了比较。结果如图 4-3 所示，外源 ABA 处理降低了低温胁迫下 2 个玉米品种的 MDA 含量和相对电导率，提高了可溶性糖含量。抗寒品种青农 105 的 MDA 含量和电导率下降幅度大，而可溶性糖含量上升幅度大，外源 ABA 对抗寒性强的青农 105 作用更明显。对植物体内保护酶活性和激素含量分析发现，外源 ABA 可以提高低温胁迫下 2 个品种的 SOD、POD、CAT、AXP 活性，增强清除活性氧的能力，减少活性氧物质的积累，抗寒品种青农 105 的 SOD、POD、CAT、AXP 活性增幅较大，外源 ABA 对抗寒品种青农 105 作用更明显。

外源 ABA 处理明显提高了低温胁迫下 2 个玉米品种的内源 ABA 的含量，降低了 GA、ZR、IAA 含量，低温及 ABA 处理对抗寒品种青农 105 作用更明显。分子水平的数据表明，外源 ABA 处理增强了低温条件下一些与逆境胁迫相关基因的表达。对青农 105 和农华 101 的抗寒基因分析表明，低温胁迫诱导 2 个品种的 Apx1、Fad8、Lip15、Cat3 基因及抗寒品种青农 105 的 Dreb1 和 Asr1 基因的表达，抑制冷敏感品种农华 101 的 Dreb1 和 Asr1 基因的表达，结果发现，外施 ABA 对耐寒性强的玉米品种作用明显，为我国北方地区春玉米的生产提供了一些抵御冷害的策略。

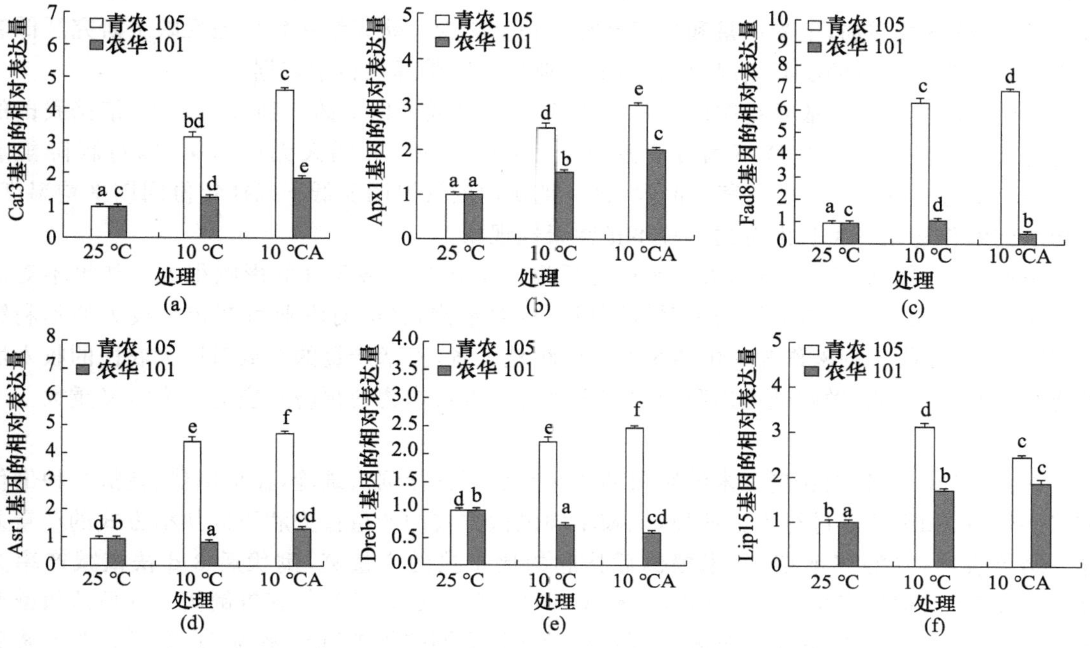

图 4-3 低温胁迫下外源 ABA 对玉米幼苗抗寒相关基因表达的影响

（引自石如意 等，2018. 低温胁迫下外源 ABA 对玉米幼苗抗寒性的影响）

黄伟超等(2018)研究了灾害性天气胁迫下不同基因型玉米幼苗抗氧化系统及渗透调节物质的差异响应，选用先玉 335 和丰禾 1 号为供试品种，设置了常温对照(CK)和低温处理(L)，采用盆栽方式种植，随机设计。结果表明，低温胁迫会影响玉米形态的建成，降低株高、叶面积、总干重、根长、根表面积和根体积，且先玉 335 的指标下降值小于丰禾 1 号。低温胁迫下叶片内的丙二醛(MDA)和超氧阴离子(O^{2-})含量会明显升高，先玉 335 的积累量小于丰禾 1 号。随着有害物质的积累，叶片内的超氧化物歧化酶(SOD)、过氧化物酶(POD)和过氧化氢酶(CAT)活性随之升高，以便清除有害物质，保护细胞膜。先玉 335 的酶活性在低温胁迫时上升快于丰禾 1 号。可溶性蛋白、可溶性糖和脯氨酸含量在低温胁迫下会升高，这有利于维持细胞膨压，减少低温损伤。可见玉米会调节自身生理代谢，从而减少低温带来的损伤。

孙琳丽等(2016)介绍了不同强度和持续日数的低温冷害对玉米生物量累积和产量的影响，对农业防灾减灾具有重要意义。该研究以河套灌区玉米低温冷害为研究对象，在对 WOFOST 模型进行参数校准的基础上，通过数值模拟试验方法，对模型在研究区域上的适应性进行了分析、检验，同时探讨了不同发育阶段出现不同强度和持续日数低温对玉米贮存器官生物量累积和产量的影响。结果表明，在玉米出苗—灌浆期中的每个发育期发生低温时，玉米贮存器官生物量累积和产量对低温强度和持续日数的响应程度基本一致；当降温强度不同、持续日数相同时，灌浆期低温对玉米产量和贮存器官生物量累积的影响最大；当降温强度相同、持续日数不同时，低温持续日数 1 d，玉米拔节至抽雄期发生的低温对贮存器官生物量和产量的影响最大，低温持续日数大于 3 d 时，玉米灌浆期发生的低温对贮存器官生物量和产量的影响最大;发生时段不同时,出苗至拔节期发生的低温,玉米产量和贮存器官生物量随着低温持续日数增加而减少,但持续日数相同,不同低温强度对其影响差别不大;其他发育阶段随着低温强度加大,持续日数增加,玉米产量和贮存器官生物量减少。研究结果较好地反映了研究区低温冷害对玉米生长影响的实际情况,可为当地农业生产决策提供科学依据。

连阴雨在气象上一般是指阴雨天连续达到 4～5 d 或者以上的一种天气现象,依据我国的灾害性天气标准,第一,连续下雨 5 d 及以上(期间允许 1 d 阴天无雨);第二,过程降雨量≥30 mm。低温冻害一般是指某一时段、某一地域内的气温明显低于以往年份同期平均温度,且影响到农作物正常生长发育的一种不正常天气现象。

王亚等(2016)的研究表明,农业生产受低温连阴雨等灾害天气的影响很大。如果不对低温连阴雨灾害天气做好有效预防和采取积极的应对举措,将会对农业生产带来极大的不利影响,甚至颗粒无收。湖南作为中国传统的玉米种植大省,玉米产量的高低对广大农民的收入增长有很大影响,因此,做好低温连阴雨灾害天气对玉米农作物的预防和应对举措意义重大。

4. 暴雨

郭贝宁(2017)分别在夏玉米灌浆前期和灌浆后期进行倒伏试验,在根倒伏、茎折 2 种倒伏方式倒伏后 3 d 和 7 d 进行人工扶植,比较不同倒伏方式的产量损失和不同扶植方式的产量差异。结果表明,在灌浆前期,玉米根倒后扶起的比不扶的产量高,倒伏后 3 d 扶植减产率为 18.90%,7 d 扶植减产率为 11.71%,而不扶植的减产率为 24.80%;茎折倒伏,3 d 后扶植减产率达 40.41%,7 d 后扶植减产率达 42.87%,而茎折后不扶植的减产率为 21.80%。在灌浆后期,根倒扶起的和不扶起的产量差别不大;茎折后,不扶起的产量和百粒重均比扶起的高很多;茎折后不扶起的减产率仅有 3.79%,而 3 d 和 7 d 扶起的减产率分别为 18.54%和 13.36%。因此,在灌浆前期,根倒后要及时扶起来,以最大限度地减少产量损失。灌浆后期根倒可以不扶,任何时期的茎折倒伏都不要扶植。在该试验的基础上,建立了夏玉米倒伏灾害灾损评估模型,实用性较强。

参考文献

白晓军,闫明,2004. 播种期低温、大风天气对玉米制种影响及对策[J]. 种子世界(1):39.

鲍巨松,杨成书,薛吉全,等,1990. 水分胁迫对玉米生长发育及产量形成的影响[J]. 陕西农业科学(3):7-9.

柴举畔,张建莉,2020. 试论水分胁迫对干旱地区玉米生长发育及产量的影响[J]. 种子科技,38(5):10,12.

陈兵兵,石元亮,陈智文,2011. 不同 P、K、Si 肥对玉米苗期抗寒效果的研究[J]. 中国农学报,27(3):85-89.

陈庆华,周小刚,郑仕军,等,2010. 四川省玉米田杂草化学防除技术研究[J]. 杂草科学(3):38,39.

陈笑娟,胡会芳,俞海洋,等,2016. 邯郸市冰雹气候特征及夏玉米致灾因子危险性区划[C]//第 33 届中国气象学会年会.

陈威,吴欣,许海良,等,2019. 国审青贮玉米品种抗病性与种植密度相关分析[J]. 陕西农业科学,65(8):19-24.

陈秀兰,赵可夫,1996. NaCl 胁迫对玉米种子萌发的抑制及外源 Ca^{2+} 的缓解效应[J]. 华北农学报(4):91-94.

陈允秀,2017. 玉米花期高温热害及其缓解栽培技术[J]. 农技服务,34(16):27.

崔婷茹,范志强,郭晋杰,2019. 低温胁迫对玉米种子萌发和幼苗活力的影响[J]. 山西农业科学,47(10):1695-1699.

代真林,汪娅婷,姚秀英,等,2020. 玉米大豆间作模式对玉米根际土壤微生物群落特征,玉米产量及病害的影响[J]. 云南农业大学学报:自然科学版,35(5):9.
杜冬冬,2020. 盐碱条件下植物根际菌促生作用的研究[D].泰安:山东农业大学.
樊翠芹,王贵启,李秉华,等,2009. 不同耕作方式对玉米田杂草发生规律及产量的影响[J]. 中国农学通报,25(10):207-211.
范晓慧,吕志远,郭克贞,等,2014. 毛乌苏沙地膜下滴灌青贮玉米作物需水量研究[J]. 灌溉排水学报,33(1):65-67,73.
冯慧民,2001. 高温干旱对玉米制种花期影响与对策[J]. 种子世界(4):16.
付景,孙宁宁,刘天学,等,2019. 穗期高温对玉米籽粒灌浆生理及产量的影响[J]. 作物杂志(3):118-125.
高盼,徐莹莹,杨慧莹,2017. 水分胁迫对半干旱地区玉米生长发育及产量的影响[J]. 黑龙江农业科学(8):17-20.
高英波,张慧,王竹,等,2019. 夏玉米品种花期耐热性鉴定与评价[J]. 山东农业科学,51(6):43-48.
高志英,张兆沛,樊蕾,等,2020. 光照强度和氮素水平对玉米生长发育、光合生理及干物质积累的影响[J]. 云南农业大学学报(自然科学),35(2):187-195.
龚雨田,孙书洪,闫宏伟,2017. 不同生育期水分胁迫对玉米农艺性状的影响[J]. 节水灌溉(5):34-36,41.
郭贝宁,2017.夏玉米大风暴雨不同倒伏方式的产量灾损评估研究[J].安徽农业科学,45(30):173-175.
郭春明,李建平,任景全,等,2017. 低温胁迫对玉米光合特性及粒重的影响[J]. 东北农业科学(4):5-10.
郭继柱,2018. 青贮玉米高产栽培技术[J]. 黑龙江畜牧兽医(6):145,146.
郭太忠,袁刘正,赵月强,等,2014. 渍涝对玉米产量和根际土壤微生物的影响[J]. 湖北农业科学,53(3):505-507.
郭文建,刘海,2014. 高温胁迫对玉米光合作用的影响[J]. 天津农业科学,20(4):86.
郭雪岗,王玉强,马栋,等,2016. 10%四氯虫酰胺悬浮剂(9080TM)防治玉米田棉铃虫田间药效试验[J]. 基层农技推广(5):3.
韩海亮,章金明,包斐,等,2021. 不同性诱剂对亚洲玉米螟的诱捕效率及在种群监测中的应用[J]. 植物保护,47(5):310-313,319.
何发林,孙石昂,于灏泳,等,2020. 氯虫苯甲酰胺拌种对3种玉米地下害虫的防治效果[J]. 植物保护,46(1):253-261.
何文铸,刘永红,2007. 青贮玉米耐旱关键指标的筛选及其遗传研究[J]. 湖南农业大学学报(自然科学版)(33):103-108.
洪晓月,丁锦华,2020. 农业昆虫学[M]. 北京:中国农业出版社.
侯明生,黄俊斌,2014. 农业植物病理学[M]. 北京:科学出版社.
黄凯,缪勇,邵正飞,2014. 不同玉米品种的抗螟性测定[J]. 农学学报,4(12):5.
黄伟超,范宇博,王泳超,2018. 低温胁迫对玉米幼苗抗氧化系统及渗透调节物质的影响[J]. 中国农学通报,34(24):6-12.
嵇仁兰,许传中,2005. 持续高温干旱对夏玉米的影响及对策[J]. 上海农业科技(3):70,71.
加孜拉,白云岗,曹彪,2019. 北疆寒旱区不同水分处理对膜下滴灌青贮玉米植株生长与产量的影响[J]. 中国农学通报,35(16):6-14.
贾良良,黄少辉,刘学彤,等,2020. 花期高温对不同夏玉米品种花粉活力和产量的影响[J]. 江苏农业科学,48(18):92-95.
贾曦,王璐,刘振林,等,2016. 玉米‖花生间作模式对作物病害发生的影响及分析[J]. 花生学报,45(4):6.
贾相春,杨志强,贾朝阳,2018. 花期高温热害对周口市夏玉米种植的影响及管理对策[J]. 农民致富之友(23):55.
姜辉,2016. 苗期低温胁迫对玉米根系生长的影响[J]. 黑龙江农业科学(2):15-17.

景宇鹏,2014. 土默川平原盐渍化土壤改良前后土壤特性及玉米品种耐盐性研究[D]. 呼和浩特:内蒙古农业大学.

库尔班妮萨・奥布力喀斯木,王俊,王志慧,等,2021. 新疆玉米产区 47 个主栽玉米品种抗虫性评价[J]. 新疆农业科学,58(7):10.

李保军,张兰松,朱静,等,2016. 氮磷钾锌对玉米茎基腐病及产量的影响[J]. 河北农业科学,20(4):4.

李冬霞,黄校华,梁赵秀,等,2019.5 种药剂防治玉米草地贪夜蛾田间药效试验[J]. 广西植保,32(4):3.

李红,晋齐鸣,孟灵敏,等,2012. 青贮玉米品种对丝黑穗病抗性评价分析[C]//中国植物病理学会 2012 年学术年会论文集. 中国植物病理学会.

李晶,张丽芳,焦健,等,2015. 低温胁迫下外源 ABA 对玉米幼苗生长的影响[J]. 东北农业大学学报,46(11):1-7.

李可凡,张蕊,2015. 外源水杨酸对玉米幼苗抗低温胁迫能力的影响[J]. 浙江农业科学,56(6):789-791.

李凝,王楚茜,赵军,等,2021. 灾害性天气对阜新市农业生产的影响及防灾减灾措施[J]. 农业工程,11(7):52-56.

李强,张林森,刘辉,等,2014. 水分胁迫对玉米苗期形态及生理指标的影响[J]. 甘肃农业科技(1):36-38.

李乔,李明,晏君瑶,等,2019. 玉米耐盐碱生理特性的杂种优势及遗传分析[J]. 玉米科学,27(2):21-28,35.

李琴理,石洁,何康来,等,2021. 化学防控玉米蛀穗害虫对减轻拟轮枝镰孢穗腐病及伏马毒素的作用[J]. 中国农业科学,54(17):10. DOI:10.3864/j.issn.0578-1752.2021.17.012.

李少昆,2011. 西南玉米田间种植手册[M]. 北京:中国农业出版社.

李树岩,王宇翔,胡程达,等,2015. 抽雄期前后大风倒伏对夏玉米生长及产量的影响[J]. 应用生态学报,26(8):2405-2413.

李涛龙,胡笑涛,王文娥,等,2017. 水分胁迫对玉米叶片脯氨酸和丙二醛含量的影响[J]. 节水灌溉(6):34-37.

李婷,2016. 水分胁迫对玉米生长发育和生理指标的影响研究[D]. 沈阳:沈阳农业大学.

李文,李伶俐,王志强,等,2016. 喷施锌钼肥对渍涝胁迫玉米生长发育及产量和品质的影响[J]. 河南农业大学学报,50(5):593-597.

李艳丽,2019. 夏玉米高温热害及应对措施[J]. 种业导刊(3):29,30.

李扬汉,1998. 中国杂草志[M]. 北京:中国农业出版社.

李永生,耿淑艳,王永和,2012. 不同质量浓度的蔗糖和硼酸对北京杨花粉萌发的影响[J]. 吉林林业科技,41(5):1-4.

李有明,金黎明,马现斌,等,2010. 鄂北夏玉米田间杂草的化学防除技术[J]. 农村经济与科技,21(6):150.

李余良,刘建华,郑锦荣,等,2013. 高温胁迫下甜玉米雌穗发育基因差异表达谱分析[J]. 作物学报,39(2):269-279.

李远,2012. 不同玉米品种(系)对玉米蚜 Rhopalosiphum maidis Fitch 种群增长的影响及其抗蚜性初步鉴定[D]. 郑州:河南农业大学.

梁茜,陈家鑫,葛均筑,等,2019. 渍水时期对青贮玉米茎节发育的影响研究[C]//中国作物学会. 2019 年中国作物学会学术年会论文摘要集:1.

梁巧玲,马德英,2007. 农田杂草综合防治研究进展[J]. 杂草科学(2):14,15.

梁涛,刘景利,2009. 水分胁迫对玉米生长发育和产量的影响[J]. 安徽农业科学,37(35):17436,17437,17472.

刘代惠,罗阳春,何川,2009. 西南丘陵寡照区玉米减灾防御对策[J]. 农业科技通讯(4):138,139.

刘海,郭建文,2014. 高温胁迫对玉米生长期生理特性的影响[J]. 天津农业科学,20(3):105-107.

刘虎,魏永富,郭克贞,2013. 北疆干旱荒漠地区青贮玉米需水量与需水规律研究[J]. 中国农学通报(33):94-100.

刘军,辛树权,时东方,2015. 植物促生菌对石油污染土壤中向日葵幼苗生理指标的影响[J]. 吉林农业大学学报,37(5):562-567.
刘茜,2012. 论玉米生产中如何应对极端自然灾害天气[J]. 农村实用科技信息(8):7.
刘如香,2019. 阴雨寡照对玉米生产的影响及应对措施[J]. 现代农村科技(7):19,20.
刘艳,李波,张文涛,等,2017. 生物有机肥对盐碱地春玉米生理特性及产量的影响[J]. 作物杂志(2):98-103.
刘勇,周俗,刘丽,等,2019. 不同青贮玉米品种抗病性评价[J]. 草原与草坪,39(2):5.
刘元昌,蔡立,1994. 锌对增强玉米耐涝抗渍的作用及其机理初探[J]. 长江流域资源与环境(1):29-34.
刘元元,孟娜,2019. 高温热害对玉米生长的危害与预防措施[J]. 吉林农业(20):28.
卢红芳,石向军,胡阳阳,等,2020. 灌浆期高温与干旱对小麦籽粒淀粉合成相关酶基因表达的影响[J]. 麦类作物学报,40(5):517-525.
卢向阳,2003. 茎叶处理型除草剂使用中应注意的问题[J]. 农药科学与管理,24(8):25-27.
卢信,赵炳梓,张佳宝,等,2005. 除草剂草甘膦的性质及环境行为综述[J]. 土壤通报,36(5):785-790.
路振广,邱新强,张明智,等,2019. 干旱胁迫对夏玉米叶片光合特性及产量的影响[J]. 节水灌溉(2):34-42.
罗梅浩,赵艳艳,刘晓光,等,2007. 不同玉米品种的抗虫性研究[J]. 玉米科学,15(5):4.
罗英舰,刘君鹏,蒙懿练,等,2018. 苗期调亏灌溉对玉米生理生化特性及养分积累的影响[J]. 江苏农业科学,46(24):79-82.
马霞,张磊,杨文海,等,2018. 冰雹灾害对青贮玉米的影响及防御措施研究[J]. 河南农业(20):49,50.
梅必主,1990. 鄂西南山区旱田杂草的种类、分布及危害调查初报[J]. 湖北农业科学(7):20,21.
梅红,李天林,王琳,等,2002. 云南省玉米地杂草发生危害及防治初步研究[J]. 云南农业大学学报,17(2):150-153.
慕立义,1994. 植物化学保护研究方法[M]. 北京:中国农业出版社.
宁金花,张艳桂,解娜,等,2015. 苗期渍涝对南方春玉米形态影响的试验研究[J]. 华北农学报,30(S1):449-455.
祁利潘,陶洪斌,周祥利,等,2013. 化学药剂处理对灌浆期低温条件下玉米光合特性及产量的影响[J]. 玉米科学,21(3):52-56.
强胜,2001. 杂草学[M]. 北京:中国农业出版社.
强胜,李扬汉,1990. 安徽沿江圩丘农区夏收作物田杂草群落分布规律的研究[J]. 植物生态学报,14(3):212-219.
任火英,敖礼林,陈兆虎,2020. 玉米高温热害综合防控措施[J]. 科学种养(6):17-19.
任丽雯,刘明春,王兴涛,等,2019. 拔节和抽雄期水分胁迫对春玉米生长和产量的影响[J]. 中国农学通报,35(1):17-22.
任仰涛,金彦刚,李辉晖,等,2019. 江苏淮北地区29个玉米新品种耐高温胁迫筛选[J]. 中国种业(6):38-42.
荣云鹏,戴京笛,王锡久,等,2017. 2016年灾害性天气对桓台县夏玉米产量影响分析[J]. 安徽农业科学,45(29):184,185,220.
芮鹏环,韩坤龙,王长进,等,2018. 灌浆期高温对玉米叶片抗氧化酶活性及渗透调节物质的影响[J]. 江苏农业科学,46(24):82-84.
邵靖宜,李小凡,于维祯,等,2021. 高温干旱复合胁迫对夏玉米产量和茎秆显微结构的影响[J]. 中国农业科学,54(17):3623-3631.
申孝军,高阳,刘浩,等,2010. 不同水分处理对青贮玉米产量和水分利用效率的影响[J]. 节水灌溉(6):6-9.
盛得昌,王媛媛,黄收兵,等,2020. 高温对玉米植株形态与功能、产量构成及籽粒养分的影响[J]. 玉米科学,28(5):86-92.
石如意,王腾飞,李军,等,2018. 低温胁迫下外源ABA对玉米幼苗抗寒性的影响[J]. 华北农学报,33(3):136-143.

史占忠，贲显明，张敬涛，等，2003. 三江平原春玉米低温冷害发生规律及防御措施[J]. 黑龙江农业科学(2)：7-11.
受娜，高玮，沈禹颖，等，2021. 不同施氮量对青贮玉米产量及水分利用效率的影响[J]. 草业科学，38(7)：1351-1361.
宋常吉，王振华，郑旭荣，等，2013. 北疆滴灌春小麦耗水特征及作物系数的确定[J]. 西北农业学报，22(3)：58-63.
宋晋辉，瓮巧云，吕爱枝，等，2020. 拔节期干旱胁迫对青贮玉米生育与品质的影响[J]. 中国农业科技导报，22(6)：161-167.
宋试金，2018. 种植方式和密度对夏玉米光合特征及产量的影响[J]. 乡村科技(1)：60.
宋淑云，晋齐鸣，张伟，等，2007. 深松土壤病原真菌数量分布对玉米病害发生趋势的影响[J]. 玉米科学，15(3)：130-132.
苏美霞，李玉宏，2011. 玉米深松改土保护性耕作技术及其效应试验研究[J]. 现代农业科技(6)：55.
苏少泉，1979. 均三氮苯类除草剂的新进展[J]. 农药工业译丛(2)：8-19，25.
苏少泉，1988. 茎叶处理除草剂的吸收与使用[J]. 现代化农业(3)：9-14.
孙浩，2016. 夏玉米品种盐碱胁迫耐受能力评价[J]. 玉米科学(1)：81-87.
孙加伟，戴鹏，徐伟，等，2020. 东北地区四种本地赤眼蜂对草地贪夜蛾寄生能力及适应性研究[J]. 环境昆虫学报，42(1)：6.
孙琳丽，侯琼，赵慧颖，等，2016. 河套灌区不同强度低温冷害对玉米生物量积累和产量的影响[J]. 生态学杂志(1)：17-25.
孙武，韩淑华，刘建民，等，2019. 不同玉米品种在小穗分化期和抽雄期对高温胁迫的响应差异[J]. 中国农学通报，35(17)：12-19.
滕伟超，刘东林，刘喜，2019. 青贮玉米品种筛选试验研究[J]. 基层农技推广，7(6)：10-12.
田耀加，梁广文，曾玲，等，2012. 间作对甜玉米田主要害虫与天敌动态的影响[J]. 植物保护学报，39(1)：6.
佟长福，李和平，石祥芝，等，2021. 土壤水分调控对滴灌青贮玉米作物系数和水分利用效率的影响[J]. 节水灌溉(3)：1-6.
王丹，高丽辉，张超，等，2015. 低温对玉米苗期生长的影响及抗逆栽培措施[J]. 辽宁农业科学(4)：60-63.
王芳，王汉宁，2012. 外源 NO 对 NaCl 胁迫下玉米幼苗氧化损伤的保护作用[J]. 草地学报，20(6)：1117-1122.
王洪刚，李丹，李杨，2008. 温度对玉米种子发芽及苗期生长的影响[J]. 黑龙江农业科学(1)：37-39.
王佳，李阳，贾倩民，等，2021. 种植密度与施氮对河西灌区青贮玉米产量与品质及水分利用效率的影响[J]. 西北农业学报，30(1)：60-73.
王磊，陈科伟，钟国华，等，2019. 重大入侵害虫草地贪夜蛾发生危害、防控研究进展及防控策略探讨[J]. 环境昆虫学报，41(3)：9.
王明华，李明，高祺，等，2016. 改良剂对苏打盐碱土玉米幼苗生长和生理特性的影响[J]. 生态学杂志，35(11)：2966-2973.
王宁，刘玉春，姜长松，等，2020. 不同灌水方式和施氮量对青贮玉米产量和水氮利用效率的影响[J]. 水利与建筑工程学报，18(4)：20-24.
王涛，田雪瑶，谢寅峰，等，2013. 植物耐热性研究进展[J]. 云南农业大学学报(自然科学)，28(5)：719-726.
王铁固，王翠玲，吴连城，等，2012. 玉米光周期反应的敏感时期研究[J]. 湖北农业科学，51(12)：2422-2425.
王喜印，王艳春，黄慧光，等，2009. 利用微生物农药白僵菌防治玉米螟虫技术[J]. 园艺与种苗(2)：143-145.
王霞，杨智超，钱海霞，等，2013. 添加外源物质硅对 NaCl 胁迫下玉米幼苗的缓解作用[J]. 安徽农业科学，41(17)：7404，7405.
王小林，张雄，朱晓晓，2019. 覆膜策略调节旱地玉米应对冰雹灾害的差异性研究[J]. 榆林学院学报，29(2)：

70-75.
王亚,张琳,2016. 低温连阴雨对湖南省玉米的影响分析[J]. 南方农业,10(21):221,223.
王艺煊,2021. 河套地区节水灌溉对青贮玉米产量及品质的影响研究[D]. 呼和浩特:内蒙古农业大学.
王永芳,马继芳,王孟泉,等,2019. 玉米重要害虫二点委夜蛾绿色生态防控技术示范效果[C]//中国植物保护学会2019年学术年会.
魏鸿钧,1953. 金针虫[J]. 农业科学通讯(8):348.
魏湜,罗宁,李晶,等,2014. 低温胁迫下玉米苗期根系保护酶活性及内源激素变化[J]. 东北农业大学学报,45(9):1-8.
魏守辉,张朝贤,翟国英,等,2006. 河北省玉米田杂草组成及群落特征[J]. 植物保护学报,33(2):212-218.
卫晓轶,洪德峰,马俊峰,等,2021. 植物受高温胁迫机理及对玉米生长影响的研究进展[J]. 耕作与栽培,41(1):41-45.
吴铱,1966. 轮作倒茬与沟金针虫的防治[J]. 昆虫学报(2):131-136.
文章荣,2020. 花后高温干旱胁迫对糯玉米籽粒发育的影响[D]. 扬州:扬州大学.
夏权,孙喆,吴芳蓉,等,2016. 陇中地区玉米春霜冻害等级指标研究[J]. 中国农学通报,32(31):167-171.
夏中卫,魏颖,郭春峰,等,2018. 不同药剂防治玉米穗期害虫效果评价[J]. 中国农技推广,34(4):3.
解婷婷,苏培玺,丁松爽,2009. 黑河中游边缘绿洲不同水分条件对青贮玉米叶片光合特性及产量的影响[J]. 西北农业学报,18(6):127-133.
徐爱清,2019. 玉米病害及高效防治技术研究[J]. 农家参谋(10):1.
徐春梅,2017. 溴氰虫酰胺种子处理防治玉米田小地老虎[D]. 泰安:山东农业大学.
徐雪,吕晓坤,何力,等,2013. 玉米不同品种对玉米蚜的抗性鉴定[J]. 云南农业大学学报(自然科学版),28(4):4.
徐莹莹,刘玉涛,高盼,等,2017. 吐丝期干旱胁迫对玉米生长及产量的影响[J]. 黑龙江农业科学(4):16-20.
薛光明,2021. 颍州区夏玉米灾害性天气的危害及其防灾减灾技术[J]. 安徽农学通报,27(14):49-51.
闫三强,吕宝乾,唐继洪,等,2021. 不同波长诱虫灯对3种玉米害虫的诱集作用[J]. 中国植保导刊,41(3):5.
闫迎迎,杨芳,李朋朋,2017. 高温胁迫对玉米生长期生理特性的影响[J]. 农家科技(5):59.
闫振华,刘东尧,贾绪存,等,2021. 花期高温干旱对玉米雄穗发育、生理特性和产量影响[J]. 中国农业科学,54(17):3592-3608.
杨德光,秦东玲,李钊,等,2016. 低温胁迫下外源水杨酸对玉米幼苗生理特性的影响[J]. 玉米科学(4):122-129.
杨德光,孙玉珺,Ali Raza Irfan,等,2018. 低温胁迫对玉米发芽及幼苗生理特性的影响[J]. 东北农业大学学报,49(5):1-8,44.
杨杰,韩登旭,阿布来提·阿布拉,等,2021. 新疆自然高温环境下玉米自交系开花期耐热性鉴定与评价[J]. 西北植物学报,41(8):1380-1390.
杨正海,2014. 安阳市夏玉米灾害性天气减灾措施[J]. 河南农业(13):59.
杨忠热,周从福,王英姣,等,2012. 玉米冰雹灾害补救措施[J]. 农技服务(5):612,613.
叶贵标,1999. 除草剂作用机理分类法及其应用[J]. 农药科学与管理(1):32-35.
殷山山,王春梅,王应清,等,2023. 不同玉米品种对草地贪夜蛾的田间抗虫性比较[J]. 云南农业科技(2):50-53.
尹小刚,王猛,孔箐锌,等,2015. 东北地区高温对玉米生产的影响及对策[J]. 应用生态学报,26(1):186-198.
尤东玲,2016. 外源Spd对渍涝胁迫下玉米幼苗生理及多胺代谢的影响[D]. 郑州:河南农业大学.
于婵,朝伦巴根,高瑞忠,等,2006. 人工草地青贮玉米高效灌溉制度研究[J]. 玉米科学(5):118-122,133.
于海瑞,2017. 低温胁迫下玉米幼苗的几种生理生化指标的变化[J]. 吉林农业(6):86.
于辉,萨日娜,靳玉荣,等,2019. 再生水、雨水混合灌溉及抗蒸腾剂对青贮玉米产草量、营养品质的影响[J].

中国饲料(23):31-34.
于舒怡,傅俊范,周如军,等,2011. 不同栽培模式对玉米大斑病发生和流行的影响[J]. 玉米科学,19(1):4.
于莹,张树权,郭永利,等,2018. 31份玉米自交系萌发期耐盐碱性综合评价[J]. 东北农业大学学报(9):9-19.
袁宏伟,蒋尚明,杨继伟,2019. 基于生理生态指标的玉米受旱胁迫响应规律研究[J]. 节水灌溉(5):5-10.
岳瑾,杨建国,董杰,等,2016. 高度可调太阳能杀虫灯杀虫效果研究[J]. 农业科技通讯(12):3.
张浩,吴子龙,付伟,等,2021. 外源脱落酸对 NaCl 盐胁迫下玉米幼苗生长、气孔特征及光合性能的影响[J]. 生态学杂志,40(7):2005-2015.
张会丽,许兴,朱林,2017. 不同青贮玉米品种耐盐性比较[J]. 河南农业科学,46(9):30-36,44.
张会丽,朱林,许兴,2019. 不同青贮玉米大喇叭口期和成熟期耐盐性综合评价[J]. 干旱地区农业研究,37(1):240-249.
张慧丽,王文众,2000. 东北地区农田主要杂草种类及其地理分布[J]. 沈阳农业大学学报,31(6):565-569.
张吉旺,董树亭,王空军,等,2007. 大田增温对夏玉米产量和品质的影响[J]. 应用生态学报(1):52-56.
张金萍,李军虎,2007. 低温寡照对玉米后期生长的影响及对策[J]. 麦类文摘(种业导报)(10):25.
张菊,常云霞,杨丹,等,2014. 渍涝胁迫下抗坏血酸对玉米幼苗生长的影响[J]. 周口师范学院学报,31(5):100-103.
张乃华,高辉远,邹琦,2005. Ca^{2+} 缓解 NaCl 胁迫引起的玉米光合能力下降的作用[J]. 植物生态学报(2):324-330.
张少华,盛子耀,高超男,等,2020. 不同施肥和土壤疏松方式对夏玉米田主要病虫害发生的影响[J]. 安徽农业科学(23):48.
张淑杰,张玉书,纪瑞鹏,等,2011. 水分胁迫对玉米生长发育及产量形成的影响研究[J]. 中国农学通报,27(12):68-72.
张兴端,向振凡,霍仕平,等,2015. 37个玉米新品种(组合)耐旱性评价[J]. 中国农学通报,31(30):43-49.
张学鹏,李腾,王彪,等,2021. 玉米叶片"源"的高温胁迫阈值研究[J]. 作物杂志(2):62-70.
张占琴,魏建军,杨相昆,等,2015. 北疆春播、麦后复播青贮玉米物质生产和温光生态效应利用的比较[J]. 干旱地区农业研究(5):170-175.
赵福成,景立权,2013. 灌浆期高温胁迫对甜玉米籽粒糖分积累和蔗糖代谢相关酶活性的影响[J]. 作物学报,39(9):1644-1651.
赵龙,蔡焕杰,曹玉鑫,2021. 生育期干旱-复水对夏玉米生化指标的影响[J]. 节水灌溉(6):9-16.
赵威,王征宏,蒋向,2008. 盐胁迫下外源 NO 对玉米种子萌发的影响[J]. 河南农业科学(10):24-27.
赵霞,2016. 玉米免耕栽培[M]. 北京:中国农业科技出版社.
赵秀梅,2012. 亚洲玉米螟绿色防控技术田间防效测定与评价[D]. 北京:中国农业科学院.
赵训超,盖胜男,魏玉磊,等,2020. 低温胁迫下玉米根系生理变化及相关基因表达分析[J]. 农业生物技术学报,28(1):32-41.
钟启谦,1957. 主要地下害虫[J]. 农业科学通讯(2):113-115.
周和平,王永增,孙志锋,等,2013. 干旱新疆区不同灌溉模式灌溉定额及变化研究[J]. 节水灌溉(12):5-11.
周乾,鲍子云,王怀博,等,2016. 宁夏农牧交错带青贮玉米滴灌灌溉制度研究[J]. 节水灌溉(9):112-116.
周松涛,2015. 玉米气象灾害及其防御措施[J]. 吉林农业(12):114.
周卫霞,董朋飞,王秀萍,等,2013. 弱光胁迫对不同基因型玉米籽粒发育和碳氮代谢的影响[J]. 作物学报,39(10):1826,1834.
周益军,程兆榜,范永坚,等,2000. 江苏玉米粗缩病发病规律与流行因素[J]. 江苏农业学报,16(3):5.
周自强,王福友,陈建飞,等,2013. 淹涝胁迫和氮形态对苗期玉米糖、氮代谢底物量的影响[J]. 中国生态农业学报,21(6):715-719.
朱梦媛,张慧,李爽,等,2019. 播种期水分胁迫及补水对玉米出苗率的影响[J]. 气象与环境学报,35(1):

101-107.
邹国元，李晓林，杨志福，1998. 不同温度下施用钾肥对玉米生长及磷钾养分吸收的影响[J]. 华北农学报(4)：52-56.
PRASAD P V V, DJANAGUIRAMAN M, 2014. Response of floret fertility and individual grain weight of wheat to high temperature stress: sensitive stages and thresholds for temperature and duration[J]. Functional Plant Biology, 41(12): 1261. 8.

第五章 青贮玉米品质与利用

第一节 青贮玉米品质

一、青贮玉米营养成分

适期收获的青贮玉米秸秆营养品质好，养分齐全，含有丰富的碳水化合物、粗蛋白、粗脂肪、洗涤纤维、胡萝卜素、维生素 B 等。目前，中国评价青贮玉米品质优劣主要考虑以下几个指标：酸性洗涤纤维（ADF）、中性洗涤纤维（NDF）、粗蛋白、粗纤维、粗脂肪。朱顺国等（2001）认为，优质的青贮玉米酸性洗涤纤维（ADF）含量＜30％，中性洗涤纤维（NDF）含量＜55％。粗蛋白是提供瘤胃微生物和动物所需的蛋白质，含量越高，品质越好。目前，国家青贮玉米区试审定标准对品质的要求是整株粗蛋白含量≥7.0％，中性洗涤纤维含量≤40％，淀粉含量≥30％。

粗蛋白（Crude Protein，CP）是饲料中含氮物质的总称，它是决定玉米饲用营养价值的重要基础，粗蛋白含量越高，玉米的品质越好。Marshall 等（1994）研究表明，一般鲜青贮饲料蛋白质含量高于 20％，而玉米青贮饲料蛋白质含量低于 20％。

粗纤维是结构性碳水化合物，是草食动物的主要能源物质，纤维素在反刍家畜及草食类动物胃中与消化率成反比。阎萍等（2005）研究认为，反刍动物家畜日粮中粗纤维含量为 25％～40％，约有 70％被消化。

酸性洗涤纤维（Acid Detergent Fiber，ADF）是粗纤维的主要组成部分，是青贮玉米干物质消化率的有效度量指标。酸性洗涤纤维主要包括纤维素、木质素、灰分和酸性洗涤纤维粗蛋白，其含量越高，消化率就越低。

中性洗涤纤维（Neutral Detergent Fiber，NDF）是目前表示纤维最好的指标，它涵盖了被认为是组成纤维的大多物质。NDF 是对植物细胞壁或纤维成分的一种测量指标，青贮饲料的全部纤维组成包含在中性洗涤纤维或细胞壁中，中性洗涤纤维主要包括半纤维素、纤维素、木质素和灰分，能够较准确地反映纤维的实际含量。众多的研究结果表明，中性洗涤纤维 NDF 在反刍动物尤其是乳牛营养中起着非常重要的作用，NDF 中的纤维素、半纤维素可完全被反刍动物消化，但是由于木质素和半纤维素形成的酯键将纤维素包裹在其中，影响到反刍动物瘤胃微生物对纤维素和半纤维素的消化利用，而木质素又几乎完全不能被瘤胃微生物降解。

NDF因反刍效果好，能维持瘤胃功能，国外奶牛生产实际执行的营养物质供给量标准对纤维的供给量一般掌握原则是：NDF最佳量是日粮干物质的32%～38%（Marshall et al.，1994）。吴秋珏等（2006）认为，饲料中含有一定量NDF对维持瘤胃正常的发酵功能具有重要意义，但过高的NDF则会对干物质采食量产生负效应。目前国家青贮玉米品种审定过程中的品质分级主要是按中性洗涤纤维含量来划分的：一级≤45%，二级≤50%，三级≤55%，四级>55%。

粗脂肪（Ether Extract or Crude Fat，EE）亦称乙醚萃取物。由脂肪、脂溶性物质如叶绿素、脂溶性维生素所组成。EE富含热能，是重要的能量物质，是青贮玉米饲料中能量构成物质重要营养素，饲料中的粗脂肪含量是评价饲料质量的标准之一。郭勇庆等（2012）认为，品质较好的全株玉米青贮，以65%～70%含水量为宜。谷物占总干物质的40%～45%，淀粉平均含量占干物质的28%，消化率为80%～98%，产奶净能值在5.5～6.2 MJ/kg。秸秆占总干物质的50%～55%，其中叶子占干物质的15%，茎秆占干物质的20%～25%，玉米穗和包叶占干物质的20%。中性洗涤纤维（NDF）平均含量占干物质的45%，消化率为40%～70%。

盛学良等（2002）研究认为，1 hm^2的青贮玉米能生产青绿茎叶50000～75000 kg，或可产生6750个饲料单位，而马铃薯、甜菜、首蓿、三叶草等饲料作物的饲料单位远不及青饲玉米。青贮玉米比燕麦籽粒的饲料单位多1倍，可消化蛋白和钙比燕麦多1倍，胡萝卜素是燕麦的60倍。1 kg的青贮玉米相当于0.4 kg的优质干草，相当于2 hm^2的普通玉米的饲料单位。

奚国华（2005）研究认为，青贮玉米消化蛋白质1倍高于普通玉米、生物量高20%～30%，粗蛋白高75%，茎秆含糖量高50%，纤维素木质素低（10%～20%、15%～30%），籽粒蛋白质、脂肪酸、赖氨酸分别高22%、15%、33%。王加启（2005）研究表明，相同种植面积的饲用青贮玉米可以得到2倍于普通玉米的饲料量，是世界公认的优质饲料。

王美云（2006）研究认为，青贮玉米营养丰富，其秸秆的糖分、胡萝卜素、维生素B1、B2含量高，1 kg的青贮玉米中含有粗蛋白20000 mg，可消化蛋白12.04 mg，粗脂肪8000～11000 mg，胡萝卜素11 mg，烟酸10.4 mg，维生素C 75.7 mg，维生素A 18.4 mg，Ca 7.8 mg，Fe 227.1 mg，Cu 9.4 mg，Mn 25.1 mg，Zn 110.4 mg，Co 11.7 mg。

吴建忠等（2019）为了鉴定青贮玉米品质性状间的相关和依附关系，对14份青贮玉米材料的22个品质性状检测分析，并进行一般描述统计、遗传变异、相关性及主成分分析。结果表明，参试青贮玉米各品质性状中，脂肪、钾、木质素、淀粉含量的变异系数较大，分别为0.20、0.19、0.17和0.16，表明这些性状在品种遗传选育进程中有较大的改良空间；消化率及能量品质相关性状的变异系数为0.03～0.08，表明这部分性状难以得到遗传改良；青贮玉米品质性状间相关性较大，适宜采用主成分分析保留品质性状的最重要方面。对测试的22个品质性状进行主成分提取，前3个主成分的累积贡献率达到91.29%，分别代表了青贮玉米的饲用价值、微量元素及粗蛋白成分。

二、影响青贮玉米品质的因素

（一）青贮玉米品种间品质性状的差异

青贮玉米品质是由多种因素决定的，其中品种是基础，决定着青贮玉米品质起点的高低。Ballard等（2001）指出，玉米品种不同，青贮饲料的体外干物质消化率不同，奶牛饲喂试验后，得出牛奶的产量也有差别。Thomas等（2001）研究得出不同品种玉米，青贮饲料的乳酸含量、酸性洗涤纤维含量和中性洗涤纤维含量无明显差异。郜书静等(2010)研究了中国北方玉米主产区 44 个不同玉米品种的饲用品质，初步发现品种间酸性洗涤纤维含量、中性洗涤纤维含量和可溶性糖的含量存在显著差异。丁成龙等(2009)对 17 个玉米品种进行适应性试验以及生育期、植株性状、饲料品质等的综合分析，得出不同品种玉米在生物产量、单位面积可消化养分产量表现出显著或极显著差异。目前，中国青贮玉米品种按育种方向可分为粮饲通用型、专用青贮型和粮饲兼用型 3 种类型。粮饲通用型青贮玉米既可作为普通玉米进行籽实收获，又可以作为全株青贮；专用型青贮玉米主要作为青饲料进行青贮发酵；粮饲兼用型玉米是把玉米果穗成熟收获以后，其玉米植株仍然保持较好的持绿性，然后将其收割用于青贮。作为青贮饲料利用效率最高的是专用青贮型玉米品种，且不同品种间品质存在相对差异。

王婷等(2015)研究了不同类型青贮玉米品种干物质产量及其运转，探讨其产量形成特点和主要光合生理特性，旨在为新疆专用青贮玉米高产优质栽培提供理论支持。以普通粒用型玉米 SC704、无分蘖型青贮玉米新饲玉 19 号、多分蘖青贮玉米科多 4 号 3 种不同类型玉米为供试材料，测定其关键生育期的干物质等相关指标，研究不同品种产量形成特点、干质量积累及其在各器官的分配规律。结果表明，干质量积累量表现为无分蘖型青贮玉米＞普通粒用型玉米＞分蘖型玉米；普通粒用型玉米干质量积累速率峰值出现在灌浆期，鲜质量积累速率峰值则出现在大喇叭口期。无分蘖型青贮玉米干质量与鲜质量的积累量及积累速率峰值均出现在灌浆期。分蘖型青贮玉米干质量最大积累速率出现在乳熟期；青贮玉米科多 4 号干质量主要分配在叶片和茎秆中；普通粒用型玉米 SC704 干质量则主要分配在雌穗中。结果显示，无分蘖型青贮玉米新饲玉 19 号干质量积累量最高，干质量在各器官中的分配表现为雌穗＞茎秆＞叶片＞苞叶＞叶鞘。

任丽娟等(2020)为研究东北地区不同青贮玉米品种的青贮品质，从黑龙江、吉林、辽宁共采集 33 个品种的全株玉米青贮饲料，通过测定常规营养成分含量和发酵品质，运用主成分分析和聚类分析方法进行青贮品质综合评价和优良品种筛选。试验结果表明：①不同品种全株玉米青贮饲料的营养成分含量和发酵品质存在差异，其中干物质、酸性洗涤纤维、中性洗涤纤维、淀粉、粗灰分、乳酸含量的差异极显著($P<0.01$)。②主成分分析提取了 4 个主成分，累积贡献率达到 83.406%，反映了原指标的大部分信息，综合品质排名前 5 的品种分别为豫青贮 23、正大 12、先玉 335、屯玉 168、方玉 36。③聚类分析将 33 个品种的全株玉米青贮饲料聚为 3 类。第 1 类是在东北地区种植和制作青贮饲料效果较好的品种，分别为屯玉 168、西农 3 号、豫青贮 23、正大 12 号；第 2 类是在东北地区种植和制作青贮饲料效果良好的品种，分别为方玉 36、绿单 2 号、德美亚 1 号、极峰 30、纪元 128、金岭 17、金田 9 号、锦玉 28、农大 108、铁单 10 号、沃玉 3 号、先玉 335、郑单 958、种星 618、中科玉 505、中单 5384；第 3 类是在东北地区种植和制作青贮饲料效果一般的品种，分别为金鼎 10 号、金刚 50、龙单 32、信玉 168、北青 1 号、甘玉 23 号、东单 60、桂青 1 号、承单 1171、罕玉 5 号、金岭 37、京科 516、铁研 53。综上所述，在东北地区种植豫青贮 23、正大 12、先玉 335、屯玉 168 和方玉 36 制作全株玉米青贮饲料效果较好。

潘翔磊等(2022)为了筛选适合内蒙古赤峰地区种植的优质青贮玉米品种，引种了安早 10、东单 1991、金岭青贮 10、文玉 3 号、CP1685、新饲玉 14、奥玉青贮 5102、东单 1331、屯玉 661、雅玉 8 号、新饲玉 11 共 11 个青贮玉米品种在本地种植，并观察记载品种的物候期指标(播种期、出苗期、拔节期、抽雄期、吐丝期、乳熟期、蜡熟期)、农艺性状指标(株高、穗位高、单株叶片数、茎粗)、产量指标(鲜草产量、鲜干比和干草产量)和营养成分指标(干物质、粗蛋白、酸性洗涤纤维、中性洗涤纤维),并采用灰色关联分析法对11个青贮玉米品种的品质进行综合评价。结果表明,11个青贮玉米品种均能在赤峰地区完成整个生育期,生育期为94～125 d,其中最短的是安早10,最长的是新饲玉11。11个青贮玉米品种的株高为260.02～327.04 cm,最高的是雅玉8号,最低的是安早10;穗位高为103.50～175.01 cm,最高的是雅玉8号,最低的是安早10;单株叶片数为12.13～18.71片,最多的是奥玉青贮5102,最少的是安早10;茎粗为18.62～24.98 cm,最大的是奥玉青贮5102,最小的是东单1991。11个青贮玉米品种的鲜草产量为59333.33～144000.00 kg/hm^2,最高的是雅玉8号,最低的是安早10;干草产量为31941.01～50845.69 kg/hm^2,最高的是屯玉661,最低的是奥玉青贮5102;鲜干比为1.75～4.33,最大的是奥玉青贮5102,最小的是安早10。11个青贮玉米品种的干物质含量为93.93%～94.90%,最高的是奥玉青贮5102,最低的是东单1331;粗蛋白含量为8.88%～10.00%,最高的是奥玉青贮5102,最低的是新饲玉14;酸性洗涤纤维含量为16.97%～26.02%,最高的是奥玉青贮5102,最低的是安早10;中性洗涤纤维含量为36.39%～48.86%,最高的是奥玉青贮5102,最低的是安早10。奥玉青贮5102的综合表现最优,然后依次是雅玉8号和新饲玉11,安早10和东单1991较差,说明在11个青贮玉米品种中,奥玉青贮5102为最适宜在内蒙古赤峰地区种植的优质且高产的青贮玉米品种。

陈淑萍等(2017)为筛选适宜海河低平原种植的优良青贮玉米品种,采用随机区组设计对14个玉米品种进行了生物产量、农艺性状、品质及抗逆性筛选评价。结果表明,参试品种株高、穗位高度分别为246.7～322.8 cm和86.2～148.9 cm,雅玉青贮79491株高最高,郑单958株高最低;参试品种生物产量为14.46～22.19 t/hm^2,品种间差异极显著($P<0.01$),其中雅玉青贮79491、中地175、北农青贮308和北农青贮2932生物产量较高,分别较郑单958增产28.35%、20.43%、20.06%和10.09%;玉米乳熟期—蜡熟期收获,其生长天数与生物产量相关极显著,$R=0.77^{**}$,株高与生物产量间相关显著,$R=0.62^{*}$;品种间饲用品质差异极显著($P<0.01$),中地175、郑单958、先玉335、衡玉321及兼用型品种巡青518作为普通玉米、其余为青贮玉米进行统计,普通玉米中性洗涤纤维及酸性洗涤纤维含量较青贮玉米低2.59%和4.58%,可溶性糖及淀粉含量较青贮玉米高2.06%和2.12%;参试品种收获时绿叶数11.1～13.8,鲜干比30.23%～39.15%。除北农308、雅玉青79491和先玉335倒伏率+倒折率>15%外,其他11个玉米品种各项测定指标符合国家分级标准,青贮品质达2级以上,其中恩喜爱298、中农大青贮Y4515、辽单青贮625和巡青518等4个杂交种符合国家青贮品质1级标准。为促进玉米种植业结构的调整,中地175等普通玉米品种同时作为普通玉米、全株青贮、粮饲兼用型多用途开发推广应用具有好的发展前景。

李想等(2021)为筛选出适宜青海高原地区种植的优质青贮玉米品种,利用主成分分析和聚类分析对50个玉米品种的青贮性能和营养品质进行了综合评价。结果表明:①参试品种间主要农艺性状差异显著($P<0.05$)。株高、穗位高变化范围分别为270.30～378.90和84.40～195.60 cm;鲜重、干重变化范围分别为0.70～2.70和0.30～1.03 kg;每株叶片平均数为10～19片,叶片持绿性变化范围为53.18%～97.67%。参试品种蛋白含量为6.16%～13.81%,中性洗涤纤维和酸性洗涤纤维含量分别为29.75%～61.13%和16.45%～33.45%。②参照青贮玉米品质分级标准,将50个参试品种简单分级,其中归属为一级的品种有19个,二级的有12个,三级的有8个。③主成分分析前5个主成分累计贡献率达84.644%,有24个

玉米品种综合性状表现良好，适合青海高原种植。④聚类分析可将参试品种聚为 4 类，可根据育种目标加以选择利用。综合分析表明，高科玉 138 等品种适宜青海地区可作为优质青贮玉米品种种植。

王薇星等(2019)为了比较不同青贮玉米品种在陕西关中地区生产数据和常规养分指标，开展了 1 组 8 个青贮玉米品种的比较试验。试验系统比较了 MM1、MM2、MM3、MM4、MM5、ME1、E4 和新东单 60 这 8 个青贮玉米品种的生产性能、常规营养成分差异以及不同收获期的生产性能。试验结果表明，8 个不同品种的青贮玉米出苗时间无显著差异($P>0.05$)；新东单 60 品种的株高最高，MM1，ME1 品种的株高较低；新东单 60 的茎秆直径为 22.04 mm，在 8 个测试品种中最高，其次为 MM5；茎秆干重 MM1、MM2、MM3、MM4、ME1 和新东单 60 之间差异不显著($P>0.05$)；茎秆鲜重新东单 60 最高，与其他几个品种差异显著($P<0.001$)。营养指标分析发现，新东单 60 叶片粗蛋白的含量最高，达到 11.42%，与其他品种差异显著($P<0.001$)，茎秆粗纤维含量最低的品种为 E4，含量为 9.54%，叶片粗脂肪含量最高的品种为 E4，含量为 1.70%。新东单 60 的茎秆粗灰分含量最高，其比例为 3.66%。综合评价发现，新东单 60、MM5 和 MM3 品种适宜在陕西关中地区种植，新东单 60 综合性能优于 MM5 和 MM3，性能较优的品种种植能够产生很高的经济效益。

孙震等(2018)在鲁西南聊城阳谷地区研究了青贮玉米不同品种间的品质差异及其适应性，通过对 23 个不同品种青贮玉米农艺性状、产量、营养品质(粗蛋白、中性洗涤纤维、酸性洗涤纤维、还原糖含量)的测定，分析了不同全株青贮玉米的可消化总养分、净能、饲草干物质采食量、可消化的干物质量、相对饲喂价值等营养价值指数。结果表明，23 个品种间差异显著($P<0.05$)。在生物量方面，郑青贮 1 号产量最高，其次是新饲玉 12 和奥玉青贮 5102。通过对生产性能表现良好的 7 个品种进一步进行营养品质的分析，结果发现，奥玉青贮 5102 和豫青贮 23 粗蛋白含量显著高于其他品种($P<0.05$)，新东单 60、文玉 3 号、郑青贮 1 号的中性洗涤纤维含量显著低于其他品种($P<0.05$)，文玉 3 号与华良 78 的酸性洗涤纤维含量显著低于其他品种($P<0.05$)。新东单 60 的饲草干物质采食量最高，文玉 3 号可消化总养分、净能、可消化的干物质量、相对饲喂价值表现较好，显著高于其他品种($P<0.05$)。因此，综合生产性能和营养品质比较分析得出，豫青贮 23、郑青贮 1 号、新东单 60 品种可以作为鲁西南“粮改饲”的推荐青贮玉米品种。

袁仕改等(2019)为筛选适合在贵州地区推广使用的高品质青贮玉米品种，选用 6 个青贮玉米品种进行全株青贮。60 d 后开封评测其发酵品质、化学成分含量和有氧稳定性，并采用模糊数学隶属函数法对青贮饲料营养价值进行综合评价。结果表明，所有品种的青贮料发酵品质均较好，有机酸评分均为满分，除黔 6784 感官评价为二级尚好外，其余 5 个品种感官评价均为一级优良。综合营养价值表现最好的是德江本地，最差的是黔 6784，各品种综合营养价值排名为德江本地>曲晨 9 号>武青 1 号>雅玉 26 号>桂青 1 号>黔 6784。有氧稳定性表现最好的是雅玉 26 号，为 122 h，显著高于除曲晨 9 号之外所有品种($P<0.05$)；最差的是德江本地，为 36 h，显著低于其余 5 个品种($P<0.05$)，各品种有氧稳定性优劣排名情况为雅玉 26 号>曲晨 9 号>黔 6784>武青 1 号>桂青 1 号>德江本地。综合考虑发酵品质、营养价值和有氧稳定性，推荐使用曲晨 9 号作为贵州地区的青贮玉米品种。

程明军等(2018)在四川不同地区试验研究了雅玉青贮 8 号、成单 30、奥玉 5102、奥玉 3628 和曲辰 9 号等 5 个青贮玉米品种在产量和青贮品质的差异。结果表明，不同青贮玉米品种的青贮营养成分具有一定差异，其中，成单 30 的干物质含量最高，为 26.78%，曲辰 9 号最低，为 22.33%；奥玉 3628 的粗蛋白含量最高，为 10.97%，曲辰 9 号最低，为 10.28%；曲辰 9 号的酸性洗涤纤维含量最高，为 37.30%，成单 30 最低，为 27.62%；曲辰 9 号的中性洗涤纤维含量最高，为 55.74%，成单 30 最低，为 47.44%；成单 30 的淀粉含量最高，为 22.85%，曲辰 9 号最低，为 8.69%；雅玉青贮 8 号的可溶性碳水化合物含量最高，为 4.18%，成单 30 最低，为 2.29%；曲辰 9 号的灰分含量最高，为 7.09%，成单 30 最低，为 5.34%；奥玉 5102 的粗脂肪含量最高，为 3.54%，雅玉青贮 8 号最低，为 3.11%。对青贮玉米所有可消化养分的分析结果表明，成单 30 的可消化养分的含量最高，为 69%，其次为奥玉 3628、雅玉青贮 8 号，分别为 66%、65%，奥玉 5102 排名第 4，为 62%，最低为曲辰 9 号，含量为 58%。综合分析，成单 30 青贮后的总可消化养分最高，品质最好，最适宜在当地种植。

尤育品等(2020)为研究不同青贮玉米品种在湛江地区的农艺性状和营养成分，挑选适宜在湛江地区种植的青贮玉米品种，引种了雅玉青贮 8 号、文玉 3 号、曲辰 19 号 3 个青贮玉米品种进行种植。结果表明，3 个青贮玉米品种均能正常生长，其中雅玉青贮 8 号产量最高，达到 51675.64 kg/hm^2。文玉 3 号粗蛋白含量最高，达到 10.26%，可溶性多糖含量最高，可达 5.41%，中性洗涤纤维和酸性洗涤纤维含量均最低，分别为 40.32%、20.16%，相对饲喂价值最高，为 205.06。钙、磷含量从高到低依次为曲辰 19 号、文玉 3 号、雅玉青贮 8 号。综合评价得出，文玉 3 号适合在湛江种植。

（二）栽培技术措施对青贮玉米品质的影响

青贮玉米的产量和品质，不仅受品种本身因素的影响，而且受栽培技术措施的影响，要获得优质的青贮玉米，就需要相关的配套栽培技术措施。关于青贮玉米的优质高产栽培技术研究内容较多，主要包括播种时期、种植密度、施肥水平、栽培方式、除草剂和农药使用等。

1. 播种时期的影响

改变播期，可调整青贮玉米生长发育期间所接收的光、热、水等自然条件，能达到改善青贮玉米产量与品质的目的。

袁慧敏等(2020)为了明确播期对北方农牧区青贮玉米产量和品质的影响，2017—2018 年在张家口农业科学院试验基地以青贮玉米品种大京九 26 为材料，采用分期播种方法，考察了 2007—2018 年青贮玉米生育期内有效积温、日均气温、气温日较差和降水量等气候因子，测定分析了 5 个不同播期 S_1(4 月 15 日)、S_2(4 月 30 日)、S_3(5 月 20 日)、S_4(6 月 10 日)、S_5(6 月 30 日)下青贮玉米的生育期、产量和品质等性状表现。结果表明，青贮玉米大京九 26 最长生育期在 S_1 播期，2017 年全生育期为 160 d，2018 年全生育期为 153 d；随着播期推迟，苗期日均气温逐渐升高，粒期日均气温逐渐降低，大京九 26 生育进程明显加快；S_1～S_4 生育期内的有效积温均能满足大京九 26 积温需求。随着播期推迟，青贮玉米鲜重和干重以及叶重、茎重和雌穗重呈明显下降趋势。2017 年、2018 年，S_1 播期青贮玉米干重产量均最高，分别为 35.253 t/hm^2 和 33.462 t/hm^2；S_5 播期最低，分别为 18.564 t/hm^2 和 16.094 t/hm^2，干重产量由高到低分别为 $S_1>S_2>S_4>S_3>S_5$ 和 $S_1>S_2>S_3>S_4>S_5$。随着播期推迟，青贮玉米的品质呈下降趋势，青贮玉米大京九 26 在 S_1 播期的酸性洗涤纤维和中性洗涤纤维含量均最低，分别为 7.561%和 13.232%；粗蛋白含量达 3.313%，高于 S_3、S_4 和 S_5，比 S_2 的 3.354%略低；每吨干物质产奶量最高为 1550.0 kg；干物质体外消化率最高，达 81.0%。全生育期有效积温和降水量、粒期有效积温、日均气温和降水量与青贮玉米干重产量呈极显著正相关($P<0.01$)；有效

积温和降水量与酸性洗涤纤维、中性洗涤纤维含量呈极显著或显著负相关（$P<0.01$ 或 $P<0.05$）；有效积温与粗蛋白含量和每吨干物质产奶量呈正相关（$P<0.05$）；降水量与粗脂肪含量呈显著正相关（$P<0.05$）。综合分析得出，北方农牧区青贮玉米可提早到 4 月中旬播种，全生育期有效积温与降水量增加，青贮玉米较其他播期产量高、品质优，在 6 月 30 日以后播种大京九 26，可能达不到青贮玉米收获要求。

李雯等（2021）为确定冀西北坝上地区青贮玉米适宜的播种日期，以青贮玉米德美亚 1 号、院军 1 号、巡天 3 号和德美亚 2 号为材料，设置 S_1（5 月 2 日）、S_2（5 月 7 日）、S_3（5 月 12 日）3 个播期，开展播期试验，探究 3 个播期下青贮玉米的株高、茎粗、叶面积指数、叶绿素含量等农艺性状及产量、品质的差异。结果表明，德美亚 1 号株型适中、适合密植、生育期短，在 5 月 7 日播种，株高、茎粗最高，为 208.9 cm、2.67 cm，叶面积指数为 3.93，干草产量可达 17.53 t/hm^2，相对饲用价值最高达 159.7，草品质达国标二级；德美亚 2 号秆矮、早熟、抗逆性好，在 5 月 7 日种植产量为 17.24 t/hm^2，相对饲用价值达 205.9，草品质达国标一级；院军 1 号、巡天 3 号含水量过高，不适宜制作青贮玉米。综上所述，德美亚 1 号为最适宜在冀西北坝上农牧交错区种植的青贮玉米品种，播种期为 5 月 7 日。

张翼飞等（2019）为了确定松嫩平原西部较为合适的播种时期，促进区域青贮玉米优质高效生产，以青贮玉米品种阳光 1 号为材料，设置 5 个播种时期，即 4 月 25 日（T_1）、5 月 2 日（T_2）、5 月 9 日（T_3）、5 月 16 日（T_4）和 5 月 23 日（T_5）播种，比较分析了不同播期处理对青贮玉米农艺性状、产量和品质的影响。试验结果表明，随着播期的延迟，青贮玉米的生育期缩短，株高、茎秆粗度下降；叶片持绿性，单位面积鲜、干生物产量，籽粒与整株干物重比值均呈先增后降的变化趋势，总体表现为 $T_3>T_4>T_2>T_1>T_5$。同时，随着播期的延后，青贮玉米单位重量鲜重对应的干物质积累量及粗蛋白含量逐渐增加，中性洗涤纤维、木质素、淀粉含量逐渐降低，灰分、粗脂肪、酸性洗涤纤维含量先增加后下降。综合各项产量和品质指标得出，松嫩平原西部 5 月 2 日至 5 月 16 日播种可以获得较高饲用品质的青贮玉米。

商振达等（2019）研究西藏地区不同种植时间对青贮玉米发酵品质和微生物多样性的影响。以西藏地区春玉米（3 月种植，10 月刈割）和夏玉米（6 月种植，10 月刈割）为材料，进行青贮饲料制作，青贮后的第 7 天、第 14 天、第 30 天和第 60 天开窖取样，测定青贮饲料的发酵品质和微生物多样性。结果表明，种植时间会影响玉米的营养成分和发酵品质，相比于春玉米，夏玉米青贮饲料中干物质含量、pH 值、丁酸含量和氨态氮/总氮更低，但乳酸和水溶性碳水化合物含量更高。微生物多样性结果显示，与春玉米相比，夏玉米青贮饲料中变形菌门丰度更低，厚壁菌门、拟杆菌门和 LAB 菌种的丰度更高。因此，夏玉米青贮饲料的发酵品质更好。

王俊（2014）选用代表性的两个玉米品种：早熟、青贮专用型郑青贮 1 号和中晚熟、粮饲兼用型品种农大 108 为研究材料，分为春播、夏播、秋播共 18 个播期，系统地研究了不同播期对沿淮地区青贮玉米的生长发育、生育时期及产量指标的影响，并重点研究了秋播（即 7 月 15 日之后）的 4 个播期对青贮玉米品质指标的影响，研究结果表明：①在所设的播期范围内，播期、品种对生育期的影响差异显著，随着播期的推迟，播种、出苗期天数明显缩短，而出苗至抽雄及抽雄至乳熟末期的天数先缩短后增加，玉米的整个生育期呈现先逐渐缩短后又逐渐伸长；中晚熟型品种对播期的敏感程度要高于早熟型品种；早熟型品种在 8 月 19 日之后、中晚熟型品种在 8 月 14 日之后播种几乎为空秆。②播期对地上部分鲜重影响总体趋势是随着播期的推迟先降低后升高再降低呈折线变化，春播晚熟型品种较早熟型品种鲜重要高，秋播早熟型品种比中晚熟品种要更有利；播期对干物质积累的影响总体趋势是随着播期的推迟，干物质含量减小，春播（除5月中旬粗缩病影响）的干物质积累最大，其次为夏播，秋播低温不利于后期干物质的积累。③重点研究了秋播（7月15日之后）对品质的影响，总体来说，随着播期推迟，粗蛋白、中性洗涤纤维、粗脂肪的含量呈下降的趋势，粗蛋白在8月4日之后播种与其之前的差异显著；中性洗涤纤维在7月25日至8月14日差异不显著；粗脂肪含量在7月25日播种的农大108要高于郑青贮1号，但8月4日及之后播种的均低于郑青贮1号。综合播期对青贮玉米产量和品质影响的研究认为，在沿淮地区种植青贮玉米，播期下限为8月4日左右、立秋之前；最佳播期为4月中旬的春播，其次为7月中旬的秋播，再次为6月的夏播；5月中、下旬最好不要播种；另外，对于因秋后误种补种或灾后补种青贮玉米，最好选择早熟型品种，以利于减少后期的风险。

2. 种植密度的影响

种植密度是决定青贮玉米产量和品质的主要因素之一，衡量的是单株与群体效益间的平衡，通过改变植株的营养吸收、光照、温湿度等条件影响青贮玉米的产量和品质。张秋芝等（2006）研究指出，种植密度对单位面积上干物质及粗脂肪含量影响显著；郭顺美等（2007）研究认为，玉米种植密度较大时，干物质及粗脂肪含量均较高；王鹏文等（1996）认为，在一定种植密度范围内，玉米籽粒粗蛋白、淀粉、粗脂肪含量有显著差异；卢小良等（1995）研究指出，青贮专用型玉米品种华农1号低种植密度粗蛋白、粗脂肪、可溶性碳水化合物和粗灰分含量均高于高种植密度；Cox等（1998）在不同的行距下对8个青贮玉米品种进行密度试验，结果表明，适当增加密度可以改变青贮玉米品质，增加密度可以降低中性洗涤纤维含量的0.13%，增加消化率，但是降低了粗蛋白的含量，密度11.6万株/hm^2比8.0万株/hm^2的粗蛋白含量减少3 g/kg；郜书静等（2010）研究表明，玉米产量和品质主要是由玉米品种、种植环境和种植密度三者之间相互作用共同决定。因此，提高青贮玉米的产量和品质，需要确定适宜该地区环境的青贮玉米品种和种植密度。

贾梦杨等（2020）为寻求冀西北坝上地区青贮玉米适宜的种植品种和密度，开展了一组3个种植密度下4个青贮玉米品种的比较试验。试验设置3个种植密度（6.75万株/hm^2、7.95万株/hm^2、9.00万株/hm^2），研究其对4个青贮玉米品种（巡天3171、巡天16、巡青858、丰田12）生长发育、产量和品质的影响。结果表明，随着种植密度的增加，青贮玉米的株高、茎粗、最大叶面积逐渐降低，叶绿素含量无明显变化；青贮玉米产量随着种植密度的增加先升高后降低，在种植密度为7.95万株/hm^2时产量最高，所有品种中巡青858的产量最高，鲜草为73.5 t/hm^2，干草为18.3 t/hm^2。青贮玉米粗蛋白、水溶性碳水化合物和粗脂肪含量随着种植密度的增加而减少，酸性洗涤纤维和中性洗涤纤维含量随着种植密度的增加而增加，淀粉含量表现为先增加后减少的趋势，在7.95万株/hm^2密度时达到最高。综合比较农艺性状、产量、品质相关指标得出，在冀西北坝上地区最适栽培的青贮玉米品种为巡青858，符合青贮玉米品质分级中三级标准，最适宜的种植密度为7.95万株/hm^2。

杨彩林等（2020）为了研究不同栽培密度对青贮玉米产量和品质的影响，以中北青贮410为研究对象，设置6个不同栽培密度，测定株高、穗位高、株重、穗重、棒比率、亩产量、干物质、粗灰分、粗蛋白、粗脂肪、粗纤维、中性洗涤纤维和酸性洗涤纤维，以筛选出最佳栽培密度。试验结果表明，随着栽植密度的逐渐增加，青贮玉米的植株高度、株重、棒比率呈现逐渐下降趋势，青贮玉米的产量呈现先增高后下降的趋势，其中6.0万株/hm^2密度时产量最高，达到

72.6 t/hm^2。从品质结果来看，种植密度对青贮玉米各个营养成分产生的影响相对较大。随着栽植密度不断增加，干物质含量与粗脂肪含量逐渐降低，粗灰分含量逐渐增高，粗蛋白、中性洗涤纤维、酸性洗涤纤维呈现先增高后降低的态势。综合分析，6.0 万株/hm^2 密度时产量最高，综合品质最佳。

路海东等(2014)为明确种植密度对青贮型玉米品种科多 8 号和粮饲兼用型玉米品种陕单 8806 饲用产量和营养品质的影响，设置了 5 个种植密度(4.8 万株/hm^2、5.85 万株/hm^2、6.9 万株/hm^2、7.95 万株/hm^2、9.0 万株/hm^2)，开展了相关研究。结果表明，青贮玉米的群体干物质产量、籽粒产量和最佳饲用营养产量的最佳适宜密度不同。籽粒产量的最佳适宜密度较低，群体干物质产量的最佳适宜密度较高，而饲用营养产量的最佳适宜密度则介于二者之间。密度对不同类型青贮玉米的营养含量影响显著，植株粗蛋白、无氮浸出物、粗灰分的含量随着密度增加呈下降趋势，粗脂肪和粗纤维的含量随着密度增加呈增加趋势。而密度对玉米粗蛋白、粗脂肪、无氮浸出物、粗灰分、粗纤维和饲料总能量等的影响主要通过其籽粒和秸秆干物质产量的显著差异形成。从不同品种来看，科多 8 号籽粒中的粗蛋白和粗脂肪产量显著低于陕单 8806，而秸秆的粗蛋白和粗脂肪产量明显高于陕单 8806。从玉米整体饲用营养产量来看，在陕西，青贮型玉米科多 8 号饲用最佳适宜密度为 8.86 万株/hm^2，粮饲兼用型玉米品种陕单 8806 饲用最佳适宜密度为 7.77 万株/hm^2。

庄克章等(2019)为明确不同类型青贮玉米在临沂地区最佳种植密度，设置了 4 个密度梯度(6 万株/hm^2、7.5 万株/hm^2、9.0 万株/hm^2、10.5 万株/hm^2)，研究种植密度对专用型青贮玉米雅玉 8 号和粮饲兼用型玉米登海 605 饲用产量和营养价值的影响。结果表明，密度对不同类型青贮玉米鲜草、干草产量影响显著，密度增加，青贮玉米鲜草产量和干草产量均先增加后减少，在密度 7.5 万株/hm^{2}时均获得最高鲜草、干草产量。密度对不同类型青贮玉米粗脂肪、粗灰分、酸性洗涤纤维含量和籽粒产量、粗蛋白产量、粗脂肪产量、可消化干物质、相对饲喂价值、无氮浸出物含量和总能量影响显著，密度增加，雅玉 8 号粗蛋白、粗脂肪含量和可消化干物质、干物质采食量、相对饲喂价值和无氮浸出物含量下降，粗灰分、中性洗涤纤维和酸性洗涤纤维含量呈上升趋势，籽粒产量、粗蛋白、粗脂肪产量和总能量先增加后减少，在密度 7.5 万株/hm^{2}均获得最高籽粒、粗蛋白、粗脂肪产量。从饲料总能量来说，专用型青贮玉米雅玉 8 号和粮饲兼用型玉米登海 605 在山东临沂地区饲用的最佳种植密度均为 7.5 万株/hm^2。

3. 施肥水平的影响

青贮玉米是高产高生物量作物，在其生长发育过程中需肥量较大，对施肥的反应尤其敏感，合理施肥是促进其生长发育、保证高产、优质的重要措施。张吉旺等(2002)认为，青贮玉米对氮素的反应较敏感，科学施肥是促进其生长发育、获得高产的重要措施，增施氮肥会显著提高玉米的籽粒产量、生物量以及饲用营养品质。施氮时期对青贮玉米的产量和品质也有着显著影响。王永军等(2005)研究认为，增施氮肥提高了粗脂肪、粗蛋白的含量，降低了酸性洗涤纤维含量和粗灰分的含量，氮肥用量对饲用品质影响大于施肥时期。随着氮肥用量的增加，饲用品质得到了明显改善，适宜的施用量将会获得最大干物质和产奶净能。但是，高氮水平同时会导致硝态氮含量的增加，因此，饲用玉米生产必须平衡饲用品质和最大干物质的利益和潜在增加土壤硝态氮含量的危险。氮、磷、钾配合比单施氮有显著的增产作用，特别是在当前有机肥施用量很少的情况下，青贮玉米高产栽培更应采用氮、磷、钾配合施用。蔡晓妍等(2004)认为，不以籽粒为收获目的和带穗青贮的玉米以拔节前后 1 次追肥为好，粮饲兼用玉米以 2 次追肥(拔节、大喇叭口期或拔节、散粉期)为好,不主张3次追肥(拔节、大喇叭口、散粉期)。

刘颖慧等(2018)在北京顺义进行青贮玉米肥料效应试验,研究氮、磷、钾不同配比对青贮玉米产量和品质的影响,结果表明,合理施肥可以提高青贮玉米产量,增加氮肥用量,显著提高蛋白质含量,改善青贮玉米的品质,在该地区不建议施用磷肥。在河北坝上农牧交错带研究缓释氮复合肥对玉米品质的影响,结果表明,40%尿素甲醛处理青贮玉米营养品质最好。氮肥120 kg/hm^{2}用量,青贮饲料的品质更好,粗蛋白、干物质、有机酸含量最适宜,同时具有比较低的中性洗涤纤维和酸性洗涤纤维含量。

袁晓峰(2020)设置不同肥料配比和不同施氮时期,研究青贮玉米产量和品质对不同肥料配比及施肥期的响应,初步对青贮玉米需肥规律进行探讨。基于此,进行以下两个试验:一是以大京九26为试验材料,研究不同氮、磷、钾施用水平对青贮玉米生长的影响;二是以青贮玉米德美亚一号、大京九26为试验材料,研究不同氮肥配比对青贮玉米产量及品质的影响。研究结果表明:①在氮、磷、钾分别为180 kg/hm^2、45 kg/hm^2、75 kg/hm^2,大京九26生物产量最高,为30.4 t/hm^2,单株干物质量最大,为358.7 g/株,叶面积指数、叶绿素含量最大,分别为8.22、73.47。②氮、磷、钾分别为180 kg/hm^2、45 kg/hm^2、75 kg/hm^{2}时,水分与干物质达标率、泌乳净能、蛋白指标均最佳,氮、磷不施或施量过大,导致大京九26营养品质变劣。③青贮玉米品种生育期施氮量为基肥108 kg/hm^2、拔节期施氮36 kg/hm^2、大喇叭口期施氮36 kg/hm^{2}时,株高、茎粗等形态指标值达到最大。德美亚一号在拔节期、大喇叭口期各施氮36 kg/hm^{2}时,株高最高,茎粗最粗,分别为265.70 cm、2.96 cm;大京九26在拔节期、大喇叭口期各施氮36 kg/hm^{2}时,株高最高,茎粗最粗,分别为354.67 cm,3.10 cm,大喇叭口期施氮36 kg/hm^{2}对大京九26茎粗影响最大。④青贮玉米品种生育期施氮量为基肥108 kg/hm^2、拔节期施氮36 kg/hm^2、大喇叭口期施氮36 kg/hm^{2}时,叶面积指数、叶绿素含量等物质生产指标值达到最大。德美亚一号在拔节期、大喇叭口期各施氮36 kg/hm^{2}时,叶面积指数、穗三叶叶绿素含量均在开花期达到最高,分别为5.73、66.7,干物质积累量最高,为283.3 g/株;大京九26在拔节期、大喇叭口期各施氮36 kg/hm^{2}时,分别在灌浆期叶面积指数最高为9.15,开花期叶绿素含量最高,为63.57,干物质量最高,为346.93 g/株。⑤在拔节期施氮36 kg/hm^2、大喇叭口期施氮36 kg/hm^{2}时,籽粒灌浆速率呈直线上升趋势,在开花后35 d达到峰值,德美亚一号籽粒最大灌浆速率为7.66 g/d、大京九26为7.17 g/d。⑥青贮玉米品种生育期施氮量为基肥施氮108 kg/hm^2、拔节期施氮36 kg/hm^2、大喇叭口期施氮36 kg/hm^{2}时,生物产量最大,德美亚一号生物产量最高,为25.62 t/hm^2,大京九26生物产量最高,为31.22 t/hm^2。⑦在整个生育后期施氮总量相同的前提下,大喇叭口期施氮36 kg/hm^{2}时,显著提高青贮玉米粗蛋白含量、每吨干物质可产牛奶量和总可消化养分含量;开花期施氮36 kg/hm^{2}时,提高青贮玉米脂肪含量,大喇叭口期施氮36 kg/hm^{2}和开花期施氮36 kg/hm^{2}时,降低中性洗涤纤维和酸性洗涤纤维含量。

杨武(2012)以青贮专用型玉米中北410为试验材料,研究了大喇叭口期氮、磷、钾施肥对青贮玉米产量和品质的影响。结果表明:①对鲜物质产量、干物质产量、粗灰分产量、产奶净能含量的影响顺序均为:磷肥>氮肥>钾肥;对粗蛋白含量、NDF含量、粗灰分含量的影响顺序均为:钾肥>氮肥>磷肥;对粗蛋白产量、NDF产量、粗脂肪含量、无氮浸出物产量、产奶净能积累量的影响顺序为:钾肥>磷肥>氮肥;对ADF含量的影响顺序为氮肥>钾肥>磷肥;对粗脂肪产量的影响顺序为:钾肥>氮肥;对无氮浸出物含量的影响顺序为:磷肥>钾肥>氮肥。

②由单因素分析得出：氮肥、磷肥、钾肥均对青贮玉米鲜物质产量、干物质产量、粗蛋白含量、粗蛋白产量、NDF 含量、NDF 产量、ADF 含量、粗灰分含量、粗灰分产量、无氮浸出物含量、无氮浸出物产量、产奶净能含量、产奶净能积累量、RFV 有显著影响；磷肥、钾肥对 ADF 产量、粗脂肪含量有显著影响；氮肥、钾肥对粗脂肪产量有显著影响。③由双因素分析得出：氮肥与磷肥、氮肥与钾肥和磷肥与钾肥互作均对粗蛋白含量、ADF 产量和 ADF 含量影响显著；氮肥与磷肥和氮肥与钾肥互作均对粗灰分含量和产奶净能含量影响显著；氮肥与钾肥和磷肥与钾肥互作对粗蛋白产量影响显著；氮肥与磷肥互作对鲜物质产量、粗脂肪含量、粗灰分产量和产奶净能积累量影响显著；氮肥与钾肥互作对无氮浸出物含量和产量、RFV 影响显著；磷肥与钾肥互作对 NDF 产量影响显著。综合分析，中北 410 高产优质的最佳肥料配施方案为：在大喇叭口期施氮 138 kg/hm^2，施磷 54 kg/hm^2，施钾 27 kg/hm^2。

汤晓昀等（2017）以青贮玉米澳新 825 为试材，采用“3414”不完全设计，在施氮量为 300 kg/hm^2 时，对青贮玉米施用不同量的磷肥、钾肥进行肥效研究，调查不同施肥量对玉米生育进程、植株性状、产量、粗蛋白及酸性洗涤纤维的影响，结果表明，在一定范围内，随着磷肥施用量的增大可以延长青贮玉米生育期；增施钾肥可以使青贮玉米茎秆粗壮，增强抗倒伏能力，同时增加产量；施用磷肥能显著提高青贮玉米粗蛋白等高能营养物质的含量与产量，钾肥施用过量或施用不合理可使青贮玉米酸性洗涤纤维含量增加。

4. 种植方式的影响

混播与单播相比更具有优越性，可有效地延长混播群体的光合作用时间，增大光合总面积，充分利用了水肥资源，以达到高产优质的目的。混播应做到高矮、肥瘦、圆尖、深浅、早晚、阴阳的合理搭配。

高飞等（2009）介绍，黑龙江北部地区纬度较高，气候寒冷，无霜期短，在该地区种植的大多数晚熟青贮玉米品种尚未达到适宜收获期就被迫收获，造成籽实成熟度差，营养物质含量低，严重影响了青贮饲料的品质，而大多数早熟的玉米品种虽籽实成熟度较好，但生物产量低，不能满足生产需求。将不同生育期的青贮玉米品种以混播方式进行种植，晚熟品种可保证较高的生物产量，早熟品种可提高籽实产量，从而改善青贮品质，达到稳产优质的目的。以晚熟玉米品种中原单 32 和 4 个早熟玉米品种龙单 13、龙单 8、海育 9 号及海育 8 号为材料在黑龙江北部地区进行单播及混播试验，探讨混播对不同品种玉米农艺性状、产量和饲用品质的影响。结果表明，混播对于各品种玉米农艺性状影响不显著；混播显著提高干物质产量和饲用品质（$P<0.05$）；应用 Milk2000 粗饲料评价指数分析，中原单 32 与海育 9 号的混播组合评价指数最高。

姬承东等（2015）结合新疆实际，通过对青贮玉米 SC704 与拉巴豆进行混播，研究不同生育期青贮玉米 SC704 与拉巴豆混播的生育期、农艺性状、产量与青贮效果。结果表明，青贮玉米 SC704 与拉巴豆混播对其生育期没有影响。混播对青贮玉米 SC704 的株高、穗位高、茎粗、叶片数的影响不大。青贮玉米 SC704 与拉巴豆混播能够提高粗蛋白和相对饲用价值的值，还可以降低中性洗涤纤维和酸性洗涤纤维含量。青贮玉米 SC704 与拉巴豆混播可以改善饲料的青贮品质。

田应学等（2019）为寻求青贮玉米栽培中品质改良、产量升高的新途径和新技术，在贵州松桃县九江乡试验地以青贮玉米（郑青贮 1 号）和拉巴豆为研究材料，于青贮玉米行距间套种不同行数的拉巴豆，共设 3 个处理，玉米不套作（A_0）、1 行玉米＋1 行拉巴豆（A_1）、1 行玉米＋2 行拉巴豆（A_2），研究多行拉巴豆套种对青贮玉米产量和品质的影响。结果表明，随着拉巴豆行数的增加，青贮玉米产量、粗蛋白、粗灰分、叶长、全氮、全磷和全钙含量均显著增高（$P<0.05$），其中产量最高达 55350.0 kg/hm²，与单作青贮玉米相比，可实现农民增收 10520.50 元/hm²。青贮玉米粗脂肪、干物质量、株高在套种 1 行拉巴豆时最高，且各处理间差异显著（$P<0.05$）。叶宽和叶片数随着套种拉巴豆行数的增加呈降低趋势。中性洗涤纤维和酸性洗涤纤维含量在各处理之间无显著差异（$P>0.05$）。不同套种处理后，青贮玉米的产量、粗蛋白、粗灰分、N、P、Ca、Mg、无氮浸出物和叶片数 9 个性状变异较大，变异系数 10%～32.9%。青贮玉米与拉巴豆套种表现出较强的套种优势。因此，在生产中为提高产量，增加套种优势，宜采用青贮玉米与拉巴豆套种行数比为 1：2 模式。但是鉴于粗灰分含量在此处理下最高，还需在今后的试验中对套种处理做进一步的研究。

王斌等（2021）为探究宁夏雨养区不同播量拉巴豆与青贮玉米混播对草地生产性能和牧草品质的影响，采用随机区组设计，以不同播量（0、22.5 kg/hm²、45.0 kg/hm²、67.5 kg/hm²、90.0 kg/hm²）的拉巴豆与青贮玉米混播，并运用灰色关联度法对各处理进行了综合评价。结果表明，青贮玉米单播的鲜、干草产量分别为 32.09 t/hm² 和 25.21 t/hm²，显著高于青贮玉米与播量为 45.0 kg/hm²，90.0 kg/hm² 拉巴豆混播（$P<0.05$）；不同播量拉巴豆与青贮玉米混播饲草的粗蛋白、粗灰分、中性和酸性洗涤纤维含量较青贮玉米单播均有不同程度的增加。经灰色关联度分析得出，拉巴豆播种量为 22.5 kg/hm² 与青贮玉米混播综合性状排名第一，优于其他混播处理和青贮玉米单播，可作为宁夏雨养区适宜播种量推广。

姜胜男等（2018）为研究青贮玉米和秣食豆混播比例对群体生产机能的影响，以青贮玉米科多八号和秣食豆为试验材料，研究不同混播比例处理对混播群体生产机能的影响。结果表明，玉米与秣食豆 2：0 处理的玉米株高、茎粗略低，显著高于玉米常规单播处理，但与其他处理无显著差异；随着混播比例的增加，玉米的茎粗、叶面积呈下降趋势。各混播处理的玉米干物质积累在生育后期均高于单播处理，其中以混播处理 2：2、2：3 较高；不同混播处理群体中玉米的产量无显著影响，但是对玉米＋秣食豆的群体总产量有显著影响，其中混播处理 2：2 产量最高，显著高于混播处理 2：0 和对照，产量分别提高 10.86%和 9.01%。

崔超等（2017）以青贮玉米（金创 1 号）与海沃饲用扁豆为材料，在 1：1、2：1、3：1 共 3 种混播比例处理下，研究了各处理间群体干鲜重、全生育期干物质积累特性与根冠生理特性的差异。结果表明，不同混播比例对群体干物质产量有显著影响，均较对照增产显著；其中尤以 2：1 混播处理最优，较其他处理增产显著；混播处理有利于增加吐丝期到蜡熟期植株根系物质积累量，有利于保持吐丝期到蜡熟期植株绿叶面积，保持植株后期较高的干物质合成能力，进而影响干物质的合成与积累，最终提高了青贮玉米干物质产量。

孙东升等（2019）通过在辽宁地区对 2 个野生大豆品系与青贮玉米进行混作栽培，研究其对饲草产量和营养成分的影响。结果表明，野生大豆与青贮玉米混作可显著提高饲草产量，二者混作收获物青贮后营养成分较玉米单播均有所增加，野生大豆品系 LYDl40116 与青贮玉米在混播密度 6.75 万株/hm² 条件下，饲草产量和品质可达较佳水平。

刘景辉等（2006）为了研究青贮玉米与苜蓿的混播效应，开展了 1 组不同青贮玉米品种与紫花苜蓿的间作效应试验。供试青贮玉米品种为科多 4 号、科多 8 号、科青 1 号，紫花苜蓿品种为维克多。采用裂区设计，主区为间作与单作模式，副区为青贮玉米与紫花苜蓿品种，共 8 个处理，重复 3 次。间作带幅宽 4 m，青贮玉米带种植 4 行，行距 50 cm，株距 30 cm；紫花苜蓿带种植 10 行，行距 20 cm，播量为 15 kg/hm²，青贮玉米与紫花苜蓿行间距 35 cm。单作青贮玉米株、行距及苜蓿播量与间作相同。试验结果显示，间作青贮玉米在收获时株高、茎粗和叶面积指数比相同种植面积的单作玉米分别提高了2.3%～20.9%、0.4%～7.6%和2.2%～19.6%。间作复合群体的粗脂肪和粗蛋白含量比单作玉米分别提高了30.8%～59.1%和99.4%～137.5%，而鲜草和干草产量比单作玉米分别降低了22.7%～32.3%和17.6%～28.2%，比单作紫花苜蓿分别提高了156.7%～202.4%和176.5%～197.5%。试验结果表明，间作复合群体可充分利用田间光照和地温条件，从而获得更高的产量和品质。

5. 化学制剂的影响

当前，青贮玉米生产过程中，化学制剂（除草剂、杀菌剂）已经广泛应用，成为除草防病的重要手段，既提高了防治效率，也节约了成本。然而，化学药剂是一把双刃剑，也会给农作物和土壤造成一定的危害，从而对青贮玉米的品质产生一定的影响。

王文焕等（2016）为了研究除草剂品种及组合对青贮玉米生物产量和营养品质的影响，采用阿特拉津、乙草胺、2,4-D丁酯、玉农乐和安威乳油5种除草剂设计了6个处理，试验了除草剂对龙辐单208青贮玉米营养品质的影响。不同除草剂处理后从苗期到收获期龙辐单208青贮玉米的粗蛋白含量呈降低趋势，但不同除草剂处理后的龙辐单208青贮玉米粗蛋白含量均高于人工除草（处理1）。苗期50%乙草胺＋阿特拉津（处理2）粗蛋白含量最高。开花期、收获期50%安威乳油（处理4）粗蛋白含量最高。收获期不同除草剂处理的粗蛋白含量差异较小，说明除草剂施用后对青贮玉米粗蛋白含量具有一定的正效应；从苗期到收获期不同除草剂处理后青贮玉米的粗灰分含量呈下降趋势，并且不同除草剂处理后的青贮玉米粗灰分含量均高于人工除草（处理1）。苗期人工除草粗灰分含量最低。收获期各处理粗灰分含量相差不大，只有50%安威乳油（处理4）略高；各处理在开花期粗纤维含量达到最高值，含量约为25%。苗期和收获期不同处理粗纤维含量较低。青贮玉米不同生育时期、不同除草剂处理粗纤维的含量与人工除草相比差异不大，说明不同除草剂在田间正常用量条件下不会影响青贮玉米的粗纤维含量。各处理在开花期钙的含量高于苗期和收获期。不同除草剂处理后青贮玉米不同时期钙的含量与人工除草（处理1）相比呈升高趋势。从收获期地上生物产量和干物质含量综合结果比较来看，采用50%乙草胺200 mL/亩＋72%2,4-D丁酯乳油20 mL/亩播后苗前土壤处理作为除草方法效果最好。

李旭业等（2020）针对青贮玉米收获期植株叶片病害较重，影响青贮玉米产量和品质问题，选用5%吡唑醚菌酯乳油、15%三唑酮和37%苯醚甲环唑3种杀菌剂进行田间试验，以收获期防治效果、叶片叶绿素相对值和产量品质为指标，探索杀菌剂对青贮玉米产量和品质的影响。结果表明，3种杀菌剂都能有效防治青贮玉米叶片病害，提高青贮玉米收获期的植株健康指数。通过对青贮玉米收获后青物质产量、干物质含量和主要营养指标的比较分析可以看出，不同杀菌剂处理对青贮玉米的产量和品质有较明显影响，3个处理的青物质产量、粗蛋白、淀粉含量和干物质含量都有提高，说明杀菌剂抑制了植株叶片病害的发生，有效提高了植株的光合效率，进而对青贮玉米产量和营养品质都有正向的影响。青物质产量方面，5%吡唑醚菌酯乳油将产量提高到71.1 t/hm^2，提高产量7.6 t/hm^2，该处理的干物质含量达33.2%，较不施药提高3.7%，淀粉含量达31.6%，较不施药提高3.4%，表明5%吡唑醚菌酯乳油在提高青物质产量和品质方面效果较好。

6. 收获时期对青贮玉米品质的影响

青贮玉米的收获时期对蛋白质利用率、消化率、营养价值和潜在采食量影响最大，适宜收获期是保证青贮玉米品质的一项关键措施。潘金豹等(2002)认为，在确定青贮玉米收获期时，需要综合衡量生物产量与干物质含量，优质的青贮玉米干物质含量不得低于32%。那亚等(2021)认为，青贮玉米的含水量也与收获期相关，适宜的含水量为60%～65%，籽粒乳线位置1/2左右。

刘美华等(2014)在新疆塔里木地区以专用青贮玉米新饲玉10号、11号和17号为试验材料，分别在扬花期和乳熟期采样，并就这两个生育期的产量和青贮前后的营养品质进行对比。结果表明，从扬花期到乳熟期，鲜草产量差异不显著($P>0.05$)，但干物质产量均极显著提高($P<0.01$)，且以新饲玉17号最高；粗蛋白、中性洗涤纤维和酸性洗涤纤维含量均呈下降趋势且贮后的含量均比贮前极显著提高($P<0.01$)，其中新饲玉11号的粗蛋白含量极显著高于新饲玉10号和17号($P<0.01$)；乳熟期的相对饲用价值极显著高于扬花期且青贮前极显著高于青贮后($P<0.01$)。3个品种综合比较得出，乳熟期的干物质产量和品质均优于扬花期。

吴昊等(2018)以金岭青贮17号、金岭青贮418和金岭青贮377号3个玉米品种分别在玉米的抽穗期、乳熟期和蜡熟期摘穗后刈割青玉米秸秆为试验对象，研究刈割时间对青贮饲料营养成分的影响。实验结果表明：①关于不同青贮玉米品种间相同刈割时间的产量，金岭377产量最高，金岭17次之，金岭418产量最低。金岭377和金岭17无显著差异，但显著高于金岭418。②关于刈割时间对青玉米秸秆水溶性碳水化合物及水分含量的影响，金岭青贮377玉米品种秸秆在乳熟期刈割时的水分明显高于随后的收刈时间，而鲜样中水溶性碳水化合物(WSC)则相反，明显表现为前低后高，但干物质中WSC则差异不显著。玉米秸秆的刈割时间明显影响其化学成分。金岭青贮377玉米品种秸秆不同刈割时间的鲜样水溶性碳水化合物含量范围为2.13%～3.17%，水分含量为85%～75%，适合调制青贮。③关于刈割时间对青玉米秸秆青贮饲料发酵产物的影响。不同刈割时间调制青贮饲料pH值都在4.0以上，pH值随着生长期的延长升高。青贮饲料中氨态氮含量变化呈不规律，变化范围为2.92%～5.79%。生长期不同，玉米秸秆青贮料中的氨态氮含量差异显著。但收刈时间不影响青贮饲料的乳酸含量和乙酸含量，样品中未检测到丁酸，3个时期的乳酸和乙酸变化范围分别是3.74%～4.28%和2.85%～3.68%。④关于刈割时间对青贮饲料营养物质含量的影响，总的来说，是有显著影响的。不同刈割时间玉米秸秆青贮料中粗蛋白含量和中性洗涤纤维含量有统计上的差异，并呈无规律变化，但变化幅度不大，而刈割时间不同，玉米秸秆青贮料中酸性洗涤纤维含量差异不显著。随刈割时间的延长，玉米秸秆青贮料中有机物体外降解率明显降低，两周的时间下降了12个百分点，生长期明显影响青贮饲料有机物的消化特性。通过分析刈割时间对玉米秸秆青贮饲料发酵产物及营养成分的影响表明，青贮玉米秸秆收刈时间(生长期)明显影响玉米秸秆青贮饲料营养成分和有机物消化特性，在不影响子实产量条件下，金岭青贮377玉米秸秆在乳熟期收刈调制青贮较理想。

丁一等(2019)为研究收获期对不同品种青贮玉米生物产量和品质的影响，以京科青贮301、京科青贮516、饲玉1号、饲玉2号、鲁单256和鲁单258为试材，分别于3个不同收获期收获(Ⅰ期为乳线刚出现，Ⅱ期为乳线至籽粒1/3处，Ⅲ期为乳线至籽粒2/3处)，对相关指标进行测定分析。结果表明，综合考虑生物产量和青贮品质，结合不同品种的农艺特性和当地气候条件，青贮玉米最佳的收获时期在Ⅱ期和Ⅲ期之间，即乳线到达籽粒中、下部。此时青贮玉米的生物产量收益最高，品质好，适口性好，易于动物消化吸收。

Kim等(2002)在6个成熟阶段对青贮玉米进行收获，分别为灌浆期、乳线期、半乳线期、乳熟期、蜡熟期和完熟期，结果显示，最高的产量和干物质含量在乳熟时期，综合考虑纤维素的含量得出，最佳收获期适宜在半乳线期或者3/4乳线期。

朱慧森等(2015)为了探讨不同收获时期青贮玉米的生产性能和青贮品质，利用收获指数对不同收获期予以评价，以兼用青贮玉米品种晋单42号为试验材料，分别于籽粒形成期、乳熟期、蜡熟期和完熟期取样及青贮后测定其化学成分，并且计算青贮玉米的收获指数。结果表明，随着收获时期的延迟，原料青贮玉米干物质产量、淀粉和粗脂肪含量极显著地增加($P<0.01$)，而中性洗涤纤维消化率(NDFD)显著下降($P<0.05$)；籽粒形成期收获的玉米青贮饲料发酵品质较差($P<0.01$)。利用作物收获指数、MILK 2006指数均判断蜡熟期适宜收获。从产量、品质与青贮后的产品特性综合判断得出，晋单42号以蜡熟期为适宜收获时期，可以简捷以干物质产量和含量来指导青贮玉米的收获。

杨大盛等(2019)为了研究收获期对青贮玉米青贮品质及体外发酵特性的影响，以青贮玉米品种科玉1108为试验材料，分别在乳熟中期、乳熟后期、蜡熟初期及蜡熟中期收获青贮玉米，评定其青贮90 d的品质，再通过体外产气法，进行72 h发酵培养。结果表明：①在青贮前，随着收获期的延长，青贮玉米全株生物量、秸秆生物量、籽实生物量、百粒重、籽实占比及粗脂肪含量均增加，秸秆占比与粗蛋白含量均降低，中性洗涤纤维含量与酸性洗涤纤维含量均先下降后上升，水溶性碳水化合物含量先上升后下降。②在青贮过程中，随着收获期的延长，青贮玉米异戊酸摩尔比例降低，丙酸摩尔比例先降低后增加，乙酸摩尔比例先增加后降低。③在青贮后，随着收获期的延长，青贮玉米体外发酵时潜在最大产气量、总挥发性脂肪酸浓度及干物质消失率均下降，乙酸摩尔比例上升。结果显示，延长青贮玉米收获期，可提高生物量，改变营养成分，不会影响青贮品质，但会降低青贮后体外降解特性。

姜富贵等(2019)为了研究不同收获期对全株玉米青贮营养价值、发酵品质和瘤胃降解率的影响，从山东抽样采集44个区(县)130个养殖场130份全株玉米青贮饲料样品，按照收获时玉米籽粒的乳线位置，共分为1/2乳线、2/3乳线和3/4乳线3个时期，测定其营养价值、发酵品质和瘤胃降解率。结果表明：①随着收获期的延迟，全株玉米青贮的干物质含量显著增加($P<0.05$)，粗灰分含量显著降低($P<0.05$)，1/2乳线期全株玉米青贮的中性洗涤纤维、酸性洗涤纤维和酸性洗涤木质素含量显著高于2/3乳线期和3/4乳线期($P<0.05$)。②随着收获期的延迟，全株玉米青贮的淀粉含量显著增加($P<0.05$)，1/2乳线期全株玉米青贮的总碳水化合物、可溶性糖含量显著低于3/4乳线期($P<0.05$)，1/2乳线期全株玉米青贮的不可利用纤维和可利用中性洗涤纤维含量显著高于2/3乳线期和3/4乳线期($P<0.05$)。③随着收获期的延迟，全株玉米青贮的发酵系数和费氏评分显著增加($P<0.05$)，1/2乳线期和2/3乳线期全株玉米青贮的乳酸含量显著高于3/4乳线期($P<0.05$)，1/2乳线期全株玉米青贮的丙酸含量显著高于2/3乳线期和3/4乳线期($P<0.05$)。④随着收获期的延迟，全株玉米青贮的总可消化养分含量及消化能、代谢能均显著增加($P<0.05$)；1/2乳线期全株玉米青贮的维持净能、增重净能和泌乳净能显著低于2/3乳线期和3/4乳线期($P<0.05$)。⑤1/2乳线期和2/3乳线期全株玉米青贮的24 h和48 h的干物质降解率显著低于3/4乳线期($P<0.05$)。综上所述得出，收获期为3/4乳线期时，全株玉米青贮的营养价值和发酵品质最优。

张瑞霞等(2006)以东陵白、金坤9号、科试1号、农大647、中北410、华农1号6个青贮玉米品种为材料，对不同收获时期营养成分含量与积累量的变化进行研究。结果表明，随着收获期推迟，植株粗蛋白、粗脂肪与粗纤维的积累量增加，但粗蛋白、粗纤维含量逐渐降低，粗脂肪无明显变化规律。营养成分在植株器官中的分配因品种与收获期而异。在开花散粉期收获，粗蛋白分配量表现为绿叶＞茎鞘＞果穗；乳熟期收获表现为果穗＞绿叶＞茎鞘。不同收获期粗脂肪的分配表现为绿叶＞雌穗＞茎鞘。粗纤维随着收获期推迟，在绿叶和茎鞘中的分配量递减，而果穗中分配量增加。综合分析认为，呼和浩特地区青贮玉米适宜收获期应在乳熟中后期。

黎慧(2015)在内蒙古乌兰察布市麦胡图镇以金岭 37、丰田 9、本玉 18 和金岭 17 四种青贮玉米品种为对象，研究了不同品种青贮玉米在收获期内各部位干重和营养成分的变化规律。试验结果表明：①每个品种整株青贮玉米干物质含量显著增加($P<0.05$)，四个品种平均日增长约 0.35％。在相同的收获期内，金岭 17 平均干物质含量及产量较高，为 27.81％和 421.7g/株；金岭 37 的干物质含量增加幅度最大，日增量为 0.31％，但在相同的收获期内平均干物质含量及产量较低，分别为 24.62％和 389.2 g/株。②随着生长期的延长，各个品种青贮玉米各部位中果穗干重及其在整株干物质产量中的比例呈线性增加($P<0.05$)，在生长期的第 122～140 天四个品种果穗干重平均增加了 138.75％；果穗各组分中籽粒产量及其在整株干物质产量中比例的变化呈线性增加($P<0.05$)，四个品种籽粒干重平均增加了 262％。在相同的收获期内，金岭 17 果穗干重和籽粒干重及其在整株干物质产量中的比例为较高，而金岭 37 的最低。③随着生长期的延长，各个品种青贮玉米的粗蛋白、酸性洗涤纤维和酸性洗涤纤维木质素含量呈线性下降($P<0.05$)；金岭 37 和本玉 18 的中性洗涤纤维含量随着生长期的延长而增加；四个品种淀粉含量呈线性增加($P<0.05$)，平均日增加 6.5％。在相同的收获期内不同品种之间比较表明，金岭 17 的粗蛋白和淀粉含量最高，而金岭 37 的粗蛋白和淀粉含量最低；丰田 9 的中性洗涤纤维、酸性洗涤纤维和酸性洗涤纤维木质素含量显著低于其他三个品种($P<0.05$)。

7. 青贮技术措施的影响

全株玉米青贮是青贮玉米利用的主要形式，是将整株玉米进行轧碎青贮，通过微生物厌氧发酵和化学作用，在密闭无氧条件下制成的一种适口性好、消化率高和营养丰富的饲料的方式，是保证常年均衡供应青绿饲料的有效措施。在玉米青贮过程中，对秸秆进行合适的预处理、适当掺入添加剂、采用合适的青贮窖建造方式等措施都是影响青贮饲料发酵成功和品质优劣的关键。

(1)留茬高度的影响

玉米收获时，合理的留茬高度对青贮玉米的产量、发酵品质、饲喂效果等具有重要的影响。刘颖慧等(2018)认为，留茬高度每增加 1 cm，青贮鲜重减少约 135 kg/hm^2，留茬越低，夹杂泥土和土壤中的大量梭状芽孢杆菌、杂菌等风险越高，同时考虑到底部茎秆消化率较低等因素，建议留茬高度控制在 15～20 cm。

李文才等(2018)曾为了探讨不同留茬高度对青贮玉米的产量和品质的影响，以兼用青贮玉米品种晋单 42 号为试验材料，在蜡熟期分别留茬 0、15 cm、30 cm、45 cm、60 cm 刈割取样及青贮后测定其化学成分，并且计算青贮玉米的 MILK 2006 指数。研究表明，随着留茬高度的提高，青贮玉米产量极显著下降($P<0.01$)，而养分含量、发酵品质、体外消化率、MILK2006 奶吨指数无显著差异，但是奶亩指数差异显著($P<0.01$)。综合考虑产量和品质得出，青贮玉米收获时以留茬 15 cm 为宜。

赵雪娇等(2018)以黑龙江广泛种植玉米的高蛋白质品种中原单 32、高产量品种龙福 208

和高淀粉品种阳光1号3种不同特性的全株玉米为试验材料，研究留茬高度对全株玉米青贮品质的影响，并探讨对于不同特性的玉米品种应如何选择留茬高度，为合理生产和利用全株玉米青贮提供理论支持。试验设置19 cm、49 cm 2个留茬高度，测定常规营养成分含量、发酵品质及24 h、30 h和48 h瘤胃降解率。结果显示：①对于全株玉米青贮营养成分含量，留茬高度由19 cm增加到49 cm后，3个品种的粗蛋白、淀粉含量显著提高（$P<0.05$），中性洗涤纤维及酸性洗涤纤维含量显著降低（$P<0.05$），阳光1号、龙福208干物质和粗灰分含量显著提高（$P<0.05$）。②各处理全株玉米青贮pH差异不显著（$P>0.05$）；随着留茬高度的增加，同一品种全株玉米青贮氨态氮/总氮（NH3-N/TN）显著降低（$P<0.05$），但中原单32在49 cm留茬高度下的NH3-N/TN仍显著高于阳光1号19 cm留茬高度下的NH3-N/TN（$P<0.05$），具有较高的蛋白质分解量，而阳光1号NH3-N/TN在2个留茬高度下均较低，发酵效果更好；乳酸（LA）及乙酸（AA）含量在不同品种间有较大差异，而增加留茬高度对其影响较小。③随着留茬高度的增加，各品种全株玉米青贮的瘤胃干物质降解率（DMD）和粗蛋白降解率（CPD）呈增加趋势，瘤胃中性洗涤纤维降解率（NDFD）呈降低趋势，其中阳光1号在49 cm留茬高度下48 h瘤胃DMD最大，与19 cm留茬高度处理差异不显著（$P>0.05$），且该品种在19 cm留茬高度下48 h瘤胃NDFD最大。由此可见，增加留茬高度可提高全株玉米青贮的干物质含量、粗蛋白含量、淀粉含量，但会降低其中性洗涤纤维含量，以及减小发酵过程的缓冲性，从而对发酵指标影响较小。因此，对于高淀粉低纤维类玉米品种如阳光1号，可选择较低留茬高度，以获得质与量最大化；而高蛋白质或高产量玉米品种如中原单32、龙福208，可适当提高留茬高度，改善青贮品质。

（2）切割长度和压实度的影响

在青贮制作过程中，切割长度和压实度对青贮品质有重要影响。吴晓杰等（2006）认为，青贮玉米切割较长时，对原料的压实过程不利，且青贮后粗蛋白含量会下降。侯建建等（2016）认为，切割较短有利于乳酸菌积累，抑制丁酸合成，快速形成厌氧发酵环境，制成的饲料也更易于家畜消化吸收。田健帆等（2020）认为，切割较短可提升青贮品质，但切太碎会浪费大量营养物质，适宜的切割长度为1～2 cm。在玉米青贮过程中，控制青贮紧实度可以减少干物质的损失和提高发酵，青贮紧实度决定青贮干物质的损失程度，紧实度越大，空气排出的越多，青贮干物质损失越少。田健帆等（2020）认为，压实度与厌氧环境的形成密切相关，增加压实度有抑制饲料腐败的作用，压实度以600～700 kg/m^{3}为佳。

赵雪娇等（2019）通过调研黑龙江地区规模化牧场全株青贮玉米品种、收割和加工等信息，并于开窖后采集青贮样品，通过感官评定、营养价值、发酵品质和瘤胃降解特性分析对青贮样品进行品质评定，确定切割长度和压实度对青贮品质的影响，为生产更加优质和合理利用全株玉米青贮提供理论依据。①通过采集切割长度分别为1 cm、1.5 cm和2.5 cm全株玉米青贮样品（$n=3$），测定各样品的籽粒破碎程度、物理有效因子、常规营养价值、发酵品质以及瘤胃降解率。结果显示，随着切割长度的增加，物理有效因子和完整籽粒个数显著增加（$P<0.05$）、乳酸含量显著降低（$P<0.05$）；切割长度为1 cm时，青贮干物质含量显著下降（$P<0.05$）；而切割长度为2.5 cm时，干物质降解率和淀粉降解率显著下降（$P<0.05$）。结果表明，全株玉米青贮生产时切割长度为1.5 cm的青贮品质最优，切割过短会增加可溶性营养物质的损失以及降低物理有效因子，切割过长会造成籽粒破碎程度差，并且使青贮干物质降解率和淀粉的降解率降低。②通过九点采样法采集规模化牧场（$n=6$）青贮窖上、中、下层样品，测定样品常规

营养价值、发酵品质以及瘤胃降解率，综合分析不同水分和压实度对青贮品质的影响。结果显示，随着深度的增加，窖内水分及压实度增加，此时青贮干物质含量呈下降趋势，下层显著低于上层（$P<0.05$）；对于瘤胃降解率，中层和下层青贮干物质降解率、中性洗涤纤维降解率均显著高于上层（$P<0.05$），但中层和下层间差异不显著（$P>0.05$）；隶属函数法评价结果显示，青贮窖中层青贮的综合评价值最高，下层其次。结果表明，随着青贮窖内深度的增加，干物质及淀粉等养分损失率增加，但 pH、有机酸等发酵效果更好，并增加了瘤胃降解率，然而达到一定深度后，发酵品质趋于稳定。综合评价结果显示，中层青贮品质最佳。综上所述，留茬高度、切割长度、水分和压实度对全株玉米青贮品质有重要的影响，全株玉米青贮切割长度 1.5 cm 时，品质最优，青贮窖物料达到一定深度后，发酵品质趋于稳定，因而，在青贮制作过程中，应注重逐层压窖和顶层密封性，控制好压实度。

王旭哲（2019）以青贮玉米品种新饲玉 10 号为材料，研究青贮玉米品种紧实度和收获期对于发酵及开窖后玉米青贮品质和微生物群落构成变化的影响。试验设计 1/2、2/3、3/4 乳线期 3 个收获时期，并调制 500 kg/m^3 和 600 kg/m^3 两个紧实度水平，分别在发酵阶段（3 d、7 d、15 d、30 d、60 d 和 90 d）和开窖后（48 h、96 h、144 h 和 192 h）取样分析，并对发酵完成时（90 d）青贮进行感官评价，测定分析发酵品质（乳酸、乙酸、丙酸、丁酸、氨态氮）、主要营养成分（干物质、粗蛋白、中性洗涤纤维、酸性洗涤纤维、淀粉、水溶性碳水化合物），计算开窖当天（90 d）相对饲喂价值。结果显示：①2/3 乳线期收获调制的 500 kg/m^3 和 600 kg/m^3 的玉米青贮发酵 90 d 后 pH 值均降至 3.55。开窖前后 2/3 乳线期收获调制的 600 kg/m^3 紧实度水平的玉米青贮中性洗涤纤维及氨态氮含量均为最低，乳酸含量最高；3/4 乳线期收获调制的 600 kg/m^3 紧实度水平的玉米青贮淀粉含量始终较高。②开窖前后 2/3 乳线期收获调制的 600 kg/m^3 紧实度水平的玉米青贮中霉菌数量均为最低，且 5 种霉菌毒素含量均为最低。③2/3 乳线期收获调制的 600 kg/m^3 紧实度水平的玉米青贮开窖前后营养、发酵品质及霉菌毒素含量综合评分最高，有氧稳定性最好。研究认为，收获期为 2/3 乳线期的紧实度 600 kg/m^3 水平的玉米青贮处理有助于提高玉米青贮原料的营养品质，同时可保障玉米青贮的发酵质量，对于提升感官特性，改善营养及发酵品质，降低有害微生物数量，减少霉菌毒素残留量具有极佳作用，在开窖后也可增强玉米青贮有氧稳定性，对降低营养物质损失意义重大，因此，在发酵品质上成为最佳处理。

（3）添加剂的影响

在玉米青贮的过程中借助添加剂对青贮发酵过程的控制，可以减少发酵中微生物的活动而造成青贮玉米的盐分损失，可以改善青贮品质、提高营养价值，从而获得优质的青贮饲料。蔡义民（1995）认为，青贮玉米加入乳酸菌添加剂，产生了大量的乳酸，抑制霉菌、大肠杆菌等有害菌的繁殖，降低了 pH、氨态氮含量，改善了青贮玉米品质。席兴军等（2003）研究表明，青贮饲料添加乳酸菌处理后，饲料的干物质消化率提高、pH 降低，对有机酸及氨态氮、脂肪酸的含量几乎没有影响。严榕等（2003）认为，在青贮玉米中加入乳酸菌添加剂，降低了干物质消化率，提高了 ADF、NDF 及有机酸含量。Charmley 等（1995）研究表明，乳酸菌添加剂处理的干物质含量增加，蛋白质降解速度增加。吴跃明等（2004）研究认为，在青贮玉米加入纤维素酶，可以破坏植物细胞壁释放细胞内物质，为乳酸菌提供碳水化合物，青贮玉米中 ADF 含量降低，微量元素的降解率增加，高浓度的纤维素酶制剂能提高青贮饲料中的碳水化合物的浓度并且能提高乙酸、丙酸含量，降低丁酸含量。

靳会珍等(2018)研究玉米秸秆接种不同微生物菌剂对其发酵品质和营养成分的影响。试验分为5组,每组4个重复,对照组不添加菌剂,处理1组用1万cfu/g布氏乳杆菌处理,处理2组用1×10^5cfu/g布氏乳杆菌处理,处理3组用1万cfu/g植物乳杆菌处理,处理4组用1×10^5cfu/g植物乳杆菌处理,青贮时间为90 d。结果显示,各处理组pH值显著高于对照组($P<0.05$),对照组青贮玉米秸秆中酵母菌含量显著高于处理2组和处理4组($P<0.05$)。处理2组总乳酸、L-乳酸含量显著低于对照组($P<0.05$),处理3组D-乳酸含量显著低于对照组($P<0.05$),处理2组青贮玉米秸秆中乙酸含量显著高于其他各组($P<0.05$)。青贮90 d后,玉米秸秆放置1 d后,处理3、4组干物质损失含量显著高于对照组($P<0.05$),处理2、3组pH值显著高于其他各组($P<0.05$);放置3 d后,对照组和处理3组青贮玉米秸秆pH值显著高于其他各组($P<0.05$)。结果表明,玉米秸秆通过布氏杆菌和植物乳杆菌处理青贮后降低了酵母菌、霉菌及氨基氮的含量,玉米秸秆接种布氏乳杆菌可以提高其青贮后在空气中的稳定性。

高瑞红等(2018)试验研究复合乳酸菌制剂对玉米青贮发酵品质及有氧稳定性的影响,试验Ⅰ、Ⅱ、Ⅲ、Ⅳ组分别给玉米青贮接种0、0.01 g/kg、0.03 g/kg、0.05 g/kg复合乳酸菌制剂,在45 d和60 d后取样进行检测,并进行有氧稳定性时间的分析。结果表明,与对照组相比,复合乳酸菌制剂可以提高玉米青贮的干物质、粗蛋白、中性洗涤纤维、酸性洗涤纤维、乳酸、乙酸含量,降低可溶性碳水化合物、氨态氮的含量及pH、氨态氮/总氮值,其中性洗涤纤维、可溶性碳水化合物、氨态氮含量及pH、氨态氮/总氮值与对照组相比差异显著($P<0.05$),其余指标与对照组相比差异不显著($P>0.05$);在45 d和60 d时,试验组间可溶性碳水化合物随着乳酸菌添加量的增加而减小,且试验Ⅲ组和试验Ⅳ组与试验Ⅱ组相比差异显著($P<0.05$),试验Ⅲ组与试验Ⅳ组相比差异不显著($P>0.05$);在60 d时,试验Ⅲ组与试验Ⅳ组的乙酸含量显著大于试验Ⅰ组($P<0.05$),试验Ⅳ组小于试验Ⅲ组,差异不显著($P>0.05$),试验其余指标各组差异不显著($P>0.05$);添加乳酸菌制剂可以延长玉米青贮有氧稳定性时间,对照组时间为98 h,试验组依次是146 h、311 h、291 h。综上表明,乳酸菌制剂可以提高青贮玉米品质,延长有氧稳定性时间,本试验最佳接种量为0.03 g/kg。

杨光兴等(2021)试验研究不同添加剂处理的青贮玉米对肉牛生长性能、营养物质表观消化率、屠宰性能及肉品质的影响。选择200头体况良好、体重相近的健康肉牛,随机分为4组,每组5个重复,每个重复10头牛。对照组肉牛饲喂无添加剂的青贮玉米,试验1组肉牛饲喂添加乳酸菌制剂的青贮玉米,试验2组肉牛饲喂添加纤维素酶的青贮玉米,试验3组肉牛饲喂乳酸菌制剂+纤维素酶的青贮玉米。试验期65 d。结果显示,与对照组相比,试验3组肉牛的末重、平均日增重、平均日采食量显著升高($P<0.05$),料重比显著降低($P<0.05$);干物质、粗蛋白、中性洗涤纤维、酸性洗涤纤维表观消化率显著升高($P<0.05$);宰前活重、胴体重、屠宰率、眼肌面积均显著升高($P<0.05$)。研究表明,乳酸菌制剂与纤维素酶均可提高玉米青贮品质,能够促进肉牛生长,提高机体对饲料的消化利用率,改善屠宰性能及肉品质;乳酸菌制剂与纤维素酶联合使用效果优于纤维素酶、乳酸菌制剂。

袁仕改等(2018)为探讨不同添加剂对贵州温暖湿润气候环境下生长的全株玉米青贮饲料发酵品质及有氧稳定性的影响,试验选用贵州本土常见的玉米品种进行全株青贮,设对照组和添加剂组(乳酸菌制剂、食盐、丙酸)。青贮60 d后开封,测定青贮饲料的发酵品质、化学成分和有氧稳定性。结果表明,各组发酵品质均较好,感官评价能达到一级优良,有机酸评分均为满分。有氧稳定性表现最好的为丙酸组，为 110.5 h，显著高于除食盐处理组之外其他组（$P<0.05$）。各添加剂处理组均能改善全株玉米青贮饲料的营养水平，采用模糊数学隶属函数法对营养水平进行评价排名，结果表现为：丙酸组＞乳酸菌制剂组＞食盐组＞对照组。因此，全株玉米青贮时不使用添加剂也能获得发酵品质较好的青贮料；综合考虑营养水平和有氧稳定性得出，在贵州温暖湿润气候环境下，选用丙酸为全株玉米青贮添加剂最适宜。

孙贵宾等（2018）为研究纤维素酶和复合益生菌对全株玉米青贮品质的影响，以全株玉米为材料，试验分为对照组（不含添加剂）、纤维素酶组（添加 1 g/kg 纤维素酶）、复合益生菌组（添加 2 mL/kg 复合益生菌，植物乳杆菌：酿酒酵母＝1：1）、菌酶联合组（添加 1 g/kg 纤维素酶和 2 mL/kg 复合益生菌）。青贮 45 d 后，测定全株玉米青贮的营养成分、发酵品质和微生物菌落数，分析纤维素酶和复合益生菌对全株玉米青贮品质的影响。结果表明：①纤维素酶组和菌酶联合组全株玉米青贮中的粗蛋白含量均显著高于对照组（$P<0.05$）；与对照组相比，菌酶联合处理显著降低了全株玉米青贮的中性洗涤纤维、酸性洗涤纤维和纤维素的含量（$P<0.05$）。②与对照组相比，各试验组全株玉米青贮的感官品质得到提高，可溶性碳水化合物含量和 pH 显著降低（$P<0.05$）；菌酶联合处理显著降低了全株玉米青贮的氨态氮/总氮（$P<0.05$）。③与对照组相比，菌酶联合处理显著降低了全株玉米青贮中的乳酸菌、酵母菌和需氧菌的数量（$P<0.05$）。试验得出，纤维素酶和复合益生菌的联合处理有效提高了全株玉米青贮的营养价值和品质。

蒋苏苏等（2017）研究以添加单一及混合中药渣于全株玉米青贮中，通过对青贮料感官品质、发酵品质及营养成分的分析，探讨中药渣在全株玉米青贮饲料调制中的应用。结果表明，混合药渣、党参药渣组添加水平 5％时，对青贮品质改善效果较好（粗蛋白 7.16％、中性洗涤纤维 37.73％、酸性洗涤纤维 63.90％、氨态氮/总氮 2.68％），牛蒡药渣及川芎药渣有益于青贮品质的改善，但牛蒡药渣对青贮的改善效果优于川芎药渣。

张适等（2019）通过将果胶酶、纤维素酶、木聚糖酶、α-半乳糖苷酶、β-甘露聚糖酶、β-葡聚糖酶添加在全株青贮玉米中进行了对青贮发酵品质的影响研究，结果表明，在提高发酵品质方面木聚糖酶（氨态氮/总氮 0.74％、可溶性碳水化合物 14.80％）和纤维素酶效果（氨态氮/总氮 0.84％、可溶性碳水化合物 14.13％）优于其他酶制剂；在营养品质方面纤维素酶（粗蛋白 7.77％、中性洗涤纤维 50.88％、酸性洗涤纤维 24.72％）、木聚糖酶（粗蛋白 7.17％、中性洗涤纤维 51.52％、酸性洗涤纤维 31.29％）和 β-葡聚糖酶（粗蛋白 7.13％、中性洗涤纤维 47.39％、酸性洗涤纤维 23.96％）的效果优于其他酶制剂。综合考虑得出，全株玉米青贮中添加木聚糖酶、纤维素酶和 β-葡聚糖酶 3 种酶制剂是比较适合的添加剂。

尉小强等（2018）利用在全株青贮玉米中添加乳酸菌和有机酸制剂对玉米青贮发酵微生物数量、有氧稳定性及青贮发酵品质影响进行研究，结果表明，添加有机酸（pH 值 3.75、氨态氮/总氮 34.01％）和乳酸菌（pH 值 3.81、氨态氮/总氮 42.37％）制剂均可以有效改善玉米青贮的发酵品质，但酵母菌和乳酸菌组霉菌的繁殖无法得到有效抑制，有氧稳定性差。有机酸制剂虽不能直接促进乳酸菌的增殖，但可以有效改善青贮的有氧稳定性，抑制酵母菌和霉菌的繁殖。

李金俐等（2018）将淀粉酶、布氏乳杆菌制剂和化学添加剂添加于蜡熟期的全株青贮玉米中研究对青贮品质的影响，结果表明，添加布氏乳杆菌可以很好地提高乙酸含量，改善青贮饲料的品质（pH 值 3.81、氮态氮 0.82％），使全株玉米青贮饲料的有氧稳定性得到增强。

(4)青贮方式的影响

目前，常见的青贮方式主要有青贮池、青贮窖(塔、壕、堆)、袋装青贮等。各种青贮方式均有不同优缺点，对青贮品质也有重要的影响。窖贮是目前大型养殖生产中广泛使用的一种青贮方式，具有操作简单、成本低和容量大等优点，但吴晓杰等(2006)认为，青贮窖开窖后青贮饲料表层接触氧气，容易产生二次发酵，给动物带来安全隐患。程光民等(2020)认为，袋装青贮、伸拉膜青贮等具有操作灵活、装填密度大、使用方便、饲料安全性保障高等特点，具有重要的推广价值。

王鹏宇等(2014)于 2011—2012 年在内蒙古研究地上青贮窖与平地青贮窖对青贮玉米发酵效果的影响。采用感官评判与饲养试验验证两种贮藏方式下青贮玉米的品质变化。结果表明，两种发酵条件下，青贮玉米的感官品质差异不显著；对其营养成分进行分析后，两者差异不显著。将不同发酵条件下青贮玉米饲喂奶牛后，产奶量、乳脂率、乳蛋白率、干物质、乳糖含量均差异不显著($P>0.05$)。由此可知，两种发酵条件对青贮玉米发酵品质无影响。

程光民等(2020)研究窖贮和伸拉膜青贮等不同青贮方式对全株玉米青贮饲料品质的影响，以评定不同青贮方式对全株玉米青贮饲料营养价值的影响。试验分为窖贮组和伸拉膜组。从青贮第 3～12 个月，每月初采集样品进行发酵品质(pH 值、氨态氮、乳酸及乙酸、丙酸、丁酸等挥发性脂肪酸)和饲料营养价值(干物质、粗蛋白、粗灰分、中性洗涤纤维、酸性洗涤纤维及可溶性碳水化合物)评定，共 10 次。结果表明，窖贮组和伸拉膜组青贮饲料发酵指标变化基本一致，发酵品质良好，两者在相同时间点上大都差异不大，整体相对来说，伸拉膜组比窖贮组发酵品质好一些；窖贮组和伸拉膜组营养成分含量变化基本一致，相同时间点，两组养分差异不明显，但整体来说，伸拉膜组全株青贮玉米所含养分高于窖贮组。

为探讨不同贮存方式及不同加工方法对玉米秸秆青贮品质的影响，孙果丽等(2012)研究表明，采用桶装贮存容器和切碎处理，玉米青贮饲料在 pH、粗蛋白(CP)、粗灰分(Ash)、可溶性碳水化合物(WSC)指标上要分别优于袋装贮存和揉碎处理；周雪等(2016)结合贵州普安县白玉米生产实际，研究发现，密封与压缩程度较好的裹包青贮、青贮袋青贮、桶装青贮，其青贮料的感官品质与营养品质较好；压实程度低的小型青贮窖与自制塑料袋，其感官品质与营养品质一般；郝科慧等(2014)就玉米秸秆在贮存过程中微生物对其营养物质的消耗量及其木质纤维化程度进行研究发现，冷藏处理、添加甲酸或乙二醇均能在不同程度上降低玉米秸秆的营养物质消耗量，抑制其木质纤维化，保存了更多的营养物质，利于后续水解处理和厌氧发酵；赵新德(2017)研究发现，采用通风笼贮存方法的玉米青贮饲料，从玉米秸秆营养与卫生指标变化的角度来看，要优于传统堆垛法，其中，0.8 m 宽通风笼贮存玉米秸秆的效果最好；张颖(2021)在研究玉米秸秆贮存预处理对青贮品质的影响发现，揉搓粉碎和微波预处理利于玉米秸秆降解转化，可以改善青贮饲料品质。

此外，关于贮存时间和贮存深度对玉米青贮营养品质的影响研究也一直在进行。贮存时间会显著影响青贮玉米干物质、粗蛋白、pH、乙酸、乳酸、中性洗涤纤维消化率等(冼霖 等，2019；郑美，2021)。在规模化牧场中目前采用的青贮装填、压实、封盖等管理条件下，赵雪娇等(2019)分析不同深度全株玉米青贮常规营养价值、发酵品质以及奶牛瘤胃降解率的差异，发现青贮窖内不同深度全株玉米青贮质量存在显著差异，随着青贮窖内深度的增加，干物质及淀粉等养分损失率增加，但 pH、有机酸等发酵效果更好，并增加了瘤胃降解率。然而达到一定深度后，发酵品质趋于稳定，综合评价结果显示，中层全株玉米青贮质量最佳。因而，在青贮制作过程中，应注重逐层压窖，推荐使用隔氧膜封窖。在取料过程中，上层、下层均匀取料，降低青贮饲料对饲粮配方一致性的影响。

研究还表明，全株玉米青贮的品质不仅受玉米品种特性、收获时期、留茬高度和青贮前干物质（DM）含量直接影响（赵雪娇 等，2018；李龙兴 等，2021），还与压实度、密封性以及青贮后管理等因素密切相关，其中，青贮密度对有机物的氧化有较大影响（Geyer et al.，2012），同时其作为一个关键的参数影响着干物质（DM）的保存（Franco et al.，2016）。

第二节　青贮玉米利用

一、全株青贮

全株玉米青贮是指在厌氧条件下，用带果穗专用或粮饲兼用青贮玉米全株经过微生物（主要是乳酸菌）发酵调制而成的青贮饲料，具有颜色黄绿、气味酸香、柔软多汁、适口性好、营养丰富等特性，是奶牛、肉牛等的主要饲粮组分。青贮玉米的青贮方式大致可分为窖贮和裹包青贮两种加工方式。

柳茜等（2018）探讨不同青贮原料对青贮品质的影响发现，全株玉米青贮优于去穗的秸秆青贮，适宜推广。罗仕美等（2019）曾研究高海拔地区全株玉米青贮效果的具体情况。采用西藏农牧学院培育的玉米品种，种植在海拔 2990 m 的西藏农牧学院教学实习牧场内。在乳熟末期至蜡熟初期全株刈割，铡短至 2 cm 左右，塑料薄膜密封包裹，自然条件下青贮发酵。60 d 后采样，进行感官鉴定，测定 pH 值、乳酸与氨态氮含量；制备为分析样品，测定全株玉米发酵前后的营养物质含量。结果表明，高海拔地区全株玉米青贮后，感官品质优良、pH 值为 4.08、乳酸含量 4.38%、氨态氮与总氮比例为 40.32 g/kg。全株玉米青贮后与青贮前比，鲜样中初水分与总水分含量均显著升高（$P<0.05$）；粗纤维、中性洗涤纤维与酸性洗涤纤维在鲜样中无明显变化（$P>0.05$），但在半干与绝干基础下显著升高（$P<0.05$）；无氮浸出物在鲜样中极显著降低（$P<0.01$），但在半干与绝干基础下无显著差异（$P>0.05$）；粗脂肪与粗蛋白含量在三种基础下均显著降低（$P<0.05$）。结果说明，全株玉米在自然条件下青贮 60 d 后感官品质良好，营养物质含量丰富，可以作为动物越冬饲草料的有力补充。

二、与其他作物混合青贮

青贮玉米含糖量较高，含水量适宜，但蛋白质含量低，氨基酸的种类少，无机盐和维生素含量低，在生产中，常常将青贮玉米与豆科牧草、花生秧、马铃薯等原料混贮来补充营养成分，确保青贮的营养品质。

刘海燕等（2021）为研究不同比例的全株大豆和玉米秸秆混合青贮对营养成分、发酵品质、能量值的影响，试验分为 5 个处理组，全株大豆与玉米秸秆的比例分别为 1∶0、2∶1、1∶1、1∶2、0∶1，每组 3 个重复。结果表明，与玉米秸秆相比，全株大豆与玉米秸秆 1∶1 混合青贮的粗蛋白、粗脂肪、赖氨酸、钙的含量以及干物质体外消化率分别提高了 55.89%、192.10%、

107.69%、250.00%、6.52%($P<0.05$)，粗灰分、中性洗涤纤维、酸性洗涤纤维、木质素、可溶性碳水化合物的含量显著降低($P<0.05$)，产奶净能、维持净能显著提高($P<0.05$)；与全株大豆相比，全株大豆与玉米秸秆1∶1混合青贮的乳酸含量提高了34.65%($P<0.05$)，乙酸和丁酸含量及pH显著降低($P<0.05$)。综上所述，建议全株大豆与玉米秸秆以1∶1比例混合青贮。

郝小燕等(2017)为研究玉米纤维饲料(DCGF)、青贮玉米、苜蓿干草间组合效应，将DCGF与青贮玉米以0∶100、15∶85、25∶75、35∶65、45∶55、100∶0比例组合，利用体外瘤胃发酵技术，分析不同组合对体外发酵指标、单项组合和综合组合效应值影响，选择DCGF与青贮玉米理想组合比例(X)；再与苜蓿干草以0∶100、20∶80、40∶60、60∶40、80∶20和100∶0组合发酵，筛选3种饲料间适宜组合比例。结果表明，DCGF与青贮玉米各组合在产气参数上差异显著($P<0.05$)，随着DCGF比例增加，菌体蛋白、总挥发性脂肪酸产量逐渐提高；多项组合效应指标评定结果表明，DCGF与青贮玉米以35∶65组合时正组合效应值最大。DCGF/青贮玉米(35∶65)与苜蓿干草以80∶20比例组合时产气量最大，以60∶40比例组合时氨态氮组合效应值最大，以80∶20组合时总挥发性脂肪酸组合效应值最大。综合组合效应指数，表明DCGF/青贮玉米(35∶65)与苜蓿干草以60∶40比例组合时效应值最大。由此可见，DCGF与青贮玉米以35∶65比例组合较为适宜，DCGF/青贮玉米(35∶65)与苜蓿干草以60∶40比例组合效果较好。

辛鹏程等(2019)以紫花苜蓿和全株玉米为原料，探讨不同混合比例对混合青贮发酵品质的影响，确定最佳混合比例。试验设5个处理组：紫花苜蓿单贮组(Z)，全株玉米单贮组(Y)，20%紫花苜蓿+80%全株玉米(ZY_{28})，40%紫花苜蓿+60%全株玉米(ZY_{46})，50%紫花苜蓿+50%全株玉米(ZY_{55})，将各组青贮发酵60 d后开窖并测定青贮发酵品质。测定结果表明，紫花苜蓿单独青贮，发酵品质较差，青贮饲料评分较低。与紫花苜蓿单独青贮相比，紫花苜蓿与全株玉米混合青贮中，随着全株玉米比例的提高，青贮发酵品质逐步改善，当达到60%时，显著降低了青贮饲料的pH值和氨态氮/总氮值，并使丁酸含量低于检测水平，提高了乳酸含量，获得优质混合青贮饲料。随着玉米比例的进一步提高，其pH值和感官评分没有明显变化，而干物质含量略有降低。从营养均衡和发酵品质综合考虑，建议以40%紫花苜蓿与60%全株玉米混合青贮较为适宜。

王林等(2011)以玉米与苜蓿为原料，按不同比例混贮，通过发酵品质和营养成分分析，找出二者混贮的适宜配比。结果表明：①各混贮处理发酵品质较苜蓿单贮均得到改善，达到优质青贮的目的。②玉米与苜蓿3∶7混贮处理CP和Ash含量高于玉米单贮，低于苜蓿单贮，差异显著($P<0.05$)，而NDF和ADF含量低于玉米单贮，高于苜蓿单贮，差异显著($P<0.05$)。③玉米与苜蓿5∶5、7∶3混贮处理pH值较苜蓿单贮显著降低($P<0.05$)；各混贮处理乳酸占总酸百分比均达到60%以上，乙酸、丙酸占总酸百分比较苜蓿单贮降低，丁酸产生较少。④苜蓿青贮后乳酸菌数达到108 cfu/g FM，玉米青贮前后乳酸菌数差异不明显，青贮后各处理大肠杆菌数明显下降。7∶3混贮处理发酵品质最佳。

王洋等(2018)以花生秧和全株玉米为原料，研究混合青贮饲料发酵品质及营养成分变化情况。将全株玉米与花生秧按10∶0、4∶1、3∶2、1∶1、2∶3、1∶4、0∶10的重量比混合，即Ⅰ、Ⅱ、Ⅲ、Ⅳ、Ⅴ、Ⅵ和Ⅶ共7组，每组三个重复，贮藏60 d进行感官评定及实验室检测。结果表明，Ⅰ、Ⅱ、Ⅲ和Ⅳ组感官评分最优，Ⅴ和Ⅵ组次之，Ⅶ组最低。Ⅰ组中性洗涤纤维显著高于其他组($P<0.05$),酸性洗涤纤维Ⅶ组最高,并明显高于除Ⅵ组以外的其他组($P<0.05$),可溶性碳水化合物各组间差异不显著($P>0.05$)。随着玉米比例的减少,各组混合青贮饲料 pH 值、乙酸含量逐渐增高;乳酸含量Ⅰ组最高、Ⅶ组最低,各组间除Ⅲ、Ⅳ组外,差异显著($P<0.05$);Ⅰ、Ⅱ、Ⅳ组未检测出丁酸,其余各组丁酸含量随着玉米比例的减少显著升高($P<0.05$)。Ⅵ、Ⅶ组氨态氮/总氮显著高于其他各组($P<0.05$)。可见,花生秧与全株玉米以适宜比例混合青贮可以有效提高青贮饲料的质量。

王思伟等(2019)为探讨不同混合比例和添加剂对花生秧、全株玉米混合青贮品质和营养价值的影响,分别制作花生秧、全株玉米比例为 0∶1、1∶3、1∶1、3∶1、1∶0 的混合青贮,每组 3 个重复,60 d 后取样分析。结果表明:①在感官评价方面,混合青贮的气味和评价总分随着花生秧添加比例的增加显著下降($P<0.05$)。②在青贮品质方面,复合添加剂组的 pH 显著低于乳酸菌组和对照组($P<0.01$),使用添加剂可显著降低氨态氮/总氮($P<0.05$),显著提高乳酸、丙酸含量($P<0.05$);随着花生秧添加比例的增加,pH、氨态氮/总氮和乙酸显著增加($P<0.05$);乳酸、丙酸和总酸含量显著下降($P<0.05$)。③在营养成分方面,复合添加剂组的可溶性糖含量显著高于对照组($P<0.05$)。随着花生秧添加比例的增加,粗蛋白、粗脂肪、可溶性糖含量和饲料相对饲喂价值显著下降($P<0.05$),酸性洗涤纤维、灰分显著升高($P<0.05$)。当花生秧、全株玉米混合青贮的混合比例为 1∶3 时,混合青贮的青贮品质和营养成分最优,与青贮玉米相似;使用复合青贮添加剂可提高混合青贮的青贮品质。

岳彩娟等(2020)研究不同比例马铃薯秧青贮对安格斯肉牛生长性能和血液生化指标的影响。采用完全随机试验设计,选择健康、体重相近的安格斯肉牛 40 头,随机分为 4 组,每组 10 头。对照组饲喂 100%全株玉米青贮,试验 1 组饲喂 10%马铃薯秧+90%全株玉米混合青贮,试验 2 组饲喂 20%马铃薯秧+80%全株玉米混合青贮,试验 3 组饲喂 30%马铃薯秧+70%全株玉米混合青贮。结果显示,试验 3 组末重显著低于对照组($P<0.05$),总增重和平均日增重极显著低于对照组和试验 1 组($P<0.01$),料重比极显著高于其他各组($P<0.01$)。试验 2 组血钙含量显著低于其他各组($P<0.05$);试验 3 组肌酸激酶的平均值(395.48 U/L)高于参考范围(5~350 U/L)。研究表明,马铃薯秧与全株玉米青贮混贮饲喂肉牛添加比例 20%以内为宜。

梁玉红等(2020)研究马铃薯茎叶、全株玉米单独青贮或联合青贮对肉羊生长性能、瘤胃发酵及血清生化指标的影响。试验将平均初始体重为(13.49±0.49)kg 的 60 头肉羊随机分为 3 组,每组 4 个重复,每个重复 5 头。3 组肉羊分别饲喂 60%青贮全株玉米日粮、30%青贮马铃薯茎叶日粮及 30%马铃薯茎叶—全株玉米混合青贮日粮。结果显示,混合青贮组料重比最低,分别较其他两组显著降低了 2.42%和 2.21%($P<0.05$),而蛋白表观消化率较玉米组和马铃薯茎叶组分别显著提高了 6.41%和 10.67%($P<0.05$)。混合青贮组粪氮排泄量较其他两组分别显著降低了 7.13%和 8.94%($P<0.05$),而瘤胃氮消化较其他两组分别显著提高了 89.64%和 51.93%($P<0.05$)。与其他两组相比,马铃薯茎叶—全株玉米混合青贮组瘤胃乙酸含量显著提高了 7.60%和 5.68%($P<0.05$),但该组血清磷脂、胆固醇、高密度脂蛋白及低密度脂蛋白浓度均显著降低($P<0.05$)。由此可得出结论:马铃薯茎叶—全株玉米混合青贮饲料替代青贮玉米可以改善肉羊的饲料效率,提高瘤胃乙酸产量,降低粪氮排泄和血清胆固醇水平。

韩润英等(2014)介绍了全株青贮玉米与饲用高粱的混贮技术。效果是:①混贮弥补了高粱中的淀粉含量不足的缺点。全株青贮玉米在蜡熟期收获，籽实产量可达到 600 kg/亩。玉米籽实中淀粉含量可达 65%以上，含能量最高。但饲用高粱中淀粉含量极低，不足 5%。高粱和青贮玉米混贮可以提高高粱单独青贮的能值 30%以上。②混贮可以提高全株玉米青贮中总糖含量。全株青贮玉米中总糖含糖量在 3%～8%，而饲料高粱总糖含量都在 15%以上，混贮以后总糖含量提高。乳酸菌的发酵底物就是糖类，糖的含量越高，乳酸菌的活动就越活跃。青贮过程中乳酸菌尽快大量繁殖所产生的乳酸浓度积累到 3.6%～4.2%时就抑制了其他好氧微生物的活动，使青贮饲料中所有微生物包括乳酸菌活动进入静止状态，发酵活动停止，这个过程越短越好。因为好氧细菌的活动是以消耗青贮饲料中的营养物质为代价的，好氧过程越短，青贮饲料中营养物质保存越多。混贮能够使发酵过程缩短，提高青贮饲料的营养品质。③混贮可以提高玉米籽实的过瘤胃保护。对于牛羊等反刍动物，一定的单宁含量对营养的吸收代谢作用起到保护作用。丹宁是一种天然的过瘤胃保护剂，在瘤胃环境中 pH 值 5～7，单宁可与蛋白质形成复合物，保护蛋白质免受微生物降解，当这种单宁与蛋白质形成复合物进入真胃($pH_{2.5}$)和小肠($pH_{8\sim9}$)会被胃蛋白酶和胰蛋白酶分解，形成易于吸收的小分子物质，从而起到过瘤胃蛋白的保护作用。玉米籽实用作牛羊饲料时，为了增加过瘤胃率，一般都经过处理，如包被、压片等。和饲用高粱混贮，可以增加过瘤胃率，消化吸收率得到提高。④营养比较全面，适口性好。高粱与全株青贮玉米混贮后，营养比较全面，更好地保存了全株青贮玉米和高粱中的营养物质。混贮含糖量比单纯全株青贮玉米高，牛羊适口性好。饲用高粱叶片酸性洗涤纤维较低，消化吸收率高。

陶雅等(2016)曾介绍了他们于 2013 年所做的试验研究。以籽粒苋和全株玉米为原料，按不同比例混合青贮。60 d 后，检测青贮材料的发酵品质以及青贮前、后营养成分、微生物种类、数量变化，并分析乳酸菌多样性，以明确添加玉米对改善籽粒苋青贮发酵品质和微生物特性的作用，为籽粒苋青贮饲料的开发利用提供有效途径。结果表明，籽粒苋单独青贮品质不佳，通过添加玉米可显著降低青贮材料 pH 和氨态氮/总氮的值，提高干物质和总有机酸含量，当玉米添加比例超过 50%时，青贮品质良好。在青贮发酵乳酸菌群演替过程中优势菌群的种类和数量决定青贮饲料的乳酸/乙酸，是影响发酵品质的主要因素之一。乳酸球菌中的肠球菌、乳球菌和类肠膜明串珠菌产酸能力强，是青贮发酵的启动菌株，乳杆菌则是青贮稳定期的主要菌群。

梁小玉等(2018)曾探讨不同混合比例和添加剂对菊苣和青贮玉米混合青贮饲料品质的影响，为调制高质量的混合青贮饲料提供理论依据。以菊苣和青贮玉米为原料，按质量比 0∶1、1∶3、1∶1、3∶1 和 1∶0(分别用 0C1M、1C3M、1C1M、3C1M、1C0M 表示)进行混合青贮，并分别设置 3 个添加剂处理，即零添加、5 g/t 乳酸菌＋5 g/t 纤维素酶(LX)和 10 g/t 乳酸菌＋5 g/t纤维素酶(2LX)，青贮 60 d 后测定混合青贮饲料的营养成分和发酵品质。结果显示，菊苣与青贮玉米混合比例为 0∶1 和 1∶1 时青贮饲料的感官评价优于其余 3 种混合比例，而且添加剂处理感官评定优于零添加处理。菊苣和青贮玉米混合青贮可以形成养分互补，有助于均衡青贮饲料整体营养，在青贮原料中添加添加剂则可以提高青贮饲料发酵品质。混合青贮饲料的营养价值随着菊苣比例增加而显著提高，但是发酵品质在菊苣混合青贮比例高于 1∶1 时显著降低。综合判定菊苣和青贮玉米 1∶1 混合时其青贮饲料品质最佳，其中又以 1C1M/2LX 处理最好，纤维组分(NDF 和 ADF)和氨态氮/总氮含量较低而粗蛋白和乳酸含量较高。

苏传琛(2020)以红薯秧和全株玉米为原料，研究混合青贮饲料发酵品质及营养成分变化情况，将全株玉米与红薯秧按 9∶1、8∶2、7∶3、6∶4、1∶1 的重量比混合，分成Ⅰ、Ⅱ、Ⅲ、Ⅳ和

Ⅴ共5组，每组3个重复，贮藏60 d进行感官评定及营养成分和发酵品质测定。结果表明，Ⅰ、Ⅱ和Ⅲ组感官评分优等，Ⅳ组次之，Ⅴ组最低。Ⅳ组酸性洗涤纤维含量显著高于其他组（$P<0.05$），中性洗涤纤维含量亦最高，不同程度高于其他各组，可溶性碳水化合物各组间差异不显著（$P>0.05$）。随着玉米比例的降低，各组混合青贮饲料pH值、乙酸含量逐渐增高；乳酸含量Ⅰ组最高、Ⅴ组最低，各组间无显著差异（$P>0.05$）；丙酸和氨态氮含量各组无显著差异。本试验条件下，全株玉米与红薯秧以8∶2比例混合青贮效果最佳，可以有效提高青贮饲料的质量。

三、青贮玉米贮存与发酵

（一）青贮设施

因地建造。一般有青贮窖、青贮塔、青贮堆、青贮壕（沟）、青贮袋等。可根据生产规模、经济条件、加工饲喂方便等条件选择合适的青贮设施形式。每种青贮设施的形式都有一定的优缺点，一般选用青贮窖的比较多。

1. 青贮窖

青贮窖以其结构简单、经久耐用、调制易成功、方便取用而被广大养殖户普遍采用。该设施优点是建窖成本低，技术要求不高。缺点是窖贮饲料损失率大，窖的使用寿命相对较短，为2～3年。目前常用的青贮窖有三种构造形式，即地上式、地下式和半地下式。在地下水位较低、土质较好的地区可修建地下式青贮窖，地下水位较高或土质较差的地区则宜修建半地下式青贮窖。除合理选择场址外，青贮窖还要具备坚固，内部光滑、平坦、有坡度等特征，即青贮设施要坚固，密封，不透气，不漏水；青贮建筑物内部要光滑、平坦，如为方形或长方形窖，四角要做成弧形，使青贮料能均匀下沉，同时窖壁应有一定倾斜度，上大下小，便于压实，底部必须高出地下水位0.5 m以上。

2. 青贮塔

青贮塔多为圆筒形，以地上形式为主。塔式青贮要求机械化程度高，进料、取料有专用机械。其优点是占地少、坚固、经久耐用，使用寿命20年左右；青贮料霉坏损失率低；使用中受气候影响较小，制成的青贮料质量高。缺点是一次性投资较高，设施比较复杂。青贮塔的内径一般为3～6 m，高度为内径的2～4倍，在塔身一侧，每隔固定间距可开一个取料窗口，装时关闭，取空时敞开。青贮塔的结构形式多样，有耐酸的不锈钢结构、砖石水泥结构和耐酸塑料板结构等。据梁正文（2017）介绍，目前国内青贮塔多为砖砌圆筒；国外青贮塔塔身高大，多由金属和树胶液黏缝制成，完全密封，塔的大小上下等同。

3. 青贮堆

青贮堆是指在一块干燥平坦地面上铺上塑料布，将青贮料卸在塑料布上垛成堆，然后压实密封而成。青贮堆的四边呈斜坡，以便拖拉机能开上去。青贮堆压实之后，用塑料布盖好，周围用沙土压严。塑料布顶上可用旧轮胎或沙袋镇压，以防塑料布被风掀开。青贮堆的优点是：节省了建窖的投资，贮存地点也十分灵活。但堆贮量不大，损失较多，而且保存时间不长。

4. 青贮壕

青贮壕是指大型的壕沟式青贮设施，适用于大规模饲养场使用。此类建筑最好选择在地方宽敞、地势高燥或有斜坡的地方，开口在低处，以便夏季排出雨水。青贮壕一般宽4～6 m，便于链轨拖拉机压实，深5～7 m，地上至少2～3 m，长20～40 m，必须用砖、石、水泥建筑永久窖。青贮壕是三面砌墙，地势低的一端敞开，以便车辆运取饲料。优点是建造技术简易，成本低，缺点是饲料损失率高。

5. 青贮袋

袋装青贮是将玉米秸秆切碎后，采用袋式灌装机将秸秆装入塑料青贮袋内的一种青贮方式。一般选用0.08～0.12 mm厚，100 cm宽的双幅袋形塑料膜，裁成150 cm长的段，外边套上等大的纤维编织袋，以防装填青贮原料时被划破或撑破，装满压实后，将袋内的空气用手挤压排出袋外，用绳扎紧袋口进行密封，每袋可装90～95 kg青贮原料。其优点是青贮质量好，营养保存程度高；便于人力搬运和取饲；可进行商品生产。缺点是塑料袋成本高，且需要配备压实装填机。

6. 拉伸膜裹包青贮

该技术起源于20世纪70年代，由欧洲和新西兰等地区首次开始使用，在开发出专用的青贮膜后逐步推广开来，由于该青贮方式便于商业化运输，青贮品质也不亚于窖式青贮，拉伸膜裹包青贮已在北欧、英国、美国、加拿大和日本等发达国家得到了广泛应用。一般来说，拉伸膜裹包青贮是将牧草收割后，用打捆机高密度压实打捆，然后通过裹包机用拉伸膜裹包起来。现在已经有专门的玉米青贮裹包机，将玉米收获、压实打捆集于一体，省工省时。裹包完成后创造了一个厌氧的发酵环境，最终完成乳酸发酵过程。在青贮玉米达到适时收获期后，由青贮玉米裹包收获机收获青贮玉米，裹包收获机除将青贮玉米收获并切碎外，还可将切碎的青贮玉米在机械内压实并用薄膜包裹成圆柱状，薄膜包裹后的青贮玉米被放至于田中，由拖拉机牵动青贮玉米裹包机，使用青贮玉米专用裹包膜将薄膜中的青贮玉米反复缠绕直至密封，以达到厌氧发酵的条件。

虽然目前青贮设施形式较丰富，但现有的青贮设备多适用于大规模青贮，存在一次性投资较高、设施相对复杂、对土地要求高、开窖后易腐烂变质以及青贮塑料袋易破漏、不可移动等不足，在小规模及家庭式养殖户中难以推广应用。针对该问题，朱露等(2018)发明了一种移动可组合青贮设施，由钢铁焊接成长方体支撑框架，框架底部装有滚轮；底面和前后侧面用铁皮和木板封实；左右两个侧面的立柱上设有可插入木板的卡槽；左右两个侧面的立柱上分别设有向上的挑钩和插管；左右均可链接另外一个本设施。该实用新型装置能方便快捷进行青贮，成本低；可根据实际用量组合设置大小；具有可移动性，可与移动牛羊舍一同移动，便于饲喂；满足小规模、家庭式和零星牛羊等草畜养殖户青贮的需要，便于推广，见表5-1。

表5-1　不同青贮方式的比较

	青贮窖	青贮塔	青贮堆	青贮壕	青贮袋
特征	分为地上、地下和半地下青贮窖，地下、半地下青贮窖内壁有一定斜度，口大底小	多为圆筒形，以地上形式为主，机械化程度高	在地平面直接堆积，进行青贮	大型的壕沟式青贮设施，适用于大规模饲养场使用	采用袋式灌装机将切碎秸秆装入塑料青贮袋内进行青贮
优点	容易压实，技术要求低，工作效率高	占地少、坚固、经久耐用，青贮料质量高	成本低，一次性劳动量投入较小，灵活性高	建造技术简易，成本低	青贮饲料好，方便运输，可进行商品化生产，饲料损失率低
缺点	一次投资高，饲料损失率大	一次性投资较高，设施比较复杂	不易压实，使用期较短	饲料损失率高	裹包膜成本高，且需要配备裹包机，工作效率低

（二）贮存

青贮发酵是一个复杂的微生物消长演变活动和生物化学反应过程，最终发酵完成的青贮饲料品质受到多方面因素影响，如发酵厌氧环境、原料可溶性糖含量、原料含水量、贮存温度等，如果青贮所需条件控制不严，则可能生产出不良的青贮饲料，导致品质不佳，甚至出现全部霉变腐烂现象。因此，掌握关键的玉米青贮调制技术，是制作营养品质好、饲喂效果佳的玉米青贮饲料的前提。技术环节一般包括设备修建、适时收割、原料处理、装填压实、密封管理等关键步骤。

高丽娟(2017)介绍了以下技术环节：①适时收割，留茬高度适宜。青贮玉米的最佳收获期在乳熟期和蜡熟前期，干物质含量为25%～35%。收割过早，淀粉含量和能量低，营养成分流失大，发酵时过酸；收获过晚，虽然淀粉含量增加，但是纤维数值同时增加，封窖时原料不易压实，残留大量空气，发酵品质下降。青贮玉米收割时，一般推荐留茬应在15 cm以上。留茬过低，会增加木质素含量，还会将根部的泥土带入青贮中，导致青贮发霉。如果留茬过高也会造成浪费。综合青贮的产量和品质考虑，留茬高度应控制在15～30 cm。②籽实破碎。籽实破碎是全株玉米青贮的重要环节。籽粒破碎能够提高青贮玉米的淀粉利用率。如果不能破碎，籽粒就不能得到充分发酵，营养会随着家畜粪便排出体外。通常认为，把一颗玉米粒破成4份，这个大小度是最好的，青贮后营养成分含量也最高。③填窖压实及覆膜封窖。填窖时当干物质含量为30%～35%时，青贮玉米粉碎长度在1.5～2 cm为宜。均匀地将青贮添加剂喷洒到窖内新摊开的青贮料各个位置，尤其在靠近窖墙位置应加倍喷洒青贮发酵剂。在原料水分适宜的情况下要分层压实，一般每隔10～15 cm进行一次碾压，保证压窖密度达到750 kg/m^3，边边角角更要注意踩实。青贮全部填装完毕后，建议采用双层膜封窖，下层用透明膜，上层用黑白膜，透明膜厚度应在5～8丝，黑白膜厚度控制在12～15丝。白膜向里，黑膜向外。膜的接口处保证重复1～2 m的长度，用胶带黏合。膜上密集摆放轮胎，间距不超过5 cm。

贵州温暖多雨，空气湿度大，而且生产牧草的水分含量也比较高，致使牧草的干草调制难度大，成本高。因此，梁正文(2017)提出贵州主要贮草方式是青贮。玉米青贮须注意以下几方面：适宜收割时期为蜡熟期，原料切短长度为2～3 cm，窖内压实密度约为550 kg/m^3。压实后最上层覆盖聚乙烯薄膜，薄膜上再覆盖5 cm以上沙土或其他重物，发酵天数不少于30 d。周文菊(2019)结合贵州玉米生产实际，介绍了玉米青贮调制技术。①刈割时间。最适收获期应在玉米籽实的乳熟末期至蜡熟前期，刈割时应选晴好天气，避开阴、雨天，收割时要不带泥土。一般在9月上旬左右，玉米全株含水量为65%～75%进行刈割。如果收获时含水量过高，应晾晒1～2 d后再切短，检查原料的含水量(一般要求在65%左右)，装填入窖，水分过低不利于青贮料在窖内压紧压实。青贮玉米收割后应在最短时间内青贮完毕，以免损失养分或发生霉变影响青贮质量。②青贮制作。青贮的方式根据饲养规模、地理位置、经济条件和饲养习惯可分为窖贮、袋贮、包贮等。一般主推窖贮。③青贮窖准备。清洁窖池后，用10%～20%石灰水进行消毒。装窖前用1层干净的青贮专用塑料膜沿着墙体铺开，尽可能紧贴青贮窖的底部和四周，保证密封。④装窖、压窖、封窖。用青贮切碎设备把青贮玉米切成长度1～2 cm，将切短的青贮料在青贮窖内逐层装填压实，使用轮式压实机进行压实。再经过一系列操作后进行封窖。

吴仲超等(2021)调研发现，贵州部分家庭农场和养殖户因技术原因导致部分青贮饲料发霉、变质、腐烂等二次发酵现象，甚至出现整窖腐烂等问题，提出了贵州全株玉米水压式青贮技术。该技术是指在建设好的青贮窖中装入粉碎的青贮饲料，把粉碎的青贮饲料压实、压平，然后在上面铺一层塑料薄膜(0.2～0.25 mm 聚乙烯)，使薄膜呈现凹型，再注入自来水，利用水的重量和流动性进行青贮饲料保鲜的技术，具有建设成本低、密封性好、选址灵活多变、取料方便等优势。

李伟弘(2019)结合宁夏实际认为，青贮场地应选择在干燥的环境下，地形易排水，处于低水位，方便进出的地方。乳熟期和早期蜡期是青贮玉米的最佳收获时间，此时干物质含量在25%～35%。收获时间过早，玉米淀粉含量和能量较低，养分损失较大，发酵过酸；收获时间太晚，虽然淀粉含量增加，但玉米纤维价值下降。当干物质含量在30%～35%时，粉碎后青贮玉米的长度应为1.5～2 cm。青贮饲料发酵物质应均匀喷洒到窖内所有位置，特别是在窑壁附近双层喷洒青贮饲料发酵物质。在原料含水量适当的情况下，应严格压实，每10～15 cm 轧制一次，确保压力，使窖的密度达到750 kg/m^3。青贮饲料充分填充后建议使用双层膜密封发酵地窖，下层采用透明膜，上层采用黑白膜。透明膜的厚度应为5～8丝，黑白膜厚度控制在12～15丝。白膜朝内，黑膜朝外。膜的界面应多留出1～2 m长，密封。通常使用橡胶轮胎压实，间隔为5 cm左右。发酵良好的青贮玉米具有芳香酸的味道；中等品质的青贮饲料味道清淡或微酸；劣质青贮玉米是发霉味和辛辣刺鼻的味道。从青贮玉米的颜色看，品质好的青贮饲料是绿色或黄绿色，有光泽，接近原色；中等品质的青贮饲料为棕色或深棕色；劣质青贮饲料为黑色、墨绿色。从质地和结构看，好的青贮玉米呈现出柔软性状，易于分离，湿润和紧凑，整体保持完整；中等品质的青贮饲料柔软，湿润，整体保持完整；劣质青贮玉米呈现出黏块状，泥状。

陈广州等(2019)根据云南罗平县实际，探索了青贮玉米加工技术：①把适时收获的青贮玉米及时切碎，从原料收获到入窖，时间最好不要超过8 h，原料的切碎长度一般为1～2 cm。为了提高消化率，全株青贮的玉米籽粒必须破碎，未破碎的籽粒很难被牛羊吸收，营养物质损失过大。②装填和压实。装窖过程要排除空气，压实时要求均匀密实。因此，装填青贮饲料时要逐层装入，每层15～20 cm，装一层压实一层，小规模生产时可一层层踩实，如是大窖青贮，可用机械压实，边装边压实。原料压实后一般密度要达到650 kg/m^{3}以上才能减少青贮料中的氧气含量，降低空气渗入率，减少青贮有氧呼吸而造成的营养损失。③密封发酵。严密封窖、防止漏水漏气。装窖前，将内衬为黑色的塑料薄膜铺在墙壁上(黑白膜：二层膜，内衬为黑色，外衬为白色)。装窖后，将多的塑料薄膜铺在青贮窖的上方，连接处至少重叠1 m以上。窖顶再铺一层塑料薄膜，再压上轮胎密封好。④开窖取料。密闭发酵6～7周，开窖质检合格后即可饲喂家畜。根据饲喂量取用，保证取用截面平整，取后立即用塑料薄膜覆盖压紧，取料过程要防止二次发酵，导致青贮饲料品质下降。

丁志勇等(2021)结合云南大姚县实际，提出了青贮玉米绿色高效发酵技术：①科学确定收获时期，玉米籽粒处于乳熟期至蜡熟期之间为最佳收获期，此时获得全株产量最高，水分最适中，干物质积累最合适。接近收获期时，应注意水量的控制，植株保持绿色，光泽度好，病斑较少；当植株脚叶有失绿现象时，尽量缩短收获时间，以利于青贮，不可拖延时间过长。避开阴雨天气收获，避免因降雨或本身发酵而造成损失。因雨水过多会导致玉米籽粒或植株霉变，可溶性营养物质降解，影响玉米青贮饲料品质。②粉碎和压窖。青贮饲用玉米收获粉碎时，长度在1.2～2.2 cm为好。提前3 d清洗青贮窖，并利用太阳曝晒，或用1%～2%的漂白粉溶液消毒。遇到下雨天要停止收割、装填，将窖内的青贮压实并用塑料膜覆盖。雨水灌进去非常不利于青贮制作，开窖时中间会出现夹层的坏层，这种情况多是因为雨水在中途灌进去造成的。避免铁钉、铁丝、塑料袋、发霉饲料等落入青贮窖。③装填、镇压、封闭。切短的青贮饲料在青贮窖内要逐层装填，随装填随镇压紧实，直到装满窖为止。装满后要用塑料膜密封，密封后再盖30 cm 的细土。为了防冻还可在土上再盖上一层干玉米秸秆、稻秸或麦秸，防止结冻，对冬季取料有利。如此制作完成的青贮玉米料经过 20 d 发酵即可完成，再经过 20 d 的熟化过程即可开窖饲喂。此时的青贮料气味芳香、适口性好、消化率高，饲料品质好。

除传统窖藏青贮技术之外，玉米地面堆贮技术和袋装青贮也应用较为广泛。关于堆贮，翟桂玉(2012)提出了以下技术要点：①位置选择。一般选择地势较高、地下水位较低、背风向阳、土质坚实、离饲舍较近、制作和取用青贮饲料方便的地方。②地面要求。应是在不透气的平地上，在泥地上堆贮要将地面整平压实，堆贮地面要高出周围地面 10～20 cm，四周挖排水沟，防鼠打洞。在有条件的地方可以铺设水泥地面，水泥地面要高出周围地面 10～20 cm；用混凝土制作，混凝土厚 15～20 cm，地面要有一些坡度以便于排水，面上抹平并经防水处理，四周挖排水沟，保证排水良好。③带穗玉米铡短。将玉米在含水量为 65%～68%的蜡熟期带穗收获，用铡草机铡成长度为 1～3 cm 左右的草段，保证堆贮时可以压实，有利于排除空气、饲料取用和减少牲畜采食浪费。④集堆与整形。铡短后的原料要及时在堆贮的地面上边集堆边压实，在堆压后将青贮堆整理成形，整平表面，进行一次整堆性镇压，在堆压和整形过程中，在青贮玉米堆底部四周边缘留 1 m 左右的地面作密封压实区。⑤密封。将堆压和成形的青贮堆用准备好的整块薄膜覆盖，并且在青贮玉米堆四周留 1 m 左右的薄膜，使薄膜直接接触地面，用 30～40 cm宽、10～15 cm 厚的河沙压紧，实施密封。⑥压实。在塑料薄膜的外层用彩条布覆盖，其上用沙袋、石块、废旧轮胎等盖压，防止鸟食、鼠害。⑦贮后管理。在完成堆贮后，应定期或不定期进行检查，检查薄膜有无破洞，如有破洞及时进行封补。⑧取用。地面堆贮后一般 30 d 即可开封取用。取用时，从一边打开薄膜，按打开处横截面逐层取用。若表层有霉烂，应清除霉烂部分。每次取后应及时拉回薄膜密封取用部分，减少空气透入和雨淋日晒。同时，一旦青贮堆开封取用，应坚持每天连续取用，直至取用完整堆青贮料，以防止二次霉烂，减少损失。关于袋装青贮技术，陈莉等(2021)根据河北玉米青贮实际和全株玉米裹包生产中存在的问题，依据 2019—2020 年在河北采集的试验数据，结合国家标准、行业标准和地方标准，对贮前准备、收割加工、打捆裹包和贮藏管理等方面提出了具体规范。

目前，青贮技术已成为畜牧生产中的常规技术，青贮饲料作为牛、羊等反刍动物重要的粗饲料来源，在生产中的应用比例越来越高，已经成为反刍动物的基础性饲料。但是，经调研发现在一些规模化牛、羊养殖场，从青贮设施的规划设计、青贮饲料调制方法手段，以及保存和使用全过程都不同程度地存在一些问题，造成青贮饲料的营养损失，从而降低了生产效益和经济效益。基于青贮设施设计不合理，青贮饲料品质难以达到优质，保存、取用不当，造成营养损失等问题，马明筠等(2018)提出了解决措施：①合理设计青贮设施。根据养殖规模确定容量，青贮设施的体积要能满足运输车辆及装填压实机械的操作，内壁和地面应光滑平坦、不漏水、不透气、密封性好，保持清洁卫生。②严格把握技术环节关。青贮过程尽量一次性连续完成，若不能完成也要控制在 2～5 d 将原料装满压实，采取分段装填的方式从壕的一端开始，每天必须装满一段，充分压紧密封和降低封窖时的基础窖温，以便尽快形成以乳酸菌发酵为优势的厌氧条件。③合理取用。青贮饲料一般在调制后 40～50 d 即完成发酵，可取用饲喂，一旦开封就要每天取用，根据青贮设施的形状和大小分别采取逐层取用或逐段取用，应以暴露面最少和尽量少搅动为原则，每次取当天的饲喂量，取用后要迅速将暴露面遮盖好，减少与空气的接触面，还要避免阳光直射。④加强宣传和技术指导。相关部门要做好科学高效调制优质青贮饲料的宣传和指导，重点培养一支有技能、有经验的技术推广队伍，提高从业人员的科技素质和技术水平，同时让企业重视青贮饲料的二次发酵，最大限度减少营养隐形损耗，提高饲料利用率，进一步降低养殖成本，推进畜牧业的健康发展。

（三）发酵

1. 青贮发酵

玉米青贮发酵是当前玉米主要的发酵方式，其大致可分为三个阶段：贮前收割阶段、青贮发酵阶段和贮后饲喂阶段。

(1)贮前收割阶段

最佳收割时机的确定是基于青贮原料的营养成分、青贮饲料的品质和后期饲喂效果三者之间关系的大量研究得出来的，最佳收割时机的确定方式分为目测法和仪器检测法，其中叶片枯萎数、籽粒的乳线以及 DM 含量是最简单、最常用的检测指标。①收割时机对青贮原料的营养成分和青贮饲料品质存在显著影响。朱慧森等(2015)研究发现，在玉米从籽粒形成到完全成熟期间，随着收割时期的延迟，玉米秸秆干物质(DM)、淀粉和粗脂肪含量极显著增加($P<0.01$)，中性洗涤纤维(DNF)的消化率降低。Krämer-Schmid 等(2016)研究发现，DM 和有机质(OM)的消化率伴随着 NDF 消化率的增加而增加，产奶量和活体重也伴随着 NDF 消化率的增加而增加。②玉米秸秆 DM 含量在 300～350 g/kg 时为最佳收割时机。Jensen 等(2005)和 Phipps 等(2016)的研究证实了这一结论。③目测法主要是依据玉米籽粒的乳线来判断玉米的最佳收割时机，在 1/4～2/3 乳线期收割最佳。Bal 等(1997)和 Marco 等(2002)评估了玉米作为青贮饲料喂养时成熟度对奶牛干物质摄入量、消化率和产奶量的影响，发现 1/4～2/3 乳线期收获的玉米饲喂青贮饲料的奶牛产奶量最高，饲喂效果好。

(2)青贮发酵阶段

① 青贮方式的选择。目前较常用的青贮方式有青贮窖、青贮塔、青贮堆、青贮壕和袋装青贮等。

② 原料处理。原料处理是青贮发酵前的重要环节，目前常用的方法主要有物理法、化学法和生物法。据刘娜等(2018)介绍，生物法较物理和化学法有更多的优势。欲提高秸秆的利用率，主要是降解木质素，保留纤维素。而在发酵过程中，微生物大量的繁殖，分泌出各种酶。这些酶不仅破坏秸秆难以消化的细胞壁结构，使连接在木质素上的纤维素和半纤维素游离出来，还可以使秸秆细胞壁内可利用的碳水化合物和其他营养物质暴露出来。因此，选择降解木质素的微生物，以真菌最好。降解秸秆的真菌有木霉属、曲霉属、青霉、分枝孢属、轮枝孢属、镰刀菌属、根霉等。以上真菌能分解纤维素和半纤维素。高温真菌对纤维素、半纤维素和木质素具有强烈的分解作用。真菌的分泌胞外酶和其菌丝的机械穿插作用，共同降解难降解的纤维素和木质素。适宜的水分含量是青贮饲料保存的重要条件之一，青贮原料含水量一般在65%～70%范围内为宜。为研究灭菌与否和不同含水量对玉米青贮的营养成分、发酵品质及有氧稳定性的影响，史悦等(2018)以阴干的全株玉米为试验原料，罐装后分别进行灭菌与不灭菌处理，处理后添加至 4 个梯度(25%、40%、55%、70%)的含水量。青贮 42 d 后取样分析样品的发酵品质、营养成分和有氧稳定性。结果表明，不同含水量的青贮玉米发酵品质差异较大，但不同处理组间营养成分差异不显著；不灭菌组含水量为 70%的玉米青贮发酵品质最佳，

含水量为25%的青贮发酵品质最差;灭菌处理可以抑制所有微生物的繁殖;在有氧暴露过程中,不灭菌组含水量70%玉米青贮有氧稳定性高于含水量25%玉米青贮。

③ 青贮添加剂的使用。青贮添加剂是指在青贮制作或使用过程中,添加到其中的一类能够通过促进乳酸菌的发酵或抑制有害菌的生长,达到改善青贮品质的少量或微量物质。按青贮添加剂的使用效果进行分类,可以分为促进乳酸菌生长的发酵促进剂,抑制酵母菌和霉菌生长的抑制剂以及改善青贮饲料营养物质的营养性添加剂3类(Yitbarek et al.,2014)。李旭业等(2017)曾为实现青贮添加剂的高效利用,试验采用4种常见的青贮添加剂开展全株玉米青贮后有氧稳定性研究。结果表明,4种添加剂对有氧稳定性的影响不同,甲酸可以提高有氧稳定性,蔗糖对有氧稳定性影响不显著,纤维素酶和乳酸菌降低有氧稳定性,其维持有氧稳定性的强弱顺序为甲酸>蔗糖>纤维素酶>乳酸菌。赵嫚等(2021)以成都平原玉米秸秆为原料,研究探讨了添加剂对玉米秸秆发酵品质的影响。结果表明,添加植物乳杆菌(LP)和苯甲酸钠(SB)处理后的青贮饲料氨态氮与总氮比值显著低于对照($P<0.05$),SB处理显著增加($P<0.05$)青贮饲料可溶性碳水化合物含量。相较于对照、LP和SB处理降低了青贮饲料细菌丰富度指数(Chao1、ACE)和多样性指数(Simpson、Shannon)。还有许多研究证明,选择合适的添加剂可以提高玉米青贮的发酵品质(盘道兴 等,2021;刘高坤 等,2021;杨丽萍 等,2021;付浩 等,2021)。

④ 压实度。压实度是反映单位体积下青贮饲料重量的一个指标,一般用每立方米的湿重或干物质重量来衡量,对青贮饲料品质存在显著影响。在青贮窖中密度是容易测定的,而事实上孔隙度才是压实管理中真正需要降低的。Borreani等(2018)研究发现,在发酵阶段前,较高的空隙体积或孔隙度导致较大的氧气储存,饲料颗粒周围空隙内的氧气导致植物细胞和需氧微生物的呼吸作用加强,碳水化合物的消耗导致DM损失。当青贮饲料暴露于空气中时,通过青贮饲料的氧气运动速率与青贮饲料的孔隙度成正比(Pitt et al.,1993),需氧微生物消耗青贮饲料中容易获得的碳水化合物和有机酸,导致DM损失和青贮品质的降低。Holmes等(2007)建议青贮窖和青贮堆的最小密度为705 kg/m^3,把孔隙度限制在0.4以内。

⑤ 封窖。封窖是指利用塑料薄膜和压重材料对青贮饲料进行密封和压重的过程,提供有效的密封对于最小化储存期间的DM损失是至关重要的。与标准的聚乙烯塑料薄膜相比,Borreani等(2014)和Heguy等(2016)研究发现,采用氧气阻隔膜的青贮饲料表层乳酸含量较高,pH值较低,减少了酵母菌、霉菌、需氧和厌氧产孢菌的数量,上层的腐败厚度显著降低,具有更高的有氧稳定性和更小的DM损失。同时塑料薄膜上面的压重材料应注意压实方式。塑料薄膜上面压重材料选择中,应用最多的就是轮胎,此外,还有砾石填充袋和松散的土壤、沙子、砾石等。Ruppel等(1995)发现青贮饲料中的酸性洗涤不溶氮(ADIN)浓度和顶层的温度与轮胎密度呈负相关,这表明轮胎密度的增加能够减少氧气的进入。

(3)贮后饲喂阶段

青贮饲料的有氧腐败是影响牧场盈利能力和饲料质量的重大问题。青贮取料的管理目的是通过提高切面的整齐度、合理确定每天取料宽度、深度和饲喂面边缘塑料薄膜的压实等措施来减少有氧腐败带来的青贮饲料品质的损失。因此,要注意切面的整齐度以及取料宽度和深度。研究发现,在距离切面1 m处能检测到氧气的存在,每天10~15 cm的取料速度,可能导致饲料暴露在氧气中超过7 d,建议在温暖的天气中饲料每天的取料速度在20~30 cm(Muck et al.,1995)。Ashbell等(2002)发现,外界温度对饲喂面青贮饲料品质的影响很大,当外界温度在20～30 ℃时，青贮饲料暴露 3 d 就能显著降低青贮饲料的品质，而在 10 ℃以下或 40 ℃以上条件时，青贮饲料能保持优质的品质。此外，饲喂面边缘塑料薄膜要压实。Borreani 等(2008)研究发现，在青贮饲料饲喂过程中，当密封盖未加重或只用轮胎加重时，空气可以从取料切面穿过距离最远 4 m 的青贮窖周边区域。Robinson 等(2016)的研究发现，青贮饲料取料切割顶部的薄膜在没有用重物进行压实时，发现距离暴露面 7 m 和至少在外部 25.4 cm 核心的青贮饲料已经恶化。因此，在青贮取料管理中一定要重视饲喂面边缘塑料薄膜的压实。

综上所述，青贮发酵是微生物作用和发生化学变化的复杂过程，此过程需要一定的条件，易受收割时期、原料处理方式、青贮设备的选择、添加剂的使用与否、压实度、饲喂管理等因素影响，使青贮饲料品质发生很大变化。随着青贮技术的不断发展，地域因素和品种选择对玉米青贮品质的影响也一直是生产实践关注的焦点。

2. 黄贮发酵

中国玉米秸秆产量丰富，2019 年中国玉米秸秆产量已达到 2.73 亿 t，占全国秸秆总量的 32.5%，其中北方地区产量最高。收获后的大量的玉米秸秆如处理不当（田间堆放、焚烧等），造成了资源的浪费，也带来了环境污染。因此，合理地利用干玉米秸秆对于缓解环境压力、增加农民的收入、为养殖业提供饲料资源等方面都意义重大。而黄贮技术就是在玉米果穗收获后将秸秆进行发酵处理的一种技术。

黄贮与青贮一样，都是一种微生物学和生物化学过程，也就是将干秸秆紧实地堆积在不透气的容器中，通过微生物的厌氧发酵，使原料中的糖分转化为有机酸（主要是乳酸）；当乳酸在黄贮原料中积累到一定浓度时，就能抑制微生物的活动，防止原料中养分继续被微生物分解破坏或腐烂变质，从而能很好地将原料中的养分保存下来。

刘建成等(2014)就北方地区的玉米秸秆黄贮技术进行了介绍：①收割。一般要求在玉米籽实成熟后尽早收割，不能大量堆积，以免发热霉变，最好边收割边黄贮。北方地区黄贮一般在 9 月底至 10 月初开始进行，这时拥有大量的玉米秸秆，有利于快速黄贮，一般 10 月中旬或 10 月底完成。②切碎。用铡草机将玉米秸秆切割成 1.5～2.5 cm，如果能切成 1.5 cm 最好，这样更有利于压实，也有利于快速进入厌氧呼吸过程，还有利于加大与氨的接触面积，提高黄贮的质量。③装填。要求边切碎、边装填、边撒尿素、边加水、边压实。装填时，将切好的玉米秸秆逐层装填，逐层撒尿素，逐层加水，逐层压实；尤其是靠近窖壁的地方，更要压实、压紧。每层厚度以 0.3～0.4 m 为宜；加尿素量按每 0.5 t 秸秆加 0.5～1.0 kg；加水量应根据秸秆的含水量而定，一般总的含水量应保持在 60%～75%。压实以后穿雨鞋下窖，以能挂水珠又养殖生产不湿鞋为宜，整个装窖过程应防止雨水进入。④封窖。把装好干玉米秸秆的窖顶整理成拱形，用塑料布盖好；边盖塑料布、边压湿土，压土要从一边往另一边压，以排出空气；土的厚度应为 0.3～0.5 m。用土压好后，窖的周围还要挖排水沟，以免雨水渗入窖内。封土后要勤检查，若发现下陷、裂缝，应及时封严，防止透气、漏水和冻害。⑤使用。封窖后 40～50 d 即可开窖使用。

为研究玉米黄贮发酵饲喂效果，前人开展了一系列研究。殷茂军等(2016)研究表明，玉米秸秆黄贮饲料具有适口性好、营养价值高、原材料来源广、经济实惠且保存期长等多种优点。试验发现，玉米秸秆经发酵处理后，其中粗蛋白含量提高了 27%，粗脂肪含量提高了 71%以上，粗纤维下降了 22%，无氮浸出物下降了 16%，干物质下降了 55%。将其饲喂沙福克和小尾寒羊杂交 F1 代肉羊试验，发现日增重超过了 40%，取得了显著的效果。因此，玉米秸秆黄贮饲喂肉羊，营养价值高，促进了肉羊的快速出栏，并保证了全年多汁饲料的供应，是促进玉米秸秆养羊的好途径。汤衡等（2016）研究发现，用少量玉米秸秆黄贮替代玉米青贮可获得与饲喂玉米青贮相近的产奶量，且对乳脂率影响不大。高福光等（2018）在研究内蒙古包头地区玉米黄贮秸秆配方日粮对育肥羊的饲喂效果实验中提出，综合考虑饲喂效果以及饲喂成本因素，在基础饲料中添加40%的玉米黄贮秸秆对小尾寒羊的育肥效果最佳。刘哲（2020）研究表明，用玉米秸秆黄贮饲喂安格斯犊牛，犊牛体尺发育可达到与饲喂全株玉米青贮同样的效果。白大洋等（2021）在探究玉米秸秆黄贮为主型粗饲料的饲粮能量水平对西门塔尔杂交牛生长性能、养分代谢、屠宰性能和肉品质的影响试验中发现，以玉米秸秆黄贮为主型粗饲料对西门塔尔杂交牛育肥，中能量水平组的平均日增重最高，料重比最低，经济效益最高。

四、青贮玉米饲喂效果

玉米青贮在微生物发酵中产生乳酸、醋酸、琥珀酸及醇类，具有芳香气味，适口性好，易于反刍家畜消化吸收，提高繁殖率、增重速度、泌乳力，是发展奶牛、肉牛、肉羊不可缺少的优质饲料来源。

（一）饲喂奶牛方面

目前，全株玉米青贮因其青贮品质优良、营养价值和综合经济效益高等优点已被广泛应用于奶牛生产，在规模化奶牛生产中基本普及。目前众多研究表明，全株玉米青贮部分替代牧草青贮饲喂奶牛可以提高其采食量、产奶量、饲料转化率和乳蛋白量等。

许芝英（2018）和靳秀英（2020）研究认为，在奶牛养殖过程中，以青贮玉米饲料作为喂养饲料，有助于增进奶牛消化，提高奶牛泌乳量和乳脂率，进而改善牛奶质量与产量。赵志玲（2019）的研究发现，与对照组（自由采食干草）相比，实验组（每天中午和晚间分别加入15 kg的青贮玉米进行饲养）每天产奶量平均增加2.3 kg，经济效益显著。马菱艺等（2018）通过对全株玉米青贮与玉米秸秆青贮在饲喂奶牛的成本和收益等方面进行比较，得出饲喂全株玉米青贮比饲喂玉米秸秆青贮纯收益每头每天多出10.715元。王健等（2013）试验显示，与不带穗玉米青贮相比，饲喂全株玉米青贮的奶牛产奶量没有显著增加，但乳脂率和乳蛋白率显著提高。吴海船等（2020）在奶牛生产中用全株青贮玉米饲喂，总产奶提高了16.67%（$P<0.05$）；饲料转化率提高了28%（$P<0.05$），可见用全株青贮玉米饲喂奶牛，在奶牛的产奶量、饲料转化率方面具有明显作用。

王继红等（2019）开展了全株玉米青贮、玉米秸秆青贮及黄贮对奶牛泌乳性能和乳品质影响的对比试验研究。结果显示，全株玉米青贮相对于玉米秸秆青贮可显著提高奶牛的平均日产奶量和乳蛋白率（$P<0.05$），可显著提高奶牛的平均日采食粗料量、平均日产奶量、乳蛋白率、乳脂率和乳糖率（$P<0.05$），全株玉米青贮饲料可有效提高奶牛的泌乳性能及乳品质，提高奶牛养殖经济效益。

任伟忠等（2020）利用全株玉米青贮、谷草和羊草组合的不同比例喂养奶牛发现，三者比例为24∶30∶30时，改善了干奶前期奶牛的干物质采食量、粗蛋白消化率、血清葡萄糖和免疫球蛋白含量，对瘤胃微生物菌群无影响。林志鹏等（2016）在泌乳中期的奶牛饲粮中添加45%、52%、59%、66%、73%、80%的全株玉米青贮，发现当添加50%～60%时，可显著提高牛奶乳蛋白率，总固体含量。夏科等（2012）研究发现，在奶牛日粮中添加全株玉米青贮，72 h的NDF

瘤胃降解率显著大于玉米秸秆、苜蓿等粗饲料。

Hatew 等(2016)将含有干物质 25%、28%、32%、40%的不同成熟度的全株玉米青贮饲喂安装瘤胃瘘管的泌乳荷斯坦奶牛，发现随着成熟度的增加，淀粉和 NDF(中性洗涤纤维)的降解率下降，在成熟度为含有 40%的干物质时效果最为显著。但成熟度并未对奶牛干物质采食量、产奶量和乳成分造成影响。Fernandez 等(2004)在泌乳奶牛混合日粮中添加不同品种的全株玉米青贮，发现易消化的品种较难消化的品种具有更高的采食量，不同品种的全株玉米青贮干物质降解率和瘤胃充盈度也不同。

Ferraretto 等(2015)发现全株玉米青贮较对照组有更高的采食量和产奶量，Schwab 等(2002)研究经过不同切割长度和机械加工的全株玉米青贮对奶牛生产性能的影响，发现较长切割长度降低采食量，经过机械加工后的全株玉米青贮减少了产奶量和乳脂含量，减少了 NDF 消化率，增加了淀粉的消化率。而 Bhandari 等(2007)发现，较短切割长度的全株玉米青贮增加了干物质采食量。

(二)饲喂肉牛方面

全株玉米青贮是一种优质的粗饲料来源，具有较多数量的玉米籽粒能够替代日粮中的精料，发挥精料的作用，在肉牛养殖生产中效益同样显著。

李岳灿等(2014)通过对比饲喂体重 300 kg 西门塔尔杂交牛全株玉米秸秆青贮与玉米芯 2 个月后发现，全株玉米青贮组头均日增重比玉米芯组增加 122 g，平均每日每头纯收入提高 3.51 元。张淑二等(2015)对体重 310 kg 德系西门塔尔杂种牛分别饲喂粗饲料为全株玉米青贮与去穗普通玉米秸秆青贮的日粮的饲喂试验 1 个月后发现，全株玉米青贮组比玉米秸秆青贮组的饲草消耗总量高，全株玉米青贮组相对于玉米秸秆组的肉牛全期增重与平均日增重有较明显的提升趋势，头均日纯收益比玉米秸秆青贮组提升了 30%。

陈宁等(2016)用全株玉米青贮替代苜蓿干草饲喂断奶初期黑安格斯肉牛 1 个月，结果发现，平均日增重提高 57.67 g，日均收入增加 3.05 元。姚思名等(2017)在饲喂全株玉米青贮对初始体重 500 kg 左右的肉牛育肥 3 个月后研究发现，全株玉米青贮作为粗饲料的比例可达到 100%，适宜比例为 30%～70%，当所占粗饲料比例大于 70%时，会出现酸中毒症状；在达到 48%时，肉牛日增重最高；当大于 50%时，日增重随着饲喂比例的增大而降低；当比例在 50%～70%，日增重较好，日效益达 17 元/头以上。

单琼星等(2019)用全株玉米青贮饲料代替氨化玉米秸秆饲料饲喂 252.13 kg 新疆褐牛架子牛 3 个月，结果发现，饲喂全株玉米青贮平均日增重提高 0.22 kg，总增重提高了 20.03 kg。李艺等(2020)通过对初始体重为 450 kg 左右的西门塔尔牛育肥 2 个月发现，与湿玉米芯相比，饲喂全株玉米青贮平均日增重、干物质采食量分别提高了 20.92%、4.44%，料重比降低了 21.16%，养殖效益提高 52.37%。邵延福(2021)介绍，全株青贮玉米在肉用母牛的养殖过程中可起到重要的作用，通过合理的利用可以提高基础母牛的繁殖率，延长母牛的使用年限，同时还可以提高健康水平，但是使用时要注意一些事项，否则会引起母牛不孕、配种受胎率下降、流产等。

肖跃强等(2020)利用黄贮+玉米组、黄贮+精料组、微生物青贮剂发酵黄贮+精料组、全株青贮玉米+精料四种方式饲养杂交肉牛，发现全株青贮玉米+精料的喂养方式平均利润明显高于其他方式，育肥性能最佳。证明应用全株玉米青贮饲养肉牛在所获利润上处于明显优势，为提高肉牛生产性能、增加养殖收入提供了候选饲料配方。

刘虎俊等(2021)通过设置5组全株青贮玉米和甜高粱秸秆组合饲喂西门塔尔肉牛,结果显示,青贮甜高粱和全株玉米喂养西门塔尔肉牛总增重量平均达90.95 kg,最小为84.63 kg,日平均增重1.01 kg,最小增重0.89 kg,平均增重率为38.66%。比较投入和整个试验期收益的稳定性,青贮玉米秸秆30%和青贮甜高粱70%效益较好,平均增重率为40.48%,青贮玉米和甜高粱秸秆搭配舍饲喂养西门塔尔肉牛都可实现稳定增重,效益优于单独应用。

吴海船等(2019)用全株青贮玉米饲喂肉牛发现,喂养肉牛的饲料量减少了,但是肉牛增重提高了,可见全株青贮玉米饲喂育肥牛,在牛的增重、饲料转化率、养殖效益等方面具有明显作用。程景等(2021)通过研究不同配比全株玉米青贮、小麦秸秆和苜蓿干草的体外消化性能和组合效应,筛选出肉牛全混合日粮的最佳粗饲料组合。对10种组合粗饲料和3种单独粗饲料进行体外发酵,测定产气量、体外干物质消化率以及发酵液pH、氨态氮与挥发性脂肪酸浓度等发酵参数,并计算所有粗饲料组合的多项组合效应指数(MFAEI),结果发现,以MFAEI评定的最优全株玉米青贮、小麦秸秆、苜蓿干草组合比例为70∶20∶10。Zaralis等(2014)研究发现,将全株玉米青贮饲喂肉牛,相比较其他粗饲料能够更快地将种公牛育肥到630 kg的屠宰体重。王福传等(2005)研究显示,与饲喂普通玉米秸秆相比,饲喂全株玉米青贮的肉牛日增重提高了16.7%。

(三)饲喂肉羊方面

全株青贮玉米饲喂育肥羊,在羊的增重、饲料转化率、养殖效益等方面具有明显作用。

张林(2016)利用全株青贮玉米和青贮玉米进行了育肥羔羊饲喂对比试验。结果表明,试验Ⅰ组、试验Ⅱ组和对照组日增重分别为196.8 g、182.8 g和150.6 g,试验Ⅰ组和试验Ⅱ组比对照组日增重增加了46.2 g和32.2 g,日增重分别提高了30.65%和21.32%,差异极显著($P<0.01$),试验Ⅰ组比试验Ⅱ组日增重增加了14 g,差异显著($P<0.05$)。试验Ⅰ组每只羊净增值216.3元,多收入34.5元,比对照组提高了18.98%;试验Ⅱ组净增值202.8元,比对照组增加21.0元,提高了11.55%。试验表明,肉羊饲喂全株青贮玉米和青贮玉米都可获得较好的经济效益。张玉才等(2019)在羊育肥中研究发现,试验组Ⅱ总增重比对照组提高15.10%($P<0.05$),比试验组Ⅰ提高8.05%($P<0.05$);料重比试验组Ⅱ比对照组降低21.47%($P<0.05$),比试验组Ⅰ降低8.40($P<0.05\%$),差异均显著。

程光民等(2020)利用全株青贮玉米添加到育肥期杜泊绵羊的日粮中,预试期10 d,正试期90 d,绵羊干物质摄入量显著降低,但是能量利用率显著提高。彭华等(2018)于2017—2018年试验中研究了全株玉米青贮的经济价值以及饲喂贵州半细毛羊的增重效果,结果表明,乳熟期收获全株玉米秸秆可获得较高的经济价值,尤其青贮处理后采用全株玉米秸秆饲喂贵州半细毛羊效果明显优于传统玉米秸秆青贮饲料的饲喂效果,可显著提高肉羊的生长速度和经济效益。张智安等(2021)在粗饲料中混入不同比例的全株青贮玉米,喂养湖羊,并检测湖羊生长性能、瘤胃发酵、养分表观消化率、肉品质及血液生理指标。试验发现,混入不同比例全株玉米青贮对湖羊生长性能无显著影响,但是在混合不同比例全株玉米青贮的试验组中,湖羊的戊酸摩尔比例、中性洗涤纤维(NDF)表观消化率和酸性洗涤纤维(ADF)表观消化率、粗蛋白(CP)表观消化率有了不同程度的提高,而肌肉中滴水损失有所降低,提高了湖羊肌肉的保水性和肉质。

陈秋菊等(2021)以羊草、全株玉米青贮料、玉米秸秆青贮料为粗饲料的全混合日粮喂养杜寒羊,结果显示全株玉米组肉羊末重、平均日增重、胴体重、屠宰率、脾脏指数、免疫球蛋白G

(IgG)含量、免疫球蛋白(IgA)含量、白介素-2(IL-2)含量、白介素-6(IL-6)含量均显著提高，与玉米秸秆组相比，全株玉米组肉羊末重、日均增重、胴体重、IgG含量、IL-2含量均显著提高，表明全株玉米青贮显著提高肉羊的生长性能、屠宰性能和免疫功能。

冯小和等(2021)探究全株玉米青贮(WCS)和谷草干草(MH)日粮粗饲料不同比例组合对杜寒羊与湖羊杂交肉羊生长、屠宰性能以及经济效益的影响发现，掺入不同比例全株青贮玉米的粗粮后，肉羊的采食量有所降低，但日增重有所升高；其屠宰率无显著差异，但是胴体净肉率有所升高。肉羊饲喂粗粮中掺入全株青贮玉米或全部用青贮玉米替代可以提高胴体净肉率，提高屠宰收益。赵亚星等(2019)通过研究全株玉米青贮对肉羊生长性能、屠宰性能和肉品质的影响表明，全株玉米青贮能够提高肉羊的生长性能并改善羊肉品质。潘洪品等(2019)对全株玉米青贮和全株薏仁米青贮饲喂黔北麻羊的饲喂效果进行研究发现，黔北麻羊饲喂全株玉米青贮饲料比饲喂全株薏仁米青贮饲料利用率高；采食量高且差异显著；增重和日增重均较高且差异显著；头月均利润增高且差异显著。全株玉米青贮饲养黔北麻羊的饲养效果显著高于全株薏仁米青贮的饲养效果。

(四)青、黄贮饲喂比较

全株玉米青贮与玉米秸秆黄贮相比，含有较高的粗蛋白、粗脂肪、干物质、维生素等营养物质，而玉米秸秆黄贮较全株青贮玉米含有更高的粗纤维。为对比分析玉米青贮和黄贮的饲喂效果，前人开展了多项研究。

张喜忠等(2011)通过对初始体重为450 kg左右的中国西门塔尔公牛饲喂全株青贮与黄贮对比2个月后发现，全株青贮组日增重较黄贮组提高了27.2%，头均纯收入提高了64.9%，经济效益明显。王学君等(2017)利用青贮玉米、黄贮玉米分别饲养羔羊90 d后，全株玉米青贮喂养羔羊组较玉米秸秆黄贮组显著增重24.64%，增加毛盈利62.68元。孙雪丽等(2018)研究发现，与玉米秸秆黄贮相比，体重280～350 kg西门塔尔杂交牛饲喂全株玉米青贮显著提高平均日增重、养分表观消化率，经济效益提高13.00元。王继红等(2019)在探究全株玉米青贮、玉米秸秆青贮及黄贮对奶牛泌乳性能和乳品质影响试验中发现，全株玉米青贮相对于玉米秸秆黄贮，可显著提高奶牛的平均日产奶量、乳蛋白含量及奶牛平均日采食粗料量、平均日产奶量、乳蛋白率、乳脂率和乳糖率，差异显著；全株玉米青贮相对于玉米秸秆青贮、黄贮，每头奶牛每天可分别多获得利润3.34元、9.48元。叶云鹏(2020)介绍，为了研究青贮玉米和黄贮玉米对牛奶营养成分的影响，进行青贮玉米与黄贮玉米饲喂奶牛对比试验。分别比较青贮玉米和黄贮玉米对牛奶产量和脂肪、蛋白质、干物质含量的影响。结果表明，青贮玉米对提升奶牛的产量有较好的效果，较黄贮玉米在脂肪、蛋白质、干物质三项指标均有提高。青贮玉米组比黄贮玉米组产奶量每头牛每日多产3.27 kg，每日每头牛纯增收6.20元。徐文豪等(2020)的研究结果与叶云鹏一致，相较于只用干玉米秸秆或黄贮秸秆饲喂，平均每天每头奶牛多产牛奶约10 kg，且品质大大提高。分析经济效益表明，收获全株玉米青贮，每亩地农民总收益957元，收获玉米籽粒后，将玉米秸秆黄贮，每亩地总收益为910元，可见全株青贮玉米较黄贮玉米能获得更高的经济效益。在肉牛方面，刘哲(2020)认为，青贮玉米秸秆较黄贮玉米秸秆的营养价值更高，饲喂90 d后，青贮饲料组的犊牛体重较黄贮饲料组增加了19.04%，且差异达显著水平；牛肉中含水量、粗蛋白、粗脂肪和Cu含量显著高于黄贮饲料组，分别高出3.73%、7.48%、16.95%和32.65%，但两种饲料组的犊牛体尺发育无明显差异。肖跃强等(2020)的育肥杂交肉牛研究结果也表明，应用全株玉米青贮饲养肉牛在所获利润上具有明显优势。综上可得，相较于黄贮玉米，青贮玉米饲喂效果更佳，经济效益更明显。

大量研究表明，玉米青贮饲料的营养较黄贮更高，且奶牛和肉牛吸收利用效果更好，可能是因为在瘤胃中青贮玉米秸秆能更好地被微生物吸收利用。欧阳耀华等(2020)证实了这一观点，青贮玉米秸秆干物质降解率、中性洗涤纤维降解率、酸性洗涤纤维降解率显著高于黄贮玉米秸秆。一方面，可能是因为玉米青贮时，植株叶片持绿性较好，水分含量适宜，此时植株的水分与外源添加水分不同，是经过光合作用等一系列生理作用进入细胞，与细胞结合的水分，属于细胞内水分。这部分水分在秸秆发酵过程中和饲料进入动物瘤胃消化吸收过程中起重要促进作用(李鸿 等，2021)。另一方面，大多数青贮玉米是包括籽粒在内的全株玉米青贮，籽粒蛋白含量明显比秸秆高，而黄贮玉米大多是收获籽粒后，用快风干、枯黄的秸秆进行发酵贮存，此时蛋白含量低，有研究表明，日粮中蛋白和能量的平衡有利于纤维素的分解利用(李申发，2007)，这可能也是青贮玉米吸收利用效果优于玉米秸秆黄贮的原因。

参考文献

白大洋，温媛媛，李艺，等，2021. 玉米秸秆黄贮为主型粗饲料的饲粮能量水平对西门塔尔杂交牛生长性能、屠宰性能及肉品质的影响[J]. 动物营养学报，33(9)：5064-5075.

蔡晓妍，章建新，崔淑华，2004. 氮磷肥对复播青贮玉米产量和饲用营养品质的影响[J]. 新疆农业大学学报，27(2)：33-35.

蔡义民，1995，乳酸菌对青贮饲料发酵品质的改善效果[J]. 中国农业科学，28(2)：73-82.

陈广州，陈书昆，2019. 云南罗平县青贮玉米加工技术及效益分析[J]. 农业工程技术，39(17)：92.

陈莉，王绍新，许洛，等，2021. 玉米全株裹包青贮技术规程[J]. 中国乳业(8)：13-18.

陈宁，李吉堂，张云峰，等，2016. 青贮玉米替代苜蓿干草饲喂断奶初期纯种黑安格斯肉牛试验初报[J]. 中国牛业科学，42(5)：32-34.

陈秋菊，王韵斐，张娟，等，2021. 全株玉米青贮和玉米秸秆青贮对肉羊生长性能、屠宰性能和免疫功能的影响[J]. 饲料研究，44(5)：19-22.

陈淑萍，魏建伟，游永亮，等，2017，海河低平原区 14 个玉米品种青贮性状评价及适应性分析[J]. 华北农学报，32(S1)：95-101.

程光民，顾甜甜，伏桂华，等，2020. 不同青贮方式对全株玉米青贮饲料发酵品质和营养价值的影响[J]. 饲料研究，43(5)：79-82.

程景，张元庆，张丹丹，等，2021. 全株玉米青贮、小麦秸秆、苜蓿干草组合的体外消化特性及组合效应研究[J]. 动物营养学报，33(5)：2982-2992.

程明军，李元华，闫东海，等，2018. 四川不同地区不同青贮玉米产量和青贮品质分析[J]. 四川农业与农机(6)：25-27.

崔超，王海燕，王靖，等，2017. 青贮玉米与饲用扁豆混播对群体产量形成的影响[J]. 中国种业(3)：37-40.

丁成龙，许能祥，程云辉，等，2009. 不同饲用玉米品种的生产性能及饲用价值比较[J]. 江苏农业科学(6)：270-272.

丁一，李会海，徐相波，等，2019. 收获期对不同品种青贮玉米生物产量和品质的影响[J]. 山东农业科学，51(6)：83-85.

丁志勇，白永辉，王宝书，2021. 青贮饲用玉米绿色高产高效栽培与发酵技术[J]. 云南农业(6)：65-68.

冯小和，吴启超，张振威，等，2021. 全株玉米青贮和谷草干草不同比例组合对杜湖杂交肉羊增重、屠宰性能与育肥效益的影响[J]. 中国畜牧杂志,57(2):125-129.
付浩,金晶,朱欣,等,2021.复合乳酸菌制剂对全株玉米青贮饲料品质的影响[J].现代农业科技(9):221-224.
高飞,高洪雷,王丽霁,等,2009. 不同成熟期青贮玉米混播对产量和品质的影响[J]. 草地学报,17(4):490-494.
高福光,杜华,蔚建峰,等,2018. 内蒙古包头地区玉米秸秆黄贮调制技术及其对育肥羊饲喂效果的研究[J]. 畜牧与饲料科学,39(10):21-26.
高丽娟,2017. 青贮玉米加工调制的关键措施[J]. 当代畜禽养殖业(11):20.
高瑞红,徐嘉,张魏斌,等,2018. 乳酸菌制剂对青贮玉米发酵品质和有氧稳定性的影响[J]. 中国饲料(8):70-74.
郭顺美,刘景辉,纪春香,等,2007. 栽培措施对青贮玉米粗脂肪含量及产量的影响[J]. 玉米科学,32(2):45-50.
郭勇庆,曹志军,李胜利,等,2012. 全株玉米青贮生产与品质评定关键技术[J]. 中国畜牧杂志,48(18):39-44.
韩润英,柴爽,翟天慧,2014. 全株青贮玉米与饲用高粱混贮技术[J]. 中国畜禽种业,10(11):86,87.
郝科慧,王润娟,张书廷,等,2014. 玉米秸秆不同保质贮存方法的研究[J]. 安全与环境学报,14(6):215-218.
郝小燕,高红,王馨影,等,2017. 玉米纤维饲料、青贮玉米和苜蓿干草间组合效应研究[J]. 东北农业大学学报,48(8):25-32.
侯建建,娜日苏,罗海玲,等,2016,切碎长度对不同牧草青贮饲料发酵品质的影响[J]. 中国奶牛(6):10-14.
姬承东,史卉玲,周芸芸,2015,青贮玉米 SC704 与拉巴豆混播后的青贮品质测定[J]. 安徽农业科学,43(26):151-154.
贾梦杨,姚泽英,李长青,等,2020. 种植密度对青贮玉米生长发育、产量和品质的影响[J]. 饲料研究,43(10):105-108.
姜富贵,成海建,刘栋,等,2019. 不同收获期对全株玉米青贮营养价值、发酵品质和瘤胃降解率的影响[J]. 动物营养学报,31(6):2807-2815.
姜胜男,张淑艳,刘殿鹏,2018. 青贮玉米和秣食豆混播比例对群体生产机能的影响[J]. 安徽农业科学,46(26):38-40,43.
蒋苏苏,金丽娜,敬淑燕,等,2017,添加中药渣对全株玉米青贮感官和发酵品质及营养成分的影响[J]. 草业科学,34(9):1947-1954.
靳会珍,赵月萍,陈爱华,2018. 不同微生物菌剂对青贮玉米秸秆发酵品质和营养成分的影响[J]. 中国饲料(6):16-20.
靳秀英,2020. 青贮玉米饲料在奶牛养殖中饲喂优势[J]. 畜牧兽医科学(电子版)(17):150,151.
黎慧,2015.不同品种青贮玉米在收获期主要营养成分变化规律的研究[D].呼和浩特:内蒙古农业大学.
李鸿,蒋志成,冯定明,等,2021. 玉米青贮、黄贮研究进展及展望[J]. 南方农业,15(1):79-81.
李金俐,董起飞,杨国义,等,2018. 不同添加剂对全株玉米青贮的影响[J]. 中国草食动物科学,38(4):33-36.
李龙兴,龚正发,朱欣,等,2021. 不同收获时间对去穗玉米秸秆营养价值和青贮发酵品质的影响[J]. 中国饲料(15):85-89.
李申发,2007.苜蓿、黄贮及玉米秸秆组合效应研究[D].长春:吉林农业大学.
李伟弘,2019. 青贮玉米加工问题及其对品质影响[J]. 中国畜禽种业(11):124,125.
李雯,马琳峰,曹熙敏,等,2021. 播期对冀西北坝上农牧交错区青贮玉米产量和品质的影响[J]. 草地学报,29(5):1080-1086.
李文才,董起飞,2018. 留茬高度对青贮玉米产量和品质的影响[J]. 中国奶牛(1):57-60.
李想,张业猛,朱丽丽,等,2021. 青海高原地区不同玉米品种青贮性能及营养品质评价[J]. 草业科学,38(6):1194-1208.

李旭业，董扬，尤海洋，等，2017. 添加剂对全株玉米青贮饲料有氧稳定性的影响[J]. 黑龙江畜牧兽医(11)：187-189.
李旭业，董扬，黄红，等，2020. 杀菌剂对青贮玉米病害防治效果及产量品质影响的研究[J]. 现代畜牧科技(4)：7-9.
李艺，郑百芹，董李学，等，2020. 全株玉米青贮与湿玉米芯饲喂肉牛效果对比[J]. 中国牛业科学，46(2)：40，41，54.
李岳灿，蔡周山，2014. 玉米秸秆全株青贮与玉米芯饲喂肉牛效果对比试验[J]. 畜牧兽医杂志，33(3)：49，50.
梁小玉，季杨，易军，等，2018. 混合比例和添加剂对菊苣与青贮玉米混合青贮品质的影响[J]. 草业学报，27(2)：173-181.
梁玉红，赵彦敏，张艺琴，2020. 马铃薯茎叶-全株玉米混合青贮对肉羊生产性能、瘤胃内环境和血液生化指标的影响[J]. 中国饲料(24)：112-115.
梁正文，2017. 青贮饲料的制作及利用技术[J]. 畜牧与饲料科学，38(10)：43-47.
林志鹏，杨广林，林广宇，等，2016. 饲喂不同比例全株玉米青贮对泌乳奶牛产奶量及乳成分的影响[J]. 现代畜牧兽医(11)：5-11.
刘高坤，王思伟，刘少兴，等，2021. 不同微生物添加剂组合对全株玉米青贮品质的影响[J]. 中国畜牧杂志，57(8)：215-218，223.
刘海燕，王彦靖，王秀飞，等，2021. 全株大豆和玉米秸秆混合青贮试验[J]. 中国饲料(5)：124-126，130.
刘虎俊，刘光武，孙涛，等，2021. 青贮甜高粱和全株饲用玉米配比料饲喂西门塔尔肉牛的效果比较[J]. 中国牛业科学，47(2)：1-5.
刘建成，安永福，王晓芳，等，2014. 北方地区玉米秸秆黄贮技术[J]. 养殖与饲料(2)：31，32.
刘景辉，曾昭海，焦立新，等，2006. 不同青贮玉米品种与紫花苜蓿的间作效应[J]. 作物学报，32(1)：125-130.
刘美华，王栋，席琳乔，等，2014. 不同生育期的青贮玉米青贮前后的养分比较[J]. 粮食与饲料工业(6)：48-52.
刘娜，王炳，刁其玉，等，2018. 玉米秸秆饲料菌酶复合发酵技术[J]. 饲料工业(17)：45-49.
刘颖慧，郭明，贾树利，等，2018. 影响青贮玉米品质因素研究进展[J]. 作物杂志(2)：6-10.
刘哲，2020. 青贮和黄贮玉米秸秆对安格斯×湘南黄牛 F1 代犊牛生长发育的影响[J]. 湖南农业科学(8)：70，71，75.
柳茜，孙启忠，徐丽君，等，2018. 全株玉米青贮和玉米秸秆青贮的品质比较[J]. 四川畜牧兽医，45(3)：24-26.
卢小良，蒲英远，1995. 华农 1 号青饲玉米营养品质性状研究[J]. 广东农业科学(6)：22-25.
路海东，薛吉全，郝引川，等，2014. 密度对不同类型青贮玉米饲用产量及营养价值的影响[J]. 草地学报，22(4)：865-870.
罗仕美，宋丰萍，谭占坤，等，2019. 高海拔地区全株玉米青贮效果研究[J]. 高原农业，3(5)：539-543.
马菱艺，马晋，许庆方，等，2018. 全株玉米青贮与秸秆青贮成本效益对比——以太谷县昌晟农牧奶牛养殖专业合作社为例[J]. 当代经济(13)：92-95.
马明筠，姚恩青，2018. 规模化养殖场青贮饲料调制存在的问题及解决措施[J]. 黑龙江畜牧兽医(4)：176，177.
那亚，渠晖，花梅，等，2021. 土默川平原不同玉米品种青贮饲料的品质比较[J]. 中国草地学报，43(1)：90-95.
欧阳耀华，罗阳，田德清，等，2020. 青贮和黄贮玉米秸秆对湘西黄牛瘤胃体外发酵的影响[J]. 湖南畜牧兽医(3)：42-44.
潘洪品，黎俊，杨雪东，等，2019. 全株薏仁米青贮和全株玉米青贮饲喂黔北麻羊对比试验[J]. 畜牧兽医科学(电子版)(6)：5，6.
潘金豹，张秋芝，郝玉兰，等，2002. 中国青贮玉米育种的策略与目标[J]. 玉米科学，10(4)：3，4.
潘翔磊，梁庆伟，张晴晴，等，2022. 赤峰地区 11 个青贮玉米品种品质的比较研究[J]. 黑龙江畜牧兽医(2)：

92-97.
盘道兴,李凡,何鸿源,等,2021. 不同微生物菌剂对全株玉米青贮感官评价效果的影响[J]. 粮食与饲料工业(3):26-29.
彭华,杨思维,刘其昌,等,2018. 全株玉米青贮饲料经济价值与饲喂贵州半细毛羊效果试验[J]. 黑龙江畜牧兽医(18):148-150.
任丽娟,赵连生,陈雅坤,等,2020. 基于主成分分析和聚类分析方法综合评价东北地区不同品种全株玉米青贮饲料的青贮品质[J]. 动物营养学报,32(8):3856-3868.
任伟忠,李妍,曹玉凤,等,2020. 不同比例全株玉米青贮、谷草和羊草组合饲粮对干奶前期奶牛体况、瘤胃发酵和血液生化指标的影响[J]. 中国兽医学报,40(5):1009-1016.
单琼星,杨光维,张志东,等,2019. 全株玉米青贮为主型日粮饲喂新疆褐牛育肥效果[J]. 畜牧兽医科学(电子版)(24):12,13.
商振达,谭占坤,李家奎,等,2019. 种植时间对西藏地区青贮玉米发酵品质和微生物多样性的影响[J]. 草地学报,27(2):488-496.
邵延福,2021. 全株青贮玉米在肉母牛养殖中的应用[J]. 现代畜牧科技(6):62,63.
盛学良,贺喜全,2002. 中国优质饲用玉米育种研究进展[J]. 杂粮作物,22(3):134-137.
史悦,丁婉,徐庆芳,等,2018. 灭菌处理对不同含水量玉米青贮影响的研究[J]. 草地学报,26(2):513-519.
苏传琛,2020. 玉米与红薯秧混合青贮品质研究[J]. 中国奶牛(4):5-8.
孙东升,刘成启,2019. 野生大豆与青贮玉米混作对饲草产量及品质的影响[J]. 大麦与谷类科学,36(2):38-41.
孙贵宾,常娟,尹清强,等,2018. 纤维素酶和复合益生菌对全株玉米青贮品质的影响[J]. 动物营养学报,30(11):4738-4745.
孙果丽,李希铭,郝林飞,等,2012. 不同贮存方式及加工方法对玉米秸秆青贮品质的影响[A]. 中国畜牧业协会草业分会. 第二届中国草业大会论文集[C]. 中国畜牧业协会草业分会:中国畜牧业协会:232-235.
孙雪丽,李秋凤,刘英财,等,2018. 全株青贮玉米对西门塔尔杂交牛生产性能、表观消化率及血液生化指标的影响[J]. 草业学报,27(9):201-209.
孙震,苗福泓,付丹丹,等,2018. 鲁西南地区青贮专用玉米品种适应性及其营养品质研究[J]. 青岛农业大学学报(自然科学版),35(1):2,16-21,39.
邰书静,张仁和,史俊通,2010. 不同玉米品种秸秆饲用品质的研究[J]. 草业学报,18(5):80-85.
汤衡,吴海涛,卿丹丹,等,2016. 青贮与黄贮玉米秸秆对泌乳前期荷斯坦奶牛产奶量及乳脂率的影响[J]. 四川畜牧兽医,43(10):25-27.
汤晓昀,李志强,吕军,等,2017. 施肥对青贮玉米产量及品质的影响研究[J]. 新疆农垦科技,40(6):44-46.
陶雅,李峰,高凤芹,等,2016. 籽粒苋与青贮玉米混贮品质及微生物特性研究[J]. 草业学报,25(12):119-129.
田健帆,杨蔚,唐敏,等,2020. 不同加工方式对青贮玉米品质的影响[J]. 草学(4):47-52.
田应学,马培杰,李亚娇,等,2019. 青贮玉米与拉巴豆套种对青贮玉米品质及产量的影响[J]. 草业科学,36(5):1457-1465.
王斌,董秀,李满有,等,2021. 不同播量拉巴豆与青贮玉米混播对草地生产性能及牧草品质的影响[J]. 草地学报,29(4):828-834.
王福传,张玉换,段建中,等,2005. 玉米全株青贮对肉牛的增重效果影响[J]. 中国草食动物科学,25(5):38,39.
王继红,王有智,也英青,等,2019. 全株玉米青贮、玉米秸秆青贮及黄贮对奶牛泌乳性能和乳品质的影响[J]. 上海畜牧兽医通讯(4):35-37.
王加启,2005. 青贮专用玉米高产栽培与青贮技术[M]. 北京:金盾出版社:1-5.

王健，郑爱华，2013. 玉米青贮饲料饲喂高产奶牛的效果比较[J]. 中国畜禽种业(1)：64，65.
王俊，2014. 播期对沿淮地区不同类型青贮玉米产量和品质的影响[D]. 合肥：安徽农业大学.
王林，孙启忠，张慧杰，2011. 苜蓿与玉米混贮质量研究[J]. 草业学报，20(4)：202-209.
王美云，2006. 热量限制两熟区双季青贮玉米模式及其技术体系研究[D]. 北京：中国农业科学院.
王鹏文，戴俊英，赵桂坤，等，1996. 玉米种植密度对产量和品质的影响[J]. 玉米科学，24(4)：45-48.
王鹏宇，李兆林，李正洪，等，2014. 不同贮藏方式对全株玉米青贮品质的影响[J]. 中国奶牛(9)：54-56.
王思伟，李魁英，张海娜，等，2019. 花生秧、全株玉米不同混合比例及添加剂对青贮发酵品质和营养价值的影响[J]. 草业科学，36(9)：2413-2422.
王婷，段震宇，桑志勤，等，2015. 普通玉米与青贮玉米干质量积累及各器官分配规律[J]. 西北农业学报，24(9)：51-55.
王薇星，杨培志，呼天明，2019. 关中地区不同品种青贮玉米生产特性与营养品质的研究[J]. 畜牧兽医杂志，38(2)：16-19.
王文焕，金明琴，代明慧，2016. 除草剂对青贮玉米产量和品质的影响[J]. 黑龙江畜牧兽医(18)：183，184，299.
王旭哲，2019. 紧实度及收获期对全株玉米青贮品质及霉菌毒素的影响研究[D]. 石河子：石河子大学.
王学君，周永亮，徐泽立，等，2017. 全株玉米青贮与黄贮对湖羊公羔育肥效果试验研究[J]. 当代畜牧(27)：21，22.
王洋，姚权，孙娟娟，等，2018. 玉米与花生秧混合青贮饲料发酵品质和营养成分评定[J]. 中国奶牛(3)：5-9.
王永军，王空军，董树亭，等，2005. 氮肥用量、时期对墨西哥玉米产量及饲用营养品质的影响[J]. 中国农业科学，38(3)：492-497.
尉小强，罗仕伟，哈志刚，等，2018. 不同添加剂对全株玉米青贮品质、微生物数量和有氧稳定性的影响[J]. 中国奶牛(12)：8-12.
吴海船，黄克领，王卫东，等，2019. 全株青贮玉米饲喂育肥牛增重效果试验[J]. 山东畜牧兽医，40(11)：11，12.
吴海船，魏玉峰，王卫东，等，2020. 全株青贮玉米对奶牛产奶量的影响[J]. 山东畜牧兽医，41(1)：6，7.
吴昊，卞东春，朴春浩，等，2018. 青贮玉米不同刈割时期青贮品质影响的研究[J]. 农民致富之友(1)：48.
吴建忠，李绥艳，林红，等，2019. 青贮玉米品质性状遗传变异及主成分分析[J]. 作物杂志(3)：42-48.
吴秋珏，徐廷生，2006. 饲粮中中性洗涤纤维的研究进展[J]. 饲料工业，27(7)：14-16.
吴晓杰，韩鲁佳，刘贤，2006，不同切碎方式对全株玉米青贮饲料品质影响的试验研究[J]. 农业工程学报，22(5)：215-217.
吴跃明，刘建新，刘丹，等，2004. 添加复合酶制剂与麸皮对玉米秸、稻草青贮发酵品质和养分消化率的影响[J]. 中国兽医学报，24(3)：298-303.
吴仲超，康颖修，梁正文，等，2021. 贵州全株玉米水压式青贮技术[J]. 农技服务，38(4)：47，48.
奚国华，2005. 青贮玉米丰产栽培技术[J]. 四川农业科技(9)：17，18.
席兴军，韩鲁佳，原慎一郎，等，2003. 添加乳酸菌和纤维素酶对玉米秸秆青贮饲料品质的影响[J]. 中国农业大学学报(2)：21-24.
夏科，姚庆，李富国，等，2012. 奶牛常用粗饲料的瘤胃降解规律[J]. 动物营养学报，24(4)：769-777.
冼霖，杨蒙，徐凯旋，等，2019. 贮存时间对小麦和玉米青贮质量的影响[J]. 中国饲料(2)：21-24.
肖跃强，褚仁忠，付石军，等，2020. 黄贮、全株玉米青贮育肥杂交肉牛经济效益分析研究[J]. 饲料研究，43(2)：1-4.
辛鹏程，黄建华，原现军，等，2019. 紫花苜蓿和全株玉米混合青贮研究[J]. 畜牧与兽医，51(4)：39-42.
徐文豪，周海勇，2020. 大力推广全株玉米青贮、玉米秸秆黄贮技术[J]. 养殖与饲料(4)：65，66.
许芝英，2018. 青贮玉米饲料在奶牛养殖中的饲喂优势[J]. 南方农机，49(16)：177.

阎萍,卢建雄,2005. 反刍动物营养与饲料利用[M]. 北京:中国农业科学出版社.
严榕,傅昌年,周朝辉,2003. 植物乳杆菌对亚硝酸根离子的清除作用[J]. 食品工业(6):40,41.
杨彩林,闫朝,倪兴成,等,2020. 青贮玉米不同栽植密度田间对比试验[J]. 农业工程技术,40(26):19,20.
杨大盛,汪水平,贺喜全,等,2019. 收获期对青贮玉米青贮品质及体外发酵特性的影响[J]. 畜牧兽医学报,50(11):2264-2272.
杨光兴,李刚,2021. 不同青贮添加剂的青贮玉米对肉牛生长性能、营养物质表观消化率、屠宰性能及肉品质的影响[J/OL]. 饲料研究(23):16-19[2022-01-29].
杨丽萍,陈雅坤,宋兴邦,等,2021. 不同种类青贮添加剂对全株玉米青贮质量的影响[J]. 云南畜牧兽医(2):32-35.
杨武,2012. 大喇叭口期不同施肥水平对青贮玉米产量和品质的影响[D]. 保定:河北农业大学.
姚思名,庄洪廷,曹治国,等,2017. 饲喂全株玉米青贮对肉牛育肥性能的影响研究[J]. 现代畜牧兽医(1):15-20.
叶云鹏,2020. 青贮玉米和黄贮玉米对奶牛产量和牛奶营养成分的影响[J]. 山东畜牧兽医,41(1):4,5.
殷茂军,许立胜,马瑞,等,2016. 玉米秸秆黄贮及饲喂肉羊效果分析[J]. 畜牧兽医杂志,35(1):71-73.
尤育品,温恬,钟观新,等,2020. 不同品种青贮玉米农艺性状及营养成分研究[J]. 现代畜牧兽医(12):1-4.
袁慧敏,许瀚林,刘瑶,等,2020. 播期对北方农牧区青贮玉米产量和品质的影响[J]. 黑龙江畜牧兽医(22):102-107,113,168.
袁仕改,陈超,张明均,等,2018. 添加剂对温湿生境青贮玉米发酵品质及有氧稳定性的影响[J]. 草地学报,26(4):942-947.
袁仕改,张明均,朱欣,等,2019. 6个青贮玉米品种发酵品质及有氧稳定性比较[J]. 江苏农业科学,47(8):187-190.
袁晓峰,2020. 施肥技术对青贮玉米生长发育及产量品质的影响[D]. 张家口:河北北方学院.
岳彩娟,杨宇为,侯鹏霞,等,2020. 不同比例马铃薯秧青贮对安格斯牛生长性能和血液生化指标的影响[J]. 饲料研究,43(12):6-9.
翟桂玉,2012. 带穗玉米的地面堆贮技术[J]. 农业知识(27):42.
张吉旺,王空军,胡昌浩,等,2002. 施氮时期对夏玉米饲用营养价值的影响[J]. 中国农业科学(11):1337-1342.
张林,2016. 青贮玉米饲料饲喂育肥羔羊试验[J]. 甘肃畜牧兽医,46(5):91,92.
张秋芝,潘金豹,郝玉兰,等,2006. 不同种植密度和地点对青贮玉米杂交种生物产量的影响[J]. 北京农学院学报,21(3):18-22.
张瑞霞,刘景辉,牛敏,等,2006. 不同收获期青贮玉米品种营养成分的积累与分配[J]. 玉米科学(6):108-112,116.
张适,吴琼,尤欢,等,2019. 添加不同酶制剂对全株玉米青贮发酵品质的影响[J]. 中国畜牧兽医,46(4):1045-1052.
张淑二,郭艺璇,孔繁虎,等,2015. 不同日粮对德系西门塔尔杂种牛生产性能及经济效益的影响[J]. 中国草食动物科学,35(6):21-23.
张喜忠,李思源,王栋才,等,2011. 全株青贮与黄贮强度育肥肉牛对比试验[J]. 草食家畜(1):57,58.
张翼飞,于崧,营立群,等,2019. 播期对松嫩平原西部青贮玉米生物产量和品质的影响[J]. 中国饲料(14):43-47.
张颖,2021. 揉搓粉碎和微波预处理对玉米秸秆青贮饲料品质的影响[J]. 饲料研究,44(2):89-92.
张玉才,贾凤英,宫庆伟,2019. 全株青贮玉米饲喂育肥羊增重效果试验[J]. 山东畜牧兽医,40(12):30,31.
张智安,周文静,潘发明,等,2021. 粗饲料中不同全株玉米青贮比例对湖羊生长性能、养分表观消化率、肉品质及血液生理指标的影响[J]. 动物营养学报,33(9):4998-5006.

赵嫚,陆永祥,陈仕勇,等,2021. 添加剂对成都平原玉米秸秆发酵品质和细菌群落组成的影响[J]. 草学(3):48-54.

赵新德,2017. 通风笼贮存玉米秸秆对体外消化和羔羊育肥效果的研究[D]. 哈尔滨:东北农业大学.

赵雪娇,张立阳,刘帅,等,2018. 留茬高度对不同品种全株玉米青贮品质的影响[J]. 动物营养学报,30(8):3239-3246.

赵雪娇,郑健,么恩悦,等,2019. 大型青贮窖内不同深度全株玉米青贮质量的比较[J]. 动物营养学报,31(1):409-417.

赵亚星,张兴夫,敖长金,等,2019. 全株玉米青贮在反刍动物生产中的应用与发展前景[J]. 饲料工业,40(2):12-15.

赵志玲,2019. 青贮玉米在养牛方面的应用[J]. 今日畜牧兽医(3):69.

郑美,2021. 青贮时间对不同品种玉米饲用品质及微生物多样性的影响[D]. 呼和浩特:内蒙古大学.

周文菊,2019. 青贮玉米种植及利用技术[J]. 贵州畜牧兽医,43(2):67,68.

周雪,赵相勇,龙忠富,2016. 不同青贮方式对普安白玉米青贮料营养品质的影响[J]. 农技服务,33(11):118,181.

朱慧森,邹新平,玉柱,等,2015. 青贮玉米生产性能对收获期的响应及收获指数的探讨[J]. 畜牧兽医学报,46(8):1375-1382.

朱露,陈青,李佩璇,等,2018. 组合式饲料青贮装置[J]. 云南畜牧兽医(3):27,28.

朱顺国,邢壮,张微,等,2001. 玉米秸秆 NDF 与 ADF 含量变化规律的研究[J]. 中国奶牛(1):24-26.

庄克章,吴荣华,张春艳,等,2019,种植密度对不同类型玉米青贮产量和营养价值的影响[J]. 作物杂志(6):140-144.

ASHBELL G,WEINBERG Z G,HEN Y,et al,2002. The effects of temperature on the aerobic stability of wheat and corn silages[J]. Journal of Industrial Microbiology and Biotechnology,28(5):261.

BAL M A,COORS J G,SHAVER R D,1997. Impact of the maturity of corn for use as silage in the diets of dairy cows on intake,digestion,and milk production[J]. Journal of Dairy Science,80(10):0-2503.

BALLARD C S,THOMAS E D,TSANG D S,2001. Effect of corn silage hybrid on dry matter yield,nutrient-composition,in vitro digestion,intake by dairy heifers,andmilk production by dairy cows[J]. Journal Animal Science(84):442-452.

BHANDARI S K,OMINSKI K H,WITTENBERG K M,et al,2007. Effects of chop length of alfalfa and corn silage on milk production and ru-men fermentation of dairy cows[J]. Journal of Dairy Science,90(5):2355-2366.

BORREANI G,BERNARDES T F,TABACCO E,2008. Aerobic deterioration influences the fermentative,microbiological and nutritional quality of maize and sorghum silages on farm in high quality milk and cheese production chains[J]. Revista Brasileira De Zootecnia,37(spe):68-77.

BORREANI G,TABCCO E,2014. Improving corn silage quality in the top layer of farm bunker silos through the use of a next-generation barrier film with high impermeability to oxygen[J]. Journal of Dairy Science,97(4):2415-2426.

BORREANI G,TABACCO E,SCHMIDE R J,et al,2018. Silage review:Factors affecting dry matter and quality losses in silages[J]. Journal of Dairy Science,101(5):3952-3979.

CHARMLEY E,VEIRA D M,BERTHIAUME R,et al,1995. Effect of a mixture of salts of carboxylic acids on silage conservation,voluntary intake and growth rate of cattle fed grass silages[J]. Canadian Journal of Animal Science,75(3):397-404.

COX W J,CHERNEY D R,HANCHAR J,1998. Row spacing,hybrid,and plantdensity effects on corn silage yield and quality[J]. Journal of ProductionAgriculture,11(1):128-134.

FERNANDEZ I,MARTIN C,CHAMPION M,et al,2004,Effect of corn hybridand chop length of whole-plant corn silage on digestion and in-take by dairy cows[J]. Journal of Dairy Science,87(5):1298-1309.

FERRARETTO L F,SHAVER R D,2015. Effects of whole-plant corn silagehybrid type on intake,digestion, ruminal fermentation,and lactation performance by dairy cows through a meta-analysis[J]. Journal of Dairy Science,98(4):2662-2675.

FRANCO R T,BUFFIERE P,BAYARD R,2016. Ensiling for biogas production:critical parameters. A review [J]. Biomass and Bioenergy(94):94-104.

GEYER S,HOFFMANN T,2012. Metrological prerequisites for determination of silage density compacted in a bunker silo using gamma rays[J]. Agricultural Engi-neering International: The CIGR Journal, 14(4): 134-143.

HATEW B,BANNINK A,LAAR H V,et al,2016. Increasing harvest maturity of whole-plantcornsilage reduces methane emission of lactating dairy cows[J]. Journal of Dairy Science,99(1):354-368.

HEGUY J M,MEYER D,SILVA-DEL-RÍO N,2016. A survey of silage management practices on California dairies[J]. Journal of Dairy Science,99(2):1649-1654.

HOLMES B J,MUCK R E,2007. Packing bunkers and piles to maximize forage preservation[C]. Dairy Housing Conference.

JENSEN C,WEISBIERG M R,RGAARD P,et al,2005. Effect of maize silage maturity on site of starch and NDF digestion in lactating dairy cows[J]. Animal Feed Science and Technology,118(3-4):0-294.

KIM J D,KWON C H,KIM S G,et al,2002. Effect of harvest stage on forageyield and quality of silage corn at late planting[J]. Journal Amin'sScience & Technology,44(2):251-260.

KRÄMER-SCHMID M,LUND P,WEISBJERG M R,2016. Importance of NDF digestibility of whole crop maize silage for dry matter intake and milk production in dairy cows[J]. Animal Feed Science and Technology(219):68-76.

MARCO O N D,AELLO M S,NOMDEDEU M,et al,2002. Effect of maize crop maturity on silage chemical composition and digestibility(in vivo,in situ and in vitro)[J]. Animal Feed Science and Technology,99(1-4): 0-43.

MARSHALL E,MCCULLACGH, et al,1994. 如何确定奶牛营养物质供给量[J]. 张世英,摘译,四川畜牧兽医学院学报(2):53-57.

MUCK R E,HUHNKE R J,1995. Oxygen infiltration from horizontal silo unloading practices[J]. Transactions of the asae(38):23-31.

PHIPPS R H,SUTTON J D,BEEVER D E,et al,2016. The effect of crop maturity on the nutritional value of maize silage for lactating dairy cows 3. Food intake and milk production[J]. Animal Science,71(5):391-400.

PITT R E,MUCK R E,1993. A diffusion model of aerobic deterioration at the exposed face of bunker silos[J]. Journal of Agricultural Engineering Research,55(1):11-26.

ROBINSON P H,SWANEPOEL N,2016. Impacts of a polyethylene silage pile underlay plastic with or without enhanced oxygen barrier(EOB)characteristics on preservation of whole crop maize silage,as well as a short investigation of peripheral deterioration on exposed silage faces[J]. Animal Feed Science and Technology (215):13-24.

RUPPEL K A,PITT R E,CHASE L E,et al,1995. Bunker silo management and its relationship to forage preservation on dairy farms[J]. Journal of Dairy Science,78(1):0-153.

SCHWAB E C,SHAVER R D,SHINNERS K J,et al,2002. Processing and Chop Length Effects in Brown-Midrib Corn Silage on Intake,Digestion,and Milk Production by Dairy Cows[J]. Journal of Dairy Science,85 (3):613-623.

THOMAS E D, MANDEBVU P, BALLARD C S, 2001. Comparison of corn silage hybrids for yield, nutrient composition, in vitro digestibility, and milk yield by dairy cows[J]. Journal Animal Science(84): 2217-2226.

YITBAREK M B, TAMIR B, 2014. Silage additives: review[J]. Open Journal of Applied Sciences(4): 258-274.

ZARALIS K, NORGAARD P, HELANDER C, et al, 2014. Effects of maize maturity at harvest and dietary proportion of maize silage on intakeand performance of growing/finishing bulls[J]. Livestock Science(168): 89-93.